U0944871

图书在版编目（CIP）数据

动物营养与饲料科学进展——霍启光先生七十华诞暨从事畜牧科学事业五十周年纪念文选/齐广海主编．—北京：中国农业科学技术出版社，2007.11
ISBN 978-7-80233-458-8

Ⅰ．动… Ⅱ．齐… Ⅲ．动物营养-文集 Ⅳ．S816-53

中国版本图书馆 CIP 数据核字（2007）第 176149 号

责任编辑 沈银书 贺可香
责任校对 贾晓红

出 版 者 中国农业科学技术出版社
北京市中关村南大街 12 号 邮编：100081
电　　话 (010)68919704(发行部)(010)62121118(编辑室)
(010)68919703(读者服务部)
传　　真 (010) 68919709
网　　址 http://www.castp.cn
经 销 者 新华书店北京发行所
印 刷 者 北京科信印刷厂
开　　本 889 mm×1 194 mm 1/16
印　　张 24 彩插 4
字　　数 650 千字
版　　次 2007 年 11 月第 1 版 2007 年 11 月第 1 次印刷
定　　价 100.00 元

编 委 会

霍启光先生近照

恩师颂

——献给霍启光教授七十华诞

教苑豪杰出西北，

农科沃土创业绩。

七十春秋洒汗水，

桃李天下硕果累。

霍启光先生70岁生日聚会留影

1995 年闫海洁硕士论文答辩会

1996 年王文君硕士论文答辩会

1996 年沈银书硕士论文答辩会

1997 年屠焰、王晓霞、苏晓鸥硕士论文答辩会

1999 年任泽林博士论文答辩会

1998 年王宏博士论文答辩会

2000 年汪鲲、姚浪群、尹靖东博士论文答辩会

参加动物营养学分会第二届全国会员代表大会时与部分专家教授的合影

1987 年动物营养学分会部分北京理事与广东理事在端州的聚会合影

1994 年到孟加拉国考察留影

1996 年与中国农业科学院梁克用副院长赴沈阳参加“中国饲料工业科技进步交流会”，并获“科学技术特别贡献奖”

1997 年动物营养学分会理事会正副理事长合影

1999 年在“中国饲料工业新技术学术交流会”上作学术报告

主持东北农业大学博士论文答辩会

应邀到东北农业大学作学术报告

1999年在北京饲料科学技术研讨会上作学术报告

在浙江绍鸭原种场考察

在山西省饲料产业经营研讨会上作学术报告

在四川华西希望集团实验中心考察

2004 年在曾经就读的山西介休庙底小学前留影

2005 年在曾经就读的位于北京香山的一所学校（当时为香山慈幼院，现为香山公园管理处）前留影

1957 年在山西太原五中高中毕业时与部分同学的合影（最后一排中间为霍启光先生）

在北京农学院工作期间于实验楼前与部分师生的合影（左 7 为霍启光先生）

在北京农学院工作期间与毕业班部分学生的合影（左 1 为霍启光先生）

1994 年在西北农林科技大学（原为西北农学院）60 周年校庆时与部分老同事、老同学的合影

多彩人生

书房一角

与小女对垒

同家人一道在法国旅游

瑞士旅游与小女合影

云南昆明金殿留影

云南玉龙雪山脚下留影

北京密云雾灵山留影

前　言

2007 年 11 月 1 日是著名动物营养学家霍启光先生 70 岁华诞。为了表达弟子们对导师的感激之情，反映和系统记载先生在教学和科研方面取得的丰硕成果，由研究生弟子们发起并出资，经过多半年的收集和整理，编辑出版了《动物营养与饲料科学进展——霍启光先生七十华诞暨从事畜牧科学事业五十周年纪念文选》，作为先生七十华诞的一份薄礼。

霍启光先生从事教学和科研工作四十六年。其中教学生涯三十年，为我国高等教育事业培育出了大批人才。在随后十几年研究工作中，完成了“七五”、“八五”、“九五”许多重大科研课题，并获得多项国家级奖励。同时，培养了二十多名博士和硕士研究生。如今，这些弟子均已成为科研院所和企业的杰出人才。近年，霍启光先生作为国内外多家知名企业的顾问，致力于把动物营养科学理论推广应用到饲料生产实践中，为饲料行业的技术创新做出了重大贡献。

先生有言：“真真切切做人，踏踏实实做事。”大凡和先生接触过的人，都会感受到先生待人真切，生活乐观，治学严谨，富有激情和创新精神。听先生的报告，即使几张干巴巴的表格，却能讲的有骨有肉，极具理论高度与实用价值。先生的这些优秀素养使我们终身收益。

《动物营养与饲料科学进展——霍启光先生七十华诞暨从事畜牧科学事业五十周年纪念文选》前半部分是所能搜集到的霍启光先生的部分论文，后半部分是弟子的代表作，这其中也渗透着先生的汗水。文选从一个侧面展现了我国动物营养与饲料科学研究取得的成果。

由于时间仓促，加之编者学识水平有限，不当和错误在所难免，恳请读者批评指正。

文选得到了王宏、屠焰、王吉峰、沈银书的大力协助，并获得了北京英惠尔生物技术有限公司和北京科利民饲料技术有限公司的资助，在此表示感谢。

编委会

2007 年 10 月 31 日

目 录

营养科学

饲料科学

弟子代表作

附录

营养科学

中国肉用仔鸡营养需要研究进展

霍启光

（中国农业科学院饲料研究所）

1986年中华人民共和国农牧渔业部正式公布了我国第一个“鸡的饲养标准”（ZBB43005－86），该标准由农牧渔业部畜牧局提出、“鸡的营养需要研究协作组”起草。该标准肉仔鸡部分的基本依据是国内提供的29份科技文献，文献所列试验鸡种为AA鸡、星布罗鸡、白洛克鸡、苏禽3号、星杂等现代培育品系肉仔鸡，就文献性质而言大多为验证性试验报告，研究论文廖廖无几；所涉及的营养指标，大多属能量和蛋白质范畴。标准制定过程中，充分地考虑到我国肉仔鸡业生产水平及我国饲料资源的特点，选定了低能、低蛋白质日粮水平；氨基酸、维生素、亚油酸、矿物质元素水平等指标主要参照了美国科委（NRC）营养需要委员会的《家禽营养需要》（Poultry Nutrient Requirements，1984），仅根据选定的日粮能量浓度对其进行了必要的换算和验证试验。

上述肉仔鸡饲养标准（1986）所适用的肉仔鸡生产性能为：饲养期56 d、体重达1 800 g、料肉比2.46，其总体生产水平约相当于美国（1984）肉仔鸡生产水平（56 d、2 290 g、料肉比2.2）的70%左右。美国（1994）和中国（1995）经历了10年以后的今天，各自的肉仔鸡总体生产水平分别提高35%和55%（美国，1994，49 d、2 360 g，料肉比2.0；中国，1995，49 d、2 050 g，料肉比2.0）。过去10年，就肉仔鸡增重而言，中、美两国每年的平均递增量分别为50 g和70 g，即使如此，中国当前（1995）的肉仔鸡总体生产水平与美国（1994）相比，仍有15%左右差距。显然，这一差距的缩小，有待育种、鸡病防治、环境控制和家禽营养等方面的共同努力，其中，家禽营养需要研究工作的进展，无疑居举足轻重的地位。

作者整理这份报告时，就搜集到的不完全资料50份进行分类，其中，能量、蛋白质－氨基酸、维生素、矿物质分别为10、10、11、19份，纯属氨基酸、维生素和矿物质营养范畴的文献占75%，为修改中国肉仔鸡饲养标准（1986）提供了必需的条件。本文将按照以下顺序加以概述：能量需要量的数学模型、日粮的能量浓度、粗蛋白质需要量与蛋白能量比、氨基酸需要量、真可利用氨基酸需要量、维生素需要量、矿物质需要量。

1　能量需要量的数学模型

王和民等（1994a）用比较屠宰、饲养试验法研究了Starbro品种肉仔鸡，在绝食条件下12～130时龄的维持需要量，据观察12～58时龄雏鸡精神旺盛、活动正常，此后（58～106时龄）开始表现呆滞、萎糜、蜷卧，至106～130时龄出现死亡现象，与之相应的能量代谢率（kcal/$W_{kg}^{0.75}$，24 h）分别为92.3、80.6、69.3。可将“69.3”视同基础（或称绝食）代谢率；同时测得12时龄（体重48 g/只）鸡的维持需要量（每只·每24 h）：NE 9 kcal，AME 11 kcal，CP 0.82 g，Lys 51 mg，Met 18 mg。

王和民等（1994b）应用上述同一方法，研究了肉仔鸡在采食条件下卵黄囊内营养素的转移和耗用情况，试验期间（12～130时龄）给饲肉仔鸡以完全配合饲料，结果得知：58时龄鸡体营养含量与12时龄相比，仍有降低现象，这一机体营养负平衡状态直到106时龄才开始有改观，机体蛋氨酸平衡状况一直到130时龄才有改观，这一采食条件下新生仔鸡营养负平衡现象值得进一步探究，以求进一步提高1周龄肉仔鸡的体重和活力。

吴成坤等（1982）用比较屠宰试验法测得白洛克肉仔鸡能量需要量推导公式为：0～4周龄，AME，kcal·只$^{-1}$·d^{-1}=128.5$W_{kg}^{0.75}$+2.5ΔWg；5～8周龄，AME，kcal·只$^{-1}$·d^{-1}=128.5$W_{kg}^{0.75}$+3.8ΔWg。应用同一方法，霍启光（1985）测得0～8周龄星布罗肉仔鸡每千克代谢体重、每天的维持能量需要量为：AME_m，kcal·$W_{kg}^{0.75}$ = 188.3 − 66.31 $W^{0.75}$，每克增重的代谢能需要量为AME_G，kcal/g = 1.57 + 1.45 $W^{0.75}$kg；同时测得肉仔鸡增重代谢能的增重净能转化率为78.8%。杨嘉实等（1989）采用不同方法测定了Starbro肉仔鸡AME_m需要量：用呼吸测热装置（饥饿代谢）、梯度饲养试验、梯度饲养试验结合比较屠宰试验分别测得肉仔鸡维持需要量（AME，kcal·$W_{kg}^{-0.75}$·d^{-1}）为111.69～114.31（0～63日龄），115.66（16～21日龄）、113.48（16～28日龄）、103.99（16～42日龄），104.92～104.48（0～63日龄）、101.13（16～63日龄）。杨嘉实（1988）用Starbro肉仔鸡还测定了0～3、4～6、7～9周龄肉仔鸡重代谢能需要量（AME，kacl/增重，g）分别为3.168、3.821、3.999。

由表1归纳数据可见，同类测值间有一定差异，影响绝食代谢、维持和增重代谢能需要量的因素很多，试验鸡活动状态、环境温度和测定方法等条件的给定，是提高测值利用价值的基本前提。

表1　肉仔鸡的能量需要量

日龄	预测系数或方程	研究方法	资料来源
绝食代谢率（kcal/$W_{kg}^{0.75}$，24 h）			
0～3	92.3		
3～5	80.6	比较屠宰试验	王和民等，1994
5～6	69.3		
0～63	90.4	呼吸商法（RQ）	杨嘉实等，1989
0～63	91.5	内源尿氮法（EUN）	
维持的代谢能需要量（MEm，kcal/$W_{kg}^{0.75}$，24 h）			
0～56	128.5		吴成坤等，1982
0～56	188.3～66.31$W_{kg}^{0.75}$*		霍启光等，1985
0～63	104.7**	饲养试验及比较屠宰试验	杨嘉实等，1988b，1992
16～21	115.7		
16～28	113.5		
16～42	104.0		
16～63	101.1		
体增重的代谢能需要量（AME_G，kcal/增重，g）			
0～28	2.5	饲养试验及比较屠宰试验	吴成坤，1982
29～56	3.8		

续表

日龄	预测系数或方程	研究方法	资料来源
体增重的代谢能需要量（AME_G，kcal/增重，g）			
0～56	$1.57+1.45\ W_{kg}^{0.75}$	饲养试验及比较屠宰试验	霍启光，1985
0～21	3.17	饲养试验及比较屠宰试验	
22～42	3.82		杨嘉实，1988a
43～63	4.00		

* 维持代谢能的利用率为78.8%。

** 维持代谢能的利用率为85.34%～87.38%。

2 日粮的能量浓度

霍启光等（1987a）应用饲养试验和平衡试验法研究0～28日龄Arbor Acres品种肉用仔鸡对不同能量浓度日粮采食量的调节能力，结果（表2），在AME，2.50～3.35 Mcal/kg范围内，仔鸡的风干日粮随意采食量、代谢能随意进食量、体增重、单位增重的饲料消耗量、单位增重的AME耗用量同日粮的能量浓度呈强直线相关，其r值分别为：－0.8147、0.969、0.9799、－0.9957和－0.9101（$P<0.05$），日粮浓度每提高0.1 Mcal，AME的累计进食量增加99 kcal、风干日粮累计随意采食量减少11.74 g，累计增重提高27.2 g、每千克增重少消耗饲料量81 g、少耗AME 54.9 kcal，维持相对稳定的累计随意采食量、代谢能累计随意进食量、累计增重、单位增重的代谢能耗用量的能量浓度分别为2.89、3.10、3.25、3.25。霍启光等（1987b）同时研究了肉仔鸡前期日粮能量浓度对后期生长及饲料利用率的影响，结果（表3、表4），明显地表现出生长后期对前期低能量浓度造成的生长受阻的补偿作用；前期能量浓度越低，后期生长强度和饲料利用率越高。纵观肉仔鸡前、后期各项生产性能指标，可见，前、后期日粮能量浓度分别为3.10和3.14时，可获得理想的增重和较高的饲料利用率和经济效益，条件限制时，前期采用2.7～2.9 Mcal的低能量浓度，后期提高日粮能量浓度仍可获得与高能量浓度相近的生产水平和较高的饲料利用效率。

表2 日粮能量浓度对0～4周龄肉仔鸡的影响

处理（Mcal/kg）	累计随意采食量（g）	代谢能累计随意采食量（Mcal）	累计增重（g）	耗料比	每千克增重消耗代谢能（kcal）	每千克增重消耗饲料原料费（元，人民币）
Ⅰ（2.50）	1 362	3 407^{d}	627	2.17	5 434	0.86^{cd}
Ⅱ（2.70）	1 411^{b}	3 810^{c}	724^{d}	1.95^{b}	5 273^{ab}	0.82^{cd}
Ⅲ（2.89）	1 377^{a}	3 980^{cb}	765^{cd}	1.80^{c}	5 205^{ab}	0.80^{c}
Ⅳ（3.10）	1 320^{a}	4 090^{ab}	789^{cb}	1.67^{d}	5 189^{ab}	0.78^{e}
Ⅴ（3.25）	1 322^{a}	4 297^{a}	843^{ab}	1.56^{e}	5 107^{cb}	0.87^{bc}
Ⅵ（3.35）	1 279^{a}	4 285^{a}	886^{a}	1.45	4 838^{c}	0.96^{a}

在同一竖行中，其测值右侧所标字母相同者，表明彼此间差异不显著（$P>0.05$）；否则反之（$P<0.05$）。

表3　29～56日龄肉仔鸡增重及饲料消耗

处理组	日粮能量浓度（Mcal/kg）		肉仔鸡体重变化				累积消耗		每千克增重消耗	
	前期*	后期*	始重（g/只）	末重（g/只）	累积增重（g/只）	相对生长（%）	风干料（g/只）	AME（Mcal/只）	风干料（kg）	AME（kcal）
Ⅰ	2.50	3.14	677.7（80）	2 145.0（95）	1 467.3[a]（103）	215.7	3 417[a]	10.37[a]	2.34[c]	7 341[b]
Ⅱ	2.70		764.8（91）	2 202.4（97）	1 437.6[ab]（101）	188.0	3 455[a]	10.85[a]	2.40[bc]	7 548[b]
Ⅲ	2.89		807.6（96）	2 187.3（96）	1 379.7[c]（97）	170.8	3 446[a]	10.87[a]	2.51[ab]	7 882[a]
Ⅳ	3.10		843.0（100）	2 265.5（100）	1 422.5[b]（100）	168.7	3 611[ab]	11.34[ab]	2.54[a]	7 922[a]
Ⅴ	3.25		880.3（104）	2 249.1（99）	1 368.8[c]（96）	155.5	3 502[ab]	11.00[ab]	2.56[a]	8 042[a]
Ⅵ	3.35		929.9（110）	2 298.6（101）	1 368.7[c]（96）	147.2	3 544[b]	11.13[b]	2.59[a]	8 130[a]

*前期指0～4周龄、后期指5～8周龄。

**在同一竖行中，其测值右侧所标字母相同者，表明彼此间差异不显著（$P>0.05$）；否则反之（$P<0.05$）。

表4　0～56日龄肉仔鸡增重及饲料消耗

处理组	日粮能量浓度（Mcal/kg）		0～56日龄肉仔鸡体重（g/只）			累计消耗量（g/只）	每千克增重消耗		
	前期*	后期*	始重	末重	累积增重		风干料（kg）	AME（kcal）	饲料原料费（人民币元）
Ⅰ	2.50	3.14	38.6a	2 145.0[e]（95）	2 106.4[e]（95）	4 779.6[a]（97）	2.27[a]	7 125[a]	0.99[a]
Ⅱ	2.70		39.6[a]	2 202.4[c]（97）	2 162.8[c]（97）	4 866.0[a]（99）	2.25[a]	7 086a	0.99[a]
Ⅲ	2.89		40.2[a]	2 187.3[c]（97）	2 147.1[c]（96）	4 844.9[a]（98）	2.26[a]	7 065[a]	1.01[a]
Ⅳ	3.10		39.7[a]	2 265.5[b]（100）	2 225.8[b]（100）	4 930.1[a]（100）	2.22[ab]	6 955[ab]	1.01[ab]
Ⅴ	3.25		38.8[a]	2 249.1[b]（99）	2 210.3[b]（99）	4 824.5[a]（98）	2.18[bc]	6 854[cb]	1.05[bc]
Ⅵ	3.35		39.8[a]	2 298.6[a]（101）	2 258.8[a]（101）	4 822.7[a]（98）	2.14[c]	6 704[c]	1.08[c]

在同一竖行中，其测值右侧所标字母相同者，表明彼此间差异不显著（$P>0.05$）；否则反之（$P<0.05$）。

黄俊纯等（1995）新近的研究结果表明：0～21日龄和22日龄以上的肉仔鸡日粮能量浓度（ME，Mcal/kg）应分别为3.00和3.05（♀）～3.15（♂）。

实用日粮能量浓度的高低取决于饲料原料、鸡肉市场的行情以及其他条件，无一定规，但基本原则都是生长后期日粮能量浓度不可低于前期，以充分利用鸡的生长强势。

3 粗蛋白质需要量与蛋白能量比

据鸡的营养需要研究协作组（1986）统计，肉仔鸡生长前期能量浓度为2.8～3.0 Mcal/kg，CP水平（%）为20.5～23时，日增重（g，Y）与日粮入粗蛋白质量（g，X）呈强直线相关，其线性方程为$Y=8.53+1.31\cdot X$（$n=14$，$r=0.94$，$P<0.01$），每克增重需粗蛋白质0.37～0.39 g；肉仔鸡生长后期能量浓度为2.9～3.1，CP18～19时，其间的线性关系为$Y=8.85+1.62\cdot X$（$n=10$，$r=0.95$，$P<0.01$），每克增重需粗蛋白质0.45～0.48 g。中国鸡的饲养标准（1986）推荐，肉仔鸡0～4和5周龄以上的日粮浓度分别为2.90和3.00 Mcal/kg时，CP水平（%）相应为21和19，这一推荐值经应用，认为是比较可行的。近年，随着仔鸡生产水平的大幅度提高，其饲养方式逐渐由二阶段制转换为三阶段制（0～14或21日龄，14或21～42日龄，42日龄以上），当今生产上广泛应用的三阶段制能量、蛋白质水平一般为2.90和22，3.0和20，3.05和18.0，其相应的蛋白质能量比（$\frac{\text{CP，(g/kg)}}{\text{AME，Mcal/kg}}$）分别为76、67、59，大约相当NRC（1994）相应蛋白质能量比（分别为72、63、56）的105%。这一数据同侯水生等（1991）用1 800只IndianRiver品种肉仔鸡，以生产性能、腹脂率和经济效益等为标志测得的0～21、22～42、43日龄以上蛋白质（%）、能量（ME，Mcal/kg）水平分别为22和3.05、20.5和3.10、19.0和3.12时的蛋白质能量比：72、66、61比较相近。

梁琳等（1995）以玉米－豆粕型日粮为基础，分别研究了14～35和35～49日龄AA品种肉仔鸡日粮ME（Mcal/kg）和CP（%）适宜水平，结果：14～35日龄、35～49日龄能量水平在2.9～3.1范围内，蛋白质水平分别在18～20、16～18范围内，根据生产性能指标综合分析认为，14～35日龄日粮的能量、蛋白质水平和蛋白能量比应分别为3.0、20、67或3.0、18、60，35～49日龄应为3.0、16、52。

显然，肉仔鸡日粮采用较高的能量水平，较低的蛋白质和蛋白质能量比，同样可以获得的生产水平，尤其是肉仔鸡后期日粮。由表5所列参数横向比较还可见到：总的趋势是①实用日粮（北京）蛋白质水平偏高；②前期和中期蛋白质水平比较接近，后期差异较大。

表5　不同周龄肉仔鸡日粮的CP（%）/ME（Mcal/kg）/蛋白能量比

周龄	中国（1986）	北京（1995）	侯水生（1991）	梁琳（1995）
1	21/2.9/72	22/2.9/76	22/3.05/72	22/3.10/71
2	↓	↓	↓	↓
3				
4	↓	20/3.0/67	20.5/3.10/66	20/3.00/67（或18/3.00/60）
5	19/3.0/63	↓	↓	
6				↓
7		18/3.05/59	19/3.12/61	16/3.10/52
8	↓	↓	↓	↓

4 氨基酸需要量

王和民等（1984）以玉米－豆粕型日粮为基础，采用饲养试验、比较屠宰试验和平衡试验研究了0～28日龄星布罗混合肉雏的Lys和Met最适水平的需要量，结果测得，在AME为3.0 Mcal/kg，CP为23%的条件下，Lys和Met的适宜水平（%）分别为1.09和0.45。罗兰等（1994）研究证实，血清总蛋白（TP）和血清尿素（UA）水平均为确定肉仔鸡 Lys 和 Met 最适水平的敏感指标。王春霞等（1990）研究得知，以玉米－花生粕－血粉为基础日粮，其 0～3 和 3～6 周龄肉仔鸡日粮 AME（Mcal/kg）为 3.02 和 3.05，CP（%）为 21.6 和 19. SAA（%）为 0.64 和 0.59 时，前、后期分别添加 DL-蛋氨酸和 DL-甲硫亚砜 0.24% 和 0.1% 时，结果与基础日粮相比均明显地提高了肉仔鸡的生产水平，且两者的添加效应一致，继而证实，DL-甲硫亚砜具有 DL-Met 的等同生物学效价。何天培（1994）的研究证实，玉米－豆粕型日粮（AME 3Mcal/kg，CP20.5%，Lys1.07%，Met0.46%，SAA0.81%）添加牛磺酸（0.1%～0.15%）、磺基丙酸（0.15%）可以提高 1 周龄肉仔鸡体重，并提高其饲料利用效率（$P<0.05$）。刘德超（1995）的研究工作证实：肉仔鸡日粮的蛋氨酸、赖氨酸与杆菌肽锌间具明显的互作关系（$P<0.05$），其总的趋势为，氨基酸水平较低时，杆菌肽锌的添加效应较高，反则反之。

黄俊纯等（1995）应用饲养试验法研究了 0～21、22～42、42 日龄以上肉仔鸡对赖氨酸、蛋氨酸、色氨酸和苏氨酸等日粮氨基酸的需要量（%），结果，应分别为：1.21、1.00、0.88、0.47、0.40、0.36、0.20、0.19、0.17、0.78、0.74、0.64。莫棣华等（1995）用 Arbor Acres 品种肉仔鸡为研究对象，以玉米－豆粕－花生饼型日粮和玉米－花生饼型日粮为基础日粮，两种类型日粮的 AME（Mcal/kg）、CP（%）、Lys（%）、Met（%）一致，分别为 3.10、22.1、1.2 和 0.50，仅色氨酸水平（%）不等，分别为 0.22 和 0.20，两种类型日粮分别添加 DL-色氨酸（%）0、0.02、0.04、0.08、0.16，分别构成色氨酸不等的 5 种日粮，结果测得 0～2 周龄肉仔鸡色氨酸的需要量为 0.22%～0.24%。

刘德超（1995）用 0～21 日龄爱维茵品种肉仔鸡研究了玉米－棉粕－豆饼型日粮赖氨酸、蛋氨酸和含硫氨基酸需要量（%），结果：日粮代谢能浓度为 2.90 Mcal/kg，CP 为 20.5% 时，赖氨酸、蛋氨酸和含硫氨基酸应分别为 1.14～1.24、0.48～0.51、0.72～0.75。

上述有限资料显示（表 6），与 NRC（1994）相应阶段氨基酸需要量相比，中国估测结果：赖氨酸和色氨酸较高，含硫氨基酸较低，蛋氨酸和苏氨酸相近；由刘德超（1995）和黄俊纯（1995）的研究资料还可见到，似乎 NRC（1994）肉仔鸡日粮的赖氨酸参数偏低，SAA/Lys 偏高。

表 6　肉仔鸡前日粮氨基酸（AA）和真可利用氨基酸（TAAA）需要量

氨基酸	中国（1986）	刘德超（1995）	莫棣华（1995）	黄俊纯（1995）
Lys	1.09	1.15～1.22	1.04	1.21
TALys	—	1.02～1.08	—	1.10
Met	0.45	0.48～0.52	0.48	0.47
TAMet	—	0.44～0.48	0.57	0.44
SAA0.84	0.78～0.81	—	—	
Trp	0.21	—	0.22～0.24	0.20
Met/Lys	41	42～43	46	39
SAA/Lys	77	66～68	—	—
Tro/Lys	19	—	21～23	17

5　真可利用氨基酸需要量

黄俊纯等（1995）应用饲养试验法研究了 0～21、22～42、43 日龄以上肉仔鸡对可利用赖氨酸、蛋氨酸、色氨酸和苏氨酸等四种可利用氨基酸的需要量（%），结果应分别为：1.10、0.99 和 0.73，0.44、0.36 和 0.33，0.18、0.17 和 0.15，0.77、0.67 和 0.58。

刘德超等（1995）采用五因素部分实施的二次回归正交旋转组合设计，选用 Avian 商品代 1 日龄公、母肉仔鸡各 900 只，研究了 0～3 周龄不同性别肉仔鸡日粮中真可利用赖氨酸（TALys）和真可利用蛋氨酸（TAMet）的需要量，并同时研究了肉仔鸡日粮中胆碱、锌和杆菌肽锌的适宜浓度。在给定研究条件下（AME = 2.90 Mcal/kg，CP = 20.5%，Lys = 0.302%，TALys = 0.0256%），以不同性别肉仔鸡体重增重、增重/耗料、氨表观存留量以及血清尿酸浓度等为衡量指标，测得了 0～21 日龄不同性别肉仔鸡日粮真可利用赖氨酸等五项指标的需要量。

表 7　日粮真可利用赖氨酸（TALys）或总赖氨酸（Lys）、真可利用蛋氨酸（TAMet）或总蛋氨酸（Met）、胆碱、锌、杆菌肽锌最优浓度组合

	衡量指标	最大体增重	最大增重/耗料比	最大氮表观存留量	最低血清尿酸浓度
肉用公雏	TALys（Lys），%	1.08（1.25）	1.10（1.27）	1.07（1.25）	1.04（1.12）
	TAMet（Met），%	0.51（0.54）	0.50（0.53）	0.53（0.56）	0.48（0.51）
	胆碱，mg/kg	2 047	2 514	2 107	2 397
	Zn，mg/kg	160	176	216	143
	杆菌肽锌，mg/kg	40	34	37	41
肉用母雏	TALys（Lys），%	1.01（1.19）	1.07（1.24）	0.97（1.14）	1.00（1.17）
	TAMet（Met），%	0.39（0.42）	0.42（0.45）	0.42（0.45）	0.42（0.45）
	胆碱，mg/kg	2 950	2 099	2 172	2 114
	Zn，mg/kg	172	165	106	221
	杆菌肽锌，mg/kg	75	36	32	21

在另一次试验（霍启光等，1992）测定了三种日粮赖氨酸的真可利用率，结果（%）：玉米－棉粕型日粮为 82.08（92），玉米－豆粕型日粮为 88.88（100），玉米－棉粕－豆粕型日粮为 85.26（96）。前述刘德超的研究工作（1995）同时测得玉米－棉粕－豆粕型日粮赖氨酸的真可利用率为 86.40%（经氨基酸平衡）和 81.73%（未经氨基酸平衡）；含硫氨基酸的真可利用率为 90.7%（经氨基酸平衡）、86.8%（未经氨基酸平衡）。以上述利用率为参数由真可利用赖氨酸需要量推算出不同类型日粮总赖氨酸需要量。

表 8　0～3 周龄肉仔鸡对真利用氨基酸和总氨基酸的需要量*

	衡量需要量的标志	最大体增重	最高饲料转化率	氮平衡	最小血清尿酸
肉用公雏	TALYS	1.08	1.10	1.07	1.04
	LYS				
	玉米－棉粕型日粮	1.32（108）	1.34（108）	1.30（108）	1.26（108）
	玉米－棉粕－豆粕型日粮	1.27（104）	1.29（104）	1.25（104）	1.22（104）
	玉米－豆粕型日粮	1.22（100）	1.24（100）	1.20（100）	1.17（100）
肉用母雏	TALYS	1.01	1.07	0.95	1.00
	LYS				
	玉米－棉粕型日粮	1.23	1.30	1.18	1.22
	玉米－棉粕－豆粕型日粮	1.18	1.25	1.14	1.17
	玉米－豆粕型日粮	1.14	1.20	1.07	1.13

续表

	衡量需要量的标志	最大体增重	最高饲料转化率	氨平衡	最小血清尿酸
肉用混合雏	TALYS	1.05	1.08	1.02	1.02
	LYS				
	玉米－棉粕型日粮	1.25	1.32	1.24	1.24
	玉米－棉粕－豆粕型日粮	1.23	1.27	1.20	1.20
	玉米－豆粕型日粮	1.18	1.22	1.15	1.15
肉用公雏	TASAA	0.77	0.76	0.79	0.74
	SAA	0.84	0.83	0.86	0.81
	玉米－棉粕－豆粕型日粮				
肉用母雏	TASAA	0.65	0.68	0.68	0.68
	SAA	0.72	0.75	0.75	0.75
	玉米－棉粕－豆粕型日粮				
肉用混合雏	TASAA	0.71	0.72	0.74	0.71
	SAA				
	玉米－棉粕－豆粕型日粮	0.78	0.79	0.81	0.78

* 基础日粮 2.9 Mcal/kg，CP20.5%。

霍启光等（1995）以上述可利用氨基酸需要量为参数研究了 0～3 周龄肉用公雏对真可利用赖氨酸相等、总赖氨酸不等的三种类型日粮的反应。结果：当豆粕型、1/2 豆粕＋1/2 棉粕型、棉粕型等三种日粮的真可利用赖氨酸均匀为 1.05%，总赖氨酸分别为 1.17%、1.23%、1.36% 时，其 21 日龄肉仔鸡体重、饲料转化率差异不显著（$P<0.05$），以棉粕全部或部分代替豆粕时，其主要秤指标均可达到全豆粕型日粮的生产性能。

我国关于鸡对可利用氨基酸需要量方面的研究工作进行的十分有限，尚难用于生产实践，当使用豆饼（粕）以外的杂饼类蛋白质饲料制作饲料配方时，最好仍以总氨基酸需要量为参数，只对杂饼类饲料的氨基酸含量给以适当地校正即可将可利用氨基酸的概念用于日粮配方，例如：棉粕和豆粕的总赖氨酸及其真可利用率（%）分别为 1.52、68.7 和 2.61、90.5 时，经校正后的棉仁粕赖氨酸含量（%），将由 1.52 降低至 1.15，其计算过程为：$1.52\times\frac{68.7}{90.5}=1.52\times0.76=1.15$，式型中，“0.76”可称棉粕的豆粕校正系数。之所以选择豆饼（粕）为杂饼类蛋白质的参照（标准）饲料，是因为现有国内外鸡的氨基酸需要量参数大多是以玉米－豆饼（粕）型日粮为基础测得的。我们可将上述校正系数的概念同法用于葵粕（0.95）、菜粕（高糖苷）（0.75）、菜粕（低糖苷）（0.88）、花生粕（0.85）、亚麻粕（0.83）、肉骨粉（0.85）、羽毛粉（0.69）、肠羽粉（0.78）、血粉（0.97）、整粒大豆（烘焙）（0.90）、整粒大豆（膨化）（1.10）、玉米蛋白粉（1.05）、玉米蛋白饲料（0.73）、玉米胚芽饼（0.87）等饲料，只需实测其氨基酸真可利用率或参照有关饲料氨基酸利用率的参考资料即可。应用这一方法制作饲料配方，可在较大程度上弥补杂饼（粕）类饲料氨基酸利用率较低的缺点，并获得以真可利用氨基酸为基础制作饲料配方的同等效果。

6 维生素需要量

6.1 维生素 A 和 D_3 需要量

黄俊纯等（1989）用 Arbor Acres 商品代肉用仔鸡，以玉米－豆饼－鱼粉型日粮（每千克含 β－胡萝卜素0.63 μg，相当于1 050 IU V_A 醇）为基础进行了两次不同 V_A 水平的饲养试验，结果：每千克日粮添加 V_A（IU/kg）1 500、4 000、8 000 时，试验鸡体重与添加750 和12 000 者无差异（$P>0.05$），但是750 者明显低于12 000（$P<0.05$）；添加 V_A（IU/kg）20 000 的增重效果低于1 500 者（$P<0.01$），且肝脏和血浆中 V_E 含量分别约下降80%和90%，显现出20 000 之超量添加对试验鸡生长的抑制作用（$P<0.01$），以及 V_A 和 V_E 间的颉颃作用；添加200 或1 000 IU/kgV_{D3}未能缓解上述 V_A 超量添加对 V_E 的颉颃作用。

蔡辉益（1990）以玉米－豆饼型日粮为基础用 Avian 品种肉仔鸡研究了不同剂型和剂量 V_A 对肉仔鸡的添加效应，结果，肉鸡日粮添加 V_A（IU/kg）2 700 和20 000 时，对肉仔鸡体增重、饲料利用率、死淘率和免疫器官的重量无显著影响（$P>0.05$），但随日粮中 V_A 添加量增加，可显著增加肝组织 V_A 的沉积量、血浆环－磷酸腺苷（CAMP）、血清新城疫抗体效价和血液中T 淋巴细胞组分含量（$P<0.05$）。

罗兰等（1991）用 Arbor Acres 品种混合雏研究了胫骨软骨症诱发日粮（氯水平为0.35%）分别添加 V_A（IU/kg）10 000 和55 000，V_{D3}（IU/kg）1 000 和2 000 对肉仔鸡影响的试验，结果：高水平添加 V_A 未见对肉仔鸡的生长和骨骼发育产生不良影响；提高 V_{D3}水平可显著增加肉仔鸡的生长速度，降低胫骨软骨症发病率（$P<0.05$），同时证明，这种作用是通过影响钙和镁代谢来实现的。

6.2 维生素 E 需要量

王建霞（1990）选择种蛋来源不同（指种母鸡日粮 V_E 水平不等）的 Arbor Acres 品种肉仔鸡，以玉米－豆饼－鱼粉型日粮为基础（V_E，0～2 周龄4.64 mg/kg，3～8 周龄3.87 mg/kg），添加 V_E（mg/kg）0、5、10、20、40、160，研究日粮中不同 V_E 水平对0～28 日龄肉仔鸡的影响，结果，在1、3、5、7 和28 日龄都未见肉仔鸡有 V_E 缺乏症以及靶器官在病理解剖上和组织学上特异性病变；同时证实，新生雏鸡卵黄囊和肝脏内α-生育酚和维生素含量明显存在着卵黄囊阶段和饲料阶段的不同，卵黄囊阶段雏鸡（大约1～5 日龄期间）所需的α-生育酚和 V_A 主要依靠卵黄囊提供，经过5～7 日龄的过渡，直到饲料阶段，幼雏的需要才转向依靠日粮提供，为此，研究者建议种母鸡日粮的 V_E 水平可提高到20～40 mg/kg；研究者同时发现，尽管种母鸡日粮内 V_A 水平相同，然而，新生仔鸡卵黄囊内 V_A 水平却随种母鸡 V_E 水平增加而提高，表明了 V_E 对 V_A 的吸收、利用和贮存的保护作用。

文杰等（1995）证实，提高日粮 V_E 水平（80 mg/kg）可促进肉仔鸡体内 V_C 的合成、提高28 日龄肉仔鸡血液淋巴细胞转化率和血清新城疫抗体效价。

6.3 维生素 B_2 需要量

陈金文等（1991）选择超级星布罗商品代肉用仔鸡研究了其对 V_{B2}的需要量，结果，根据0～56日龄体增重、死亡率、采食量、饲料转化效率，不同日龄全血谷胱苷肽还原酶活性系数（BGRAC）、肝重、肝脏总黄素浓度测得肉用仔鸡前后期日粮适宜的 V_{B2}浓度为6.3 mg/kg。

杨禄良（1993）选择 Arbor Acres 品种肉仔鸡，以玉米－膨化大豆型日粮为基础（含 V_{B2}2.04 mg/kg），分别添加核黄素0 mg/kg、2 mg/kg、4 mg/kg、15 mg/kg，构成日粮 V_{B2}含量（mg/kg）分别为2、4、6、17 的4 种试粮，研究了0～21 日龄肉仔鸡对 V_{B2}的需要量，结果：①V_{B2}缺乏时（2 mg/kg）试验鸡日增重和饲料转化率明显降低（$P<0.05$），第1、2、3 周龄末腿麻痹症鸡（%）分别为0、89、87、67、64，而其他水平组鸡未发生腿麻痹症，并观察到腿麻痹症鸡跗关节着地、翅下垂、不能站立行走，有的出现趾内曲，坐骨神经有髓纤维髓鞘严重分离、扭曲；②满足肉仔鸡1、2、3 周龄肝组织 V_{B2}最大沉积的饲料 V_{B2}需要量（mg/kg）应分别大于17、6、2，第4 周龄日粮可不另添加 V_{B2}；研究者同时发现高剂量 V_{B2}促进蛋氨酸吸收、降低肝组织蛋白质的分解；③肝中 V_{B2}含量是反映肉仔鸡营养状

况的良好指标，反应迅速、灵敏、精确。

6.4 胆碱需要量

王秀娴等（1988）以玉米－豆饼型日粮为基础，分别添加氯化胆碱（100%）0、500、700、950 mg/kg 构成4种日粮，研究了红布罗品种肉仔鸡对氯化胆碱的需要量，结果：以体增重、饲料利用率和肝脂肪为指标，测得15～30日龄和31～58日龄肉仔鸡日粮氯化胆碱（100%）的适宜添加量分别为700和500。

王彦新等（1991）以玉米－豆饼型日粮为基础（育雏期和肥育期，ME 分别为 2.95 Mcal/kg 和 3.02 Mcal/kg，CP 分别为 22.2% 和 19.1%，Met 分别为 0.21% 和 0.13%，SAA 分别为 0.43% 和 0.33%，胆碱分别为1 274 mg/kg 和1 174 mg/kg），分别于育雏期和肥育期添加不等量 DL-蛋氨酸，氯化胆碱（50%），Na_2SO_4 构成 SO_4^{2-}，胆碱和 Met 不等的日粮，用塔特母品种公肉雏研究了胆碱和无机硫酸盐对蛋氨酸的替代作用，结果：①育雏期和肥育期 SAA 充足的日粮（分别为 0.83% 和 0.53%），补充 Na_2SO_4（分别为0.15%和0.10%），和胆碱（分别为1 143 mg/kg 和679 mg/kg）无效，反而使体增重降低，尤其是肥育期；②育雏期和肥育期日粮 SAA 不足时，补充 Met 有效（$P<0.05$），补充 Na_2SO_4 或胆碱或 Na_2SO_4 与胆碱同时补加对增重无明显效果（$P>0.05$）。

郭玉琴（1995）以玉米－豆粕型日粮为基础〔三阶段日粮的 Met（%）分别为 0.48、0.47 和 0.46，SAA（%）分别为0.85、0.81和0.75，胆碱为1 200 mg/kg〕研究了 Avian 品种肉仔鸡对甜菜碱（100%）和氯化胆碱（100%）的添加效应，结果与给饲不添加氯化胆碱、甜菜碱日粮的试验鸡相比；①添加500 mg/kg 氯化胆碱或420 mg/kg 甜菜碱，或同时添加氯化胆碱和甜菜碱（分别为350 mg/kg 和130 mg/kg，200 mg/kg 和250 mg/kg，500 mg/kg 和420 mg/kg）时，其体增重和饲料利用效率都没有差异（$P>0.05$）；②添加氯化胆碱，或甜菜碱，或同时添加氯化胆碱和甜菜碱时，可显著降低鲜肝重、肝脂率（%）和动脉硬化指数（$P<0.05$），其降低能力以两者同时添加（500 mg/kg 和 420 mg/kg）为最强，次以氯化胆碱（500 mg/kg），甜菜碱（420 mg/kg）。

刘德超（1995）以 Avian 品种肉仔鸡为试验动物，在胆碱含量为1 146 mg/kg 的基础日粮中添加氯化胆碱，使日粮胆碱的添加水平（mg/kg）为0、484、968、1 452、1 936，通过五因素部分实施的二次回归正交旋转组合设计，测得：①日粮 SAA 水平为0.722%（♀）、0.84%（♂）时，胆碱的适当添加量为953（♂）和1 804（♀）；②试验还观察到日粮胆碱和蛋氨酸互作显著影响雏鸡的氮表观存留率（$P<0.05$），日粮胆碱水平低时，SAA 水平亦应低，反则反之，这一互作关系提示日粮高水平添加胆碱会增加 SAA 的需要量；③相关分析显示，日粮胆碱添加水平高于上述适宜水平时，对肉鸡增重有不利影响。

6.5 烟酸需要量

林济华等（1993）在色氨酸和烟酸含量分别为 0.22%～0.25% 和 25.8～28.3 mg/kg 的基础日粮中，分别添加烟酸（mg/kg）0、15、30、60 和 120，研究了 Arbor Acres 品种肉仔鸡 0～42 日龄烟酸的适宜添加量及其对脂肪代谢的影响，结果：①日粮烟酸添加量（mg/kg）由0提高到60时，血浆胆固醇、甘油三酯、游离脂肪酸、β-脂蛋白、雌二醇含量及肝脂、肌肉总脂、腹脂和肝脏苹果酸脱氢酶活性明显下降（$P<0.01$）；②研究证实，组织烟酸胺含量与日粮添加烟酸水平呈正相关，而组织辅酶Ⅰ（NAD）含量则与鸡的生产性能呈正相关，两者均为评定肉仔鸡烟酸需要量的重要指标；③以生产性能指标、组织辅酶Ⅰ含量和组织烟酰胺含量综合判断，在本试验条件下，肉仔鸡日粮烟酸的适宜添加量是60 mg/kg。

文杰等（1991）就肉仔鸡日粮烟酸和非植酸磷水平的关系进行了研究，结果发现，随日粮非植酸磷水平（%）逐级升高（分别为 0.45、0.60 和 0.75），血液中烟酰胺含量有明显下降趋势（$P<0.05$），似乎二者之间存在着某种颉颃关系。

6.6 生物素需要量

李健等（1994）以小麦为基础日粮，分别添加生物素（μg/kg）0、50、100、150、200、300，研究了肉仔鸡对生物素的添加效应，结果认为，0～21 日龄肉仔鸡生物素的需要量应在 0.3 mg/kg 以上。

将上述研究结果加以归纳（表 9），可见：①同种维生素，其需要量因衡量标志不同而异，以我见，应以生长速度、饲料利用率及死淘率为标志笃定；②因其测值均为添加量，当高于 NRC（1994）推荐值；③胆碱需要量测值变化无常，尚难定论。

表 9 肉仔鸡维生素需要量（添加量）

维生素	日龄	需要量	衡量标志	资料来源
V_A	0～63	1 500～8 000 IU/kg （基础日粮含 V_E 1 050 IU/kg）	生长性能指标 血浆和肝脏中 V_E 含量	黄俊纯（1989）
V_A	0～21 22～42 43 以上	8 000 IU/kg 6 000 IU/kg 4 000 IU/kg	生长性能	黄俊纯（1995）
V_{D3}	0～21 22 以上	1 500 IU/kg 1 000 IU/kg		
V_E	0～21 22～42 43 以上	30 IU/kg 20 IU/kg 10 IU/kg		
V_E （100%）		4.64 mg/kg （此为基础日粮 V_E 含量）	V_E 缺乏症	王建霞（1990）
		80 mg/kg	免疫功能，鸡体 V_C 的合成	文 杰（1995）
V_{B2} （100%）	0～56	6.0 mg/kg （基础日粮 V_{B2} 为 0.4 mg/kg）	生长性能指标，红细胞谷胱甘肽还原酶活性系数、肝脏总黄素	陈金文（1990）
V_{B2} （100%）	0～7 7～14 14～21 21～28	15 mg/kg 4 mg/kg 4 mg/kg 0 （基础日粮 V_{B2} 为 2.04 mg/kg）	肝脏 V_{B2} 最大沉积量	杨禄良（1994）
氯化胆碱 （100%）	15～30 30～58	700 mg/kg 500 mg/kg （玉米－豆饼型日粮）	肝脏 V_{B2} 脂肪沉积量 生长性能指标	王秀娴（1988）
氯化胆碱 （100%）	0～21	1 590 mg/kg （SAA 0.72%～0.84%， 基础日粮胆碱为 1 146 mg/kg）	生长性能指标 氮平衡，血清尿酸	刘德超（1995）
烟酸 （100%）	0～21	60 mg/kg （基础日粮含烟酸 26～28 mg/kg）	组织辅酶Ⅰ和烟酰胺浓度	林济华（1993）
生物素 （100%）	0～21 21 以上 0～49	0.2 mg/kg 0.15 mg/kg 0.3 mg/kg	生长性能指标和组织学指标	黄俊纯（1995） 李 健（1995）

7 矿物质需要量

7.1 钙、磷需要量及钙磷比

孙启军（1993）应用玉米－豆粕－鱼粉型日粮，选择1日龄AA品种肉用公鸡432只，采用五因素部分实施的二次回归几乎正交旋转组合设计，在日粮AME为3.1 mg/kg，CP21.5%，钙0.8%～1.2%，AP 0.35%～0.55%，Mn 80～180 mg/kg，Zn 80～180 mg/kg，V_{D3}1 250～3 250 IU/kg的条件下，估测了0～2周龄肉用仔鸡日粮中Ca、Ap、V_{D3}、Mn、Zn、Ca/Ap适宜范围（表10）并证实高钙、高钙/Ap比对Ca、Ap、Ca/Ap分别为1.2、0.45、2.67、1.1、0.4、2.75，1.0、0.35、2.86时阻碍雏鸡生长，降低饲料利用效率，使血钙升高，血磷降低；低AP（0.35%）对雏鸡生长和骨骼发育有不良影响。

表10 0～2周龄肉用公雏日粮中营养最优浓度组合

衡量指标	最大体重	最大胫骨灰分沉积	最大胫骨钙沉积	最大胫骨磷沉积
Ca（%）	1.06	1.01	1.04	1.01
AP（%）	0.51	0.49	0.49	0.50
V_{D3}（IU/kg）	1 250	1 250	2 490	1 515
Mn（mg/kg）	80	85	89	143
Zn（mg/kg）	180	106	125	110
Ca/AP	2.08	2.06	2.12	2.02

李新明（1986）选择420只罗曼品种混合雏，应用玉米－豆饼－鱼粉型日粮，在AME（Mcal/kg）为3.03（后期）、3.09（后期），CP（%）为21.5（前期）、19.5（后期）；Ca0.9%的条件下，研究了肉仔鸡对非植酸磷的需要量，结果测得不同周龄非植酸磷和总磷的需要量（%）；0～2周龄分别为0.48/0.71；4～8周龄分别为0.45/0.66，同时测知非植酸磷为0.2%时，采食量、体重、饲料利用率、骨骼强度和胫骨灰分含量、血浆无机磷降低，血清碱性磷酸酶、腿病发生率和死亡率提高，同时证实生长速度、饲料利用率和胫骨灰分含量是估测磷需要量的敏感指标。

呙于明等（1995）选择平均体重1.23 kg的35日龄艾维茵品种肉仔鸡560羽研究了生长后期肉仔鸡日粮的钙和非植酸磷水平，结果，钙、非植酸磷、钙/非植酸磷水平不等的3种日粮（分别为0.80、0.30、2.65，0.58、0.22、2.63，0.37、0.14、2.61）间，其生产性能指标和腿病瘫痪发生率等差异不显著（$P>0.05$），尽管胫骨灰分、骨钙和骨磷降低（$P<0.05$）。

齐广海（1992）选择1日龄艾维茵品种混合肉鸡720只，应用玉米－豆饼型日粮，在0～3、3～6周龄钙水平（%）分别为1.0和0.9的条件下研究了日粮有效磷（0～3周龄：0.45%、0.60%、0.75%；3～6周龄：0.40%、0.55%、0.70%）和锰（100 mg/kg、200 mg/kg）水平对肉仔鸡的作用，结果：日粮有效磷水平由0.45/0.40提高到0.75/0.70时，食欲增强，耗料量增加，日增重明显提高（$P<0.05$），死亡率增加，腿病发生率提高（$P<0.01$），肾中磷排出增加，当日粮中Mn水平由100 mg/kg升至200 mg/kg时，这种作用受到抑制；日粮中有效磷与锰的互作对骨骼断强裂强度有较大影响（$P<0.05$）。

仅有的研究（表11）表明：肉仔鸡前期日粮Ca、P和AP水平的测值差异不大，但中、后期日粮则高、低悬殊，有必要进一步探讨肉仔鸡中、后期日粮 Ca、P 和 AP 适宜水平。

表 11　肉仔鸡钙、磷需要量*　（%）

矿物元素	日龄	需要量	衡量标志	资料来源
Ca AP Ca/AP	0～14	1.01～1.06 0.44～0.50 2.02～1.12	体增重，饲料报酬 胫骨灰，胫骨钙，胫骨磷	孙启军 （1993）
P AP	0～28	0.71 0.48	体增重，采食重，饲料 报酬、胫骨灰	李新明 （1986）
P AP	29～56	0.66 0.45		
Ca AP Ca/AP	35～49	0.37、0.58、0.80 0.14、0.22、0.30 2.16、2.63、2.63	体增重，饲料报酬，死淘率、 腿病发生率	呙于明 （1995）
Ca	0～42 42 以上	1.00 0.9		黄俊纯 （1995）
AP	0～42 42 以上	0.45 0.35		

* 均为基础日粮含量和添加量的总量。

7.2　钠、氯、钾需要量

丁角立等（1992）以玉米－豆饼－鱼粉为基础日粮研究了日粮离子平衡（dEB = meq〔Na^+ + K^+ − Cl^-〕）对肉仔鸡生长的影响，0～21、22～42、43～49 日龄基础日粮的 dEB 值分别为 229、209、186，以 $NaHCO_3$ 和无水氯化钙调整其 dEB 值为 100～350、80～300、50～300，结果：3 阶段日粮 dEB 值（meq/kg）分别为 150、176、137 时，其 49 日龄平均体重比基础日粮组试验鸡提高 7%。

罗兰等（1990）用 Arbor Acres 公肉雏研究了日粮氯（0.15%，0.35%）、镁（0.3%，0.6%）、非植酸磷（0.47%，0.90%）水平对 0～21 日龄仔鸡生长性能，胫骨软骨病（TD）的影响，结果：高非植酸磷，高氯或高氯/高磷日粮 TD 发病率较高，这一作用在高镁时有所缓解，但伴随仔鸡生长速度降低。

罗兰等（1994）以 480 只 Arbor Acresl 日龄公肉雏研究了日粮氯水平（0.15% 和 0.35%）、Mg 水平（0.15%，0.4%）对鸡的影响，结果：30 日龄前日粮氯水平对肉鸡 TD 发病率和生长速度的影响趋势一致，高氯与低氯相比，其生长速度高 14%，TD 发病率随日粮氯水平增加而提高，同时观察到患 TD 鸡胫骨端软骨繁殖区内未成熟软骨细胞极度增生、软骨钙化区骨针排列方向紊乱，血管稀少、个别血管段落萎缩、坏死，加剧软骨栓形成。

关于肉仔鸡日粮 Na、K、Cl 需要量的研究工作实属空白，有待专项研究。

7.3　锰需要量

罗绪刚（1991a）以玉米－豆饼型日粮 Mn 18 mg/kg 为基础，研究了 0～28 日龄 AA 肉仔鸡日粮 Mn 的适宜水平，结果，获得最大增重、最低滑腱症发生率的 Mn 水平应为 90 mg/kg 和 130 mg/kg，研究工作同时证实跖骨灰 Mn 浓度是测定饲料 Mn 生物学有效率的敏感指标。罗绪刚（1991b）在另一次研究工作证实，以玉米－豆粕为基础日粮（Mn 16 mg/kg），以体增重、腿病发生率、骨灰 Mn、软组织

（肝脏、胰脏、肾脏、心脏、肌肉）Mn 含量达到平衡状态、心脏含 Mn 超氧化歧化酶（MnSOD）活性为标志测得 0～28 日龄肉仔鸡日粮的适宜 Mn 水平应为 120 mg/kg。罗绪刚（1992）以玉米－豆粕型日粮为基础，对 0～56 日龄 AA 品种肉仔鸡分别给饲 Mn 缺乏（16 mg/kg）、Mn 过量（2 840 mg/kg）、Mn 适宜（120 mg/kg）3 种日粮，其结果与日粮 Mn 水平适宜鸡相比，Mn 缺乏时，跖骨灰、肝、胰、心、脾和胆汁 Mn 和心组织含 Mn 超氧化歧化酶（MnSOD）活性等降低（$P<0.01$），腿病发生率和心含 CuZn 超氧化歧化酶（CuZnSOD）活性提高（$P<0.01$）；Mn 过量时，鸡采食量和体增重降低（$P<0.01$），上述组织和胆汁 Mn 含量提高（$P<0.01$）。

7.4 锌需要量

武秀云等（1995）应用五因素二次回归几乎正交旋转组合设计，以玉米－豆粕型日粮为基础（Zn，31.45 mg/kg），对 0～14 日龄 Arbor Acres 品种肉用公雏的锌需要量进行了研究，结果认为，获得最大体重的日粮锌适宜水平为 83 mg/kg，获得最大胰脏、胫骨和血清锌沉积的日粮锌适宜水平为 130～150 mg/kg。

刘德超（1995）应用上述同一方法测得 0～21 日龄公、母肉仔鸡对日粮锌的需要量（mg/kg）为：最大体增重时为 160 和 172、最大饲料利用效率为 176 和 165，最大氮表观存留率为 216 和 106，最低血清尿酸浓度为 143 和 221，各项测值明显高于武秀云等的测值。

何霆等（1995），以玉米－豆粕型日粮为基础日粮，采用梯度饲养试验法测得 0～56 日龄 Arbor Acres 品种肉仔鸡获得最优生产性能的锌需要量为 40～50 mg/kg。周明等（1991）研究了鸡体锌和含硫氨基酸的互作，结果表明：缺锌时，鸡对含硫氨基酸的同化作用减弱，血清无机硫，粪尿排泄总硫和无机硫增多（$P<0.01$），含硫氨基酸能促进鸡对锌的吸收和利用，使血清锌含量和血清碱性磷酸酶活性升高（$P<0.01$）。

刘德超（1995）的研究还发现，日粮蛋氨酸与锌的互作显著影响体增重和饲料利用效率（$P<0.05$），即，蛋氨酸水平低时，高锌促进增重、改善饲料利用效率，蛋氨酸水平高时，高锌抑制增重、降低饲料利用率；相反，日粮锌水平较低时，提高蛋氨酸水平则增重提高、饲料利用率改善，锌水平高时，蛋氨酸水平的提高反而降低体增重和饲料利用率。

7.5 硒需要量

许振英（1985）在基础日粮含硒 0.029～0.033 mg/kg 的基础上，添加不同水平的亚硒酸钠，结果认为：雏鸡日粮的硒水平应为 0.13～0.33 mg/kg。丁角立（1992）用 1 日龄 Avian 公肉雏研究了玉米－豆粕型基础日粮（硒水平为 0.016～0.027 mg/kg）的硒供给量，结果得知：使 4 周龄肉仔鸡具最大血浆、肝脏硒含量，高的 GSH-PX 酶活性，日粮硒的供给水平为 0.35 mg/kg 左右。

7.6 铜需要量

霍启光等（1986）以玉米－豆粕型日粮为基础，研究了 Lomann 品种肉仔鸡日粮添加水平不等的 $CuSO_4 \cdot 5H_2O$，使日粮铜的添加水平（mg/kg）分别为 8、100、200、300，经 49 d 的测试，结果，添加高剂量铜（100～300 mg/kg）的鸡生产性能无异于低剂量（8 mg/kg）者。

7.7 锗的需要量

李建凡（1994）以玉米－豆粕－血粉型日粮为基础，研究了 0～35 日龄罗斯品种肉用公雏添加锗的效应，结果：以二氧化锗形态添加 10 mg/kg 锗具促进鸡生长的作用，与未加锗鸡相比，增重提高

12%（$P<0.01$），饲料转化效率提高7.5%（$P<0.05$）。

表12　肉仔鸡微量元素需要量*　（mg/kg）

矿物元素	日龄	需要量	衡量标志	资料来源
Mn	0~28	90 130 （基础日粮含Mn均为18）	最大增重 最低滑腱症发生率	罗绪刚（1991a）
Mn	0~28	120 （基础日粮含Mn16）	体增重，腿病发生率，软组化Mn，心脏含Mn超氧化歧化酶活性	罗绪刚（1991b）
Mn	0~49 50以上	120 60		黄俊纯（1995）
Mn	0~14	80 100 120~130 （基础日粮含Mn9.8）	最大体增重，最大肾脏、胰脏Mn沉积 最大心脏Mn-SOD 最大饲料报酬，最大心脏总-SOD，最大肝脏、脾脏Mn沉积	张日俊（1994）
Zn	0~14	80 130~150 （基础日粮Zn均为31.45）	最大体增重 最大胰脏、胫骨、血清、Zn沉积量	武秀云（1995）
Zn	0~49	40~50	体增重、饲料报酬、组织（血浆、肾脏、肝脏和胰脏）和血液碱性磷酸酶和CuZn-SOD	何　霆（1995）
Zn	0~49	70		黄俊纯（1995）
Se	0~28	0.35 （基础日粮Se为0.016~0.027）	血浆、肝脏Se沉积血浆、肝脏和胰脏中GSH-PX酶活性	丁角立（1992）
Se	0~49	0.2		黄俊纯（1995）
Cu	0~49	10		
Cu	0~49	8	体增重，饲料报酬、死淘率	霍启光（1986）
Ge	0~35	10 （GeO_2形式）	体增重、饲料报酬	李建凡（1994）

*除Se、Cu、Ge为日粮添加量外，其他需要量为基础日粮内含量和添加总量。

表12将上述肉仔鸡日粮微量元素需要参数加以归纳，可见：我国在这一领域的研究工作面比较宽，其深刻程度亦高于其他类别的营养物质，为我国修改肉仔鸡饲料标准提供了重要的依据；我国在Fe和I的营养需要方面尚属空白，有待探讨。

参考文献

能量需要

[1] 王和民，等.1994a.肉用雏鸡在绝食条件下的卵黄囊营养和维持需要.畜牧兽医学报，25（1）：13~19

[2] 王和民，等.1994b.肉用雏鸡在采食条件下卵黄囊内营养素的转移和耗用.畜牧兽医学报，25（2）：97~104

[3] 杨嘉实，等.1989.肉用仔鸡维持代谢能测定方法的探讨.中国动物营养学报，1（1）：10~15

[4] 杨嘉实，等.1988a.肉用仔鸡代谢能需要量的研究.第五届动物营养学术讨论会论文集，第53页

[5] 杨嘉实，等.1988b.肉用仔鸡维持代谢能需要研究.第五届动物营养学术讨论会论文集，第54页

[6] 吴成坤，等.1982. 肉用仔鸡的能量需要. 东北农学院学报，(2)：1~6
[7] 霍启光，等.1985.0~8周龄肉用仔鸡能量需要量的测定. 北京农学院学报，1985，(2)：1~7
[8] 霍启光，等.1977. 肉仔鸡对不同能量浓度日粮采食量调节能力的测定. 北京农学院学报，1987，(1)：46~54
[9] 霍启光，等.1977. 肉仔鸡前期日粮能量浓度对后期增重及饲料利用率的影响. 北京农学院学报，1987，(2)：50~56
[10] 杨嘉实.1992. 肉用仔鸡能量代谢特点的研究. 中国动物营养学报，4 (1)：17~21

蛋白质与氨基酸需要

[11] 农牧渔业部畜牧局.1986. 鸡的饲养标准（ZBB43005-86），5~9
[12] 侯水生，等.1991. 日粮能量蛋白质水平对肉用仔鸡体重及腹脂率的影响. 中国畜牧杂志，27 (5)：6~9
[13] 梁琳，等.1995. 肉用仔鸡中、后期日粮的配制技术（内部资料）
[14] 刘德超.1995.0~3周龄不同性别肉用仔鸡真可利用赖氨酸和真可利用蛋氨酸需要量的研究. 中国农业科学院硕士学位论文
[15] 莫棣华.1995.0~2周龄肉用雏鸡色氨酸需要参数的研究（内部资料）
[16] 梁琳，等.1995.0~2周龄雏鸡可利用蛋氨酸、胱氨酸营养参数研究（内部资料）
[17] 王和民，等.1984. 肉用仔鸡赖氨酸、蛋氨酸需要量的研究. 见：第三届动物营养学术讨论会论文集.114
[18] 王春霞，等.1990. 肉用仔鸡对甲硫亚砜生物学利用性的研究. 中国动物营养学报，2 (1)：62
[19] 何天培.1994. 牛磺酸、磺基丙酸制剂对肉仔鸡及大鼠营养效应的研究. 北京农业大学博士学位论文
[20] 罗兰，等.1994. 日粮赖氨酸、蛋氨酸水平对不同性别肉鸡生长性能的影响. 中国畜牧杂志，30 (2)：8~10

维生素需要

[21] 黄俊纯，等.1989. 不同维生素A添加量对肉用仔鸡的生长发育及血浆、肝脏中维生素E含量的影响. 中国动物营养学报，1 (1)：44~50
[22] 蔡辉益.1990. 肉用仔鸡对维生素A的吸收利用及添加效应的研究. 中国农业科学院博士学位论文
[23] 王建霞，等.1990. 雏鸡在卵黄囊阶段和饲料阶段对α-生育酚的吸收和转移. 畜牧兽医学报，21 (3)：229~234
[24] 罗兰，等.1991. 添加维生素、A、D日粮对肉仔鸡腿病以及血清中矿物元素水平的影响. 见：第一届饲料营养学专业委员会学术讨论会论文集.43
[25] 陈金文，等.1990. 肉用仔鸡核黄素需要量的研究. 营养学报，12 (4)：349~354
[26] 杨禄良.1993. 核黄素在肉用仔鸡体内的利用及其对蛋氨酸代谢的作用. 中国农业科学院博士学位论文
[27] 王秀娴，等.1988. 添加氯化胆碱饲喂肉用仔鸡的效果试验. 见：第五届动物营养学术讨论会论文集.83
[28] 王彦新，等.1991. 肉用仔鸡饲粮添加胆碱及无机硫酸盐对蛋氨酸的替代作用. 饲料工业，1991，(1)：43~45
[29] 郭玉琴.1995. 日粮中不同甜菜碱和胆碱水平对肉仔鸡生产性能及脂类代谢的影响. 北京农业大

学硕士学位论文
[30] 林济华，等. 1993. 日粮烟酸水平对肉仔鸡生长及组织烟酰胺、辅酶Ⅰ（NAD）含量的影响. 中国畜牧杂志，1993，29（3）：3~5
[31] 李健，等. 1995. 肉仔鸡生物素缺乏症的观测及生物素需要量的探讨. 见：动物营养代谢研究. 动物营养代谢农业部重点开放实验室. 北京：农业出版社. 136

矿物质元素需要

[32] 孙启军. 1993. 0~2周龄肉仔鸡钙磷需要的研究，北京农业大学硕士学位论文
[33] 丁角立，等. 1994. 日粮中钙磷水平对肉用仔鸡生产性能及机体钙磷含量的影响. 中国畜牧杂志，30（5）：6~9
[34] 李新明. 1986. 肉用仔鸡有效磷需要量的研究. 中国农业科学院硕士学位论文
[35] 呙于明. 1995. 生长后期日粮钙、磷水平对肉仔鸡生长性能及胫骨矿化程度的影响. 中国饲料，1995.（3）：10~11
[36] 齐广海，等. 1995. 日粮中磷和锰水平对肉仔鸡某些组织的影响. 畜牧兽医学报，26（1）：7~11
[37] 丁角立，等. 1992. 肉仔鸡日粮中电解质平衡的研究. 见：第六届动物营养学术讨论会论文集. 514
[38] 罗兰，等. 1994. 肉鸡胫骨软骨症发病趋势及组织学研究. 畜牧兽医学报，25（1）：5~12
[39] 罗兰，等. 1990. 日粮中氯、镁、非植酸磷水平和豆饼对肉仔鸡胫骨软骨症的影响. 中国畜牧杂志，26（2）：5~8
[40] 罗绪刚，等. 1991a. 饲粮不同锰水平对AA肉仔鸡生长、腿病发病率、某些血浆生化指标与免疫参数的影响. 中国畜牧杂志，27（1）：11~14
[41] 罗绪刚，等. 1991b. 肉仔鸡实用日粮中锰的适宜水平的研究. 见：第一届饲料营养专业委员会学术论文讨论会论文集. 49
[42] 罗绪刚，等. 1992. 实用饲粮锰缺乏对肉用仔鸡骨骼发育的影响. 中国动物营养学报，4（1）：7~11
[43] 罗绪刚，等. 1992. 饲料中锰的缺乏与过量对肉仔鸡性能的长期影响. 中国畜牧杂志，28（1）：11~13
[44] 张日俊. 1994. 0~2周龄肉用仔鸡锰需要量及其卵黄囊内钙磷锰锌转移吸收规律的研究. 北京农业大学硕士学位论文
[45] 武秀云，等. 1995. 肉用仔鸡饲粮锌适宜浓度的研究. 中国畜牧杂志，31（1）：10~13
[46] 何霆，等. 1995. 肉仔鸡饲粮中锌需要量的研究. 中国动物营养学报，7（1）：2~9
[47] 丁角立，等. 1992. 硒缺乏对肉仔鸡体内含硫化合物代谢的影响. 中国动物营养学报，4（2）：37~44
[48] 霍启光，等. 1986. 日粮中不同水平铜对笼养肉鸡生产性能的影响. 见：第四届动物营养学术讨论会论文集. 46~47
[49] 李建凡，等. 1994. 两种锗化合化对肉鸡的促生长作用及其毒性. 中国动物营养学报，6（2）：23~29

（本文曾发表于饲料工业，1996，17（2）：1~7，（3）：1~6）

种公鸡日粮营养水平及其对繁殖性能影响的研究

霍启光[1]，林理真[2]，陈彦梅[3]

（1. 中国农业科学院饲料研究所；
2. 北京农学院；3. 北京市水利局于庄种鸡场）

摘　要：用29~36周龄海赛克斯（褐色）蛋用型父母代种公鸡112只、种母鸡1 024只。研究了种公鸡日粮营养水平及其对繁殖性能的影响。上述试验鸡，种母鸡饲用同一蛋鸡料，种公鸡则分别给饲下列4种日粮：①高CP（17.5%），高AA（0.86% Lys，0.63% SAA），高Ca（3.7%）日粮；②低CP（12.5%），低AA（0.55% Lys，0.45% SAA），高Ca（3.7%）日粮；③低CP（12.5%），低AA（0.55% Lys，0.45% SAA），低Ca（1.0%）日粮；④同③，仅更换维生素－微量元素综合预混料。结果：①采用低CP、低AA、高Ca或低CP、低AA、低Ca日粮时，种公鸡的精液品质、种蛋受精率、孵化率等均无异于用高CP、高AA、高Ca日粮者（$P>0.05$）；②采用种公鸡专用维生素－微量元素综合预混料，入孵蛋孵化率提高3.35%；日饲用低CP、低AA、低Ca日粮的种公鸡体增重（29~36周龄）大于用高CP、高AA、高Ca日粮者（$P<0.05$），其36周龄体重较接近于品种标准。

关键词：种公鸡日粮；蛋白质；钙

已有一些研究工作表明[1~3]，种公鸡繁殖期的营养需要低于种母鸡，而有关种公鸡饲料配方的研究工作却进行得甚少。目前我国种鸡场一般都用产蛋鸡料作种公鸡料，其主要营养特点是高蛋白质、高氨基酸、高钙。本试验试图了解种公鸡对低蛋白质、低氨基酸、低钙日粮，专用综合预混料的反映，以寻求制作适用于我国种公鸡用饲料配方的依据。

1　材料与方法

1.1　试验鸡分组和饲养管理

于1991年4月在北京水利局于庄种鸡场选择28周龄、体重相近（$P>0.05$）的海赛克斯（褐色）蛋用型父母代种公鸡112只、母鸡1 024只，随机等分4个处理组，每处理组设4个重复。每个重复7只公鸡、64只母鸡。公、母鸡分舍饲养于半开放式鸡舍内，公鸡单笼饲养，母鸡每笼4只。试验分两期进行，第Ⅰ期在第29～32周龄，第Ⅱ期在33～36周龄。

试验鸡自由采食、饮水，光照16.5 h/d，试验期间公鸡舍4月份日平均温度16.1℃、相对湿度64.9%，5月份日平均温度21.1℃、相对湿度68.7%。试验鸡实行人工授精。

1.2 试粮

种公鸡随机给饲等能，不等粗蛋白质、赖氨酸、含硫氨基酸，钙水平的4种日粮（表1）：①高蛋白质（17.5%）、高赖氨酸（0.86%）、高含硫氨基酸（0.63%）、高钙（3.7%）日粮；②低蛋白质（12.5%）、低赖氨酸（0.55%）、低含硫氨基酸（0.45%）、高钙（3.7%）日粮；③低蛋白质（12.5%）、低赖氨酸（0.55%）、低含硫氨酸（0.45%）、低钙（1.0%）日粮；④同③，仅更换综合预混料。

表1　种公鸡试验日粮

项目		日粮号			
		1	2	3	4
日粮配方（kg/t）	1. 玉米	605	692.8	692.8	692.8
	2. 麦麸	17	75	79	79
	3. 豆饼	228	82	80	80
	4. 鱼粉	30	30	30	30
	5. 骨粉	26	29	28	28
	6. 石粉	86	84	3	3
	7. 砂砾	0	0	80	80
	8. 食盐	3	3	3	3
	9. DL－蛋氨酸	1.3	0.5	0.5	0.5
	10. 1号综合预混料*	3.7	3.7	3.7	0
	11. 2号综合预混料**	0	0	0	4.0
	合计	1 000.0	1 000.0	1 000.0	1 000.0
营养水平	表观代谢能（MJ/kg）	11.53	11.53	11.53	11.53
	粗蛋白质（%）	17.5	12.5	12.5	12.5
	赖氨酸（%）	0.86	0.55	0.55	0.55
	含硫氨基酸（%）	0.63	0.45	0.45	0.45
	钙（%）	3.7	1.0	3.7	1.0
	总磷（%）	0.7	0.7	0.7	0.7

* 1号综合预混料，含维生素：A 1 620万IU、D_3 324万IU、E 20 000 IU、K_3 1.5 g、B_1 0.6 g、B_2 4.5 g、B_{12} 15 mg、叶酸0.15 g、烟酸40 g、泛酸7.5 g、氯化胆碱570 g，含杆菌肽锌30 g，含微量元素（g）：铜8、铁60、锰60、锌65、碘0.3、硒0.1。

** 2号综合预混料，含维生素：A 2 000万IU、D_3 400万IU、E 30 g、K_3 8 g、B_1 4 g、B_3 12 g、B_{12} 40 mg、叶酸2 g、烟酸80 g、生物素0.2 g、泛酸24 g、吡哆醇8 g、抗坏血酸100 g、氯化胆碱500 g，含杆菌肽锌30 g，含微量元素（g）：铜9、铁60、锰100、锌110、碘1、硒0.32。

各处理组种母鸡均使用同一蛋鸡料（表1，1号日粮）。

1.3 人工授精方法

每日下午15：00～16：30，种公鸡隔日背腹式按摩采精，母鸡每隔4日输混合原精0.035 ml/只。

1.4 测试指标及方法

1.4.1 公鸡采食量

按重交组每4周记载1次采食量。

1.4.2 公鸡体重

试验前（每28周龄末），试验结束时（第36周龄末）按重复组称重。

1.4.3 繁殖性能指标

（1）采精量：以重复组为单位，第Ⅰ试验期在饲喂试验料后第13~28 d，第Ⅱ试验期在饲喂试验料后第38~54 d，用刻度集精管采集公鸡精液并记量。

（2）精液品质：以重复组为单位，第Ⅰ期在饲喂试验料后第18~25 d，第Ⅱ期在饲喂试验料后第46~53 d，测定精子活力（150倍显微镜、镜检保温箱28℃）、精子密度（红血球计数法）、精液pH值（pH 5.5~9.0精密pH试纸）。

（3）种蛋受精率、孵化率：两期试验分别于其第4周收集种蛋，第Ⅰ期收集4 d，第Ⅱ期收集5 d。种蛋入孵后第11 d照蛋，根据无精卵数计算受精率。以孵化21 d出雏结果，计算受精蛋孵化率、入孵蛋孵化率。

1.4.4 数据处理

各项测值以重复组为单位统计，所得数据用方差分析，邓肯氏新复极差法统计处理。以百分数表示的数据先进反正弦转换，再做方差分析。

2 结果与分析

2.1 繁殖性能

2.1.1 精液品质

精液品质检查结果（表2）表明，全试验期各处理组间公鸡的采精量、精子活力、精子密度、精液pH值等指标均无明显差异（$P>0.05$）。可见使用低蛋白质、低氨基酸、低钙日粮（第3、4组）不会对精液品质产生不良影响，而且精子活力还稍强于高营养水平组（第1、2组）。

表2 精液品质

试验期别	试粮	采精量		评定指标			
		测定鸡只次数	ml/只·次	测定鸡只次数	活力（等级）	精子密度（10亿/ml）	精液pH值
Ⅰ	1	224	0.47±0.059	112	0.73±0.063	4.53±0.364	7.5
	2	224	0.42±0.081	112	0.70±0.037	3.99±0.732	7.5
	3	224	0.48±0.074	112	0.79±0.005	4.40±0.544	7.5
	4	224	0.46±0.171	112	0.76±0.059	4.20±0.211	7.4
	差异显著性检验		NS		NS	NS	
Ⅱ	1	224	0.46±0.062	112	0.63±0.061	3.30±0.189	7.5
	2	224	0.43±0.083	112	0.69±0.073	3.21±0.405	7.5
	3	224	0.45±0.064	112	0.73±0.039	3.21±0.237	7.5
	4	224	0.40±0.138	112	0.72±0.042	3.00±0.650	7.5
	差异显著性检验		NS		NS	NS	

NS，差异不显著。

2.1.2　种蛋受精率、孵化率

从试验结果（表3）可知，各处理组间种蛋的受精率、受精蛋孵化率、入孵蛋孵化率等差异均不显著（$P>0.05$）。但比较两期试验的入孵蛋孵化率可见，随试验日粮饲喂期延长，第4组的入孵蛋孵化率（%）比第1、2、3组分别高出3.45、3.33、3.35。这不仅显现出低蛋白质、低赖氨酸、低含硫氨基酸、低钙日粮的可行性，同时反映出种公鸡专用综合预混料（第4组）有提高种鸡综合繁殖性能的趋势。

表3　种蛋孵化结果

试验期别	日粮	采种蛋鸡只次数	入孵蛋数（枚）	受精率（%）	受精蛋孵化率（%）	入孵蛋孵化率（%）
Ⅰ	1	999	823	92.46	88.95	82.27
	2	963	790	93.40	88.40	82.54
	3	958	764	92.61	84.73	78.43
	4	1 024	851	91.39	90.05	82.31
				NS	NS	NS
Ⅱ	1	1 190	909	93.29	88.68	82.72
	2	1 089	880	92.27	89.79	82.84
	3	1 125	885	94.82	87.27	82.82
	4	1 234	1 005	94.83	90.87	86.17
				NS	NS	NS

NS，差异不显著。

2.2　种公鸡体重变化

试验期前（第28周龄末）种公鸡体重（第1、2、3、4组分别为2 665、2 646、2643、2 654，g/只）差异不显著（$P>0.05$），其平均体重为该品种鸡同周龄标准体重的89.29%～90.03%。试验期末（第36周龄末）各组公鸡体重（第1、2、3、4组分别为2 786、2 836、2 876、2 839，g/只）差异亦不显著（$P>0.05$）。但是，试验期间第2、3、4组公鸡增重（分别为190、234、186，g/只）显著高于第1组（122 g/只）（$P<0.05$）。可见，在本试验中，采食较低营养水平日粮（日粮2、3、4）的种公鸡同采食较高营养水平日粮（日粮1）者相比，其36周龄体重更接近于饲养指南[4]所推荐的该品种相应阶段标准体重（3 070 g/只）。

2.3　种公鸡的养分采食量

由试验结果得知，各处理组间种公鸡表观代谢能平均日进食量（MJ/只）没有显著差异（$P>0.05$），第Ⅰ期各处理组分别为1.41、1.44、1.39、1.39；第Ⅱ期由于气温升高，公鸡表观代谢能进食量有所下降，各处理组分别为1.33、1.30、1.27、1.31。第1、2、3、4组公鸡粗蛋白质平均日采食量（g/只）分别为21.4、15.7、15.1、15.1（Ⅰ期），16.7、14.1、13.8、14.0（Ⅱ期）。据Salim M. Bootwalla等[4]报道，肉用型种公鸡为保证繁殖效率每鸡每天需要1.20～1.63MJ代谢能，8.8～15.6 g粗蛋白质，白莱航蛋用型种公鸡代谢能和粗蛋白质的最低需要量为每鸡每天0.96MJ和6.0 g。但是，未见中型蛋用型种公鸡营养需要量的有关报道。本试验测得保证笼养中型蛋用型种公鸡正常繁殖性能的能量、粗蛋白质进食量远远高于白莱航蛋用型种公鸡，接近于肉用型种公鸡。

2.4　经济分析

试验所用4种营养水平种公鸡日粮的价格（元/t）为953、676、665、695。使用4号料比1号料不仅每吨可节约258元，而且入孵种蛋孵化率还可提高3.45%（第Ⅱ试验期），其经济效益是相当可观的。

综上所述，种公鸡的低粗蛋白质（12.5%）、低赖氨酸（0.55%）、低含硫氨基酸（0.45%）、低钙（1.0%）日粮对种公鸡的繁殖性能、体重控制非但不会产生有害影响，反而有利于种公鸡维持正常体况，并可获得与高蛋白质、高氨基酸、高钙日粮同样的繁殖力和较高的经济效益。

参考文献

[1] Brown H B, *et al.* Poultry Sci., 1983, 62: 1 885 ~ 1 888

[2] Wilson J L, *et al.* Poultry Sci., 1987, 66: 237 ~ 242

[3] 黄松滨，等. 引进良种鸡饲养手册，1991，394

[4] Salim M Bootwalla, *et al.* Feedstuffs, November 26, 1990, 16 ~ 18

（本文曾发表于中国畜牧杂志，1992，28（6）：7 ~ 9）

肉仔鸡能量营养需要的研究

Ⅰ. 肉仔鸡对不同能量浓度日粮采食量调节能力的测定

霍启光，林理真，孙万岭

（北京农学院畜牧兽医系）

摘　要：应用饲养试验、平衡试验相结合的方式研究了0～4周龄肉仔鸡对不同能量浓度日粮采食量的调节能力。选择Arbor Acres品种商品代1日龄公、母混合肉仔鸡480只，等分为40笼，每笼试鸡12只；按随机化原则分作6个处理组，每个处理组设6～7个重复组，以重复组为单位测试；各处理组试笼均匀配布于半封闭式试验鸡舍的不同部位。单因子设计，上述6个处理组试验鸡分别给饲能量浓度（代谢能，Mcal/风干饲料，kg）不等的6个试粮（设计能量浓度为2.55～3.30，梯度为150 kcal）。试验测得0～4周龄肉仔鸡风干日粮随意采食量（g），代谢能随意采食量（kcal），体增重（g），饲料耗用比（kg/kg），“表观代谢能，Mcal/增重，kg”等同日粮的能量浓度呈强直线相关，分别为－0.8147，0.9690，0.9799，－0.9957和－0.9101（$P<0.05$），显见，肉仔鸡对不同能量浓度日粮的采食量具有一定的调节能力，然而从总的趋势看，其调节力是很弱的。0～4周龄肉仔鸡在能量浓度2.50～3.35（实测值）的范围内，每提高0.1 Mcal其表观代谢能的累积采食量提高99 kcal，累积增重提高27.2 g，每千克增重（包括维持在内）少耗料81 g、少耗表观代谢能54.9 kcal。从生物学角度分析，0～4周龄肉仔鸡为保持恒定（$P>0.05$）的代谢能采食量，对不同能量浓度日粮采食量调节力的高限在3.35以上，低限为3.10。从生物学、经济学角度综合分析，符合我国饲料资源的0～4周龄肉仔鸡日粮能量浓度应为3.10；倘条件许可，可提高至3.10以上但无需超越3.25；条件较差时，可降低至2.90。

关键词：能量浓度；调节采食量；肉仔鸡；表观代谢能

动物“为能而食”（eat for calorles）的道理早为众所周知，其随意采食量（Volunetary feed intake）即是以能量的需要为准绳的[1]。鸡等单胃动物在一定的能量浓度范围内，可本能地调节采食料量以保持恒定的能量进食量[1]。为了满足能量的需要量，动物对高能量日粮的采食量较少，对低能量日粮的采食量较多[4]。

对鸡，饲料能量浓度达到高限（代谢能，3.3～3.5 Mcal/饲料干物质，kg）以后，继续提高浓度并不能继续多吃，反而少吃，保持一个稳定的采食量[1,12]，饲料能量浓度的高限受饲料能量浓度的限制，关键在于低限[1,12]，而肉仔鸡对低能日粮的反应，长期以来是人们注视的问题。有曰：日粮能量浓度达高限以前，物理调节起主导作用，动物一直吃到撑不下为止[1,12]，肉仔鸡的消化器官对大量采食低能日粮有着很大的适应能力，这种能力是在两周龄前形成的，肉仔鸡大量采食低能量日粮的能力比白色莱航鸡的能力强[5,3]，亦有曰：动物对于能量浓度过低的饲料，由于其适口性差而致食量减少，并进而影响增重[6]；正常情况下肉仔鸡不能采食低能日粮[4]；肉仔鸡在日粮能量浓度达到高限以前不是“为能而食”，而是“为饱而食”[7,8,11]，肉仔鸡的能量采食量随日粮能量浓度下降而下降，它通过提高低能量浓度日粮（即高纤维日粮）的采食量来调节能量进食量的能力低于蛋鸡[8~10]。

利用我国饲料资源为肉仔鸡配制营养平衡的高能量日粮，时常出现能量不足的问题，欲既保证营养平衡，又达到高能量浓度，必得借助于昂贵的油脂饲料。了解肉仔鸡对不同能量浓度日粮，特别是低能量浓度日粮的反应是选定我国肉仔鸡日粮最适能最浓度，配制高生产水平的最低成本日粮不可缺少的依据。这些，这就是进行本项试验的基本目的。

1　材料与方法

1.1　试验时间与场所

试验于1984年4月至5月，在北京农学院家禽饲养实验室（经改建半封闭式鸡舍）进行。

1.2　试验鸡选择

外购Arbor Acres品种商品代1日龄公、母混合肉仔鸡600只；剔除过大、过小、卵黄囊吸收不良、畸形等异常雏鸡选择健康雏鸡552只，随机分作6个处理组，第Ⅰ~Ⅵ处理组的鸡只数分别为96、96、96、96、84、84只，每个处理组设7~8个重复组，每个重复组试验鸡12只。各处理组随机抽取1个重复组为后备组，所余试验鸡为统计组；各后备组试验鸡的试验处理同于其相应的处理组，备作替换意外试验鸡。

供统计用各处理组1日龄试验鸡平均体重（分别为38.6、39.6、40.2、39.7、38.8、39.8 g）经方差分析，结果，差异不显著；随限，以重复组为单位（即计量单位）按组笼饲；各处理组鸡笼均匀配布于鸡舍的各个部位。

1.3　试验处理及试粮

上述各处理组试验鸡按随机化原则分别给饲6个能量浓度不等的试粮（表1）：第Ⅰ、Ⅱ、Ⅲ、Ⅳ、Ⅴ、Ⅵ组试粮的代谢能浓度（表观代谢能，Mcal/风干饮料，kg；实测值）分别为2.50（77）、2.70（83）、2.89（89）、3.10（95）、3.25（100）、3.35（103）；各处理组试粮的蛋白能量比（g/Mcal）、蛋氨酸能量比（g/Mcal）、赖氨酸能量比（g/Mcal）、C（%）、总磷（%）、食盐（%），维生素和微量元素等预配添加剂（%）相等，均符合美国NRC推荐的肉仔鸡营养标准[2,4]。

表1　0~4周龄肉仔鸡试粮配方、营养水平

处理（Mcal/kg）	Ⅰ（2.50）	Ⅱ（2.70）	Ⅲ（2.89）	Ⅳ（3.10）	Ⅴ（3.25）	Ⅵ（3.35）
试粮配方（%）						
玉米籽实粉	42.11	48.126	54.15	61.173	54.246	48.381
大豆饼	13	18	23	30	34	36
小麦麸（八四粉）	36	25	14	—	—	—
大豆油	—	—	—	—	3	6
鱼粉（智利）	6	6	6	6	6	7
DL-蛋氨酸（98%）	0.156	0.167	0.183	0.194	0.206	0.212
L-赖氨酸	0.135	0.113	0.093	0.043	0.019	—
骨粉	—	0.122	0.610	1.22	1.159	1.037
石粉	1.229	0.102	0.594	—	—	—
食盐	0.37	0.37	0.37	0.37	0.37	0.37
微量元素-维生素预混物	1.00	1.00	1.00	1.00	1.00	1.00
合计	100.000	100.000	100.000	100.000	100.000	100.000
试粮营养水平						
表观代谢能（Mcal/kg）	2.50（77）	2.70（83）	2.89（89）	3.10（95）	3.25（100）	3.35（103）
蛋白能量比（g/Mcal）	81	80	78	80	80	81
赖氨酸（g/Mcal）	3.93	3.96	3.97	3.98	3.99	4.00
蛋氨酸（g/Mcal）	1.70	1.70	1.71	1.70	1.70	1.70
钙（%）	1.00	1.00	1.00	1.02	1.01	1.01
总磷（%）	0.71	0.65	0.65	0.65	0.65	0.65

1.4　试粮表观代谢能，粗蛋白质含量的测定

表观代谢能：由饲养试验的6个处理组中、各任选3个重复组（笼）进行代谢试验，各试验组试粮不变，全粪收集法。试验于8~14日龄进行，收集粪、尿5 d，记载进食量7 d，行抛洒饲料的校正，以日平均值为日排粪、尿量和日进食饲料量；于70℃下制备风干粪、尿分析用样本，用氧弹式恒温测热计测定燃烧值。

粗蛋白质：风干样本，凯氏法定氮。

测定结果列于表1。

1.5　饲养管理方式

随意采食（计量，不限量），干粉料，自由饮水，笼外喂食饮水；前两周龄采用三层全重叠式笼养，后两周龄采用双层全阶梯式笼养；饲养密度，前两周69只/m²，后两周33只/m²。

温度：第1、2、3、4周龄饲槽位置平均温度（实测值℃）分别为33、28、28、24。

湿度：饲槽位置平均湿度（实测值,%）为，第一周龄55、第二周龄67、第三周龄65、第四周龄79。

光照：自然光照加人工光照，槽前平均光照度14~17 lx，每日光照23 h，夜1：00~2：00停止光照1 h。

自然通风，辅以排风扇换气。

1.6 防疫方案

试验鸡舍仅行福尔马林、高锰酸钾熏蒸消毒；于14日龄行新城疫冻干Ⅱ系弱毒疫菌滴鼻接种；试粮内统加抗球虫剂——安普罗林（133 mg/饲料，kg），杆菌肽锌（100 mg/饲料，kg）；对个别拉稀、嗉囊病等散发性病鸡连服3～5 d医用土霉素（1/4片）或痢特灵（0.03%，饲料）。

1.7 观测项目及资料整理分析

活重：于0.4周龄末用最小分度值0.5 g秤逐只称重：于1、2、3周龄末，用最小分度值50 g秤按笼（重复组）称重；每次称重均在当日晨8：00始，各次称重次序不变；称重前不行停水、断料。

耗料量：于每周龄末，在称量试鸡活重之同时，用最小分度值5 g秤，减量法测定各重复组周耗料量。耗料量 = 进食饲料量 + 抛洒饲料量。

环境指标：每日定时记载湿度、温度4次（2：00、8：00、14：00、20：00），整个试验期随机测定槽前光照度1次。

试验结束，以笼为单位统计各重复组、处理组增重量、耗料量、耗能量等；用方差分析、多重比较、相关分析和回归分析整理所得测值。

2 结果与分析

2.1 随意采食料量与日粮的能量浓度

随意采食量（g）系反映肉仔鸡对不同能量浓度日粮采食量调节能力的一项指标。在某一能量浓度范围内，倘具有调节能力随意采食量应同日粮能量浓度呈负相关。

由试验所得数据（表2）可见，日粮的累计随意采食量有随日粮能量浓度提高而降低的趋势。经相关分析，结果，累计随意采食量（y）与日粮能量浓度（x）的相关系数 $r = -0.8147$，（$P<0.05$），呈强负直线相关；其线性方程为，$y = 1\,693.5 - 117.5x$，日粮能量浓度每增加1 Mcal，其日粮的累计随意采食量减低117.5 g。显然，肉仔鸡对不同能量浓度日粮的采食量具有一定的调节能力。

表2　日粮能量浓度对0～4周龄肉仔鸡的影响

处理（Mcal/kg）	累计随意采食量（g）	代谢能累计随意采食量（Mcal）	累计增重（g）	耗料比	每千克增重消耗代谢能（kcal）	每千克增重消耗饲料原料费（元，人民币）
Ⅰ（2.50）	1 362[a]	3 407[d]	627[e]	2.17[a]	5 434[a]	0.86[cd]
Ⅱ（2.70）	1 411[b]	3 810[c]	724[d]	1.95[b]	5 273[ab]	0.82[ed]
Ⅲ（2.89）	1 377[a]	3 980[cb]	765[cd]	1.80[c]	5 205[ab]	0.80[e]
Ⅳ（3.10）	1 320[a]	4 090[ab]	789[cb]	1.67[d]	5 189[ab]	0.78[e]
Ⅴ（3.25）	1 322[a]	4 297[a]	843[ab]	1.56[e]	5 107[cb]	0.37[bc]
Ⅵ（3.35）	1 279[a]	4 285[a]	886[a]	1.45[f]	4 838[c]	0.96[a]

在同一竖行中，其测值右上角所标字母相同者，表明彼此间差异不显著（$P>0.05$）；反则反之（$P<0.05$）。

由表3所列数据可见，倘以第Ⅴ处理组（3.25 Mcal/kg）为准，第Ⅵ处理组（3.35 Mcal/kg）的调节能力可达100%，但日粮能量浓度较低的第Ⅰ、Ⅱ、Ⅲ、Ⅳ处理组的调节能力分别只有10、35、33、和0，未见有明显的规律性。

表3　肉仔鸡对不同能量浓度日粮采食量的调节力

处理（Mcal/kg）		Ⅰ（2.30）	Ⅱ（2.70）	Ⅲ（2.89）	Ⅳ（3.10）	Ⅴ（3.26）	Ⅵ（3.35）
0~4周龄的累计耗料	（g）	1 363	1 411	1 377	1 320	1 322	1 279
	（%）	103	107	104	100	100	97
调节力为100%时，采食量应为第Ⅴ组的百分数（%）*		130	120	112	105	100	97
调节力（%）**		10	35	33	0		100

* 以第Ⅱ组为例，$130=\frac{3.25}{2.50}\times100$；** 以第Ⅱ组为例，$10=\frac{103-100}{130-100}\times100$。

试验所得数据（表2）进一步进行保护性L、S、D、法多重比较，结果：以第Ⅴ处理组的累计随意采食量为准，除第Ⅱ处理组与之差异显著（分别为1 411、1 322、$P<0.05$）外，第Ⅰ、Ⅱ、Ⅳ、Ⅵ处理组与之差异均不显著（分别为1 363、1 377、1 320、1 279、1 322、$P>0.05$）。表明，肉仔鸡对于不同能量浓度日粮的采食量虽具调节能力，但其调节能力很弱。

2.2　不同周龄体增重，代谢能采食量与日粮的能量浓度

分析不同周龄试验鸡的周增重，代谢能周采食量同日粮能量浓度的关系，可借以推断肉仔鸡对低能量浓度日粮适应性的发生过程。

由试验结果（表4）可见，从总的趋势看，各处理组试验鸡各周龄的周增重，代谢能周采食量是随日粮能量浓度的升高而增加的。首先，对代谢能的周采食量进行分析；从1~4周龄，以各周龄代谢能周采食量最多的第Ⅵ组为准（分别为347.5 kcal、867.3 kcal、1 324.7 kcal、1 745.2 kcal），按周龄对不同处理组进行多重比较，结果，第1、2、3、4各周龄与之差异不显著（$P>0.05$）的处理组分别为第Ⅳ、Ⅴ、Ⅵ、Ⅴ、Ⅱ、Ⅳ、Ⅴ组。显而易见，第1、2、3、4周龄通过调节采食量达到代谢能最高采食水平的能量浓度底限，分别为3.10（Ⅴ）、3.35（Ⅵ）、3.25（Ⅴ）、2.89（Ⅲ），除第1周龄有卵黄囊营养的调剂作用外，从第2至第4周龄，试验鸡对低能日粮采食量的调节能力呈现一种渐进态。

表4　日粮能量浓度对不同周龄肉仔鸡的影响*

处理（Mcal/kg）	周增重（g）				代谢能周采食量（kcal）			
	1周龄	2周龄	3周龄	4周龄	1周龄	2周龄	3周龄	4周龄
Ⅰ（2.50）	73.9^{c}	130.7^{d}	185.4^{e}	237.1^{d}	253.5^{c}	588.2^{e}	1 053.2^{c}	1 512.1^{c}
Ⅱ（2.70）	83.3^{b}	157.1^{c}	210.4^{b}	273.7^{c}	303.0^{b}	698.4^{d}	1 144.9^{cb}	1 663.2^{b}
Ⅲ（2.89）	85.2^{b}	160.7^{c}	229.3^{b}	289.8^{cb}	305.8^{b}	732.5^{dc}	1 212.6^{ab}	1 725.3^{ab}
Ⅳ（3.10）	92.8^{a}	180.7^{b}	224.4^{b}	291.0^{cb}	337.3^{a}	783.8^{bc}	1 195.4^{b}	1 756.0^{ab}
Ⅴ（3.25）	93.9^{a}	185.1^{ba}	252.5^{a}	311.2^{ab}	348.0^{a}	800.3^{b}	1 323.5^{a}	1 826.2^{a}
Ⅵ（3.35）	94.3^{a}	195.5^{a}	265.3^{a}	331.1^{a}	347.5^{a}	867.3^{a}	1 324.7^{a}	1 745.2^{ab}

* 在同一竖行中，其测值右上角所标字母相同者，表明彼此间差异不显著（$P>0.05$）；反则反之（$P<0.05$）。

从周增重的角度加以分析：以第1~4周龄，各周龄中增重最高的第Ⅵ组为准（分别为94.3 g、195.5 g、265.3 g、331.1 g），按周龄对不同处理组进行多重比较，结果，第1、2、3、4各周龄与之差

异不显著（$P>0.05$）的处理组分别为Ⅳ、Ⅴ、Ⅴ、Ⅴ、Ⅴ组。显而易见，第1、2、3、4周龄通过调节采食量达到最高增重水平的能量浓度底限分别为3.10、3.25、3.25、3.25，除第1周龄由于上述同样原因外，第2、3、4周龄都是能量浓度为3.25以上的日粮才能达到最高增重水平。周增重的变化之所以有异于代谢能周采食量，很可能是因为代谢能的增重净能转化率随周龄增长而降低所致。

2.3 代谢能的随意采食量与日粮能量浓度

代谢能（kcal）的随意采食量系反映肉仔鸡对不同能量浓度日粮采食量调节能力的直接指标。在某一能量浓度范围内，倘具有调节能力，试验鸡对不同能量浓度日粮，可本能地通过调节日粮采食量以保持恒定的代谢能随意采食量。

由试验所得数据（表2）可见，代谢能的累计随意采食量随日粮能量浓度的提高而提高。经相关分析，结果，代谢能的累计随意采食量（y）与日粮能量浓度（x）的相关系数 $r=0.9690$（$P<0.01$），呈强正直线相关，其线性方程为，$y=1\,042+990x$，日粮能量浓度每增加1 Mcal，其代谢能的累计随意采食量增加990 kcal。显然，日粮能量浓度越低，其代谢能的累计随意采食量越少，反则反之。从总的趋势看，肉仔鸡对不同能量浓度日粮的采食量几乎无调节能力。鸡只对能量浓度高、低不同的日粮，不能通过调节采食量使其代谢能的采食量维持于一个恒定的水平之上。

遂经新复极差法多重比较，结果（表2）：第Ⅳ、Ⅴ、Ⅵ组间差异不显著（分别为4 090、4 297、4 285，$P>0.05$），但同第Ⅰ、Ⅱ组间均具极显著差异（分别为3 407、3 810，$P<0.01$）。表明，肉仔鸡在能量浓度3.10（第Ⅳ组）~3.35（第Ⅵ组）的范围内，对日粮的采食量具一定的调节能力，鸡只可以借助于调节采食量使代谢能的采食量维持于一定水平线上，从代谢能采食量的角度看，肉仔鸡调节不同能量浓度日粮采食量的高限在3.35以上，其低限则在2.89~3.10，对于2.70以下的日粮采食量则无调节能力（$P<0.05$）。

2.4 增重与日粮能量浓度

鸡只增重量（g）系反映其对不同能量浓度日粮采食量调节力的生产指标之一，在某一能量浓度范围内，倘具有调节能力，则试验鸡增重应保持在一个波动不大的范围之内。

由试验所得数据（表2）可见，鸡只累计增重随日粮能量浓度的提高而提高。经相关分析，结果：累计增重（y）同日粮能量浓度（x）的相关系数 $r=0.9799$（$P<0.01$），累计增重同日粮能量浓度呈强直线相关。其线性方程为 $y=272x-34$，能量浓度每增高1 Mcal，累计增重提高272 g。显而易见，日粮能量浓度越高，累计增重越大，这是肉仔鸡对不同能量浓度日粮采食量调节能力很弱的又一有力证据。

经新复极差法多重比较，结果（表2）：第Ⅰ组同第Ⅱ、Ⅲ、Ⅳ、Ⅴ、Ⅵ组间差异极显著（分别为627、724、765、789、843、886，$P<0.01$），第Ⅱ与Ⅲ、Ⅳ与Ⅴ、Ⅴ与Ⅵ组间差异不显著（$P>0.05$）。由此可见，日粮能量浓度低于3.10~3.25时（第Ⅳ与第Ⅴ间），鸡只不能通过调节代谢能采食量保持一定的增重。从累计增重这一最引人注目的指标分析，肉仔鸡调节日粮采食量的能量浓度低限在3.10~3.25，高限则在3.35以上。

2.5 耗料比与日粮能量浓度

耗料比乃根据饲料利用效率鉴别肉仔鸡日粮最佳能量浓度的生产指标。

由试验所得数据（表2）可见，耗料比随日粮能量浓度提高而降低。经相关分析，结果，耗料比（y）与日粮能量浓度（x）的相关系数，$r=-0.9957$（$P<0.01$），呈强负直线相关，日粮能量浓度越

高，耗料比越低，其线性方程为：$y = 4.16 - 0.81x$，日粮能量浓度每增加 0.1 Mcal，单位增重的耗料量降低 0.081 单位，亦即每 kg 增重的耗料量降低 81 g。

遂经新复极差法多重比较，结果（表2）第Ⅰ、Ⅱ、Ⅲ、Ⅳ、Ⅴ、Ⅵ组，彼此间差异显著（分别为2.17、1.95、1.80、1.67、1.55、1.45，$P < 0.05$）。日粮能量浓度越高，每千克增重的耗料量越低，饲料利用率越高。从本试验所获耗料比资料的角度分析，不能找到能量浓度的高、低限。

2.6 "代谢能，kcal/增重，kg"与日粮能量浓度

"代谢能，kcal/增重，kg"系选择肉仔鸡日粮最佳能量浓度的技术指标。

由试验所得数据（表2）可见，"代谢能，kcal/增重，kg"随日粮能量浓度提高而降低，日粮能量浓度越高，每 kg 增重的耗能量越少。经相关分析，结果，"代谢能，kcal/增重，kg"（y）与日粮能量浓度（x）的相关系数 $r = -0.9101$（$P < 0.05$），呈强负直线相关，其线性方法为：$y = 6\,801 - 549x$，日粮能量浓度每增加 0.1 Mcal。每 kg 增重的代谢能消耗量（包括维持在内）降低 54.9 kcal。

经新复极差法多重比较，结果（表2），第Ⅰ、Ⅱ、Ⅲ、Ⅳ组间（分别为 5 434，5 273，5 205，5 189），Ⅱ、Ⅲ、Ⅳ、Ⅴ组间（分别为 5 273、5 205、5 189、5 107），Ⅴ、Ⅵ组间（分别为 5 107、4 838）差异不显著（$P > 0.05$）。第Ⅵ组明显低于第Ⅰ、Ⅱ、Ⅲ、Ⅳ组，其每千克增重的耗能量最低；即，日粮能量浓度为 3.35 时，其增重耗能明显低于 3.10 以下者（$P < 0.05$）；但同 3.25 者间差异不显著（$P > 0.05$）从这一角度看，能量浓度的高限在 3.25，低限在 2.70。

2.7 饲料原料费与日粮能量浓度

每千克增重的饲料原料费（人民币，元）是反映仔鸡生产成本的重要经济指标。

由计算结果（表2）可见，饲料原料费同日粮能量浓度之间不存在明显的规律性，但见，能量浓度在 3.10 以下者，单位增重的饲料费用随能量浓度降低而升高，能量浓度在 3.10 以上时，单位增重的饲料费用随能量浓度升高而增加。

经新复极差法多重比较，结果，第Ⅰ，Ⅱ间（分别为 0.86、0.82），第Ⅱ、Ⅲ、Ⅳ间（分别为 0.82、0.80、0.78），第Ⅰ、Ⅴ间（分别为 0.86、0.87）差异不显著（$P > 0.05$）第Ⅰ、Ⅴ、Ⅵ组明显高于第Ⅱ、Ⅲ、Ⅳ组（$P < 0.01$）。能量浓度在 2.50 以下，3.25 以上时显然不经济。从经济效益来看，日粮能量浓度在 2.70 ~ 3.10 比较理想。

3 结论

（1）0 ~ 4 周龄肉仔鸡的风干日粮采食量（g），日粮代谢能随意采食量（kcal）体增重（g），饲料耗用比（kg/kg）"代谢能，kcal/增重，kg"等，同日粮能量浓度呈强直线相关，分别为 −0.8147，0.9690、0.9799、−0.9957 和 −0.9101（$P < 0.05$ 或 0.01）。显而易见，仔鸡对不同能量浓度日粮的采食量具有一定的调节力，然而，从总的趋势看，其调节力是很弱的。

（2）各周龄肉仔鸡对不同能量浓度（2.50 ~ 3.35 Mcal/kg）日粮的采食量，在不同程度上都具有一定的调节力：从代谢能的周采食量来看，第 2、3、4 周龄的日粮能量浓度低限分别为 3.35、3.25、2.89，呈渐增态，即，随周龄进展，对低能量日粮的适应性渐增；然而，从周增重来看，第 2、3、4 周龄的日粮能量浓度低限始终都在 3.25 这一水平线上。

（3）0 ~ 4 周龄肉仔鸡，在日粮能量浓度为 2.50 ~ 3.35 的范围内，每提高 0.1 Mcal：代谢能的累计采食量提高 99 kcal，累计增重提高 27.2 g，每千克增重（包括维持消耗在内）少耗料 81 g、少耗代

谢能 54.9 kcal。

（4）从生物学潜力来看，0 ~ 4 周龄肉仔鸡为保持相对恒定的（$P>0.05$）代谢能采食量，对不同能量浓度日粮采食量的调节力高限在 3.35 以上，其低限为 3.10。

（5）从生物学、经济学角度进行综合分析，符合我国饲料资源的 0 ~ 4 周龄肉仔鸡日粮能量浓度应为 3.10；倘有条件（如，具有廉价油脂饲料资源等），可提高至 3.10 以上，但无需超越 3.25；条件较差时，（如，饼类等蛋白质饲料不足，需使用一定数量的小麦麸等饲料时）可降低至 2.90。

参考文献

[1] 许振英．采食量．1983，1 ~ 9
[2] 中国畜禽营养研究会．鸡的饲养准试行方案．1983
[3] 王和民．国外畜牧科技．1983，（1）：5 ~ 11
[4] NRC. 7th Ed《Nutrient Requirements of poultry》. National Acad. prcss，Washington D. C.，1997
[5] Hakansson J，*et al.* J. Agric. Res. 1974，（4）：195 ~ 207
[6] Hafcz E S，*et al.* 3th Ed《The Behaviur of Domestic Animals》，1975，73 ~ 107
[7] Brue R N，*et al.* Poultry Sci. 1984，64（11）：2 119 ~ 2 130
[8] Newcombe M，*et al.* British poultry Sci.，1985，26（1）：35 ~ 42
[9] Scott M L，*et al.* Nutrition of the chicken，1982，41 ~ 46
[10] Newcombe M，*et al.* poultry Sci. 1984，63（6）：1 237 ~ 1 242
[11] Robbins K R，*et al.* Poultry Sci.，1981，60：2 306 ~ 2 319
[12] Browr H B，*et al.* Poultry Sci.，1982，61：304 ~ 310

（本文曾发表于北京农学院学报，1987，（1））

肉仔鸡能量营养需要的研究

Ⅱ. 肉仔鸡前期日粮能量浓度对后期增重及饲料利用效率的影响

霍启光，林理真，孙万岭

（北京农学院畜牧兽医系）

摘　要： 用饲养试验法研究了前期日粮能量浓度对后期肉仔鸡生长强度、累积增重、饲料利用效率的影响。由前期（0～28 日龄）给饲不同能量浓度日粮（AME，Mcal/kg，Ⅰ—2.50，Ⅱ—2.70、Ⅲ—2.89、Ⅳ—3.10、Ⅴ—3.25、Ⅵ—3.35）的6个试验组，分别随机选择 Arbor Acres 品种商品代28日龄公、母混合肉仔鸡84只，等分6个重复组，每组试鸡14只，共计504只。以重复组为单位笼养、群饲、测试有关数据。各处理组鸡笼均匀配布于半封闭式鸡舍的不同部位。上述各组试鸡，于后期（29～56 日龄）换饲能量浓度为3.14的同一日粮。试验测得。前期日粮能量浓度越低，后期生长强度越高（%，第Ⅰ、Ⅱ、Ⅲ、Ⅳ、Ⅴ、Ⅵ组分别为215.7、188.0、170.8、168.7、155.5、147.2）、累积增重越大（g），第Ⅰ～Ⅵ组分别为1 467.3、1 437.6、1 379.7、1 422.5、1 368.8、1 368.7）、每千克增重的AME消耗量（kcal，第Ⅰ～Ⅵ组分别为7 341、7 548、7 882、7 922、8 042、8 130）和耗料量（kg，第Ⅰ～Ⅵ组分别为2.34、2.40、2.51、2.54、2.56、2.59）越低，明显地表现出肉仔鸡在后期日粮能量浓度提高以后，对前期生长的补偿作用。据各项测值综合分析，肉仔鸡前、后期日粮能量浓度分别为“3.10～3.25（前）和3.14（后）”时最佳，此时56日龄仔鸡体重为2 265.5～2 249.1 g，每千克增重耗料2.22～2.18 kg、耗AME（6 955～6 854）kcal，0～56日龄累积耗料4 930.1～4 824.5 g/只。受饲料条件限制，难以配制高能量浓度平衡日粮时，采用能量浓度为“2.7～2.9（前期），3.1（后期）”的能量浓度组合方案，亦可取得同上述最佳能量浓度组合方案相近的56日龄体重（2 202.4～2 187.3 g）和耗料比（2.25～2.26 kg/kg）；此时前期日粮的麸皮用量高达14%～25%。添加油脂饲料高达6%，可有效地提高日粮能量浓度，并获得理想的生产水平，就实际应用而言，它取决于由其赢得的经济效益是否能抵补得上提高了的饲料费用。

关键词： 能量浓度；补偿作用；生长强度；累积增重；饲料利用效率

肉仔鸡前期对不同能量浓度（AME，Mcal/kg）日粮的反应已于前一报述及；在日粮营养平衡的前提下，就基本生产指标而言，前期日粮能量浓度为3.25最佳；就生产指标、经济指标综合分析，3.10较宜；就我国饲料资源而言，2.7~2.9亦未不可。倘若前期采用低能量浓度日粮，那么它对于肉仔鸡后期的生产水平将会产生什么样的影响？对此，*Deaton*，*JW.* 等（1973）曾报道，日粮处理造成的肉仔鸡前期生长缓慢，于后期可得以补偿[2]；据 *Newcomb*，*M.* 等（1984）试验测知，肉仔鸡在能量浓度为2.4~3.2的范围内，随日粮能量浓度上升，饲料进食量、能量进食量提高，能量利用率降低，终末体重差异甚微[3]。但均末证实，当以能量浓度为高、中、低3种不同水平的日粮饲喂前期肉仔鸡，于后期又一律更换为中等能量浓度的日粮后，其对肉仔鸡后期生长强度、累积增重、饲料利用率的影响。这一研究对于探索适合我国饲料资源的肉仔鸡前、后期日粮能量浓度组合方案无疑是一个重要的依据。

1 材料与方法

1.1 试鸡分组

自第一报近述6个处理组中，各随机选择28日龄混合肉仔鸡84只（共计504只）等分6个重复组（即计量单位），每个重复组14只鸡，按组笼饲；各处理组鸡笼均匀配布于鸡舍的各个部位。

1.2 试验处理及试粮

上述各笼试验鸡于29~56日龄改用同一日粮（表1），其能量浓度为3.14 Mcal，AME/kg，其他各项营养指标均符合美国NRC推荐的肉仔鸡营养标准[4]。试粮表观代谢能、粗蛋白质测定方法同第一报；其他项目为计算值[1]。

表1 29~56日龄肉仔鸡试粮配方、营养水平

试粮配方	%	试粮营养水平	
玉米籽实粉	66.198	表观代谢能（Mcal/kg）	3.14
大豆饼	28.000	粗蛋白质（%）	19.15
鱼粉（智利）	2.000	蛋白能量比（g/Mcal）	61
DL-蛋氨酸（98%）	0.271	赖氨酸（g/Mcal）	3.87
L-赖氨酸（85%）	0.271	蛋氨酸（g/Mcal）	1.70
骨粉	1.890	钙（%）	1.11
食盐	0.350	总磷（%）	0.65
微量元素-维生素预配添加剂	1.000	食盐（%）	0.35
合计	100.00		

1.3 饲养管理方式

随意采食（计量，不限量），干粉料，自由饮水，笼外喂食饮水；双层全阶梯式鸡笼笼养；饲养密度为19只/m^2。

湿度：饲槽位置的平均湿度（实测值,%），第5、6、7、8周龄分别为74、70、64、80。

温度：饲槽位置的平均温度（实测值,℃），第5、6、7、8周龄分别为24、26、25、25。

光照：自然光照加人工光照，槽前平均光照度14~17 lx，每日光照23 h，21：00~22：00停止光

照 1 h。

自然通风，辅以排风扇换气。

1.4 观测项目及资料整理分析

活重：于 5、6、7、8 周龄末，用最小分度值 50 g 秤按笼称重；每次称重均在当日晨 8：00 始，各次称重次序不变；称重前不行停水、断料。

耗料量：于 5、6、7、8 周龄末，在称量试验鸡活重之同时，用最小分度值 5 g 秤，减量法测定各笼试验鸡周耗料量。耗料量 = 进食饲料量 + 抛洒饲料量。

环境指标：每日定时记载温度、湿度 3 次（8：00、14：00、20：00），整个试验期随机测定槽前光照度 1 次。

试验结果，以重复组为单位统计各处理组增重量，耗料量，耗能量及饮料费等；用方差分析、多重比较法处理所得数据。

2 结果与分析

2.1 前期日粮能量浓度对后期肉仔鸡增重和饲料利用效率的影响

前期给饲能量浓度不等的 6 个日粮（AME，Mcal/kg，2.50、2.70、2.89、3.10、3.25、3.35），后期换用同一能量浓度日粮（3.14Mcal，AME/kg）。结果（见表 2）。

表 2　29 ~ 56 日龄肉仔鸡增重及饲料消耗

处理组	日粮能量浓度(Mcal/kg)		肉仔鸡体重变化				累积消耗		每千克增重消耗	
	前期*	后期**	始重（g/只）	末重（g/只）	累积增重（g/只）	相对生长（%）	风干料（g/只）	AME（Mcal/只）	风干料（kg）	AME（kcal）
Ⅰ	2.50		677.7 (80)	2 145.0 (95)	1 467.3[a] (103)	215.7	3 417[a]	10.73[a]	2.34[c]	7 341[b]
Ⅱ	2.70		764.8 (91)	2 202.4 (97)	1 437.6[ab] (101)	188.0	3 455[a]	10.85[a]	2.40[bc]	7 548[b]
Ⅲ	2.89		807.6 (96)	2 187.3 (96)	1 379.7[c] (97)	170.8	3 446[a]	10.87[a]	2.51[ab]	7 882[a]
Ⅳ	3.10	3.14	843.0 (100)	2 265.5 (100)	1 422.5[b] (100)	168.7	3 611[ab]	11.34[ab]	2.54[a]	7 922[a]
Ⅴ	3.25		880.3 (104)	2 249.1 (99)	1 368.8[c] (96)	155.5	3 502[ab]	11.00[ab]	2.56[a]	8 042[a]
Ⅵ	3.35		929.9 (110)	2 298.6 (101)	1 368.7[c] (96)	147.2	3 544[b]	11.13[b]	2.59[a]	8 130[a]

* 前期指 0 ~ 4 周龄、后期指 5 ~ 8 周龄。

** 在同一竖行中，其测值右所标字母相同者，表明彼此间差异不显著（$P > 0.05$）；反则反之（$P < 0.05$）。

从总的趋势看，后期累积增重（g），Ⅰ—1 467.3、Ⅱ—1 437.6、Ⅲ—1 379.7、Ⅳ—1 422.5、Ⅴ—1 368.8、Ⅵ—1 368.7）及相对生长（%，Ⅰ—215.7、Ⅱ—188.0、Ⅲ—170.8、Ⅳ—168.7、Ⅴ—155.5、Ⅵ—147.2）随前期日粮能量浓度降低而增高；后期风干料累积消耗量（g，Ⅰ—3 417、Ⅱ—

3 455、Ⅲ—3 446、Ⅳ—3 611、Ⅴ—3 502、Ⅵ—3 544）、AME 累积消耗量（Mcal，Ⅰ—10.73、Ⅱ—10.85、Ⅲ—10.87、Ⅳ—11.34、Ⅴ—11.00、Ⅵ—11.13）、每千克增重的 AME 消耗量（Kcal，Ⅰ—7 341、Ⅱ—7 548、Ⅲ—7 882、Ⅳ—7 922、Ⅴ—8 042、Ⅵ—8 130）及耗料量（kg，Ⅰ—2.34、Ⅱ—2.40、Ⅲ—2.51、Ⅳ—2.54、Ⅴ—2.56、Ⅵ—2.59）随前期日粮能量浓度降低而降低。可见，随前期日粮能量浓度降低，肉仔鸡后期生长强度加大、累积增重及饲料利用效率提高；尤其是日粮能量浓度前低、后高的第Ⅰ、Ⅱ、Ⅲ、Ⅳ组，各组的后期累积耗料量、累积耗能量相等（$P>0.05$），但是，随着前期能量浓度的降低，后期累积增重升高，生长强度加大，每千克增重的耗料、耗能量降低，饲料利用效率提高。惊人地显现出肉仔鸡前期形成的对低能量浓度日粮的适应性反应及生长的生物学补偿作用。正是这一良好影响，使 28 日龄体重甚低的第Ⅰ、Ⅱ处理组（分别只有第Ⅳ处理组的 80%、91%）至 56 日龄时的体重几乎同第Ⅳ处理组拉平（第Ⅰ、Ⅱ处理组分别为第Ⅳ处理组的 95%、97%）。

2.2 肉仔鸡对前、后期不同能量浓度日粮的反应

前、后期日粮能量浓度相近的第Ⅳ组（前期为 3.10Mcal/AME/kg，后期为 3.14Mcal，AME/kg）为前、后期能量浓度不变的中等水平组（后简称"中～中组"）；这样，第Ⅰ、Ⅱ、Ⅲ组则为能量浓度前低、后高水平组（后简称"低～中组"），第Ⅴ、Ⅵ组则为能量浓度前高、后低水平组（简称"高～中组"）。

从总的趋势看（表 3），从第Ⅰ～Ⅳ组，亦即从"低～中组"经"中～中组"至"高～中组"，随前期能量浓度提高，56 日龄体重（g，Ⅰ—2 145.0、Ⅱ—2 202.4、Ⅲ—2 187.3、Ⅳ—2 265.5、Ⅴ—2 249.1、Ⅵ—2 298.6）、0～56 日龄累积增重（g，Ⅰ—2 106.4、Ⅱ—2 162.8、Ⅲ—2 147.1、Ⅳ—2 225.8、Ⅴ—2 210.3、Ⅵ—2 258.8）渐增，每千克增重耗料重（kg，Ⅰ—2.27、Ⅱ—2.25、Ⅲ—2.26、Ⅳ—2.22、Ⅴ—2.18、Ⅵ—2.14）及耗能量（kcal，Ⅰ—7 125、Ⅱ—7 086、Ⅲ—7 065、Ⅳ—6 955、Ⅴ—6 854、Ⅵ—6 704）渐降，饲料原料费渐增（元，Ⅰ—0.99、Ⅱ—0.99、Ⅲ—1.01、Ⅳ—1.01、Ⅴ—1.05、Ⅵ—1.08），0～56 日龄累积耗料量（g，Ⅰ—4 779.6、Ⅱ—4 866.0、Ⅲ—4 844.0、Ⅳ—4 930.1、Ⅴ—4 824.5、Ⅵ—4 822.7）相等。显见，前期日粮能量浓度越高，其 0～56 日龄累积增重及饲料利用率亦越高。

表 3 0～56 日龄肉仔鸡增重及饲料消耗

处理组	日粮能量浓度（Mcal/kg）		0～56 日龄肉仔鸡增重（g/只）			累积耗料量	每千克增重消耗		
	前期	后期	始重	末重	累积增重	（g/只）	风干料（kg）	AME（kcal）	饲料原料费（人民币元）
Ⅰ	2.50		38.6[a]	2 145.0[e]（95）	2 106.4[e]（95）	4 779.6[a]（97）	2.27[a]	7 125[a]	0.99[a]
Ⅱ	2.70		39.6[a]	2 202.4[c]（97）	2 162.8[c]（97）	4 866.0[a]（99）	2.25[a]	7 086[a]	0.99[a]
Ⅲ	2.89		40.2[a]	2 187.3[c]（97）	2 147.1[c]（96）	4 844.9[a]（98）	2.26[a]	7 065[a]	1.01[ab]
Ⅳ	3.10	3.14	39.7[a]	2 265.5[b]（100）	2 225.8[b]（100）	4 930.1[a]（100）	2.22[ab]	6 955[ab]	1.01[ab]
Ⅴ	3.25		38.8[a]	2 249.1[b]（99）	2 210.3[b]（99）	4 824.5[a]（98）	2.18[bc]	6 854[cb]	1.05[bc]
Ⅵ	3.35		39.8[a]	2 298.6[a]（101）	2 258.8[a]（101）	4 822.7[a]（98）	2.14[c]	6 704[c]	1.08[c]

*在同一竖行中，其测值右所标字母相同者，表明彼此间差异不显著（$P>0.05$）；反则反之（$P<0.05$）。

进一步按照前述“中～中组”、“低～中组”、“高～中组”的能量浓度不同组合饲养方案进行分析：

（1）“中～中组”：同“低～中组”相比，“中～中组”0～56日龄饲料累积消耗量，每千克增重的耗料量及耗能量、饲料原料费相等（$P>0.05$），0～56日龄累积增重及56日龄体重较高（$P<0.05$），显然，“中～中组”优越于“低～中组”。同“高～中组”相比，“中～中组”0～56日龄累积耗料量相等，每千克增重之耗料量、耗能量同于其中的第Ⅴ组（$P>0.05$），高于其中的第Ⅵ组（$P<0.05$）；0～56日龄累积增重及56日龄体重同于其中的第Ⅴ组、（$P>0.05$），高于其中的第Ⅵ组（$P<0.05$）；显然“中～中组”逊于其中的第Ⅵ组、同于其中的第Ⅴ组；倘同时比较每千克增重的饲料原料费则“中～中组”不亚于整个“高～中组”。无疑，在本试验条件下，据生产指标、经济指标综合分析，“中～中组”能量浓度组合方案优越于其他各种组合。

（2）“低～中组”：就这一组合内部的第Ⅰ、Ⅱ、Ⅲ组而言累积耗料量、每千克增重的风干料消耗量、耗能量和饲料原料费等，彼此间差异均不显著（$P>0.05$）然而，就累积增重而言，第Ⅰ组低于第Ⅱ、Ⅲ组（$P<0.05$），具40.7～56.4 g的差异，第Ⅱ、Ⅲ组间差异不显著（$P>0.05$）。同“高～中组”相比，“低～中组”累积增重、56日龄体重及饲料利用效率等均较逊色（$P<0.05$）。“低～中组”生产指标逊于“中～中组”的分析已如前述。然而，应予指出的是前期日粮麸皮用量高达14%（Ⅲ）、25%（Ⅱ）、36%（Ⅰ）（风干基础）的“低～中组”，同“中～中组”相比，其56日龄体重虽有3%（Ⅲ）、3%（Ⅱ）、5%（Ⅰ）之差异，但每千克增重的耗料、耗能及饲料费差异是不显著的（$P>0.05$）、从这一角度看，实践中，当受到饲料条件限制，难以配制高能量深度平衡日粮时，倘能保证前期日粮营养平衡，采用“低～中组”能量浓度组合方案，亦即“2.07（前）～3.14（后）”、“2.89（前）～3.14（后）”的组合方式并非不可。

（3）“高～中组”：就饲料利用效率、0～56日龄累积增重而言，“高～中组”优于“低～中组”是不言而喻的。同“中～中组”相比，“高～中组”中的第Ⅴ组，其表3所列项目差异均不显著（$P>0.05$），亦即，采用“3.10（前）～3.14（后）”的方案和“3.25（前）～3.14（后）”的方案是一样的。然而，“高～中组”中的第Ⅵ组，除每千克增重的饲料原料费明显高于“中～中组”（$P<0.05$）外，不论是0～56日龄增重，还是56日龄末重，抑或饲料利用效率亦然，均优于“中～中组”（$P<0.05$）。不难看出，每千克增重的饲料费用之所以提高是同前期日粮添加6%油脂饲料不无相关的，油脂饲料之应用有效地提高了日粮能量浓度，减少了热增耗数量[5]，并随之带来了较高的增重，较好的饲料报酬。试验证明，降低后期日粮能量浓度还会获得含脂率的优质胴体[6,7]。油脂饲料之应用首先取决于其本身的价格，确切地讲，取决于油脂饲料的应用所赢得的利益是否能抵补得上提高了的饲料费用。

3 结论

（1）肉仔鸡前期日粮能量浓度越低，后期生长强度越高，累积增重越大、饲料利用效率亦越高，惊人地显现出肉仔鸡前期形成的对低能量浓度日粮的适应性反应及生长的补偿作用。

（2）据0～56日龄的累积增重，56日龄体重，每千克增重的耗料量、耗能量及耗料费综合分析，肉仔鸡前期日粮能量浓度（AME，Mcal/kg）为3.10～3.25，后期为3.14最佳。

（3）受饲料条件限制难以配制高能量浓度平衡日粮时，在保证前期日粮营养平衡的前提下，可采用前期日粮能量浓度为2.7～2.9，后期为3.1的“低～中组”能量浓度组合方案。此时，前期日粮的麸皮用量高达 14% ~25%，然而，其生产指标同本“结论二”所述最佳能量浓度组合方案相差无几。

（4）肉仔鸡前期日粮添加油脂饲料高达 6%，可有效地提高日粮能量浓度，并进而改善饲料利用效率、提高 56 日龄鸡只活重。实践中，油脂饲料的饲用价值取决于由其赢得的效益是否能抵补得上提高了饲料费用。

参考文献

[1] 中国动物营养研究会．鸡的饲养标准试行方案，1983

[2] Deatom J W, *et al.* Poultry Sci.，1973，52：262 ~265

[3] Newcombe M，*et al.* Poultry Sci.，1984，63（6）：1 237 ~1 242

[4] NRC（1984）,8th Ed. Nutrient Requirements of Poultry，National Academ Press，Washington，D. C

[5] Pesti G T，*et al.* British Poultry Science，1983，24：91 ~99

[6] Apata，A S，*et al.* Poultry Sic.，1983，62（2）：314 ~320

[7] Summers J D，*et al.*，Poultry Sic.，1976，58：536 ~542

（本文曾发表于北京农学院学报，1987，2（2）：50 ~56）

0～8周龄肉用仔鸡能量需要量的测定

霍启光[1]，林理真[1]，孙万岭[1]

王和民[2]，李韶标[2]，余惠琴[2]，王建霞[2]，杨淑华[2]，张桂芝[2]，林济华[2]

（1. 北京农学院；2. 中国农业科学院畜牧研究所）

摘　要：选择商品代星布罗品种新生肉仔鸡360只，等分6个处理，给饲能量浓度相近，赖氨酸、蛋氨酸不等的6个日粮。笼养、自由采食。于0～2、2～4、4～8周龄进行饲养试验、消化代谢试验和比较屠宰试验；试验测定了代谢体重、食入代谢能和沉积净能，经回归分析测得：①肉仔鸡增重代谢能的增重净能转化率为78.8%；②肉仔鸡每千克代谢体重的维持代谢能需要量为AME_m，$kcal/W_{kg}^{0.75} = 188.30 - 66.31\ W_{kg}^{0.75}$，可见，维持的能量需要量随雏鸡代谢体重的增加呈直线性递减；③肉仔鸡每克增重的增重代谢能需要量为AME_G，$kcal/g = 1.57 + 1.45\ W_{kg}^{0.75}$，可见，增重的代谢能需要量随雏鸡代谢体重的增加呈直线递增；④0～8周龄肉仔鸡的表现代谢能需要量推算公式为：AME，$kcal \cdot 只^{-1} \cdot d^{-1} = (188.30 - 66.31\ W_{kg}^{0.75})\ W_{kg}^{0.75} + (1.57 + 1.45\ W_{kg}^{0.75})\ \Delta Wg$，式中，$W_{kg}^{0.75}$——以千克为单位的肉仔鸡体重的0.75次方，$\Delta Wg$——肉仔鸡预期日增重（g）。

在整理一项肉仔鸡氨基酸营养需要的试验资料中发现，肉仔鸡的代谢体重（$W_{kg}^{0.75}$）分别同每千克代谢体重的维持净能需要量（NE_m，$kcal/W_{kg}^{0.75}$）及每克增重的沉积能（NEG，$kcal \cdot \Delta W^{-1} \cdot g^{-1}$）呈强负直线相关（$P<0.001$），强正直线相关（$P<0.025$）。经回归分析获得了推算肉仔鸡维持净能和增重净能需要量的直线回归方程式、肉仔鸡增重代谢能的增重净能转化率，为析因法研究肉仔鸡能量需要量提出几项可供参考的数据。

1　材料与方法

1.1　试验鸡及分组

选择健康星布罗品种新生公母混合雏360只。称重、戴翅号、随机分为6个处理（Ⅰ～Ⅵ），每个处理60只试验鸡，各处理组又等分为6个重复组。

1.2　试验日粮

0～4周龄：第Ⅰ～Ⅴ组、第Ⅵ组分别饲以两个基础日粮、各组能量水平相近、粗蛋白质略异，添加合成氨基酸、组成赖氨酸、蛋氨酸含量不等的6个日粮。

4～8周龄：以0～4周龄试验日粮为基础日粮，添加等量的能量饲料和矿物质饲料，配制能量、粗蛋白质相近，赖氨酸、蛋氨酸不等的6个日粮。

基础日粮、试验日粮的组成及其营养水平列于表1、表2。

表1　0～4周龄肉仔鸡基础日粮*

项目		第Ⅰ～Ⅴ组		第Ⅵ组	
配合比（%）	玉米籽实粉	61		65	
	大豆饼	14		10	
	棉仁饼	15		15	
	进口鱼粉	9		9	
	骨粉	0.5		0.5	
	脱氟磷酸氢钙	0.5		0.5	
		100.0		100.0	
	食盐	0.2		0.2	
	微量元素预混物	0.25		0.25	
	维生素预混物	0.02		0.02	
		100.47		100.47	
营养水平	表观代谢能（Mcal/kg）	2.97		3.08	
	粗蛋白质（%）	23.8		22.7	
	氨基酸	%	g/Mcal	%	g/Mcal
	蛋氨酸	0.36	1.21	0.35	1.14
	蛋氨酸＋胱氨酸	0.69	2.32	0.78	2.53
	胱氨酸	0.33	1.11	0.43	1.39
	精氨酸	1.71	5.76	1.79	5.81
	赖氨酸	1.13	3.80	1.04	3.38
	亮氨酸	1.71	5.76	1.87	6.07
	异亮氨酸	0.86	2.90	0.91	2.95
	苯丙氨酸	1.06	3.57	1.19	3.86
	苯丙氨酸＋酪氨酸	1.80	6.06	2.00	6.49
	苏氨酸	0.84	2.83	0.94	3.05
	缬氨酸	1.04	3.50	1.09	3.54
	组氨酸	0.67	2.26	0.69	2.24
	甘氨酸＋丝氨酸	2.05	6.90	2.25	7.31

*实测值。

表2　0～8周龄肉仔鸡试验日粮*

周龄	项目		组别					
			Ⅰ	Ⅱ	Ⅲ	Ⅳ	Ⅴ	Ⅵ
0～4	日粮组成（%）	基础日粮	100	100	100	100	100	100
		合成赖氨酸	—	—	0.093	0.186	0.370	0.100
		合成蛋氨酸	—	0.100	0.155	0.180	0.220	0.110
			100	100.1	100.248	100.366	100.590	100.210

续表

周龄	项目		组别					
			Ⅰ	Ⅱ	Ⅲ	Ⅳ	Ⅴ	Ⅵ
0~4	营养水平（%）	表观代谢能(Mcal/kg)	2.97	3.07	3.00	2.99	3.13	3.08
		粗蛋白质	23.8	23.25	23.8	23.3	24.22	22.71
		赖氨酸	1.13	1.13	1.21	1.29	1.45	1.14
		蛋氨酸	0.36	0.46	0.51	0.54	0.58	0.46
4~8	日粮组成（%）	0~4周龄相应组试验日粮	82	82	82	82	82	82
		玉米籽实粉	17.5	17.5	17.5	17.5	17.5	17.5
		脱氟磷酸氢钙	0.5	0.5	0.5	0.5	0.5	0.5
	营养水平（%）	表观代谢能(Mcal/kg)	3.01	3.11	3.04	3.03	3.17	3.11
		粗蛋白质	20.7	21.0	21.0	20.5	20.5	19.3
		赖氨酸	0.97	0.97	1.03	1.10	1.23	0.97
		蛋氨酸	0.32	0.40	0.44	0.46	0.50	0.40

*实测值。

1.3 饲养管理方式

半封闭式鸡舍、笼养。4周龄前、以重复组为单位群饲；4周龄后，每4只鸡为一笼分饲。

粉料、随意采食、自由饮水。

自然光照、补充人工光照、每日光照时间为24 h。

1.4 试验方法

试验采用饲养试验、消化代谢试验，比较屠宰试验相结合的方式进行：

1.4.1 饲养试验（分组、分期法）

前4周：公母雏混合饲喂；6个处理组、6个重复组；按0~2周龄、2~4周龄两期进行。

后4周：公母分饲：6个处理组、6个重复组：不分期。

以重复组为单位于各期始、未分别称重、同时结算该期的饲料耗用量。

1.4.2 消化代谢试验

于2周龄、7周龄，按常规方法测定前述12个日粮的表观代谢能（AME，Mcal/kg）。

1.4.3 比较屠宰试验

于0、2、4、8周龄末、按常规方法进行4次屠宰试验。

0周龄：供作基础对照、选择体重适宜的新生仔鸡24只测试，以3只鸡为1个标样；

2周龄：每个处理组任选8只公母混合雏测试，以2只鸡为1个标样；

4周龄：每个处理组任选2公、2母测试，1只鸡为1个标样；

8周龄：同4周龄。

屠宰方法：屠前停食18 h、称重后置试验鸡于干燥器或带盖塑料桶内，用乙醚麻醉致死；称重、剖腹并去除消化道内容物，搅碎；取样、称重、60 ℃干燥、粉碎、过筛、装瓶备分析。

测定水分、含氮量、燃烧值等。

0、2 周龄取全屠体，4、8 周龄取半屠体；2、4、8 周龄屠体的羽毛单独拔取、称重、剪碎、取样、分析；计算带毛全屠体燃烧值。

2 结果与分析

2.1 增重代谢能的增重净能转化率

由饲养试验、消化代谢试验和比较屠宰试验结果，整理出 4 ~8 周龄公、母混合肉仔鸡的始、末体重，平均活重，平均代谢体重，饲料进食量，代谢能进食量，日沉积能（表3）。

表3 4 ~8 周龄公、母混合肉仔鸡的代谢能进食量和沉积能

组 别		Ⅰ	Ⅱ	Ⅲ	Ⅳ	Ⅴ	Ⅵ
期始体重（g）		599.4	612.5	619.6	620.0	592.7	602.1
期末体重（g）		1 649	1 584	1 613	1 615	1 668	1 619
平均活重（g）		1 124.2	1 098.3	1 116.3	1 117.5	1 130.4	1 110.6
平均代谢体重（$W_{kg}^{0.75}$）		1.0918	1.0728	1.0860	1.0869	1.0963	1.0818
每克体重含能（kcal）	期始	1.64	1.66	1.69	1.66	1.64	1.66
	期末	2.10	2.04	2.17	2.18	2.42	2.18
每只鸡平均含能（kcal）	期始	983.02	1 013.74	1 047.50	1 029.20	972.73	1 006.13
	期末	3 479.24	3 232.07	3 507.04	3 530.57	4 026.46	3 544.38
沉积能（kcal・只$^{-1}$・d^{-1}）		89.15	79.23	87.84	89.33	109.06	90.65
沉积能（NE_G，kcal・只$^{-1}$・d^{-1}・$W_{kg}^{0.75}$）		81.66	73.85	80.88	82.19	99.48	83.78
饲料进食量（g・只$^{-1}$・d^{-1}）		75.30	72.15	75.70	76.35	82.55	76.45
代谢能进食量（AME_I，kcal・只$^{-1}$・d^{-1}）		228.16	224.39	230.13	231.34	261.68	237.79
AME_I，kcal・只$^{-1}$・d^{-1}・$W_{kg}^{0.75}$		208.98	209.16	211.90	212.84	238.70	219.81

据上述数据推算出每千克代谢体重的代谢能进食量（AMEr，kcal/$W_{kg}^{0.75}$）和沉积能（NE_G kcal/$W_{kg}^{0.75}$）（表3）。以前者为“Y”，后者为“X”，进行相关分析，结果：两者间呈强正直线相关（$r=0.9460$，$t=5.837>t_{0.005}$；$P<0.005$），其斜率 $b=1.2682$。

斜率 b“1.2682”的含义：沉积能“X”（即增重净能 NE_G）每增加一单位，其增重代谢能进食量 Y（AME_G）相应增加 1.2682 单位，此即为“增重净能（NE_G）的增重代谢能（AME_G）转化比”；反则，“增重代谢能（AME_G）的增重净能转化率”$=1/b=1/1.2682=0.788$、亦即 78.8%。

这一结果高于 Chwa libag（1976）[1] 的 0.65，接近于 Grossu（1976）[2] 的 0.758 和 Burlacu（1971）[3] 的 0.771。

2.2 肉仔鸡每千克代谢体重的维持净能需要量

由前述 3 种试验方法测得 0 ~8 周龄肉仔鸡不同周龄间、各处理组始末体重、平均活量、日增重（Δw，g）、日进食代谢能（AME_I）、日沉积能（NE_G）等（表4）。以上述数据为据推算出下列两项参

数（表4）：

（1）代谢体重（$W_{kg}^{0.75}$）：由平均活重（千克）推算；

（2）每千克代谢体重的维持净能耗用量（NEm、kcal/$W_{kg}^{0.75}$）：

①食入净能总量（NE_I，kcal/只·d）$=AEM_I$（kcal/只·d）×0.82，0.82为日粮AME的NE转化率[4]。

②维持净能耗用量（NEm，kcal/d）=NEm，kcal/只·d－NE_G，kcal/只·d；

③每千克代谢体重的维持净能耗用量（NEm，kcal/$W_{kg}^{0.75}$）=NEm（kcal/d/$W_{kg}^{0.75}$）。

以$W_{kg}^{0.75}$为X，NEm，kcal/$W_{kg}^{0.75}$为Y，进行回归分析，结果得到下列直线回归：

$Y=157.23-55.37\ X$ 即：NEm，kcal/$W_{kg}^{0.75}=157.23-55.37\ W_{kg}^{0.75}$

该式$r=-0.8871$；经t验检，结果，$t=9.031>t_{0.001=3.792}^{(22)}$，$P<0.001$，呈强负直线相关。

可见，每千克代谢体重维持净能需要量随雏鸡代谢体重之增加呈直线性递减（$b=-55.37$）。

倘以AMEm，kcal$W_{kg}^{0.75}$表示，上述方程式须除以AMEm的NEm转化率0.835[5]，即得：

$$\text{AMEm, kcal}/W_{kg}^{0.75}=188.30-66.31\ W_{kg}^{0.75}$$

2.3 肉仔鸡每克增重的增重净能需要量

由表4数据按期推算下列3项参数之均值（表4）：

（1）平均代谢体重（$W_{kg}^{0.75}$）；

（2）平均日增重（Δw，g）；

（3）平均日沉积能（NE_G，kcal）。

由（2）、（3）进而计算出：

（4）每克增重之增重净能需要量（NE_G，kcal/g）=NE_G，kcal·$\Delta w^{-1}\cdot g^{-1}$（表4）。

表4　肉仔鸡的代谢体重及每克增重的沉积能

周龄、性别	0～2（公母混合）	2～4（公母混合）	4～8（母雏）	4～8（公雏）
平均代谢体重（$W_{kg}^{0.75}$）	0.2068	0.5071	1.0341	1.1397
平均日增重（ΔW，g）	11.15	29.17	32.95	39.47
平均日沉积能（NE_G，kcal）	17.26	49.69	81.06	100.26
每克增重之增重净能需要量（NE_G，kcal·$\Delta w^{-1}\cdot g^{-1}$）	1.55	1.70	2.45	2.54

以$W_{kg}^{0.75}$为X，NE_G，kcal/g为Y，进行回归分析，结果获得下列直线回归方程：

$$Y=1.24+1.14\ X\text{，亦即：}NE_G\text{, kcal/g}=1.24+1.14\ W_{kg}^{0.75}$$

该式，$r=0.9864$，经t检验，$t=8.487>t_{0.025;}2=6.205$，$P<0.025$，呈强正直线相关。

可见，每克增重之增重净能需要量随雏鸡代谢体重之增加呈直线递增（$b=1.14$）。

倘以AME_G，kcal/$W_{kg}^{0.75}$表示，上述方程式得除以本项试验测得之AME_G的NE_G转化率“0.788”，即得：

$$AME_G\text{, kcal/g}=1.57+1.45\ W_{kg}^{0.75}$$

2.4 肉仔鸡能量需要量推算公式

析因法研究肉仔鸡能量需要的基本依据是“能量的总需要量＝维持的能量需要量＋增重的能量需

要量”。

据此，0~8周龄肉仔鸡的每日、每只能量总需要量推算公式应为：

$$NE, kcal\cdot 只^{-1}.d^{-1} = (157.23-55.37\ W_{kg}^{0.75})\cdot W_{kg}^{0.75} + (1.24+1.14\ W_{kg}^{0.75})\cdot \Delta Wg$$

$$AME, kcal\cdot 只^{-1}.d^{-1}\ (188.30-66.31\ W_{kg}^{0.75})\cdot W_{kg}^{0.75} + (1.57+1.45\ W_{kg}^{0.75})\cdot \Delta Wg$$

式中：AME——表观代谢能（kcal·只$^{-1}$.d^{-1}）；

NE——净能（kcal·只$^{-1}$.d^{-1}）；

$W_{kg}^{0.75}$——肉仔鸡的代谢体重（kg）；

ΔWg——肉仔鸡的预期日增重（g）。

应用时，将肉仔鸡整个饲养期划分为若干阶段，根据各阶段的平均体重、预期日增重及随意采食量即可拟定出饲粮的能量浓度（AME，kcal/kg）。

参考文献

[1] Chwalibag A, *et al*. 7th Symp. Energy Metab. of Farm Animals, 1976, 193~196

[2] Grossu, *et al*. 7th Symp. Energy Metab. of farm Animals, 1976, 285~288

[3] Burlacu G h, *et al*. J. Agric. sci., 1971, 77: 405~411

[4] Scott M L. Nutrition of the Chicken, 1976, 44

[5] Waring J J, *et al*. J. Agric. Sci., 1965, 65: 139~146

（本文曾发表于北京农学院学报，1985，(2)）

提高反刍类家畜消化纤维素的能力

霍启光

（译自《Селъское хозяйство зарубежом，животноводство》，1974，（2）：2～6）

1 反刍家畜对纤维素的消化率

据 Кремтон，харрис 指出，饲料内的纤维素和无氮浸出物一样，大多可被消化（表1），而消化率的高低则取决于饲料的种类。反刍类家畜的消化率为 50%～90%，马仅达 13%～14%，猪是 3%～25%。由此可见，进一步提高反刍家畜对于纤维素的吸收率是有可能的。

表1　反刍家畜对粗纤维和无氮浸出物的消化率

饲料	统计次数	粗纤维和无氮浸出物消化率相同的频率（占统计次数的%）	饲料	统计次数	粗纤维和无氮浸出物消化率相同的频率（占统计次数的%）
干草	115	40	青贮料	27	29
青饲料	65	23	精料	95	11

反刍类家畜消化纤维素的能力取决于多种因素：日粮内纤维素的数量和质量，饲料植物生长阶段，细胞壁的木质化程度，饲料的种类，日粮的结构，日粮内易消化碳水化合物、矿物质、抑制剂、酶类、药物、毒性物质及生物学活性物质的存在，动物的生理状态和品种，饲养类型和培育条件以及饲料的加工调制技术等。然而，主要的因素则是在瘤胃中给纤维发酵微生物创造适宜的条件和纤维素被微生物所利用的程度，后者往往取决于植物细胞壁的木质化程度。

应用物理学、化学和生物学的方法除去细胞壁的木质素并改变其结构，能使劣质粗饲料的纤维素，甚至木材的木质纤维素的分解率大为提高。例如，在全价混合日粮内，用经过碱处理的甘蔗渣替换未加处理的蔗渣，纤维素的消化率即可由 37.5% 提高到 67.9%。用以下方法也可以调节瘤胃碳水化合物的发酵强度，促进纤维素的消化：①改变碳水化合物的数量和质量；②改变日粮内影响瘤胃微生物的其他组成成分；③改变饲料在瘤胃内停留的时间。

此外，关于随饲料进入瘤胃的瘤胃发酵抵制素，特别是瘤胃微生物分解纤维素活性抑制素，曾引起很大注意。用适当的饲料加工方法破坏这种抑制素，可提高纤维素的消化率。在日粮内加入某些专门的添加剂，可刺激瘤胃微生物分解纤维的活性。

2 矿物质添加剂对纤维素消化率的影响

Marquardt 等人，用人工瘤胃法，研究了在各种饲料的水浸液中添加磷酸盐、硫酸盐或尿素对微生物消化纤维素能力的影响。曾证实，在各种饲料的水浸液中，纤维素的分解强度是各不相同的。多数情况下，加入硫、磷和氮可以提高消化纤维素微生物的活性。并证明，纤维素的分解强度，是随着介质容量的增加而提高。

日本研究了添加各种矿物质（银、铝、硼、镉、汞、镍、铅、铷、硒、锡、钒、钙、磷和硫）对纤维素体外消化率的影响。据称，加入适量的钡、铅、硒、钙、磷和硫等盐类，可提高纤维素的消化性。矿物质添加剂如果使用过量，便会降低纤维素的消化率。

美国马里兰州立大学研究了不同来源的硫（硫酸钠，硫酸钙，DL－蛋氨酸，类蛋氨酸）在不同的浓度下（瘤胃内容物中含 0～0.32%）对纤维素和其他营养物质的体外和体内消化率的影响。在体外条件下，硫在瘤胃内容物中的浓度为 0.16%～0.24% 时，纤维素的分解最为理想，并且硫酸纳与类蛋氨酸相比，可较多地提高纤维素及干物质的消化率（表 2）。但是根据体内试验的结果（用体重 248kg 的小公牛试验，饲喂玉米青贮料和精料），日粮内添加类蛋氨酸时，酸溶性纤维素及干物质有较高的消化率（表 3）。据认为，日粮内添加硫之所以能提高纤维素的消化性，是由于瘤胃中微生物消化过程得到改善所致。

表 2　不同来源和浓度的硫对纤维素和木质纤维素消化率的影响

硫　源	食糜内硫的浓度（%）	消化率（%）	硫　源	食糜内硫的浓度（%）	消化率（%）
	纤维素（试验 1）			纤维素（试验 2）	
没有	0	65.8[A]	类蛋氨酸	0.16	85.4[C]
$NaSO_4$	0.12	85.6[B]	类蛋氨酸	0.24	85.2[C]
Na_2SO_4	0.24	94.6[C]		木质纤维素	
$CaSO_4 \cdot 2H_2O$	0.12	93.2[C]	没有	0.20	33.7[A]
$CaSO_4 \cdot 2H_2O$	0.24	95.3[C]	Na_2SO_4	0.32	42.3[B]
	纤维素（试验 2）		DL－蛋氨酸	0.32	40.3[B]
没有	0	48.5[A]	类蛋氨酸	0.32	40.7[B]
类蛋氨酸	0.08	82.5[B]			

A、B、C 表示百分率的差异显著性（表 3 同）。

表 3　硫源对干物质、纤维素的消化率和氮的利用率的影响

指标	日粮内的硫源及硫量（%）				指标	日粮内的硫源及硫量（%）			
	无补加物 (0.148)	Na_2SO_4 (0.221)	DL－蛋氨酸 (0.218)	类蛋氨酸 (0.170)		无补加物 (0.148)	Na_2SO_4 (0.221)	DL－蛋氨酸 (0.218)	类蛋氨酸 (0.170)
消化率（%）：					氮的利用率				
干物质	72.4[A]	73.6[A]	71.2[A]	78.8[B]	（占可消化氮的%）	26.4[A]	45.3[B]	36.3[B]	36.0[B]
酸溶性纤维素	65.5[A]	69.6[AB]	66.8[AB]	76.7[B]					

食盐的供给对改善瘤胃消化和提高粗饲料纤维素的消化率有重要意义。Славчев 和 Добрева 通过在小公牛瘤胃里放置塑料小袋的方法，测定了滤纸纤维素的消化率与干草日粮中食盐补加量的关系。据测定，补加食盐 15～80g 可大大提高纤维素的消化率（表 4）。

表4　补加食盐对瘤胃消化滤纸纤维素的影响

滤纸在瘤胃内放置时间（h）	食盐给饲量（g）不同时，瘤胃内的滤纸纤维消失量（%）						滤纸在瘤胃内放置时间（h）	食盐给饲量（g）不同时，瘤胃内的滤纸纤维消失量（%）					
	0	15	30	45	60	80		0	15	30	45	60	80
24	10.13	8.95	4.24	8.87	12.42	24.62	72	25.87	43.83	30.36	86.63	38.47	60.36
48	18.82	33.04	26.58	27.75	33.80	38.48							

美国曾研究了去木质素物质（木质素氧化剂）高氯酸钠（$NaClO_2$）对纤维素的体外和体内消化率的影响。高氯酸钠按0.7%的量加入青贮料中。这种化合物对低劣粗饲料的脱木质素作用，远比碱性物质为强。此外，用该法处理饲料时，无需中和处理。曾确定，青贮各种粗饲料（小麦秸、大麦秸、玉米芯、鸡脚草、花生壳等）时，加入 $NaClO_2$ 可使纤维素的体外消化率由于其中半纤维素和木质素浓度下降而大为提高。$NaClO_2$ 对于小麦秸的木质素作用最大。将碎大麦秸进行不同处理（不加盐，加10% NaCl或加15% $NaClO_2$），分别青贮，随后将青贮料干燥并颗粒化。用这种颗粒饲料进行体内试验（用绵羊）比较其有机物质和细胞壁成分的消化率。据测定，纤维素的消化率由22%（无盐青贮料组）提高到28%（加NaCl青贮料组）和44%（加 $NaClO_2$ 青贮料组）；有机物质的消化率相应从52%增至55%和62%。补充钠盐还提高了氮的沉积量。体内试验与体外试验结果相符。

已知，日粮内含有过多的碳水化合物，尤其是淀粉，常使纤维素的消化率降低。为了消除淀粉的抑制作用。Varner和Woods使用了钙盐。用海福特小公牛试验，按拉丁方设计分组（4×4）：①基础日粮；②基础日粮＋10%玉米淀粉；③基础日粮＋0.735% $CaCO_3$；④基础日粮＋10%玉米淀粉＋0.735% $CaCO_3$。基础日粮含Ca 0.41%。补加 $CaCO_3$ 能将Ca的水平提高到0.70%。日粮的纤维素含量为13.3%～14.6%。试验结果表明，同时补加淀粉和 $CaCO_3$ 不仅改善了日粮纤维素的消化率（由34.2%提高到53.5%），且可提高热能的消化率（由66.2%提高到71.4%）。瘤胃消化的研究证实，$CaCO_3$ 可使瘤胃原虫减少，醋酸浓度增加，丙酸浓度降低。补加沉粉时，作用相反。

3　蛋白质营养与纤维素消化率

反刍家畜蛋白质营养水平是改善瘤胃消化和纤维素吸收率的重要因素。据Fick等人的资料，以低质干草（含粗蛋白质3.28%～4.51%）喂绵羊时，纤维素的消化率为43%，若补加10 g缩二脲则可将纤维素的消化率提高12.8%。在蛋白质含量低的干草型日粮内，按照每日每头补加50 g和100 g能量补充饲料（玉米胚油饼、糖和淀粉）时，纤维素的消化率由43%提高到53.9%～54.5%；补加量达到200 g时，消化率降至34.1%。向加有10 g缩二脲的干草日粮补加50 g和100 g能量补充饲料时，纤维素的消化率变化不大；而补加200 g时，消化率由55.8%降至49.3%。

非蛋白氮对于纤维素的吸收以及对瘤胃液中挥发性脂肪酸的浓度有良好影响。Sharma等曾试验，用非蛋白氮取代日粮蛋白质氮的40%，使水牛日粮中纤维素的消化率由58.49%提高到68.30%。

4　饲料加工技术与纤维素的消化率

青绿饲料、青贮料、低水分青贮料及干草的纤维素消化率是极不相同的。对于反刍动物来说，粗饲料粉碎过细和颗粒化处理都会降低纤维素的消化率（降低10%～15%）这主要是由于加速了饲料通过瘤、网胃的速度，从而减少了瘤胃微生物作用于饲料的时间所致。饲喂颗粒饲料之所以会降低有机物质的消化率，是由于瘤、网胃中纤维素和无氮浸出物消化不良所致。例如，饲喂未粉碎的干草时，为了使置于瘤胃内绵线（纤维素）的重量减少 25%，需 32 h；饲喂颗粒干草时，则需 282 h。据某些报道，饲给反刍动物以粉碎和颗粒化的粗饲料，会降低瘤胃微生物区系的纤维素酶活性。这显然是由于这种饲料使瘤胃 pH 值降低，导致分解纤维素的微生物群体的减少。

在进行饲料的粉碎、粒化、饼状化等物理处理时，应注意到营养物质在动物消化道内的消化部位有可能发生变化。英国学者用绵羊的瘘管试验证明，磨粉和粒化的粗饲料同粉碎和饼状化的粗饲料相比较，其纤维素在复胃内的消化率大大降低，在盲肠和大肠里的消化率都增加了。部分纤维素是当食糜由十二指肠至回肠末端的过程中被分解的。日粮内细粒愈多，半纤维素的瘤胃内的消化愈差，而在盲肠、大肠内的消化却愈好。

许多研究材料证实，纤维素在肠道内的消化率有可能代偿性地提高。Putnam 和 Devis 用乳牛做的真胃瘘管试验证实，真胃内放入粉碎的苜蓿干草或纯净的木材纤维，纤维素大约被消化 30%。Warner 等人也曾获得类似资料。据 Hecker 的资料表明，纤维素在回肠之前或之后的肠部均可被分解。因此，纤维素的消化不仅同盲肠发酵有关，也与肠道的其他部位有关。值得指出的是，食糜的纤维素在盲肠中的分解强度几乎同在瘤胃中一样。

发酵是粗饲料加工中最有前途的方法。用此法处理稻草（添加糖蜜）时，纤维素的消化率可提高到 73%。

5 纤维素的消化率与日粮内纤维素以及其他营养物质含量的关系

研究纤维素对饲料利用及家畜生产力的影响的方法之一，是比较纤维素含量不同的日粮。Vidal 等人测定了不同纤维素含量（28.8%、21.4%、14.7% 和 9.0%）和淀粉含量（9.6%、10.6%、14.7% 和 14.8%）的绵羊日粮的营养物质消化率。研究表明，随着日粮中纤维素含量的降低和淀粉含量的提高，干物质的消化率由 54.0% 增至 63.2%、73.4% 和 81.2%，蛋白质的消化率由 63.4% 增至 70.4%、75.2% 和 82.6%；脂肪的消化率由 54.1% 增至 63.4%、72.1% 和 80.4%。各组间粗纤维的消化率差异不大（相应为 29.3%、33.4%、31.1% 和 39.3%）。各组间干物质采食量亦差别不大。随着日粮中粗饲料比例的减少，瘤胃液中醋酸的浓度由 67.3% 降至 42.0%，丁酸由 13.4% 降至 2.1%，而丙酸浓度则由 19.2% 增至 56.0%。

Back 等人测定了纤维素消化率和其他碳水化合物（还原糖和非还原糖，淀粉和多缩戊糖）消化率之间的关系。淀粉消化率同日粮中纤维素的含量显著相关（$r = -0.610$）。饲喂高度木质化的饲料时，大部分淀粉不能被吸收。纤维素的消化率与纤维素的采食量，以及干物质、多缩戊糖和淀粉的采食量有关。日粮中蛋白质含量在 12% 以下时，蛋白质含量和纤维素消化率显著相关，但后者的分解程度决定于饲料的性质以及收获时的成熟阶段。粗纤维素的吸收率高时，日粮内其他营养物质的利用率也高。尽管粗饲料的纤维素含量通常和其他营养物质的消化率呈负相关，但应该考虑到饲料粗纤维在成分上的差异。因为，在确定其对于日粮消化率和营养价值的影响时，纤维素、多缩戊糖、半纤维素等的含量和吸收情况有着重要的意义。根据日粮中这些成分的含量同有机物质消化率之间的关系，可以计算出回归方程式，用以评定饲料的营养价值。

6 结论

改善瘤胃消化过程以及瘤胃微生物区系的纤维素分解活性可以提高纤维素的消化率。为此，需借助于下述方法：查明并满足瘤胃微生物对于矿物质和含氮物质的需要，调节饲料的发酵过程，改变饲料在消化道内通过的速度，创造使纤维素和其他营养物质能在胃肠道的不同部位进行消化的条件。同时，还应注意到日粮结构和类型、饲料的物理状态以及日粮内纤维素和其他营养物质的含量和比例。在改善消化过程的同时，除去饲料植物细胞壁的木质素是提高纤维素消化率的有效方法。

硒在家畜饲养中的应用及缺硒症的防治

霍启光

（摘译自苏联《С. х. зарубежом，животноводство》，1974，（1）：14～16）

目前，认为硒是一种不可取代的具有生物学活性的微量元素，对19种动物的20种以上的疾病均有疗效。

1 硒的特性及其在土壤和植物中的含量

硒在地壳中的含量为0.9μg/kg。硒在土壤中呈元素态，或以黄铁矿硒、硒化物、亚硒酸盐、硒酸盐和有机硒化物的形式存在。其中，以可溶性硒化合物的基本形态——亚硒酸盐最为重要，它主要存在于土层表面30～90 cm处。

虽然土壤中的硒很多，但是植物中的含硒量主要与硒化合物的形态有关。土层含硒量对于植物的含硒量影响不大。植物聚积可溶性硒的程度往往取决于耕地和牧场的利用强度。倘若不补施含硒肥料，硒循环将遭到破坏。土壤含水多，尤其是进行人工灌溉，会使硒淋洗流失，并导致植物缺硒。水浇地牧草的含硒量要比干旱地牧草少得多。

在动物，尤其是反刍动物的胃肠道内，溶态的硒化合物可以转化为不溶态和金属硒化物。从机体内随粪便排出的硒很难为作物所利用。例如，在施加含硒粪肥的土壤中栽培植物，经75 d后，其含硒总量仅达0.3%。

饲料缺硒程度的增长，大多是由于土壤中的硒被作物吸收后得不到应有的补偿，以及硒钝化为亚硒酸铁所致；还有一个重要因素，是由于硫在外界环境中不断增多。煤炭等燃料的大量燃烧也会在一定的地区引起硫硒比例失调。

2 硒在动物机体内的生理作用

就作用而言，硒接近于维生素E。1个原子的硒，能替代700～1 000个分子的维生素E。硒的活性比L－胱氨酸高250倍。含硒蛋白质的抗氧化能力比维生素E高500倍。当机体发生一系列的病理变化时，含硫氨基酸失去活性，如给予1个硒原子，即可使35万个分子的含硫氨基酸恢复生物学活性。硒还可调节维生素A、C、E和K在机体内的吸收与消耗。硒参与好气性氧化时，能减缓氧化作用的强度，从而调节氧化还原反应速度。

由于硒在机体内的数量很少，因此它在生物化学过程中可能是起催化作用。硒可影响非特异性磷酸化酶的活力三磷酸腺苷（АТФ）的形成速度，强化α－酮戊二酸氧化酶系统的总活性，促进丙酮酸

盐的脱羧基作用。后一种情况引起硫辛酸（липоевая кислота）和脱氢酶中硫基的触媒氧化作用。

硒的主要特性之一，是能够钝化大剂量的琥珀酸脱氢酶。看来，硒的毒性在某种程度上正取决于此。此外，它能降低谷氨酰胺-草酰乙酸转氨酶的活性，这点对于缺硒症的防治来说，是有着重大意义的。

硒及其有机化合物是强抗氧化剂。根据在硒的作用下氧气需求受到抑制的情况，可以判断，它同谷胱甘肽有关系。由此推测，硒参与辅酶Q和辅酶A的合成，同时又是细胞色素C的成分。硒同α-生育酚（维生素E）一样，与脂蛋白，特别是与其α-和β-部分有联系，它抑制着过氧化物和组织呼吸酶的形成。此外，它还影响着蛋白质的形成，并在细胞膜机能的调节中起决定性作用。

硒的生物学作用及其对动物机体的作用，要比上面提及的多得多。它积极地参与人畜机体内的许多过程。

硒还能刺激动物和羊毛的生长。当动物遭受到氯化钠、镉、二氯化汞、四氯化碳毒害时，它具有保护作用。它对于视觉的灵敏度有重要作用，还能影响肠道微生物的生长和对某些昆虫有毒害作用。Liedsher 和 Smith 在研究了硒的生物学作用及其在人体器官和组织内的分布后，曾得出以下结论：硒，无可非议是属于必需微量元素之列。Frost 指出，在安全剂量以内，硒可以有效地用于解决某些生物学问题。1973 年 4 月，美国食品和药物委员会（Food and Drug Administration，简称 FDA）在一个关于饲料及药品添加剂的文件中，曾建议在猪禽饲养中应用硒。该机构认为，对其他动物也应该使用硒，因为美国各地普遍缺乏这一元素。Cunha 提出，继铜、碘、镁、钴、锌之后，硒已成为第六种重要的营养元素。为确保动物需要起见，在饲料生产中须对硒进行严格检查。

3 缺硒症的防治

由于硒具有一系列生物学特性，因此可以利用它来防止许多疾病，如幼畜的白肌病、中毒性肝营养不良——食物性肝病、牛和大鼠的肝坏死、猪和犊牛的心肌病、雏鸡渗出性素质和脑软化症、胎儿吸收、不育、睾丸退化、禽（火鸡）肌胃糜烂、皮肤脱色、牙周病、某些类型的肠炎、乳腺炎、贫血、红血球溶解以及某些类型的无乳症等。

缺硒症遍及世界各地，造成巨大的经济损失。据 Anderson 资料，在美国的许多州，饲料缺硒已成为猪营养中的严重问题。据各种研究资料记载，在有白肌病的地区，60% 以上的缺硒还可致使母畜繁殖力急剧下降，家畜生长迟缓。

出现缺硒症时，应改善家畜的饲养管理。不宜饲喂贮存过久的饲料、劣质配合饲料和酸值在 5 以上、过氧化物在 0.1（动物脂肪）~0.5（植物油）以上、碘价为 80（动物脂肪）~150（植物油）的品质不良的动物性补充饲料（如肉、鱼、肉骨粉，特别是工业用脂肪）。此外，还需根据动物对矿物质的营养需要，在日粮中补充矿物质添加剂。对孕畜应喂以富含维生素的饲料。

硒是防治上述缺乏症的有效药品，多以亚硒酸钠（Na_2SeO_3）的形式作皮下或肌肉注射。目前正在研究含硒配合饲料的配方。

皮下及肌肉注射前，亚硒酸钠应以无菌蒸溜水溶解。用于小家畜可按 1∶1 000 溶解（浓度为 0.1%）；对较大的家畜，则按 1∶200 溶解（浓度为 0.5%）。对于禽类及毛皮兽，可将其溶于冷开水内供饮用。亚硒酸钠溶液应按一次用量现用现配并与饲料拌匀。

在发生缺硒症的地区，对孕畜可在分娩前 20~30 d 用亚硒酸钠作皮下或肌肉预防注射。当发现幼畜患有这种病时，应对全部家畜进行一次皮下或肌肉注射。亚硒酸钠的剂量为每千克体重 0.1~0.2 mg。药物的治疗宽度（防治剂量与中毒剂量之比）为 1∶5。由于硒在兽医和畜牧生产中的广泛应用，缺硒症作为群发病已日趋减少。

胆碱

霍启光

胆碱为动物机体所必需，它不仅是机体之构成成分，对某些代谢过程还具有一定的调节作用。尤其对脂肪代谢、神经传导、甲基移换作用等。按照维生素的严格定义，将胆碱看作维生素类是不确切的，尽管如此，还是将胆碱划归B族维生素。胆碱不同于其他B族维生素，它可以在肝脏中合成，机体对胆碱的需要量也较高。就其主要机能而言，与其说它是辅酶，不如说它是机体结构组分更确切，它不参与任何酶系统，不具有维生素特有的催化作用，胆碱作为机体的必需组分，早在第一种维生素发现之前很久即已知道。抛开其分类不管，胆碱对于所有的动物来说都是必需养分，有些动物（如猪和禽）还需要外源提供。

最早，胆碱是Streker于1849年由猪胆汁中分离出来的（McDowell，1989）；1825年，Van Balb和Hirschbrunn又由白油菜籽（*sinapisalba*）的生物碱中提取出来（Griffien和Nyc，1971）。1862年，Streker还由卵磷脂中分离出这种化合物，并正式命名为"胆碱"；1867年，Baeyer和Wurtz首先合成了胆碱（Scott等，1982）。1929年，在一项用马的脾脏分离乙酰胆碱的研究中，胆碱被确认为必需的生物活性物质（Dale和Dudley，1929）。1932年，确认胆碱为卵磷脂的活性组分，随后得知胆碱可用以预防采食高脂肪饲料大鼠的脂肪肝（Best等，1934）；就甲基供体而言，甜菜碱对于大鼠和狗具同等的重要性；稍后，研究证明胆碱对于禽的生长、胫骨短粗症的预防、猪肢体外张病的预防以及维持人肝脏代谢的正常都是必需的，从而表明了它的维生素性质。

1　胆碱的化学结构及理化特性

胆碱是β-羟乙基三甲（基）铵的羟化物，结构见图1。纯胆碱为无色，黏滞、微带鱼味腥的强碱性液体，可与酸反应生成稳定的结晶盐；具极强的吸湿性，吸收二氧化碳后，发出胺的臭味。胆碱溶于水、甲醛和乙醇、甲醇，难溶于丙酮、氯仿，不溶于石油醚、苯。无固定的熔点和沸点，对热和贮存相当稳定，但在强碱性条件下不稳定。饲料工业上用的氯化胆碱是化学合成品，此外，胆碱还有其他存在形式。氯化胆碱为吸湿性很强的白色结晶，易溶于水和乙醇，其水溶液的pH值近中性（6.5~8）。

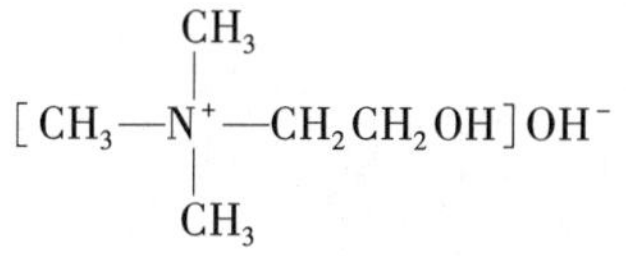

$$[CH_3-\overset{\displaystyle CH_3}{\underset{\displaystyle CH_3}{\overset{|}{\underset{|}{N^+}}}}-CH_2CH_2OH]OH^-$$

胆碱（choline）

$[(CH_3)_3N^+-CH_2CH_2OH]Cl^-$

氯化胆碱（Choline chloride，Choline chloridum）

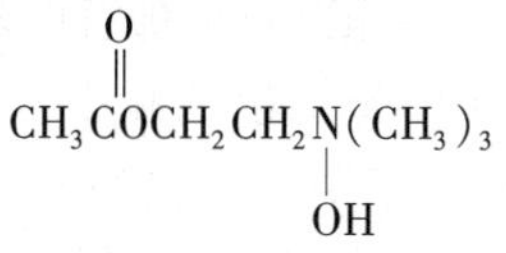

$$CH_3\overset{\displaystyle O}{\overset{\|}{C}}OCH_2CH_2\underset{\displaystyle OH}{\underset{|}{N}}(CH_3)_3$$

乙酰胆碱（Acetylcholine）

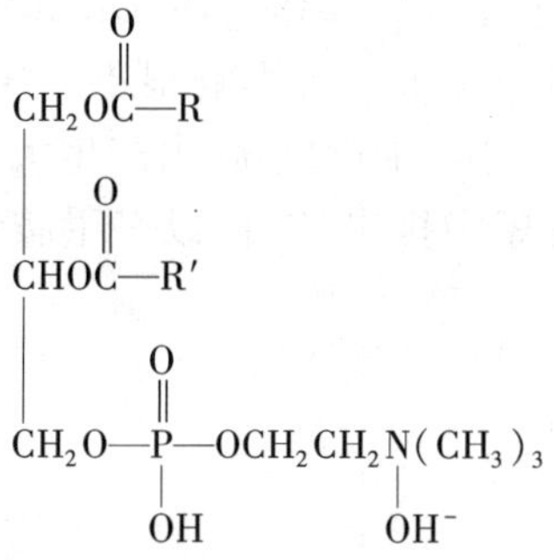

$$\begin{array}{l} CH_2O\overset{O}{\overset{\|}{C}}-R \\ | \\ CHO\overset{O}{\overset{\|}{C}}-R' \\ | \\ CH_2O-\underset{OH}{\underset{|}{\overset{O}{\overset{\|}{P}}}}-OCH_2CH_2\underset{OH^-}{\underset{|}{N}}(CH_3)_3 \end{array}$$

卵磷脂（Lecithin）

图1　游离胆碱、氯化胆碱、乙酰胆碱、卵磷脂的结构式（R′表示任一脂肪酸）

存在于自然界的胆碱，有游离胆碱、乙酰胆碱、较为复杂的磷脂及其代谢中间产物。胆碱还是卵磷脂的组成成分。在植物和动物细胞中，卵磷脂是胆碱存在形式的最小单位（Griffith 和 Nyc，1971）。体内大部分胆碱以卵磷脂、［神经］鞘磷脂形式存在。

2　胆碱的度量单位和测定方法

胆碱和氯化胆碱的活性以化学物质的克数或毫克数来表示。

胆碱的测定方法因其生物学存在形式的多样化而变得十分复杂。游离胆碱可用水或乙醇加以分离，以较准确的方法是胆碱浸出法。生物组织的制备过程应采取一定的保护措施，这是因为，动物剖杀后，其组织内的胆碱很快即被酶水解为磷酸酯（Chan，1984）。生物样品含游离胆碱的论据是十分不可靠的，生物样品浸出物的制备过程稍事耽搁，即会造成细胞自溶，并释放出胆碱（Griffith 和 Nyc，1971）。例如，以狗的肝脏为材料，动物剖杀后立即制备浸出液其胆碱的含量仅为 0 ~ 43 mg/kg，倘搁置 5h 后制备浸出液则为 136 ~ 164 mg/kg。

经典的、使用最多的胆碱定量法是 reineckate 比色法（AOAC，1965），其他方法有非水滴定法（国家标准局，1989）、酶学法、荧光法、气谱法、光度分析法及极谱分析法。放射性同位素酶分析法和气相色谱法具有很高的灵敏度和特异性，近年，已被广泛应用（Chan，1984）。胆碱的微生物分析法使用的霉菌，通常为 *Neurosparocrossa* 霉菌（红色面包霉属的一种），这种霉菌具有利用由离体组织胆碱转化来的乙酰胆碱的能力，通过霉菌的生长反应，即可对胆碱进行定量。根据生长反应测定胆碱是不可靠的，这是因为在胆碱不足的日粮中，其他组分（如蛋氨酸）亦会影响测定结果（Pesti，1981）。

3 胆碱的代谢

饲料中的胆碱主要以卵磷脂的形式存在。游离胆碱或神经鞘磷脂含量不到10%。卵磷脂和神经鞘磷脂在胃肠道消化酶的作用下，降解为胆碱，食入的卵磷脂有50%完整地进入胸导管（Chan，1984）。胆碱在空肠和回肠的吸收，受能量和Na载体机制的控制。在豚鼠，回肠细胞对胆碱的吸收比空肠细胞快3倍（Hegazy和Schwenk，1984）。大鼠和仓鼠的回肠细胞运载系统知道得更早（Sanford和Smyth，1971）。上述研究证实，卵磷脂在小肠的近端和中部被降解为胆碱。摄入胆碱大约有1/3被完整吸收，其余2/3被肠道微生物酶降解为三甲胺，食后6~12h，三甲胺即由尿中排出（De La Huerga和Popper，1952）。相对而言，以卵磷脂形式食入的胆碱降解为三甲胺的数量是很少的，它随主要代谢产物由尿排出的时间通常在食后12~24h（De La Huerga和Popper，1952）。制约排泄的主要因素是日粮胆碱的水平，蛋白质和脂肪水平的影响很小。March和Macmillan（1979）证实，采食高水平菜籽饼或高剂量胆碱日粮的鸡，其盲肠和小肠内产生大量的有鱼腥味的三甲胺，这些物质在肝中很少能氧化为三甲胺氧化物（由尿中排出），而以三甲胺形式沉积在蛋黄中，这很可能是鸡蛋有鱼腥味的原因。

4 胆碱的功能

4.1 细胞结构的构成和维持

胆碱是磷脂的组成成分，如卵磷脂（磷脂酰胆碱）、某些原生质（磷脂酰胆碱）和神经鞘磷脂等。胆碱被结合为磷脂的过程为：先转变为磷酰基胆碱，然后再转变为胞核嘧啶核苷二磷酸胆碱，最后同磷脂酸反应生成卵磷脂。卵磷脂是动物细胞膜结构的组分，约占细胞浆膜中转运脂质的一半。胆碱还为胫骨短粗病的预防及软骨基质的形成所必需。胆碱的代谢机能和合成过程见图2。

4.2 防止脂肪肝

胆碱可促进肝脏脂肪以卵磷脂形式（即长链脂肪酸的磷酸化）被输送，或者提高脂肪酸本身在肝脏内的氧化利用，从而防止脂肪在肝脏里的反常积聚。因此，将胆碱看作是一种抗脂肪肝因子。

4.3 神经冲动的传导

胆碱为乙酰胆碱的形成所必需，而乙酰胆碱是副交感神经终端释放的神经递质，从而使神经刺激由交感神经和副交感神经系统的突触前到突触后纤维的传递成为可能。例如：刺激迷走神经，释放乙酰胆碱，导致心搏迟缓；输卵管的收缩亦受乙酰胆碱的作用制约。

4.4 不稳定甲基的来源

所谓不稳定甲基，指在体内能从一种化合物转移到另一种化合物的甲基，亦称活性甲基。由高胱氨酸（即同型胱氨酸）形成蛋氨酸、由胍基乙酰形成肌酸都需要提供甲基。胆碱和高胱氨酸之间的关系对动物营养实际意义不大，这是因为天然蛋白质的中间代谢产物—高胱氨酸是很少的（Ruiz等，1983）。动物机体内有一个活性甲基池，它除用于肌酸生成外，通过转氨基作用对某些物质甲酯化（以便在尿中排出），还可用于合成几种激素（如肾上腺素）。活性甲基来源于饲

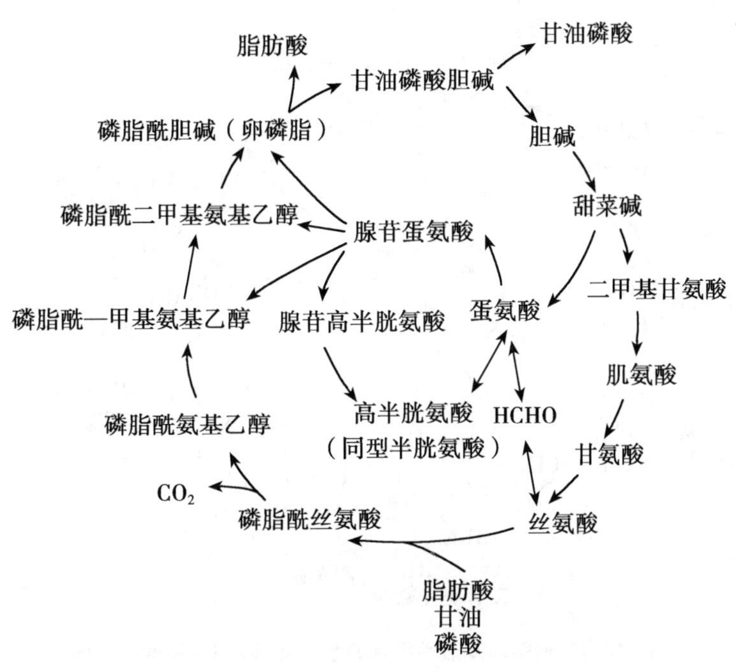

图 2　胆碱、甲基及磷脂类的代谢途径

* HCHO：叶酸是作为一碳单位载体而需要，而 V. B_{12} 在由一碳单位合成甲基中起作用

（摘自 Scott，Nutrition of the Chicken，1982）。

料中的胆碱（及其相关物质）、蛋氨酸、叶酸和维生素 B_{12}。能替代胆碱的物质中，主要的一种是甜菜碱。活性甲基的这些来源的每一种都能代替另一种或部分地补充另一种的不足，因此，对于某些种类的动物，如猪，在防止脂肪肝方面胆碱完全可以用甜菜碱取代。对于另外一些种类动物，如禽、甜菜碱只能补充胆碱不足。对某些动物，如猪、禽，蛋氨酸和维生素 B_{12} 在某种程度上也能替代胆碱。可见，代谢所需胆碱，首先是靠体内活性甲基合成，再则是通过饲料提供。机体自身合成胆碱的速度不足以满足快速生长所需。胆碱代谢循环及活性甲基的利用途径见图 3。

5　胆碱的需要

胆碱不同于其他维生素，大部分动物都可以自体合成，尽管在很多情况下，其合成数量和速度不能完全满足动物需要。日食中脂肪、丝氨酸、碳水化合物和蛋白质的含量、动物年龄、性别、能量进食量、生长速度、应激等都影响胆碱的抗脂肪肝作用以及动物对胆碱的需要量（Mookerjea，1971）

据研究，维生素 B_{12} 和叶酸可以降低鸡和大鼠对胆碱的需要量（Welch 和 Couch，1955）。由甲酸盐碳生物合成不稳定甲基需要叶酸，而维生素 B_{12} 对于四氢叶酸的甲基转移起着调节作用，所以，叶酸和/或维生素 B_{12} 缺乏时，胆碱的需要量明显增加。

在机体代谢中，胆碱和蛋氨酸是两个主要的甲基供体，其所含甲基为生物学不稳定甲基，可在机体内转移，这种现象称为甲基移换作用。由蛋氨酸提供的甲基在体内可与胆胺一起形成胆碱；相反，由胆碱提供的甲基（经甜菜碱）可同高胱氨酸结合而成甲硫氨酸（du Vigneaud 等，1939）。因此，蛋氨酸或胆碱的供给量直接影响彼此的需要量。因胆碱和蛋氨酸形成的外源性甲基不同，由甲酸盐碳再合成的甲基随叶酸盐和/或维生素 B_{12} 的供应不足而降低。

多数动物都可以合成足够数量的胆碱，以提供机体所需甲基。对于猪，蛋氨酸完全可以取代

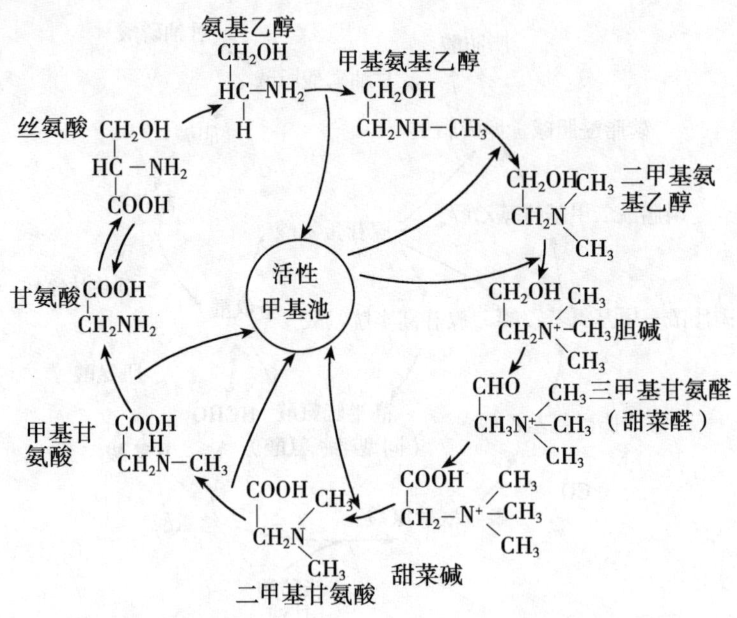

图 3　胆碱代谢循环及活性甲基的利用（摘自 Umbrett，1960）

转氨基需要的胆碱。蛋氨酸水平超出生理需要时，4.3mg 蛋氨酸同 1mg 胆碱可提供等量的甲基（NRC，1979）。相反，生长禽不能以日粮蛋氨酸或甜菜碱取代胆碱，除非日粮中含有甲基乙醇胺或二甲基乙醇胺，看来饲喂这种由蛋氨酸或甜菜碱构成的纯化日粮时，它们不能转化为甲基乙醇胺（Jukes，1947）。稍后研究发现，鸡可由 S-腺苷蛋氨酸合成微量的甲基乙醇胺和胆碱，但是不同于猪，其合成速度极慢（Norvell 和 Nesheim，1969）。对于鸡，关于胆碱和蛋氨酸的相互替代效应是一个争论不休的问题。Tillman 等（1986）用玉米－豆粕型日粮饲喂雏鸡证明，胆碱和蛋氨酸可以相互替代。Pesti（1979）证明，饲喂高水平的胆碱可降低雏鸡最大生长对蛋氨酸之需要量。Qullin（1961）报道，所谓胆碱取代蛋氨酸，仅限于供甲基作用，胆碱不能取代蛋氨酸参与蛋白质合成，两者间的取代程度决定于各自在日粮中的含量，只在两者之一低于一定水平时，添加其中之一才能明显提高生产水平。Tillman 等（1986）的试验指出，日粮蛋氨酸充足时，添加胆碱无任何效应。王彦新（1991）的肉仔鸡试验结果表明，肥育期在含硫氨基酸不足的日粮中添加胆碱对蛋氨酸有明显的替代作用。Derilo 等（1980）的研究得到了完全不同的结果，日粮高胆碱水平会增加含硫氨基酸的需要量，含硫氨基酸本来足够的日粮，添加胆碱反而会降低肉鸡的生产水平。Anderson（1982）用肉仔鸡进行试验，结果，添加胆碱也不能减少蛋氨酸的需要量。Miles 等（1983）用肉仔鸡进行试验，结果证实，胆碱节约蛋氨酸的前提是必须同时补加硫酸盐，但是，日粮含硫氨基酸水平很高时，补充硫酸盐亦无效。原来，胆碱和蛋氨酸的替代效应不仅在猪和禽不同，基础日粮类型，试禽日龄，日粮内各种养分的水平，尤其是含硫氨基酸和无机硫水平，胆碱的添加水平，日粮原料的胆碱生物学效价等都会干扰其结果。

代谢需要的胆碱来源于两个途径：日粮或自体合成，都可以提供不稳定甲基。已知，大鼠的胆碱合成发生在肝脏，由微粒体结合的磷脂酰乙醇胺经甲基化而成。胆碱合成所需要的甲基由 S-腺苷蛋氨酸转移而来、乙醇胺则由丝氨酸产生。对于培育品种，自体合成量往往是不能满足快速生长需要的，进而发生临床缺乏症。胆碱虽具有预防脂肪肝、肾出血、胫骨短粗症的机能，但由于它是磷脂（胞苷二磷酸胆碱，即 CKP 胆碱）的组分而不属真正的维生素。它不同于典型的 B 族维生素，胆碱分子是肝脏、肾脏或软骨细胞的构成成分（Scott 等，1982）。通常，雄性动物比雌性动物对胆碱的缺乏更敏感（Wilson，1978），生长激素似乎可以增加大鼠对胆碱的需要量，这同生长激素促进生长和增加饲料采食量有关（Hall 和 Bieri，1953）。可的松和氢化可的松可以缓解肾脏的严重坏死，氢化可的松可减少患胆碱缺乏症和大鼠的肝脂肪量（Olson，1959）。

日粮蛋白质过量可增加生长鸡的胆碱需要量。Ketola 和 Nesheim（1974）发现，鸡最快生长的胆碱需要量因日粮蛋白质水平而异，蛋白质为 64% 比 13% 者高 3 倍多。脂肪含量高的日粮会加重胆碱的缺乏症，并增加对胆碱的需要量，同时会增加脂肪肝发病数，这是由于脂肪含有的长链结构脂肪酸比例高所致（Hareroft，1955）。生长较快的动物胆碱缺乏症较严重。

抗菌素的利用或切断大鼠同类的接触会降低动物对胆碱的需要量（Barnes 和 Kwong，1976）。同样，无菌鼠对胆碱的需要量较低。肠内微生物可转变胆碱为三甲胺，进而变成无抗脂肪肝活性的化合物，由尿排出。用抗生素抑制肠内细菌会提高胆碱的利用性。

ARC（1981）归纳，在蛋氨酸不超量的前提下（绝干日粮的 2% ~3%），生长猪对胆碱的需要量可低于 1%，NRC（1988）推荐量约为 ARC 的一半。美国在 20 世纪 70 年代用三批繁殖母猪连续多胎次（4，6，8）试验结果为 0.14% ~0.19%，高于 NRC 规定。NRC（1984）未推荐产蛋鸡、种鸡的胆碱需要量，AEC（第 5 版）推荐为 500 mg/kg。正常动物对胆碱的需要量参见书末附表。胆碱需要量通常是利用纯化日粮测得的，未考虑饲料的生物学利用性、动物的个体差异及其他日粮影响因素。关于人的胆碱缺乏症尚无确切的证据，未见需要量方面的报道。

6 胆碱的天然来源

天然存在的脂肪都含有胆碱，因此含脂肪的饲料都可提供一定数量的胆碱。蛋黄（1.7%）、腺体组织粉（0.6%）、脑髓和鱼（0.2%）都是最丰富的动物性胆碱来源。绿色植物、酵母、谷实幼芽、豆科植物籽实（0.20% ~0.35%）、油料作物籽实饼粕是最丰富的植物来源（Syntex，1979）。多数水果和蔬菜含胆碱很少，但是动物和人食用的其他食物可能是很好的胆碱来源。以大豆蛋白为基础的婴幼儿食品，其胆碱含量同人奶和牛奶相比很少（Zeisel 等，1986）。胆碱在典型食物和饲料中的含量见表 1。玉米含胆碱很少。小麦、大麦、燕麦的胆碱含量大约比玉米高 1 倍。常用植物性饲料一般不须另外补充。

关于天然饲料中胆碱的生物学利用率所知甚少。用雏鸡测知，豆粕中胆碱的生物学利用性很高。脱壳豆粕和整粒大豆的胆碱利用率大约为 60% ~75%（Molitoris 和 Baker，1976）。

7 胆碱缺乏症

胆碱缺乏症通常表现为生长迟缓、肝脏和肾脏出现脂肪浸润、肾小球因脂肪大量浸润而堵塞、脂肪肝、骨软症、组织出血（特别是肾脏和一些关节）和高血压。家禽和生长猪易于发生胆碱缺乏症。患猪多表现运动障碍，家禽则表现为胫骨短粗症，产蛋率降低等。一般来说，动物胆碱缺乏症的临床症状还受日粮中其他因素包括蛋氨酸、维生素 B_{12}、叶酸、日粮脂肪等影响。当采食量和生长因缺乏胆碱而受抑制时，胆碱缺乏症的症状就减弱。动物胆碱缺乏症的临床症状和损害汇总于表 2。各种动物的胆碱缺乏症分述如下。

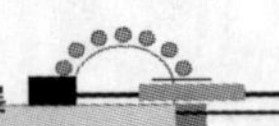

表 1　各种食物和饲料中典型胆碱含量（mg/kg，全干基础）[*]

名　称	含量	名　称	含量
苜蓿粉，脱水	1 037	脱脂乳，脱水	1 480
面包制品废料，脱水	1 005	糖蜜，甘蔗	1 012
大麦	1 177	燕麦	1 116
血粉，脱水	848	花生粕	2 120
啤酒糟，脱水	1 757	马铃薯，脱水	2 879
黄油奶水，脱水	1 891	稻米	1 076
鸡	6 288	稻米糠（细）	1 357
柑橘类果浆，脱水	867	芝麻	1 655
玉米，黄色	567	高粱	737
棉仁粕	2 965	大豆粕	2 916
蟹粉	2 179	小麦	1 053
鱼粉	4 036	小麦麸	1 797
肝粉	12 281		

[*] 摘自“United States-Canadian Tables of Feed composition”（NRC，1982b）。

表 2　动物胆碱缺乏症的临床症状和损害[a,b]

临床病状	大鼠	小鼠	仓鼠	豚鼠	兔	猴子	狗	猫	犊牛	猪	鸡	鸭	火鸡
脂肪肝	+	+	+[c]	+	+	+	+	+	+	+	+	+	+
肝硬变	+	+[c]			+[c]	+	+						
肾出血	+	+[c]			+[d]				+[d]	+[d]			
生长迟缓	+	+	+[c]	+	+	+	+	+	+	+	+	+	+
低脂血	+						+						
胫骨短粗病											+	+	+
繁殖减少										+			
泌乳下降	+		+						+				
产蛋减少											+		
肌肉缺损	+				+				+	+			
出血性损害	+	+											
动脉硬化	+	+					+				+		
心肌炎和坏死	+	+											
心搏减缓	+												
高血压	+												
贫血	+				+		+			+			
水肿，脱水	+												

a. 据 Wilson 修改（1978）；

b. 有关对动物损害的研究或报道很少；

c. 资料来源不同；

d. 仅肾脏变性。

7.1 反刍动物

众所周知，反刍动物有能力合成包括胆碱在内的 B 族维生素。然而，反刍动物所合成的胆碱，通常不能满足肥育牛对胆碱的需要。育肥牛的生长速度与日粮是否添加胆碱有关；当然，不是所有的试验结果都是一致的。华盛顿州和马里兰州的研究（Swingle 等，1970；Rumsey，1975）报告表明，日粮中添加胆碱 500 ~ 750 mg/kg，可以使育肥牛的日增重提高 6% ~7%，饲料利用率增加 2.5% ~8%。可见，在一些集约化饲养条件下，胆碱是日粮中的限制因子。令人感兴趣的研究表明，胆碱可能对高产奶牛起抗脂肪肝作用。

Atkins 和 Erdman 等（1983）研究得知奶牛日粮中添加胆碱，采食量和乳脂率有所增加，产奶量增加甚微。

当合成奶含酪蛋白 15% 时，犊牛表现明显的胆碱缺乏综合症（Johnson 等，1951），6 ~ 8 d 后，犊牛表现为呼吸极度困难，不能站立。每升人工奶中添加 260mg 胆碱就能阻止这些缺乏症。

7.2 猪

幼猪的胆碱缺乏症表现为增重减少、生长不良（腿短、垂腹），被毛粗糙，红细胞计数减少，红细胞压积和血红蛋白浓度降低、血浆碱性磷酸酶活性升高，虚弱、共济失调、步态不平衡和蹒跚、关节松弛（特别是肩关节），脂肪肝、肾小管闭塞，肾小管内上皮坏死（Cnnha，1977）。这些临床症状多见于低蛋氨酸、低蛋白日粮。

肢体外张病是一种仔猪偶见的疾病，一些研究表明，其发病率与遗传因素有很大关系。然而，亦有将发病条件归因于胆碱缺乏的，添加胆碱即可预防。尚不知叶酸和维生素 B_{12} 是否也为影响因素，但已知这些维生素的缺乏会增加胆碱需求量。亦有人认为肢体外张病是先天性疾病，由于腿的异常，仔猪不能站立或行走，在较滑的地板上更为严重，护理也受到妨碍，因此影响断奶体重。

种猪妊娠期间胆碱缺乏时，首先表现为采食量减少，当采食量从每天 2.7 ~ 3.2 kg 减到 1.4 ~ 2.0 kg 后，即表现出肢体外张病的症状（Cunha，1977），这是由于胆碱和蛋氨酸进食量减少所致。哥伦比亚的研究表明，肢体外张病可造成死亡，这些患猪中的一部分在出生后十天内就能自行康复，说明其病因可由母乳加以纠正。其他报告也指出，相当大比例患肢体外张病的仔猪能够在几天内康复，特别是病肢稍能活动和哺乳时。

研究表明，母猪缺乏胆碱时，受胎率、产仔率较低，每窝总产仔数和活产仔数较少，平均初生重没有差别；添加胆碱的母猪，每窝断奶仔猪数多；缺胆碱母猪每窝的肢体外张病比率较高。缺乏胆碱的母猪所产仔猪生长不良，随年龄增加也无改观（Ensminger 等，1947）。

1976 年 NRC 等 42 届猪的营养委员会进行了妊娠期和哺乳期添加胆碱（770 mg/kg）对每窝产仔数和断奶重影响的评价。在 9 个试验站做了 22 个试验，用了 551 头母猪；妊娠期用粗蛋白为 15% 的玉米－豆饼型日粮，而在哺乳期则用 7.5% 的甜菜渣代替等量的玉米，结果表明，添加胆碱母猪的每窝产仔数（10.54 对 9.89），活仔猪数（9.33 对 8.64）、断奶仔猪数（7.72 对 7.29）均较多。

7.3 家禽

生长幼禽胆碱缺乏时，除表现为生长受阻外，胫骨粗短症是最重要的特点，表现为膝关节点状出血，胫跗关节肿胀，跗骨扭转、弯曲，关节软骨移位，跟腱由踝骨脱出，家禽溜腱性行走困难。研究表明，胆碱是成禽软骨组织中磷脂的构成成分（Maynand 等，1979）。

成年鸡能合成足量胆碱以满足产蛋需要。然而，补充胆碱为保持鹌鹑蛋的大小所必需（NRC,

1984b）。某些报道则认为，补充500 mg/kg胆碱能增加来航鸡的产蛋量（TapiaRomero等，1985）。鹌鹑生长所需的胆碱显著高于鸡或其他禽。

生长鸡对胆碱需求随年龄增大而减少。一般来说，8周龄后鸡不可能产生胆碱缺乏。氨基乙醇接受甲基转变为甲基氨基乙醇是仔鸡胆碱生物合成的限速反应。对于鸡，即使日粮中有足够数量的蛋氨酸或甲基供体也不能完全取代胆碱，它不同于生长哺乳动物（如猪、鼠）（Syntex，1979）。

显而易见，产蛋鸡胆碱需要量受初产蛋鸡日粮胆碱水平的影响（Scott等，1982）。8周龄后给饲无胆碱日粮，蛋鸡完全能够合成产蛋所需胆碱。March（1981）发现：含大豆饼或菜籽饼的蛋鸡料补加胆碱（1 000mg/kg）对于产蛋、蛋重、死亡率无影响，但可使肝脏脂肪下降25%。生长阶段给饲添加胆碱的日粮，开产后欲获得最高产蛋率，仍需补充胆碱，否则出现胆碱缺乏症，表现为产蛋减少和肝脂肪增加。即使胆碱缺乏，蛋中胆碱含量也不受日粮低水平胆碱的影响。

尽管还没有证据说明高产蛋鸡需要补充胆碱，但补加胆碱确能明显降低肝脂量，特别是在饲喂低蛋白、高脂肪饲料的情况下。然而，雏鸡和幼火鸡缺乏胆碱未见导致脂肪肝（Ruiz等，1983）。当日粮中含硫氨基酸也不足时，才会发生蛋鸡缺乏胆碱的反应。

7.4 鱼

对鲑、鳟、鲤、鲇、鲷来说，日粮胆碱为最大生长速度和最佳饲料利用率所需，能防止脂肪肝、贫血、出血症（肝、肾、小肠等）和其他临床症状。胆碱缺乏症的症状以及出现缺乏的时间、受品种和/或日粮的影响，但差别不大（Ketola，1976）。

鲤鱼缺乏胆碱时，生长虽正常，但肝脂肪增加10%（Ogino等，1970）。日本鳗鱼缺乏胆碱时，厌食、生长较差、且表现为白灰肠。喂虾以缺乏胆碱的日粮，四周后体重明显小于对照组（NRC，1983）。

7.5 实验动物

像鸡一样，豚鼠即使给予适量的蛋氨酸也会发生胆碱缺乏。豚鼠缺乏胆碱的临床表现包括生长缓慢、贫血、肌肉软弱和肾脏上皮出血症。大鼠和小鼠都表现出脂肪肝，但不像小鼠，大鼠会发展成肝硬化和纤维化。幼龄大鼠快速生长阶段，形成细胞结构物质（卵磷脂）所需胆碱的缺乏，导致肾脏出血症。另一方面，小鼠只会在控制饲养的情况下出现肾出血。

7.6 兔

兔胆碱缺乏时表现为生长受阻，脂肪肝或肝硬化和肾小管坏死。兔饲喂低胆碱日粮超过70 d时会出现肌肉营养不良（NRC，1977）。

8 胆碱营养状况评价

有关动物胆碱评价方面的研究资料很少。通常，胆碱的作用或需要量的确定主要是通过特定动物缺乏胆碱而出现的临床症状来观察的（如脂肪肝、软骨症），观测日粮添加胆碱后的最佳效应也是惯用的方法。

根据组织中胆碱水平或它的代谢功能对胆碱的作用进行评定。有证据表明，断奶后6 d内不喂胆碱，大鼠的脑、肾和小肠中乙酰胆碱减少。注射或以口服方式给大鼠补充胆碱引起脑中乙酰胆碱增加（Kuksis和Mookerjeo，1984）。肝脂沉积机制的研究表明，它与卵磷脂合成不足有关。胆碱缺乏时，肝

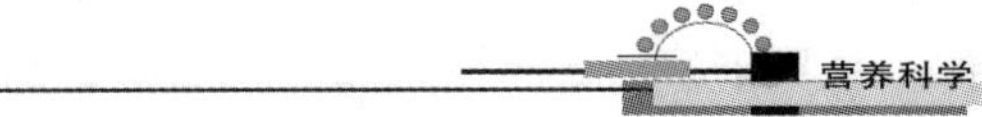

中“卵磷脂：磷脂酰乙醇胺”比率减少，这是评定胆碱营养的方法之一。

人血浆胆碱浓度可反映胆碱营养状况（Hirsch 等，1978）。有人认为，血浆游离胆碱低于正常水平时，表明胆碱缺乏。通过饮食进食 3 g 氯化胆碱粉，结果血清胆碱水平由绝食状态的 11.7nmol/ml，上升 86%。

9 胆碱的补充

胆碱可以人工合成，作为饲料添加剂，多数情况下，都使用胆碱盐。即可以是胆碱的氯化物（胆碱含量为86.8%），亦可以是胆碱的酒石酸盐（胆碱的含量为48%）。补饲用胆碱盐多是它的碱基与盐酸的反应产物——氯化胆碱。氯化胆碱可以其 70% 的液体或 25% ~60% 干粉状态使用。70% 的液体腐蚀性很强，需要特种贮存器和添加设备。氯化胆碱对其他维生素有破坏作用，尤其是在金属元素存在时，对维生素 A、D、E、K 有破坏作用。所以，它不宜与维生素预混料相混，但可直接加入浓缩饲料或全价配合饲料中去。倘需制作包括胆碱在内的维生素预混料，50% 氯化胆碱总量不得高于预混料的 20%。

氯化胆碱属低分子有机化合物，通常由化学合成法生产，以三甲胺、环氧乙烷、盐酸为原料，或以三甲胺、氯乙醇为原料合成：

$$(CH_3)_3N + \underset{\diagdown O \diagup}{CH_2—CH_2} + HCl \rightarrow [HOCH_2CH_2N(CH_3)_3]Cl$$

$$(CH_3)\ N^+CH_2ClCH_2OH \qquad \rightarrow [HOCH_2CH_2\ (CH_3)_3]\ Cl$$

我国已公布饲料添加剂及氯化胆碱国家标准（国家标准局，1989）。标准规定了饲料添加剂的 70% 氯化胆碱水溶液和以 70% 氯化胆碱水溶液为原料加入石粉、豆饼（粕）、脱脂米糠、玉米粉、稻壳粉、麸皮、无水硅酸等适于饲料用的赋形剂制成的 50% 粉剂（钙型、麸型、硅型、蛋白型）的技术要求，试验方法、检验规则及标志、包装、运输、贮存等。

分子式：$C_5H_{14}NClO$

分子量：139.63

结构式：$$[HOCH_2CH_2-\overset{\displaystyle CH_3 \atop |}{\underset{| \atop \displaystyle CH_3}{N^+}}-CH_3]Cl^-$$

70% 氯化胆碱水溶液技术要求如下：①外观性状为无色透明的粘性液体、稍具特异臭味；可与甲醇、乙醇任意混合，但几乎不溶于乙醚、氯仿或苯；具吸湿性，吸收二氧化碳放出胺臭味；②技术指标：氯化胆碱≥70%、pH 值为 6.5 ~80、乙二醇≤0.5%、氯乙醇（以 Cl^- 计）≤0.2%、三甲胺合格、灼烧残渣≤0.2%、重金属（以 pbit 计）≤0.002%。50% 氯化胆碱粉剂的技术要求如下：①外状性状：白色或黄褐色（视赋形剂不同而不同）干燥的流动性粉末或颗粒、具有吸湿性，有特异臭味；②技术指标：氯化胆碱≥50%，加热减量≤40%，细度（20 目筛）≥95%。此外，农业部规定兽药级氯化胆碱结晶标准中，$C_5H_{14}ONCl$ 含量不少于 98.0%，其他指标与 70% 水溶液相同，亦可用作饲料添加剂。

日粮添加胆碱的效果主要取决于动物品种、年龄、蛋白质和含硫氨基酸的食入量、饲料本身胆碱的水平和其他与胆碱有关的营养素。同其他维生素不同，各种动物都能合成胆碱，但合成量有时不能满足需求。幼年动物（如雏鸡）之所以缺乏胆碱，不是因为缺乏合成胆碱的能力，而是因为合成的速度不能满足动物的需求。年龄是一个重要的因素，8 周龄后的生长鸡即不会发生胆碱缺乏。

当日粮中蛋氨酸水平达到一定程度后，许多动物（如猪、幼鼠）是不需要补充胆碱的。例如，对于仔猪，在含蛋氨酸1.6%的人工奶就不需要补充胆碱（Firth 等，1953）。据 Neumann 等（1949）报道，当日粮蛋氨酸水平为0.8%~1.0%时，仔猪日粮胆碱为0.1%。

蛋氨酸可为多种动物提供合成胆碱所需甲基。然而，胆碱仅对节约蛋氨酸有意义，以蛋氨酸补充胆碱的不足是没有价值的。如果日粮胆碱水平合适，则蛋氨酸不会被当作合成胆碱的原料来使用。在配合猪禽日粮时，蛋氨酸是限制性氨基酸之一。当胆碱很便宜时，大量利用蛋氨酸来合成胆碱是不经济的。

胆碱与蛋氨酸的关系在第五部分已讨论。在补充蛋氨酸和/或胆碱时，第三种营养素硫元素必需考虑。Ruiz 等（1983）和 Miles 等（1986）已综述了蛋氨酸、胆碱、硫酸盐的关系。硫元素是机体代谢的重要组分（如粘多糖），如果硫元素供应不足，含硫氨基酸就会降解。在肉鸡饲养中，添加胆碱或蛋氨酸的同时，补充硫酸盐的效果比单独补饲好（Miles 等，1983）。已有资料表明，添加硫酸盐和胆碱，可以节约大量的蛋氨酸。实践告诉我们，日粮必须提供足够量的硫酸盐和胆碱，以免价值昂贵的蛋氨酸被用来合成这两种营养素。

多数添加胆碱的试验都强调供给幼畜禽以胆碱可提高生产水平。实际上，用成年猪进行研究和观察也表明，添加胆碱能增加断奶时窝仔猪数并使母猪群体保持较长时间的高产仔数（Cunha，1977）。母猪日粮中胆碱的确切需要量尚不知。Cunha（1972）认为，下列水平的胆碱供给量可能发生肢体外张病：在妊娠第一阶段，每头母猪每天3 000 mg；妊娠最后1个月，每头母猪每天4 200~4 500 mg。

对人来说，由于动植物食品中含有大量的胆碱和蛋氨酸，通常补充胆碱是不重要的，除非有特殊的饮食习惯：包括喂食缺乏蛋白质的食物和高精制食品的婴幼儿以及肠胃不好的病人。每升人奶含胆碱总量仅50~140 mg，成年人忍受胆碱缺乏的能力很强，因此，对于婴儿来说，除奶外，每100 kcal食物至少应添加7 mg胆碱（Kuksis 和 Nookerjea，1984）。市场上出售的婴儿食品和代乳已经添加了与奶等量的胆碱。

氯化胆碱木身在维生素预混料中是稳定的，在膨化，制粒加工和贮存过程中，都十分稳定。鉴于它具有很强的吸湿性，所以，不使用时应封闭保存。在60 mim 内，颗粒沉水的损失量（如鱼饲料）低于10%。合成胆碱不贵且可直接使用。

10 胆碱的毒性

动物过量进食胆碱的临床症状是：流唾液、颤抖、痉挛、发绀、惊厥和呼吸麻痹。兔口服氯化胆碱的半致死量为3.4~6.7 g/kg（Chan，1984）。胆碱给量过高时，增重速度和饲料效率降低，Southern 等（1986）曾在玉米-豆饼型基础日粮（胆碱含量为0.8%~1.0%）中补加从0~6.0 g的胆碱，结果2.0 g即会降低日增重，6 g更明显，认为总量不宜超过3 g。Derilo 和 Balnave（1980）报道，饲喂稍多于需要的胆碱，肉仔鸡表现增重和效率降低。研究表明，按需要量的一倍添加胆碱对成年鸡来说是安全的。猪对胆碱有较强的忍受力（NRC，1987），据报道，猪无胆碱中毒症状，但在开食、生长和育肥期间饲喂含2 000 mg/kg胆碱的饲粮，其日增重降低。

人进食过量的卵磷脂或胆碱产生急剧胃肠疼痛、出汗、流唾沫、厌食（Wood 等，1982）。然而在连续四个月内，按每日3~12 g的治疗剂量口服氯化胆碱或二氢柠檬酸胆碱盐用以治疗酒精肝硬化病，未见有害征兆。在阵发性运动障碍（与抗精神病治疗有关的运动失调）的治疗中，胆碱已用到每天16 g；连续4个月，每天服用100 g卵磷脂，也未见任何有害影响（Kuksis 和 Mookerjea，1984）。

参考文献

[1] 王彦新，等. 1991. 饲料工业，(7)：43～44

[2] 许振英. 1991. 养猪，(2)：39～42

[3] 张甫山. 1991. 胆碱缺乏症（未发表资料）

[4] 国家标准局. 1989. 中华人民共和国国家标准——饲料添加剂，氯化胆碱

[5] 恩斯明格 A. H.，等著；王淮州等译. 1988. 美国食物与营养百科全书. 选辑（4）：营养素. 159～161

[6] Anderson J O，*et al.* 1982. Poultry Sci.，122：1 270～1 271

[7] Atkins K B，*et al.* 1983. J. Dairy Sci.，66（Suppl. I）：175

[8] Chan M M. 1984. In：Handbook of Vitamins. L. J. Machin，ed. 549～570. Dekkdr，New York

[9] Cunha T J. 1972. Feedstnffs，44：27～28

[10] Derilo Y L，*et al.* 1980. Br. Poult. Sci 21：479～487

[11] Griffith W H，*et al.* 1971. In：The Vitamins. W. H. sebrell，Jr and R. S. Harris eds. 3：3～154. Academic press，New York

[12] Hegazy E，*et al.* 1984. J. Nutr.，114：2 217～2 220

[13] Hirsoh M J，*et al.* 1978. Metabolism，27：953～960

[14] Ketola H G. 1976. J. Anim. Sci.，43：474～477

[15] Ketola H G，*et al.* 1974. J. Nntr.，104：1 484～1 489

[16] Knksis A，*et al.* 1984. In：Present Knowledge in Nntrition. R. E. Olson，*et al.* 383～399. Nntrition Foundation，Washington，D. C

[17] MoCormick D B，*et al.* 1984. ln：Nntrition. Reviews，Present Knowledge in Nutrition. R. E. Olson，*et al.* 365～376. Nntrition Foundation

[18] McDowell L R. 1989. Vitamins In Animal Nutrition，Comparative Aspects to Human Nut－rition. 347～364. Academic Press. Inc. San Diego

[19] Maynard L A，*et al.* 1979. Animal Nutrition. 7th Ed. 283～355. McGraw－Hill，New York

[20] Miles R D，*et al.* 1983. Poultry. Sci.，62：495～498

[21] Miles W H，*et al.* 1983. World Anim. Rev.，46：2～10

[22] Molitoris B A，*et al.* 1976. J. Anim. Sci.，42：481～489

[23] Mookerjea S M. 1971. Fed. Proc.，Am. Soc. Exp. Biol.，30：143～150

[24] NRC . 1982b. United States － Canadian Tables of Feed Composition. 3rd Ed. NAS － NRC，Washington，D. C

[25] NRC. 1984a. Nutrient Requirements of Domestic Animals：Nutrient Requirements of Beef cattle. 6th Ed. NAS－NRC，Washington，D. C

[26] NRC. 1984b. Nutrient Requirements of Domestic Animals：Nutrient Requirements of Poultry. 8th Ed. NAS-NRC，Washington，D. C

[27] NRC. 1985b. Nutrient Requirements of Domestic Animals：Nutrient Requirements of Sheep. 5th Ed. NAS－NRC，Washington，D. C

[28] NRC. 1988. Nutrient Requirements of Domestic Animals：Nutrient Requirements of Swin. 9th Ed. NAS－NRC，Washington，D. C

[29] Pesti G M, *et al.* 1979. Poultry Sci, 59: 1 541 ~ 1 547
[30] Pesti G M, *et al.* 1981. Poultry Sci, 60: 425 ~ 432
[31] Ruiz N, *et al.* 1983. WPSA J. 39: 185 ~ 198
[32] Rumsey T S, *et al.* 1975. Feedstuffs, 47: 30 ~ 34
[33] Scott M L. 1981. Feedstuffs, 53 (8): 59 ~ 67
[34] Scott M L, *et al.* 1982. Nutrition of the Chicken. 119 ~ 276
[35] Southern L L, *et al.* 1986. J. Anim. Sci., 62: 992 ~ 996
[36] Tillman P B. 1986. Poultry sci., 65: 1741 ~ 1748
[37] Wilson R B. 1978. In: Handbook Series in Nutrition and Food, Section E: Nutritional Disorders. M. Rechcigl, Jr., ed. 2: 95 ~ 121. CRC press, Boca Raton, Florida
[38] Wood J L, *et al.* 1982. Fed. Proc., Fed. Am. Soc. Exp. Biol., 41: 3 015 ~ 3 021
[39] Zeisel S H, *et al.* 1986. J. Nutr., 116: 50 ~ 58
[40] 日本中央畜产会. 1984. 日本家禽饲养标准
[41] 日本农林水产省农林水产技术会议事务局编. 1987. 日本猪的饲养标准

以真可利用氨基酸为指标评价鸡饲料氨基酸生物学效价的依据

霍启光

（中国农业科学院饲料研究所）

1 关于真可利用氨基酸的概念

现有的饲养标准，关于氨基酸的需要量以及饲料氨基酸的营养价值，多以氨基酸分析值为指标。就氨基酸需要量而言，它是经过多次的饲养试验、代谢试验、生产试验而得的数据，是保证鸡正常生长、健康高产的保证值，它蕴涵了氨基酸的利用率。鸡自身客观需要量与供给量之差，正是人们注视的“生物学效价”。而所谓“生物学效价”，Fox（1981）定义为“某种养分支持生物机体结构与机能正常的量化估测”。Sibbald（1987）认为“生物学效价”是一种抽象的概念，乃养分进入体组织后用于正常代谢机能的效益。就氨基酸的生物学价值而言，至今，它仍是模糊不清的概念，实际应用中有氨基酸消化率（Digestibility of amino acids DAA）、氨基酸代谢率（Metabolizability of amino acids MAA）、氨基酸利用率（Utilizability of amino acids，UAA）等几个不同层次的概念。同一英文术语“Available amino acid”（NRC，1994），根据译者的理解的译作“有效氨基酸”的，亦有译作“可利用氨基酸”的。对于鸡，还有译作“可消化氨基酸”的，不一而足。生物学价值本来就具有多重涵义，包括：消化、吸收、代谢、同化、利用性。

本文选择“饲料真可利用氨基酸”（True Available Amino Acids，TAAA）表示饲料中氨基酸的生物学价值，其公式为：饲料真可利用氨基酸 = 饲料氨基酸 -（粪氨基酸 + 尿氨基酸）+（代谢粪氨基酸 + 内源尿氨基酸）。由公式可见，它并非是真正的“真可利用氨基酸”，它不能表示其在体内蛋白质合成过程中的作用；从方法学上看，它是由 Sibbald（1987）的 TME 改良法测得的，它亦不能完全反映吸收的氨基酸在体内的代谢状况，亦非“真可代谢氨基酸”；由于尿中排出的氨基酸量很少，人们将其视同“真可消化氨基酸”虽不十分准确，但大抵如此；在日本鸡的饲养标准（1992）中，则将其称作“有效氨基酸”，可谓“给含混的概念赋予含混的术语”，或许更恰当。

2 以真可利用氨基酸为指标评价鸡饲料氨基酸生物学效价的必要性

蛋白质供应已成为国内外发展畜牧业的制约因素。世界性蛋白质供不应求的现状导致人类在不断地寻求新的蛋白资源，豆饼（粕）以外的杂饼（粕）类饲料以及鱼粉以外的动物性蛋白质饲料，单细胞蛋白质饲料等的广泛应用即是这一现象的必然。上述非常规蛋白质饲料富含蛋白质、氨基酸，然而，它本身特有的理化性质，以及抗营养因子的存在严重地影响了它的利用。不同饲料原料、不同加工工艺、不同抗营养因子对饲料中氨基酸的生物学价值具不同的影响，其可利用氨基酸含量亦各不相同。

据霍启光等研究（1992），同大豆粕（直接浸提）相比，以蛋白质含量为指标，大豆粕（直接浸提）、大豆饼（螺旋压榨）、棉仁饼（螺旋压榨）、棉仁粕（预压浸提）、棉仁粕（直接浸提）的相对价值分别为100、99、87、90、96；以总赖氨酸含量为指标，其相对价值分别为100、83、58、56、56；以真可利用赖氨酸为指标，其相对价值分别为100、78、41、33、29。可见，以粗蛋白质含量为基础相比较，上述5种饲料都比较相近，粗蛋白质水平大体都在40%以上；以总赖氨酸含量为基础，豆饼为豆粕的80%，各种棉饼（粕）则只有其一半稍多；如以真可利用赖氨酸含量为基础相比较，两种棉粕仅为豆粕的1/3。同时可见，加工方式不同的豆饼和豆粕、棉饼和棉粕，其真可利用赖氨酸亦差异甚大。

我国现行饲养标准推荐的氨基酸需要量多以玉米－豆粕型日粮为基础测得，虽为氨基酸分析值，但实际上对玉米和豆粕中的氨基酸利用率已经做了校正，以可利用氨基酸或以总氨基酸配制的日粮，其生产效果是一致的，倘以氨基酸可利用性较低的非常规蛋白质饲料全部和部分取代豆粕和鱼粉时，就氨基酸实际供给水平而言，以其可利用氨基酸为指标制作的饲料配方更接近于鸡体之所需。

3　确定鸡饲料氨基酸真利用率测定方法的基本依据

关于鸡饲料氨基酸可利用率测定方法的研究，1987年，Sibbald曾进行详尽综述，这一议题曾是1988年第5届国际蛋白质营养和代谢讨论会的中心议题。我国多所大专院校、研究机构对此亦有一定的研究。参考国内外有关研究资料，进行必要的比较和验证试验，尽快地提出一个相对可行的、统一的饲料氨基酸可利用性测定技术规程已经是一个刻不容缓的任务。然而研究者们在饲料氨基酸可利用性的测定方法上却存在着不同程度的差别，其争论焦点是“内源尿氨基酸和代谢粪氨基酸的收集方法”、“Sibbald的TME法用于测定氨基酸可利用性的改进”、“用去盲肠鸡测定饲料可利用氨基酸的必要性和用未去盲肠正常鸡测定饲料可利用氨基酸的可行性”等，这是确定鸡饲料氨基酸生物学效价测定技术方案首先需要澄清的几个基本问题。

3.1　采用饲料真可利用氨基酸评定饲料氨基酸生物学价值的依据

用Sibbald的TME法，即以绝食－强饲－排空为特点的公鸡准确饲喂法经改进用以评定鸡饲料氨基酸生物学价值已被多数研究者接受。表现可利用氨基酸和真可利用氨基酸的区别在于后者对混入粪、尿中、非直接来源于强饲饲料的内源尿氨基酸和代谢粪氨基酸进行了校正。早在1971年，Syke即证实，尿中含氨基酸甚微，其对氨基酸利用率测值的影响是可以忽略不计的。据Rerat等（1987）测试，影响饲料氨基酸利用率的主要因素是代谢粪氨基酸。Bragg等（1969）应用无氮日粮法测得代谢粪氨基酸排泄物用以校正饲料氨基酸的表现利用率。Sibbald等（1976）则用绝食法收集内源尿氨基酸和代谢粪氨基酸排泄物（后称两者的混合物为“内源性氨基酸”）为校正值。陈雪秀等（1984）用绝食法收集鸡内源性氨基酸，并对氨基酸表现可利用率（AAAA）和氨基酸真利用率（TAAA）进行了比较试验，结果表明：TAAA测值的可加性较好，由单个饲料测定值累加而得的日粮计算值与日粮的实测值之比（%），大部分在95～103，而AAAA的比值较差，绝大部分不足100%，一般在85%～99%之间。霍启光等（1992）用无氮日粮法收集鸡内源性氨基酸，对饲料AAAA和TAAA进行对比试验：试验测定了三种单一饲料（玉米、棉粕、大豆粕）、三种由上述单一饲料配制而成的肉仔鸡全价配合饲料（玉米－棉仁粕型、玉米－棉仁粕－豆粕型、玉米－豆粕型日粮）的TAAA和AAAA，结果：同一饲料的TAAA（%）显著高于AAAA（%），以总氨基酸为例，玉米的TAAA和AAAA分别为96.4±2.3和80.5±2.3、棉粕为78.4±4.1和70.9±4.4、豆粕为91.3±2.0和84.1±2.1、玉米－棉粕型日粮为84.5±1.9和78.1±1.9、玉米－棉粕－豆粕型日粮为87.6±1.0和81.6±1.0、玉米－豆粕型日粮为93.7±2.5和87.7±2.5。比较TAAA和AAAA的差值，可见差值最大的是玉米，次以棉粕、豆粕、玉米＋棉粕型日粮、玉米＋棉粕＋豆粕型日粮、玉米＋豆粕型日粮。玉米的TAAA和AAAA相差为9.2%～30.9%，其各种氨基酸的AAAA为65.6%～88.7%，TAAA为88.0%～97.2%，其AAAA之低的结果与玉米消化率较高的事实相去甚远。这同玉米氨基酸含量低、内源性氨基酸排泄量几乎等于强饲后玉米的未消化氨基酸排泄量有关，由单个饲料TAAA和AAAA测值累加而得的肉仔鸡全价配合饲料的TAAA和AAAA同其相应实测值相比，TAAA值的计算值更接近于相应实测值，以总氨基酸的TAAA和AAAA为例，上述三种日粮的计算值和实测值之比（%）分别为97.9和93.8、100.3和96.5、98.7和95.0。显见，饲料TAAA测值的可加性高于AAAA测值。可见，不论以绝食法或是无氮日粮法测得的TAAA，均表现出它优越于AAAA。以TAAA作为评定饲料氨基酸生物学价值的指标已为公认，当前的争论焦点是内源性氨基酸排泄物的收集方法，即有饲料（无氮日粮法）经过消化道和无饲料（绝食法）经过消化道哪种合理？Likuski（1978）等人研究证实，两种方法间仅有很小差别，均可用以测定饲料的TAAA。秦学忠（1986）选择体重1.8～2.1 kg的白莱航公鸡分别用无氮日粮法（NFD）和绝食法收集内源性氨基酸排泄物，结果，其总氨基酸排泄物（mg/只/36 h）分别为330±6、CV18%和240±8、CV33.8%，NFD法显著（$P<0.01$）高于绝食法，且NFD法测值的个体间变异较小，这无疑会提高其TAAA测值的精确性。试验还测定了5种蛋白质饲料、8种日粮的AAAA值，并分别用上述两种方法测得的内源性氨基酸测定了饲料的TAAA值，结果TAAA的两种测值均高于AAAA（$P<0.05$），用NFD法测得的TAAA值不仅高于绝食法，且其单一饲料TAAA测值可加性亦最高。霍启光等（1992）选择体重3.0～3.2 kg海赛克斯（褐）公鸡用NFD法和绝食法收集内源性氨基酸排泄物，结果，其总必需氨基酸排泄量（mg/只/48 h）分别为306和204，亦为前者显著（$P<0.05$）地高于后者。内源性氨基酸的校正值越来越普遍地趋向于采用无氮日粮法测值。以Sibbald的TME法为基础，用无氮日粮法收集的内源性氨基酸排泄物比绝食法更接近于给食鸡实际，且其测值比较稳定，单个饲料的TAAA值可加性亦较高。

尽管如此，亦不能说NFD法是尽善尽美的，此时，机体的代谢处于负平衡状态，蛋白质合成代谢减弱的同时，内源性氨基酸排泄量减少，本法有可能低估内源性氨基酸排泄量，并进而低估饲料TAAA值何况，NFD的构成，诸如日粮蛋白质摄入量、日粮中碳水化合物的性质、日粮中纤维素的类型及其水平等以及盲肠的去与不去对内源性氨基酸排泄量的影响程度都还不十分清楚。无氮日粮法是特定条件下的测值，并不能很准确地反映机体蛋白质消化代谢的真实情况，即使用同一估测方法，其测值还可能受环境条件的影响。重要的是要控制易导致系统误差的主要干扰因素，提高测值的可比性、重复性和可加性。

3.2 以Sibbald的TME法兼测饲料真可利用氨基酸的可能性

当前通行的TAAA测定方法有两种，即Sibbald的TME法及其改进法。前者以绝食法收集的内源性氨基酸排泄物为校正值，后者代之以无氮日粮法测值；被测饲料的给饲方法亦不相同，前者强饲单一饲料，后者除了强饲被测饲料外，还配以适量蔗糖或葡萄糖、矿物质、维生素等，对于粗蛋白质含量为20%以上的饲料，根据其蛋白质含量，还混以适量淀粉，将日粮粗蛋白质水平调至16%～18%，有时还补充纤维素和油脂等。内源性氨基酸的估测问题前已提及，此不赘述。

关于被测饲料给饲方式的问题，Sibbald 等（1979）和秦学忠等（1986）曾进行专项试验，结果均未获得充分的证据说明被测饲料的营养平衡对饲料氨基酸的真利用率会产生显著的影响。似乎在 TME 条件下，被测饲料的营养平衡性对氨基酸消化吸收过程并不十分敏感，这可能同营养物质代谢的补偿作用或恒稳调节机构有关，对于正常试验禽，短期内营养的不平衡性不至造成消化生理紊乱，并进而影响饲料的 TAAA 测值，似乎直接强饲单一饲料而不考虑营养的平衡性并非不可。就这一问题，霍启光等（1992）曾对上述两种方法进行的比较试验却获得了不同的结果，试验同时用两种方法测定了棉粕（直接浸提）、豆粕（直接浸提）、玉米以及以这 3 种饲料为基础配制而成的 3 个类型日粮的 TAAA，结果：①三种单一饲料的 TAAA 测值均为 Sibbald 的 TME 法低于其改进法，其总必需氨基酸的真可利用率（%），玉米分别为 90.4 和 95.6，豆粕分别为 88.0 和 91.7，棉粕分别为 76.5 和 76.8，但差异均不显著（$P>0.05$），赖氨酸的真可利用率（%），玉米分别为 83.8 和 88.0（$P>0.05$），豆粕分别为 76.8 和 89.6（$P<0.05$），棉粕分别为 41.9 和 52.1（$P<0.05$），这似乎又同被测饲料营养的相对平衡性以及改进法内源性氨基酸排泄量较高有关；②用 Sibbald 的 TME 法及其改进法的单个饲料 TAAA 测值计算而来的 3 种类型日粮氨基酸真利用率，与其相应日粮的 TAAA 实测值之比（%）：玉米 - 棉粕型日粮总必需氨基酸两种方法的计算值分别为其实测值的 96.1 和 97.5，玉米 - 棉粕 - 豆粕型日粮分别为 97.1 和 100.2，玉米 - 豆粕型日粮分别为 95 和 99.2；而 3 种日粮赖氨酸真可利用率的计算值与实测值之比则分别为 91.1 和 98.3、90.2 和 101.1、88，7 和 100.5，改进法计算值比 Sibbald 的 TME 法计算值更接近于实测值（$P<0.05$）即“Sibbald 的 TME 法的改进法”测得的单一饲料氨基酸真利用率可加快较强。显见，Sibbald 的 TME 法经改进后方可用于测定饲料氨基酸的真可利用率。

3.3 用去盲肠鸡测定饲料真可利用氨基酸的必要性和用未去盲肠鸡测定 TAAA 和可行性

至今，国内外尚无一个公众所公允的测定鸡饲料氨基酸利用率的统一方法。影响饲料氨基酸利用率测值的因素很多，用去盲肠鸡测定饲料氨基酸利用率是克服消化道后段微生物对饲料氨基酸利用率干扰的简单易行方法。鸡盲肠内存在大量种类繁多的微生物，但其对饲料中蛋白质的分解作用甚微，对饲料蛋白质的利用性影响程度亦极小；而 Parsons（1986）证实，食糜中有一定数量未消化氨基酸进入盲肠后被微生物利用。事实上，与小肠相比，盲肠上皮绒毛的表面积要小得多，经盲肠吸收的氨基酸是十分有限的。就饲料氨基酸利用率测定方法而言，我们关心的是盲肠微生物对饲料氨基酸的降解和吸收程度是否影响到测值本身以及这种影响是否有碍其作为一个营养指标正确地反映饲料氨基酸可利用性，以及动物对它的需要量。迄今，主张用去盲肠鸡测定饲料氨基酸的利用率仅是建立在假定其与正常鸡生理状况一致或没有差异的前提下进行的。事实上，不仅这一假设未得到证实，鸡盲肠对氨基酸的吸收量亦不清楚。有关去盲肠鸡的生理应激及蛋白质代谢规律等问题均待进一步探讨，去盲肠仅只是排除了盲肠微生物对饲料未消化蛋白质的可能影响，其依据是不充分的，至今，在国内外始终是一个争论不休的问题。为此，人们用去盲肠鸡和未去盲肠鸡进行了一系列对比试验，试图查明其对饲料氨基酸利用性的影响。

Nesheim（1967）的试验证实，去盲肠鸡与未去盲肠鸡对正常鳕鱼粉的蛋白质消化率无差异，而未去盲肠鸡对过热处理鳕鱼粉的蛋白质消化率却高于去盲肠鸡。Hayes（1983）测定了正常鱼粉和过热处理鱼粉赖氨酸的消化率，结果获得了同上述 Nesheim 类似的结论。似乎消化性高或质量好的蛋白质受盲肠微生物的影响较小，而消化性低、质量差的蛋白质受盲肠微生物影响较大。

Parsons（1984b）用去盲肠鸡和未去盲肠鸡测定了肉粉氨基酸真利用率，结果表明，正常鸡真利用率高于去盲肠鸡，赖氨酸分别为 87% 和 79%，含硫氨基酸分别为 79% 和 67%，且去盲肠鸡测值比正常鸡更接近于生长试验法测值，似乎鸡盲肠影响了氨基酸的消化吸收，却未影响氨基酸的利用。

Parsons（1989）在 DDGS 的氨基酸利用率测定中亦获得了正常鸡高于去盲肠鸡的结果。Green（1987a）用未去盲肠鸡和去盲鸡比较了玉米、小麦、大麦的氨基酸真消化率，发现两种鸡之间无差异，在他的另一项研究中（1987b）发现，两种鸡对豆饼、葵饼、椰饼的苏氨酸、甘氨酸和赖氨酸的真利用率有差异。

计成（1989）在去盲肠鸡和未去盲肠鸡对饲料氨基酸真利用率影响的研究中得知：就总氨基酸而言，未去盲肠鸡对豆饼和过热处理鱼粉的真利用率显著地高于去盲肠鸡（$P<0.05$），但就个别氨基酸而言，有的（如赖氨酸、精氨酸、缬氨酸、亮氨酸和异亮氨酸、苯丙氨酸）差异不显著（$P>0.05$）、有的（如鱼粉的苯丙氨酸、脯氨酸、胱氨酸）去盲肠鸡高于未去盲肠鸡（$P<0.05$）；同上述结果相反，正常鱼粉、脱毒或未脱毒棉饼、芝麻饼的总氨基酸真利用率，在两种鸡间差异均不显著（$P>0.05$），而个别氨基酸（如鱼粉的脯氨酸，芝麻饼的丙氨酸、精氨酸、酪氨酸和赖氨酸，棉饼的天门冬氨酸、丝氨酸、苏氨酸、丙氨酸、酪氨酸、苯丙氨酸、异亮氨酸和含硫氨酸）差异显著（$P<0.05$），且均为去盲肠鸡大于未去盲肠鸡。可见，易消化和不易消化饲料间，同一饲料的不同氨基酸间、不同加工处理的饲料间，其氨基酸真利用率在两种鸡间，呈无规则变化。

霍启光等（1992）用去盲肠鸡和未去盲肠鸡测定了玉米、豆粕、棉粕和以这 3 种饲料为基础构成的 3 种类型日粮（玉米 - 棉粕型、玉米 - 棉粕 - 豆粕型、玉米 - 豆粕型）的 TAAA。结果：各种饲料、日粮的赖氨酸、精氨酸、丝氨酸、亮氨酸、总氨基酸的真利用率在两种鸡间无差异（$P>0.05$），但玉米和豆粕的各项氨基酸测值大多为未去盲肠鸡高于去盲肠鸡，棉粕和 3 种类型日粮的各项测值则大多为去盲肠鸡高于未去盲肠鸡。看来，其结果类似于上述计成的研究，不同饲料、不同氨基酸测值在两种鸡间无一定规。

显然，就上述国内外有限的研究资料来看，仅就盲肠对饲料氨基酸利用性的这种影响，尚不能构成必须用去盲肠鸡测定饲料真可利用氨基酸的理由。

霍启光等（1992）还就两种鸡测值的关系及各测值的可加性作了进一步研究，发现：①6 种单一饲料、3 种类型日粮的 TAAA 值进行回归分析，结果去盲肠鸡（Y）和未去盲肠鸡（X）两者间总氨基酸、总必需氨基酸、赖氨酸和苏氨酸的相关系数分别为 0.94、0.94、0.97、0.88（$P<0.01$），其斜率分别为 1.1、1.1、1.1、1.2，可见，饲料的 TAAA 在去盲肠鸡与未去盲肠鸡之间具一定的系数关系，进行 TAAA 的测定并非必须使用去盲肠鸡；②由 3 种类型日粮的氨基酸真利用率计算值与实测值进行比较，结果，不论 TAAA 还是 AAAA 均为未去盲肠鸡的计算值比去盲肠鸡更接近于实测值，亦即未去盲肠鸡饲料的 TAAA 和 AAAA 可加性高于去盲肠鸡，以未去盲肠鸡和去盲肠鸡饲料的 TAAA 计算值占实测值的比率为例，总氨基酸分别为 97.9% ~100.3% 和 93.5% ~97.4%、总必需氨基酸分别为 97.5% ~100.2% 和 92.7% ~97.1%，总非必需氨基酸分别为 98.1% ~100.3% 和 94.3% ~97.7%，稳定性较差的赖氨酸分别为 98.3% ~101% 和 93.9% ~97.6%。看来，TAAA 的测定并非必须使用去盲肠鸡。

酸不溶灰分在奶山羊消化试验中的应用

霍启光，李建文，张玉凤，王彩兰，许学敏

（西北农学院奶山羊研究室）

摘　要： 试验旨在研究酸不溶灰分（Acid Insoluble Ash，缩写为 AIA）在奶山羊消化试验中的应用。选择西农莎能奶山羊 6 只，在特制代谢笼内试验。试验测得内指示剂 SiO_2 及 AIA（浓 HCl、4N HCl 和 2N HCl）在粪中的回收率分别为 97.9% ±1.05%、96.7% ±1.96%、100.7% ±1.23%和 105.7% ±1.98%。用 SiO_2 及 3 种 AIA 为指示剂测定日粮中干物质、粗灰分、总能、醚浸出物、粗纤维、粗蛋白质及无氮浸出物的消化率，除 4N HCl-AIA 法的各项测值接近于（$P>0.05$）传统的全粪收集法外，其他指示剂法均有一定差异。定量饲喂后，连续两个星期，逐日收集粪样，并分析其 2N HCl-AIA 含量，结果指出：从第六日始，各日测值趋于稳定（$P>0.05$）。试验测定了收粪期长短不同的粪样中 2N HCl-AIA 含量，结果：6 d、7 d 和 8 d 的混合粪样差异不显著（$P>0.05$）。于定量饲喂后的第 15 d，每隔 4 h 收集粪样 1 次，并分析之，结果：1 d 内任 14 h 所采不完全粪样的 4N HCl-AIA 含量同该日全粪收集样大未见有明显差异（$P>0.05$）。

据 Shrivastava 等（1962）报道，绵羊对牧草中不溶于盐酸的灰分（Acid Insoluble Ash，缩写 AIA）具很高的稳定性，粪中的回收率可达 99.8%[4]；Keulen 等（1977）测得 AIA 在绵羊粪中的平均回收率为 95.8%（2N-HCl 的 AIA 法，下称 2N-HCl 法）、96.7%（浓 HCl 的 AIA 法，下称浓 HCl 法）、103.0%（4N-HCl 的 AIA 法，下称 4N-HCl 法）[4]；四川省畜牧科学研究所（1979）测得 AIA 在雏鸡粪中的回收率为 101.4%（4N-HCl 法）、96.7%（2N-HCl 法）[1]；山东农学院（1980）测得 AIA 在猪粪中的回收率为 96.01%（4N-HCl 法）、88.60%（浓 HCl 法）、82.37%（2N-HCl 法）[2]。可见，AIA 在动物排泄物中的回收率因试验动物种类、AIA 分析方法的不同变化幅度很大。4N-HCl 法，因回收率接近于 100%、分析方法简捷而广受推崇[1,2,4~6]。

本试验旨在研究 AIA 法在奶山羊消化试验中的应用，以期了解在奶山羊的消化试验中应用 AIA 法的可靠程度、AIA 的最佳分析法、定量饲喂后开始收集粪样的时间、收粪期天数、日收粪样时间等。

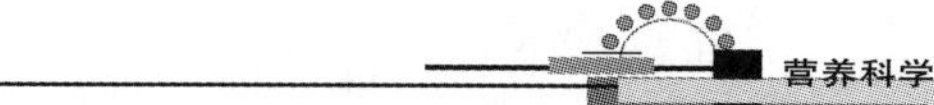

1　材料与方法

1.1　试羊

选择体重相近（57～58.5 kg），采食正常、初妊、干乳的3岁龄西农莎能奶山羊6头于消化代谢笼内进行消化试验。

1.2　试验分期

预试期：20 d；定量饲喂期：14 d。

1.3　饲料、饲养与采样

日粮组成（%）：洋槐叶粉50.0、野青干草粉25.0、小麦麸皮11.0、玉米籽实粉13.5、食盐0.5；

营养成分（全干基础）：消化能2 159 kcal/kg、粗蛋白质15.6%、粗纤维素13.3；

饲料加工调制：按上述比例制成棒状颗粒饲料；

饲养与采样：每头、每日上述混合日粮1 500 g，约为维持水平的1.2倍；日饲两次（9：30，16：30），每羊每次750 g；自由饮水。试前，按规定将整个定量饲喂期每羊、每次喂量一次分装、备足，置于牛皮纸袋中。同时，随机抽取10袋，用四分法取样1 000 g，粉碎、装瓶、备分析。

1.4　粪样收集与处理

1.4.1　羊粪收集

每次排粪，随排随收，按头分别置于带盖塑料桶内；次晨，于第一次饲喂前，称重、记载、取样。

1.4.2　粪样采集、处理

（1）定量饲喂后第1～14 d，每日准确称取鲜粪重的1/5，在100～105 ℃下测定干物质含量，按头逐日分装。将上述第7～14 d的每日粪样等分8份，按头混合为2 d，3 d……8 d混合样；分别测定其2N-HCl-AIA含量。

（2）定量饲喂后第1～14 d，每日约取鲜粪重1/10，在60～65 ℃下制备风干粪样，按头逐日分装；测定其2N-HCl-AIA含量。

（3）定量饲喂后的第7～14 d，每日准确称取鲜粪重的1/5，在60～65 ℃下制备风干粪样，按头分装。测定吸湿率、燃烧热、粗蛋白质、粗纤维、粗脂肪、粗灰分、SiO_2、AIA（浓HCl、2N-HCl、4N-HCl）等含量。然后，以全粪收集法、指示剂法分别计算营养的物质消化率及指示剂在粪中的回收率。

（4）定量饲喂后第15 d，连续24 h，每4 h收集排粪1次；在60～65 ℃下制备风干样本。将上述每头、每次所得粪样等分为二：其一，按头、按时间分装；其二，按头混合为该日全粪收集样本。测定4N-HCl-AIA含量。

1.5　AIA、SiO_2 测定法

（1）浓HCl-AIA分析法（Shrivastava等，1962）[4]；

（2）4N-HCl-AIA分析法（Vogtmann等，1975）[4]；

（3）2N-HCl-AIA分析法（Keulen等，1977）[4]；

（4）SiO_2 分析法[3]。

2 结果与分析

2.1 4种内源指示剂在粪中回收率的比较

指示剂在粪中的回收率越接近于100%，各项测值必然越接近于全粪收集法。试验所得数据（表1）经保护性L. S. D. 法检验，结果：以100%的回收率为准，2N-HCl-AIA及浓HCl-AIA之回收率（分别为105.7%、96.7%）与之差异极显著（$P<0.01$）；SiO_2 之回收率（97.9%）与之差异显著（$P<0.05$）；唯4N-HCl-AIA之回收率（100.7%）与之差异不显著（$P>0.05$）。

表1　指示剂在粪中的回收率　（%）

羊号	AIA			SiO_2
	浓HCl	4N-HCl	2N-HCl	
1	96.5	100.1	107.6	98.7
2	97.9	102.1	106.5	98.1
3	97.1	100.1	106.6	97.1
4	99.0	102.3	107.1	99.3
5	93.2	99.9	103.1	96.5
6	96.7	99.4	103.3	97.4
$\bar{X}\pm S$	96.7±1.96	100.7±1.23	105.7±1.98	97.9±1.05

2.2 指示剂法与全粪收集法测定消化率的比较

对全粪收集法和4种指示剂法所测得的供试日粮消化率（表2）进行L. S. D. 法检验，结果：2N-HCl法测得之干物质、粗灰分、能量、粗蛋白质、粗脂肪和无氮浸出物的消化率明显地高于全粪收集法；浓HCl法测得之干物质、有机物质、粗灰分、粗蛋白质消化率，SiO_2 法测得之干物质、粗灰分、粗蛋白质之消化率则明显低于全粪收集法；唯4N-HCl法之各项测值同全粪收集法差异均不显著（$P>0.05$）。

表2　日粮营养物质消化率　（%）

成　分	全粪收集法	指示剂法			
		SiO_2	浓HCl-AIA	4N-HCl-AIA	2N-HCl-AIA
干物质	48.80	47.69*	47.34**	49.12	51.59**
有机物质	56.12	55.17	54.84*	56.40	58.47
粗灰分	12.15	10.23*	9.63**	12.69	16.83**
能量	53.38	52.37	52.26	53.67	55.87**
粗蛋白质	51.66	50.60**	50.27**	51.91	54.24**
粗纤维	42.54	41.42	40.99	43.00	45.74
粗脂肪	53.57	52.52	52.20	53.82	56.02*
无氮浸出物	61.22	60.27	59.96	61.37	63.19*

表中数据为6只羊均数。**差异极显著，*差异显著。

2.3 定量饲喂后，粪中 AIA 含量的变化

定量饲喂后，第 1～14 d 逐日所采粪样中 2N-HCl-AIA 含量（表 3）经 Tukey 法检验，由表列结果可知：粪干物质中 AIA 含量（%）于第 3 d 开始趋于稳定，第 6 d 开始完全稳定下来（$P>0.05$）。

表 3 粪干物质中 2N-HCl-AIA 含量 （%）

	1	2	3	4	5	6	$\bar{X}$
1	15.19	15.52	13.29	14.69	14.94	15.05	14.78^{d}
2	14.65	14.19	13.35	14.54	15.19	14.36	14.38^{d}
3	16.62	15.56	15.20	16.05	15.58	15.42	15.74^{c}
4	16.23	17.07	16.47	15.66	16.11	15.51	16.18^{abc}
5	14.71	16.61	15.19	17.54	16.64	14.67	15.89^{bc}
6	16.86	16.31	17.64	16.64	16.19	16.14	16.63^{ac}
7	16.61	16.29	17.51	16.59	16.34	16.74	16.85^{a}
8	16.87	16.28	16.57	17.03	15.67	16.01	16.41^{abc}
9	16.73	16.38	16.33	15.98	16.20	16.14	16.29^{abc}
10	16.40	16.63	17.23	16.78	15.69	16.16	16.69^{ab}
11	16.95	16.27	16.32	16.37	15.58	15.83	16.22^{abc}
12	17.39	17.05	17.32	16.23	16.20	16.20	16.73^{ab}
13	16.82	16.43	17.43	16.19	16.51	15.67	16.51^{abc}
14	17.04	16.89	16.93	—	16.18	16.17	16.66^{ab}

均数右上方具相同字母（a、b、c、d）者差异不显著（$P>0.05$）；反则差异显著（$P<0.05$）。

2.4 收粪期不同的粪样中，AIA 含量的变化

试验测定了收粪期长短不同的粪样中 2N-HCl-AIA 含量，试验结果（表 4）经 L. S. D. 法检验，得知：以收粪期 8 d 之测值为准，一天样本测值与之差异极显著（$P<0.01$）；2 d、3 d、4 d 和 5 d 混合样本测值与之差异显著（$P<0.05$）；唯 6 d、7 d 者与之差异不显著（$P>0.05$）。

表 4 粪中 2N-HCl-AIA 含量 （%，全干基础）

羊号	收粪期长短（日）							
	1	2	3	4	5	6	7	8
1	16.61	17.00	17.13	17.11	17.05	17.02	16.98	16.33
2	17.29	17.17	16.99	16.97	16.86	16.76	16.71	15.84
3	17.51	17.42	17.35	17.25	17.28	17.11	17.05	16.71
4	16.59	16.41	16.53	16.53	16.45	16.56	16.47	16.03
5	16.34	16.27	16.17	16.17	16.24	16.14	16.15	16.11
6	16.74	16.47	16.32	16.32	16.19	16.16	16.16	15.76
$\bar{X}$	16.85^{**}	16.79^{*}	16.76^{*}	16.73^{*}	16.68^{*}	16.63	16.59	16.13

**同 8 d 测值相比差异极显著（$P<0.01$）；*同 8 d 测值相比差异显著（$P<0.05$）。

2.5 1 d 内，不同时间所采粪样中 AIA 含量的变化

查明 1 d 内，不同时间粪中 AIA 含量的变化情况，即可确定日收粪次数。本试验选用 5 只山羊，于定量饲喂后的第 15 d，每隔 4 h 收集粪样 1 次，共得 6 个不完全粪样，与此同时，制备该日全粪收集

样本。分别测定其4N-HCl-AIA含量（表5），经方差分析，结果，1 d内，任1单元时间（4 h为1单元）所采不完全粪样之4N-HCl-AIA含量同该日全粪收集样本测值间未见有显著差异（$P>0.05$）。

表5　粪样中4N-HCl-AIA含量　（%，全干基础）

羊号	全粪收集样本 0：00～24：00	不完全粪样					
		0：00～4：00	4：00～8：00	8：00～12：00	12：00～16：00	16：00～20：00	20：00～24：00
1	16.72	15.76	17.09	16.86	17.02	17.52	16.89
2	16.77	15.68	16.49	16.66	17.44	17.12	16.27
3	16.64	16.02	16.65	16.96	16.83	16.44	16.26
4	16.53	16.61	17.08	17.10	16.76	16.65	16.04
5	16.78	16.35	16.10	16.86	15.87	16.85	16.74
$\bar{X}$	16.69	16.08	16.68	16.89	16.78	16.72	16.44

3　结论

4N-HCl-AIA可作为稳定指示剂测定奶山羊的饲料消化率。在以AIA法测定奶山羊日粮消化率时：应于定量饲喂后第6 d开始收集粪样、收粪期至少应为6 d、每日收集任一“4 h的排粪”即可。

4　讨论

早在1874年，Wildt就用SiO_2作为一种内源指示剂测定饲料消化率[7]。随后，Shrivastava等（1962），又指出AIA这一“新法”[4]。Keulen在他的一篇评著中，称“AIA是一类不溶性硅化合物”[4]。“AIA”究为何者？与SiO_2区别何在？这是一个饶有风趣的讨论题目。

尽人皆知，饲料和粪中SiO_2和AIA的分析方法，除盐酸浓度及样本消解、灼烧程序不尽相同之外，别无他异。本次试验测得之供试日粮SiO_2、浓HCl-AIA、4N-HCl-AIA含量（%），分别为8.47、8.44、8.47，三者几乎相等。粪中这4种指示剂的测值（表6）经Tukey法检验，结果：SiO_2含量与浓HCl-AIA含量几乎无差异（$P>0.05$）。

表6　粪中指示剂含量　（%，全干基础）

指示剂	羊号						$\bar{X}$
	1	2	3	4	5	6	
SiO_2	16.31	16.05	16.40	16.34	15.90	16.17	16.20[a]
浓HCl-AIA	15.88	15.92	16.34	16.23	15.81	16.00	16.03[a]
4N-HCl-AIA	16.53	16.66	16.91	16.84	16.46	16.50	16.65[b]
2N-HCl-AIA	15.80	15.46	16.01	15.66	15.10	15.24	15.55[c]

注：均数右上方其相同字母（a、b、c）者差异不显著（$P>0.05$）；反则差异显著（$P<0.05$）。

上述事实足以令人推测，AIA可能就是SiO_2，至少，它们都属于一类不溶或难溶性硅类化合物。硅在饲料中的不同存在形式及其理化特性是导致Si类物质消化吸收率不同的根本原因。4N-HCl-AIA的回收率之所以接近于100%，以及由其测得之消化率如此惊人地接近于全粪收集法，这很可能是因为：4N-HCl-AIA是一类接近于不被各种动物吸收的硅化合物。Underwood（1971）曾指出，动物只能吸收

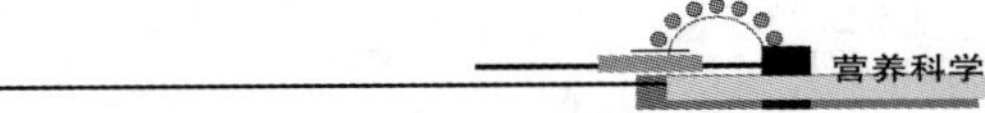

单硅酸形式的硅[8]。那么，似乎可以推测，4N-HCl-AIA 是一类更接近于多硅酸形式的硅类物质。欲更主动地应用它作为消化试验内源指示剂，就须进一步搞清 AIA，特别是 4N-HCl-AIA 的本质。

参考文献

[1] 四川畜牧科学研究所. 中国畜牧杂志，1979，(5)：9～10

[2] 山东农学院. 山东农学院学报，1980，(1)：117～130

[3] 中国畜牧兽医学会. 饲养分析，1957，44～46

[4] Van keulen J，*et al*. Jour. Animal Sci.，1977，44：282～287

[5] Mccarthy J F，*et al*. Can. J. Anim. Sci.，1974，54：107～109

[6] Vogtmann H，*et al*. Brit. Poult. sci.，1975，16：531～534

[7] Schneider B H，*et al*. The Evaluation of Feeds through Digestibility Experiments，1975，170

[8] Church D C，*et al*. Basic Animal butrition and feeding，1974，136

（本文曾发表于西北农学院学报，1982，(3)：57～63）

家禽日粮代谢能的评价

霍启光

（译自《Recent Advances in Animal Nutrition》，1979，35 ~ 49）

1 前言

掌握日粮代谢能水平，不论现在，还是将来，都是很重要的。北美的许多饲料工厂在配合家离日粮时，把代谢能（ME）作为一种通用的能量指标来使用。家离日粮的代谢能水平制约着氨基酸水平，甚或还牵制矿物质和维生素的水平。加拿大正在着手进行这样一项工作，即试图寻求一种印证市售配合饲料 ME 水平的方法。如果所推荐的方法可靠，很可能随同本法还规定一个适宜的日粮代谢能水平。

在家离营养中，代谢通这个名词与其说它是一个专有名词，莫如说它是一个普通名词。现有的代谢能指标有四种形式。其中，既有表现代谢能，亦有真代谢。即或采用同一形式，倘测定程序不同，其测值亦不相同。在家离营养中，迫待选定一种通用的代谢形式，并制定一个标准的测定程序。

本文试图介绍家离饲料能量价值的评定现状，代谢能值的含义与争论，代谢能的测定程序与比较。侧重讨论代谢能的测定和应用。本文远非全面论述，仅供进一步讨论时参考。

2 代谢能的概念与形式

2.1 表观代谢能（AME）

人们常把 AME 视作经典的代谢能指标。它实际上是饲料能同粪、尿能之差。就家禽而言，可以把粪、尿看作是一种排泄物，CH_4 气体能的损失可略而不计。

$$AME/\text{g},\text{饲料} = \frac{(F_i \times GEf) - (E \times GEe)}{F_i}$$

式中：F_i——饲料采食量（g）；

E——排泄物量（g）；

GEf——每克饲料之总能；

GEe——每克排泄物之总能。

2.2 氮校正表观代谢能（AME_N）

这是一种最通用的测定饲料代谢能的方法。AME_N 不同于 AME 之处仅在于它进行氮沉积（NR）

之校正。NR 可以为正值，亦可以负值。据 AME_N 的首倡者解释，机体蛋白质呈负平衡时，其机体氮以含能代谢产物的形式随尿排出。因之，应将 AME 值校正为氮平衡（即零平衡）基础。其实，这并非什么新发现，Armsby 和 Fries（1918）最早曾用于牛。Hill 和 Anderson（1958）用于雏鸡的校正值是"34.4 kJ/g，沉积氮"这正是禽类含氮排泄物之主要成分尿酸的燃烧值。随后，Titus 等（1959）亦提出一个"36.5 kJ/g，沉积氮"的校正值，据称，此为禽尿含氮物的燃烧值，较前者为准确，这两个数值均有应用，不可避免地引起一些混乱。

$$AME_N(\text{kJ/g}) = \frac{[(F_i \times GEf) - (E \times GEe)] \pm NR \times K}{F_i}$$

式中：$NR = (F_i \times N_f) - (E \times Ne)$（译者注：$N$ 平衡为正时，减；为负时，加），N_f 为每克饲料含氮量（g），Ne 为氮（g）/每克排泄物；K 为常数，通常用 34.4 kJ 或 36.5 kJ。

尽管 AME_N 已为许多家禽营养学者应用，然而，对于氮（N）校正本身则仍处于争论之中（SWift 和 French 1954；Baldini，1961）。蛋白质沉积是生长与产卵的正常现象，将 N 沉积视作有害因素未必妥当。这在比较两种平衡日粮代谢能值时尚可理解，然而它不是 N 校正的正当理由。须知，测定饲料的代谢能值时，经常会遇到不平衡的饲料或日粮。

Sibbald 和 Slinger（1961 a）曾对 1 375 种饲料的 AME（kJ）和 AME_N（kJ）进行回归分析，结果获得下列方程式，其 r 值为 0.995：$AME_N = 0.009 + 0.948\ AME$。

可见，AME_N 随 AME 呈比例变化。同时亦证实，通过公式计算可以达到 N 校正的效果，使代谢能的精确度略有提高。看来，AME_N 亦还是比较表观的，似乎经 NR 校正处理的数据亦是有问题的。新近，N 校正问题的研究揭示，基础日粮的蛋白质含量会影响 AME 值，而 NR 校正则可减弱这一影响。（Leeson 等，1977）这是符合逻辑的，因为 NR 之变化必然会影响 AME 值。如果"基础日粮十供试饲料"的 NR 值比基础日粮高，变会夸大供试饲料之 AME 值；反则，其 NR 值较低，则会使供试饲料之 AME 值变小。Sibbald 和 Slinger（1963 c）的研究工作亦印证了上述情况。用单一饲料饲喂法和混合饲料饲喂法分别测定高蛋白饲料的 AME 和 AME_N 值，就 AME 和 AME_N 间的差额而言，前法低于后法。

N 校正问题的争论将会持续下去，很难证明它是完美的。但是，这一争论不会有多大影响，因为试验日粮经常是不平衡的，这就不可避免地会出现 Leeson 等（1977）谈到过的那种影响。

2.3 真代谢（TME）

其校正值是代谢粪能（FE_m）和内源尿能（UE_e）。FEm 是脱落肠黏膜、胆汁等消化液能而非饲料残渣能；UE_e 亦非直接源于饲料的能。通常认为 $FE_m + UE_e$ 相当于维持耗能，它不随饲料而变化。

$$TME/(\text{kJ/g}) = \frac{[(F_i \times GEf) - (E \times GEe) + (FE_m + UE_e)]}{F_i}$$

据 Guillaume 等（1970）推理，AME 和 AME_N 随采食量而变化，而 TME 则无此变化。对此，Sibbald（1975 a）亦有证实。在一定条件下，FE_m + UEe 是比较稳定的。然而采食量大时，$FE_m + UE_e$ 会相对减少；反则，则显增加，并使 AME 变小。凡此，可见图 1 所示。供试饲料的适口性差时，饲料采食量的影响是很大的。供试饲料在试验日粮内的比例可降低试验误差。

代谢体重，生理状态及其所处环境条件均会影响禽类的维持消耗并进而影响"$FE_m + UE_e$"值、AME 和 AME_N 值。TME 可部分控制上述易变因素，从而提高资料的准确性和再现性。

2.4 氮校正真代谢能（TME_N）TME_N 与 TME 如同 AME 和 AME_N 一样，亦具有一定相关性。其氮平衡校止法亦一样，同样是一个有争议的问题。

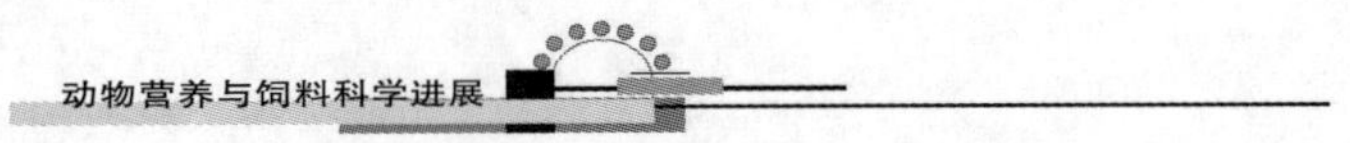

$$TNE_N(\text{kJ/g}) = \frac{[(F_i \times GEf) - (E \times GE_e)] \pm (NR \times K) + (FE_m \times UE_e)}{F_i}$$

3 表观代谢能的测定

AME_N 之测定不同于 AME 者之处，仅在于它加测了 NR 值，亦即加测了饲料及排泄物含氮量，勿庸赘述。

MAE 的测定方法很多，彼此间差别不大，可归纳为四种。现分述于后：

3.1 单一饲料测定法

这是一种最简单的测定方法，或单一饲喂供试饲料，或随同外指示剂（如 Cr_2O_3）一道饲喂。试禽适应试验日粮后即可进入试验。连续数日测定其饲料采食量和排泄物量，并分析其燃烧值，即可计算出 AME 值。使用指示剂法时，无需测定饲料采食量和排泄物量，仅测定饲料和排泄物样本的燃烧值及指标剂含量即可。

Mclntosh 等（1962）曾测定数种籽实饲料之 AME_N 值。不论是单一饲喂供试饲料，还是同基础日粮混饲，两种方法的测值均未见明显差异。仅个别饲料有差异，由而引起人们对单一测定法产生疑虑。Pryor 和 Comor（1966）发现，有些饲料之单一饲料测定值比较理想，但不是所有的饲料皆然。据 Lockhart，Bryant 和 BOlin（1967）报道，小麦的单一饲喂测定值是满意的。Sibbald，Slinger 和 Ashton（1962）还测定了添加"矿物质维生素制剂"的籽实饲料 AME_N 值。

尽管有些材料的单一饲料测定值是理想的，然而，总非所有的饲料均然。这是因为不少饲料的适口性差，且大部分饲料的营养价值亦是不很平衡的。连续数日只饲喂一种饲料对禽体亦会产生不良影响。

3.2 葡萄糖取代法

Hill 等（1960）曾介绍过这一方法。即，用"含葡萄糖 44.1% 的基础日粮"（Hill 和 Anderson，1958）及"供试饲料取代部分葡萄糖而构成的试验日粮"的 AME 值。在推算供试饲料的 AME 值时，葡萄糖的热值，是按 15.2 kJ/g 计算的，它是 Anderson，Hill 和 Renner（1958）提出来的。Potter 等（1960）亦曾报道过这类方法，他用的是 α－纤维素，而非葡萄糖。

本法曾用于许多实验室，并得到许多可贵的资料。不过，亦是有争议的。应用本法测定代谢能时，并不实测其葡萄粮的热价，仅将其视作常数。须知，Aaderson，Hill 和 Renner（1958）提出的这一热值是极易变化的，这当然是一个问题。试验日粮是精制的，所得数据却用于实际配合日粮之中。脂肪的 AME 值随基础日粮性质而变（Kalmbach 和 Potter，1959；Cullen，Rasmussen 和 Wilder，1962）。Rao 和 Clandinin（1970）曾用菜籽饼粕分别取代部分葡萄糖和实用日粮，以测定其 AME 值，所得数据差异极大。据 Lockhart、Bryant 和 Bolin（1967）观察"基础日粮的组成"对小麦 AME_N 值没有影响。

3.3 实用日粮取代法

Sibbald、Summers 和 Slinger（1960）用"实用日粮"及"供试饲料取代部分实用日粮构成的试验日粮"来测定供试饲料之 AME 值。本法曾经改进，Sibbald 和 Slinger（1963 a）已予介绍。其突出特点是试验日粮是由多种饲料构成的。从而避免了日粮饲料种类的影响，使其变的比较稳定，并可由回归方程加以估测（Miller，1974）。

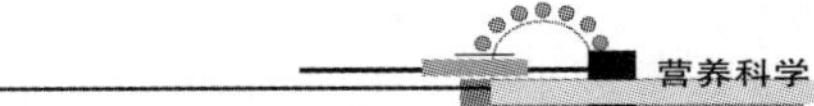

本法的最大优点是，当同时测定多种饲料的能值时，基础日粮的测值可用于各个饲料的计算之中。其缺点是，基础日粮的组成可能会影响供试饲料的 AME 值。(Sibbald、Summer 和 Slinger，1960) 尽管这一影响通常情况下并不很大。

3.4 快速法

Farrell (1978) 最近介绍了一种 AME 之快速测定法。试验是用成年小公鸡进行的。以 1 h 内的饲料食入量作为 1 d 的饲料采食量。供试饲料既可单一饲喂，亦可和基础日粮混合喂。记载饲料总采食量，并定量收集饲后 24 h 内的全部排泄物。它很可能是一种颇有价值的方法，其数据的再现性很高，且可在短时间内测得。尚待进一步研究才能做出肯定的评价。

3.5 影响测值的因素

饲料的 AME 值是用多种禽类测得的，但在用于配合日粮时并未在各禽种间加以区别，已经证实，禽种 (Slinger，sibbald 和 pepper，1964；Bayley，Summers 和 Slinger，1968；Fisher 和 Shannon，1973；Leesson 等 1974；Sugden，1974)，品种 (Slibbald 和 Slinger，1963 b；Slinger，Sibbald 和 Pepper，1964；Foster，1968a，b；Proudman，Mellen 和 Anderson，1970；March 和 Biely，1971,) 和年龄 (Renner 和 Hill，1960；Lockhart，Bryant 和 Bolin，1963；Bayley，Summers 和 Slinger，1968；Zelenka，1968；Lodhi，Renner 和 Clandinin，1969；1970；Rao 和 Clandinin，1970) 都会影响 AME 值。通常，不同禽类间的差异是很小的，现有的试验似乎亦难以证实这一差异，既使如此，还是应考虑这一影响因素。

全部收集法及指示剂法均可用于试验。前法要求连续数日准确无误地测定采食量及排泄物量，而饲料的抛洒则会影响采食量的测定及排泄物的收集。后法亦存在一些问题，它不仅要求指示剂在饲料内的配布均匀，此外它本身还必须是惰性物质，只有这样它才能成比例地随同饲料残渣排出体外。指示剂本身还应是易于分析的。最常用的指示剂是 Cr_2O_3。Sibbald，Summers 和 Slinger (1960) 和 Pryor，Connor (1966) 曾对全部收集法和 Cr_2O_3 法进行过比较，结果认为这种指示剂是比较理想的。Cr_2O_3 法亦还是有些问题的 (Halloron，1972；Carew，1978)。随后，又提出一些新的指示剂，如：聚乙烯 (Polyethylene，Roudybush，Anthony 和 Vohra，1974)、天然纤维 (Almguist 和 Halloran，1971) 和酸不溶灰分 (Vogtmann，Pfirter 和 Prabucki，1975)。

排泄物样本干燥方法亦会影响 AME 的测定。低压冷冻干燥法虽好，但是花费高，费时间。已经证实，烘箱干燥法会使部分能量散逸 (Manoukas、Colovos 和 Davis，1964，Shannon 和 Brown，1969)，处理样本时应当重视。

还有许多影响 AME 值的因素。测定程序亦会影响测值，所以，如果 AME 或 AME_N 被公定应用，那就必须制定一个规范化的测定方案。

4 真代谢能的生物测定法

TME 测定法是新近提出的一个方法。现详述于后。该法测定速度颇快。它是在研究采食量对 AME 值的影响时被意外发现的。给饲经绝食处理过的成年小公鸡以不同数量的小麦，结果排泄物能与采食量间呈线性关系 (图2) 其回归线的截距 (8.5 kcal≡35.6 kJ) 即内源尿能和代谢粪能的估测值、斜率 (0.709 kcal≡2.97 kJ/g) 则是食入 1 g 小麦的排泄物能的估测值。由小麦的燃烧值 (3.88 kcal≡16.2 kJ/g) 中减去斜率即得 TME 值 (3.17 kcal≡13.3 kJ/g)。TME 的主要优点是不受 $FE_m + UE_e$ 排出量和采食量的影响。

就已经研究过的饲料来看，排泄物能与采食量间具线性关系（Sibbald，1975 a，1967 a ）。假若所有的饲料均具有上述线性关系，那就有可能提出这样一种很简单的生物测定法，即一种饲料只设一个试验组，并将绝食组试禽的排泄物能作为 $FE_m + UE_e$ 值。现概括为下列几条：

（1）试禽经 24 h 饥饿期，排空消化道内的先行饲料残渣；

（2）选择试禽，强饲定量供试饲料；

（3）于排泄物收集期，将试验组（饲喂）试禽置入网状禽笼饲养，遂记载时间；

（4）按既定时间将绝食组（不饲喂）试禽置入禽笼，不予饲喂；

（5）定量收集两组试禽 24 h 内的排泄物，冻干并称重之；

（6）样本粉碎，并分析其燃烧值；

（7）$TME(\mathrm{kJ/g})\dfrac{(F_i \times GEf)-(Y_f-Y_e)}{F_i}$。

式中：Y_f 和 Y_e 分别为试验组（饲喂）与绝食组（不饲喂）试禽的排泄物能。

本法曾用于成年小公鸡，产卵母鸡、肉用型母鸡和火鸡（Sibbald，1976 b），亦曾用于各种月龄的卵用型和肉用型雏鸡（Sibbald，1978 a）其中，以成年、单冠、白色莱航小公鸡用得最多。试禽应具有稳定的体况、既不过肥，又要有旺盛的活力。肉用鸡可作为替身动物用于试验，倘鸡只在绝食 24 h 后饲喂，常常会产出易于破裂的软壳蛋，而且使排泄物的定量收集很困难。雏鸡和生长鸡应在羽毛长齐之后用于试验。试禽多次用于试验时，每次试验结束均应将其送回原群饲养，以使试禽始终处于同一生理状态。

试禽置于封闭式禽舍，每日光照 12 h（6：00 ~ 18：00）。两次测定之间，自由采食维持日粮。试禽可随时饮食新鲜饮水，饥饿期和收集期皆然。试禽既使连续使用 30 次，倘能休息 14 d，亦不会产生任何不良影响。每次测定后，试禽至少应以维持水平饲喂 1 d，使之有一定的休息时间（Sibbald，1978 b）。新近，有关饲料残渣通过消化道速度的研究证实，24 h 的绝食期是足够的（Sibbald，1979 a）。既使将绝食期延长至 96 h 亦不能改变测值（Sibbald，1976 c）。

试验禽不仅要健康，且应避免在换羽盛期进行试验。羽毛和皮屑的污染会影响排泄物之定量收集。用于试验的各组试禽，其体重应比较接近，因为使用本法的一个假设前提即绝食级的 $FE_m + UE_e$ 和试验组的 $FE_m + UE_e$ 相等。分析大量的 $FE_m + UE_e$ 数据可见，其间的差异的极小的，既使有，亦是由于试禽体重差所致（Sibald 和 Price，1978）。

强饲工具是由不锈钢漏斗和活塞状通条组成的，其漏斗颈长为 40 cm，外径为 1. 3 cm。将漏斗颈端穿过食道 ，直入嗉囊。置供试饲料于漏斗内，用通条压入嗉囊。切莫将饲料残渣留于食道内，否则会引起反胃。饲毕，一边转动着将漏头移出，一边按压试禽食道壁，以便擦下黏附其上的饲料微粒。通常，不到 1 min 即可强饲 1 只。

试前，应备足饲料并放在密封的塑料容器之中，然后测定其燃烧值及干物质含量。以颗粒形式饲喂最便，然而并非必须。倘以粉料形式饲喂，则需防止饲料微粒黏附于漏斗之上。粉碎过细时，饲料在咦囊内常常会形成难以破碎的黏块，以致延缓饲料在消化道内的移动速度。

多数饲料都是用单一饲喂法测试的。亦可通过两种日粮，即“基础日粮”及“基础日粮 + 供试饲料的混合日粮”测试之，后者比较麻烦（Sibbald，1977 a）。脂肪通常是同基础日粮混在一起测试的（Sibbald 和 Priee，1977 a；Sibbald 和 Kramer，1977 ~ 1978；Sibbald，1978 c），玉米油则是单独测试的（Sibbald，1975 a）。

强饲饲料量取决于试禽体重、饲料的形态及性质。饲量越多，试验误差越小。但是，饲量过高会发生反胃（Sibbald，1977 b）。成年的白色莱航小公鸡之最适喂量为：颗粒料 30 ~ 40 g，粉料 25 ~

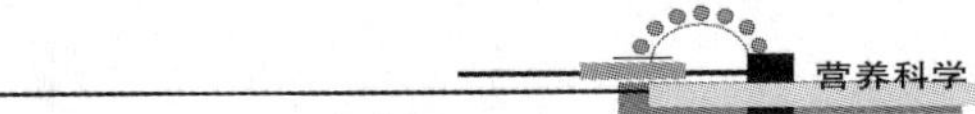

30 g。

为定时收集排泄物之便，收集盘的表面应光洁，其大小应超出禽笼的边沿。有的试料能引起腹泻，其排泄物能溅出笼外数厘米。

多数情况下都是一次试验同时测定一批饲料的 TME 值，这时，设一个绝食组即可，十分省事。为此可按下列公式推算试验用禽数：（供试饲料数 +1） ×重复数。

收集期的长短以使饲料残渣值排空为度，通常为 24 h。菜籽饼粉的残渣要 24 h 以上才能排空（Sibbald，1978 b）。在随后的试验中，既有用24 h 者，亦有用48 h 者（Jones 和 Sibbald，1979）。延长收集期测得之籽实粉 TME 值较低，看来，用24 h 的时间并非能将各种饲料的残渣都排空。秕壳类饲料不存在此一问题。饲料残渣排空速度的研究证实，肉粉、鱼粉、脱水苜蓿粉要用24 h 以上的时间才能全部排空（Sibbald，1979 a）。以后的试验又进一步证实，除这3 种饲料以外，花生壳亦需24 h 以上的时间才能排空（Sibbald，1979 b）。探索影响饲料残渣排出速度的研究尚在进行之中，似乎只有少数几种饲料有问题。倘使用小时收集期测得之数据不够稳定，延长时间常使测值之稳定性提高。

排泄物之收集、处理比较简单，欲降低试验误差，亦须仔细对待之。强饲时，羽毛和皮屑常会脱落于排泄物收集盘内，所以，饲后 1 h 左右应及时吹掉盘中羽毛和皮屑以排除这一干扰因素。收集排泄物时，应先洗涤黏附于羽毛上的排泄物，然后才能将羽毛扔掉。此外，还须检查盘中是否有反胃饲料。应淘汰有反胃现象的试禽。冻干是干燥排泄物的一种理想方法。干燥后的排泄物称重后方可粉碎分析之。样本在粉碎和分析过程中会吸收大气水分，为此，经干燥处理的排泄物在称重、粉碎前，应敞开置室内回潮 2 ~3 d。排泄物之粉碎通常是用粉碎机进行的。用研钵和杵亦能得到满意的效果，这样可以免除样本混杂。

计算 TME 值时，通常是用 $FE_m + UE_e$ 的平均值进行的。这样可降低资料之变异性。如果 TME 的测值经多次测定均显过高，这很可能是由于抛洒的饲料未能及时收净所致，亦可能是由于排泄物遗留在收集盘内或是饲料残渣未能排空、有反胃现象等。TME 测值过低，则很可能是有反胃饲料混入排泄物之中。这个问题的无关紧要的，只要掌握好人工强饲技术，这一影响就会降至10% 以下。

5 真代谢能的优缺点

TME 生物测定法比较新，有的厂家已经采用，有的厂家正在试用中。使用 TME 的人希望它比 AME_N 能更准确地预测饲料的生产效能。

欲对本法加以评价，就有必要对由此法而得之测值的准确性及本法的逻辑性进行审核。$FE_m + UE_e$ 的校正是本法的一个重要部分，对此，亦是有争论的。绝食组禽的 $FE_m + UE_e$ 同试验组禽的不相等，这是确凿无疑的事实。已经知道 $FE_m + UE_e$ 随饥饿持续的时间而降低（Sibbald 等，1976 c），尽管如此，由此而致的误差同校正本身的价值相比，乃是微不足道的。

经 $FE_m + UE_e$ 校正的TME 值不受饲料采食量的影响。在AME 的测定中，加大供试饲料替代基础日粮的比例，可降低试验误差。供试饲料不平衡时（如羽毛粉），会降低饲料采食量，所得 AME 值低而不正确。Mac Auliffe 和 McGinnis（1971）发现，当供试饲料黑麦在日粮内的比例由 20% 增至 40% 时，黑麦的 AME_N 由 13. 2kJ/g 降至 10. 5 kJ/g。降低适口性差的饲料在基础日粮内的比例可解决适口性差的问题，但是，这会影响测值的准确性及稳定性。

AME 之易变性同受试禽的种类有关。TME 虽未广用，不过，看来由成年小公鸡测得的资料可用于配制其他禽类的日粮。关此，有待更多的资料加以证实。采食量影响 $FE_m + UE_e$ 值，这就不可避免地会造成不同类别禽间的 AME 之差异。然而，TME 则可控制这一影响。

前已述及，AME 值因其在试验日粮内的比例而异，但是，TME 则不然。在一次试验中，测定了 5 种饲料及由其构成的 10 种日粮的 TME 值（Sibbald，1977 c）结果，这 10 种日粮的实测值同由构成它们的 5 种饲料的实测值推算出来的数据间没有明显差异。这是 TME 值具可加性的有力证据。脂肪的 TME 则由于它同日粮中其他成分的互作而例外（Sibbald 和 Price 1977 a；Sibbald 和 Kromer，1977，1978；Sibbald，1978 c），AME 测定亦有这个问题（Kalmbach 和 Potter，1959；Cullen，Rasmussen 和 Wilder，1962），至今尚未解决。

关于家禽饲料到底采用哪种形式的代谢能的问题。主张保留 AME 或 AME_N 者的依据是现有的能量需要资料大多是沿用这一形式的。这，并非是一个不可逾越的问题，因为发现总是先于实际应用的。1960 年前后，启用代谢能评定鸡饲料可利用能的事实就是一个有力证据。开始可以根据常用饲料的 TME 和 AME_N 比值过渡性解决，Sibbald（1977 a）曾就此予以综述。假定选定应用 TME 形式，那就需要在能量需要方面做更深入、更细致的工作。

有关饲料 TME 资料的数量远非所需，不过，还是发表了一些的（Sibbald，1977a，c；Sibbald 和 Price，1977 b；Sibbald 和 Kramer，1977），有些实验室亦正在开展这方面的工作。可以想见，不久的将来，会有大批 TME 资料的。

TME 生物测定法正在被顺利地应用着，然而，它有一明显的问题，即有些饲料的残渣要用 24 h 以上的时间才能由消化道排空。这个问题正在研究解决之中，它不是一个难以解决的问题，只要把收集延长几个小时即是，尽管这并非十分理想的措施。

TME 之测定是十分简单的，试验禽经短期适应即可转入试验，对 AME 来说，这是 TME 之主要优点之一。每种饲料做 4 个重复，供测定干物质和燃烧值用的样本大约有 200 g 即够，通过邮递方式即可将样本寄至产品品质检验中心或分析实验室。完成全部分析工作用的时间取决于样本干燥处理所需的时间。如果样本送到分析地前 24 h 通知分析人员，饲料的 TME 值在收到样本后 36 h 即可测得。与通常使用的 AME 法相比，用的时间要少得多，当然，Farrell（1978）的快速法用的时间也较少。TME 法之测定成本亦比传统的 AME 法低得多。

TME 引人注目的另一原因是数据再现性颇高（Sibbald，1977 f；Kessler 和 Thomus，1978）。最近，由动物营养研究会主持的一项协作研究中，8 个实验室测得的玉米 TME 值为 16. 6 ~ 17. 4 kJ/g，而 9 个实验室测得之 AME_N 值则为 12. 9 ~ 16. 9 kJ/g，（Sibbald，1978 d）。上述 8 个实验室中有 5 个是从未用过这一方法的。

另有一与本文涉列内容无直接关连的趣事。Likuski 和 Dorrell（1978）利用 TME 生物测定法测定了氨其酸的可利用性。Sibballd（1979 c）发现，氨基酸排出物与饲料的采食量间有一线性关系，它不受能量食入量的影响。看来，只要做 1 次试验就有可能同时测得 TME 值和氨基酸的利用率这样两个数据。这，诚然是一个有待进一步研究的问题，但是，对于 TME 生物测定法本身来说，无疑是一个有力的支持。

饲料工业及有关部门终于开始关注起代谢能测定法的问题了。TME 具有一系列的独特优点，在本法未被推荐以前，应尽快测得 TME 需要量资料，并制定统一的测定程序，以克服能量方面现存的混乱现象。

6　代谢能的间接测定法

没有一种能量测定法是完美无缺的，间接法亦然。本法多以理、化分析为基础，快速、省事。随着 AME（Farrell，1978）和 TME（sibbald 1976 a）快速测定法之发展，间接法的价值已变得很低。但

是，它们也有可赞之处，无需试禽，仅行实验室分析即可获得能量的估测值。

Sibbald（1975 b）曾就间接法进行过评述。其中，Watts 和 Da Venport（1971）有一篇文章未予提及，文中介绍了棉籽饼粉代谢能值的预测法。新近发现这类文章的还有 Guirguis（1975），Sibbald 和 Price（1976a，b；1977b，c）、Lodhi、Singh 和 lchhponani（1976）、Coates 等（1977a、b），Hartel 等（1977）、Moir 和 Connorc（1977）。

根据化学分析数据，由回归方程式推算出来的 ME 值极易变化，这就限制了它的实用价值。多数方程式是以饲料近似成分分析方案中的项目为自变数的。亦有利用碳水化合物和其他成分者。遗憾的是，有些物质，如蛋白酶抑制剂（Sambeth，Nesheim 和 Serafin，1967）、棉酚（Rojas 和 Scott，1969）和单宁（Yapar 和 Clandinin，1972），都会影响饲料能量的可利用性，即或加以考虑，亦未必能确切度量。加工，蒸煮，颗粒化亦会影响代谢能值（Summers，1975），这些因素在间接法中均未予考虑。此外，混合日粮中饲料间的互作亦会影响饲料的代谢能值。

就间接法的取舍问题详加讨论可知，它是无法取代生物测定法的。由间接法推算出来的数据不仅使用价值低，有时还会出现谬误。

7 结论

测定鸡饲料可利用能的方法有数种，其优缺点同各自的测定程序有关。由于在基本方法上有差异，所以在使用代谢能资料时要特别小心。不加选择地用于日粮配合时，会招致日粮的不平衡性，并影响其利用效率。

选择统一的代谢能形式，并制定一个标准的测定方案，已刻不容缓。在新的饲料能量价值及禽的营养需要资料尚未推荐之前，即应主动地控制那些可能造成混淆的因素。

（参考文献 87 篇从略）

饲料科学

饲料原料质量保证体系的建立

霍启光

（中国农业科学院饲料研究所）

科学的饲料配方、合理的加工工艺、优质的饲料原料是确保配合饲料品质的三个基本要素，其中，饲料原料质量无疑是关键之中之关键。

通常，我们把产品的相关特性和规格在总体上能满足客户特定需要的能力称之为质量控制，它同时还受制于产品的价格及客户所能接受的运输方式。这种特定能力的实现，需要有一个富有计划性的、系统的实施方案，它包括原料的采购、原料的接收与检验、原料贮藏前的预处理和原料的贮藏管理等这样一个完整的饲料质量保证体系。

1 原料的采购标准

首先，应按饲料原料的分类根据需要选择具体的饲料品种。比如说，能量饲料，它可能是玉米、高粱，亦可能是糠麸、稻谷、薯类等。甚或饲料添加剂亦然，如抗病促生长添加剂——金霉素，它可能是金霉素盐酸盐，亦可能是金霉素钙盐；同是金霉素盐酸盐，它可能是10%的产品，亦可能是15%或96%的产品。在具体选择原料品种时，应该考虑以下基本原则：产地上，要因地制宜；季节上，要因时制宜；经济上，单位有效成分的价格要便宜；可加工性上，要便于计量、粉碎、制粒；可贮藏性要强（水分含量低、活性稳定），生物可利用性要好（适口性强、生物有效性高），商品性要强（可批量供应、有质量控制标准、产品质量稳定、便于运输）等。根据上述原则，参照有关饲料原料质量标准则，同时要考虑对它的特殊要求，制定一个行之有效的、供需双方认可的采购标准或采购原料规格。规格的确定应注意既不可太严格，亦不可太宽松，过分严格会提高产品成本，太宽松会丧失制定规格（标准）的意义。至于规格的具体项目，应明确哪些是强制性项目，哪些是应予密切注视的项目，哪些是可以忽略不计的项目，哪些是富有弹性的项目；选定项目要切实可行，要充分考虑原料的基本属性，它要求我们对营养学、饲料学有较深刻的认识。

2 原料供应商的选择

原料供应商最好是生产厂家，或一级经销商（代理人）。供应商应有较高的商业信誉、可靠而稳定的货源、良好的售后服务质量保证体系、优惠的付款方式、快捷的物流方式。必要时应对其管理、生产设施、运输方式进行实地考察。

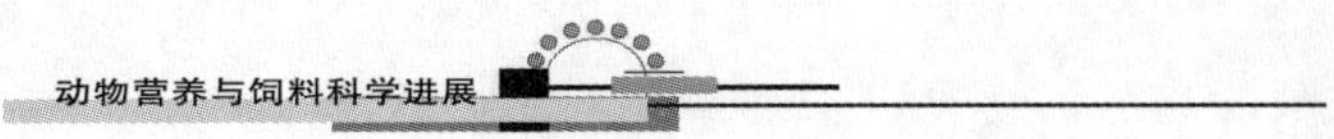

3 原料的接收和验收

要把住原料接收关，严禁不合格原料进入生产线，除按既定的《原料采购标准》和由公司确认的供应商处采购原料外，选派责任心强、有经验的原料接收人也是至关重要的环节。在接收原料时，应按原料采购标准及预定的供货渠道仔细认真核对进厂原料。

3.1 查对包装

核实原料名称、品牌、含量、包装方式、包装完好程度、标签、生产日期、保质期等。

3.2 检斤

清点包装件数，并核定其真实量量。

3.3 感官鉴定

开箱后，通过眼、手、耳、鼻、口等实地感知产品的物理性状，如颜色、发霉、杂质（虫、鼠粪、鸟粪、砂石、金属等）、粒度、流散性、均匀一致性、口味、气味、手感（质地、温度）等，与典型的、正在使用的同类产品相比较，以初步确认原料质量。

3.4 理化检验

3.4.1 取样

所取样本应具有代表性。散装材料，可在装卸过程或料垛中由不同几何位置随机取样；袋装或箱装原料，用扦样器对角线取样或随机袋取10个样点；四分法缩分，根据样本的粒度、均匀性及检测项目取100～150 g样本，密封保存（密封性能良好的塑料瓶或磨口玻璃瓶封存），必要时，应在装瓶前粉碎、过筛。

3.4.2 检测

根据原料的基本属性及某种特殊要求确定检测项目。①大多数大宗原料在感官鉴定的基础上，除水分为必测项目外，其他化学指标的检测要根据其基本属性和采购合同中双方约定的其他内容确定检测项目，以了解接收的原料是否达到预定的期望值，如蛋白质饲料的粗蛋白质含量，石粉的钙，磷酸盐的钙、磷。其他项目，如卫生指标等只在可疑时才选择性分析。②对于微量组分，如饲料添加剂，一般只在第一次订货时测定其有效成分和必要的卫生指标，之后，仅不定期抽查。只要选择好可靠的进货渠道、品牌，并进行认真细致的感官鉴定，一般无需每次送检，但取样的留样是必不可少的，以备发生疑义时，进一步考察用。

3.5 饲养试验

对于新的、陌生的饲料原料，包括饲料添加剂在内，则须进行必要的安全评价（本身或外来贮藏中可能产生的毒害物质），并检测能反映其属性的营养成分或其他主要成分，必要时还要作动物饲养试验（以了解其在配合饲料中的适宜用量、适口性、可加工性、可贮藏性），甚或进行其他生物试验（对动物健康状况、生产性能的影响，以及动物对它的可消化性、可利用性等）。

4 原料贮藏前的预处理

原料贮藏前的预处理是提高原料贮藏稳定性的重要环节之一。

4.1 清除杂质

利用各式清杂筛及磁选装置进行。

4.2 干燥除水

控制原料水分含量是安全贮藏、保证饲料质量的重要措施。大宗原料的水分一般在13%（南方）或14%（北方）以下，微量组分的水分和干燥失重应在标准要求以下，特殊饲料应根据需要确定。霉菌在相对湿度75%条件下即可生长，我们将饲料置于相对湿度稳定的条件下，经较长时间使水分含量逐步稳定到一个水平，此时的饲料水分称平衡水分。一般，我们将相对湿度在70%以下所达到的平衡水分称贮藏的安全水分，饲料的安全水分受疏水或亲水成分的多少及环境温度的影响。生产中，不同饲料原料和不同地区的安全水分是不同的，如花生饼12%，蚕豆14.5%（江苏、浙江）、13.5%（其他地区），大豆饼粕13%，菜粕12%，米糠粕13%，麸皮13%，冬小麦12.5%，春小麦13.5%，稻谷14%，高粱14%，玉米18%（东北、内蒙古、新疆）、14%（其他地区）。不同季节、不同地区、不同原料可以规定不同的安全水分值，对超越安全水分值的饲料，原则上应拒绝入库，如要入库必须进行烘干、晾晒处理。

5 贮藏条件及其对原料品质的影响

原料贮藏过程中应尽量避免受高温、高湿、昆虫、鼠类、鸟类、霉菌及其他微生物的影响，以减少其损失。原料贮藏过程中的损失，既可能是本身理化性状的变化，也可能是对动物消化利用率的降低，甚或是有毒、有害物质的产生等。了解贮藏过程原料品质的变化，对原料的正确贮藏具有重要意义。

5.1 高温高湿的影响

环境相对湿度在65%以下，原料水分含量在13%以下，即可抑制微生物的生长繁殖。据研究，在高湿高温条件下，由于霉菌和其他微生物的滋生及酶活性的增强等，极易使淀粉和脂肪等物质水解，并产生带有酸、臭、霉及其他异味的物质。通常，原料蛋白质含量的变化是很小的，但是贮藏过程中其可消化性是极易降低的，据称，在24℃以下，贮藏两年，蛋白质消化率可降低8%。

5.2 光照及氧化的影响

光照和氧化极易加速脂肪分解，影响饲料的适口性，降低维生素和药物等稳定性较差、吸湿性较强的饲料添加剂的活性，尤其是低熔点的植物油和鱼油、脂溶性维生素和大多数药物性饲料添加剂、抗氧化剂、香料等。

5.3 昆虫、鼠类及鸟类等动物的影响

6 原料的贮藏管理

只有通过周密的计划、日常的严格管理才可使原料库的管理达到账、物、卡一致，出入库快捷，损耗少，积压浪费低，仓库利用率高，管理费用低的目的。

6.1 贮藏管理通则

6.1.1 原料库应专职管理，分工到人。

6.1.2 仓库本身及物料应整洁、有序，并做到定期熏蒸，及时投放鼠药。

6.1.3 原料入库后应及时登记、挂牌，标明接收人及验收人、入库原料品种、数量、供货主、收货日期等。

6.1.4 原料应分类堆放，先进先出，按“领料通知单”取料，取料时应保证品种取放正确、称量精确，防止不同品种相互混淆、多称、漏称；并随时登记出库料量、出库日期及结存数量等。

6.1.5 按“原料投放记录”正确投放原料，投放前应确保原料投放口无其他原料残留，以免引起原料交叉污染；投料前应确保所投原料和原料分配器位置相符，且原料输送机械和除尘设备已处于启动状态。

6.1.6 原料进、出库应日清月结，添加剂的进出库应每班结算盘点。计量设备的精度应符合工艺要求，并做到定期进行计量设备的检验。

6.2 散装原料立（圆）桶仓的仓贮管理

多用于流散性强而干燥的大宗原料之贮存，这种贮藏方式较少受外界温、湿度的影响，有的圆桶仓还设有机械通风设备。在原料水分高于14%，相对湿度大于80%，气温高于30℃的持续高温天气下，应坚持每天测定圆桶仓的料湿。对于原料水分含量在14%以下的原料，在天气干燥晴朗时，应每周鼓风1～2次；原料水分在14%以上时，应每天鼓风；在相对湿度高于80%的阴雨天气，应禁止鼓风。原料水分过高、仓贮时间较长、气温渐高的季节，应及时倒仓处理，以降低原料水分含量。

6.3 箱装、袋装原料的库存管理

这类原料应存放在有防潮层的地板上，其下应垫以木制托盘，以减少料温和墙温、地板温度的温差，防止原料结露或局部水分过高，造成发霉变质。原料箱（袋）应堆成直角形垛，料垛稳固而垂直。垛间、库墙与料垛间应留有供通风和检查用通道，根据需要应留出一定比例的库房作业空间。在库房的不同几何位置应安放温、湿度计。在气温25℃以上，尤其对于存放易燃、易变质物质的仓库，应每天测定库温，库房应设置必要的通风换气设备。原料应分类存放，对于药物及其他贵重原料应进行封闭式管理，单独存放于通风、阴凉、无阳光直射之地。

6.4 箱装、袋装原料的开放式管理

适于存放价值低廉、吸湿性较差的原料或临时存放的其他原料。露天存放处的位置应平坦而高于地平面，以便于排水、运输和消防。其他面应为具防潮层的水泥地板，必要时应加托盘或垫以帆布，堆放原料后应加盖防雨帆布或架设顶棚，以防止雨淋、风蚀等。

（本文曾发表于当代畜牧，2002，(9)：37～38）

猪和鸡的低蛋白日粮

霍启光

（中国农业科学院饲料研究所）

1 研究与推广低蛋白质日粮的必要性

1.1 低蛋白质日粮与环境保护

在中国，猪禽年产粪5亿~8亿t，粪水60亿t。每头成年猪的生化需氧量（BOD）是人的13倍。如此大量需氧腐败有机物不经处理进入水体，会造成严重的水体污染，水中氧含量下降，硝酸根离子增加，并随畜禽粪便排出大量金属元素、细菌病害和有害气体（甲烷、硫化氢、甲醇等）。

猪摄入氮和磷的60%~80%由粪尿中排出（表1）。粪氮主要来源为未消化氮、微生物氮和内源氮（脱落上皮，消化道分泌物），饲用消化性低的饲料和含有抗营养因子的饲料会增加粪氮的排出量。已消化而未被利用的氨基酸氮则以尿素/尿酸形式排出，随尿排出的还有尿囊素、马尿酸和肌酐。排出的粪尿在厌氧微生物的作用下，对环境之污染起着推波助澜的作用，粪尿中的含氮物质大量降解，约有60%~70%氮转化为氨。除氨外，粪尿中还发现80多种含氮物质，其中有10种为产生恶臭的主要成分（表2）。

表1 猪氮、磷的摄入量、排出量和存留量*

	仔猪（9~25 kg）	生长猪（25~106 kg）	种母猪（年产19.6头仔猪）
氮摄入（kg）	0.94	6.32	27.78
排出（kg）	0.56	4.24	22.42
存留（%）	40	33	19
磷摄入（kg）	0.21	1.22	6.55
排出（kg）	0.13	0.82	5.42
存留（%）	39	33	17

* Jongbloed等（1993）。

减少厌氮微生物发酵的基质——粪氮，可降低有害气体化合物的产生，降低日粮蛋白质水平，减少氮的食入量，是从源头上减少氮对环境污染的有效方法。低蛋白日粮能降低粪尿氮，特别是尿氮含量。据称（Kerr，1995），日粮蛋白水平每降低1%，尿素和氨气的排出量可降低10%左右。

表 2　动物排泄物中产生恶臭的主要成分

成　分	形　态	气　味	靶器官
乙酸	无色液体	辛辣的、腐蚀性的	呼吸系统
丙酸	无色油状液体	辛辣的	皮肤，眼
丁酸	无色油状液体	恶臭的	呼吸系统，眼
酚	无色至粉色结晶	有气味的	呼吸系统，眼
对－甲苯酚	无色至粉色结晶	酚味的	呼吸系统，眼，皮肤，肝，肾
氨	无色气体	刺激性的	呼吸系统，眼
二氧化氮	棕红色气体	毒性的	呼吸系统，肺，眼，皮肤
乙硫醇	无色液体	蒜味的	呼吸系统，眼，黏膜
甲硫醇	无色气体	令人恶心的	所有器官
硫化氢	无色气体	臭味的	呼吸系统，眼

注：引自 Tamminga 等（1992）的资料。

1.2　低蛋白日粮与饲料成本

在低蛋白日粮中，价格昂贵的蛋白质饲料减少，价格低廉的能量饲料增加。

假设日粮粗蛋白质水平降低 1%，相当减少豆粕用量 23 kg/t（＝10 kg/t ÷ 0.43），按常规价格计，直接成本降低 50.6 元/t。以单体赖氨酸、蛋氨酸和苏氨酸为原料，补充降低 1% 粗蛋白质带来的上述 3 种必需氨基酸的不足，按常规价格计需要 28.9 元/t。结果：日粮蛋白质水平降低 1%，饲料原料成本可降低 21.7 元/t（＝50.6－28.9）。

豆粕之空位充以能量饲料以后，从整体是提高了日粮的能量浓度，提高日粮能量浓度的生产效应是不可低估的。

1.3　低蛋白日粮与仔猪腹泻

仔猪对高蛋白日粮的酸化能力较低。较高的 pH 值和残余的养分使细菌在肠道后部大量增殖，引发严重腹泻（表 3）。

表 3　仔猪饲料蛋白水平对腹泻率的影响　　（%）

项　目	粗蛋白	腹泻率	资料来源
试验 1	25.4	17.0	Eggum 等，1985
	22.5	16.0	
	19.2	11.0	
试验 2	26.6	14.0	Eggum 等，1987
	23.1	3.0	
	19.5	4.0	
试验 3	20.2	3.2	Bolduan 等，1993
	18.4	2.4	
	16.3	0.8	
试验 4	22.4	18.1	Le Bellego and Noblet，2002
	20.4	18.0	
	18.4	4.6	

控制粗蛋白质水平可减少到达消化道下部的蛋白质残留，并在一定程度上降低食糜 pH 值。

1.4 低蛋白日粮提高了猪日粮的净能值

Noblet 等（1987）发现（表4），在日粮代谢能不变的前提下，低蛋白日粮组（蛋白15.3%，添加赖氨酸）与普通粗蛋白日粮组（蛋白17.8%）相比，前者多沉积5.1%～11.2%的能量。显然，这与尿能，体热散失减少有关，客观上，低蛋白日粮提高了日粮的净能浓度，对于提高低能量日粮的能量浓度具有重要的意义。

表4 日粮中的粗蛋白含量对能量利用产生的影响*

项目	处理组			效果
	1	2	3	
粗蛋白%	17.8	15.3	15.3 + L - 赖氨酸	$P<0.01$
赖氨酸摄入量/（g/d）	12.9[a]	10.8[b]	12.8	—
代谢能摄入量/（MJ/d）	22	22	22	$P<0.01$
脂肪沉积/（g/d）	118[a]	132[c]	124[b]	$P<0.01$
肌肉沉积/（g/d）	338[a]	294[b]	337[a]	$P<0.01$
增重/（g/d）	700[a]	649[b]	699[a]	$P<0.01$

* Nobllet 等（1987）。

2 必需、非必需及限制性氨基酸

2.1 必需氨基酸

动物不能自身合成或合成量不能满足动物需要，必须由饲料外源提供的氨基酸：

	精氨酸	组氨酸	异亮氨酸	亮氨酸	赖氨酸	蛋氨酸	蛋氨酸 + 胱氨酸	苯丙氨酸
猪	+	+	+	+	+	+	+	+
鸡	+	+	+	+	+	+	+	+

	苏氨酸	色氨酸	缬氨酸	苯丙氨酸 + 酪氨酸	甘氨酸 + 丝氨酸	脯氨酸
猪	+	+	+	+	-	-
鸡	+	+	+	+	+	+

2.2 半必需氨基酸

在一定条件下能代替或部分代替必需氨基酸的氨基酸，蛋氨酸→半胱氨酸/胱氨酸（总含硫氨基酸的一半），苯丙氨酸→酪氨酸（芳香族氨基酸的一半），甘氨酸→丝氨酸。

2.3 非必需氨基酸

常用饲料富含或动物可自体合成数量足够、无需由饲料外源提供的氨基酸。这些氨基酸亦为动物需要。

2.4 限制性氨基酸

与动物对各种必需氨基酸需要量相比，某种饲料或日粮所含必需氨基酸比值偏低的氨基酸。由于这一或这些氨基酸的不足，会限制动物对其他必需和非必需氨基酸的利用。其中比值最低的称第一限制性氨基酸，依次为第二、第三……限制性氨基酸。不同日粮，不同动物，限制性氨基酸的品种和顺次不完全相同。以可消化氨基酸为指标确定必需氨基酸品种和顺次，比以总氨基酸为指标更准确、更适用。

通常，对于禽，第一限制性氨基酸为蛋氨酸；对于猪，第一限制性氨基酸为赖氨酸，第二、第三……限制性氨基酸受制于日粮类型和特定动物类型。

3 配制低蛋白质日粮的基本原则

3.1 低蛋白质日粮的赖氨酸水平必须和高蛋白日粮的赖氨酸水平一致

据 Kerr 等（1995）报道：小猪日粮中蛋白降低 4%（19%→15%），赖氨酸 1.04%→0.75%，日增重 420 g→370 g，饲料转化率 0.55→048；中猪，蛋白降低 4%（16%→12%），赖氨酸 0.82%→0.53%，日增重 770 g→650 g，饲料转化率 0.40→0.36；大猪，蛋白降低 3%（14%→11%），赖氨酸 0.67%→0.45%，日增重 870 g→780 g，饲料转化率 0.32→0.27。倘降低蛋白水平而赖氨酸水平不变，其日增重和饲料转化率，同高蛋白日粮相比，都没有差异（表5）。

表 5 低蛋白日粮添加工业氨基酸对生长肥育猪生产性能的影响

原 料	小 猪			中 猪			大 猪		
	HP	LP + AA	LP	HP	LP + AA	LP	HP	LP + AA	LP
玉 米	68.25	77.72	78.31	76.40	85.88	86.48	82.12	89.18	89.63
脱壳豆粕	28.78	18.56	18.56	21.04	10.81	10.81	15.74	8.11	8.11
磷酸氢钙	1.29	1.5	1.5	1.17	1.38	1.38	0.73	0.89	0.89
石粉	0.98	0.93	0.93	0.84	0.78	0.78	0.86	0.82	0.82
药物预混料	0.1	0.1	0.1	0.1	0.1	0.1	0.1	0.1	0.1
维生素预混料	0.1	0.1	0.1	0.1	0.1	0.1	0.1	0.1	0.1
微量元素预混料	0.35	0.35	0.35	0.35	0.35	0.35	0.35	0.35	0.35
L－赖氨酸盐酸盐	—	0.37	—	—	0.37	—	—	0.28	—
DL－色氨酸	—	0.06	—	—	0.06	—	—	0.04	—
L－苏氨酸	—	0.16	—	—	0.16	—	—	0.13	—
成分/%（计算值）									
粗蛋白质	19	15	15	16	12	12	14	11	11
赖氨酸	1.04	1.04	0.75	0.82	0.82	0.53	0.67	0.67	0.45
色氨酸	0.21	0.21	0.15	0.16	0.16	0.11	0.14	0.14	0.10
苏氨酸	0.77	0.77	0.61	0.65	0.65	0.49	057	0.57	0.45
生产性能指标									
日增重/（g/只）	420[b]	420[b]	370[c]	780[b]	770[b]	650[c]	850[b]	870[b]	780[c]
日耗料量/（g/只）	720	750	770	1 860[bc]	1 960[b]	1 820[c]	2 740	2 770	2 820
增重/饲料消耗	0.58[b]	0.55[b]	0.48[c]	0.42[b]	0.40[b]	0.36[c]	0.31[b]	0.32[b]	0.27[c]

[a] B. J. Kerr 等（1995）。

3.2　其他必需氨基酸和赖氨酸的比例要达到理想蛋白的标准

所谓理想蛋白质，实质上是必需氨基酸之间的最佳平衡，或称最佳配比。

3.3　单体氨基酸的供给是配制低蛋白质日粮的物质基础

所谓低蛋白日粮，系指与高蛋白日粮相比，其蛋白质水平较低的日粮，这里的高蛋白质日粮通常为典型日粮或按某一饲养标准配制的日粮。低蛋白日粮与高蛋白日粮相比，前者的限制氨基酸种类较多和限制程度较大。日粮限制性氨基酸的满足程度制约低蛋白日粮的蛋白质水平。低蛋白质日粮的配制，在很大程度上取决于单体氨基酸的供给和价格的可接受性。第一限制性氨基酸满足需要以后，第二或第三限制性氨基酸……，很可能受工业氨基酸供给或成本限制而无法满足动物对这种氨基酸的需要，此时应以这种氨基酸的水平为基准，确定其他必需氨基酸在日粮中的水平。

3.4　杂粕型日粮的必需氨基酸水平，应以氨基酸回肠真消化率（猪）或氨基酸真消化率（鸡）进行校正

现有的猪、鸡必需氨基酸需要量及理想蛋白质推荐值多以玉米－豆粕型日粮为基础，总氨基酸为指标测得的。而仅有的、以可消化氨基酸为指标的需要量推荐值有待进一步研究推敲。为此，以总氨基酸为指标配制日粮时，建议对豆粕以外的杂饼（粕）的氨基酸含量，以其氨基酸真消化率进行豆粕当量值校正，其校正方法如下（表6）。

表6　棉粕氨基酸含量的豆粕当量值校正　（%）

	CP	Lys	Met	Cys	Thr	Trp	Val	Ile
	氨基酸的回肠真消化率							
豆粕	44	91	92	82	88	91	88	92
棉粕	43	65	74	77	74	73	77	73
棉粕氨基酸的豆粕当量值校正系数*		0.71	0.80	0.94	0.84	0.80	0.88	0.79
	棉粕的氨基酸含量							
未校正		1.97	058	0.68	1.25	0.51	1.91	1.29
经校正**		1.41	0.47	0.64	1.05	0.41	1.67	1.02

*棉粕氨基酸的豆粕当量值校正系数＝棉粕的氨基酸回肠真消化率/豆粕的氨基酸回肠真消化率。

**棉粕的氨基酸经校正值＝棉粕的未校正氨基酸含量×棉粕氨基酸的豆粕当量校正系数。

4　猪的低蛋白日粮

仔猪对饲料粗蛋白质水平不敏感，在满足猪对赖氨酸的需要，且保持必需氨基酸平衡的原则下，其生产水平不会受到影响（表7、表8）。

表7　降低日粮粗蛋白质水平不影响仔猪生产性能的实例*

体重（kg）	粗蛋白质水平/%		低蛋白组补充的氨基酸	文献来源
	对照组	低蛋白组		
5～15	22.1	19.0	Lys，Met，Thr，Trp	Clinp - Mars 等（1988）
5～20	21.0	17.0	Lys，Mel，Thr	Hansen 等（1983）
8～21	19.0	15.0	Lys，Thr，Trp	Kerr 等（1985）
14～28	21.8	18.3	Lys，Met，Thr，Trp	Jin 等（1988 a）
12～27	22.4	16.9	Lys，Met，Thr，Trp，Ile，Leu	Le Bellego 和 Noblet（2002）

*乔岩瑞（2003）。

由表7可见，日粮粗蛋白质水平降低的幅度和添加到饲料中的氨基酸种类有一定的关系。低蛋白日粮中缺乏的氨基酸比高蛋白日粮多。高蛋白仔猪料普遍缺乏赖氨酸，低蛋白日粮尚需补充苏氨酸、蛋氨酸和色氨酸的不足；极端低蛋白日粮，须进一步补充异亮氨酸和缬氨酸。

在Le Bellego 和 Noblet 的试验中，粗蛋白质水平由22.4%降到16.9%，即降低5.5%，未见对增重造成不利的影响。

由表8可见，中、大猪日粮粗蛋白质水平最多降低6%，在保证氨基酸供给的情况下，采食量和日增重均不受影响。

表8　添加各种氨基酸的低蛋白日粮对猪生长的影响*

项　　目	处　理　组			效　果
	1	2	3	
蛋白水平（生长期/肥育期）（%）	18/16	15/13	12/10	
赖氨酸（%）	0.94/0.86	0.94/0.86	0.94/0.86	—
苏氨酸/赖氨酸（%）	71	60	60	—
含硫氨基酸/赖氨酸（%）	63	60	60	—
色氨酸/赖氨酸（%）	23	19	19	—
采食量（生长期＋肥育期）（g/d）	2 023	1 989	2 017	NS
氮保留（生长期）（g/d · $kg^{0.75}$）	1.22	1.11	1.04	NS
氮保留（肥育期）（g/d · $kg^{0.75}$）	1.08	1.10	0.94	NS
增重（g/d）	845	840	820	NS

*Kies 等（1992），生长期26～60 kg，肥育期60～95 kg，根据体重而调节采食量。

猪低蛋白日粮的成功，显示猪理想蛋白质模型的日臻完善，已达到了可以实际应用的程度。通常认为，按照理想蛋白质的概念，必需氨基酸的总量要达到总氮的45%以上，赖氨酸在粗蛋白中的比例应在6.5%以上。然而，由表9可见必需氨基酸和非必需氨基酸在总氮的比例以及非必需氨基酸的供给，似乎与日粮粗蛋白质水平无关。看来，降低粗蛋白质同时，通过增加工业氨基酸达到提高必需氨基酸在日粮总氮中的比例，是行之有效的方法。

表 9 日粮中的必需氨基酸和非必需氨基酸* (%)

项 目	日粮粗蛋白质(%)			
	生长期		育肥期	
	20.1	15.6	17.5	13.3
小麦	32.74	38.46	35.5	41.43
玉米	34.96	40.80	37.9	43.21
豆粕	26.55	13.55	20.78	8.15
麦麸	2.50	2.50	2.50	2.50
L-赖氨酸盐酸盐		0.43		0.41
L-蛋氨酸		0.10		0.07
L-苏氨酸		0.17		0.15
L-色氨酸		0.04		0.04
L-异亮氨酸		0.03		0.04
L-缬氨酸		0.08		0.07
维生素和矿物质	3.25	3.85	3.20	3.95
可消化赖氨酸(%,日粮)	0.87	0.86	0.71	0.69
总赖氨酸(%,日粮)	1.02	0.97	0.84	0.79
氮含量(g/kg 日粮)				
日粮	32.0	24.4	27.8	20.6
必需氨基酸	14.5	11.2	12.3	9.2
非必需氨基酸	17.5	13.2	15.5	11.4
氮/总氮(%)				
必需氨基酸	45	46	44	45
非必需氨基酸	55	54	56	55

* Le Bellego 等(2001)。

5 肉鸡低蛋白日粮

成功的肉鸡低蛋白日粮和猪日粮一样，其赖氨酸水平和其他必需氨基酸水平应满足需要，即不低于高蛋白日粮的必需氨基酸水平。

Kidd 等(2002)的试验，使小、中、大鸡的粗蛋白质水平分别降低了1.46%、0.66%和1.28%。

Fancher 等(1989)，使日粮粗蛋白质水平降低了1.8%，即引起体重降低，尽管日粮氨基酸水平补充到高蛋白日粮水平。

刁其玉等(2000)，使14~35日龄的肉中鸡日粮粗蛋白质水平降低4%，对体增重无明显影响；当降低6%时，显著地影响了生长。

Deschepper 等(1995)，在3~6周龄肉仔鸡日粮，除了补加必需氨基酸，还添加了谷氨酰胺(作为非必需氨基酸源)，结果日粮粗蛋白质水平降低了7%，生长未见受阻。看来低蛋白日粮，不仅要考虑必需氨基酸的平衡，同时必须考虑非必需氨基酸的总量。

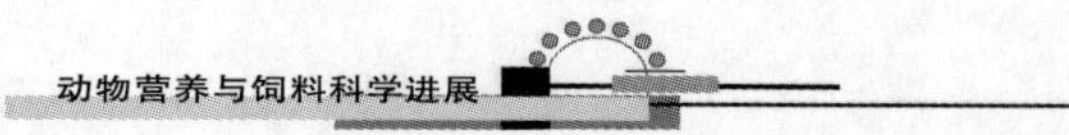

迄今为止，肉鸡不同于猪，其日粮粗蛋白质水平有时降低 2% ~3% 亦难以成功。看来，肉鸡的理想蛋白质模型尚未成熟，其非必需氨基酸的需要亦有待进一步研究。

6 产蛋鸡低蛋白日粮

由表 10 数据可见：采食低蛋白日粮的产蛋鸡生产性能，随限制性氨基酸品种补充数增加而增加；产蛋率 80% 以上时，低蛋白日粮即使补充氨基酸亦不能达到常规蛋白水平时的生产性能；日粮粗蛋白质水平在补充赖氨酸和蛋氨酸的前提下，有可能降低 2% ~3%，降低 3% ~4% 是很困难的。

表 10 低蛋白日粮添加氨基酸对产蛋鸡生产性能的影响*

蛋白质水平(%)	产蛋率(%)	蛋重(g/枚)	产蛋重(g/只·d)	饲料采食量(g/只·d)	料蛋比(g/g)
22 ~34 周龄					
18	84.5[a]	52.1[a]	44.0[a]	100.5[a]	2.29[b]
14	71.5[c]	49.2[d]	35.2[d]	97.8[bc]	2.78[a]
14 + Mel	81.8[b]	50.2[c]	41.1[c]	97.1[bc]	2.37[b]
14 + Met + Lys	81.5[b]	50.9[bc]	41.5[bc]	96.5[c]	2.32[b]
14 + Met + Lys + Trp + Ile	82.0[ab]	51.4[ab]	42.2[bc]	97.1[c]	2.30[b]
15 + Met + Lys	82.6[ab]	51.6[ab]	42.6[b]	98.8[b]	2.32[b]
34 ~50 周龄					
16.5	80.0[a]	57.4[a]	45.9[a]	106[a]	2.31[c]
13	63.9[c]	52.6[c]	33.6[d]	96.7[c]	2.88[a]
13 + Met	76.8[ab]	55.5[b]	42.6[c]	101.0[bc]	2.37[bc]
13 + Met + Lys	76.7[ab]	56.1[ab]	43.0[bc]	101.8[ab]	2.36[bc]
13 + Met + Lys + Trp + Ile	78.5[a]	56.7[ab]	44.5[ab]	101.0[bc]	2.27[c]
14 + Met + Lys	74.1[a]	57.0[a]	45.0[a]	102.5[ab]	2.28[c]
50 ~66 周龄					
15	71.7[a]	62.4[a]	44.7[a]	115.7[a]	2.59[c]
12	61.3[b]	57.5[d]	35.3[b]	115.3[a]	3.28[a]
12 + Met	63.5[b]	59.2[c]	37.6[bc]	112.3[a]	3.01[abc]
12 + Met + Lys	66.1[ab]	60.5[bc]	40.0[b]	114.4[a]	2.87[bc]
13 + Met + Lys + Trp + Ile	66.4[ab]	61.4[ab]	40.8[ab]	113.7[a]	2.80[c]
13 + Met + Lys	65.1[ab]	60.8[b]	39.6[bc]	112.6[a]	2.84[bc]

*摘自 Kavous Keshavrz (1992)，商品白莱航鸡；玉米－豆粕型日粮。

（本文曾发表于饲料广角，2004，(1)：42 ~45，50）

强制换羽鸡开食料的研究简报

霍启光，孙万岭，林理真

（1. 中国农业科学院饲料研究所，北京 100081；
2. 北京农学院，北京）

1 材料与方法

选择体重 1 500 g 以上的 80 周龄京白商品蛋鸡 360 只，等分 6 组，在平均舍温 24.6℃的半封闭式鸡舍内，采用绝食法对强制换羽鸡开食料进行研究。当上述试验鸡绝食止，其平均体重是始重的 70% 时，给喂 6 种开食料，直至产蛋率恢复 5% 后，再换用同一产蛋鸡料继续观察 12 周。上述 6 种开食料中，第 1、2、3、4 种试料以 14 ~ 20 周龄生长蛋鸡料为基础，每千克生长蛋鸡料依次另加石粉（含钙 28.3%）0、14、50、80 g；第 5 种试料为产蛋率 65% ~ 80% 的产蛋鸡料；第 6 种试料为单一玉米粉。上述 6 种开食料含钙量（%）分别为 0.6、1.00、2.00、3.00、3.50、0.07，其他各项营养指标，除第 6 种开食料外，均符合我国鸡的饲养标准。本试验欲筛选强制换羽鸡开食料基础饲料配方，并确定其开食料钙水平。

2 试验结果

2.1 强制换羽与体重

绝食期前 6 d 为体重急速下降阶段，其后为缓慢、稳定下降阶段。经 15 d 绝食，平均体重减轻至始重的 70%；以含钙量不同的生长蛋鸡料及产蛋鸡料为开食料，对体重恢复无明显影响（$P > 0.05$）；单一玉米为开食料影响体重恢复速度；恢复产蛋后 3 个月应及时控制体重增长。

2.2 强制换羽鸡开食料与开产期

全群试验鸡绝食 5 ~ 7 d 即可完全停产，绝食方案实施后 44 d 和 59 d，产蛋率分别达到 5% 和 50%；以玉米为开食料延缓开产速度；以生长蛋鸡料及产蛋鸡料为开食料对开产期无明显影响（$P > 0.05$）。

2.3 强制换羽鸡开食料与蛋壳品质

强制换羽措施可提高蛋壳品质；产蛋率与蛋壳品质呈负相关（$R = -0.71$，$P > 0.05$）。

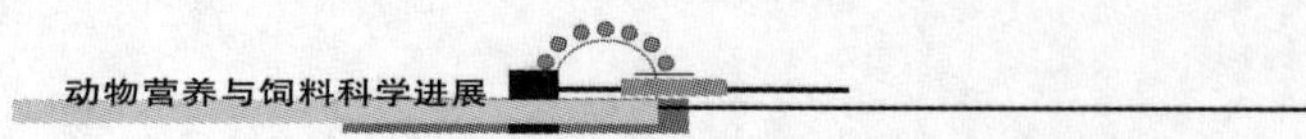

2.4 强制换羽鸡开食料与复产后产蛋性能

开食料以生长蛋鸡料为基础，另行添加石粉，使日粮钙水平为1%时，其后产蛋性能最佳；以生长蛋鸡料（第1~4组平均）或产蛋鸡料为强制换羽鸡开食料，其后产蛋性能无差异（$P>0.05$）；以玉米为开食料影响复产后产蛋性能。

2.5 强制换羽鸡开食料钙水平与血清碱性磷酸酶

强制换羽鸡血清碱性磷酸酶活性（K. A，分别为65、63、43、43时），随开食料钙水平（%相应为0.6、1.0、2.0、3.0）增加而降低（$R=-0.92$，$P<0.05$）。

2.6 强制换羽鸡血清钙与复产后产蛋率

强制换羽鸡血清钙（mg/100 ml，分别为29.0、25.8、25.2、24.7、11.6、9.3）。随复产后产蛋率（%）（相应为66、61、59、59、52、47）增加而升高（$R=0.97$，$P<0.01$）。

2.7 强制换羽鸡开食料与骨钙

强制换羽鸡开食料的基础料类型（生长蛋鸡料、产蛋鸡料、玉米）及其钙水平（%）对鸡股骨、胫骨钙含量（g或g/100 mg骨灰）无明显影响（$P>0.05$）。

棉仁（籽）饼－玉米型肉仔鸡饲粮的研究

霍启光，林理真，邵　榴，孙万岭

（北京农学院牧医系）

摘　要：用LOHMANN品种肉仔鸡608只进行两次试验，研究了棉仁（籽）饼－玉米型饲粮的应用问题，单因子设计。第一次试验给饲8种试粮：①棉仁饼（CSM）为0，游离棉酚（FG）为0；②CSM为7.5%，FG为111 mg/kg；③、②＋亚铁离子（Fe^{++}）111 mg/kg；④CSM为15.0%，FG222 mg/kg；⑤、④＋F^{++}222 mg/kg；⑥CSM为30%，FG为444 mg/kg；⑦、⑥＋Fe^{++}444 mg/kg；⑧、⑥＋L－赖氨酸（Lys）。第二次试验给饲4种试粮：⑨CSM:大豆饼（SBM）＝20：80，粉料；⑩CSM：SBM＝50：50，粉料；⑪CBM：SBM＝100：0，粉料；⑫、⑪，颗粒料。结果：①CSM配比为0%—7.5%—15.0%—30%，FG为0—111—222—444 mg/kg时，不经任何脱毒处理，各组49日龄增重（分别为1 779.3 g—1 853.8 g—1 861.3 g—1 819.0 g）、累积耗料（分别为3 978 g—4 217 g—4 208 g—4 158 g）、耗料比（分别为2.24—2.27—2.26—2.29）等均未随FG水平提高而产生有规律的明显差异；鸡肝脏残留FG均在安全水平以下，氰化高铁血红蛋白（CNMHb）在正常生理范围以内。②日粮FG为111—222—444 mg/kg时，分别添加111—222—444 mg/kg的Fe^{++}后，对试粮各项生产指标、能量代谢率、蛋白质表观存留率、鸡肝脏残留FG水平、血液CNMHb量均未发生明显影响。③当CSM：SBM分别为20：80、50：50、100：0，构成等蛋白质（%），不等能量浓度（不以饲料脂肪调整）的试粮，试验鸡各项生产指标差异均不显著（$P>0.05$）。④CSM配比为30%时，添加L－Lys，将Lys：精氨酸（Arg.）由1：1.6～1.7调整为1：1.2。结果，Lys：Arg. 平衡组（为1：1.2时）试验鸡49日龄体重明显较高，但累积耗料量、耗料比，试粮能量代谢率、蛋白质表观存留率差异均不显著（$P>0.05$）。⑤用棉仁饼100%地取代豆饼的低能量浓度试粮，经颗粒加工后，其饲料进食量、增重量明显提高。

关键词：肉仔鸡日粮；棉仁饼；游离棉酚；亚铁离子；赖氨酸；赖氨酸精氨酸比；颗粒饲料

我国饼粕类蛋白质饲料中，除大豆饼外，产量最大的是棉仁（籽）饼[1]。棉仁饼在去绒、脱壳之后加热、压榨时又加上了棉壳（原含量的25%左右）。其蛋白质含量（%）一般为34（机榨）～41（浸提）[2]。由于棉仁饼具游离棉酚（Free gossypol，缩写为FG）等有害物质（FG，螺旋压榨、加热0.069%；预压—浸提、加热0.063%；浸提、未加热0.159%；土榨，未加热0.213%）[1]、低能量浓度（鸡，ME，Mcal/kg；螺旋压榨1.95，预压浸提1.90）[2]及赖氨酸（Lys）利用率较低（仅为豆饼的68%）[3]等缺点，从而限制了其在肉仔鸡中的广泛应用。本项研究试图了解以棉仁饼作为肉仔鸡唯一植物性蛋白质饲料时，FG水平对肉仔鸡的影响，棉仁饼最适配比，肉仔鸡对"Fe^{++}处理含FG日粮"的反应，添加合成赖氨酸，调整"Lys：Arg"以及颗粒加工对肉仔鸡的影响等，以期寻求一套用现有榨油工艺生产的棉仁饼广泛用于肉仔鸡配合饮料中的方式。

1 材料与方法

1.1 试验I

1.1.1 饲养试验：选择LOHMANN品种肉仔鸡384只，随机分为8个处理组，笼养，每组6笼重复，每笼8只鸡。随机给饲下列8种试粮（表1、表2）。

表1 肉仔鸡0~8周龄试粮（试验1）

	项　　目	试　　粮（FG，mg/kg）			
		1（0）	2（111）	4（222）	6（444）
试粮配方（%）	棉仁饼（CP，33.6%）	0（0）	7.5（7.5）	15.0（15.0）	30.0（30.0）
	豆粕（CP，41%）	28.9（23.6）	24.0（19.0）	19.3（14.3）	10.0（5.0）
	玉米	65.24（70.87）	61.84（66.46）	57.83（62.46）	49.92（54.35）
	鱼粉（CP，60.4%）	3.0（3.0）	3.0（3.0）	3.0（3.0）	3.0（3.0）
	葵花籽油	0（0）	0.8（1.5）	2.0（2.7）	4.3（5.1）
	磷酸氢钙	1.7（1.4）	1.7（1.4）	1.7（1.4）	1.6（1.4）
	石　粉	1.0（1.0）	1.0（1.0）	1.0（1.0）	1.0（1.0）
	赖基酸（80%）	0.007（0.003）	0.011（0.008）	0.016（0.013）	0.024（0.02）
	蛋氨酸（100%）	0.025（0.013）	0.025（0.014）	0.027（0.015）	0.029（0.017）
	维生素预混料	0.06（0.06）	0.06（0.06）	0.06（0.06）	0.06（0.06）
	微量元素预混料（含食盐）	0.04（0.04）	0.04（0.04）	0.04（0.04）	0.04（0.04）
	胆　碱（50%）	0.026（0.017）	0.026（0.017）	0.026（0.017）	0.026（0.017）
	合　计	100（100）	100（100）	100（100）	100（100）
试粮营养水平	表观代谢能（Mcal/kg）	2.90（2.99）	2.90（3.00）	2.90（3.00）	2.91（3.00）
	粗蛋白质（%）	21.0（19.00）	21.0（19.00）	21.0（19.00）	21.0（19.00）
	钙（%）	1.0（0.9）	1.0（0.89）	1.01（0.90）	1.0（0.91）
	有效磷（%）	0.45（0.4）	0.45（0.4）	0.45（0.4）	0.45（0.41）
	赖氨酸（%）	1.09（0.94）	1.09（0.94）	1.09（0.95）	1.09（0.94）
	蛋氨酸（%）	0.53（0.39）	0.53（0.40）	0.54（0.40）	0.57（0.42）
	精氨酸（%）	1.37（1.22）	1.46（1.31）	1.55（1.40）	1.74（1.60）
	赖氨酸/精氨酸	1/1.26（1/1.30）	1/1.34（1/1.39）	1/1.42（1/1.47）	1/1.60（1/1.70）

*括号外是0~4周龄数据，括号内是5~8周龄数据。

表 2　肉仔鸡 0~8 周龄试粮（试验 I）

试粮（FG，mg/kg）	3（111）	5（222）	7（444）	8（444）
相应基础试粮	2	4	6	6
基础试粮另添加	111 mg/kg，Fe^{++}	222 mg/kg，Fe^{++}	444 mg/kg，Fe^{++}	0.45%，L-Lys·HCl
含硫氨基酸（%）	0.84（0.68）	0.84（0.68）	0.84（0.68）	0.84（0.76）
赖氨酸（%）	1.09（0.94）	1.09（0.95）	1.09（0.94）	1.45（1.32）
精氨酸（%）	1.46（1.31）	1.55（1.40）	1.74（16.0）	1.74（16.0）
赖氨酸/精氨酸	1/1.34（1/1.39）	1/1.42（1/1.47）	1/1.60（1/1.70）	1/1.20（1/1.20）

* 括号外是 0~4 周龄数据，括号内是 5~8 周龄数据。

（1）棉仁饼—0.0、FG—0；
（2）棉仁饼—7.5%、FG—111 mg/kg；
（3）棉仁饼—7.5%、FG—111 mg/kg、Fe^{++}111 mg/kg；
（4）棉仁饼—15.0%、FG—22 mg/kg；
（5）棉仁饼—15.0%、FG—222 mg/kg、Fe^{++}222 mg/kg；
（6）棉仁饼—30.0%、FG—444 mg/kg；
（7）棉仁饼—30.0%、FG—444 mg/kg、Fe^{++}444 mg/kg；
（8）棉仁饼—30.0%、FG—444 mg/kg、Lys 0.45%。

赖氨酸：日本产，L-Lys·HCl，饲料级，纯度 99.5%；硫酸亚铁：北京化学试剂三厂产，$FeSO_4 \cdot 7H_2O$，分析纯，纯度 99% 以上；棉仁饼：河北栾城城郊油厂，200 型螺旋压榨，棕色、瓦片状，粗蛋白质 33.6%、FG 0.148%（据国际标准方法 ISO 6866-1985 实测）[4]。

上述各试组等能、等蛋白、各项营养指标均符合我国鸡的饲养标准[2]，唯 FG、Fe^{++}、Lys 水平不尽相同。

1.1.2　代谢试验：分别于第 2、6 周龄用全类收集法测定各试粮的能量代谢率和蛋白质的表观存留率。

1.1.3　鸡肝脏残留 FG 的检验：于 8 周龄末，由各试组随机选择 4 只鸡（公、母各半），用 F. H. SM11H 法[17]测定鲜肝中 FG 含量。

表 3　肉仔鸡 0~8 周龄试粮（试验 II）

	试粮（棉仁饼/大豆粕）	9（20/80）	10（50/50）	11（100/0）
试粮配方（%）	玉　米	65.15（69.76）	61.01（66.49）	53.02（59.05）
	豆　粕（CP，41%）	21.35（18.84）	14.89（13.37）	0.00（0.00）
	棉仁饼（CP，33.6%）	5.00（5.00）	14.89（13.37）	37.70（33.80）
	鱼　粉（CP，60.4%）	6.00（4.00）	6.00（4.00）	6.00（4.00）
	石　粉	1.10（1.02）	1.10（1.00）	1.08（1.00）
	磷酸氢钙	1.20（1.25）	1.16（1.23）	1.10（1.17）
	DL-蛋氨酸（100%）	0.14（0.09）	0.22（0.17）	0.32（0.26）
	L-赖氨酸（80%）	0.06（0.04）	0.35（0.35）	0.78（0.72）
	合　计	100.00（100.00）	100.00（100.00）	100.00（100.00）

续表

试粮（棉仁饼/大豆粕）		9（20/80）	10（50/50）	11（100/0）
试粮营养水平	代谢能（Mcal/kg）	2.99（3.02）	2.91（2.95）	2.71（2.78）
	粗蛋白质（%）	21.00（19.00）	21.00（19.00）	20.99（18.98）
	钙（%）	1.00（0.90）	1.00（0.90）	1.00（0.90）
	有效磷（%）	0.45（0.40）	0.45（0.40）	0.45（0.40）
	赖氨酸（%）	1.09（0.94）	1.28（1.15）	1.51（1.35）
	蛋氨酸（%）	0.45（0.36）	0.52（0.44）	0.62（0.51）
	胱氨酸（%）	0.31（0.29）	0.30（0.28）	0.27（0.26）
	精氨酸（%）	1.42（1.28）	1.54（1.38）	1.81（1.62）
	赖氨酸/蛋氨酸	1/0.41（1/0.38）	1/0.41（1/0.38）	1/0.41（1/0.38）
	赖氨酸/精氨酸	1/1.30（1/1.36）	1/1.20（1/1.20）	1/1.20（1/1.20）

1. 括号外是0～4周龄数据，括号内是5～8周龄数据。

2. 表中试粮配方，另加：食盐0.30%，微量元素预混料0.4%，维生素预混料0.6%，纯度50%的胆碱0.1%。

1.1.4　血液血红蛋白的测定：于7周龄末，由各试组随机选择4只鸡，用氰化高铁血红蛋白（缩写为CNMHb）法[6]测定血液血红蛋白。

1.2　试验Ⅱ

选择LOHMANN品种肉仔鸡224只，随机分为4个处理组笼养，每组8笼重复，每笼7只，随机给饲下列4种试粮（表3）。各试粮等蛋白、不等能，各项营养指标均符合我国鸡的饲养标准[7]。棉仁饼，北京市农场局饲料公司、棕色粉末、粗蛋白质34.0%、FG 0.103%。常规法测定试粮代谢能值。

4种试粮：

（9）棉仁饼：大豆饼＝20：80，粉料，FG—52 mg/kg；

（10）棉仁饼：大豆饼＝50：50，粉料，FG—138 mg/kg；

（11）棉仁饼：大豆饼＝100：0，粉料，FG—388 mg/kg；

（12）棉仁饼：大豆饼＝100：0，颗粒料，FG—388 mg/kg。

上述两次试验的饲养管理措施，遵试验要求，依常规进行。

表4　试粮棉酚水平对肉仔鸡增重及饲料利用效率的影响（试验Ⅰ）

试粮			0～49日龄增重（g/只）			累积耗料（g/只）	耗料比（kg/kg）
试粮	棉仁饼配比（%）	试粮FG水平（mg/kg）	始重	末重	累积增重		
1	0	0	45.7[a]	1 825.0	1 779.3[a]	3 978[b]	2.24[a]
2	7.5	111	45.8[a]	1 899.6	1 853.8[b]	4 217[a]	2.27[a]
4	15.0	222	46.0[a]	1 907.3	1 861.3[b]	4 208[a]	2.26[a]
6	30.0	444	45.6[a]	1 864.6	1 819.0[ab]	4 158[a]	2.29[a]

*在同一竖行中，其测值右上方所标字母相同者，表明彼此间差异不显著（$P>0.05$）；反则反之（$P<0.05$），后同。

表 5 试粮棉酚水平对肉仔鸡肝脏残留 FG 和血液 CNMHb 量的影响（试验 I）

试粮	棉仁饼配比（%）	试粮 FG 水平（mg/kg）	鸡肝残留棉酚（μg）每克鲜肝	每个鲜肝	CNMHb（g/100ml 血液）
1	0	0	0.122	4	9.26
2	7.5	111	1.573	59	7.57
4	15.0	222	4.079	155	7.36
6	30.0	444	5.280	205	6.45

2 结果与分析

试粮 1、2、4、6 的棉仁饼配比（%）分别为 0、7.5、15.0、30.0 时，FG 的水平（mg/kg）分别为 0、111、222、444；用豆粕、葵籽油、合成氨基酸等调整各试粮营养水平，使 ME（Mcal/kg）、CP（%）、Lys，Met（蛋氨酸）等水平一致，结果（表 4），给饲 1、2、4、6 试粮的肉仔鸡 49 日龄增重（分别为 1 779.3、1 853.8、1 861.3、1 819.0 g）、累积耗料（分别为 3 978、4 217、4 208、4 158 g）、耗料比（分别为 2.24、2.27、2.29）均未因 FG 水平增高而产生规律性的明显差异（$P>0.05$）。

Lyman 和 Widmer[7]采用放射性 FG 研究得知，食入 FG 的 89.3% 由粪排出，8.9% 存留鸡体组织中，组织中的 FG50% 集中在肝脏中。显然鸡肝中 FG 量可用以监测其在鸡体中的残留水平。由试验结果（表 5）可见，随试粮 FG 水平之增长，鸡肝中残留 FG（mg/kg）渐增（试粮 1、2、4、6 组分别为 0.122、1.573、4.079、5.290），与我国食品卫生标准[8]规定的棉油 FG 最高限量（200 mg/kg）相比，即使残留 FG 达 5.290 mg/kg，亦只有棉油标准的 1/38；若以每个鸡肝（40 g 重）含 FG 211μg 计，连续两个月，每天食入 63 ~ 79 个鸡肝才能达到产生抗生育作用的剂量（即食入 FG 总量为 800 ~ 1 000 mg，或平均每天摄入剂量 13.3 ~ 16.7 mg）[9]，何况，在鸡肝的加热烹调过程中，FG 还会大都钝化。显见，给饲含 FG444 mg/kg 的饲料所生产的肉仔鸡，其组织残留 FG，不会给人类健康带来危害。

据报道[10,11]，FG 的活性基团（CHO—、OH—）可破坏血红蛋白中的 Fe，从而导致血液血红蛋白浓度降低并产生贫血。因此，血液血红蛋白浓度可作为检测 FG 中毒的指标，由试验结果（表 5）可知，随日粮 FG 水平之增长，鸡血液的 CNMHb（g/100ml 血液）递减（试粮 1、2、3、4 分别为 9.26—7.57—7.36—6.45），然而均在正常生理范围（6.5—9.9）[16]之内，临床亦未见有贫血等异常症状出现。

可见，给饲棉仁饼配比（0%—7.5%—15.0%—30.0%）不同的试粮，即使 FG 水平高达 444 mg/kg，不进行任何脱毒处理对肉仔鸡的健康生长，以至 FG 在鸡体中的残留均无不良影响、这一结果与郑鹏然[9]认可的数据（500 mg/kg）大体一致，但明显地高于 РЫВИНА，Е[15]，提出的最高限量（200 mg/kg），及德意志联邦共和国饲料法规细则[18]的规定（100 mg/kg）。

3 经 Fe^{++} 处理的高 FG 日粮对肉仔鸡的影响

当棉仁饼配比为 7.5%—15.0%—30.0% 时，依据其 FG 水平（相应为 111—222—444 mg/kg），分别以 $FeSO_4 \cdot 7H_2O$ 形式加入 111—222—444 mg/kg 的 Fe^{++}，构成 3、5、7 三种试粮（表 2）。其结果（表 6、表 7）与相应未经 Fe^{++} 处理的试粮（分别为 2、4、6 试粮）相比：就试鸡生长速度、累积耗料，耗料比、能量的代谢率、蛋白质的表观存留率而论，不论 FG 水平为 111 mg/kg，还是 444 mg/kg，Fe^{++} 处理均未见有明显作用（$P>0.05$）；Fe^{++} 处理与肝脏中残贸 FG 水平无明显相关；Fe^{++} 处理似乎可使血液 CNMHb 量略现提高。

表 6　棉仁饼 - 玉米型试料加 Fe^{++} 去毒对肉仔鸡生产水平的影响（试验 I）

试粮			0 ~ 49 日龄增重（g/只）			累积耗料（g/只）	耗料比（kg/kg）
棉仁饼配比（%）	试粮	加 Fe^{++}（mg/kg）	始重	末重	累积增重		
7.5（FG，111 mg/kg）	2	0	45.8	1 899.6	1 853.8[a]	4 217[a]	2.27[a]
	3	111	45.3	1 849.0	1 803.7[a]	4 225[a]	2.30[a]
15.0（FG，222 mg/kg）	4	0	46.0	1 907.3	1 861.3[b]	4 208[b]	2.26[b]
	5	222	46.2	1 904.0	1 857.8[b]	4 211[b]	2.27[b]
30.0（FG，444 mg/kg）	6	0	45.6	1 864.6	1 819.0[c]	4 158[c]	2.29[c]
	7	444	45.7	1 880.3	1 834.6[c]	4 083[c]	2.23[c]

表 7　棉仁饼 - 玉米型试粮加 Fe^{++} 去毒对试粮代谢率、肉仔鸡肝脏残留 FG、血液 CNMHb 量的影响（试验 I）

试粮			试粮代谢率（%）		鸡肝残留 FG（μg）		CNMHb g/100 ml 血液
棉仁饼配比（%）	试粮	加 Fe^{++}（mg/kg）	能量	粗蛋白质	每克鲜肝	每个鲜肝	
7.5（FG，111 mg/kg）	2	0	70.3（76.7）	44.8（43.6）	1.573	59	7.57
	3	111	71.4（76.4）	44.1（42.4）	2.090	77	7.97
15.0（FG，222 mg/kg）	4	0	70.5（76.0）	42.3（47.2）	4.079	155	7.36
	5	222	70.6（76.1）	43.1（46.4）	4.736	179	7.81
30.0（FG，444 mg/kg）	6	0	66.4（72.0）	38.6（38.8）	5.280	205	6.45
	7	444	66.8（72.2）	3.46（39.2）	4.429	179	7.59

* 括号外是 0 ~ 4 周龄数据，括号内是 5 ~ 8 周龄数据。

上述结果从另一角度印证了“结果与分析”1 中的论点：“FG 水平高达 444 mg/kg，对于肉仔鸡生长不会产生不良影响”。这项试验同时证明 FG 水平在 444 mg/kg 以下时，无须专门进行 Fe^{++} 脱毒处理。这一结果同 Phelps[14] 的看法一致，他认为 400 mg/kg 以上的 FG 才须进行 Fe^{++} 处理；Dovenport[14] 认为，FG 超过 420 mg/kg、达到 720 mg/kg 后，即使进行 Fe^{++} 处理也不可避免 FG 对肉仔鸡生长、饲料报酬的不良影响，这似乎从另一方面论证了用 Fe^{++} 处理 FG 对于肉仔鸡是多余的。这项试验还证实了这样一个论点，即 Fe^{++} 添加水平 444 mg/kg 以下时，对肉仔鸡的健康生长无不良影响，这一数据未超出大部分资料[12,13] 报道的极限值。

4　“棉仁饼 - 玉米”型低能日粮对肉仔鸡的实用价值

由上述试验结果可知，当 FG 水平达 0.148% 的棉仁饼用量为 30%、试粮 FG 高达 444 mg/kg 时，不进行任何脱毒处理，未见对肉仔鸡产生任何不良影响。不过，这里需要强调指出的是这一结果的获得是在起用了饲料脂肪、调正了能量浓度之后产生的。那么对于不添加脂肪、大量使用棉仁饼的低能量浓度（Mcal/kg）、等蛋白（%）试粮（表 3）肉仔鸡会产生什么样的效果？这正是我们设置第Ⅱ试验的目的之一，由试验结果（表8）可知，当棉仁饼以20%—50%—100%的比值取代豆饼时，日粮的代谢能浓度前期以2.99→2.91→2.71、后期以3.02→2.95→2.78的速率递减时，56日龄体重（分别为1 857.1 g、1 874.4 g、1 827.3 g）几乎无差异（$P>0.05$），它是以累积耗料（分别为4 114.4 g—4 587.5 g—4 714.1 g）及耗料比（分别为2.43—2.50—2.64）增加为其物质基础的；肉仔鸡在一定能量浓度范围内（3.0～2.7），对饲料的采食量是有一定调节能力的[5]。在一定的生产水平下，以100%的棉仁饼取代全部豆饼时，低能量浓度（前期2.71、后期2.78）的“棉仁饼－玉米”型日粮（试粮11）的肉仔鸡生长速度无异于高能量浓度的“大豆饼－玉米”型日粮（试粮9）（$P>0.05$）。

表8　试粮“棉仁饼/大豆粕”比例对肉仔鸡生产水平的影响（试验Ⅱ）

试粮	试　　粮			0～56日龄增重（g/只）			累积耗料（g/只）	耗料比（kg/kg）
	植物性蛋白质饲料结构（棉仁饼/大豆粕）	AME，Mcal/kg试粮	CP（%）					
		前期－后期	前期－后期	始重	末重	增重		
9	20/80	2.99～3.02	21～19	40.2	1 857.1	1 816.9^a	4 414.4^a	2.43^a
10	50/50	2.91～2.95	21～19	39.7	1 874.4	1 834.7^a	4 587.5^a	2.50^a
11	100/0	2.71～2.78	21～19	39.5	1 827.3	1 787.1^a	4 714.1^b	2.64^b

5　调整“棉仁饼－玉米”型日粮的“Lys：Arg”对肉仔鸡的影响

随着棉仁饼用量的增加，试粮（表1）精氨酸（%）渐增（试粮1、2、4、6，前期分别1.37—1.46—1.55—1.74；后期分别为1.22—1.31—1.40—1.60），“Lys：Arg”渐降（前期，1：1.26—1：1.34—1：1.42—1：1.60；后期，1：1.30—1：1.39—1：1.47—1：1.70）。精氨酸（%）超出营养需要[2]30%～40%，这很可能影响Lys的利用，并进而影响体蛋白的合成。为此，设置了以日粮“6”（表1）为基础（“Lys：Arg”，前期为“1：1.60”后期为“1：1.70”），另添加0.45%合成赖氨酸构成的“Lys：Arg”平衡（“Lys：Arg”为“1：1.20”）的试粮8（表2）。比较“Lys：Arg”不等的两种试粮（表9、表10），结果，“Lys：Arg”平衡的第8组试验鸡的49日龄体重（2 001.8 g）明显地高于“Lys：Arg”不平衡的第6组（1 864.6 g）。然而，其累积耗料（分别为4 222 g、4 158 g）、耗料比（分别为2.16、2.29）、试粮的能量代谢率（分别为72.8%、72.0%）、蛋白质的表观存留率（分别为39.6%、38.8%）差异均不显著（$P>0.05$），导致“Lys：Arg”平衡组增重较高的原因似乎是热增耗降低、代谢能的净能转化率较高所致。这项试验同时观察到添加合成赖氨酸（营养需要量[2]的130%～140%），对鸡肝脏残留FG和血液CNMHb似乎不发生影响。

表9　调整日粮“Lys：Arg”对肉仔鸡生产水平的影响（试验Ⅰ）

试粮	Lys/Arg	0～49日龄增重（g/只）			累积耗料（g/只）	耗料比（kg/kg）
		始重	末重	增重		
6	1/1.60（1/1.70）	45.6	1 864.6^a	1 819.0^a	4 158^a	2.29^a
8	1/1.20（1/1.20）	45.6	2 001.8^b	1 956.2^b	4 222^a	2.16^b

*括号外“Lys/Arg”值是0～4周龄测值，括号内是5～8周龄测值。

表 10　调整"Lys/Arg"对试粮代谢率、肉仔鸡肝脏 FG、血液 CNMHb 的影响（试验 I）

试粮	Lys/Arg	试粮代谢率（%）		鸡鲜肝 FG，μg		CNMHb，g/100 ml
		能量	粗蛋白	每克中	每个肝	
6	1/1.60（1/1.70）	72.0	38.8	5.28	205	9.51
8	1/1.60（1/1.20）	72.8	39.6	4.78	199	10.13

表 11　棉仁饼－玉米颗粒料对肉仔鸡生产水平的影响（试验 II）

试粮	料型	试粮棉仁饼配比（%）	代谢能 *	0～56 日龄增重（g/只）			累积耗料	耗料比
		前期－后期	（AME，Mcal/kg）	始重	末重	增重	（g/只）	（kg/kg）
11	粉料	37.7～33.8	2.95[a]	39.5	1 827.3[a]	1 787.1[a]（100）	4 714.1[a]（100）	4.64[a]（100）
12	颗粒料	37.7～33.8	3.02[a]	39.5	2 042.8[b]	2 042.8[b]（114）	5 209.6[b]（111）	2.55[a]（100）

* 肉仔鸡后期（29～56 日龄）料的实测值。

6　"棉仁饼－玉米"型日粮的颗粒加工对肉仔鸡的影响

基础试粮 11（表 3），以棉仁饼 100% 地取代大豆饼，并添加合成赖氨酸调整"Lys：Arg"之后，分别以粉料和颗粒料（0～2 周龄为粗屑饲料，3～8 周龄为直径 2.5 mm 颗粒料）两种料形饲喂试验鸡，结果（表 11），颗粒料的代谢能值（3.02 Mcal/kg）略高于粉料（2.95 Mcal/kg），但差异不显著（$P>0.05$）；颗粒料组 0～56 日龄增重（2 042.8 g）、累积耗料量（5 209.6 g）明显高于粉料组（分别为 1 787.1 g、4 714.1 g）（$P<0.05$），两者的耗料比（分别为 2.64、2.55）差异亦不显著（$P>0.05$）。即，颗粒料组比粉料组多增重 14%、多进食 11%、单位增重少耗料 4%，明显地表现出颗粒料的优越性。这一结果同 JONES[19] 对 1951 年以来 25 年间发表的有关颗粒料饲喂效果的研究报告统计资料（7.5 周龄内提高增重量 9.6%，耗料比降低 5.9%）以及 J. H. Chol[20] 新近发表的资源（肉仔鸡 8 周龄间多增重 9.1%、单位增重少耗料 2%、多时食 12%）基本一致。无疑，肉仔鸡对颗粒料的采食量高是带来这一优越性的原因所在。

7　结论

由上述两次试验结果可见：

（1）螺旋压榨、预压－浸提棉仁（籽）饼在一般鱼粉用量的肉仔鸡饲粮中，只要营养平衡，可以任何比例取代豆饼；

（2）除土榨、浸提工艺外，国内现在榨油工艺生产的棉仁（籽）饼，其所含游离棉酚无须进行任何脱毒处理，对肉仔鸡正常生长、人类食品安全无不良影响；

（3）当棉仁（籽）饼用量高达 30% 以上时，添加合成赖氨酸，调整"赖氨酸：精氨酸"比例为"1：1.2"时，肉仔鸡增重明显提高，耗料比明显降低；

（4）棉仁（籽）饼－玉米型低能日粮（以棉仁饼为唯一植物性蛋白质饲料，100% 地取代豆饼时）的颗粒加工可明显提高肉仔鸡增重，降低单位增重的饲料消耗量。

参考文献

[1] 王和民. 我国蛋白质饲料资源的合理利用. 饲料与畜牧，1987，(1)：3~7

[2] 农牧渔业部畜牧局. 中国鸡的饲养标准. 中国标准出版社，1986，12

[3] 马承融. 动物营养研究会第四届学术讨论会论文集. 1986，9

[4] 陈必芳译. 动物饲料—游离的和总棉酚的测定（国际标准，ISO-6866-1985）（E）. 农业分析方法国外标准译文集（三），饲料，全国农业分析标准技术委员会，1986，54~56

[5] 霍启光. 肉仔鸡对不同能量浓度日粮采食量调节能力的测定. 北京农学院学报，1987，(1)：46~53

[6] 朱忠勇. 血红蛋白的测定—氰化高铁血红蛋白法. 临床医学检验，上海：上海科技出版社，1984，6

[7] 钟鳡. 棉籽及其饼粕去毒方法的研究动向和进展. 畜牧与饲料，1985，(7~8)：30~35

[8] 刘志诚. 棉籽油的游离棉酚中毒. 营养与食品卫生学，人民卫生出版社，1987，303

[9] 郑鹏然. 油脂的卫生要求. 食品卫生工作手册，人民卫生出版社，1985，484~489

[10] 李元生. 棉籽饼的脱毒及饲喂注意事项. 饲料与畜牧，1988，(1)：9~12

[11] 王洪章. 棉籽和棉籽饼中毒. 家畜中毒学，北京：农业出版社，1985，65~68

[12] 胡坚. 矿物质饲料添加剂研究进展. 饲料与畜牧，1987，(3)：29

[13] 贺普霄译. 畜禽微量元素的最大允许量和中毒量. 国外畜牧学——饲料，1987，(2)：13~18

[14] Keith J. Smith . USE OF COTTONSEED MEAL IN POULTRY RATIONS . 15th World Poultry Congress，1974，168~620

[15] РЫБИНА，Е.，станадарный хлопчатниковый шрот-полоденный КомпоНеНт птичных Комбикормов . ПТИЦЕВОДСТВО，1977，(2)：19~21

[16] Swenson M J. Hemoglobln. Dukes′of Domestic，Animals，第10版，1984，24~26

[17] SMITH F H. Detemination of Free and Bound Gossypol in Swine Tissues. The J. of the American Oil Chemists Society，1965，(2)：145~147

[18] Koch V，Weinreich O，INHALTSVERZEICHNIS. Das geltende Futtermittelrecht mit Typenliste für Einzel—und Mischfuttermittel，1985，117~118

[19] 农文协编. 饲料の形態と饲料效率. 畜产全书，采卵鸡・ブロイラー，1983，571~572

[20] Chol J H. Effects of Pelleted of Crumble Diets on the Performance and the Development of the Digestive Organs of Broilers. Poultry Sci，1986，65（3）：594~597

（本文曾发表于北京农学院学报，1988，3（3）：8~18）

在猪鸡配合饲料中植酸酶部分取代磷酸盐的现状和未来

霍启光

（中国农业科学院饲料研究所）

1 动物磷营养

1.1 磷的生理功能

机体的结构物质（骨骼、牙齿、细胞膜）；参与能量代谢、脂肪代谢；作为遗传物质和酶的组成成分；其他重要的生命过程。磷不足影响动物正常生产性能，患骨质疏松症（成年），或佝偻病（幼年）。

1.2 动物对磷的需要

总磷－植酸磷＝非植酸磷，植酸由一分子的肌醇和六分子的磷酸结合而成，其化学普通名为2，3，4，5，6－六聚二氢磷酸酯。

植物性饲料中，以植酸形式存在的磷称之为植酸磷。单胃动物常用植物性饲料中有60%～80%的磷是以植酸及其盐类形式存在的。畜禽典型日粮中，通常约含有0.2%（0.10%～0.35%）的植酸磷。

单胃动物消化道中由于缺乏水解植酸磷的植酸酶，其利用率极低。单胃动物猪、禽饲料之植酸磷靠外源提供的植酸酶利用之。反刍动物牛羊靠瘤胃微生物产生的植酸酶利用植酸磷。

总磷作为一项营养指标，在动物营养中很多情况下是没有意义的，看似足够的磷却能引发磷不足症。为此，改用“非植酸磷”为磷的营养指标，总磷和植酸磷之差即为非植酸磷，用以表达饲料的磷营养价值及动物对磷的需要。其真正的涵义是：植酸磷是单胃动物不可利用的磷，非植酸磷是动物可能利用的磷。

猪鸡的磷需要量见表1。

表1　完全配合饲料的磷营养水平（%）及磷酸氢钙添加量（kg/t）

项目	产蛋鸡		肉小鸡		肉中鸡		肉大鸡		肉小猪		肉中猪		肉大猪	
	TP	NPP	TP	NPP	TP	NPP	TP	NPP	TP	NPP	TP	NPP	TP	NPP
中国饲养标准（2004）	0.60	0.32	0.68	0.50	0.65	0.40	0.6	0.35	0.53	0.25	0.48	0.20	0.43	0.17
NRC 营养需要	—	0.25	—	0.45	—	0.35	—	0.30	0.55	0.28	0.48	0.21	0.43	0.21
国内行业惯用水平	—	0.35	—	0.45	—	0.4	—	0.35	—	0.35	—	0.35	—	0.30
国内 DCP 的惯用添加量（kg/t）	11～14		13～16		11～13		10～11		12～13		9～13		6～10	

注：①磷的需要量（%）受采食量（表2）及动物种类、所处生理状态、生产水平的影响；而采食量又受气温（季节）、日粮能量浓度及加工方法（制粒）的影响。上述数据随着人们对磷营养的深入了解有可能降低（肉猪、产蛋鸡），也可能升高（如肉仔鸡）；

②日粮含磷矿物质饲料的添加量（kg/t），主要受动物对磷的需要量、采食量及日粮构成的影响；

③TP（总磷），NPP（非植酸磷）。

表2　产蛋率85%～90%的褐壳产蛋鸡非植酸磷需要量

日粮 NPP，mg/只$^{-1}$·d^{-1}（相当 NRC）		25～42 周龄，110 g，日粮/只$^{-1}$·d^{-1}		42～58 周龄，138 g，日粮/只$^{-1}$·d^{-1}	
		日粮 NPP（%）	日粮添加 DCP（16.5%）（kg/T）	日粮 NPP（%）	日粮添加 DCP（16.5%）（kg/T）
165（60）	过低	0.15	0.8	0.12	0
231（85）		0.21	3.6	0.17	3.0
275（100）	适宜	0.25	7.9	0.20	4.8
308（110）		0.28	9.7	0.22	6.1
374（135）		0.34	13.3	0.27	9.1
440（160）	过高	0.40	17.0	0.32	12.0

注：①AME，2.7 Mcal/kg，玉米－豆粕型日粮、海兰褐；

②低磷日粮（165mg/只$^{-1}$·d^{-1}，NRC 的 60%），产蛋率（%），产蛋量（g/只$^{-1}$·d^{-1}），采食量（g/只$^{-1}$·d^{-1}），破软蛋率（%），明显较低；

③高磷日粮（440mg/只$^{-1}$·d^{-1}，NRC 的 160%），影响蛋壳质量，其影响程度小于低磷日粮；

④日粮 NPP（mg/只$^{-1}$·d^{-1}）水平低于 NRC15%，高于 NRC35% 对产蛋性能未见有明显的影响。

1.3　非植酸磷的来源

（1）植物性饲料中的非植酸磷（约为总磷的 30%）；

（2）青草、干草、动物性饲料中的磷（100% 为非植酸磷）；

（3）矿物磷：100% 为非植酸磷；不同化学形态的磷酸盐对于不同动物是不相同的；产蛋鸡适于使用磷酸一二钙和磷酸氢钙，肉鸡、肉鸭、肉猪适于使用磷酸一二钙和磷酸二氢钙；粒状磷酸盐和粉状磷酸盐的 BV 不同；

（4）添加植酸酶的饲料植酸磷（可释放 0.1% 的非植酸磷）。

1.4　完全配合饲料中磷酸盐（以磷酸氢钙为例）的添加量

参见表1。

2 植酸酶概述

2.1 植酸酶的来源

植物籽实、微生物和动物胃肠道等为植酸酶的3种来源。

（1）动物胃肠道的植酸酶：源于肠道微生物区系和肠道黏膜分泌的内源植酸酶，对于单胃动植物，植酸酶的活性很低。对于反刍动物，瘤胃微生物产生的植酸酶可有效地水解植酸及植酸盐，无需考虑植酸磷的问题，总磷的含量即可反映磷的营养状态，通常很少在饲料中添加磷酸盐，多用廉价的骨粉。

（2）植物籽实植酸酶：多为6-植酸酶，一般认为，麦类及其副产品的植酸酶活性较高，玉米和饼粕类的植酸酶活性较低。

（3）微生物植酸酶：多为3-植酸酶，其pH值的适宜范围较宽，有两个最适pH值，比较接近单胃动物的胃肠道环境，可耐受80℃以上的制粒温度。已知工业生产的微生物植酸酶主要是曲霉菌，无花果曲霉的植酸酶已经可以分离和纯化，黑曲霉的植酸酶基因可以被克隆和高效表达。

2.2 植酸酶的生物学效应

水解植酸磷释放非植酸磷（0.1%）；水解植酸盐释放与其结合的矿物质（钙、锌、锰、铜、铁）、蛋白质－氨基酸，淀粉等，提高了上述各种物质的消化率和饲料有效能水平（据称为2%～5%）。

2.3 影响植酸酶生物活性的因素

（1）植酸酶的活性：

单位时间内（1min），从植酸钠溶液中（0.0051mol/L）释放定量的无机磷（1μmol）所需要的植酸酶数量即所谓一个植酸酶的活性单位。

（2）最适pH值（见下图）：

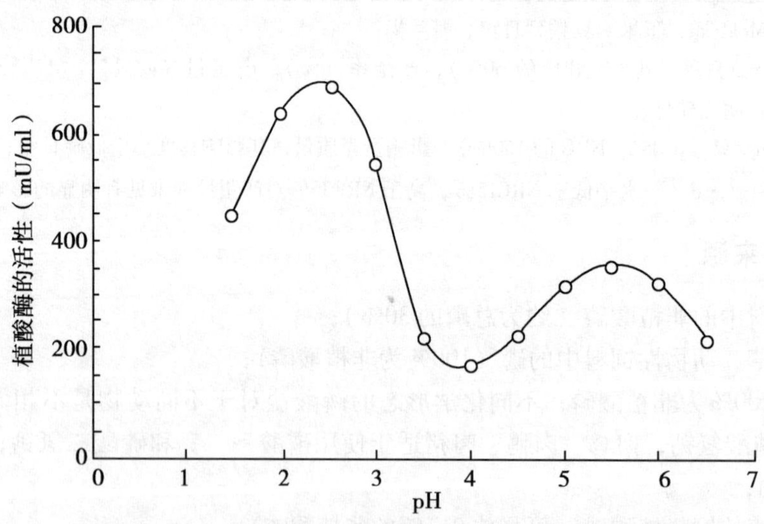

图 不同pH值环境条件下植酸酶的酶活性（Simons，1990）

植物来源的植酸酶在pH值4.0～7.5（大多在pH值5.0～6.0），不适宜于单胃动物。

微生物植酸酶在pH值2.5～7.0，有两个峰值（5.5和2.5），适宜于单胃动物。

（3）最适温度：

植物来源的植酸酶约为 40～60℃，微生物来源为 45～57℃。

制粒过程短暂的高温可达到 75～93℃，经此，植酸酶活性损失一半以上，包被植酸酶经 85℃处理，活性保留 85%。市场上的商品植酸酶有粉状、微粒状、包被颗粒和液体等多种。

（4）日粮的钙磷和 VD_3 水平。

（5）日粮类型（麦类）及添加剂（酸化剂）的应用。

3　植酸酶的应用

3.1　国内外植酸酶的应用概况

世界上植酸酶的研究工作最早可追溯到 20 世纪初（1907）。

植酸酶真正用于生产还是 20 世纪 90 年代以后的事情，这同发酵工程、生物技术的迅猛发展、DNA 重组技术的应用不无相关。

到 1999 年，植酸酶在全球的销售额达到全部酶制剂的 49%；在德国和荷兰，90% 以上的猪鸡饲料添加了植酸酶。

商品植酸酶进入中国是 1996 年的事情，可以这样说，中国饲料植酸酶的应用，几乎与国外同步，人们对植酸酶的认同和应用及其发展速度是十分惊人的，几乎没有人怀疑植酸酶的地位。

1996 年，巴斯夫公司在中国销售的植酸酶（5 000 FTU/g），其终端用户价格为 300 元/kg。

1999 年，挑战公司植酸酶进入中国市场，同样规格的产品价格降为 130 元/kg，当时，由于植酸酶的应用，每吨蛋鸡料的成本可以降低 10 元左右。2002 年植酸酶产品的价格进一步下降，每吨猪料的成本还可降低 5 元。据说，现在市场商品植酸酶（5 000 FTU/g）的价格（元/kg）分别为 14（粉状）、28（微粒）、56（包被）。

2003 年国内饲料、养殖企业开始大量使用植酸酶。

2004 年磷酸氢钙的涨价进一步推动了植酸酶的应用，国内 80% 以上生产粉料的企业开始使用植酸酶。

据说，由于植酸酶的使用而节约下来的费用可占到总利润的 14% 以上，令人吃惊；2005 年国内已有数十家企业生产植酸酶；据徐俊宝（2006），我国目前年产植酸酶 5 500 t（5 000 FTU/g），大约有一半工业饲料使用了植酸酶。

1998 年某国际公司估计中国未来（2010～2015）植酸酶的年需求量为 8 000 t（5 000 FTU/g），按每吨完全配合饲料添加量 100 g 计，可供配制 8 000 万 t 的配合饲料，届时有一半以上的工业饲料是添加了植酸酶的饲料。

发酵行业的竞争实际上是技术水平的较量，未来只有那些有能力在科学技术上进行大规模投入的重量级企业才能保证自己在技术上的领先地位。

3.2　植酸酶部分取代磷酸盐的现场调查报告

我们选择了分布在全国各地的 28 个龙蟒集团的终端用户进行调查研究，结果与应用植酸酶以前相比，磷酸氢钙的用量平均降低了 43%（未进行权重值校正），究其原因，不完全因为植酸酶的应用，养殖业的低迷也起了推波助澜的作用。

下面我们依次将产蛋鸡、肉仔鸡、生长肥育猪日粮，以植酸酶部分取代磷酸氢钙的调查结果表列如下分别刊于表3、表4、表5、表6：

表3　产蛋鸡日粮中植酸酶取代磷酸氢钙的调查结果

日粮（未用植酸酶的完全配合饲料）	(1)	(2)	(3)	(4)	(5)	(6)	(7)	(8)	(9)	X
1. 磷酸盐用量（kg/t）	12	16	13	8	16	14	12	12	12	12.7
2. 钙（%）	3.5	3.4	—	—	3.4	—	4.0	3.5	3.5	3.55
3. 总磷（%）	0.7	0.6	—	—	0.6	—	0.6	0.6	0.6	0.6
4. 非植酸磷（%）	0.35	0.4	—	—	0.4	—	0.3	0.4	0.35	0.31
植酸酶取代磷酸盐的方法										
5. 商品植酸酶的活性单位（FTU/kg）	5 000	5 000	5 000	5 000	5 000	5 000	5 000	5 000	5 000	5 000
6. 植酸酶添加量（g/t）	100	60	70	150	60	100	100	80	120	93.3
7. 植酸酶添加量（FTU/g）	500	300	350	750	300	500	500	400	600	466
8. 替代磷酸盐的数量（kg/t）	5	8	5	6	8	7	12	12	6	7.6
9. 替代非植酸磷的绝对量（g/kg）	0.8	1.28	0.8	0.96	1.28	1.12	1.92	1.92	0.96	1.22
10. 替代磷酸盐的比例（%）	42	50	38	75	50	50	100	57	50	56.8
11. 植酸酶的当量值（FTU/g，非植酸磷）	625	234	438	781	234	446	260	208	625	427

由表3可见：

（1）上述产蛋鸡日粮非植酸磷水平近于中国国标（2004），这时DCP的平均添加量为12.7 kg/T;，高于NRC24%，如果采食量（g/只，日）>110 g，日粮非植酸磷水平应进一步降低（见表2）。

（2）在植酸酶添加量为“427 FTU/kg”（常规加量的142%）时，DCP被取代的比例为56.8%（38% ~100%）。如果非植酸磷标准进一步降低（表4），上述取代比例应相应提高，可达60%以上。

表4　海兰褐产蛋鸡（27 ~38周龄）低磷日粮添加植酸酶对其生产性能的影响

试验处理			生产性能		
添加NPP（磷酸氢钙）*（%）	日粮NPP（%）	植酸酶（kg）	产蛋率（%）	软破壳率（%）	产蛋量（g/只·d）
非植酸磷（NPP）需要量					
0.00	0.14	0.00	91.63[b]	0.44[c]	49.58[a]
0.06（0.35）***	0.20***	0.00	93.33[ab]	0.06[a]	52.69[b]
0.11（0.65）***	0.25***	0.00	95.63[a]	0.09[a]	52.96[b]
0.16（0.94）	0.30	0.00	95.77[a]	0.11[a]	53.12[b]
日粮NPP和植酸酶的最佳组合					
0.00	0.14	150	91.63[b]	0.27[ab]	49.95[a]
0.00	0.14****	300****	94.86[a]	0.09[a]	52.36[b]
0.06（0.35）	0.20	150	94.45[a]	0.13[ab]	51.95[b]
0.06（0.35）	0.20****	300****	95.06[a]	0.22[b]	53.46[b]

*括号内数值为磷酸氢钙（$P>17\%$）在试验日粮中的添加量（%）；

**基础日粮为玉米、豆粕型低磷日粮，其营养水平为：ME 2.66 Mcal/kg、CP 16%、Ca 3.3%、TP 0.31%、NPP 0.14%、SAA 0.60%、lys 0.83%，日采食量为110 g/只；

***日粮NPP的最低需要量为0.2%，相当于磷酸氢钙添加量为3.5 kg/T；日粮最佳NPP需要量为0.25%，相当磷酸氢钙添加量为6.5 kg /T（NRC，1994为0.23%，NPP）；

****日粮NPP +植酸酶的最低组合为“0.14% +300单位植酸酶/kg”；最佳组合为“0.20% +300单位植酸酶/kg”（相当添加磷酸氢钙3.5 kg/T +300单位）。

表 5　生长育肥猪日粮中植酸酶取代磷酸氢钙的调查结果

	肉小猪							肉中猪							肉大猪						
	(1)	(2)	(3)	(4)	(5)	(6)	X	(1)	(2)	(3)	(4)	(5)	(6)	X	(1)	(2)	(3)	(4)	(5)	(6)	X
1	13	12	13	16	12	13	13	12	10	12	12	10	8	10.6	11	8	10	8	12	6	9
2（%）	0.80	0.80	0.84	1.30	0.8	—	0.9	0.7	0.7	0.8	1.0	0.7	—	0.78	0.54	0.60	0.70	0.90	0.65	—	0.68
3（%）	0.80	0.65	0.61	0.65	0.53	—	0.65	0.6	0.55	0.56	0.6	0.48	—	0.56	0.50	0.50	0.50	0.50	0.45	—	0.49
4（%）	0.52	0.4	0.41	0.35	0.26	—	0.32	0.35	0.3	0.34	0.3	0.2	—	0.3	0.20	0.25	0.30	0.20	0.17	—	0.22
5（U/g）	5 000	0	5 000	5 000	5 000	5 000	5 000	5 000	5 000	5 000	5 000	5 000	5 000	5 000	5 000	5 000	5 000	5 000	5 000	5 000	5 000
6（U/t）	100	0	100	100	100	100	100	100	100	100	100	100	100	100	100	100	100	100	100	100	100
7（U/kg）	500	0	500	500	500	500	500	500	500	500	500	500	500	500	500	500	500	500	500	500	500
8（kg/g）	5	0	4	8	6	6.5	5.9	5	5	6	6	6	4	5.3	5	4	5	4	6	3	4.5
9（g/t）	0.8	0	0.64	1.28	0.96	1.04	0.94	0.8	0.8	0.96	0.96	0.96	0.64	0.85	0.8	0.64	0.8	0.64	0.96	0.48	0.72
10（%）	38	0	30	50	50	50	43.6	42	50	50	50	60	50	50	45	50	50	50	85	50	55
11（U/g）	625	0	781	391	521	481	559.8	625	625	521	521	521	781	599	625	781	625	781	521	1 042	729

由表 5 可见：

（1）肉小猪、肉中猪、肉大猪的非植酸磷水平分别为 0.32%、0.30%、0.22%，既高于 NRC 标准，也高于中国标准（2004），这时，DCP 的添加量为 13 kg/t、11 kg/t 和 9 kg/t；

（2）植酸酶添加量为“500 ftu/kg”时，日粮 DCP 被取代的比例为 43.6%、50% 和 55%，如果进一步降低上述日粮非植酸磷水平，同样，这个取代比例会相应增高，而且猪越大被取代的比例越高。

表 6　肉仔鸡日粮中植酸酶取代磷酸氢钙的调查结果

	肉小鸡				肉中鸡				肉大鸡			
日粮（未用植酸酶的完全配合饲料）	(1)	(2)	(3)	X	(1)	(2)	(3)	X	(1)	(2)	(3)	X
1. 磷酸盐用量（kg/t）	15	18	15	16	12	16	12	13	8	15	8.5	10.5
2. 钙（%）	1.0	0.95	1.0	0.98	0.9	0.9	0.9	0.9	0.8	0.85	0.8	0.82
3. 总磷（%）	0.7	0.65	0.7	0.68	0.65	0.6	0.65	0.63	0.58	0.60	0.58	0.59
4. 非植酸磷（%）	0.48	0.45	0.48	0.47	0.44	0.42	0.44	0.43	0.38	0.40	0.38	0.39
植酸酶取代磷酸盐的方法												
5. 植酸酶的活性单位（FTU/g）	5 000	0	5 000	5 000	5 000	5 000	5 000	5 000	5 000	5 000	5 000	5 000
6. 植酸酶添加量（g/t）	120	0	120	120	120	100	120	113	120	120	120	120
7. 植酸酶添加量（FTU/kg）	600	0	600	600	600	500	600	566	600	600	600	600
8. 替代磷酸盐的数量（kg/t）	5.5	0	5.5	5.5	5.5	8	5.5	6.3	5.5	8	5.5	6.3
9. 替代非植酸磷的绝对量（g/kg）	0.88	0	0.88	0.88	0.88	1.28	0.88	1.01	0.88	1.28	0.88	1.01
10. 替代磷酸盐的比例（%）	37	0	37	37	45	50	46	47	65	50	65	60
11. 植酸酶的当量值（FTU/g，非植酸磷）	681	0	681	681	681	391	681	584	681	391	681	584

由表 6 可见：

（1）肉仔鸡日粮非植酸磷水平，为 0.47%、0.43% 和 0.39% 时，DCP 添加量（kg/T）分别为 16、13 和 11；

（2）植酸酶添加量为“600 FTU/kg”时，DCP被取代的比例为37%、47%和60%。

由上述表4、表5、表6所列数据可知：

产蛋鸡、肉猪和肉仔鸡DCP平均被取代的比例应为60%、50%和50%，总体上看，在一半以上。

3.3 理论上推测依靠植酸酶部分取代磷酸盐的前景

（1）不使用植酸酶时，日粮中磷酸氢钙的添加量：

表7 典型日粮的总磷、非植酸磷、植酸磷和磷酸氢钙添加量

动物		加磷酸氢钙的日粮（1）		未加磷酸氢钙的日粮（2）			日粮中添加的磷酸氢钙（*P*，17%）（3）		
		总磷（%）	非植酸磷（%）	总磷（%）	非植酸磷（%）	植酸磷（%）	（%）	（kg/t）	相当非植酸磷（%）
肉仔鸡	肉小鸡	0.68	0.50				1.82	18.2	0.31
	肉中鸡	0.65	0.40	0.39	0.19	0.20	1.24	12.4	0.21
	肉大鸡	0.60	0.35				0.94	9.4	0.16
产蛋鸡	高峰期	0.60	0.32	0.41	0.13	0.28	1.12	11.2	0.19
生长肥育猪	肉小猪	0.53	0.25				0.53	5.3	0.09
	肉中猪	0.48	0.20	0.38	0.16	0.22	0.24	2.4	0.04
	肉大猪	0.43	0.17				0.06	0.6	0.01

注：（1）相当给定的营养水平，肉仔鸡、产蛋鸡和生长肥育猪饲养标准（中国2004）；（2）未加任何含磷矿物质饲料的基础日粮磷营养水平；（3）磷酸氢钙在完全配合饲料中的比例。

（2）从生物学角度确定植酸酶的最大添加量：

需要了解特定动物饲料中植酸酶添加量提高到什么水平以后，继续增加用量，反馈效应不再明显。

据有关资料，产蛋鸡、猪、肉仔鸡的植酸酶最大添加量大抵为350 FIU/kg、900 FIU/kg、1 100 FTU/kg日粮。

（3）掌握特定动物植酸酶当量值：

所谓植酸酶当量，即植酸酶水解1 kg日粮内所含植酸磷释放出1 g非植酸磷所需要的植酸酶单位数，也即“1 g非植酸磷/1 kg日粮”，所需添加的植酸酶单位数。据有关试验资料提供的数据推算，产蛋鸡、猪、肉仔鸡应分别约为250单位、600单位、900单位（平均值），这一数据正是不同类型动物日粮释放1 g非植酸磷（0.1%）需要添加的植酸酶单位数，这里，所谓1 g非植酸磷或所谓0.1%非植酸磷，正是在酶的作用下，由日粮植酸磷释放的非植酸磷的比较公认的数据。

（4）典型日粮中添加植酸酶后磷酸氢钙（DCP）被取代的比例。

这并非是一个十分科学的提法，因为它有一定的不确切性，我们之所以使用这一提法，仅是为了说明植酸酶取代磷酸盐的一种趋势。

由表8可知：

（1）产蛋鸡，当非植酸磷水平为0.32%，采食量为110 g时，DCP的被取代量为60%；如果采食量达到138 g（表2），非植酸磷水平为0.2%，这时需要另外添加的非植酸磷只有0.08%，相当4.8 kg DCP/T，这时，植酸酶可以100%的被取代之。

（2）体重在20 kg以上的肉猪，在通常情况下，只要基础日粮（即既不加植酸酶，也不加DCP的日粮）中提供的非植酸磷能达到0.15%以上（表7），DCP不仅可100%被植酸酶取代；而且，无需取代6 kg，植酸酶的添加量亦可相应减少；20 kg以下的处于保育阶段的断奶仔猪和仔猪补料才需考虑加

磷酸盐的问题，因为这阶段日粮的非植酸磷需要量相对比较高。

（3）肉仔鸡以酶取代磷酸盐的问题有待进一步研究，看来DCP被取代的比例是有限的，大约是1/2。

表8　完全配合饲料添加植酸酶后磷酸氢钙（17%）被取代的比例（%）

	产蛋鸡（高峰）	猪			肉仔鸡		
		小猪	中猪	大猪	小鸡	中鸡	大鸡
植酸酶最大添加量（FTU/kg）	350		900			1 100	
植酸酶的当量值（FTU/1 g，非植酸磷）：							
商家（国内资料）	300		500			500	
平均，国外资料	250		600			900	
范围，国外资料	135 ~ 333		176 ~ 930			570 ~ 1 220	
基础日粮非植酸磷的最大释放量（%），因植酸酶的当量值不同而异：							
商家（国内资料）	0.12		0.18			0.22	
平均，国外资料	0.14		0.15			0.12	
范围，国外资料	0.11 ~ 0.26		0.10 ~ 0.51			0.09 ~ 0.19	
非植酸磷最低释放量（%）	0.1		0.1			0.1	
相当DCP的释放量（kg/t）	6		6			6	
完全配合饲料非植酸磷（%）	0.32	0.25	0.20	0.17	0.50	0.40	0.35
完全配合饲料DCP添加量（kg/t）	11.2	5.3	2.4	0.6	18.2	12.4	9.4
完全配合饲料中磷酸氢钙被替代的比例（%）	60	113	250*	1 000	33	48	64

*当植酸酶添加量达到“600 FTU/kg”时，释放非植酸磷0.1%，相当每吨完全配合饲料释放6 kg DCP（17%），释放非植酸磷量超出需要添加量的150%，当添加量为“240 FTU/kg”时，非植酸磷释放量为0.04%，相当2.4 kg DCP，这时取代量为100%。

将表8与表4、表5、表6分别比较，进而归纳为表9，由植酸酶取代磷酸盐一项可见：生产调查值与理论推算值之间，不论产蛋鸡还是肉仔鸡两者差异都不大（3% ~ 4%）；猪则有较大的差距（45% ~ 56%），造成这一差距的主要原因是，生产实际中给定的日粮非植酸磷水平太高，高出中国猪饲养标准（2004）的30% ~ 50%，结果预示，体重在20 kg以上的生长肥育猪，不仅磷酸盐可被植酸酶100%取代，而且植酸酶的添加量应适当降低。

表9　生产调查结果与理论推算值之间植酸磷取代磷酸盐比例的比较（%）

	产蛋鸡	肉小猪	肉中猪	肉大猪	肉小鸡	肉中鸡	肉大鸡
生产调查值，A	57	44	50	55	37	47	60
理论推算值，B	60	100	100	100	33	48	64
A－B，　C	－3	－56	－50	－45	4	－1	－4

4 植酸酶的研究热点及发展前景

4.1 植酸酶产品

（1）提高植酸酶的表达量（定点基因突变）：

姚冰将黑曲霉菌株进行基因克隆（大肠杆菌和曲霉菌均可作为基因供体）利用转基因技术将经改造的基因片断转入毕赤酵母（曲霉和毕赤酵母两大类发酵菌株），作为植酸酶的表达系统，获得了基因的高效表达，比原菌株的表达量提高了3 000倍以上。

贝锦龙全人工合成的改良黑曲霉基因，在毕赤酵母菌株的高效表达：结果获得165 000 FTU/ml发酵液；

（2）改进植酸酶的最适pH值，使其更接近于不同动物的消化道环境；

（3）提高植酸酶的热稳定性，并维持植酸酶在胃肠道内高活性；

（4）进一步降低植酸酶的生产成本。

4.2 培育含植酸酶的“转基因植物”

培育所谓“转基因植物”，无需额外添加植酸酶，即可产生添加效应。

4.3 培育能制造植酸酶的“转基因动物”

将植酸酶基因片段直接导入动物体（机体组织本身或寄生微生物），培育能产生植酸酶的“转基因动物”，省去外源添加植酸酶。

4.4 植酸酶应用技术研究

最大限度发挥植酸酶生物学效应的条件。

量化植酸酶的添加效应（钙，磷，微量元素，蛋白质－氨基酸，淀粉－能量）。

4.5 动物磷营养研究

以真可消化磷为指标评定饲料磷的营养价值，测定猪、鸡对磷的需要量；量化影响磷营养需要的主要因素，精确给定配合饲料磷水平。

5 中国1990～2005年工业饲料总产量及2010、2015年工业饲料估测需要量

表10 中国工业饲料总产量及需求量（$\times 10^6$）

年代	1990	1996	2000	2001	2002	2003	2004	2005	2010	2015
配合料	31.22	48.58	59.12	60.37	62.39	64.28	70.31	73.71	—	—
浓缩料	0.51	3.46	12.49	14.19	17.64	19.58	22.24	24.46	—	—
预混料	0.21	0.64	2.53	3.01	3.16	3.26	4.06	4.78	—	—
总产值	31.94 （100） （41）	52.68 （165） （68）	74.14 （232） （96）	77.57 （243） （100）	83.19 （260） （108）	87.12 （273） （112）	96.61 （302） （125）	103.00 （322） （133）	150.00 （470） （193）	177.8 （554） （229）
磷酸盐				100				160		

由表10内数据（括号内数据为相对值）可见：

从工业饲料总产量看：1990～2000年，平均年增长率13%，2000～2005年，平均年增长率8%；

从工业饲料预计需求量看：2005～2010年，平均年增长率9%，2010～2015年，平均年增长率4%；

磷酸氢钙的需求量：2001～2005年，平均年增长率12%。

由上述数据看：

（1）工业饲料的年增长率是不平衡的，2000～2010年增速渐趋平稳，2010～2015年增速降低，需求量接近饱和；

（2）磷酸氢钙的需求量增长速度与工业饲料的需求增长率不同步，同是2001～2005年，工业饲料的平均年增长速度是8%，而磷酸氢钙则是12%，磷酸盐的增速是工业饲料的1.5倍。

参考文献

[1] 中国饲料工业年鉴．农业部

[2] 畜牧业和水产养殖业“十一五”发展规划．农业部

[3] 饲料工业“十五”计划和2015年远景目标规划．农业部

[4] 2004年我国饲料工业总体情况及发展趋势．农业部

[5] 中国食品营养发展纲要（2001～2010）．卫生部

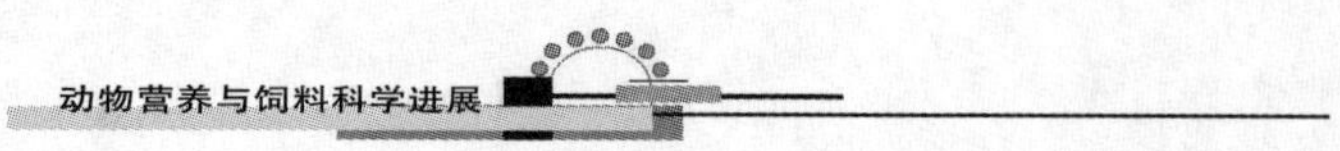

肉仔鸡生产中的几个饲料—营养问题

霍启光

（中国农业科学院饲料研究所）

第一部分
肉仔鸡生长代谢病的发生与缓解
—这是肉仔鸡生产中的一个系统工程—

1　现状

1987 年（中国），肉仔鸡 8 周龄，体重 1 800 g，料肉比 2.45；2002 年，6 周龄体重达 1 770 g，料肉比 1.60；经 15 年时间，体重达 1 800 g 所需要的时间缩短 21 d，生长速度提高 37%，饲料消耗（F/G）降低 35%。发达国家 1972 ~ 2002 年，平均每年的生长速度增长 2% 以上（图 1、图 2）。但是，高速生长带来一系列营养代谢问题：腿病、腹水症、猝死综合征、脑软化症、多发性 N 炎、佝偻病、肌肉营养不良、脂肪肝综合征；其中腿病、腹水症、猝死综合征，公认为肉仔鸡三大生长代谢病。

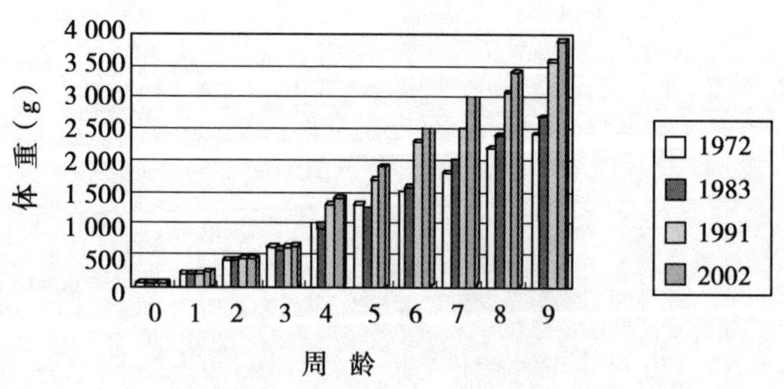

图 1　1972 ~ 2002 年肉仔鸡体重变化（g）

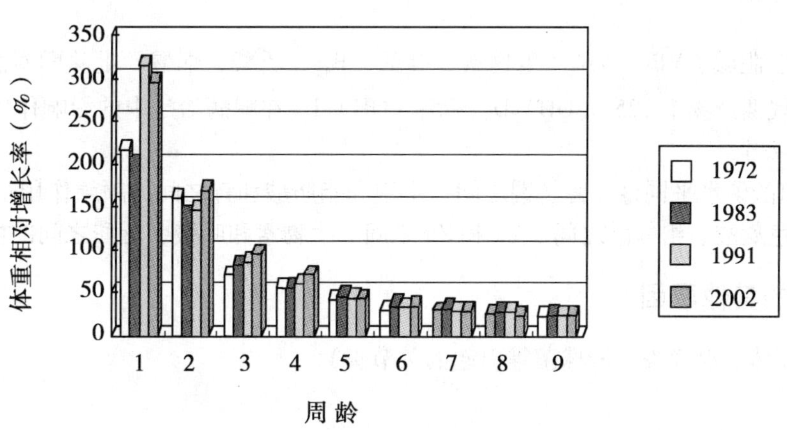

图2 1972～2002年肉仔鸡不同周龄体重相对增长率

2 肉仔鸡腿病

2.1 影响

①死亡率增加；
②生产性能低下；
③胴体质量下降；
④经济损失：3%、6%或更高。

2.2 分类

①软骨营养障碍（跗关节肿大，长骨缩短）；
②曲腿（跗关节肿大）；
③胫骨软骨发育不良（TD，胫跗关节软骨栓）；
④其他，卷爪、骨椎前移、股骨退化。

2.3 影响腿病的营养因素

2.3.1 1～3周龄日粮能量，蛋白质和氨基酸水平

给饲高营养水平日粮→高生长速度→高发病率。

2.3.2 日粮"钙/磷"比

①低钙/高磷引起的"Ca/P"降低→胫骨软骨发育不良的发生率增高；
②高钙/低磷引起的"Ca/P"升高→胫骨软骨发育不良的发生率降低；
③腿病发生率高峰的"Ca/NPP"值（Hulan，1986）：育雏日粮为1.75～2.22；肥育日粮为2.50～3.03；
④NRC（1994）的"Ca/NPP"值：0～3周龄为2.22；3～6周龄为2.57；6～8周龄为2.67（>3.03）。

2.3.3 日粮锰水平

锰是骨骼有机质氨基多糖的基本单位，锰缺之时影响骨基质矿化。

2.3.4 维生素

V_A、V_D、V_K、胆碱、VB_1、VB_2、生物素、叶酸、B_{12}、泛酸、烟酸、吡哆醇对腿病的发生和治疗作用，V_{D3}的中间代谢产物1，25-（OH）$_2D_3$、25-（OH）D_3 在腿病治疗中的影响作用受到重视。

2.3.5 养分间的互作

①钙、磷、植酸磷水平同锰、锌、铜之间，不饱和脂肪酸和锌之间的颉颃作用；

②锌、V_{B6}、色氨酸、组氨酸之间，V_E 和 Zn 之间，生物素和叶酸、泛酸之间的协同作用。

2.4 影响腿病的其他原因

①疾病（支原体、滑膜炎、链球菌等引起的关节炎）；
②遗传品质；
③年龄（3~8 周龄）；
④性别（♂ > ♀，早）；
⑤环境（高湿）；
⑥营养（最重要，最复杂）。

3 肉鸡腹水症

3.1 发生

快速生长→有限的肺功能，代谢性氧需求量增高→代谢性缺氧→血液流量、黏稠度提高→肺高压、肺动脉压增高→右心室增厚（衰竭）→肺水肿死亡或心瓣膜增厚、渗漏→肝动脉、右心室血流回压增大→腔静脉压增高→肝脏内压力升高→血浆从肝脏渗漏到肝脏和腹腔之间的空隙，此即为腹水。

3.2 诱因

3.2.1 遗传性的

据饲料利用率选种，高的饲料利用率意味着低的代谢率和低的单位增重耗氧量。

表1 品种与腹水症发生率的关系（公鸡）

品种	腹水症死亡率（%）	品种	腹水症死亡率（%）
A	14.6	D	6.0
B	13.3	E	9.4
C	15.7		

P. Grovo（1994）。

3.2.2 日粮性的

高能、高蛋白日粮、颗粒饲料、发霉饲料、高氯日粮、呋喃唑酮类药物等。

3.2.3 管理性的

寒冷/炎热（尤其6日龄前的过冷、过热），通风不良（供氧、CO、CO_2）；高海拔地区饲养，低密度饲养；连续光照，饮水、饲料含钠过高；孵化器、出雏器温度过高、过低、缺氧；初产种鸡群的后代。

3.2.4 疾病性的

传染性支气管炎之病原是一种具高度传染性的地方性感染病毒，其靶器官是气管和肺，对公鸡、

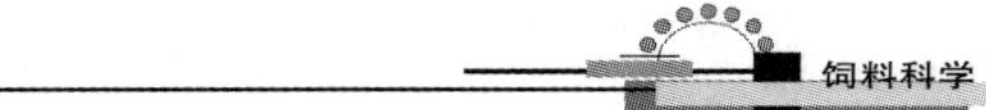

尤其是冬季，疫苗接种反应严重时，病毒可对肺组织造成损害，此时，腹水症发病率很高，疫苗接种太迟更重。

3.2.5 控制

①选种：躯体和肺脏功能同步增长，根据饲料效率选种；

②低能、低蛋白日粮（0~21 日龄）；

③氨基酸平衡，粗蛋白质降低；

④粉料；

⑤低钠饮水；

⑥寒冷地区的通风保温、高密度饲养；

⑦自然光照、间隙式光照、渐增式光照。

4 肉鸡猝死综合征

4.1 病名

猝死综合征亦称急性死亡综合征、急性心脏病、翻跳病、肺水肿等。

4.2 发生

①广泛存在于世界各地，肉仔鸡较普遍。亦见于种肉鸡、蛋用型母鸡、火鸡；

②公雏发病率 > 母雏发病率，分别占 70% ~80% 和 20% ~25%；

③春季多（5.1%），夏季少（4.0%）；

④最早 3 日龄即可发生，3~4 周龄达高峰，甚或发生在肥育期。连续光照与渐增光照相比，连续光照的总死亡率、猝死综合征死亡率较高，渐增光照死亡率低。

4.3 营养对猝死综合征的影响

4.3.1 生长速度与日粮营养浓度

生长速度快的鸡发病率高于生长慢的鸡；Bowef 等（1980），限饲 25%，体重降低 41%，未见发病，自由采食组鸡发病率 3.33%；日粮代谢能（Mcal/kg）和粗蛋白质浓度（%）分别由 3.11 和 24 降为 2.86 和 22 时，体重降低 6.9%，发病率（%）由 3.17 降为 1.83。

4.3.2 饲料原料

以小麦取代部分玉米，鱼粉取代部分豆粕、以粉料取代颗粒料可降低发病率。

4.3.3 日粮组分

增加育肥期日粮蛋白质水平、添加亮氨酸的代谢产物 β-羟-β 丁酸乙酯、日粮脂肪、尤其是葵籽油可减少发病率；以葡萄糖代替脂肪和淀粉，降低豆粕用量，增加合成赖氨酸和蛋氨酸，可增加发病率。

4.3.4 维生素

V_A、V_D、V_E、V_{B1}、V_{B6} 可降低发病率。

4.3.5 钙、磷

Scheideler（1995），钙、磷水平高于 NRC 水平 40% 或低于 15% ~20% 都会增加发病率。

4.3.6 前期营养水平

限制前期营养水平可明显降低发病率（表2）。

表2 各阶段营养水平对肉仔鸡健康的影响*

	各周龄 ME/CP 水平			成活率（%）	猝死率（%）	腹水症（%）
	1～3	4～6	7～9			
高营养	3.1/22	3.1/18	3.1/18	92.5	3.8	3.9
前期低营养	2.9/16	3.1/18	3.1/18	97.8	0	0
中期低营养	3.0/22	2.9/16	3.1/18	92.9	3.3	2.3
前中期低营养	2.9/16	2.9/16	3.1/18	97.8	0.6	0.6

*汪尧春（1998）。

石津协藏（1986）的研究亦发现，前期降低营养水平，降低猝死综合征和腹水症，后期换用高营养水平日粮后，同样可获得较理想的体重指标。

5 防止、降低肉仔鸡三大生长代谢病的日粮配合原则

5.1 采用低能雏鸡料

表3 日粮浓度对前期肉仔鸡的影响*

ME（Mcal/kg）	累计随意采食量（g）	代谢能累计随意采食量（Mcal）	累计增重（g）	耗料比（f/g）	每千克增重消耗代谢能（Mcal）	每千克增重消耗饲料原料费（元，RMB）
2.5	1 362[a]	3 407[d]	627[c]	2.17[a]	5 434[a]	0.86[cd]
2.70	1 411[b]	3 810[c]	724[d]	1.95[b]	5 273[ab]	0.82[ed]
2.89	1 377[a]	3 980[cb]	765[cd]	1.80[c]	5 205[ab]	0.80[e]
3.10	1 320[a]	4 090[ab]	789[cb]	1.67[d]	5 189[ab]	0.78[e]
3.25	1 322[a]	4 297[a]	843[ab]	1.56[e]	5 107[cb]	0.87[bc]
3.35	1 279[a]	4 285[a]	886[a]	1.45[f]	4 838[c]	0.96[a]

*同一列，右肩号不同者，差异显著（$P<0.05$）。

表3表明：

①随日粮浓度降低，随意采食量差异很小，代谢能进食量、增重降低；每千克增重的饲料和代谢能消耗量增高；

②能量浓度为2.70、2.89、3.10时最经济；

③能量浓度为3.25时增重速度最高。

表4表明：

（1）后期换用同水平日粮后，随前期日粮能量浓度降低，后期增重和相对生长速度、饲料报酬升高；

（2）据全期生产性能，前期：3.1 Mcal/kg既经济，增重又高；2.70～2.90 Mcal/kg，可获得最高的经济效益，不低的增重水平。

表 4　肉仔鸡前期日粮能量浓度对后期、全期生产性能的影响*

日粮代谢能（Mcal/kg）		后期生产性能			全期生产性能		
						每千克增重消耗	
前期	后期	累积增重（%）	相对生长（%）	耗料比（F/G）	累积增重（%）	代谢指标（Mcal）	饲料原料费（元，RMB）
2.50	3.14	103[a]	216	2.34[c]	95[e]	7 125[a]	0.99[a]
2.70	3.14	101[ab]	188	2.40[c]	97[c]	7 086[a]	0.99[a]
2.89	3.14	97[c]	171	2.51[ab]	96[c]	7 065[a]	1.01[ab]
3.10	3.14	100[b]	169	2.54[a]	100[b]	6 955[ab]	1.01[ab]
3.25	3.14	96[c]	156	2.56[a]	99[b]	6 854[cb]	1.05[bc]
3.35	3.14	96[c]	147	2.59[a]	101[a]	6 704[c]	1.08[c]

*同一列，右肩号不同者，差异显著（$P<0.05$）。

5.2　采用低蛋白日粮

Schune（1987）用7～28日龄肉仔鸡测得经氨基酸平衡的蛋白质水平为16%的日粮之生产性能等同于20%。G. Vza（1983）和Waldrowp分别用4～7和3～6周龄生产中期肉仔鸡测得经氨基酸平衡的蛋白质水平分别为16%和14%，日粮可获得同20%一样的生产性能。Lipstein（1975）用生长后期肉仔鸡测得，经氨基酸平衡的、日粮蛋白质水平为16%即可获得最佳生产性能。但是，Pinchasov（1990）用生长期肉仔鸡进行的试验，却获得了相反的试验结果：蛋白质水平为16%的日粮，即便使氨基酸平衡，与19%、20%、22%相比，其采食量增加，饲料效率降低，体脂沉积增多，各项生产性能指标均较差。因此，在应用低蛋白日粮技术配制肉鸡日粮时应遵循下列三项基本原则：

（1）确切了解低蛋白日粮中限制氨基酸的顺次和数量：在保证非必需氨基酸合成所需氮源（即粗蛋白质水平）的前提下，降低蛋白质水平，以限制性氨基酸为基础配制日粮。

（2）以可利用氨基酸为指标配制日粮。

作者（1992）以真可利用氨基酸为指标测定了3种日粮的赖氨酸真可消化率，玉米－棉粕型日粮为82.08%（92），玉米－豆粕型日粮为88.88%（100），玉米－棉粕－豆粕型日粮为85.26%（96）。既而（1995）测得玉米－棉粕－豆粕型日粮赖氨酸的真可消化率为86.40%（经氨基酸平衡）和81.73%（未经氨基酸平衡）；含硫氨基酸的真可消化率为90.7%（经氨基酸平衡）、86.8%（未经氨基酸平衡）。以上述消化率为参数由真可消化赖氨酸需要量推算出不同类型日粮总赖氨酸需要量（表5）。并以上述可消化氨基酸需要量为参数研究了0～3周龄肉用公雏对真可消化赖氨酸相等、总赖氨酸不等的3种类型日粮（表6）的反应。结果表明（表7），当豆粕型、1/2豆粕＋1/2棉粕型、棉粕型等3种日粮的真可消化赖氨酸均为1.05%，总赖氨酸分别为1.17%、1.23%和1.36%时，其21日龄肉仔鸡重、饲料转化率差异均不显著（$P>0.05$），以棉粕全部或部分代替豆粕时，其主要生产指标均可达到全豆粕型日粮的生产性能。

表 5　0～3周龄肉仔鸡对真消化氨基酸和总氨基酸的需要量*

	衡量需要量的标志			
	最大体增重	最高饲料转化率	氮平衡	最小血清尿酸
肉用公雏				
TALys	1.08	1.10	1.07	1.04
Lys				

续表

	衡量需要量的标志			
	最大体增重	最高饲料转化率	氮平衡	最小血清尿酸
玉米－棉粕－日粮	1.32（108）	1.34（108）	1.30（108）	1.26（108）
玉米－棉粕－豆粕日粮	1.27（104）	1.29（104）	1.25（104）	1.22（104）
玉米－豆粕日粮	1.27（100）	1.24（100）	1.20（100）	1.17（100）
肉用母鸡				
TALys	1.01	1.07	0.95	1.00
Lys				
玉米－棉粕日粮	1.23	1.30	1.18	1.22
玉米－棉粕－豆粕日粮	1.18	1.25	1.14	1.117
玉米－豆粕日粮	1.14	1.20	1.07	1.13
肉用混合雏				
TALys	1.05	1.08	1.02	1.02
Lys				
玉米－棉粕日粮	1.25	1.32	1.24	1.24
玉米－棉粕－豆粕日粮	1.23	1.27	1.20	1.20
玉米－豆粕日粮	1.18	1.22	1.15	1.15
肉用公雏				
TASAA	0.77	0.76	0.79	0.74
SAA，玉米－棉粕－豆粕日粮	0.84	0.83	0.86	0.81
肉用母雏				
TASAA	0.65	0.68	0.68	0.68
SAA，玉米－棉粕－豆粕日粮	0.72	0.75	0.75	0.75
肉用混合雏				
TASAA	0.71	0.72	0.74	0.71
SAA，玉米－棉粕－豆粕日粮	0.78	0.79	0.81	0.78

*基础日粮 AME 2.9Mcal/kg，CP20.5%。

表6　0～21日龄肉仔鸡试验日粮

组　　别	Ⅰ（豆粕型日粮）	Ⅱ（1/2豆粕+1/2棉粕型日粮）	Ⅲ（棉粕型日粮）
每吨完全配合饲料（kg）			
玉米（8.5%）	567.85	520.97	464.85
棉粕（40.8%）	0	168.6	366.0
豆粕（44.7%）	313.6	168.6	0
鱼粉（59.3%）	50.0	50.0	50.0
豆油	31.7	52.6	79.1
石粉（35.3%）	9.8	9.9	10.1
磷酸氢钙（21/16）	17.0	15.6	13.7
L-赖氨酸盐酸盐	1.08	3.36	6.69
DL-蛋氨酸	1.45	2.85	2.04
复合预混料	7.52	7.52	7.52
合计	1 000.0	1 000.0	1 000.0

续表

组　　别	Ⅰ（豆粕型日粮）	Ⅱ（1/2 豆粕 + 1/2 棉粕型日粮）	Ⅲ（棉粕型日粮）
营养水平			
AME（Mcal/kg）	3.1	3.1	3.1
CP（%）	22.5	22.5	22.5
Ca（%）	1.0	1.0	1.0
AP（%）	0.5	0.5	0.5
Lys（%）	1.017	1.23	1.36
TALys（%）	1.06	1.05	1.06
TASAA（%）	0.78	0.78	0.78
TATThr（%）	0.65	0.58	0.49
TAArg（%）	1.36	1.52	1.71
Lys/CP（%）	5.20	5.47	6.04

表7　0～21 日龄肉雏对日粮类型不同、真可利用赖氨酸相等日粮的反应

组别（日粮类型）	Ⅰ（豆粕型）	Ⅱ（1/2 豆粕 + 1/2 棉粕）	Ⅲ（棉粕型）
日粮			
Lys（%）	1.17	1.23	1.36
TALys（%）	1.06	1.05	1.06
Lys/CP（%）	5.20	5.47	6.04
初生重（g/只）	44.6	44.7	44.9
21 日龄体重（g/只）	672	662	676.1
耗料比（kg，饲料/kg，增重）	1.38	1.43	1.42
死淘率（%）	8.9	1.8	8.9

（3）日粮蛋白质水平。

在日粮氨基酸平衡的前提下，其蛋白质水平（%）比 NRC（1994）推荐值低 2%，即 23%→21%、20%→18%、18%→16%是可行的。

5.3　日粮钙、磷及 Ca、NPP 比例

日粮钙、磷营养的关键是钙、非植酸磷的比例，前述 NRC（1994）的这一比值是合理的，该比例不宜过大或过小。

植酸酶在肉仔鸡日粮中的应用价值已为公认，然而降解 1 g 植酸磷，即释放 1 g 非植酸磷所需要的植酸酶单位数（即植酸酶释放 1 g 非植酸磷可需酶的当量值）不一，据 11 个试验资料，均值为 930 单位，范围为 570～1 600 单位，以 900 单位为宜；欲释放 0.06%～0.12% 的非植酸磷计，需加 500～1 100单位，植酸酶/kg 日粮，可代替 0.35%～0.71%的磷酸氢钙，结果表明：每吨配合饲料之原料成本提高 4.2～10.3 元，其计算过程如下：

表 8 肉仔鸡日粮以植酸酶取代磷酸氢钙的经济学分析

肉鸡（植酸酶释放 1 g 非植酸磷的当量值为 900 单位）							
添加植酸酶（2 500 单位/g，商品 45 元/kg）：							
植酸酶，单位/kg 日粮	500	600	700	800	900	1 000	1 100
千单位/t 日粮	500	600	700	800	900	1 000	1 100
商品植酸酶，g/t 日粮	200	240	280	320	360	400	440
元/t，日粮（A）	9	10.8	12.6	14.4	16.2	18.0	19.8
释放非植酸磷：							
释放非植酸磷（%）	0.06	0.07	0.08	0.09	0.10	0.11	0.12
g/t 日粮	600	700	800	900	1 000	1 100	1 200
相当磷酸氢钙（1 336 元/t），kg/t 日粮	3.5	4.1	4.7	5.3	5.9	6.5	7.1
元/t，日粮（B）	4.8	5.6	6.4	7.1	7.9	8.7	9.5
添加植酸酶后，每吨日粮原料成本增减额，元/t（A-B）	4.2	5.2	6.2	7.3	8.3	9.3	10.3

造成这一结果的主要原因：一是植酸酶价格昂贵；二是与产蛋鸡相比，植酸酶对于肉仔鸡活性低、当量值高。

5.4 钠、氯及钠、氯比

Na 和 Cl 的水平（NRC，1994）为：前、中、后，三期分别为 0.2/0.2、0.15/0.15、0.12/0.12，相当 NaCl（%）用量为 0.50、0.375、0.300；

Na、Cl 还有一个电解质平衡（DBE）问题，电解质直接影响机体酸碱平衡，进而影响动物健康和生产性能。DEB 下降，腿病、腹水症增加：DEB（mmol/kg）=meq［Na＋＋k＋－Cl－］，一般认为日粮 DEB 值应为 200 mmol/kg 以上（150～300 mmol/kg）。以碳酸氢钠（27% Na）代部分食盐（39% Na），即采用 $NaCl+NaHCO_3$ 组合，解决 Na 的供应问题，三阶段的“食盐/碳酸氢钠”用量（%）分别为：0.26＋0.37、0.19＋0.28、0.15＋0.22。

SO_4^-、Cl^- 等阴离子直接影响日粮的 DEB 值，微量元素的络合物或螯合物不仅可降低日粮阴离子的数量，且其生物学效价较无机微量元素高 30%～200%，因此，这种产品对肉仔鸡生产性能、抗应激、提高免疫力的有益作用，已为人们重视。然而，至今尚无一个公允的螯合率测定方法，已看到的有关产品标签保证值多是矿物元素%，蛋白浓度%，氨基酸%，酵母细胞数（亿个/g），很少涉及螯合率。当前，可信的方法是通过严格的动物试验，在比较各种产品的成本效益的基础上，确定其使用价值。在其有效单位的测定方法更趋合理时，其广泛的应用价值是可以预料的。

5.5 最适维生素需要量

（1）维生素是控制、调节机体代谢的催化剂；传统的粗放饲养管理方式：生产水平低下，较少发生维生素缺乏症。

（2）集约化经营提高了肉鸡对维生素的需要量：

①超高生产性能→异常代谢→代谢病；

②饲料加工贮藏条件（高温、水分、压力、光照、氧化—还原、酸败、酸碱反应，饲料中的拮抗组分）；

③笼养/圈养管理方式（离地、高密度、封闭式、饲料单一）；

④应激源增加（环境应激、疾病等）；

⑤药物添加剂的应用；

⑥提高免疫力的要求；

⑦提高产品质量的要求：以 V_E 为例，V_E 可阻断脂肪氧化的反应链，V_E 最初为防止渗出性素质病（水肿病）、脑软化、白肌病、肝坏死，近年，考虑更多的是提高产品质量（肌红蛋白之稳定性，肌肉变色、酸败）和抗病性。

表 9　导致维生素需要量提高的因素

因素	维生素	需增幅度（%）
饲料成分变化	所有维生素	10～20
环境温度	所有维生素	20～30
笼养	B、K	40～80
酸败脂肪	A、D、E、K	>100
制粒	A 、D、E、K、B_1、叶酸、B_3、C	10～20
肠道寄生虫	K	>100
饲用亚麻饼粕	B_6	50～100
脑软化症	E	>100
霉菌	A、D、E、K、C、胡萝卜素	
细菌、病毒感染	B、E、C	
传染性法氏囊病	C	
药物	B_1（氨丙啉）、K、叶酸、H（含 S 药物）	
其他抗营养因子		100

肉鸡最易缺乏或不足的维生素

①常规饲料供给足够的维生素：B_1、B_6、H、叶酸；

②笼养比平养需要较高的维生素：K、B 组；

③常规饲料最易缺乏的维生素：A、D、E、K、B_2、B_{12}、烟酸。

动物对维生素营养的需要量和供给量

①两类维生素推荐标准；

②第一类是 NRC 标准，防止营养缺乏症的最低需要量；

③第二类是 NRC 的供给量、专业维生素公司和肉鸡育种公司推荐的达到最佳生产水平的供给量。

罗氏公司 1997 年制定的肉仔鸡维生素推荐量、NRC（1994）需要量及育种公司对最佳生产性能维生素推荐量的比较（表 10、图 3、图 4、图 5）

最佳维生素营养概念（OVN）

动物的总体反应，即平均生产性能或健康状况的反应，如：生长率、饲料消耗比、受精率、孵化率、健康和免疫反应、存活率等。

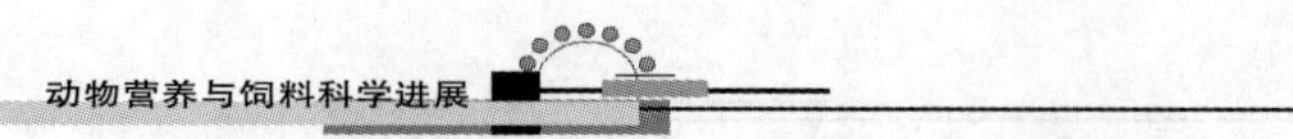

表10 罗氏公司1997年制定的肉仔鸡维生素推荐量、NRC（1994）需要量及育种公司对最佳生产性能维生素推荐量的比较

维生素（mg，IU/kg）	罗氏公司 1997	NRC需要量 1994	供给量 2001	罗斯 1996	爱拔益加 1996	艾维茵 1996
A（IU）	8 000～12 000	1 500	7 000	12 000	9 000	8 000
D（IU）	2 000～4 000	200	2 000	5 000	3 000	2 800
E（mg）	30～50	10	6.0	50	30	20
K（mg）	2.0～4.0	0.50	1.0	3.0	2.2	1.5
B_1（mg）	2.0～3.0	1.8	1.0	2.0	2.2	2.0
B_2（mg）	5.0～8.0	3.0～3.6	6.0	6.0	8.0	7.0
B_6（mg）	4.0～6.0	3.0～3.5	3.0	4.0	4.4	2.0
B_{12}（mg）	0.02～0.03	0.007～0.01	0.01	0.016	0.022	0.013
烟酸（mg）	35～50	25～35	30.0	60	66	44
泛酸（mg）	10～14	10	10.0	18	12	11
叶酸（mg）	1.0～2.0	0.55	0.6	1.75	1.0	0.9
生物素（mg）	0.15～0.25	0.007～0.01	0.05	0.20	0.20	0.14

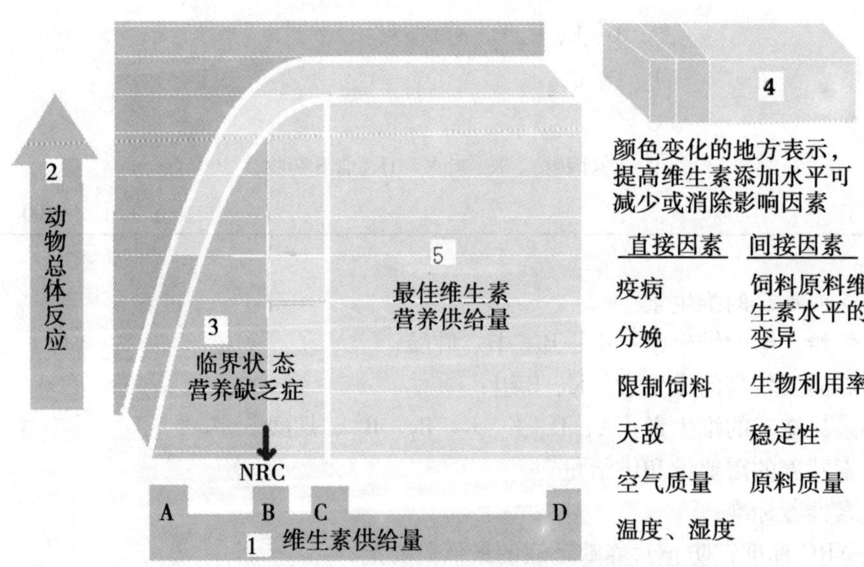

A～B：临界供给量；B～C：次佳供给量；C～D：最佳供给量；D：以上过量。

图3 最佳维生素营养概念（OVN）

横坐标“B”点为NRC推荐值。

A～B，为临界供给量，<NRC推荐值，动物有可能发生缺乏症，并导致代谢紊乱；

B～C，次佳供给量，≥NRC推荐值，在良好的饲养管理条件下，维生素的供给量近于预防亚临床症状的出现；在应激条件下，发生亚临床，甚至临床症状；其供给量不足以使动物表现最佳的健康状

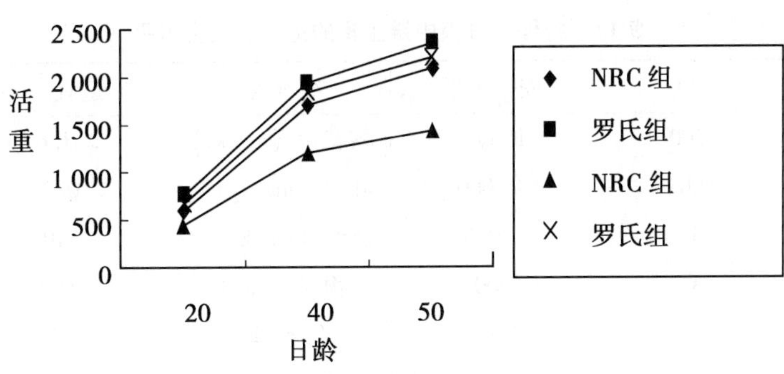

图 4　NRC 多维、罗氏多维对肉仔鸡活重的影响

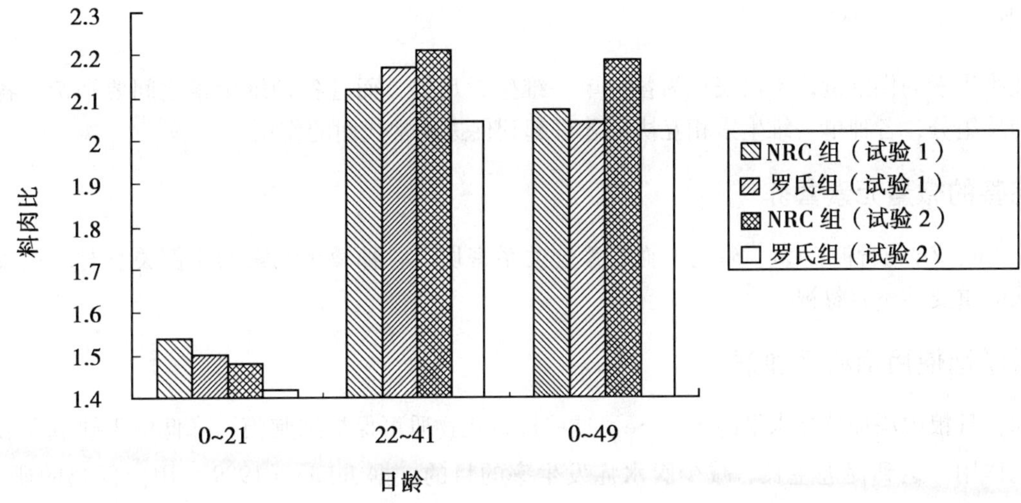

图 5　NRC 多维、罗氏多维对肉仔鸡料肉比的影响

况和较高的生产水平。

C ~ D，最佳供给量，不仅可补偿不良因素对动物造成的健康和生产性能的危害作用，且可使其潜在生产性能得以充分发挥，并可促其产生最佳免疫应答，改善产品品质。

D 以上，过量、安全、不经济：维生素的耐受性及安全水平。实际中，只有维生素 A 在 15 000 单位/kg、VD_3 在 4 000 单位/kg 以上才可能中毒（表 11、表 12）。

表 11　动物对维生素的安全耐受性上限

维生素	安全耐受性上限（NRC 推荐量的倍数）	维生素	安全耐受性上限（NRC 推荐量的倍数）
高毒性		核黄素	100 ~ 500
维生素 A	10 ~ 30	维生素 B_6	100 ~ 1 000
维生素 D	10 ~ 20	无明显毒性	
中等毒性		维生素 K	1 000
烟酸	50 ~ 100	泛酸	1 000
低毒性		生物素	1 000
维生素 E	100	叶酸	1 000
维生素 C	100 ~ 1 000	维生素 B_{12}	1 000
硫胺素	500		

表 12　肉仔鸡日粮中维生素的适宜、安全水平

维生素	适宜	安全水平	维生素	适宜	安全水平
A（IU/kg）	1 500	15 000	核黄素（mg/kg）	3.6	70
D（IU/kg）	200	40 000	叶酸（mg/kg）	0.25	?
E（IU/kg）	5	2 000	泛酸（mg/kg）	10	1 000
K（mg/kg）	5	500	生物素（mg/kg）	0.1	1
C（mg/kg）	?	3 300	B_{12}（μg/kg）	3	?
硫胺素（mg/kg）	1.8	1 800	胆碱（mg/kg）	500	1 500
烟酸（mg/kg）	27	3 500			

资料来源：Combs（1993）。

最佳维生素的供给量，不仅表现为各种单一维生素足够，而且各种维生素之间要平衡。各种维生素多为辅酶组分，各种单一维生素相互协同才可起到促进正常代谢的作用。

5.6　完善的微量元素营养

Mn、Cu、Zn 与骨骼，Cu、Se 与心血管系统关系密切，各种微量元素的比例关系对防止或降低三大代谢病的重要性不容忽视。

5.7　科学地使用饲料添加剂

例如，日粮中添加较高水平的 V_E、Se，这些抗氧化物质可保护细胞膜，降低由于缺氧和酸中毒引起的氧化作用，达到促进生长、减少腹水症发生率的目的。据 Julian（1989）用肉仔鸡的研究指出：给饲 V_E50 mg/kg、亚硒酸钠硒 0.3 mg/kg 的肉鸡，累计死亡率为 16.3%，其中，10% 死于腹水症；给饲 250 mg/kg 的 V_E、0.3 mg/kg 的硒酵母硒和 50 mg/kg 的 V_E、0.3 mg/kg 硒酵母硒，腹水症死亡率分别为仅为 0.9% 和 2.82%（$P<0.05$）。

第二部分
饲料－营养对鸡肉品质的影响

鸡肉的品质包括肉质指标和胴体外观指标两类，肉质指标：风味、鲜嫩度、多汁性；胴体外观指标：外形、色泽。

肉质取决于肉中的蛋白质、脂肪、灰分和水分的数量。一定数量的脂肪可改善肉的风味和营养品质，但胴体脂肪过高，会产生不良影响，内脏脂肪通常被视作废产物，应予适当控制。

影响鸡肉品质的因素繁多。如遗传、饲养管理方式、饲料和营养等，本文将从阶段饲养体制对肉仔鸡生产性能及胴体组成的影响、鸡肉的风味、皮肤及脂肪的色素沉着等三方面加以论述。

1　鸡的阶段饲养体制对肉仔鸡生产性能及胴体组成的影响

饲养制度不仅影响肉鸡的生产性能，而且影响肉鸡业的经济效益和鸡肉品质。

一般认为，开食料中代谢能水平高，不会降低脂肪沉积，甚至会使脂肪沉积减少；而肥育期，适

当的限饲，在保证肉鸡达到一定的增重水平和较高净肉率的前提下，抑制腹部脂肪的过多沉积。

限饲的种类有两个：

①量上的限饲：控制给饲量，颗粒饲料改为粉料；

②质上的限饲：降低能量、蛋白质、氨基酸水平等。

1.1 日粮蛋白水平对组织沉积的影响

表 13 胴体成分随日粮蛋白水平的变化（绝对量与百分比）*

日粮蛋白水平（%）	胴体脂肪		胴体蛋白质	
	g	%	g	%
16	252[d]	50.0[d]	202[a]	40.7[a]
20	237[c]	46.2[c]	227[b]	44.9[b]
24	210[b]	42.4[b]	233[b]	47.7[c]
28	189[a]	39.4[a]	233[b]	49.2[cd]
32	185[a]	39.2[a]	233[b]	50.3[d]
36	179[a]	38.3[a]	234[b]	50.7[d]

*能量水平恒定。

除非使用很低的蛋白质水平（16%），通常日粮蛋白质水平对胴体中蛋白质沉积量（g）没有影响。胴体蛋白质按比例的变化是由于随蛋白质水平的提高使沉积的脂肪克数较少的后果。因此，用较高蛋白质日粮生产“较瘦”的胴体是胴体脂肪减少的后果，而不是沉积更多蛋白质的结果。

1.2 日粮能量水平对组织沉积的影响

表 14 胴体成分随日粮能量水平的变化（绝对量与百分比）*

日粮能量（kcal/kg）	胴体脂肪		胴体蛋白质	
	g	%	g	%
2 600	161[a]	37.5[a]	221	51.9[e]
2 800	178[b]	39.3[b]	225	50.0[d]
3 000	208[c]	42.4[c]	229	44.7[d]
3 200	211[c]	42.6[c]	230	46.9[e]
3 400	239[d]	45.6[d]	229	44.7[d]
3 600	258[e]	47.9[e]	229	42.9[d]

*蛋白质水平恒定。

本试验采用了非常广的能量水平，结果，随日粮能量浓度增加胴体脂肪（%）增加和胴体蛋白质（%）降低。但是，随着能量水平的提高只有脂肪的实际量改变了，从 161 g 增加到 258 g，而以 g 为单位表示的胴体蛋白质没有变化。因此，用低能日粮生产较瘦的胴体是靠降低肥度，而不是增加瘦肉的蛋白质。

1.3 日粮能量、蛋白质的稀释对其生产性能及胴体指标的影响

表15 育肥期日粮（6~7周龄）能量与蛋白质稀释对其生长的影响

日粮类型*		体重（g）		饲料进食量（g/只）		能量进食量（Mcal）
代谢能（kcal/kg）	蛋白质（%）	42日龄	49日龄	35~42日龄	42~49日龄	35~49日龄
3 210	18.0	2 420（100）	2 948（100）	1 284	1 299	8.30
2 890	16.2	2 367（98）	2 921（99）	1 318	1 455	7.99
2 570	14.4	2 320（96）	2 879（98）	1 387	1 517	7.47
2 250	12.6	2 263（94）	2 913（99）	1 429	1 844	7.36
1 925	10.8	2 170（90）	2 913（99）	1 472	2 201	7.08
1 605	9.0	2 218（98）	2 892（98）	1 685	2 610	6.90
回归分析		* *	NS	* *	* *	* *

* 保持 $\frac{ME,\ Mcal/kg}{CP,\%}=178.3$ 不变。

** 由49日龄体重看，1.605 Mcal，ME/kg，9%的CP即可；由42日龄体重看，2.89 Mcal/kg，16.2%CP即可获得较为理想的生产性能。

表16 育肥配方的能量和蛋白质稀释对胴体指标的影响 *

日粮处理		胴体重（g）		胸肉重（g）	
代谢能（kcal/kg）	蛋白质（%）	42日龄	49日龄	42日龄	49日龄
3 210	18.0	1 775（100）	2 184（100）	326（100）	498（100）
2 890	16.2	1 719（97）	2 107（97）	320（98）	404（97）
2 570	14.4	1 678（95）	2 093（95）	305（94）	400（96）
2 250	12.6	1 654（93）	2 088（96）	205（63）	402（96）
1 925	10.8	1 588（89）	2 073（95）	295（90）	390（93）
1 650	9.0	1 540（87）	2 038（93）	285（87）	378（90）

* ME，2.89Mcal / kg；CP，16.2%，即可获得较理想的胴体、胸肉指标。

1.4 阶段饲养对肉仔鸡生产性能的影响（呙于明，1998）

试验1：2周龄和3周龄换喂生长中期料的生产性能

	2周龄换料	3周龄换料
37日龄体重（kg）	1.36 ± 0.03	1.37 ± 0.02
1~37日龄饲料转化率（F/G）	1.79 ± 0.04	1.82 ± 0.05

试验2：肉仔鸡生长后期日粮中撤除维生素（VIT）及微量元素（TM）的生产性能

	完全平衡日粮	－VIT	－TM	－VIT－TM
7周龄体重（kg）	2.29 ± 0.07^{A}	2.26 ± 0.07^{AB}	2.30 ± 0.20^{A}	2.20 ± 0.12^{B}
5~7周龄饲料转化率（F/G）	2.44 ± 0.06^{A}	2.53 ± 0.03^{BC}	2.46 ± 0.08^{AB}	2.60 ± 0.10^{C}

试验3：生长后期日粮中钙（Ca）、非植酸磷（NPP）及维生素（IT）供给对肉仔鸡生长性能的

影响

	Ca/ NPP/ VIT	Ca/ NPP/ VIT	Ca/ NPP/ VIT
	0.85/0.30/ +	0.37/0.14/ +	0.37/0.14/-
7 周龄体重（kg）	1.98 ±0.05	2.05 ±0.18	2.09 ±0.02
5 ~7 周龄饲料转化率（F/G）	3.27	3.20	2.95

结果表明：

（1）2 周龄换用生长中期料比 3 周龄换用生长中期料，养殖成本明显降低。

（2）单纯撤除肉仔鸡生长后期日粮中的维生素和微量元素对 49 日龄体重均无明显影响；但同时撤除维生素和微量元素对 49 日龄体重和 5 ~7 周龄饲料转化率均有明显不良影响；单纯撤除微量元素对 5 ~7 周龄饲料转化率没有显著的不良影响，但单纯撤除维生素会显著降低 5 ~7 周龄饲料转化率。

（3）生长后期日粮只要钙磷比例合适，低钙、低磷不影响肉仔鸡生长和饲料转化率；后 2 周不补加维生素不妨碍生长和饲料利用。

1.5 日粮蛋氨酸及赖氨酸水平对肉用仔鸡胴体组成的影响 *

表 17 不同水平赖氨酸和蛋氨酸对 3 ~6 周龄肉用仔母鸡生产性能的影响*

处 理	赖氨酸（%）					
	1	2	3	4	5	
蛋氨酸（%）	0.70	0.85	1.0	1.15	1.3	$X \pm S$
			日增重（g/d）			
0.32	47.6 ±2.3[g]	52.4 ±3.1[bcd]	51.9 ±2.5[dc]	51.6 ±2.3[dc]	52.1 ±3.0[cd]	51.1 ±2.9[B]
0.44	49.9 ±1.9[f]	53.5 ±2.1[abc]	54.0 ±2.7[ab]	54.6 ±2.5[a]	54.0 ±2.1[ab]	53.2 ±2.6[A]
0.56	50.5 ±2.3[ef]	52.9 ±1.9[bcd]	53.7 ±2.5[ab]	54.6 ±2.3[a]	55.0 ±2.4[a]	53.5 ±2.4[A]
±S	49.3 ±2.2[B]	52.9 ±2.7[A]	53.2 ±2.7[A]	53.6 ±2.4[A]	53.7 ±2.8[A]	
			饲料转化率			
0.32	2.437 ±0.052[a]	2.262 ±0.082[b]	2.241 ±0.127[bc]	2.268 ±0.134[b]	2.227 ±0.137[bcd]	2.287 ±0.112[A]
0.44	2.324 ±0.07[abc]	2.230 ±0.053[bcd]	2.162 ±0.096[fe]	2.137 ±0.090[fe]	2.176 ±0.069[def]	2.188 ±0.087[B]
0.56	2.24 ±0.088[bc]	2.184 ±0.079[cde]	2.131 ±0.093[ef]	2.159 ±0.084[ef]	2.122 ±0.067[f]	2.167 ±0.081[B]
$X \pm S$	2.304 =0.071[A]	2.225 ±0.072[B]	2.178 ±0.098[C]	2.188 ±0.098[C]	2.175 ±0.087[C]	

注：同一指标内，肩标不同字母者（a ~g 或 ABC）间差异显著（$P<0.05$），下表同。

表 18 不同的赖氨酸和蛋氨酸处理水平对 3 ~6 周龄的肉用仔母鸡屠宰性能的影响*

处 理	赖氨酸（%）					
	1	2	3	4	5	
蛋氨酸（%）	0.70	0.85	1.0	1.15	1.3	$X \pm S$
			全净膛率（%）			
0.32	68.3 ±1.3[d]	69.5 ±1.5[cd]	70.3 ±1.8[bc]	70.6 ±1.1[abc]	70.4 ±1.3[abc]	69.8 ±1.5[B]
0.44	69.5 ±1.2[cd]	70.6 ±1.5[abc]	70.9 ±1.6[ab]	71.2 ±1.1[ab]	71.2 ±1.6[ab]	70.7 ±1.4[A]
0.56	68.5 ±1.4[d]	70.7 ±1.1[abc]	70.7 ±1.5[abc]	71.1 ±1.2[ab]	71.7 ±1.1[a]	70.5 ±1.2[A]
$X \pm S$	68.8 ±1.3[c]	70.2 ±1.2[B]	70.6 ±1.7[AB]	71.0 ±1.1[A]	71.1 ±1.3[A]	

续表

处理	赖氨酸（%）					
	1	2	3	4	5	
左半胸肌率（%）						
0.32	6.50 ± 0.18^{f}	7.09 ± 0.33^{bcd}	7.05 ± 0.29^{cde}	71.0 ± 0.30^{bcd}	7.10 ± 0.30^{bcd}	6.97 ± 0.28^{B}
0.44	6.89 ± 0.20^{de}	7.20 ± 0.28^{abc}	7.27 ± 0.35^{abc}	7.35 ± 0.32^{ab}	7.29 ± 0.40^{abc}	7.19 ± 0.31^{A}
0.56	6.83 ± 0.22^{e}	7.20 ± 0.29^{abc}	7.30 ± 0.33^{abc}	7.31 ± 0.38^{abc}	7.44 ± 0.43^{a}	7.21 ± 0.35^{A}
$X \pm S$	6.74 ± 0.21^{B}	7.16 ± 0.30^{A}	7.20 ± 0.37^{A}	7.25 ± 0.36^{A}	7.28 ± 0.42^{A}	
腹脂率（%）						
0.32	3.03 ± 0.37^{a}	2.83 ± 0.31^{ab}	2.53 ± 0.41^{bcd}	2.59 ± 0.56	2.48 ± 0.49^{bcde}	2.69 ± 0.47^{A}
0.44	2.81 ± 0.34^{ab}	2.66 ± 0.37^{b}	2.09 ± 0.33^{f}	2.30 ± 0.42	2.240.36	2.42 ± 0.35^{B}
0.56	2.73 ± 0.33^{ab}	2.5 ± 0.38^{bcde}	2.15 ± 0.44^{ef}	2.18 ± 0.37	2.21 ± 0.32	2.35 ± 0.34^{B}
$X \pm S$	2.86 ± 0.35^{A}	2.67 ± 0.34^{B}	2.26 ± 0.38^{C}	2.36 ± 0.45^{C}	2.31 ± 0.39^{C}	

* 摘自刘升军等（2001）《动物营养代谢研究》（2000 论文集），70 ~ 71。

结果表明：在日粮赖氨酸为0.7%、蛋氨酸为0.32%时，肉仔鸡体增重、胸肉率及全净膛率明显下降（$P < 0.05$），腹脂沉积偏高；适度提高日粮赖氨酸、蛋氨酸水平可改善上述指标，并进一步提高胴体质量。

1.6 日粮组成对鸡肉蛋白质组成和脂肪稳定性的影响

缺乏蛋白质或氨基酸可导致肌肉生长减少；但肌肉蛋白质的氨基酸组成保持不变（表19），即使胴体不同部位的肌肉，其氨基酸组成亦一致，调整日粮氨基酸水平对鸡肉的氨基酸组成无影响。

表19 禽肉的氨基酸组成 (g/100 g)

	胸肌	大腿肌	腿下段肉	翅膀肌肉
赖氨酸	8.48	8.50	8.50	8.51
蛋氨酸	2.77	2.57	2.77	2.78
色氨酸	1.17	1.17	1.17	1.18

注：引自 Lesson（1993）的资料。

胴体的脂肪质量和组成受日粮营养成分的影响，高蛋白和或低能量的日粮可降低胴体脂肪的绝对含量及相对含量（%，g）和蛋白质的相对含量（%）（表20）。

表20 日粮粗蛋白质或能量水平对49日龄肉鸡胴体组成的影响

	胴体脂肪		胴体蛋白质	
	（%）	（g）	（%）	（g）
粗蛋白质（%）				
18	50.0^{d}	252^{d}	40.7^{a}	202^{d}
20	46.2^{c}	237^{c}	44.9^{b}	227^{b}
24	42.4^{b}	210^{b}	47.7^{c}	233^{b}
28	39.4^{a}	189^{a}	49.9^{cd}	233^{b}
32	39.2^{a}	185^{a}	50.3^{d}	233^{b}
36	38.3^{a}	179^{a}	50.7^{d}	234^{b}

续表

	胴体脂肪		胴体蛋白质	
	(%)	(g)	(%)	(g)
代谢能(kcal/kg)				
2 600	37.5[a]	161[a]	51.9[e]	221
2 800	39.3[b]	178[b]	50.0[d]	225
3 000	42.4[c]	208[c]	47.1[c]	229
3 200	42.6[c]	211[c]	46.9[c]	230
3 400	45.6[d]	236[d]	44.7[b]	229
3 600	47.9[e]	258[e]	42.9[a]	229

注:引自 Jackson 等(1982)的资料,同一列肩标不同表示差异极显著($P<0.01$)。

脂肪的稳定性,肉仔鸡日粮中的饲料脂肪用量不断增加,大部分饲料脂肪都可使产品脂肪不饱和程度加大,保存过程中,不稳定脂肪的氧化可产生氧化产物(酸败)及不良气味如醛、酮、羧基酸等,氧化过程一旦开始,即不可逆转,且发生迅速。肉鸡喂氧化脂肪、饲料消化能力、代谢能都会降低,肉鸡生长缓慢,肝脏肿大(表21),即使在-20℃下贮藏,肉鸡大腿中亦会产生氧化物沉积(表22),这种氧化过程可以发生在饲料、家禽和贮藏的鸡肉中。

表21 脂肪氧化对肉鸡早期生长发育的影响

脂 肪	0~2周龄		日粮 AMEn (kcal/kg)	脂肪消化率(%)	肝重 (g/100 g,BW)
	增重(g)	料重比			
新鲜脂肪	265	1.63	3 044	86.0	3.1
氧化脂肪	251	1.64	2 905	79.5	4.1
显著性	*	NS	**	*	*

注:引自 Namkang 等(未发表)资料。

表22 饲喂添加或不添加抗氧化剂的正常脂肪或氧化脂肪对大腿肉 TBA 值的影响

肉贮藏时间(-20℃)	正常脂肪	氧化脂肪	加维生素 E(200 mg/kg)	加抗氧化剂
1 d	0.3	0.5	0.2	0.2
2个月	0.8	4.4	0.4	0.4
6个月	1.8	5.1	0.6	0.6

注:引自 Lin 等(1989)资料;TBA 为脂肪的氧化酸败指标。

1.7 周龄为单位按阶段给饲氨基酸对肉仔鸡生产性能的影响

多样化的家禽市场,需要多样化的家禽管理措施:应市场之需求,生长期可相差4~10周,小母鸡和小公鸡分别饲喂不同配方的饲料。相对静止的营养需要推荐值,不适应动态的家禽生产/营养需要的划分通常为:0~3、3~6、6~8周龄或0~2、2~6、6~8周龄,即开食料、生长料和肥育料,或者按幼雏料、开食料、生长料和肥育料划分。

20世纪的最后10年,在氨基酸的供给上有三大重大突破:

第一,采用了可消化/可利用氨基酸,如此,对饲料原料有了一个正确的氨基酸评价;

第二,推出了伊利诺斯理想蛋白质概念(IICP),即以赖氨酸为参照,确定其他必需氨基酸的需要量（%），它适用于不同年龄跨度，♂鸡、♀鸡，不同的环境，即使对未知环境亦能准确估测其所有氨基酸之需要量；

第三，肉仔鸡按阶段饲喂氨基酸的概念：由下列试验1～4所列资料，可见，即更频繁地按周调整日粮氨基酸水平（表23、表24、表25、表26），使肉仔鸡保持最高生产性能的同时，通过提高/降低某阶段日粮氨基酸水平，提高其经济效益。

应用回归方程可计算氨基酸需要量（图6），即在氮校正代谢能水平为“3.2 Mcal/kg”时，依据回归方程推算出来的小公鸡氨基酸需要量（%），其模式图为：

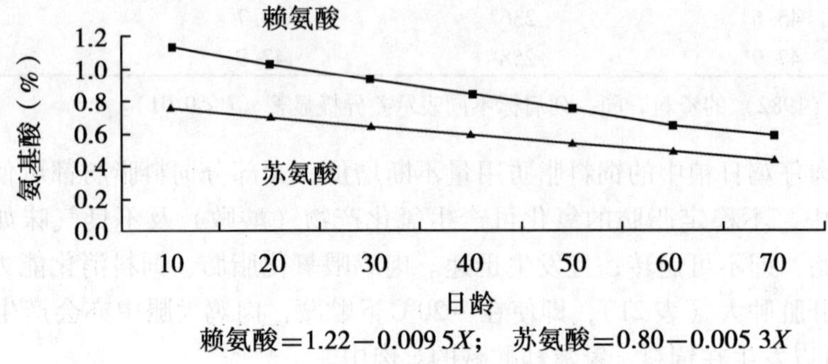

赖氨酸＝1.22－0.009 5X；　苏氨酸＝0.80－0.005 3X

图6　氨基酸需要量计算值

表23　试验1（0～21日龄）日粮组成及试验结果＊

项目	NRC 1～3周	阶段饲喂			项目	NRC处理	阶段饲喂
		第1周	第2周	第3周			
配方（%）					生长性能		
玉米	56.58	51.12	54.02	56.26	增重（g）	566	566
豆粕	34.25	39.77	36.89	34.72	采食量（g）	855	809
禽油	5.00	5.00	5.00	5.00	增重/耗料（g/kg）	664	700
维生素预混料	0.20	0.20	0.20	0.20	养分摄入量（g）		
矿物质预混料	0.15	0.15	0.15	0.15	粗蛋白	179.0	175.0
磷酸氢钙	2.00	2.00	2.00	2.00	赖氨酸	9.6	9.0
石粉	1.00	1.00	1.00	1.00	蛋氨酸＋胱氨酸	6.7	6.4
食盐	0.40	0.40	0.40	0.40	苏氨酸	6.0	5.9
氯化胆碱（60%）	0.10	0.10	0.10	0.10	增重/可消化氨基酸（g/g）		
L-赖氨酸	0.1331	0.0467	0.0455	0.0226	赖氨酸	59.2	63.2
DL-蛋氨酸	0.1913	0.2104	0.1914	0.1431	蛋氨酸＋胱氨酸	85.1	88.3
总计	100.00	100.00	100.00	100.00	苏氨酸	94.8	96.0

续表

项目	NRC 1~3周	阶段饲喂			项目	NRC 处理	阶段饲喂
		第1周	第2周	第3周			
养分含量计算值（%）							
氮校正代谢能(kcal/kg)	3 173	3 123	3 149	3 173			
粗蛋白	20.9	23.0	21.9	21.1			
赖氨酸	1.12	1.19	1.12	1.05			
蛋氨酸	0.41	0.43	0.41	0.38			
胱氨酸	0.38	0.43	0.41	0.38			
苏氨酸	0.70	0.78	0.74	0.71			

结果可见：增重率相同，阶段饲养者采食量较低，F/G亦较低；养分摄入量及"氨基酸需要量/增重"低。

表24　试验2　(40~61日龄）日粮的成分*

项目	NRC 40~61日龄	阶段饲喂			项目	NRC 处理	阶段饲喂
		40~47日龄	47~54日龄	54~61日龄			
配方（%）					生长性能		
玉米	64.54	66.35	69.26	71.47	增重（g）	1 576	1514
豆粕	26.55	24.62	21.73	19.57	采食量（g）	3 733	3 774
禽油	5.00	5.00	5.00	5.00	增重/耗料(g/kg)	422	402
维生素预混料-3	0.20	0.20	0.20	0.20	养分摄入量(g)		
矿物质预混料-3	0.15	0.15	0.15	0.15	粗蛋白	668[a]	612[b]
磷酸氢钙	2.00	2.00	2.00	2.00	赖氨酸	31.0[a]	28.0[b]
石粉	1.00	1.00	1.00	1.00	蛋氨酸+胱氨酸	21.7	21.2[d]
食盐	0.40	0.40	0.40	0.40	苏氨酸	22.4[a]	20.2[b]
氯化胆碱(60%)	1.00	1.00	1.00	1.00	增重/可消化氨基酸(g/g)		
L-赖氨酸	—	0.0258	0.0249	0.0017	赖氨酸	50.9b	54.2[a]
DL-蛋氨酸	0.0100	0.0545	0.0356	0.0099	蛋氨酸+胱氨酸	72.8	71.6
Sacox 盐霉素	0.05	0.05	0.05	0.05	苏氨酸	70.4[b]	75.2[a]
BMD-50 杆菌肽	0.05	0.05	0.05	0.05	净膛胴体率（%）		
总计	100.00	100.00	100.00	100.00	胸肉	25.9	26.0
养分含量计算值（%）					翅膀	11.5	11.6
氮校正代谢能(kcal/kg)	3 247	3 265	3 291	3 313	腿肉	33.4	33.1
粗蛋白	17.9	17.2	16.1	15.3	腹脂	2.7	2.9
赖氨酸	0.83	0.81	0.74	0.67			
蛋氨酸	0.30	0.30	0.28	0.26			

续表

项目	NRC 40～61日龄	阶段饲喂 40～47日龄	阶段饲喂 47～54日龄	阶段饲喂 54～61日龄	项目	NRC处理	阶段饲喂
胱氨酸	0.28	0.30	0.28	0.26			
苏氨酸	0.60	0.57	0.53	0.50			

结果可见：各项生产性能间无统计差异，阶段饲养者各项养分摄入量低，养分的效率较高，胴体构成相近。

表25 试验3 （21～42日龄）日粮组成及试验结果*

项目	NRC 4～6周龄	阶段饲喂 4周龄	阶段饲喂 5周龄	阶段饲喂 6周龄	项目	NRC处理	阶段饲喂
配方（%）					生长性能		
玉米	60.31	58.78	61.48	64.30	增重（g）	1 515	1 605
豆粕	30.91	32.34	29.67	26.98	采食量（g）	3 047	3 156
禽油	5.00	5.00	5.00	5.00	增重/耗料（g/kg）	497	509
维生素预混料	0.20	0.20	0.20	0.20	养分摄入量（g）		
矿物质预混料	0.15	0.15	0.15	0.15	粗蛋白	591[a]	592[a]
磷酸氢钙		1.50	1.50	1.50	赖氨酸	28.2[ab]	28.7[a]
石粉	1.35	1.35	1.35	1.35	蛋氨酸+胱氨酸	18.3[c]	21.3[a]
食盐	0.35	0.35	0.35	0.35	苏氨酸	19.8[a]	19.8[a]
氯化胆碱（60%）	1.00	1.00	1.00	1.00	增重/可消化氨基酸（g/g）		
L-赖氨酸	—	0.0295	0.0258	0.0212	赖氨酸	53.7[c]	55.9[bc]
DL-蛋氨酸	0.0344	0.1000	0.0767	0.0531	蛋氨酸+胱氨酸	82.9[a]	75.4[c]
Sacox盐霉素	0.05	0.05	0.05	0.05	苏氨酸	76.5[c]	80.9[b]
BMD-50杆菌肽	0.05	0.05	0.05	0.05	净膛胴体率（%）		
总计	100.00	100.00	100.00	100.00	胸肉	25.2[b]	26.8[a]
养分含量计算值（%）					翅膀	11.9	11.8
氮校正代谢能（kcal/kg）	3 212	3 195	3 222	3 244	腿肉	32.8	33.4
粗蛋白	19.4	19.9	18.8	18.0	腹脂	2.4[b]	2.1[b]
赖氨酸	0.93	0.99	0.92	0.85			
蛋氨酸	0.34	0.36	0.34	0.32			
胱氨酸	0.29	0.36	0.34	0.32			
苏氨酸	0.65	0.67	0.63	0.60			

结果可见：阶段饲养者增重大，饲料效益高，胴体特性相近。

表 26　试验 4　(43 ~ 71 日龄) 日粮组成及试验结果*

项　目	NRC 7 ~ 10 周龄	阶段饲喂				项　目	NRC 处理	阶段饲喂
		7 周龄	7 周龄	7 周龄	7 周龄			
配方（%）						生长性能		
玉米	68.43	67.79	70.55	73.35	76.02	增重（g）	2 006	1 951
豆粕	23.20	23.87	21.13	18.44	15.77	采食量（g）	6 178	6 000
禽油	5.00	5.00	5.00	5.00	5.00	增重/耗料 (g/kg)	324	325
维生素预混料	0.20	0.20	0.20	0.20	0.20	养分摄入量 (g)		
矿物质预混料	0.15	0.15	0.15	0.15	0.15	粗蛋白	$1\ 049^{a}$	941^{b}
磷酸氢钙	1.20	1.20	1.20	1.20	1.20	赖氨酸	46.3^{a}	41.0^{b}
石粉	1.30	1.30	1.30	1.30	1.30	蛋氨酸 + 胱氨酸	35.2^{a}	32.3^{b}
食盐	0.30	0.30	0.30	0.30	0.30	苏氨酸	36.9^{a}	30.0^{b}
氯化胆碱 (60%)	0.05	0.05	0.05	0.05	0.05	增重/可消化氨基酸 (g/g)		
L-赖氨酸	—	0.0170	0.0154	0.0108	0.0071	赖氨酸	43.3^{c}	47.6^{b}
DL-蛋氨酸	0.0095	0.0258	0.0053	—		蛋氨酸 + 胱氨酸	57.0^{b}	60.4^{ab}
L-苏氨酸	0.0579	—				苏氨酸	54.3^{c}	65.0^{b}
Sacox 盐霉素	0.05	0.05	0.05	—	—	净膛胴体率（%）		
BMD-50 杆菌肽	0.05	0.05	0.05	—	—	胸肉	28.6	28.2
总计	100.00	100.0	100.00	100.00	100.0	翅膀	11.0	11.0
养分含量计算值（%）						腿肉	33.2	33.2
氮校正代谢能 (kcal/kg)	3 299	3 293	3 319	3 347	3 372	腹脂	2.5^{b}	2.8^{ab}
粗蛋白	17.0	17.2	16.2	15.1	14.0			
赖氨酸	0.75	0.78	0.71	0.65	0.58			
蛋氨酸	0.30	0.29	0.29	0.26	0.25			
胱氨酸	0.28	0.29	0.27	0.26	0.24			
苏氨酸	0.60	0.55	0.52	0.48	0.44			

结果可见：增重、F/G、胴体特性未见差异，阶段饲养者氨基酸效率较高。

四个试验结果的经济分析：

表 27　四个试验结果的经济分析*

试验	日龄	单位增重的成本（%）		单位胸肉产量的成本（%）	
		NRC	阶段	NRC	阶段
1	0 ~ 21	(100)	(95)	—	—
2	21 ~ 42	(100)	(98)	(100)	(96)
3	40 ~ 61	(100)	(103)	(100)	(102)
4	43 ~ 71	(100)	(96)	(100)	(98)

结果可见：实行阶段饲喂可支持最高生产性能，并提高饲料养分的利用效率、降低饲料生产成本。

2 影响鸡肉风味的饲料——营养因素

人们对肉类取舍的决定因素：肉的风味；质地；营养；安全性。

2.1 肉的风味

滋味，肉中呈味物（如无机盐，游离氨基酸和小肽，核酸代谢产物——肌苷酸、核糖等）。

香味，肌肉基质在受热过程产生的挥发性风味物质（如不饱和醛酮、含硫化合物，杂环化化合物）。

禽肉价格低廉、高蛋白、低脂肪，然而片面追求生长速度，会使禽肉品质特别是风味受到影响。

2.2 影响风味的因素

2.2.1 品种

相同日龄（47 日龄）屠宰，快生型鸡的腿肉风味 > 慢生鸡；慢生鸡体重达到快生鸡相同体重时其风味差异消失（Chambers，1989）。多数认为，不同生长速度的鸡之所以产生风味，源于体重或日龄的不同。Fujimura（1994）认为，慢生鸡由于肌肉肌苷酸含量较高，而使风味较浓。

2.2.2 日龄

具同体重、不同日龄（63/144 日龄）的鸡肉风味，通常，慢生型鸡 > 快生型；但相同日龄时，风味差异不显著（Toursille 等）。

2.2.3 性别

鸡肉风味大于公鸡，因母鸡肌肉之肌苷酸含量较高，性别差异依赖于性成熟，性别对风味的影响与日龄有关，公鸡达到性成熟时亦有较强的风味（Sink，1979）。

2.2.4 日粮

高不饱和脂肪酸，特别是鱼油，饲喂单宁含量高的高粱均会给鸡肉带来鱼腥味（Leskanich，1997）。肉鸡日粮之鱼油不可超过 0.5 %；饲喂亚麻油的鸡，经贮藏影响鸡肉风味。能引起肠道微生物区系变化的日粮因素会影响肉风味（Mead，1983）；风味物质可从肠道转移到肌肉（Shrimpton，1965），肠道微生物可合成或改变肠道中风味物质的形成（Harris，1968）；通过饮水补充抗生素，不但影响肠道微生物，而且影响肉的风味（Sheldon，1982）；高水平的 V_E（200 mg/kg）可明显抑制鸡肉在冷冻、解冻以及在 4℃贮藏过程中产生异味；稀土和中草药可显著提高鸡肉的风味；饲养管理方式、屠宰与宰后处理，烹调方式等均会影响肉的风味。

3 影响皮肤着色的因素

对鸡肉，人们不仅注重其鸡肉的香味、肉色，而且对鸡肉的肤色有着特殊的偏爱，爱黄色者，将色浓视为健康的标志，爱白皮肤、白脂肪者，视肉鸡白为回归自然。

肉鸡皮肤着色成分为叶黄素，这是一种带氧化基因的类胡萝卜素即氧化类胡萝卜素，天然叶黄素之主成分为黄体素；化学合成的加丽黄成分为阿朴 β-胡萝卜素。

使脚胫着色者为黄玉米、玉米蛋白粉的玉米黄质和藻类、真菌和化学合成（加丽红）的角黄素。

影响着色效果的因素可分为四大类。

3.1 鸡品种、年龄、性别、健康

皮肤的黄或白，由一对常染色体基因控制，白色为W，黄色为w，W对w为显性，W抑制叶黄素的沉积，使皮肤为白色，而2个隐性基因则使皮肤变为黄色，不同品种、不同品系其着色力不同，三黄鸡 > AA肉鸡。

生长早期（前3~4周）添加着色剂对52日龄屠宰的肉鸡皮肤着色无影响，生长后期（7~9周）添加着色剂则可取得很好的添加效应。

生长后期对色素的利用性 > 生长前期，加之，早期沉积的叶黄素已提前被氧化代谢，应在上市前25 d添加着色剂。

公鸡着色能力大于母鸡。

肉鸡感染球虫病会降低叶黄素的利用，抗球虫药可减轻其不良影响。

呼吸系统的疾病，尤其是慢性呼吸道病影响着色效果。

3.2 着色剂的添加量、生物利用性、模型、来源

3.2.1 着色剂的添加量

着色剂的用量、保存、混合均匀度等都会影响着色效果。

3.2.2 着色物质的生物学利用性（质量）

（1）以“黄玉米”产生的脚胫、皮肤和蛋黄色泽为标准（100%）时，玉米蛋白粉为30%~100%；紫花苜蓿草为36%~100%。

（2）以玉米蛋白粉为100%时，金盏花瓣粉22%~46%；金盏花瓣提取物45%~90%；玉米蛋白粉提取物76%~100%。

（3）以阿朴胡萝卜素乙酯为100%时，玉米蛋白粉64%；脱水紫花苜蓿46%；金盏花瓣粉29%；金盏花瓣提取物63%；海藻粉63%。

生物学利用性差异的原因

（1）家禽对其吸收、贮藏、代谢能力不同；

（2）叶黄素水平相同，但种类和比例不同着色力亦不同；如，玉米黄质为金黄色，黄体素为柠檬黄；

（3）分析之差异。

3.2.3 叶黄素之构型

（1）不同立体异构物：植物来源的氧化类胡萝卜素为有施光性；合成品的氧化类胡萝卜素无施光性；对于蛋鸡，前者 > 后者。

（2）不同几何异构体，类胡萝卜素之反式较顺式有较红的色泽，较高的稳定性，着色效果好。

叶黄素的代谢变化：不同叶黄素在体内的代谢不同（酯化、氧化、还原），导致产品在开始和最终的颜色不同。

3.2.4 着色部位

不同部位有不同沉着能力：蛋黄、皮肤、脚胫、皮下脂肪。

3.3 日粮

3.3.1 日粮脂肪

（1）可促进色素的吸收。

(2) 短链饱和脂肪酸（椰子油、月桂酸）和长链不饱和脂肪酸（橄榄油、辛脂酸、亚油酸）提高叶黄素吸收能力比长链不饱和脂肪酸（豆蔻酸、棕榈酸、硬脂酸）强。前两者均属两极性脂肪酸。

3.3.2 抗氧化剂

叶黄素被过氧化化物（氧化脂肪）和微量元素氧化，则失去着色能力，高温高湿可加速氧化，加抗氧化剂可提高叶黄素之稳定性。

3.3.3 V_A 和钙

适当补充 V_A 可提高叶黄素之着色能力，过量添加（13 000 单位以上/kg，或更多）可降低此能力。高钙亦具降低着色的能力。

3.3.4 药物

5～20 mg/kg 的维吉尼亚霉素以及黄霉素、砷制剂均具提高着色的能力，磺胺可降低着色的能力。

3.3.5 霉菌毒素

霉菌毒素会降低酶活及胆盐之分泌，影响脂类吸收，进而影响色素之吸收，降低其着色能力。

3.3.6 抗着色因子

高比例的米糠、麦类、鱼粉、鱼油、肉骨粉会降低着色能力。

3.3.7 皮肤和脂肪的增白措施

4 周龄以后的肉仔鸡日粮，以白玉米、高粱、大麦、小麦、燕麦等代替黄玉米，以消除主要的色素来源，或用高温、氧化处理破坏玉米中的色素物质；以长链饱和硬脂肪（动物油）取代植物油；适当增加 V_A 和 Ca 水平；密闭饲养、减少光线对饲料和肉鸡的照射；日粮内添加膨润土。

3.4 环境

光照强度越高，着色能力越强（更趋于橘红色，光照使黄色的黄体素→红色的虾青素），环境消毒会消除抑制色素利用的长菌丝微生物的不良影响。

3.5 着色剂

表 28 黄羽肉鸡添加着色剂示例（玉米－豆粕型日粮；梁皓仪，2002）

目标（罗氏比色扇）		脚胫 9～100	11～120
		胴体 3～40	4～50
添加着色剂:	金碧黄（2%）	1 000～1 200 g/T	1 200～1 400 g/T
	加里红（10%）	40～45 g /T	45～50 g/T
添加时间		上市前 25 d 开始～上市	

总结：实践中，应综合考虑上述众多影响因素，严格控制疾病影响，并选择、合理利用着色剂。

第三部分
降低肉仔鸡配合饲料成本的途径

在肉鸡生产中，饲料占其总成本的 85% 以上，饲料对肉鸡的生产性能、健康状况、环境保护等起着重要的影响作用。降低其成本的途径有 5 种：

1 以非常规能量饲料取代或部分取代玉米

以小麦取代玉米为例，小麦同玉米相比，小麦的蛋白质是玉米的1.8倍、赖氨酸是1.3倍、蛋氨酸是1.7倍、色氨酸是2.5倍。但其代谢能仅为玉米的95%，其主要原因是小麦含有较高的非淀粉多糖（即所谓NSP，由β-萄聚糖，阿拉伯木聚糖，纤维素，果胶和甘露糖等组成），单胃动物没有分解NPS的内源消化酶。不仅其本身不能消化，其高黏稠性和持水性还阻碍了消化酶与养分的接触，减缓了食糜的流速，进而降低了淀粉、蛋白、脂肪、矿物质、氨基酸、V_D等的吸收，最终导致ME降低。NPS的这一特性还招致消化道有害微生物的滋生、环境的恶化、发病率增加，并影响肉鸡的色素沉着，最终降低其生产性能。其解决办法有两种：一是控制小麦用量在15%以下；二是代替玉米的1/2～2/3，但需添加以木聚糖酶和β-葡聚糖酶为主的酶制剂，添加效应受酶活和添加方法的影响，因为酶对温度、pH值、贮存时间十分敏感。如行制粒，小麦的粉碎度不可过细，以免影响制粒效果；以粉料形式饲喂时，碾碎或压片即可。小麦代替玉米时还应根据需要添加油脂、着色剂和足量的生物素。

2 以非常规蛋白质饲料取代或部分取代豆粕

这其中应注意以下问题：其一，抗营养因子及其他有毒有害物质的存在，采用多品种饼粕饲料的复合物或进行脱毒处理（见表29）。

表29 对饲料有毒有害因子的解毒方法

抗营养因子	饲料	解毒方法
淀粉酶抑制因子	小麦、黑麦、菜豆	热处理
β-葡聚糖	大麦	添加酶制剂
胰凝乳蛋白酶抑制因子	大豆、豌豆、菜豆	热处理
生氰糖苷（氢氰酸）	鹰嘴豆、甘薯、木薯	水洗
绿原酸	葵籽、红花籽	添加胆碱和多酶制剂
环丙烯脂肪酸	棉籽	溶剂浸提
棉酚	棉籽粕	添加氢氧化钙和铁剂
血凝素	蓖麻、大豆、马铃薯、小麦胚芽	热处理
降糖氨酸	木菠萝籽	添加核黄素
Linatine	亚麻籽	水浸和热处理
脂肪氧合酶	大豆	焙烤
烟酸络合物	玉米、小麦麸	添加烟酸
草酸	菠菜、甜菜根、芝麻粕	添加钙剂
戊聚糖	小麦	添加木聚糖酶
木瓜蛋白酶抑制因子	大豆、豌豆	水浸和热处理
植酸	米糠、豆荚	添加植酸酶和维生素D_3
皂角苷	苜蓿、豌豆、大豆	水浸
茄碱	马铃薯	去皮
单宁	高粱、酸豆、木薯	
硫氨素酶	鱼、菜豆、亚麻籽、棉籽	添加烟酸、热处理
胰蛋白酶抑制因子	大豆、菜豆、豌豆	热处理

其二，根据可消化氨基酸配制日粮，采用低蛋白日粮；其三，根据杂饼粕的营养特性进行日粮的整体平衡（见表30）。

3 调动动物自身的采食量调节机制

动物自身内环境的稳恒性与对外环境的适应性乃生物界在系统发育或个体发育中发生、发展和衰亡的奥秘。采食饲料是营养的稳恒调节机制之一，是动物应答外环境与内环境差别的一种本能，动物为能而食，为蛋白质-氨基酸而食，即是这一机制的典型反映，元素的回收利用，矿物质、脂肪的贮存和动用，酶和激素对物质、能量代谢的调节等现象，都是动物为生存、生长而保证其内环境相对稳定性的需要。然而，这一调节作用是有限量的，当外环境超越了动物自身的适应能力时，动物会减缓生长以保护自身，进而导致代谢紊乱。

饲养实践中采用的日粮营养总体稀释或等比例稀释，即是利用了上述调节能力，通常就代谢能而之，蛋鸡不可低于2.5 Mcal/kg，肉鸡不可以低于2.7 Mcal/kg。稀释材料可以是营养性的，亦可以是非营养性的，但是它的使用不可对饲料的物理性能和营养平衡产生不良影响。

表30 养分和非营养成分之间的协同和颉颃

成分	协同	颉颃
蛋氨酸	胱氨酸、甜菜碱	胆碱、无机硫酸盐
苯丙氨酸	酪氨酸	—
甘氨酸	丝氨酸	—
赖氨酸	—	精氨酸
缬氨酸	—	亮氨酸、异亮氨酸
烟酸	色氨酸	—
钠	—	钾
钙	维生素 D_3、钙磷比、高蛋白饲料、乳酸	镁、草酸、锌、锰
铜	铁	钼、锌
硒	维生素E	砷
植酸	—	锌、铁
锌	EDTA	钙、植酸
胆碱	维生素 B_{12}、叶酸、甜菜碱、蛋氨酸	高日粮脂肪
硫胺素	—	氨丙啉、硫胺素酶
维生素K	—	双香豆素，磺胺类药物
离子载体类	—	—
抗球虫药	—	泰妙林、泰乐菌素

4 应用性能促进剂

常用的性能促进剂，有抗病促生长剂、益生菌、调味剂、风味剂、毒素结合剂、抗氧化剂、色素、酶制剂等。通常，配制饲料时，均须添加一种或几种性能促进剂，以便达到消耗最少饲料，生产最高产品的目的。

5 采用恰当的饲料加工技术

粉碎、混合、膨化、制粒后喷涂、热处理等。

集约化畜牧业中的动物应激及其控制

霍启光

（中国农业科学院饲料研究所）

1 应激的概念

加拿大生理学家 Selye（1936）首先提出应激这一概念。应激一词源自英文《stress》，意为“紧迫、逆境反应、紧张、压力、应力”。塞里认为，所谓应激是指动物在外界和内在环境中，一些具有损伤性的生物、物理、化学，以及特种心理上的强烈刺激作用于机体后，随即产生的一系列非特异性全身性反应，或曰非特异性反应的总和。“应激反应”是靠一般特异性反应不能适应时出现的一种代偿性反应，它可以扩大机体的适应范围，是一种特殊的合理的生理状态，应激反应发生时间过长，不论程度强弱都可引起疾病或死亡，应激本身不是一种病，但却是一种或多种病的发生原因。Selye 发现，许多完全不同的致病因子，如温度变化、电离辐射、精神刺激、过度疲劳以及感染、中毒等，在机体的特异反应中均可见到相同或相似的非特异反应。应激反应是非特异性的，是定型的，不受激原性质影响的。机体总是以相同的方式应答，它是在激原强度超过一定阈值时发生的。应激反应也可定义为一种由环境引起的内部平衡的紊乱，所谓平衡则意味着动物体内所有机体细胞保持一定程度的稳定，为了在上述各种应激条件下保持这种平衡，机体需要调动各种调节机制，这种机制的进行是以消耗大量生物能为前提的。上述非特异性反应的生物学意义在于，应激反应是机体对损伤性刺激的一种抗病措施，是机体对损伤的一种适应性反应。

2 应激原及其分类

随着养殖业集约化生产的发展，为了最大限度地提高畜禽生产水平、增加经济效益，其所采用的生产工艺和技术措施，甚至畜禽品种本身所特具的高生产能力在内，往往会背离畜禽进化过程适应了的环境条件和畜禽的正常生理机能，从而导致生长发育缓慢，生产性能、免疫力、产品品质的下降，严重时引起死亡。所以说现代养殖措施和技术手段，有些同时又是应激原。非特异性全身性反应亦即应激反应与特定刺激原或者说特定的内外环境因素关系不大，统称为“一般适应综合征”（General Adaptation Syndrome，GAS），能引起机体出现 GAS 的刺激原统称为“应激原”或“激原”（Seressor）。GAS 对动物无伤害或只是中等强度的伤害，是一种动物可能适应的刺激。根据应激的来源可将应激分为：内在应激、外界环境应激。所谓内在应激是指动物遗传种质（品种、类型）固有的生理不协调性，最典型的是高产应激。快大型肉鸡（躯体和心肺生长差引起的应激），产蛋鸡的高峰期，奶牛的泌乳高峰。外界环境应激无处不在，如圈养方式、房舍温度、湿度的过高或过低、地面材料、通风不良、有害气体的蓄积；动物管理中的分群、断奶、驱赶、捕捉、剪毛、去势、修蹄、断尾、运输；兽医防治中的采血、检疫、预防、接种、消毒；饲养中的日粮类型、营养水平、给水、给料方法的突然变化等都是应激原。

3 应激的发生过程

动物受到强烈的应激原刺激后，通过神经内分泌和紊乱的代谢调节，力图使机体的生命活动恢复到一个新的相对稳定的正常功能状态即所谓《一般适应综合征》，它包括惊恐反应或动员阶段（Panic-stricken reaction or stage of mobilization）、适应或抵抗阶段（stage of Adaptation or Resistance）和衰竭阶段（Stage of Exhaustion）这样三个阶段。

第一阶段，惊恐反应阶段，亦称动员阶段或紧急反应阶段，亦称肾上腺反应阶段，动物受到应激原的刺激后机体的早期反应。从生理生化角度，又可将该阶段划分为休克相（Shock phase）和反休克相（Countershock phase），前者表现为体温和血压下降，血液浓稠，神经系统受到抑制，肌肉紧张度降低，进而发生组织降解，低血氯、高血钾、胃肠急性溃疡，机体抵抗力低于正常水平。体克相持续几分钟至24h，即进入反休克相，机体防御系统动员、重组而加强，血压上升，血钠和血氯增加，血钾减少，血糖升高、血液黏度增加，分解代谢加强，胸腺、脾脏和淋巴系统萎缩，嗜酸性白细胞和淋巴细胞减少，肾上腺皮质肥大、肾上腺皮质激素分泌增加，机体总抵抗力提高，甚或高于正常水平。

第二阶段，适应或抵抗阶段。如果激原未能起到主导作用，机体克服了激原的有害作用，而得到了适应，则第一阶段的症状逐渐消失，新陈代谢趋于正常，同化作用又占优势，血液变稀，血液白细胞和肾上腺皮质激素分泌量趋于正常，机体的全身性非特异性抵抗力提高到正常水平以上。

第三阶段，衰竭阶段。如果应激原的刺激强度超过机体防御系统的补偿能力，或者刺激作用得以延续，动物又表现为惊恐反应相似的症状，其反应程度急剧增强，出现各种营养不良，肾上腺皮质肥大，激素不足，异化作用又重新占主导地位，体重急剧下降，继而贮备耗竭，新陈代谢出现不可逆变化，适应性破坏，最终导致动物死亡。

4 应激的机理

应激反应，亦即《一般适应综合征》的发生过程，及其机制是十分复杂的，作为一个有机整体，动物在应激状态，通过神经－内分泌系统，几乎动员了所有的器官和组织，以应对激原的刺激，这是机体对抗损伤性刺激的一种抗病措施，机体通过极复杂的神经体液调节，以保持体内生理生化过程的协调与平衡，并建立新的稳恒状态。其中，中枢神经系统，特别是大脑皮层起整合作用，而交感－肾上腺髓质系统和垂体－肾上腺皮质系统等起着执行作用。

在激原作用下，动物交感神经兴奋，肾上腺髓质的分泌功能加强，引起心率加快、心搏增强、血管收缩、血流加快、血糖升高等生理变化。肾上腺髓质分泌的肾上腺素，参与物质代谢的调节，如加速糖原分解，抑制糖原的合成，使血糖升高，加速脂肪的氧化降解，以保证机体应激状态的能量需要。

在应激状态下，下丘脑分泌促肾上腺皮质激素释放激素加强，引起垂体前叶促肾上腺皮质激素分泌增强，进一步促进肾上腺皮质合成糖皮质激素，这是应激过程中主要的免疫抑制剂，加强肝脏中糖原的异生作用，增强肝糖原贮备，糖原异生的主原料为蛋白质的分解产物氨基酸。由此可见，糖皮质激素在应激反应中主要起动员能源、提高血糖、防止炎症、提高机体总抵抗力的作用。肾上腺皮质的束状带分泌的皮质醇（酮）过多时可造成机体的负平衡，使其生长减慢、消瘦、皮肤变薄、骨质疏松，还可使外周血液的淋巴细胞和嗜酸性白细胞减少，引起胸腺、脾脏和淋巴结中的淋巴组织萎缩。

在应激条件下，尚有其他许多系统和激素参与机体的生理生化过程：如盐皮质激素与钠、氯和水的保留，钾、磷和钙的排泄；下丘脑－垂体－甲状腺轴与基础代谢率的增高；下丘脑－垂体－性腺轴与繁殖机能之下降；生长激素及生长激素释放激素的协调合成，胰高血糖素和胰岛素的分泌与保证应激状态下能量的供应等。

可见，应激时，神经、内分泌、免疫系统，这三大系统相互调节，互为因果共同维持机体内环境的稳定，它们构成了应激反应的整合体。

5 应激反应的后果

应激反应对动物的影响是多方面的，如血压和心率增加，呼吸频率加强，某些系统如消化系统，生殖系统活动受到抑制，糖的异生作用和利用性增强，脂肪分解加速，机体警觉性升高等，应激反应是机体在超阈值强度激原作用下，体内重建恒稳的一个过程。应激对动物有不利的一面，但是低度应激下平缓进入适应阶段后，甚至可以提高动物的生产力和抵抗力，应激反应对动物的影响归纳如下：

（1）破坏机体的防御系统，使之丧失疾病的抵抗力，此时机体免疫力下降，因而对某些传染病和寄生虫病易感染性增加，降低预防接种的效果，往往造成传染病和流行病的流行。

（2）生产性能低下，在应激状态，机体不得不动员大量能量对付激原的刺激，使机体分解代谢增强、合成代谢降低、糖皮质激素的分泌增加，导致动物生长停滞、饲料转化率降低、运输过程及待宰期间体重的明显降低、死亡率增加。

（3）性机能紊乱，应激可使促卵泡激素（FSH）、促黄体素（LH）、催乳激素（LTH）等分泌减少，幼年动物性腺发育不全，成年动物性腺萎缩，性欲减退，精子和卵子发育不良，并可影响受精卵着床及胎儿发育，造成早期吸收、流产、胎儿畸形或死胎。

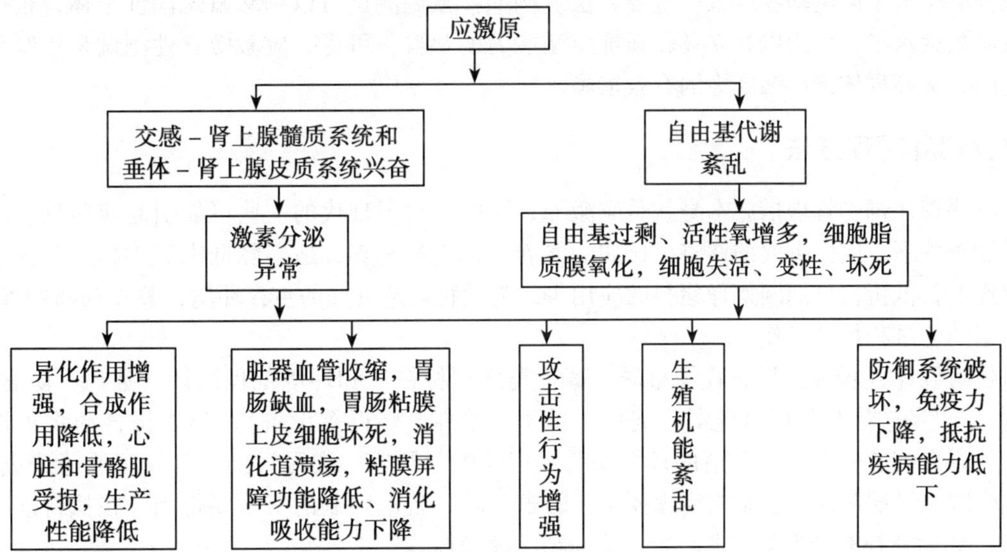

6 应激的监测

动物对应激的敏感程度与年龄、品种、性别、营养状况、饲养管理条件、生产水平等有关，一般而言，猪和狗比牛、羊敏感，鸡、鸽比鹅、鸭敏感；良种猪的敏感程度高于本地猪，雄性动物比去势动物反应强烈，幼龄动物比成年动物敏感。不同品种、品系、个体间的应激敏感性各不相同。应激原的种类、强度、持续时间与动物对应激的敏感程度都有关系，抗应激动物能忍受强烈的长时间的应激原作用，且在应激原作用初期反应强烈，生产性能受应激的影响较轻，恢复较快，补偿性较高。应激的监测不仅可用于判断 GAS 的发生，且可测定动物对应激的敏感性。监测方法很多，目前应用较多的监测方法介绍如下。

（1）氟烷试验。这是一种敏感性试验，在养猪生产和猪育种工作中应用广泛，根据试猪吸入 1.5% ~5% 的氟烷后，其知觉及骨骼肌的痉挛与强直反应判断应激个体。

（2）以血浆促肾上腺皮质激素（ACTH）与皮质醇比值变化确定应激个体。这是一种根据内分泌激素检验应激个体的方法，其基本依据是：应激情况下，应激个体的血浆 ACTH 水平比抗应激个体高得多，而两种个体间皮质类固醇的变化却无本质差异。

7 应激的调控

应激原是多种多样的，往往是不同质的，应激反应虽然是非特异性的，但动物的功能异常却是多方面的，它发生在动物的不同生理时期，不同的生理状态。因此，其防制措施多为综合性的，实际中应注重畜牧生产的全过程。可从以下三方面消除或减少应激的危害。

7.1 培育抗应激品种

动物对应激的敏感程度与遗传基因有关，通过育种方法选育抗应激品种，淘汰应激敏感动物，建立抗应激种群是根本解决动物应激的重要方法。例如：氟烷测试可以剔除氟烷阳性个体，根据血浆促肾上腺皮质激素水平，可用以建立具较强抗应激能力的鸡群。可见，应激敏感性测试是控制和消除应激敏感基因，提高群体抗应激能力的有效措施。

7.2 改善饲养管理方法

由于有些现代饲养管理措施本身就是应激原，因此，对于现代的一些可能引起应激反应的技术措施，在可能条件下，应作重要的调整，比如，笼养产蛋鸡的平养，适当降低肉雏鸡料的营养水平以减缓其增重速度，低蛋白早期断奶仔猪料的应用等，为动物创造良好的生存环境，关注动物饲养，购销、运输和屠宰的全过程护理工作。

畜禽建筑设计（场址选择、牧场布局、畜舍类型和材料）和环境工程设计（通风、防暑、保温、粪尿处理），设备选择与利用（笼具、光照、给水、给料、转群等设备），都要符合动物正常生理要求，尽量为畜禽创造一个比较舒适的环境条件，以免酷暑严寒、粪尿污染、空气污浊等造成的应激。饲养密度合理，光照制度符合动物生理要求，转群运输、兽医防制的实施要得当，在执行前要提前做好准备（比如额外补充维生素、电解质、葡萄糖、镇静剂等）。

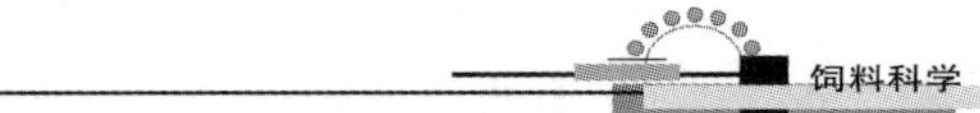

7.3 调整饲料配方，添加抗应激添加剂

强烈的或持续的激原刺激，致使动物神经体液调节系统紊乱，物质代谢出现不可逆反应，异化作用占主导地位，机体贮备耗竭，动物呈现严重的营养不良状况，免疫性能低下，性机能紊乱，严重时引发一系列应激综合征等。因此，降低动物对应激原的敏感性；提高动物采食量以改善其营养状况；增强免疫提高抗病力；补充活性物质（维生素、微量元素和碱性元素等），调节动物的整体代谢强度等，是通过饲料和饮水方式防制应激的基本思路。

国内外常用的抗应激添加剂为应激预防剂，促适应剂和应激缓解剂等：应激预防剂，以减弱激原对机体的刺激作用为目的，多为安定止痛和镇静剂，这类药只允许用于兽医治疗，不允许以饲料饮水方式给予。促适应剂，以提高机体的非特异性抵抗力，增强抗应激为目的，有参与糖类代谢的物质（琥珀酸、苹果酸、延胡索酸、柠檬酸等），缓解酸中毒和维持酸碱平衡的物质（$NaHCO_3$、NH_4Cl、KCl 等），微量元素（锌、硒等），微生态制剂、中草药制剂、维生素制剂（VC、VE）。应激缓解剂，以缓解热应激为主要目的物质（杆菌肽锌等）。目前国内外学者们的研究工作，抑或市场上的抗应激产品，多属单一物质，鉴于应激对动物的影响是多方面的，而且不同激原对动物的影响也是不同的，因此，单一抗应激物质不可能完全或最大限度地消除或缓解应激，针对不同应激原，不同应激综合征，研制复合抗应激剂或系列抗应激剂是未来方向。

7.4 以中草药或天然植物提取物为原料制作抗应激剂

以中草药或天然植物提取物为原料寻求兼有预防应激、促进动物对激原的适应性，缓解应激等效应的抗应激剂是研制新型抗应激剂的重要思路之一。

其中，柴胡对于调节体温、抗热应激，天麻对抗惊厥，远志对于降低动物对激原的敏感性、缓解其攻击性行为，五味子对于调节整体代谢强度，提高其生产水平，五味子作为“适应原”体对于调节中枢神经系统，板蓝根对于增强免疫提高抗病能力，参作为激素样物质对于增强繁殖性能，麦芽对于维护消化道黏膜细胞的增殖与修复、促进消化、增强食欲、改善营养体况等，在抗应激剂中居不可低估的作用。

8 仔猪早期断奶应激综合征

根据仔猪的生长发育规律，划分为不同饲养阶段，可将 3 周龄断奶的仔猪（体重在 5 kg 以下）至 20 kg 之间，划分为断奶——7 kg，7 ~ 10 kg、10 ~ 20 kg 三个阶段，第一阶段，即 21 d 断奶，体重 5 ~ 7 kg 时期，给饲高营养水平的日粮，该阶段的日粮应以乳制品为基础，高蛋白、高赖氨酸，添加维生素、微量元素和抗生素；第二阶段即 28 d 断奶，7 ~ 10 kg 阶段，以玉米豆粕为基础，加 10% 乳清粉，日粮蛋白质水平 18% ~20%，赖氨酸 1.25% 以上，第三阶段即 35 d 断奶，10 ~ 20 kg 阶段，用简单日粮，以谷实、豆粕为基础，赖氨酸为 1.1% 以上。仔猪 21 日龄断奶后实行上述三阶段饲养法，只要仔猪无明显拉稀现象，全期平均日增重（400 g），料肉比（2.20 以下）均可达到较高水平。

2 ~4 周龄早期断奶仔猪危害最大的疾病是腹泻，据统计，断奶后第一周腹泻率为 0.6%，第二周 32%，第三周 41.4%，第四周降为 8.4%，死亡率达 20% ~30%，越过死亡线的仔猪总体重下降 1/3，其经济损失十分惊人。

8.1 仔猪的断奶应激

仔猪断奶后由哺乳间转入平台式断奶圈，有时还将不同窝的仔猪混群饲养，导致仔猪所处环境发生变化。最严重的应激是仔猪由液态的母乳变成不同质的固体饲料。它不仅会产生严重的营养性后果，还会影响到仔猪的神经内分泌系统，免疫状态和行为状态，上述因素共同构成仔猪腹泻的应激原。

仔猪腹泻的发病机理十分复杂，单一因素，复合因素都可促使发病。在所有的应激原之中，营养应激是最主要的。众多的研究表明，断奶仔猪腹泻的原发性因素不是大肠杆菌，而是由应激造成的肠道损伤，致使胃肠酶活性及吸收能力下降，食物以腹泻形式排出。保护肠道健康的机制是肠道局部免疫系统，肠道免疫抗体对仔猪生命过程中未曾接触过的外来抗原会发生免疫反应，以消除抗原的危害，其代价是肠道细胞损伤，细胞成熟率下降，消化酶水平下降，肠黏膜异常，上述变换了的与母乳不同质的固体饲料诱发腹泻的抗原亦即应激原。据金炳昭（1996）调查，4 个猪场的 6 394 头 28 ~35 日龄断奶仔猪中，断奶应激的发病率为 54% ~80%，断奶后两个月的死亡率为 11% ~15%，其死亡原因主要为非感染性腹泻，即断奶应激腹泻综合征。导致仔猪断奶应激性腹泻的机理有如下说法：过强应激原通过“下丘脑 - 垂体 - 肾上腺轴”相继引起促肾上腺皮质释放激素、糖皮质激素的分泌加强，后者与动物机体应付多种损伤性刺激的抵抗力相关，它是机体非特异性抵抗力的主要组成成分。糖皮质激素的分泌与激原刺激强度呈正相关关系。生理浓度的糖皮质激素为维持胃黏膜正常功能所必须，它具有增加胃酸、胰液和其他消化液、消化酶的分泌，并具增进食欲和消化功能的作用。急性应激可引起急性胃、十二指肠溃疡或出血性黏膜糜烂，这是最具特征性的应激表现，急性胃黏膜病变的发展过程为：充血、水肿、出血点、浅表层糜烂、坏死、直至溃疡的形成。其他损伤因子（外伤、手术、脑部疾病）、严重感染、某些药物等因素并存时，糖皮质激素可使胃黏膜的屏障作用进一步降低。断奶应激除引起胃溃疡外，还会引起溃疡性结肠炎和其他胃肠病，增加仔猪对疾病的易感性，损伤免疫系统功能，而应激性溃疡似乎与攻击性行为有关。

在激原刺激下通过“交感 - 肾上腺髓质系统”交感神经兴奋，肾上腺髓质分泌加强，其分泌物为肾上腺素和去甲肾上腺素，后者几乎对全身小动脉都有兴奋作用，会引起胃肠血管收缩，肾上腺素作用于血管引起强烈收缩，腹腔脏器血管也显著收缩，引起胃肠供血减少，胃黏膜缺血到一定程度可引起胃黏膜上皮细胞坏死，它们对消化道的影响不仅是胃肠道血管收缩，供血量减少，还使胃肠道平滑肌舒张，蠕动变缓，致使机体整体消化机能减弱，引起消化不良。

8.2 解决仔猪早期断奶应激的措施

（1）提前补饲，大量补饲，断奶前补饲，一般认为，断奶前若能采食大量补料，使免疫系统产生免疫耐受力，则断奶后不致发生对日粮蛋白过度的敏感反应。尤其对于 4 ~5 周龄前断奶的仔猪，高质量的补饲效果是非常明显的，所谓高质量补饲，包括易消化、适口性好的补料，并辅以精心的补饲期管理。但是对于 3 周龄以前断奶仔猪的补饲，由于总采食量过少，非但产生不了免疫耐受性，反而加剧腹泻。据研究，断奶前每头猪至少需采食 500 ~600 g 补料才能使消化系统产生耐受性反应。3 周龄前断奶仔猪无需补饲，采取突然断奶并降低断奶后日粮蛋白质水平，其效果优于补饲。

（2）蛋白质是日粮的主要抗原物质，增加蛋白质的消化性或降低蛋白质水平可减少肠道免疫反应，缓解断奶腹泻。肠道损伤是免疫反应，不是微生物感染所致，减少蛋白质食入量即降低抗原刺激的影响，是调节早期断奶后肠道形态、结构和功能发生变化的有效途径。

（3）提高日粮赖氨酸水平，降低蛋白质水平。

（4）从维持肠道结构、代谢和功能正常的角度控制营养性应激。

早期断奶受影响最大的是肠道，其形态、结构和功能均发生很大的变化。

肠道在物质的消化、吸收、代谢，特别是氨基酸的分解、合成代谢中具重要作用。维持肠道形态结构和功能的正常，促进肠道黏膜细胞的分化和增殖，是控制早期断奶仔猪应激的重要途径。

以谷氨酰胺来控制肠道黏膜的完整性：谷氨酰胺是动物血浆和游离氨基酸库、产后3~4周龄母猪乳中最丰富的氨基酸，是小肠黏液及其他快速分化细胞的增殖、分化的能源，肠道是体内利用谷氨酰胺最多的器官，在应激状态下，其利用性还会进一步增加。其在小肠黏膜中，通过下列途径参与代谢：

①为肠黏膜细胞提供能量；

②保证由谷氨酰胺合成足够的精氨酸以供肠道外组织的利用；

③提供多胺合成的原料，多胺是小肠黏膜生长、发育、成熟、适应并进而恢复创伤必须的物质；

④促进肠细胞的增殖和DNA的合成。

生物活性肽（谷氨酰胺二肽）的应用，具促长、增加免疫球蛋白、保护肠黏膜上皮组织、有利肠道发育作用；

（5）补料和开食料中添加抗生素，既可抑制病原微生物的增殖，又可增强对抗原刺激的耐受性。

（6）非抗生素类添加剂的应用及其他措施：①酶制剂；②甜味剂和香味剂的复合物；③补充复合有机酸（调整消化道pH值和电解质）；④添加益生素和化学益生素（低聚糖）；⑤添加免疫增强剂（喷雾干燥血粉、卵黄抗体、血浆蛋白粉、血球蛋白粉等）；⑥植物提取物（将会成为21世纪饲料添加剂的主导产品，最具发展潜力的绿色饲料添加剂）；⑦倡导35日龄断奶。

9 猪应激综合征

严重的应激刺激可引起一系列应激综合征，肾上腺皮质增大及机能亢进，胸腺淋巴组织萎缩，血液嗜酸性白细胞及淋巴细胞减少，中性多核性白细胞增多，胃酸分泌增加而导致胃肠道形成溃疡或局部发生炎症。动物的骨骼肌和心肌受损，对于猪一般称猪应激综合征或急性心衰竭死亡（PSS），表现为异常高的频率发生恶性高温综合征，在运输和宰前猝死，死后可见猪肉变性，如苍白松软的渗出性猪肉（PSE），干燥坚硬色暗猪肉（DFD），成年猪背肌坏死（BMN），猪急性心衰竭或昏厥等应激综合征的病理表现。猪的胃溃疡、咬尾症，禽的啄癖症等，均属严重应激刺激引起的症状。

PSE猪肉多因宰前运输中的拥挤、捆绑、咬架或受到冷热或电刺激所致，眼见色泽苍白，肌肉松软，液体渗出，表面湿润，严重者如烂肉样，手指可轻易插入，失去弹性，肌膜有小出血点，淋巴结肿大出血。水煮后呈淡白色，品尝粗糙无味。

DFD猪肉为猪肉轻度变性，宰后可见肌肉干燥、质地粗硬、色泽深暗。多为猪只长时间受低强度应激原刺激所致。

BMN多见于75~100 kg大猪，有遗传性，宰前可见单侧或两侧背肌肿胀。

PSS多见于体重50~90 kg的大猪，无预兆性猝死，心脏苍白、灰白、黄白，有条纹或斑点状变性。

10 家禽热应激

由于鸡没有汗腺，对高温的调节机能较差。家禽高温应激时，其生理、生化机能发生异常变化，导致生长速度、产蛋率及蛋壳质量下降，严重时造成鸡只死亡，家禽为降低体内深部温度而发生的应答反应为：采食量下降，喘气严重，饮水量增加，双翅下垂。

10.1 热应激产生的原因及影响

家禽生长的最适气温为18~26℃，气温超过最适温度范围时，靠热性喘息进行体温调节，大幅增加蒸发散发，体内二氧化碳呼出量明显增加，血液H^+浓度降低。据报道，肉鸡在24℃、32℃和41℃的环境下，血液中pH值分别为：7.28、7.40、7.52，发生明显的碱中毒。血液循环系统亦发生明显变化，体表、上呼吸道和肺部血液量增加，肝、肾、胃肠道和生殖道血液量相应减少，散热量增加的同时，伴随着物质的吸收利用率下降，鸡的采食量和生产性能随之下降。据报道，气温超过30℃时，每上升1℃采食量减少3.4~4 g。持续高温引起血浆雌二醇明显下降，抑制生殖器官活动，使家禽产蛋率下降。热应激导致血钙、CO_2和HCO_3^-浓度降低，减弱蛋壳在子宫部的形成能力，造成产蛋率和蛋壳质量的降低。

10.2 热应激的预防措施

加大舍内气流速度，降低舍内温度，加快体温散发（呼吸道蒸发散热，体表温度调节）是家禽抗热应激的最好措施。此外，尚有许多饲料-营养措施可以选用。

（1）给予充足的清凉饮水，热应激时的机体散热，80%是靠蒸发散热的，水是体热的载体。

（2）合理调整日粮营养水平，添加饲料脂肪、增加日粮能量浓度，降低日粮蛋白质水平、提高必需氨基酸给量。

（3）添加维生素C和维生素E，104 mg/kg以上。

（4）补充$NaHCO_3$。

（5）补充杆菌肽锌：100 mg/kg。

（6）补充维吉尼亚霉素：15~20 mg/kg。

（7）添加具镇静作用的中草药：镇心安神，减少产热，清暑安神，增食促产，消暑散热，燥湿泻火，消食导滞，补气生血，催性促产。

（8）添加吡啶羧酸铬：Cr，300 μg/kg+烟酸，40 mg/kg（蛋鸡）；600~800 μg Cr/kg（肉鸡）；300 μg/kg（猪，奶牛）；应激时，增加铬需要量，三价铬作为葡萄糖耐量因子（GTF）与胰岛素协同，参与糖、脂类和蛋白质代谢，可改善畜禽的生产性能、增强免疫功能、提高瘦肉率，提高繁殖性能。

（9）添加有机酸：0.1%柠檬酸或0.1%延胡索酸等。

参考文献

[1] 翟旭久. 畜禽应激的研究进展. 动物营养研究进展，1994，131~140
[2] 张敏红. 畜禽应激与抗应激新技术，2000，1~10
[3] 宋育. 猪的营养，1995，250~254
[4] 张玉生. 动物生理学，1994，212~281
[5] 刘克嘉. 应激与应激性疾病，1991，1~13
[6] 伍晓雄. 断奶应激导致仔猪腹泻的内分泌机理研究，动物医学进展，1999，(2)：7~8
[7] 王学峰. 猪应激综合征研究进展. 动物科学与动物医学，2001，(3)：25~27
[8] 张振斌. 超早期断奶应激对仔猪小肠黏膜结构的影响. 论文集（下），2000，442
[9] 张宏福. 试论集约化畜牧业的应激与环境控制. 畜牧与兽医（增刊），2002，62

以真可利用氨基酸为基础制作家禽饲料配方

霍启光
（中国农业科学院饲料研究所）

1　真可利用氨基酸的概念

现有的饲养标准，关于氨基酸的需要量以及饲料氨基酸的营养价值，多以氨基酸分析值为指标。就氨基酸需要量而言，它是经过多次的饲养试验、代谢试验、生产试验而得的数据，乃保证鸡正常生长、健康高产的保证值，它蕴含了氨基酸的利用效率。客观需要量与供给量之差，正是人们注视的“生物学效价”（Bioavailability）。而所谓“生物学效价”，Fox（1981）定义为“某种养分支持生物机体结构与机能正常的量化估测”。Sibbald（1987）认为“生物学效价”是一种抽象的概念，乃养分进入体组织后用于正常代谢机能的效益。”就氨基酸的生物学价值而言，至今，它仍是一个模糊不清的概念，实际中有氨基酸消化率（Digestibility of amino acids，DAA）、氨基酸代谢率（Metabolizability of amino aoids，MAA）、氨基酸利用率（Utilizability of amino acidS，UAA）等几个不同层次的概念。同一英文术语“Arailable amino acid”，根据译者的理解有译作“有效氨基酸”的，亦有译作“可利用氨基酸”的，对于鸡，还有译作“可消化氨基酸”的，不一而足。生物学价值本来就具有多重涵义，包括：消化（Digestibility）、吸收（Absorbabilty）、代谢（Metabolizability）、同化（Assimilation）、利用性（Utilization）。

本文选择“饲料真可利用氨基酸”（True Available Amino Acids，TAAA）表示饲料中氨基酸的生物学价值，其公式为：饲料真可利用氨基酸 = 饲料氨基酸 -（粪氨基酸 + 尿氨基酸）+（代谢粪氨基酸 + 内源尿氨基酸）。由公式可见，它并非是真正的“真可利用氨基酸”，它不能准确表示其在体内蛋白质合成过程中的作用，从方法学上看，它是由 Sibbald（1987）的 TME 改良法测得的，它亦不能完全反映吸收的氨基酸在体内的代谢状况，亦非“真可代谢氨基酸”；由于尿中排出的氨基酸量很少，人们（Adewusi 等，1984；Moughan 等，1991；Pansons 等，1986，1989，1990）将其视同“真可消化氨基酸”，虽不十分准确，但大抵如此；在日本鸡的饲养标准（1992）中，则将其称作“有效氨基酸”，可谓“给含混的概念赋予含混的术语”，或许更加恰当。所谓“真可利用氨基酸”应理解为饲料中能被动物消化吸收，并用于体内蛋白质合成或其他生理过程的氨基酸，其高低取决于饲料中蛋白质的物理、化学特性，以及受体动物本身的生理状态，尤其是蛋白质、氨基酸代谢状况。

2 鸡饲料可利用氨基酸测定方法的基本依据

关于鸡饲料氨基酸可利用率测定方法的研究，1987 年 Sibbald 曾进行详尽综述，这一议题曾是 1988 年第 5 届国际蛋白质营养和代谢讨论会的中心议题。我国多所大专院校、研究机构对此亦有一定的研究。参考国内外有关研究资料，进行必要的比较和验证试验，尽快地提出一个相对可行的、统一的饲料氨基酸可利用性测定技术规程已经是一个刻不容缓的任务。然而，研究者们在饲料氨基酸可利用性的测定方法上却存在着不同程度的差别，其争论焦点是“内源氨基酸和代谢粪氨基酸的收集方法”、“Sibbald 的 TME 法用于测定氨基酸可利用性的改进”、“用去盲肠鸡测定饲料可利用氨基酸的必要性和用未去盲肠正常鸡测定饲料可利用氨基酸的可行性”等，这是确定本技术规程首先需要澄清的几个基本问题。

2.1 采用饲料真可利用氨基酸评定饲料氨基酸生物学价值的依据

用 Sibbald 的 TME 法，即以绝食 - 强饲 - 排空为特点的公鸡准确饲喂法经改进用以评定鸡饲料氨基酸生物学价值已为多数研究者接受。表观可利用氨基酸和真可利用氨基酸的区别在于后者对混入粪、尿中的非直接来源于强饲饲料的内源尿氨基酸和代谢粪氨基酸进行了校正。早在 1971 年，Syke 即证实，尿中含氨基酸甚微，其对氨基酸利用率测值的影响是可以忽略不计的。据 Rerat 等（1987）测试，影响饲料氨基酸利用率的主要因素是代谢粪氨基酸。Bragg 等（1969）应用无氮日粮法测得代谢粪氨基酸排泄物用以校正饲料氨基酸的表现利用率。Sibbald 等（1976）则用绝食法收集内源尿氨基酸和代谢粪氨基酸排泄物（后称两者的混合物为“内源性氨基酸”）为校正值。陈雪秀等（1984）用绝食法收集鸡内源性氨基酸，并对氨基酸表观可利用率（AAAA）和氨基酸真利用率（TAAA）进行了比较试验，TAAA 测值的可加性较好，结果表明：由单个饲料测定值累加而得的日粮计算值与日粮的实测值之比（%），大部分在 95% ~103%，而 AAAA 的比值较差，绝大部分不足 100%，一般在 85% ~ 99%。霍启光等（1992）用无氮日粮法收集鸡内源性氨基酸，对饲料 AAAA 和 TAAA 进行对比试验：试验测定了三种单一饲料（玉米、棉粕、大豆粕）三种由上述单一饲料配制而成的肉仔鸡全价配合饲料（玉米 - 棉仁粕型、玉米 - 棉仁粕 - 豆粕型、玉米 - 豆粕型日粮）的 TAAA 和 AAAA，结果：同一饲料的 TAAA（%）显著高于 AAAA（%），以总氨基酸为例，玉米的 TAAA 和 AAAA 分别为 98.6 ± 2.3 和 80.5 ±2.3、棉粕为 78.4 ±4.1 和 70.9 ±4.1、豆粕为 91.3 ±2.0 和 84.1 ±2.1、玉米 - 棉粕型日粮为 84.5 ±1.9 和 78.1 ±1.9、玉米 - 棉粕 - 豆粕型日粮为 87.6 ±1.0 和 81.6 ±1.0、玉米 - 豆粕型日粮为 93.7 ±2.5 和 87.7 ±2.5。比较 TAAA 和 AAAA 的差值，可见差值最大的是玉米，次以棉粕、豆粕、玉米 + 棉粕型日粮、玉米 + 棉粕 + 豆粕型日粮、玉米 + 豆粕型日粮。玉米的 TAAA 和 AAAA 相差为 9.2% ~30.9%，其各种氨基酸的 AAAA 为 85.8% ~88.7%，TAAA 为 88.0% ~97.2%；其 AAAA 之低的结果与玉米消化率较高的事实相去甚远。这同玉米氨基酸含量低、内源性氨基酸排泄量几乎等于强饲后玉米的未消化氨基酸排泄量有关。由单个饲料 TAAA 和 AAAA 测值累加而得的肉仔鸡全价配合饲料的 TAAA 和 AAAA 同其相应实测相比，TAAA 值的计算值更接近于相应实测值，以总氨基酸的 TAAA 和 AAAA 为例，上述三种日粮的计算值和实测值之比（%）分别为 97.9 和 93.8、100.3 和 96.5、98.7 和 95.0。显见，饲料 TAAA 测值的可加性高于 AAAA 测值。可见，不论以绝食法或是无氮日粮法测得的 TAAA，均表现出它优越于 AAAA，以 TAAA 作为评定饲料氨基酸生物学价值的指标已为公认，当前的争论焦点是内源性氨基酸排泄物的收集方法，即有饲料（无氮日粮法）经过消化道和无饲料（绝食法）经过消化道哪种合理？对此，Likuski（1987）、Sibbald（1979）、Hayes（1983）、Crissey（1983）、Engster（1984）等研究证实，两种方法间仅有很小差别，均可用以测定饲料的 TAAA。秦学忠（1988）选择体重 1.8 ~2.1 kg 的白莱航公鸡分别用无氮日粮法（NFD）和绝食法收集内源性氨基酸排泄物，结果，其总必需氨基酸排泄量（mg/只/48h）分别为 330 ±6，CV18%，和 240 ±8，CV33.8%，NFD 法显著（$P<0.01$）高于绝食法，且 NFD 法测值的个体间变异较小，这无疑会提高其 TAAA 测值的精确性。试验还测定了 5 种蛋白质饲料，8 种日粮的 AAAA 值，并分别用上述两种方法测得的内源性氨基酸测定了饲料的 TAAA 值，结果，TAAA 两种测值均高于 AAAA（$P<0.05$），用 NFD 法测得的 TAAA 值不仅高于绝食法，且单一饲料 TAAA 测值可加性亦最高。霍启光等（1992）选择体重 3.0 ~3.2 kg 海赛克斯（褐）公鸡 NFD 法和绝食法收集内源性氨基酸排泄物，结果，其总必需氨基酸排泄量（mg/只/48 h）分别为 306 和 204，亦为前者显著（$P<0.05$）地高于后者。内源性氨基酸的校正值越来越普遍地趋向于采用无氮日粮法测值（Bragg 等，1969；Flipot 等，1971；Rostagn 等，1973；Varnisn 等，1975；Okumur 等，1978；Muztar 等，1980；Parsons 等，1984a；De Lange 等，1989；Green 等，1987）。以 Sibbald 的 TME 法为基础，用无氮日粮法收集的内源性氨基酸排泄物比绝食法更接近于给食鸡实际，且其测值比较稳定，单个饲料的 TAAA 值可加性亦较高。

尽管如此，亦不能说 NFD 法是尽善尽美的，此时，机体的代谢处于负平衡状态，蛋白质合成代谢减弱的同时，内源性氨基酸排量减少，本法有可能低估内源性氨基酸排泄量，并进而低估饲料 TAAA 值（Morghan 等，1991；Letenme 等，1991）。何况，NFD 的构成，诸如日粮蛋白质摄入量（Krouielitzki 等，1982；De Lange 等，1990）、日粮中碳水化合物的性质（Harper 等，1952）、日粮中纤维素的类型及其水平（Green 等，1988；Leterme 等，1992；张宏福，1992）等以及盲肠的去与不去（Parsons 等，1984b；Kessier 等，1981，Green 等，1987；许万根，1990；霍启光等，1992）对内源性氨基酸排泄量的影响程度都还不十分清楚。无氮日粮法是特定条件下的测值，并不能很准确地反映机体蛋白质消化代谢的真实情况，即使用同一估测方法，其测值还可能受环境条件（许万根，1990）的影响。重要的是要控制易导致系统误差的主要干扰因素提高测值的可比性，重复性和可加性。

2.2 以 Sibbald 的 TME 法兼测饲料真可利用氨基酸的可能性

当前通行的 TAAA 测定方法有两种，即 Sibbald 的 TME 法及其改进法。前者以绝食法收集的内源性氨基酸排泄物为校正值，后者代之以无氮日粮法测值；被测饲料的给饲方法亦不相同，前者强饲单一饲料，后者除了强被测饲材料外，还配以适量蔗糖或葡萄糖、矿物质、维生素等，对于粗蛋白质含量为 20% 以上的饲料，根据其蛋白质含量，还混以适量淀粉，将日粮粗蛋白水平调至 16% ~18%，有时还补充纤维素和油脂等。内源性氨基酸的估测问题前已提及，此不赘述。

关于被测饲料给饲方式的问题 Sibbald 等（1979）和秦学忠等（1986）曾进行专项试验，结果均未获得充分的证据说明被测饲料的营养平衡对饲料氨基酸的真利用率会产生显著的影响。似乎在 TME 条件下，被测饲料的营养平衡性对氨基酸消化吸收过程并不十分敏感，这可能同营养物质代谢的补偿作用或恒稳调节机构（许振英等，1986）有关，对于正常试禽，短期内营养的不平衡性不至造成消化生理紊乱，并进而影响饲料的 TAAA 测值，似乎直接强饲单一饲料而不考虑营养的平衡并非不可。就这一问题，霍启光等（1992）曾对上述两种方法进行的比较试验却获得了不同的结果，试验同时用两种方法测定了棉粕（直接浸提）、豆粕（直接浸提）、玉米以及这三种饲料为基础配制而成的三个类型日粮的 TAAA，结果：①三种单一饲料的 TAAA 测值均为 Sibbald 的 TME 法低于其改进法，其总必需氨基酸的真可利用率（%），玉米分别为 90.4 和 95.6，豆粕分别为 88.0 和 91.7，棉粕分别为 76.5 和 76.8，但差异均不显著（$P>0.05$），赖氨酸的真可利用率（%），玉米分别为 83.8 和 88.0（$P<0.05$），豆粕分别为 76.8 和 89.6（$P<0.05$），棉粕分别为 41.9 和 52.1（$P<0.05$），这似乎又同被测

饲料营养的相对平衡性以及改进法内源性氨基酸排泄量较高有关；②用 sibbald 的 TME 法及其改进法的单个饲料 TAAA 测值计算而来的三种类型日粮氨基酸真利用率，与其相应日粮的 TAAA 实测值之比（%）：玉米－棉粕型日粮总必需氨基酸两种方法的计算值分别为其实测值的 96.1 和 97.5，玉米－棉粕－豆粕型日粮分别为 97.1 和 100.2，玉米－豆粕型日粮分别为 95 和 99.2；而三种日粮赖氨酸真可利用率的计算值与实测值之比则分别为 91.1 和 98.3、90.2 和 101.1、88.7 和 100.5，改进法计算值比 Sibbald 的 TME 法计算值更接近于实测值（$P<0.05$）即“Sibbald 的 TME 法的改进法”测得的单一饲料氨基酸真利用率可加性较强。显见，Sibbald 的 TME 法经改进后方可用于测定饲料氨基酸的真可利用率。

2.3 用去盲肠鸡测定饲料真可利用氨基酸的必要性和用未去盲肠鸡测定 TAAA 的可行性

至今，国内外尚无一个众所公允的测定鸡饲料氨基酸利用率的统一方法（Sibbald 等，1987；Moughan 等，1991）。影响饲料氨基酸利用率测值的因素很多，用去盲肠鸡测定饲料氨基酸利用率是克服消化道后段微生物对饲料氨基酸利用率干扰的简单易行方法。鸡盲肠内存在大量种类繁多的微生物，但其对饲料中蛋白质的分解作用甚微，对饲料蛋白质的利用性影响程度亦极小（Salter，1971）；而 Prsons（1986）证实，食糜中有一定数量未消化氨基酸进入盲肠后被微生物利用。事实上，与小肠相比，盲肠上皮绒毛的表面积要小的多，经盲肠吸收的氨基酸是十分有限的。就饲料氨基酸利用率测定方法而言，我们关心的是盲肠微生物对饲料氨基酸的降解和吸收程度是否影响到测值本身以及这种影响是否有碍其作为一个营养指标正确地反映饲料氨基酸可利用性，以及动物对它的需要量。迄今，主张用去盲肠鸡测定饲料氨基酸的的利用率仅是建立在假定其与正常鸡生理状况一致或没有差异的前提下进行的。事实上，不仅这一假设未得到证实，鸡盲肠对氨基酸的吸收量亦不清楚。有关去盲肠鸡的生理应激及蛋白质代谢等问题均待进一步探讨，去盲肠仅只是排除了盲肠微生物对饲料未消化蛋白质的可能影响。其依据是不充分的，至今，在国内外始终是一个争论不休的问题。为此，人们用去盲肠鸡和未去盲肠鸡进行了一系列对比试验，试图查明其对饲料氨基酸利用性的影响。

Neshein（1967）的试验证实，去盲肠鸡与未去盲肠鸡对正常鳕鱼粉的蛋白质消化率无差异，而未去盲肠鸡对过热处理鳕鱼粉的蛋白质消化率却高于去盲肠鸡。Hayes（1983）测定了正常鱼粉和过热处理鱼粉赖氨酸的消化率，结果获得了同上述 Nesheim 类似的结论。似乎消化性高或质量好的蛋白质受盲肠微生物的影响较小，而消化性低、质量差的蛋白质受盲肠微生物的影响较大。

Pansons（1984b）用去盲肠鸡和未去盲肠鸡测定了肉粉氨基酸真利用率，结果表明，正常鸡真利用率高于去盲肠鸡，赖氨酸分别为 87% 和 79%，含硫氨基酸分别为 79% 和 67%，且去盲肠鸡测值比正常鸡更接近于生长试验法测值，似乎鸡盲肠影响了氨基酸的消化吸收，却未影响氨基酸的利用。Parsons（1988）在 DDGS 的氨基酸利用率测定中亦获得了正常鸡高于去盲肠鸡的结果。Green（1987a）用未去盲肠鸡和去盲肠鸡比较了玉米、小麦、大麦的氨基酸真消化率，发现两种鸡之间无差异，在他的另一研究中（1987b）发现，两种鸡对豆饼、葵饼、椰饼的苏氨酸、甘氨酸和赖氨酸的真利用率有差异。

计成（1989）在去盲肠鸡和未去盲肠鸡对饲料氨基酸真利用率影响的研究中得知：就总氨基酸而言，未去盲肠鸡对豆饼和过热处理鱼粉的真利用率显著地高于去盲肠鸡（$P>0.05$），但就个别氨基酸而言，有的（如赖氨酸、精氨酸、缬氨酸、亮氨酸和异亮氨酸、苯丙氨酸）差异不显著（$P>0.05$）、有的（如鱼粉的苯丙氨酸、脯氨酸、胱氨酸）去盲肠鸡高于未去盲肠鸡（$P<0.05$）；同上述结果相反，正常鱼粉、脱毒或未脱毒棉饼芝麻饼的总氨酸真利用率，在两种鸡间差异不显著（$P>0.05$）而个别氨基酸（如鱼粉的脯氨酸、芝麻饼的丙氨酸、精氨酸、酪氨酸和赖氨酸，棉饼的天门冬氨酸、丝

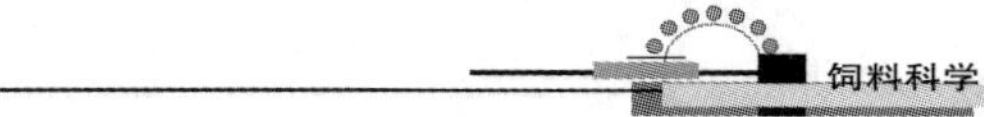

氨酸、苏氨酸、丙氨酸、酪氨酸、苯丙氨酸、异亮氨酸和含硫氨酸）差异显著（$P<0.05$），且均为去盲肠鸡大于未去盲肠鸡。可见，易消化和不易消化饲料间，同一饲料的不同氨基酸间、不同加工处理的饲料间，其氨基酸真利用率在两种鸡间，呈无规则变化。

霍启光等（1992）用去盲肠鸡和未去盲肠鸡测定了玉米、豆粕、棉粕和以这三种饲料为基础构成的三种类型日粮（玉米－棉粕型、玉米－棉粕－豆粕型、玉米－豆粕型）的TAAA。结果：各种饲料、日粮的赖氨酸、精氨酸、丝氨酸、亮氨酸、总氨酸的真利用率在两种鸡间无差异（$P>0.05$），但玉米和豆粕的各项氨基酸值大多为未去盲肠鸡高于去盲肠鸡，棉粕和三种类型日粮的各项测值则大多为去盲肠鸡高于未去盲肠鸡。看来，其结果类似于上述计成的研究，不同饲料、不同氨基酸测值的两种鸡间无一定规。

显然，就上述国内外有限的研究资料来看，仅就盲肠对饲料氨基酸利用性的这种影响，尚不能构成必须用去盲肠鸡测定饲料真可利用氨基酸的理由。

霍启光等（1992）还就两种鸡测值的关系及各测值的可加性做了进一步研究，发现：①六种单一饲料、三种类型日粮的TAAA值进行回归分析，结果去盲肠鸡（Y）和未去盲肠鸡（X）两者间总氨基酸、总必需氨基酸，赖氨酸和苏氨酸的相关系数分别为0.94、0.94、0.97、0.88（$P<0.01$），其斜率分别为1.1、1.1、1.1、1.2，可见，饲料的TAAA在去盲肠鸡与未去盲肠鸡之间具一定的系数关系，进行TAAA的测定并非必需使用去盲肠鸡；②由三种类型日粮的氨基酸真利用率计算值与实测值进行比较，结果，不论TAAA，还是AAAA均为未去盲肠鸡的计算值比去盲肠鸡更接近于实测值，亦即未去盲肠鸡饲料的TAAA和AAAA可加性高于去盲肠鸡，以未去盲肠鸡和去盲肠鸡饲料的TAAA计算值占实测值的比率为例，总氨基酸分别为97.7%～100.3%和93.5%～97.4%、总必需氨基酸分别为97.5%～100.2%和92.7%～97.1%，总非必需氨基酸分别为98.1%～100.3%和94.3%～97.7%，稳定性较差的赖氨酸分别为98.3%～101%和93.9%～97.6%。看来，TAAA的测定并非必须使用去盲肠鸡。

3 鸡饲料真可利用氨基酸的测定方案（建议）

3.1 供试鸡

3.1.1 选用体重1.8 kg以上、体重相近、采食正常、强饲后无异常反应、无怪癖的健康公鸡为试鸡

3.1.2 排泄物收集瓶的缝合手术

在代谢试验开始前1周，于排泄口外围处缝合60 ml塑料瓶盖，瓶盖面中央挖一圆孔及对称的四对小孔，以便粪尿通过及缝合固定瓶盖用。在收集排泄期间，拧上收集排泄物的塑料瓶，其他时间取下塑料瓶任其自由，不收集排泄物。

3.1.3 连续两次测定期间，应设置10～14 d的恢复期

3.1.4 供试鸡只数

每测一种饲料需设置4个重复组，每个重复组至少4只鸡。用上述同一批试鸡测定代谢性粪中的氨基酸和内源性尿中的氨基酸（下文简称“内源性氨基酸”）排出总量。

3.2 饲养管理方式

3.2.1 鸡舍

全封闭式或半开放式鸡舍。

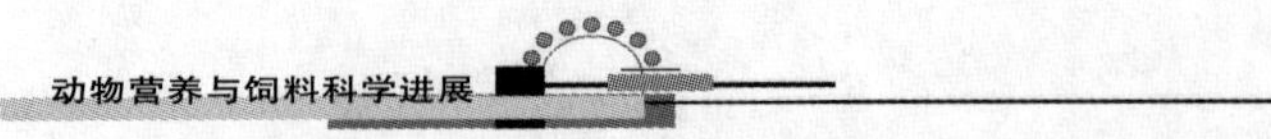

3.2.2　在带集粪盘的代谢笼内个体饲养，适应后供试验用

3.2.3　室温

15～27℃。

3.2.4　光照

光照强度20 lx：自然光照和（或）人工光照：每日光照时间为16 h。

3.2.5　在非试验期，限制饲喂生长蛋鸡全价配合饲料

3.2.6　自由饮水、禁食砂石

3.3　试验进程

试验分预试期、正试期（禁食排空、强饲、粪尿收集）及体况恢复期三阶段进行，其进程见表1。

表1　试验进程

期别	预试期	第一次测定 禁食排空期	强饲	粪尿收集期	体况恢复期	第二次测定 禁食排空期	强饲	粪尿收集期	体况恢复期
时间	3 d以上	48 h	按个体准确计时	48 h	10～14 d	48 h	按个体准确计时	48 h	10～14 d
被试饲料组	喂生长蛋鸡全价配合饲料，最后一顿喂供试料	以饮水方式给予葡萄糖50 g/只·d	被试饲料	同上	同上	各期均与第一次测定同			
内源性氨基酸	同上	同上	无氮日粮	同上	同上	根据需要确定第二次测定日期			

试验分预试期、正试期（禁食排空、强饲、粪尿收集）及体况恢复期三阶段。

3.4　被试饲料测定程序

3.4.1　禁食

准确记载禁食排空开始时间，禁食48 h，禁食期间通过饮水每鸡每日补充葡萄糖25 g

3.4.2　强饲

禁食结束后，每只鸡强饲40～50 g风干被试饲料并及时按个体记录时间，粗纤维含量高的饲料可酌减，以不呕吐为度。

3.4.3　排泄物的收集与处理

强饲后立即装好“集粪瓶”分别收集每只鸡48 h的排泄物，视集粪瓶内排泄物的量，其间，每日收集若干次，取出后立即保存于4℃下，亦可直接在60～65℃下烘干至恒重，置室内回潮24 h，称重、记录；粉碎、过40目筛（圆孔筛孔径0.45 mm）；将每个重复组4只鸡的风干排泄物混合均匀、装瓶封存并立即取样，在100～105℃下分析其干物质含量，用以计算每个重复组鸡的平均全干排泄物量（g/只/48 h）；倘不能同步进行氨基酸分析时，于测定氨基酸含量之前须再次测定样品干物质含量，以便准确计算排泄物中氨基酸含量。

3.5　内源性氨基酸排泄量的测定程序

3.5.1　禁食

同“被试饲料测定程序”。

3.5.2 强饲

禁食结束后，每只鸡强饲 50 g 无氮日粮。

3.5.3 排泄物的收集与处理

同“被试饲料测定程序”。

3.6 强饲用饲料的配比与配合

3.6.1 被试饲料

粗蛋白质含量为20%及20%以上的浓缩饲料及蛋白质饲料原料，根据其蛋白质含量，混以适量玉米淀粉（N×6.25<3%），将日粮的粗蛋白质水平调整到16%~18%，并按15~20周龄生长蛋鸡饲养标准（中华人民共和国专业标准ZBB43005-86）推荐的需要量补充钙、磷、食盐等矿物质饲料，添加微量元素预混料、维生素预混料；粗蛋白质含量低的饲料原料及全价配合饲料无需使用玉米淀粉。

3.6.2 无氮日粮配方

由48.48%的玉米淀粉（N×6.25<3%）、43%的蔗糖（食品级）、5%的纤维素粉、3%的磷酸氢钙、0.3%的食盐、0.2%的微量元素预混料、0.02%的维生素预混料组成。

3.6.3 饲料级单体氨基酸

以无氮日粮为基础饲料，在每千克无氮日粮中另加一定数量的被测单体氨基酸，其加量（g/kg）为肉仔鸡前期饲养标准（中华人民共和国专业标准ZBB43005-86）所列参数的1.5倍；其真可利用氨基酸的测定程序同“被试饲料测定程序”。

上述各种强饲饲料，分别以重复组为单位按配方批量配合，然后根据重复组内的鸡只数一次性按需要等量称出若干份，同步测定干物含量后备用

3.7 饲料及粪尿排泄物的分析

3.7.1 分析指标

饲料样本分析干物质、粗蛋白质、氨基酸；粪尿排泄物分析干物质、氨基酸。

3.7.2 分析方法

依常规法测定，干物质（中华人民共和国标准GB6435-86）、粗蛋白质（中华人民共和国标准GB8432-86）、样品经盐酸水解后，用氨基酸分析仪或高效液相色谱仪进行氨基酸分析；含硫氨基酸须采用过甲酸氧化处理后，同法单独进行测定；色氨酸则采用比色法测定。

3.8 数据计算与统计分析

3.8.1 分析结果小数点后保留位数

饲料的氨基酸含量、真可利用氨基酸含量及排泄物的氨基酸含量（%）等，保留小数点后两位数；饲料的干物质、粗蛋白质含量（%）及氨基酸真利用率（%）等保留小数点后一位数。

3.8.2 按下列公式分别计算4个重复组鸡的饲料氨基酸真利用率和饲料真可利用氨基酸含量

$$\text{氨基酸真利用率} = \frac{\text{食入氨基酸(g)} - \text{排泄物中氨基酸(g)} + \text{内源性氨基酸(g)}}{\text{食入氨基酸(g)}} \times 100\%$$

式中:食入氨基酸=食入干物质量(g)×食入干物质中氨基酸含量(%)；

排泄物中氨基酸=食入被测饲料后排出干物质量(g)×所排干物质中氨基酸含量(%)；

内源性氨基酸=食入无氮日粮后排出干物质量(g)×所排干物质中氨基酸含量(%)；

饲料中真可利用氨基酸含量=干物质中氨基酸含量(%)×氨基酸真利用率(%)；

（全干基础）

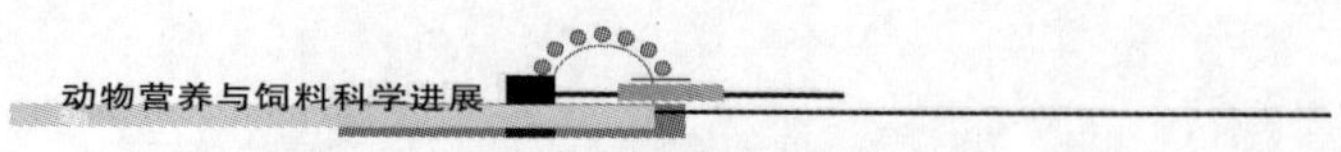

饲料中真可利用氨基酸含量 = 风干饲料中氨基酸含量(%)×氨基酸真利用率(%)。
（风干基础）

3.8.3 根据4个重复组鸡的氨基酸真消化率和真可利用氨基酸含量推算被测饲料氨基酸的平均真利用率、真可利用氨基酸的平均含量及其相应的标准差

4 以可利用氨基酸为基础配制家禽日粮的重要性

通常，在猪、蛋鸡的肉仔鸡日粮中，蛋白质饲料的用量大约为整个日粮的20%、30%、35%。而其成本则分别为整个日粮的35%、50%和45%。蛋白质在很大程度上左右着配合饲料的成本，蛋白质供应已成为国内外发展畜牧业的制约因素。蛋白质饲料的用量及动物对蛋白质的利用无疑是饲料配方制作者及配合饲料生产厂家极为关注的问题。氨基酸平衡理论的应用及理想蛋白质饲料概念的产生对于解决这一问题具有重要的意义。然而，它们有着一个共同的缺点，即它们都是以饲料中氨基酸含量为基础的，须知，饲料中的氨基酸只有消化吸收后才有可能被成龙配套地利用。世界性蛋白质供不应求的现状导致人类在不断地寻求新的蛋白质资源，豆饼（粕）以外的杂饼（粕）类饲料以及鱼粉以外的动物性蛋白质饲料，单细胞蛋白质饲料等的广泛应用即是这一现象的必然。上述非常规蛋白质饲料富含蛋白质、氨基酸，然而，它本身特有的理化性质，以及抗营养因子的存在严重地影响了它的利用。不同饲料原料、不同加工工艺、不同抗营养因子对饲料氨基酸的生物学价值具有不同的影响，其可利用氨基酸含量亦各不相同。

据霍启光等研究（1992），同大豆粕（直接浸提）相比，以蛋白质含量为指标，大豆粕（直接浸提）、大豆饼（螺旋压榨）、棉仁饼（螺旋压榨）、棉仁粕（预压浸提）、棉仁粕（直接浸提）的相对价值分别为100、99、87、90、96；以总赖氨酸含量为指标，其相对价值分别为100、83、58、56、56；以真可利用赖氨酸为指标，其相对价值分别为100、78、41、33、29。可见，以粗蛋白质含量为基础相比较，上述五种饲料都比较相近，粗蛋白质水平大体都在40%以上；以总赖氨酸含量为基础，豆饼为豆粕的80%，各种棉饼（粕）则只有其一半稍多；如以真可利用赖氨酸含量为基础相比较，两种棉粕仅为豆粕的1/3。同时可见，加工方式不同的豆饼和豆粕、棉饼和棉粕，其真可利用赖氨酸亦差异甚大。

我国现行饲养标准推荐的氨基酸需要量多以玉米－豆粕型日粮为基础测得，虽为氨基酸分析值，但实际上对玉米和豆粕中的氨基酸利用率已经作了校正，以可利用氨基酸或以总氨基酸配制的日粮，其生产效果是一致的，倘以氨基酸可利用性较低的非常规蛋白质饲料全部和部分取代豆粕和鱼粉时，以其可利用氨基酸为指标制作配方即可显示它的优越性所在。关此，可由作者进行的一次试验加以说明：

0～3周龄公雏对真可利用赖氨酸相等的三种类型日粮的反应。

4.1 材料与方法

①选择AA品种商品代肉公雏288只，等分3个处理组，每个处理组又等分12个重复组；

②随机给饲上述三个处理组以真可利用赖氨酸相等，赖氨酸不等的3个类型饲粮（表1），所选饲料原料的真可利用赖氨酸含量（%）均为实测值（表2）；

③笼养、常法饲养管理，测定常规生产指标（表3）。

4.2 试验结果

由结果（表3）可见，当豆粕型、1/2 豆粕 + 1/2 棉粕型、棉粕型日粮的真可利用赖氨酸均为 1.05%，赖氨酸分别为 1.17%、1.23%、1.36%，赖氨酸占有粗蛋白质的比例分别为 5.2%、5.47%、8.04%时，其 21 日龄体重、耗料比差异均不显著（$P > 0.05$）。以棉粕全部或部分取代豆粕时，其日粮真可利用赖氨酸为 1.05%、赖氨酸为粗蛋白质的 6.04% 和 5.47% 时，其主要生产指标均可达到全豆粕型日粮的生产性能。

表2　0～21 日龄肉仔鸡试验日粮

组别		Ⅰ（豆粕型日粮）	Ⅱ（1/2 豆粕 +1/2 棉粕型日粮）	Ⅲ（棉粕型日粮）
每吨完全配合饲料含（kg）	玉米（8.5%）	567.85	520.97	464.85
	棉粕（40.8%）	0	168.6	366.0
	豆粕（44.7%）	313.6	168.6	0
	鱼粉（59.3%）	50.0	50.0	50.0
	豆油	31.7	52.6	79.1
	石粉（35.3%）	9.8	9.9	10.1
	磷酸氢钙（21/16）	17.0	15.6	13.7
	L－赖氨酸盐酸盐	1.08	3.36	6.69
	DL－蛋氨酸	1.45	2.85	2.04
	复合预混料	7.52	7.52	7.52
	合计	1 000.0	1 000.0	1 000.0
营养水平	AME（Mcal/kg）	3.1	3.1	3.1
	CP（%）	22.5	22.5	22.5
	Ca（%）	1.0	1.0	1.0
	AP（%）	0.5	0.5	0.5
	Lys（%）	1.17	1.23	1.36
	TALys（%）	1.06	1.05	1.06
	TASAA（%）	0.78	0.78	0.78
	TAThr（%）	0.65	0.58	0.49
	TAArg（%）	1.36	1.52	1.71
	Lys/CP（%）	5.20	5.47	6.04

表3　0～21 日龄公肉雏对日粮类型不同、真可利用赖氨酸相等试粮的反应

组别（日粮类型）		Ⅰ（豆粕型）	Ⅱ（1/2 豆粕 +1/2 棉粕型）	Ⅲ（棉粕型）
试粮	Lys（%）	1.17	1.23	1.36
	TALys（%）	1.06	1.05	1.06
	Lys/CP（%）	5.20	5.47	6.04
初生重（g/只）		44.6	44.7	44.9
22 日龄体重（g/只）		672	662	676.1
耗料比（kg·饲料/kg·增重）		1.38	1.43	1.42
死淘率（%）		8.9	1.8	8.9

5 动物对总氨基酸的需要量

5.1 氨基酸需要量的指标

由饲料提供动物的必需氨基酸种类因物种、年龄、生产水平、生理状态而异。一般认为，对于猪有精氨酸、组氨酸、异亮氨酸、亮氨酸、赖氨酸、蛋氨酸、苯丙氨酸、苏氨酸、色氨酸、缬氨酸等10种。其中，因大约有50%的蛋氨酸和苯丙氨酸可分别由胱氨酸和酪氨酸取代，因此反映氨基酸需要量的指标中同时列出蛋氨酸、蛋氨酸+胱氨酸、苯丙氨酸、异亮氨酸、色氨酸尤为重要。对于禽，除同猪外，尚需甘氨酸，因甘氨酸和丝氨酸可以相互取代，所以用“甘氨酸+丝氨酸”的形式表达甘氨酸的需要量。反刍动物，因瘤胃微生物的作用，一般不必由饲料提供必需氨基酸，仅只在高产生理时期（泌乳高峰，妊娠后期、生长前期等）需要考虑蛋氨酸、赖氨酸、组氨酸、异亮氨酸的供应。从发展趋势看，未来有可能以可利用氨基酸为指标取代氨基酸的自然成分，即化学分析值。

5.2 氨基酸需要量的度量单位

表达动物对氨基酸需要量的单位有多种：每头（只）动物每日需要的氨基酸克数（g/只·d），准确，但不便于制作配合饲料；饲料中每兆焦消化能（或代谢能）的氨基酸克数（g/MJ）将氨基酸需要量和日粮能量浓度联系在一起，考虑了氨基酸的绝对进食量；氨基酸占日粮的百分比（%），即一定能量浓度下的各种氨基酸占日粮的百分比，应用最广；占日粮蛋白质的百分比（%），“理想蛋白质”即是以动物的特定要求确定给饲蛋白质中各种必需氨基酸及必需氨基酸总量和非必需氨基酸总量间比例关系的。

5.3 衡量氨基酸需要的标尺

确定动物对氨基酸的需要量，首先要明确需要的目的，一是生产目的，二是生理目的，均属可度量性状，比如，反映生产性状的标尺：体增重（g/只·d），产蛋率（%），饲料效率（饲料、kg/增重、kg）。总精子数（个/头/次），受精率（%），初生重（g/头），泌乳量（kg/头·d）、瘦肉率（%），腹脂率（%），疾病感染率（%）、蛋白质效率比（增重，g/进食蛋白，g）等；反映机体生理生化动态的标尺：氮平衡、血浆游离氨基酸浓度、血浆代谢物、尿氮排泄、血浆尿素、血清蛋白质、免疫反应指标、指示氨基酸的氧化等。不同物种、不同生理状态、不同生产方向的动物以及待测需要量的氨基酸种类不同时，其标尺不同。可以单一性状，或多个性状作为标尺，其测值有别。

5.4 测定氨基酸需要量的方法

（1）反应曲线法　配制一种仅只待试氨基酸不足的全价基础日粮，可以是合成日粮、半合成日粮，亦可以是由天然缺乏待试氨基酸的饮料配制而成的日粮、按不同梯度添加结晶氨基酸，不同梯度的差异应该安置在可测出反应结果的水平上。在设计试验日粮配方时，必须设置理论上的适宜需要量的日粮和最高浓度的及呈现负值的日粮。并选择适当的衡量氨基酸需要量的标尺进行观测。最终，以日粮待试氨基酸浓度为横坐标，所选氨基酸需要量标尺的测值为纵坐标，权衡、推断待试氨基酸的最佳需要量。比如，最大体增重和最高氮平衡的日粮氨基酸最小浓度即为某种待测氨基酸的需要量。NRC、ARC以及我国的猪、鸡饲养标准，都是用这种方法测试的。

（2）析因法　任何一种氨基酸的需要量，都是若干机能活动需要的综合。以产蛋鸡赖基酸需要量为例，可以解析为维持（赖氨酸，31.6 mg/体重，kg/日）、生长（赖氨酸，15.9 mg/增重，g），产卵（赖氨酸，11.1 mg/卵重，g）的赖氨酸需要；体重，1.8 kg，日增重1 g，日产卵45 g的赖氨酸总需要量为572 mg。以析因法测定氨基酸需要量（%）时，必须测试下列三套数据，即每一机能活动单位的氨基酸消耗量、待试氨基酸用于不同机能的效率、饲料的平均采食量。

（3）鸡、猪氨基酸需要量（见表4） 以我国猪（1987），鸡（1986）饲养标准为基础，列举肉仔鸡、产蛋鸡、生长肥育猪、妊娠母猪的氨基酸需要量（%，氨基酸；g/代谢能，MJ）。

5.5 影响氨基酸需要量的因素

（1）动物 不同物种（基因型）体增重内容物及采食量的差异会间接的影响氨基酸的需要量；同种动物随年龄增长、体重增加，必需氨基酸的相对需要量是下降、绝对需要量增加。例如，体重（kg）：5~10、10~20、20~35、35~60、60~90的生长肥育猪赖氨酸相对需要量（%）分别为1.00、0.78、0.64、0.56、0.52，绝对需要量（g/头·d）分别为4.6、7.1、9.7、12.3、14.7。生产水平越高，氨基酸需要量越多，例如，产蛋率>80%的商品蛋鸡对赖氨酸的需要量为0.73%，产蛋率<65%则为0.62%。雄性畜禽的氨基酸需要量高于雌性畜禽。

（2）环境温度与日粮能量浓度（见表5） 环境温度偏离最适温度过高或过低都会影响能量需要量和饲料采食量，但对蛋白质、氨基酸、维生素及矿物质的绝对需要量影响很小。例如，饲养在15~25℃下的产蛋鸡，其能量需要量最小，能量的利用率亦最高，低于上述温度时，维持耗能及饲料采食量提高（饲料效率降低），高于上述温度时耗能量及饲料采食量降低；环境温度在25~35℃间，每上升1℃，饲料采食量减少2%~4%；环境温度由18℃上升为32℃，其能量利用率由66%降至58%，加之，猪、禽具有随日粮能量浓度调节饲料采食量的生物学本能，高能量浓度采食量低，低能量浓度采食量高，以维持相对稳定的能量进食量。鉴于上述种种原因，如表4所示，为了保证氨基酸的绝对进食量，必需氨基酸在日粮内的含量（%）应随环境温度和日粮能量浓度的变化适加调整。

表4 鸡、猪氨基酸需要量

氨基酸	肉仔鸡（0~4周龄）		产蛋鸡（产蛋率）80%		生长肥育猪（20~35 kg）	妊娠母猪（后期）
	%	g/MJ	%	g/MJ	%	%
蛋氨酸	0.45	0.37	0.36	0.31	—	—
蛋氨酸+胱氨酸	0.84	0.70	0.63	0.55	0.42	0.19
赖氨酸	1.09	0.90	0.73	0.63	0.64	0.36
色氨酸	0.21	0.17	0.16	0.14	—	—
精氨酸	1.31	1.08	0.77	0.67	—	—
亮氨酸	1.22	1.01	0.83	0.72	—	—
异亮氨酸	0.73	0.60	0.57	0.49	0.46	0.31
苯丙氨酸	0.65	0.54	0.46	0.40	—	—
苯丙氨酸+酪氨酸	1.21	1.00	0.91	0.79	—	—
苏氨酸	0.73	0.60	0.51	0.44	0.41	0.28
缬氨酸	0.74	0.61	0.63	0.55	—	—
组氨酸	0.32	0.26	0.18	0.16	—	—
甘氨酸+丝氨酸	1.36	1.12	0.57	0.49	—	—
粗蛋白质（%）	21.0		16.5		16.0	12.0
ME（MJ/kg）	12.13		11.5		12.05	11.09

表5　环境温度和粗蛋白质、氨基酸需要量（轻型白莱航品种产蛋鸡，AEC，1987）

环境温度	常温	高温
	18℃	30℃
饲料采食量（g/只・d）	105～110	90～95
代谢能需要量（kJ/只・d）	1 255	1 088
日粮		
代谢能（MJ/kg）	11.72	12.13
粗蛋白质（%）	15.0	17.8
赖氨酸（%）	0.75	0.87
蛋氨酸（%）	0.36	0.42
含硫氨基酸（%）	0.64	0.74
苏氨酸（%）	0.50	0.58
色氨酸（%）	0.16	0.19

（3）日粮蛋白质水平　动物达到最高生产水平的必需氨基酸需要量随日粮蛋白质水平提高而增加。例如，肉仔鸡日粮蛋白质水平由12.8%提高到20.4%，达到最大增重的赖氨酸需要量也由0.65%上升到1.36%，饲养标准同时列出日粮粗蛋白质和各种必需氨基酸的需要量，从而确定了各种必需氨基酸和粗蛋白质间以及必需氨基酸总量和非必需氨基酸总量间的比例关系。

（4）日粮氨基酸平衡　降低整个日粮的蛋白质水平（1%～2%），使第一、二限制性氨基酸以外的其他必需氨基酸降至需要水平，不超过或不过分超过需要量，然后依次补充第一、二限制性氨基酸，使日粮氨基酸更趋平衡是通过氨基酸平衡提高粗蛋白质利用率，降低蛋白质需要量的典型例证。制作日粮配方时，应竭力避免氨基酸缺乏、失衡、颉颃、中毒等现象的发生、保证必需氨基酸间的平衡，如此，即可在不影响生产水平的前提下，降低必需氨基酸的供给水平。

（5）日粮氨基酸利用率　作为饲料，日粮既可能有蛋白质消化率很低的角蛋白。秸秆类饲料、棉饼等，也可能有蛋白质消化率极高的结晶氨基酸、玉米、豆粕等，其变化幅度在0～100%。国内外现行饲养标准所列氨基酸需要量都是自然成分的测值，未考虑消化、吸收、利用性的变化、其氨基酸利用率一般都是按90%计算的，适用于豆饼－鱼粉型日粮。当以棉饼、菜饼等杂饼类取代豆饼时，应考虑实际赖氨酸、蛋氨酸利用率较低（为60%～70%）的特点，制作饲料配方时，应适当提高必需氨基酸水平。鱼粉、肉粉、血粉、谷实类饲料的过热处理都会降低其氨基酸的利用率，尤其是赖氨酸、精氨酸、色氨酸等；豆类及其加工副产品饼粕类饲料、羽毛等禽类加工副产品的适当热处理都能明显地提高其氨基酸利用率。鱼粉和饼粕类饲料的过热处理造成的赖氨酸 ε-氨基和糖类产生的褐变反应产物，不仅难以消化、即使被机体吸收，亦几乎完全不被利用，这常常是实践中造成赖氨酸不足的重要原因之一。在设计饲料配方时，必须充分考虑上述影响氨基酸利用率的各种因素。

（6）其他饲料成分　维生素 B_{12}、胆碱、硫不足妨碍蛋氨酸的利用，从而增加动物对蛋氨酸的需要量；过量的铜可增加鸡对蛋氨酸的需要量；蛋氨酸为第一限制氨基酸时，添加胆碱或甜菜碱可减缓动物对蛋氨酸的需要量；生豆饼（粕）增加蛋氨酸的需要量，尼克酸不足时，机体利用色氨酸合成尼克酸，从而增加了色氨酸的需要；吡哆醇不足会增加色氨酸的需要量。劣质脂肪增加赖氨酸的需要量。高赖氨酸，低精氨酸日粮补充钾，可提高精氨酸利用率。由于环境作用和消化道微生物的存在，一些抗菌素可提高氨基酸的利用率，从而降低了氨基酸的需要量。比如，Lasalocid（拉沙里菌素）即会降低含硫氨基酸的需要量，足够的碳水化合物和脂肪供应可避免蛋白质作为能源利用从而降低了氨基酸的需要量。

（7）测定需要量的方法　衡量氨基酸需要量的标尺影响其测值。单项标尺与多项标尺的测值亦各不相同，例如，妊娠母猪对赖氨酸的需要量（%）当以氮平衡和仔猪生产性能为确定其日粮适宜量的标尺时是0.41，以氮平衡为标尺时是0.49，以血液尿素和血浆氨基酸为标尺时是0.64。以合成（纯化）日粮和合成（半纯化）日粮为基础的试验日粮的测值低于以天然饲料为基础的试验日粮的测值。当以饲料利用率作为判断动物对氨基酸需要量的指标时，要比以最高日增重为指标高的多。

总之，获得最佳经济效益的氨基酸需要量（包括氨基酸配比）是特定条件下的需要量，即一定的体重、基因型、环境、饲养管理方式、饲料类型（尤其是蛋白质饲料类型和纤维素）、市场要求、健康状态和生产指标等因素特定组合的需求。

6　家禽对真可利用氨基酸需要量的间接推导法

国内外任何一套动物总氨基酸需要量的标准（或推荐值）的测定都是建立在一定日粮类型基础之上的，美国和中国是玉米-豆饼（粕）型日粮，澳大利亚则是麦类-肉粉-饼粕型日粮。这些标准的产生都是经过多年来大量的科学试验、实践验证、反复调整而成的。我们可以此为基本参数，通过实际测定各类型典型日粮氨基酸真可利用率，间接推导出真可利用氨基酸的需要量然后再进一步进行验证试验加以确定。

法国（1993），《RHONE POULENC ANIMAL NUTRITION》新近公布的真可利用氨基酸需要量推荐值，大抵属这类产物（表6~表9）。

7　家禽对真可利用氨基酸需要量的直接测定法

（1）测定步骤

①测定饲料原料或试验日粮的真可利用氨基酸（表10）；

②应用反应曲线法测定动物对真可利用赖氨酸的需要（表11、表12）；

③以氨基酸平衡原理和理想蛋白质概念为基础建立以总赖氨酸需要量为准的氨基酸平衡模式（表13）；

④以真可利用赖氨酸为基础，由上述氨基酸模式推导真可利用氨基酸的需要；

⑤进行验证试验，反复调查、最后确定。

以0~21日龄公肉雏对真可利用赖氨酸水平不等试粮的反应例说明如下

（2）材料与方法

①选择AA品种肉公雏672只，等分7个处理组，每个处理组又等分12个重复组；

②随机给饲上述七个处理组以真可利用赖氨酸不等的7种试粮（表8），所选饲料原料的真可利用赖氨酸含量（%）均为实测值（表10）；

③笼养、常法饲养管理，测定常规生产指标。

（3）试验结果

由结果（表9）可见，0~21日龄公肉雏的真可利用赖氨酸为1.05%（第4组）时，21日龄体重、耗料比、死淘率等指标优于其他各组；其真可利用赖氨酸为0.90%时（第2组），除死淘率稍高外，增重和饲料效率无异于1.05%组。

（4）小结

由上述二次试验可知，0~21日龄公肉雏日粮，其基础日粮以1/2豆粕和1/2棉粕为基础，参照Dietary Nutrient allowances for chickens（1991，FEEDSTUFFSREFERENCE ISSUE），以真可利用赖氨酸为指标配制日粮，AME为3.1 Mcal/kg，CP为22.5%时，真可利用氨基酸的最佳值为1.05%；此时日粮

"赖氨酸/粗蛋白质"比为5.47%，该比值同0~14日龄肉仔鸡全屠体的"赖氨酸/粗蛋白质"比例的实测值"5.53%"基本一致。

表6　肉仔鸡的真可利用氨基酸需要量（RHONE，1993）

日龄	1~21	22~42	43以上
ME（Mcal/kg）	3.00	3.1	3.2
总氨基酸（%）			
赖氨酸	1.15	1.02	0.94
蛋氨酸	0.53	0.44	0.39
含硫氨基酸	0.88	0.80	0.76
苏氨酸	0.74	0.68	0.65
色氨酸	0.22	0.20	0.19
精氨酸	1.26	1.04	0.96
异亮氨酸	0.86	0.74	0.69
亮氨酸	1.60	1.37	1.26
缬氨酸	0.95	0.86	0.80
真可利用氨基酸（%）			
赖氨酸	0.97	0.86	0.79
蛋氨酸	0.49	0.41	0.36
含硫氨基酸	0.77	0.70	0.66
苏氨酸	0.63	0.58	0.56
色氨酸	0.19	0.17	0.16
精氨酸	1.14	0.94	0.87
异亮氨酸	0.76	0.65	0.61
亮氨酸	1.45	1.24	1.14
缬氨酸	0.82	0.74	0.69

表7　轻型白色莱航鸡品系产蛋鸡的真可利用氨基酸需要量（RHONE，1993）

温度（℃）	18		30	
饲料采食量（g/d）	105	110	90	95
ME（Mcal/kg）	2.85	2.75	2.9	2.75
CP（%）	15.0	14.5	17.8	16.8
总氨基酸（%）				
赖氨酸	0.74	0.71	0.87	0.82
蛋氨酸	0.36	0.35	0.42	0.40
含硫氨基酸	0.64	0.61	0.74	0.71
苏氨酸	0.50	0.47	0.58	0.55
色氨酸	0.16	0.15	0.19	0.18
真可利用氨基酸（%）				
赖氨酸	0.63	0.60	0.74	0.69
蛋氨酸	0.33	0.32	0.39	0.37
含硫氨基酸	0.56	0.53	0.64	0.62
苏氨酸	0.43	0.40	0.50	0.47
色氨酸	0.14	0.13	0.16	0.16

表 8　肉用种母鸡的真可利用氨基酸需要量（RHONE，1993）

饲料进食量（克/d）	150	160
能量 ME（kcal/kg）	2 800	2 650
真可利用氨基酸（%）		
赖氨酸	0.51	0.47
蛋氨酸	0.29	0.27
含硫基酸	0.50	0.46
苏氨酸	0.37	0.35

表 9　猪的真可利用氨基酸需要量（RHONE，1993）

（1）仔猪

日龄（d）	21～42	42～70
平均体重（kg）	5～10	10～25
平均日增重（g/d）	250	500
消化能（DE）	3 500 kcal/kg	
代谢能（ME）	3 300 kcal/kg	
真可利用氨基酸（%）		
赖氨酸	1.28	1.05
蛋氨酸	0.43	0.35
含硫氨酸	0.77	0.63
苏氨酸	0.81	0.66

（2）育肥期猪

（a）（限制饲料）	去势公猪		去势公猪	
平均体重（kg）	25～60		60～100	
消化能（DE）	3 250 kcal/kg			
代谢能（ME）	3 100 kcal/kg			
真可利用氨基酸（%）				
赖氨酸	0.93		0.81	
蛋氨酸	0.30		0.26	
蛋氨酸＋胱氨酸	0.56		0.46	
苏氨酸	0.60		0.52	
（b）（自由采食）	去势公猪		母猪	
平均体重（kg）	25～60	60～100	25～60	60～100
消化能（DE）	3 150 kcal/kg			
代谢能（ME）	3 050 kcal/kg			
真可利用氨基酸（%）				
赖氨酸	0.75	0.64	0.80	0.72
蛋氨酸	0.25	0.22	0.27	0.24
蛋氨酸＋胱氨酸	0.45	0.38	0.48	0.43
苏氨酸	0,47	0.40	0.50	0.44

表 10 饲料氨基酸

		玉米	棉粕	豆粕	鱼粉
分析值（%）	CP	8.5	40.8	44.7	59.3
	Lys	0.25	1.38	2.45	3.67
	SAA	0.28	1.10	1.13	2.57
	Thr	0.25	1.15	1.67	2.37
	Arg	0.32	4.02	2.79	3.76
真可利用率（%）	Lys	90.4	51.2	87.2	90.7
	SAA	84.2	66.7	89.4	89.5
	Thr	91.6	67.8	89.8	88.4
	Arg	96.0	89.7	93.7	90.2
真可利用量（%）	Lys	0.23	0.71	2.14	3.33
	SAA	0.24	0.73	1.01	2.30
	Thr	0.23	0.78	1.50	2.10
	Arg	0.31	3.61	2.61	3.39

表 11 0～21 日龄肉仔鸡试验日粮

	组别	1	2	3	4	5	6	7
每吨完全配合饲料含（kg）	玉米（8.5%）	523.54	522.9	521.62	520.47	520.33	519.69	519.05
	棉粕（42.8%）	168.6	168.6	168.6	168.6	168.6	168.6	168.6
	豆粕（44.7%）	168.6	168.6	168.6	168.6	168.6	168.6	168.6
	鱼粉（59.3%）	50.0	50.0	50.0	50.0	50.0	50.0	50.0
	豆油	52.6	52.6	52.6	52.6	52.6	52.6	52.6
	石粉（35.3%）	9.9	9.9	9.9	9.9	9.9	9.9	9.9
	磷酸氢钙（21/16）	15.6	15.6	15.6	15.6	15.6	15.6	15.6
	L－赖氨酸·盐酸	0.79	1.43	2.71	3.36	4.00	4.64	5.28
	DL－蛋氨酸	2.85	2.85	2.85	2.85	2.85	2.85	2.85
	复合预混料	7.52	7.52	7.52	7.52	7.52	7.52	7.52
	合计	1 000.0	1 000.0	1 000.0	1 000.0	1 000.0	1 000.0	1 000.0
	AME（Mcal/kg）	3.1	3.1	3.1	3.1	3.1	3.1	3.1
营养水平	CP（%）	22.5	22.5	22.5	22.5	22.5	22.5	22.5
	Ca（%）	1.0	1.0	1.0	1.0	1.0	1.0	1.0
	AP（%）	0.5	0.5	0.5	0.5	0.5	0.5	0.5
	Lys（%）	0.99	1.05	1.17	1.23	1.29	1.35	1.41
	Lys/CP（%）	4.40	4.47	5.20	5.47	5.73	6.00	6.27
	TALys（%）	0.80	0.90	1.00	1.05	1.10	1.15	1.20
	TASAA（%）	0.78	0.78	0.78	0.78	0.78	0.78	0.78
	TAThr（%）	0.58	0.58	0.58	0.58	0.58	0.58	0.58
	TAArg（%）	1.52	1.52	1.52	1.52	1.52	1.52	1.52

表12　0～21日龄公肉雏对真可利用赖氨酸含量不同试粮的反应

组别（日粮类型）		1	2	3	4	5	6	7
试粮	Lys（%）	0.99	1.05	1.17	1.23	1.29	1.35	1.41
	TALys（%）	0.80	0.90	1.00	1.05	1.10	1.15	1.20
初生重（g/只）		44.6	45.1	44.9	44.7	44.9	44.8	44.6
21日龄体重（g/只）		616B	654A	668A	662A	650A	671A	669A
耗料比（kg·饲料/kg，增重）		1.51	1.44	1.45	1.43	1.43	1.40	1.39
死淘率（%）		2.1	3.7	5.3	1.8	1.8	3.6	3.6

表13　0～3周龄肉仔鸡的氨基酸平衡模式

	Feedstuffs（1992）	NRC（1984）	日本（1992）	AEC（1987）	澳大利亚（1987）	原苏联（1985）	ARC（1975）	AEC公司（1993）
氨基酸平衡								
赖氨酸	100	100	100	100	100	100	100	100
精氨酸	109	120	121	109	90	86	94	110
组氨酸	40	29	29	41	35	33	44	—
色氨酸	20	19	19	19	19	16	19	19
苏氨酸	65	67	66	65	60	55	67	64
苯丙氨酸	69	60	60	70	70	55	78	—
苯丙氨酸+酪氨酸	128	112	112	128	120	102	114	—
蛋氨酸	42	42	40	46	40	33	44	47
含硫氨基酸	74	78	78	77	75	59	83	77
亮氨酸	122	113	113	139	103～172	110	133	127
异亮氨酸	67	67	67	75	50～76	60	78	75
缬氨酸	84	68	68	83	68～94	67	89	83
赖氨酸（g/kg）	11.40	12.0	11.60	11.60	11.30	14.00	11.00	11.80
ME（Mcal/kg）	3.10	3.20	3.10	3.10	3.0	3.1	3.10	3.10
CP（%）	21.5	23.0	21.0	—	18.6～22.6	22	—	—

参考文献

[1] 安捷译．常用配合饲料原料中蛋白质氨基酸的可利用率．饲料工业，1991，12（7）：31～39

[2] 陈雪秀，等．鸡饲料氨基酸利用率的测定及春可加性重演性检验．中国畜牧杂志，1984，8：2～5

[3] 刁新平．切除鸡盲肠对向日葵饼、粕代谢能值和内源能排量的影响．饲料博览，1991，4：6～7

[4] 霍启光，等．鸡的氨基酸消化率测定方法的研究（未发表资料）．1992

[5] 计成．应用体外胃蛋白酶法与体内Sibbald“TME”方法估测饲料氨基酸可利用率的比较研究．1989，北京农业大学博士论文

[6] 秦学忠．营养因素对于真代谢能法测定氨基酸利用率的影响．中国农业科学院研究生院研究生论文，1986

[7] 日本农林水产省农林水产技术会议．1992，日本饲养标准（家禽）

[8] 许万根．以可利用氨基酸为基础应用目标规划饲料配方程序配制蛋鸡日粮的研究．北京农业大学博士论文，1990

[9] 许振英．动物营养进展．黑龙江人民出版社，1986

[10] 许振英．养分对猪的生物效价．东北农学院动物营养研究所资料汇编（1988～1991），1992

[11] 杨胜．按可消化氨基酸为基础配制猪鸡日粮的介绍．中美肉骨粉应用技术交流会材料（二），1992

[12] 张宏福．单胃动物氨基酸生物学效价评定方法学研究．中国农业科学院博士论文，1992

[13] 中国畜牧兽医学会研究会．第五届国际蛋白质代谢与营养讨论会论文摘要，1998

[14] 齐广海，编译．利用可消化氨基酸配制日粮，饲料与畜牧，1990，5：13

[15] Moughan P J, *et al.* Auimo acid digestibility in the casein, fish meal, Soya protein and zein as measured in the chichen. Can. J. Anim. sci., 1991, 51: 801～802

[16] Fox MRC, *et al.* Cereal Chem., 1981, 58: 1, 6

[17] Gree S, Solange L Bentrand, *et al.* Degestibilities of Acid in Maize, Wheat and Barley Meals, Determined with Intact and Caecectomized Cockerels. British Poultry Science, 1987a, 28: 631～641

[18] Greens, *et al.* Digesilitibilities of Amino Acid in Soybean, Sunflower and Groundnut Meals, Determined with Intact and Caecectomixed Cockerels. British Poultry Science, 1987b, 28: 643～652

[19] Green S, *et al.* Effect of dietary fiber and caecetomy on the excretion of endogenous amino acids from adult cockerels. British Poulty Science, 1988, 29: 419～429

[20] Harper Ae, *et al.* The influenence of dietary carbohydrate on levels of amino acids in the feces of the while rat. Can. J. Med. Sci., 1952, 31: 578～584

[21] Hayes J R, *et al.* A Report of Research of The Cornell University Agriculturel Experiment Station. Depatment of Poultry Science. 1983

[22] Kessler J W, *et al.* The amino acid excretion values in intact and caecetomiaed negutive control roster used for determing metabolic plus endogenous Urinary Losses. Poultry Science, 1981, 60: 1 577～1 578

[23] Krawielitzki, *et al.* Abhangigkeit der Darmver—Lustamino sauren Vom Amimosaurenhegalt des Futters, 2. Mitteitung. Die Darmverlustaminosuren bei Futterung Von Sojaextraktionsschrot Arch. Tierernahr, 1982, 32: 623～629

[24] Likusti HJ, *et al.* A bioassay for rapid determination of amino acid availability values. Poult. Sci., 1978, 57: 1 658～1 660

[25] Filpot P, *et al.* Availability of the amion acids in non—ruminants—a reviws. In: Frrell, D. J. ed Recent advances in animal nutririon, 1971

[26] Muztar A J, *et al.* The Digeston of Heat—damaged protein. British Joirnal of Nutrition, 1967, 21: 299～411

[27] Okumura J, *et al.* Effect of dietary methionine and arginine on the excretion of nitrogen in the cocks fed a protein—free diet, Jap. poultry Sci., 1978, 15: 69～73

[28] Parsons C M, *et al.* Effects of dietary carbohydrate and intestinal microfiora on excrtion of endogenous amino acids by poultry. Poult. Sci, 1983, 62: 483～489

[29] Parsons C M. Determintion of digestible and bioavailable amino acid in meal using intact and caecetomized rooster and chicks growth assay. Poult. Sci., 1984b, 63: 181

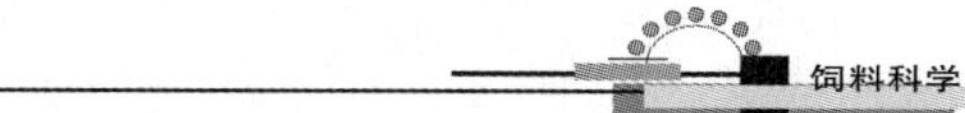

[30] Parsons C M. Influence of caecetomy and source of dietary fiber or starch on exretion of endogenous amino acids by laying hens. Br. J. Nutr. , 1984a, 51: 541 ~548

[31] Parsons C M. Detemination of digestible and available amino acid in meal using conventional and caecetomized cockerels of chick growth assays. Br. J. Nutr. , 1986, 56: 227 ~240

[32] Parsons C M. Digestible amino acid values for feedstuffs. Proc. Degussa Tech. Syw oharlotts North Caroling. 1989

[33] Parsons C M. Digestible amino acid and digestible amino acids requirement for poultry. Kowa Hakko Tech. Rev. —1. 1990

[34] Rerat A. Digoerion and absortion of carbohydates and nitrogenoue matters in the hindut of the omnivovus nonruminnant animal. Journal of Animal Science, 1978, 46: 1 808 ~1 837

[35] PHONE. Nutrition Guyde—Feed Formulation with Digestibe Amino Acids. 2nd Edition, 1993

[36] Rostano HS, *et al.* Studies on the Nutritonal Value of Sorghum grains with varying tannin cintents for chicks, 2. Amino acid digestibility studies. Poult. Sci. , 1973, 52: 772 ~778

[37] Salter DM, *et al.* The infuence of the microflora of the alimentary tract on protein digestion in the chick. Br. J. Nutr. , 1971, 26: 55 ~59

[38] Sergio Fernandoz. Dietary formulation with cottonseed meal on a total amion acid versus a digestible amion acids. Poultry Sci. , Suppl. , 1992, 71 (1): 15

[39] Sibbald IR. The True Metablicable Energy System Feedstuuff, October 10, 1976, 21 ~24

[40] Sibbald IR. The effect of the age of assay bird on the true metabolizable energy values of feedingstuff. Poult. Sci. , 1978, 57: 1 008 ~1 012

[41] Sibbald IR. Abioassay for available amino acid and true metabolizable energy in feedingstuffs. Poult. Sci. , 1979, 58: 668 ~675

[42] Sibbald IR. Estimation of bioavailable amion acids in feedstuffs for poultry and pigs: a review with empnasis on balance exqeriment. Can. J. Anim. sci. , 1987, 67 (2): 221 ~300

[43] Syke AH. Formation and Composition of Urine in: physionlogy and Biochmisty of the Domestic Fowl, Volume 1, pp. 233 ~278, Edit, Bell, D. J. and Freeman, B. M Iondon Academic Press. 1971

[44] Varnish SA, *et al.* Mechannism of heat damage in Proteins. 6. The digestibility of individual amion acids in heated and propinypated proteins. Br. J. Nutr. , 1975, 34: 339 ~349

［附表］ 鸡饲料氨基酸（AA,%），氨基酸真可利用率（AA－TDC,%），真可利用氨基酸（TDAA,%）

项目	玉米			高粱			小麦			稻谷		
粗蛋白（%）	8.5			8.8			12.1			2.1		
（%）	AA	AA－TDC	TD－AA	AA	AA－TDC	TD－AA	AA	AA－TDC	TD－AA	AA	AA－TDC	TD－AA
Thr 苏	0.3	79.8	0.24	0.26	71	0.18	0.33	76.4	0.25	0.25	76.9	0.19
Arg 精	0.39	86.3	0.34	0.33	79.1	0.26	0.58	83.2	0.48	0.57	89.5	0.51
Tyr 酪	0.33	87.5	0.29	0.32	79.2	0.25	0.37	85.4	0.32	0.37	87.3	0.32
Phe 苯丙	0.58	89.8	0.52	0.45	79.7	0.36	0.58	87.5	0.51	0.4	88.3	0.35
Tyr＋Phe 酪＋苯丙	0.91	89	0.81	0.77	79.2	0.61	0.95	87.4	0.83	0.77	87	0.67
Val 缬	0.38	86.7	0.33	0.44	74.9	0.33	0.56	83.5	0.47	0.47	79.1	0.37
Ile 异亮	0.25	92.1	0.23	0.35	78.1	0.27	0.44	85.6	0.38	0.32	80.6	0.26
Leu 亮	0.93	93.9	0.87	1.08	79	0.85	0.8	87	0.7	0.58	85.6	0.5
Lys 赖	0.24	80.8	0.19	0.18	73.7	0.13	0.3	79	0.24	0.29	71.2	0.21
Met 蛋	0.1	89.2	0.09	0.17	79.4	0.13	0.25	87.8	0.22	0.19	83.3	0.16
Cys 胱	0.18	76.2	0.14	0.12	67	0.08	0.24	80.2	0.19	0.16	78	0.12
Met＋Cys 蛋＋胱	0.28	82.1	0.23	0.29	72.4	0.21	0.49	84	0.41	0.35	80	0.28
Try 色	0.07	85.2	0.06	0.08	69	0.06	0.15	84	0.13	0.1	86.6	0.09
His 组	0.21	92.4	0.19	0.18	69.8	0.13	0.27	88.2	0.24	0.15	86.3	0.13

项目	糙米			大麦			木薯粉			米糠		
粗蛋白（%）	8.8			10			4.8			15.4		
（%）	AA	AA－TDC	TD－AA	AA	AA－TDC	TD－AA	AA	AA－TDC	TD－AA	AA	AA－TDC	TD－AA
Thr 苏	0.28	81.1	0.23	0.36	80.2	0.29	0.1	80.1	0.08	0.48	67.6	0.32
Arg 精	0.65	90.7	0.59	0.52	86.3	0.45	0.4	90.2	0.36	1.06	88.1	0.93
Tyr 酪	0.42	85.1	0.36	0.35	84.2	0.29	0.04	86.4	0.03	0.5	73.9	0.37
Phe 苯丙	0.34	83.9	0.29	0.5	85.2	0.43	0.1	87.3	0.09	0.63	69.9	0.44
Tyr＋Phe 酪＋苯	0.17	90.9	0.15	0.85	84.7	0.72	0.14	85.7	0.12	1.13	71.7	0.81
Val 缬	0.76	85.5	0.65	0.57	82.7	0.47	0.13	73.6	0.1	0.81	73.1	0.59
Ile 异亮	0.49	86.8	0.43	0.46	83.6	0.38	0.11	83.4	0.09	0.63	65.8	0.41
Leu 亮	0.3	79.2	0.24	0.75	86.1	0.65	0.15	81.6	0.12	1	72.4	0.72
Lys 赖	0.61	85.7	0.52	0.4	79.4	0.32	0.13	79.4	0.1	0.74	74.7	0.55
Met 蛋	0.29	82.7	0.24	0.16	78.5	0.13	0.05	89	0.04	0.25	77.9	0.19
Cys 胱	0.14	85.7	0.12	0.21	81.2	0.17	0.04	80.5	0.03	0.19	73.9	0.14
Met＋Cys 蛋＋胱	0.14	81.5	0.11	0.37	81.1	0.3	0.09	77.8	0.07	0.44	75	0.33
Try 色	0.28	82.1	0.23	0.15	81.3	0.12	0.03			0.14	77.2	0.1
His 组	0.12	86	0.1	0.24	88.6	0.21	0.05	82.9	0.04	0.39	72.2	0.3

续表

项目	小麦麸			干玉米酒糟			苜蓿粉			蚕豆		
粗蛋白（%）	15.1			27			17			24.9		
（%）	AA	AA－TDC	TD－AA	AA	AA－TDC	TD－AA	AA	AA－TDC	TD－AA	AA	AA－TDC	TD－AA
Thr 苏	0.43	66.6	0.29	0.92	65.6	0.6	0.69	61.5	0.42	0.94	84.7	0.8
Arg 精	0.97	77.3	0.75	0.96	80	0.77	0.74	76.6	0.57	2.4	85.8	2.06
Tyr 酪	0.28	76.4	0.21	0.69	79	0.55	0.54	63.1	0.34	0.86	93.1	0.8
Phe 苯丙	0.55	83.2	0.46		83		1.27	70.8	0.89	1.04	85.6	0.89
Tyr + Phe 酪 + 苯	0.83	80.7	0.67				1.81	68	1.23	1.9	88.9	1.69
Val 缬	0.63	75.2	0.47	1.48	72	1.07	0.85	67.7	0.58	1.18	93	1.1
Ile 异亮	0.46	79	0.36	1.38	75.7	1.04	0.66	65.7	0.43	1.01	90.1	0.91
Leu 亮	0.81	80.2	0.65	2.21	82.1	1.81	1.1	71.8	0.79	1.83	93.2	1.71
Lys 赖	0.58	72.3	0.42	0.7	60.1	0.42	0.81	56.5	0.46	1.66	88.3	1.47
Met 蛋	0.13	76.2	0.1	0.49	80.4	0.39	0.2	71	0.14	0.12		
Cys 胱	0.26	69.3	0.18	0.29	61.3	0.18	0.16	41.1	0.07	0.52		
Met + Cys 蛋 + 胱	0.39	71.8	0.28	0.78	73.1	0.57	0.36	58.3	0.21	0.64		
Try 色	0.2	77.0	0.15	0.17			0.37	71.5	0.26	0.21		
His 组	0.39	80.1	0.31	0.64	56.2	0.36	0.32	59.7	0.19	0.64		

项目	豌豆			大豆（烘焙）			大豆（挤压）			大豆饼		
粗蛋白（%）	22			37			37			43.4		
（%）	AA	AA－TDC	TD－AA	AA	AA－TDC	TD－AA	AA	AA－TDC	TD－AA	AA	AA－TDC	TD－AA
Thr 苏	0.93	83.2	0.77	1.45	79.9	1.16	1.45	86.6	1.26	1.41	78.8	1.11
Arg 精	2.88	89.8	2.59	2.73	81.4	2.22	2.73	90.4	2.47	2.47	88.2	2.18
Tyr 酪	0.73	93.2	0.68	1.25	81.2	1.023	1.25	90.2	1.13	1.5	87	1.31
Phe 苯丙	1.05	82.1	0.86	1.81	78.5	1.42	1.81	89.8	1.63	2.01	95.5	1.72
Tyr + Phe 酪 + 苯	1.78	86.5	1.54	3.06	79.7	2.44	3.06	90.3	2.76	3.51	86.3	3.03
Val 缬	0.99	91.5	0.91	1.82	75.2	1.37	1.82	88.3	1.61	1.66	79.4	1.32
Ile 异亮	0.85	89.1	0.76	1.61	76.9	1.24	1.61	90.1	1.45	1.53	79.7	1.22
Leu 亮	1.55	90.9	1.41	2.67	78.3	2.11	2.69	90.2	2.43	2.69	82	2.21
Lys 赖	1.61	90.8	1.46	2.47	79	1.95	2.47	89.6	2.21	2.38	77.3	1.84
Met 蛋	0.1			0.49	82.8	0.41	0.49	91.9	0.45	0.59	69	0.41
Cys 胱	0.46			0.55	70.9	0.39	0.55	74.8	0.41	0.61	51.9	0.32
Met + Cys 蛋 + 胱	0.56			1.04	76.9	0.8	1.04	82.7	0.86	1.2	60.8	0.73
Try 色	0.18				0.55			0.55		0.63	72.1	0.45
His 组	0.69			0.91	81.3	0.74	0.91	86.4	0.79	1.08	88.3	0.95

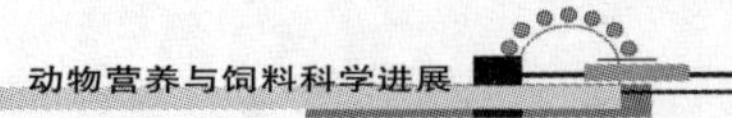

续表

项目	大豆粕			胡麻饼（浸提）			胡麻饼（机榨）			大豆饼		
粗蛋白（%）	46.2			36.2			33.1			43.4		
（%）	AA	AA－TDC	TD－AA	AA	AA－TDC	TD－AA	AA	AA－TDC	TD－AA	AA	AA－TDC	TD－AA
Thr 苏	1.88	89.5	1.68	1.29	61.7	0.8	1.2	61.7	0.74	1.41	78.8	1.11
Arg 精	3.12	92.9	2.9	3.14	88.3	2.77	2.97	88.3	2.62	2.47	88.2	2.18
Tyr 酪	1.53	93.7	1.43	0.92	79	0.73	0.76	79	0.6	1.5	87	1.31
Phe 苯丙	2.18	92.5	2.02	1.68	83.2	1.33	1.6	83.2	1.33	2.01	85.5	1.72
Tyr＋Phe 酪＋苯	3.71	93	3.45	2.6	79.2	2.06	2.36	81.8	1.93	3.15	86.3	3.03
Val 缬	1.95	89.8	1.75	1.59	72.2	1.15	1.52	72.2	1.1	1.66	79.4	1.32
Ile 异亮	1.76	89.8	1.58	1.27	80.2	1.02	1.25	80.2	1	1.53	79.7	1.22
Leu 亮	3.2	91.7	2.93	2.1	75.7	1.59	2.02	75.7	1.53	2.69	82	2.21
Lys 赖	2.45	88.1	2.16	1.2	38.4	0.46	1.18	38.4	0.45	2.38	77.3	1.84
Met 蛋	0.64	93	0.6	0.5	70		0.44	70		0.59	69	0.41
Cys 胱	0.66	68.4	0.58	0.5	70		0.31	70		0.61	51.9	0.32
Met＋Cys 蛋＋胱	1.3	90.8	1.18	1	70		0.75	70		1.2	60.8	0.73
Try 色	0.68	92.3	0.63	0.48	70		0.4	70		0.63	72.1	0.45
His 组	1.07	90.7	0.97	0.76	70		0.63	70		1.08	88.3	0.95

项目	大豆粕			胡麻粕（浸提）			胡麻饼（机榨）			花生饼		
粗蛋白（%）	46.2			36.2			33.1			38.7		
（%）	AA	AA－TDC	TD－AA	AA	AA－TDC	TD－AA	AA	AA－TDC	TD－AA	AA	AA－TDC	TD－AA
Thr 苏	1.88	89.5	1.68	1.29	61.7	0.8	1.2	61.7	0.74	1.05	8.25	0.87
Arg 精	3.12	92.9	2.9	3.14	88.3	2.77	2.97	88.3	2.62	4.6	84.7	3.9
Tyr 酪	1.53	93.7	1.43	0.92	79	0.73	0.76	79	0.6	1.31	90	1.18
Phe 苯丙	2.18	92.5	2.02	1.68	83.2	1.33	1.6	82.2	1.33	1.11	91.7	1.66
Tyr＋Phe 酪＋苯	3.71	93	3.45	2.6	79.2	2.06	2.36	81.8	1.93	3.12	90.9	2.14
Val 缬	1.95	89.8	1.75	1.59	72.2	1.15	1.52	72.2	1.1	1.28	87.4	1.12
Ile 异亮	1.76	89.8	1.58	1.27	80.2	1.02	1.25	80.2	1	1.18	84.5	1
Leu 亮	3.2	91.7	2.93	2.1	75.7	1.59	2.02	75.7	1.53	2.36	89.4	2.11
Lys 赖	2.45	88.1	2.16	1.2	38.4	0.46	1.18	38.4	0.45	1.32	77.5	1.02
Met 蛋	0.64	93	0.6	0.5	70		0.44	70		0.39	83.7	0.33
Cys 胱	0.66	88.4	0.58	0.5	70		0.31	70		0.38	74.6	0.28
Met＋Cys 蛋＋胱	1.3	90.8	1.18	1	70		0.75	70		0.77	79.2	0.61
Try 色	0.68	92.3	0.63	0.48	70		0.75	70		0.42	85.4	0.36
His 组	1.07	90.7	0.97	0.76	70		0.63	70		0.83	90.5	0.75

续表

项目	花生粕			芝麻粕			芝麻饼			棉籽饼		
粗蛋白（%）	50.3			43.8			46.2			43.4		
（%）	AA	AA－TDC	TD－AA	AA	AA－TDC	TD－AA	AA	AA－TDC	TD－AA	AA	AA－TDC	TD－AA
Thr 苏	1.11	85.4	0.95	1.58	65.5	1.03	1.6	8.2	0.13	1.27	69.6	0.88
Arg 精	4.88	88.2	4.3	4.26	80	3.14	4.55	48	2.18	4.4	87	3.83
Tyr 酪	1.39	94.2	1.31		78.2		1.87	43.6	0.82	1.06	78.5	0.83
Phe 苯丙	1.92	91.7	1.76	1.98	81.2	1.61	1.68	38.4	0.65	2.1	80.5	1.69
Tyr＋Phe 酪＋苯	3.31	92.8	3.07				3.55	41.4	1.47	3.16	79.7	2.52
Val 缬	1.36	89.2	1.21	2.18	75.7	1.65	2.32	37.1	0.86	1.69	71.4	1.21
Ile 异亮	1.25	87.7	1.1	1.58	75.6	1.19	1.96	32.5	0.64	1.29	73.2	0.94
Leu 亮	2.5	92.2	2.31	2.77	76	2.11	3.2	37.2	1.19	2.31	74.9	1.73
Lys 赖	1.4	80.8	1.13	1.19	46	0.55	1.26			1.56	67.5	1.05
Met 蛋	0.41	80	0.33	1.19	79.5	0.95	1.37	44.8	0.61	0.46	70.7	0.33
Cys 胱	0.4	80.6	0.32	0.59	77.2	0.46	0.59			0.78	63.9	0.5
Met＋Cys 蛋＋胱	0.81	80.2	0.65	1.78	79.2	1.41	1.96			1.24	66.9	0.83
Try 色	0.45			0.59	62.7	0.37	0.71	36.6	0.26	0.43		
His 组	0.88	86.9	0.76	1.09	59.5	0.65	1.07	34.4	0.37	87.2	0.87	1.06

项 目	棉仁粕			菜籽粕			菜籽饼			向日葵粕		
粗蛋白（%）	46.2			36.2			33.1			31.5		
（%）	AA	AA－TDC	TD－AA	AA	AA－TDC	TD－AA	AA	AA－TDC	TD－AA	AA	AA－TDC	TD－AA
Thr 苏	1.31	66.3	0.87	1.49	76.7	1.14	1.35	70.2	0.95	1.5	85.8	1.29
Arg 精	4.3	88.2	3.79	1.83	88.7	1.62	1.75	85.1	1.49	2.9	95.3	2.76
Tyr 酪	1.19	77.2	0.92	0.97	81.4	0.79	0.88	77.7	0.68	0.84	92.8	0.87
Phe 苯丙	2.18	82.3	1.79	1.45	86.6	1.26	1.3	83.8	1.09	1.9	92.7	1.76
Tyr＋Phe 酪＋苯	3.37	80.4	2.71	2.42	84.7	2.05	2.18	81.2	1.77	2.74	92.7	2.54
Val 缬	1.74	72.8	1.27	1.74	79.2	1.38	1.56	75.1	1.17	2.3	88	2.02
Ile 异亮	1.3	71.4	0.93	1.29	82.8	1.07	1.19	83.5	0.99	1.74	90.9	1.58
Leu 亮	2.35	74.3	1.75	2.34	86.8	2.03	2.17	82.1	1.87	2.6	90.9	1.58
Lys 赖	1.59	50	0.8	1.3	75.8	0.99	1.28	68.2	0.78	1.17	86.4	1.01
Met 蛋	0.45	78.9	0.32	0.63	88.8	0.6	0.58	77	0.45	0.66	93.6	0.62
Cys 胱	0.82	81.4	0.67	0.87	73.1	0.64	0.79	67.5	0.53	0.7	79.5	0.56
Met＋Cys 蛋＋胱	1.27	78	0.99	1.5	82.7	1.24	1.37	71.5	0.98	1.36	86.8	1.18
Try 色	0.44			0.43	85	0.37	0.4	82.9	0.33	0.6		
His 组	82.5	0.87	0.86	85.8	0.74	0.8	87.6	0.7		1	88.9	0.89

续表

项目	玉米麸质饲料			玉米麸质饲料			玉米蛋白粉			玉米胚芽粕		
粗蛋白（%）	19.3			23.3			66.9			22		
（%）	AA	AA－TDC	TD－AA	AA	AA－TDC	TD－AA	AA	AA－TDC	TD－AA	AA	AA－TDC	TD－AA
Thr 苏	0.68	78.3	0.53	0.79	78.3	0.62	2.36	87.8	2.07	0.9	76.8	0.69
Arg 精	0.77	90.9	0.7	0.79	90.9	0.72	2.19	93.6	2.05	1.4	94	1.32
Tyr 酪	0.5	89	0.45	0.74	89	0.66	3.68	95	3.5	0.52	86.6	0.45
Phe 苯丙	0.7	90.3	0.63		90.3		4.47	95.7	4.28	0.57	91.5	0.52
Tyr＋Phe 酪＋苯	1.2	90	1.08				8.15	95.5	7.78	1.09	89	0.97
Val 缬	0.93	87.7	0.82	1.11	87.7	0.97	2.75	92.2	2.54	1.1	87	0.96
Ile 异亮	0.62	88.3	0.55	0.89	88.3	0.79	2.62	93.4	1.45	0.6	87.2	0.52
Leu 亮	1.82	91.5	1.67	2.21	91.5	1.94	11.03	96.7	10.67	1.3	89.4	1.16
Lys 赖	0.62	70.1	0.43	0.64	70.1	0.45	1.17	89.2	1.04	1.1	76.1	0.34
Met 蛋	0.29	87.8	0.25	0.37	87.8	0.32	1.87	96.5	1.8	0.43	84.3	0.24
Cys 胱	0.33	69.3	0.23	0.43	69.3	0.3	1.22	90.7	1.11	0.4	65.4	0.36
Met＋Cys 蛋＋胱	0.62	77.4	0.48	0.8	77.5	0.62	3.09	94.5	2.91	0.83	74.7	0.62
Try 色	0.14	72.3	0.1	0.15	72.3	0.11	0.36	94.4	0.34	0.25		
His 组	0.56	81.9	0.46	0.62	81.9	0.51	1.27	94.1	1.2	0.6	80.8	0.48

项目	肉粉（高质量）			肉粉（低质量）			水解羽毛粉			饲料酵母		
粗蛋白（%）	50			50			82.5			46.2		
（%）	AA	AA－TDC	TD－AA	AA	AA－TDC	TD－AA	AA	AA－TDC	TD－AA	AA	AA－TDC	TD－AA
Thr 苏	1.94	76.8	1.49	1.94	61.9	1.2	3.51	71.1	2.50	2.12	90.3	1.91
Arg 精	3.34	79.3	2.65	3.34	69.5	2.32	5.3	80.1	3.09	1.86	96.2	1.79
Tyr 酪	1.41	82.5	1.16	1.41	62.3	0.88	1.79	72.1	1.29	1.4	95.9	1.36
Phe 苯丙	1.7	80.6	1.37	1.7	60.5	1.03	3.57	82.2	2.93	1.42	95.9	1.36
Tyr＋Phe 酪＋苯	3.11	81.4	2.53	3.11	61.4	1.91	5.36	78.7	4.22	2.82	96.8	2.73
Val 缬	2.25	77.6	1.75	2.25	56.8	1.28	7.23	80.4	5.18	2.00	91.3	1.9
Ile 异亮	1.7	80.5	1.37	1.7	68.8	1.17	4.21	82.9	2.49	1.8	92.3	1.66
Leu 亮	3.2	80.4	2.57	3.2	58.8	1.88	6.78	79.2	5.37	2.78	95.6	2.66
Lys 赖	2.6	78.6	2.04	2.6	62.4	1.62	0.89	59.6	0.53	2.32	90.6	2.1
Met 蛋	0.67	85.3	0.57	0.67	68.3	0.46	0.59	65.8	0.39	1.73	96.6	1.67
Cys 胱	0.33	63	0.21	0.33	53.6	0.18	2.93	57.2	1.68	0.78	90.9	0.71
Met＋Cys 蛋＋胱	1	78	0.78	1	64	0.64	3.52	58.8	2.07	2.51	94.8	2.38
Try 色	0.26			0.26			0.40	72.3	0.29	0.44		
His 组	0.96	77.3	0.74	0.96	55.6	0.53	0.32	54	0.17	0.73	92.7	0.68

续表

项目	秘鱼　鱼粉			国产　鱼粉			肉骨粉			家禽下脚料		
粗蛋白（%）	64.8			49.5			50.0			59.2		
（%）	AA	AA－TDC	TD－AA	AA	AA－TDC	TD－AA	AA	AA－TDC	TD－AA	AA	AA－TDC	TD－AA
Thr　苏	2.61	91.1	2.38	2.13	77.7	1.66	1.94	74	74	1.44	2.03	88.3
Arg　精	3.27	92	3.10	3.12	85.8	2.68	3.34	77.8	2.6	3.84	87.2	3.35
Tyr　酪	2.22	92.3	2.05	1.32	85.3	1.13	1.41	80.3	1.13		89.7	
Phe　苯丙	2.31	92.1	2.13	1.99	79.2	1.58	1.7	74.6	1.27		89.9	
Tyr＋Phe 酪＋苯	4.53	92.3	4.18	3.31	81.9	2.71	3.11	77.2	2.4			
Val　缬	3.29	90.4	2.97	2.59	80.8	2.09	2.25	71.1	1.6	2.65	87.6	2.32
Ile　异亮	2.9	90.7	2.63	2.11	78.2	1.65	1.7	73.2	1.24	2.33	89.3	2.08
Leu　亮	4.84	93	4.5	3.67	79.1	2.9	3.2	75.4	2.41	4.4	90.4	3.98
Lys　赖	4.9	89.1	4.37	3.41	73.4	2.5	2.6	74.6	1.94	2.57	88.4	2.27
Met　蛋	1.84	92	1.69	0.62	58	0.36	0.67	77	0.52	1.04	91.4	0.95
Cys　胱	0.58	83.9	0.49	0.38	68.1	0.26	0.33	65.1	0.21	1	71.4	0.71
Met＋Cys 蛋＋胱	2.42	90.1	2.18	1	62	0.62	1	73	0.73	2.04	81.4	1.66
Try　色	0.73	92.2	0.67	0.67			0.26	79.6	0.21	0.55	88	0.46
His　组	1.45	87	1.26	0.91			0.96	78	0.75	1.61	88.3	1.42

项目	普通血粉			发酵血粉		
粗蛋白（%）	69			57.8		
（%）	AA	AA－TDC	TD－AA	AA	AA－TDC	TD－AA
Thr　苏	2.9	68.5	1.99	2.9	80.5	2.33
Arg　精	2.99	78.6	2.35	2.99	83.8	2.51
Tyr　酪	2.27	71	1.93	2.72	78.6	2.14
Phe　苯丙	5.37	72.2	3.88	5.37	83.6	4.49
Tyr＋Phe 酪＋苯	8.09	71.8	5.81	8.09	82	6.63
Val　缬	6.23	67.8	4.22	6.23	82.1	5.11
Ile　异亮	0.73	66.6	0.49	0.73	73.7	0.54
Leu　亮	8.39	70.9	5.95	9.39	85.7	7.19
Lys　赖	6.37	71.5	4.55	6.37	85.5	5.45
Met　蛋	0.77	73.6	0.57	0.77	77.5	0.6
Cys　胱	0.98	69.2	0.68	0.98	73.1	0.72
Met＋Cys 蛋＋胱	175	71.4	1.25	1.75	75.4	1.32
Try　色	1.11			1.11		
His　组	4.35	72.9	3.17	4.35	86.7	3.77

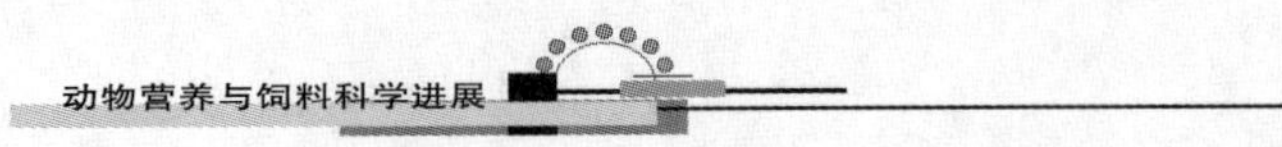

降低配合饲料成本的几个途径

霍启光

（中国农业科学院饲料研究所）

饲料成本是一个永恒的论题，“动物营养－饲料科学研究工作“的终极目标就是提高动物生产性能，提供优质畜禽产品；降低饲料成本，增加企业利润。

最低成本日粮不是低档料的术语，应理解为：使用这种饲料，动物有可能达到一定的生产性能，并满足一定的营养需要，且饲料配方的原料成本价是最低的。

不论饲料企业，还是养殖场，抑或“饲料－养殖”一体化企业对最低成本日粮的要求是一致的。其差异如下：

饲料企业，提供的产品是大路货，品种有限，仅可满足大多数用户的普遍要求。

养殖企业，通常是中小型企业，它们对饲料的要求是使用方便，价格便宜。

饲料－养殖联合企业，追求高生产性能，不特别强调日粮的低成本，但要求产品的最佳效益，就饲料品种而言，它可以做到精确饲养，比如，仔猪：从断奶到体重 20 kg 之间，可以生产出 3 ~ 4 种配合饲料，其后，体重每增加 10 kg 就可以换一种配方。

在猪鸡生产中，饲料占其总成本的 85% 以上，饲料对猪鸡的生产性能、健康状况、环境保护等起着重要的作用。降低成本的途径如下。

1　精确设定待配日粮的营养水平

设计最低成本日粮首先要考虑的问题是待配日粮的营养水平，其基本依据是饲养标准（中国）或营养需要（NRC）或当时、当地典型日粮的营养水平当量值。精确设定待配日粮的营养水平，使之尽量贴切动物的营养需求，把保险系数降低到临界点，这并不是一件十分容易的事情。

有一本中文版的小册子（衣阿华，Holden，1996）《猪生命周期的营养》，仅就生长肥育猪，从断奶到上市提出了 38 个饲养标准，给定 16 个条件。

营养需要受多种因素的制约，在进行配方设计时，都要加以考虑，尤其是品种类型、生产性能、饲料原料供应和饲养管理条件等。

饲料配方设计水平的高低，在很大程度上取决于对营养需要的“理解和经验”，它不是简单的计算机运作。这种“理解和经验”有时是很难准确量化的。比如，产蛋前期蛋重太小，后期蛋重太大、肉仔鸡的营养代谢病、生产条件下早期断奶仔猪的非病原性腹泻等，很难 100% 地通过饲料手段加以控制。实践中，应特别注意观测“动物对营养浓度变化的量化反应”，不断积累这方面的资料。当然，除了要考虑上述内容以外，还要充分地了解可供选择饲料原料的种类及其相应的常规营养指标、生物学指标、价格等，以及市场对畜禽产品的一般或特殊性需求。

2 根据动物采食量确定日粮营养水平

表 2－1 产蛋率85%～90%的褐壳产蛋鸡非植酸磷需要量

日粮 NPP，mg/只·d（相当 NRC）		42～58周龄，138 g，日粮/只·d		25～42周龄，110 g，日粮/只·d	
		日粮 NPP（%）	添加 DCP（16.5%）（kg/t）	日粮 NPP（%）	添加 DCP（16.5%）（kg/t）
165（60）	过低	0.12	0	0.15	1.8
231（85）		0.17	3.0	0.21	3.6
275（100）	适宜	0.20	4.8	0.25	7.9
308（110）		0.22	6.1	0.28	9.7
374（135）		0.27	9.1	0.34	13.3
440（160）	过高	0.32	12.0	0.40	17.0

（1）AME，2.7 Mcal/kg，玉米－豆粕型日粮、海兰褐；

（2）低磷日粮（165mg/只·d，NRC的60%），产蛋率（%），产蛋量（g/只·d），采食量（g/只·d），破软蛋率（%），明显较低；

（3）高磷日粮（440mg/只·d，NRC的160%），影响蛋壳质量，其影响程度小于低磷日粮；

（4）日粮 NPP（mg/只·d）水平低于 NRC，15%，高于 NRC，35%不影响产蛋性能。

NRC的猪和产蛋鸡列有营养物质绝对需要量，十分有用。

3 调动动物自身的采食量调节机制 配制低能量浓度日粮

动物自身内环境的稳恒性与其对外环境的适应性乃生物界在系统发育或个体发育中发生、发展和衰亡的奥秘。采食饲料是营养的稳恒调节机制之一，是动物应答外环境与内环境差别的一种本能，动物为能而食，为蛋白质－氨基酸而食，即是这一机制的典型反映，元素的回收利用，矿物质、脂肪的贮存和动用，酶和激素对物质和能量代谢的调节作用，都是动物为生存、生长而保证其内环境相对稳定性的需要。然而，这一调节作用是有限量的，当外环境超越了动物自身的适应能力时，动物会减缓生长以保护自我，进而导致代谢紊乱。

表 3－1 日粮浓度对前期肉仔鸡的影响

ME（Mcal/kg）	累计随意采食量（g）	代谢能累计随意采食量（Mcal）	累计增重（g）	耗料比（f/g）	每千克增重消耗代谢能（Mcal）	每千克增重消耗饲料原料费（元，RMB）
2.5	1 362[a]	3 407[d]	627[c]	2.17[a]	5 434[a]	0.86[cd]
2.70	1 411[b]	3 810[c]	724[d]	1.95[b]	5 273[ab]	0.82[ed]
2.89	1 377[a]	3 980[cb]	765[cd]	1.80[c]	5 205[ab]	0.80[e]

续表

ME（Mcal/kg）	累计随意采食量（g）	代谢能累计随意采食量（Mcal）	累计增重（g）	耗料比（f/g）	每千克增重消耗代谢能（Mcal）	每千克增重消耗饲料原料费（元，RMB）
3.10	1 320[a]	4 090[ab]	789[cb]	1.67[d]	5 189[ab]	0.78[e]
3.25	1 322[a]	4 297[a]	843[ab]	1.56[e]	5 107[cb]	0.87[bc]
3.35	1 279[a]	4 285[a]	886[a]	1.45[f]	4 838[c]	0.96[a]

*同一列，右肩号不同者，差异显著（$P<0.05$）。

（1）随日粮浓度降低，随意采食量差异很小，代谢能进食量、增重降低；每千克增重的饲料和代谢能消耗量增高；

（2）能量浓度为2.70、2.89、3.10时最经济；能量浓度为3.25时增重速度最高。

表3－2　肉仔鸡前期日粮能量浓度对后期、全期生产性能的影响

日粮代谢能（Mcal/kg）		后期生产性能			全期生产性能		
						每千克增重消耗	
前期	后期	累积增重（g/只）	相对生长（%）	耗料比（F/G）	累积增重（g/只）	代谢指标（Mcal）	饲料原料费（元，RMB）
2.50	3.14	103[a]	216	2.34[c]	95[e]	7 125[a]	0.99[a]
2.70	3.14	101[ab]	188	2.40[c]	97[c]	7 086[a]	0.99[a]
2.89	3.14	97[c]	171	2.51[ab]	96[c]	7 065[a]	1.01[ab]
3.10	3.14	100[b]	169	2.54[a]	100[b]	6 955[ab]	1.01[ab]
3.25	3.14	96[c]	156	2.56[a]	99[b]	6 854[cb]	1.05[bc]
3.35	3.14	96[c]	147	2.59[a]	101[a]	6 704[c]	1.08[c]

*同一列，右肩号不同者，差异显著（$P<0.05$）。

（1）后期换用同水平日粮后，随前期日粮能量浓度降低，后期增重和相对生长速度、饲料报酬升高；

（2）据全期生产性能，前期：3.1 Mcal/kg，既经济，增重又高；2.70～2.90 Mcal/kg，可获得最高的经济效益、不低的增重水平。

表3－3　日粮能量浓度 环境温度 对轻型产蛋鸡 生产性能的影响

ME，Mcal/kg，日粮	总产蛋数（个）	采食量（g/只·d）	ME摄入量（kcal/只·d）
	试验全程（336 d）		
2.33（68）	216	137（159）	321（106）
2.64（77）	215	114（133）	300（102）
2.97（88）	223	101（117）	301（103）
3.19（94）	218	94（109）	300（102）
3.41（100）	197	86（100）	293（100）
			平均值：303（100）
	平均舍温13 ℃（112 d）		
2.33	81	161	377（106）
2.64	84	134	354

续表

ME，Mcal/kg，日粮	总产蛋数（个）	采食量（g/只·d）	ME 摄入量（kcal/只·d）
2.97	84	116	346
3.19	83	109	350
3.41	77	100	345（100）
			平均值：355（117）
平均舍温 30 ℃（112 d）			
2.33	64	111	260（110）
2.64	61	90	238
2.97	64	81	243
3.19	63	76	242
3.41	55	69	237（100）
			平均值：244（81）

表 3－4　高温环境下，不同能量浓度日粮对产蛋鸡生产性能的影响

组别	代谢能浓度（Mcal/kg）	产蛋率（%）	产蛋量（g/只·d）	破软蛋率（%）	死淘率（%）	耗料量（g/只·d）	代谢能摄入量（kcal/只·d）	料蛋比	蛋重（g/枚）
1#	2.4	78.25 ± 3.91	42.06 ± 2.30	0.18 ± 0.08^{a}	0.75 ± 0.68	107.61 ± 3.63^{a}	258.26 ± 8.70^{a}	2.58 ± 0.15^{a}	53.63 ± 0.73
2#	2.5	75.98 ± 3.70	41.06 ± 2.32	0.23 ± 0.10^{ab}	0.72 ± 0.73	105.30 ± 3.85^{a}	263.24 ± 9.63^{ab}	2.58 ± 0.13^{a}	54.00 ± 0.53
3#	2.6	75.25 ± 2.41	41.94 ± 1.50	0.28 ± 0.26^{ab}	0.79 ± 0.42	106.17 ± 3.93^{a}	276.03 ± 10.23^{bc}	2.54 ± 0.10^{ab}	55.76 ± 0.69
4#	2.7	77.37 ± 2.42	42.17 ± 1.79	0.33 ± 0.08^{ab}	0.75 ± 0.21	105.49 ± 3.13^{a}	284.83 ± 8.44^{cd}	2.51 ± 0.04^{ab}	54.40 ± 0.70
5#	2.8	76.13 ± 3.91	43.22 ± 3.09	0.41 ± 0.13^{b}	0.34 ± 0.19	99.82 ± 1.31^{b}	279.50 ± 3.66^{c}	2.35 ± 0.14^{b}	56.72 ± 2.68
6#	2.9	76.73 ± 3.42	43.05 ± 1.70	0.34 ± 0.10^{ab}	0.54 ± 0.21	102.38 ± 4.15^{ab}	295.87 ± 12.03^{d}	2.39 ± 0.17^{ab}	56.02 ± 0.81

同列竖间有相同字母肩标者，表示差异不显著（$P>0.05$），否则差异显著（$P<0.05$）。

表 3－5　常温环境下，不同能量浓度日粮对产蛋鸡生产性能的影响

组别	代谢能浓度（Mcal/kg）	产蛋率（%）	产蛋量（g/只·d）	破软蛋率（%）	死淘率（%）	耗料量（g/只·d）	代谢能摄入量（kcal/只·d）	料蛋比	蛋重（g/枚）
1#	2.4	86.44 ± 6.97^{a}	51.48 ± 3.45	0.22 ± 0.08^{ab}	0.10 ± 0.20	125.08 ± 9.31^{ab}	300.20 ± 22.35^{c}	2.43 ± 0.14^{a}	59.62 ± 0.95^{a}
2#	2.5	79.99 ± 1.86^{ab}	48.06 ± 1.64	0.22 ± 0.15^{ab}	0.35 ± 0.27	129.96 ± 10.52^{a}	324.89 ± 26.30^{ab}	2.71 ± 0.13^{b}	60.11 ± 0.74^{ab}
3#	2.6	78.48 ± 4.89^{b}	48.15 ± 3.45	0.61 ± 0.23^{c}	0.36 ± 0.52	130.44 ± 9.38^{a}	339.13 ± 24.37^{b}	2.72 ± 0.18^{b}	61.36 ± 0.82^{cd}
4#	2.7	82.79 ± 1.59^{ab}	50.40 ± 0.81	0.12 ± 0.08^{a}	0.28 ± 0.55	125.98 ± 5.11^{ab}	340.13 ± 13.78^{b}	2.51 ± 0.06^{ab}	60.91 ± 0.53^{bc}
5#	2.8	80.41 ± 5.03^{ab}	50.07 ± 3.53	0.30 ± 0.19^{ab}	0.50 ± 0.34	114.57 ± 4.95^{b}	320.79 ± 13.87^{ab}	2.29 ± 0.08^{a}	62.28 ± 0.85^{d}
6#	2.9	76.88 ± 3.43^{b}	47.80 ± 2.23	0.41 ± 0.20^{bc}	0.08 ± 0.17	117.84 ± 5.78^{ab}	341.73 ± 16.76^{b}	2.48 ± 0.20^{a}	62.23 ± 0.83^{d}

同列竖间有相同字母肩标者，表示差异不显著（$P>0.05$），否则差异显著（$P<0.05$）。

饲养实践中采用的日粮营养总体稀释或等比例稀释，即是利用了上述调节能力，通常就代谢能而言，蛋鸡不可低于 2.5 Mcal/kg，肉鸡不可以低于 2.7 Mcal/kg。稀释材料可以是营养性的，亦可以是非营养性的，但是它的使用不可对饲料的物理性能和营养平衡产生不良影响。

不论断奶仔猪，还是生长肥育猪，其日增重和饲料利用率同日粮能量（DE 达到“3.6 Mcal/kg”，甚或“3.7 Mcal/kg”以上）或日粮的油脂添加量（1% ~5%）均呈现一种线性关系，尤其 50 kg 以下的猪，非常敏感。

实践中，常用猪配合饲料的能量浓度在 2.5 ~3.5 Mcal/kg，据测试，在 2.95 ~3.30 Mcal/kg 范围内，猪可通过调整采食量维持相对稳定的 DE 总进食量，倘降至“2.6 Mcal/kg”以下，就会产生影响，达到 2.1 Mcal/kg 即会明显影响 DE 的总进食量。

NRC（1998）推荐的猪日粮能量浓度是“DE，3.4 Mcal/kg”，时，即使按其 95% 计算，而达到 3.23 Mcal，亦是很不容易的，这是我国特有的饲料资源决定了的。这里顺便说一下，NRC 列出的农副产品、油料加工副产品的能值很少有参考价值，与我国实测值相比，一般至少有 5% ~10% 以上的差异，这主要是由于加工工艺的不同造成的，如何对待“推荐值和查表值”，值得探讨。

4 充分利用非常规饲料原料配制日粮（调整日粮类型）

非常规饲料原料的通病：可利用能低（ME，DE），氨基酸构成不平衡，消化利用率低，适口性差，普遍存在各种不同的抗营养因子，对饲料的加工调制有不良作用。

4.1 以非常规能量饲料取代或部分取代玉米

以小麦取代玉米为例，小麦同玉米相比，小麦的蛋白质是玉米的 1.8 倍、赖氨酸是 1.3 倍、蛋氨酸是 1.7 倍、色氨酸是 2.5 倍。但其代谢能仅为玉米的 95%，其主要原因是小麦含有较高的非淀粉多糖（即所谓 NSP，由 β-萄聚糖，阿拉伯木聚糖，纤维素，果胶和甘露糖等组成），单胃动物没有分解 NPS 的内源消化酶。不仅其木身不能消化，其高黏稠性和持水性还阻碍了消化酶与养分的接触，减缓了食糜的流速，进而降低了淀粉、蛋白、脂肪、矿物质、氨基酸、V_D 等的吸收，最终导致 ME 降低。NPS 的这一特性还招致消化道有害微生物的滋生、环境的恶化、发病率增加，并影响肉鸡的色素沉着，最终降低其生产性能。其解决办法有两种：一是控制小麦用量在 15% 以下；二是代替玉米的 1/2 ~2/3，但需添加以木聚糖酶和 β-葡聚糖酶为主的酶制剂，添加效应受酶活和添加方法的影响，因为酶对温度、pH 值、贮存时间十分敏感。如行制粒，小麦的粉碎度不可过细，以免影响制粒效果；以粉料形式饲喂时，碾碎或压片即可。小麦代替玉米时还应根据需要添加油脂、着色剂和足量的生物素。

4.2 以非常规蛋白质饲料取代或部分取代豆粕

这其中应注意以下问题：其一，抗营养因子及其他有毒有害物质的存在，采用多品种饼粕饲料的复合物或进行脱毒处理（见表 4-1）；其二，根据可消化氨基酸配制日粮，采用低蛋白日粮；其三，根据杂饼粕的营养特性进行日粮的整体平衡（见表 4-2）。

表 4-1 对饲料有毒有害因子的解毒方法

抗营养因子	饲料	解毒方法
淀粉酶抑制因子	小麦、黑麦、菜豆	热处理
β-葡聚糖	大麦	添加酶制剂
胰凝乳蛋白酶抑制因子	大豆、豌豆、菜豆	热处理
生氰糖苷（氢氰酸）	鹰嘴豆、甘薯、木薯	水洗

续表

抗营养因子	饲料	解毒方法
绿原酸	葵籽、红花籽	添加胆碱和多酶制剂
环丙烯脂肪酸	棉籽	溶剂浸提
棉酚	棉籽粕	添加氢氧化钙和铁剂
血凝素	蓖麻、大豆、马铃薯、小麦胚芽	热处理
降糖氨酸	木菠萝籽	添加核黄素
亚麻素 Linatine	亚麻籽	水浸和热处理
脂肪氧合酶	大豆	焙烤
烟酸络合物	玉米、小麦麸	添加烟酸
草酸	菠菜、甜菜根、芝麻粕	添加钙剂
戊聚糖	小麦	添加木聚糖酶
木瓜蛋白酶抑制因子	大豆、豌豆	水浸和热处理
植酸	米糠、豆荚	添加植酸酶和维生素 D_3
皂角苷	苜蓿、豌豆、大豆	水浸
茄碱	马铃薯	去皮
单宁	高粱、酸豆、木薯	
硫氨素酶	鱼、菜豆、亚麻籽、棉籽	添加烟酸、热处理
胰蛋白酶抑制因子	大豆、菜豆、豌豆	热处理

表 4－2　养分和非营养成分之间的协同和颉颃

成分	协同	颉颃
蛋氨酸	胱氨酸、甜菜碱	胆碱、无机硫酸盐
苯丙氨酸	酪氨酸	—
甘氨酸	丝氨酸	—
赖氨酸	—	精氨酸
缬氨酸	—	亮氨酸、异亮氨酸
烟酸	色氨酸	—
钠	—	钾
钙	维生素 D_3、钙磷比、高蛋白饲料、乳酸	镁、草酸、锌、锰
铜	铁	钼、锌
硒	维生素 E	砷
植酸	—	锌、铁
锌	EDTA	钙、植酸
胆碱	维生素 B_{12}、叶酸、甜菜碱、蛋氨酸	高日粮脂肪
硫胺素	—	氨丙啉、硫胺素酶
维生素 K	—	双香豆素，磺胺类药物
离子载体类	—	—
抗球虫药	—	泰妙林、泰乐菌素

表 4-3　试验日粮配方与营养水平

	1#试验日粮	2#试验日粮	3~7#试验日粮	8#试验日粮
豆粕/杂粕+豆粕	1/2	1/3	1/3	0
	试验日粮组成比例（%）			
玉米，8.40	60.07	59.56	59.99	59.445
小麦麸，18.40	3.00	3.00	3.00	7.08
玉米蛋白粉，55	0.00	0.00	0.00	5.00
大豆粕，44.45	12.60	8.40	8.40	0.00
菜籽粕，35.78	6.30	8.40	8.40	7.00
棉籽粕，42.84	6.30	8.40	8.40	9.60
赖氨酸，78%	0.03	0.10	0.09	0.295
载体（稻糠），12.8	0.16	0.16	0.16	0.16
苏氨酸，98%	0.00	0.00	0.00	0.06
石粉，36	8.90	8.90	9.30	9.40
磷酸氢钙，21.5/16.5	1.24	1.18	0.56	0.56
食盐	0.35	0.35	0.35	0.35
1%预混料（大厂自配）	1.00	1.00	1.00	1.00
植物油	0.00	0.50	0.30	0.00
试验因子	0.05（A）	0.05（B）	0.05（C~G）	0.05（C）
合计	100	100	100	100
配方成本（元/t）	1 532	1 504	1 481	1 531
	日粮营养水平			
代谢能（MJ/kg）	10.53	10.53	10.53	10.70
代谢能（Mcal/kg）	2.52	2.52	2.52	2.55
粗蛋白（%）	16.25	16.00	16.02	16.05
赖氨酸（%）	0.70	0.69	0.69	0.69
蛋氨酸（%）	0.35	0.34	0.35	0.36
蛋氨酸+胱氨酸（%）	0.63	0.63	0.63	0.64
苏氨酸（%）	0.59	0.56	0.56	0.56
亮氨酸（%）	1.31	1.26	1.26	1.51
异亮氨酸（%）	0.54	0.51	0.51	0.50
缬氨酸（%）	0.71	0.69	0.69	0.68
色氨酸（%）	0.18	0.17	0.17	0.14
精氨酸（%）	1.06	1.05	1.05	0.94
组氨酸（%）	0.48	0.44	0.44	0.37
苯丙氨酸+酪氨酸（%）	1.29	1.24	1.24	1.29
钙（%）	3.69	3.69	3.69	3.70
总磷（%）	0.60	0.61	0.51	0.51
非植酸磷（%）	0.35	0.35	0.25	0.25

表 4－4　日粮豆粕用量对产蛋鸡生产性能的影响

组别	1#	2#	8#
日粮豆粕用量	1/2	1/3	0
产蛋率（%）	86.73 ±1.26	86.81 ±0.57	85.41 ±2.63
产蛋量（g/只·d）	52.67 ±1.02[a]	52.62 ±0.74[a]	50.57 ±1.77[b]
平均蛋重（g/枚）	60.73 ±0.47[a]	60.62 ±0.47[a]	59.20 ±0.32[b]
耗料量（g/只·d）	114.39 ±3.49	113.62 ±2.76[a]	117.78 ±3.01
料蛋比	2.18 ±0.09[a]	2.17 ±0.08[a]	2.33 ±0.04[b]
破软蛋率（%）	0.06 ±0.06	0.17 ±0.11	0.12 ±0.08
死淘率（%）	0.23 ±0.27[ab]	0.00 ±0.00[a]	0.41 ±0.24[b]
饲料原料成本/蛋重（元/kg）	3.34	3.26	3.57

*横间有相同肩标字母者表示差异不显著（$P > 0.05$）；肩标相异者表示差异显著（$P < 0.05$），表中数据为平均数 ± SD。

表 4－5　产蛋鸡日粮 IIEU 水平

参数来源	豆粕用量/蛋白质饲料总用量	日粮能量浓度（ME，Mcal/kg）	采食量（g/只·d）	IIEU（%）	产蛋量（g/只·d）
NRC	100	2.90	100 110	0.65% 715 MG/110G	—
中国 2004	100	2.70	115 100	0.63% 0.72%	—
康华远景	0	2.55	115	0.50（86）	51
康华远景	33	2.55	115	0.52（90）	53
康华远景	50	2.55	115	0.55（95）	53
河北帅林	66	2.55	115	0.58（100）	54

5　实行阶段饲养方式

所谓阶段饲养方式，是指将日粮中蛋白质、氨基酸，甚至钙、磷等营养水平随猪、鸡日龄的增长而渐行降低的举措。

5.1　精确划分饲养阶段

多样化的家禽市场，需要多样化的家禽管理措施：应市场之需求，生长期可相差 4～10 周，小母鸡和小公鸡分别饲喂不同配方的饲料。相对静止的营养需要推荐值，不适应动态的家禽生产/营养需要的划分通常为：0～3 周龄、3～6 周龄、6～8 周龄或 0～2 周龄、2～6 周龄、6～8 周龄，即开食料、生长料和肥育料，或者按幼雏料、开食料、生长料和肥育料划分。

20 世纪的最后 10 年，在氨基酸的供给上有三大重大突破：

第一，采用了可消化/可利用氨基酸，如此，对饲料原料有了一个正确的氨基酸评价；

第二，推出了伊利诺斯理想蛋白质概念（IICP），即以赖氨酸为参照，确定其他必需氨基酸的需要量（%），它适用于不同年龄跨度，♂鸡、♀鸡，不同的环境，即使对未知环境亦能准确估测其所有氨基酸之需要量；

第三，肉仔鸡按阶段饲喂氨基酸的概念：由下列试验 1～4 所列资料，可见，即更频繁地按周调整日粮氨基酸水平（表5－1、表5－2、表5－3、表5－4），使肉仔鸡保持最高生产性能的同时，通过提高/降低某阶段日粮氨基酸水平，提高其经济效益。

应用回归方程可计算氨基酸需要量［$Y=1.22-0.0095X\times(3\ 000/3\ 200)$，$X$是阶段的中间日龄，3 000是待配日粮能量浓度，3 200是给定日粮能量浓度，（ME/kcal·kg）］，图5－1，即在氮校正代谢能水平为“3.2 Mcal/kg”时，依据回归方程推算出来的小公鸡氨基酸需要量（%），其模式图为：

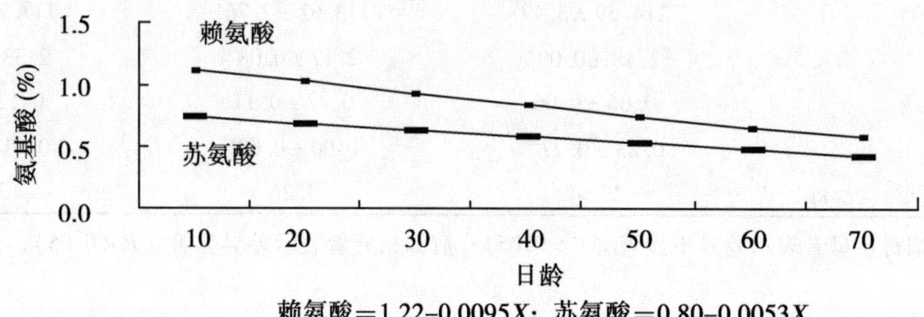

图5－1　氨基酸需要量计算值

表5－1　试验1（0～21日龄）日粮组成及试验结果*

项 目	NRC 1～3周	阶段饲喂 第1周	第2周	第3周	项 目	NRC处理	阶段饲喂
配方（%）					生长性能		
玉米	56.58	51.12	54.02	56.26	增重（g）	566	566
豆粕	34.25	39.77	36.89	34.72	采食量（g）	855	809
禽油	5.00	5.00	5.00	5.00	增重/耗料（g/kg）	664	700
维生素预混料	0.20	0.20	0.20	0.20	养分摄入量（g）		
矿物质预混料	0.15	0.15	0.15	0.15	粗蛋白	179.0	175.0
磷酸氢钙	2.00	2.00	2.00	2.00	赖氨酸	9.6	9.0
石粉	1.00	1.00	1.00	1.00	蛋氨酸+胱氨酸	6.7	6.4
食盐	0.40	0.40	0.40	0.40	苏氨酸	6.0	5.9
氯化胆碱（60%）	0.10	0.10	0.10	0.10	增重/可消化氨基酸（g/g）		
L-赖氨酸	0.1331	0.0467	0.0455	0.0226	赖氨酸	59.2	63.2
DL-蛋氨酸	0.1913	0.2104	0.1914	0.1431	蛋氨酸+胱氨酸	85.1	88.3
总计	100.00	100.00	100.00	100.00	苏氨酸	94.8	96.0
养分含量计算值（%）							
氮校正代谢能（kcal/kg）	3 173	3 123	3 149	3 173			
粗蛋白	20.9	23.0	21.9	21.1			
赖氨酸	1.12	1.19	1.12	1.05			
蛋氨酸	0.41	0.43	0.41	0.38			
胱氨酸	0.38	0.43	0.41	0.38			
苏氨酸	0.70	0.78	0.74	0.71			

结果可见：增重率相同，阶段饲养者采食量较低，F/G 亦较低；养分摄入量及“氨基酸需要量/增重”低。

表 5－2　（40～61 日龄）日粮的成分

项 目	NRC 40～61 日龄	阶段饲喂			项 目	NRC 处理	阶段饲喂
		40～47 日龄	47～54 日龄	54～61 日龄			
配方（%）					生长性能		
玉米	64.54	66.35	69.26	71.47	增重（g）	1 576	1 514
豆粕	26.55	24.62	21.73	19.57	采食量（g）	3 733	3 774
禽油	5.00	5.00	5.00	5.00	增重/耗料（g/kg）	422	402
维生素预混料-3	0.20	0.20	0.20	0.20	养分摄入量（g）		
矿物质预混料-3	0.15	0.15	0.15	0.15	粗蛋白	668a	612b
磷酸氢钙	2.00	2.00	2.00	2.00	赖氨酸	31.0^{a}	28.0^{b}
石粉	1.00	1.00	1.00	1.00	蛋氨酸＋胱氨酸	21.7	21.2^{d}
食盐	0.40	0.40	0.40	0.40	苏氨酸	22.4^{a}	20.2^{b}
氯化胆碱（60%）	1.00	1.00	1.00	1.00	增重/可消化氨基酸（g/g）		
L-赖氨酸	—	0.0258	0.0249	0.0017	赖氨酸	50.9^{b}	54.2^{a}
DL-蛋氨酸	0.0100	0.0545	0.0356	0.0099	蛋氨酸＋胱氨酸	72.8	71.6
Sacox 盐霉素	0.05	0.05	0.05	0.05	苏氨酸	70.4^{b}	75.2^{a}
BMD-50 杆菌肽	0.05	0.05	0.05	0.05	净膛胴体率（%）		
总计	100.00	100.00	100.00	100.00	胸肉	25.9	26.0
养分含量计算值（%）					翅膀	11.5	11.6
氮校正代谢能（kcal/kg）	3 247	3 265	3 291	3 313	腿肉	33.4	33.1
粗蛋白	17.9	17.2	16.1	15.3	腹脂	2.7	2.9
赖氨酸	0.83	0.81	0.74	0.67			
蛋氨酸	0.30	0.30	0.28	0.26			
胱氨酸	0.28	0.30	0.28	0.26			
苏氨酸	0.60	0.57	0.53	0.50			

结果可见：各项生产性能间无统计差异，阶段饲养者各项养分摄入量低，养分的效率较高，胴体构成相近。

表 5-3 (21~42 日龄) 日粮组成及试验结果

项 目	NRC 4~6 周龄	阶段饲喂			项 目	NRC 处理	阶段饲喂
		4 周龄	5 周龄	6 周龄			
配方（%）					生长性能		
玉米	60.31	58.78	61.48	64.30	增重（g）	1 515	1 605
豆粕	30.91	32.34	29.67	26.98	采食量（g）	3 047	3 156
禽油	5.00	5.00	5.00	5.00	增重/耗料（g/kg）	497	509
维生素预混料	0.20	0.20	0.20	0.20	养分摄入量（g）		
矿物质预混料	0.15	0.15	0.15	0.15	粗蛋白	591a	592a
磷酸氢钙		1.50	1.50	1.50	赖氨酸	28.2ab	28.7a
石粉	1.35	1.35	1.35	1.35	蛋氨酸+胱氨酸	18.3c	21.3a
食盐	0.35	0.35	0.35	0.35	苏氨酸	19.8a	19.8a
氯化胆碱（60%）	1.00	1.00	1.00	1.00	增重/可消化氨基酸（g/g）		
L-赖氨酸	—	0.0295	0.0258	0.0212	赖氨酸	53.7c	55.9bc
DL-蛋氨酸	0.0344	0.1000	0.0767	0.0531	蛋氨酸+胱氨酸	82.9a	75.4c
Sacox 盐霉素	0.05	0.05	0.05	0.05	苏氨酸	76.5c	80.9b
BMD-50 杆菌肽	0.05	0.05	0.05	0.05	净膛胴体率（%）		
总计	100.00	100.00	100.00	100.00	胸肉	25.2b	26.8a
养分含量计算值（%）					翅膀	11.9	11.8
氮校正代谢能（kcal/kg）	3 212	3 195	3 222	3 244	腿肉	32.8	33.4
粗蛋白	19.4	19.9	18.8	18.0	腹脂	2.4b	2.1b
赖氨酸	0.93	0.99	0.92	0.85			
蛋氨酸	0.34	0.36	0.34	0.32			
胱氨酸	0.29	0.36	0.34	0.32			
苏氨酸	0.65	0.67	0.63	0.60			

结果可见：阶段饲养者增重大，饲料效益高，胴体特性相近。

表 5-4 (43~71 日龄) 日粮组成及试验结果

项 目	NRC 7~10 周龄	阶段饲喂				项 目	NRC 处理	阶段饲喂
		7 周龄	7 周龄	7 周龄	7 周龄			
配方（%）						生长性能		
玉米	68.43	67.79	70.55	73.35	76.02	增重（g）	2 006	1 951
豆粕	23.20	23.87	21.13	18.44	15.77	采食量（g）	6 178	6 000
禽油	5.00	5.00	5.00	5.00	5.00	增重/耗料（g/kg）	324	325
维生素预混料	0.20	0.20	0.20	0.20	0.20	养分摄入量（g）		
矿物质预混料	0.15	0.15	0.15	0.15	0.15	粗蛋白	1 049a	941b
磷酸氢钙	1.20	1.20	1.20	1.20	1.20	赖氨酸	46.3a	41.0b

续表

项 目	NRC 7～10 周龄	阶段饲喂				项 目	NRC 处理	阶段饲喂
		7 周龄	7 周龄	7 周龄	7 周龄			
石粉	1.30	1.30	1.30	1.30	1.30	蛋氨酸＋胱氨酸	35.2a	32.3b
食盐	0.30	0.30	0.30	0.30	0.30	苏氨酸	36.9a	30.0b
氯化胆碱（60%）	0.05	0.05	0.05	0.05	0.05	增重/可消化氨基酸（g/g）		
L—赖氨酸	—	0.0170	0.0154	0.0108	0.0071	赖氨酸	43.3c	47.6b
DL-蛋氨酸	0.0095	0.0258	0.0053	—		蛋氨酸＋胱氨酸	57.0b	60.4ab
L-苏氨酸	0.0579	—				苏氨酸	54.3c	65.0b
Sacox 盐霉素	0.05	0.05	0.05	—	—	净膛胴体率（%）		
BMD-50 杆菌肽	0.05	0.05	0.05	—	—	胸肉	28.6	28.2
总计	100.00	100.0	100.00	100.00	100.0	翅膀	11.0	11.0
养分含量计算值（%）						腿肉	33.2	33.2
氮校正代谢能（kcal/kg）	3 299	3 293	3 319	3 347	3 372	腹脂	2.5b	2.8ab
粗蛋白	17.0	17.2	16.2	15.1	14.0			
赖氨酸	0.75	0.78	0.71	0.65	0.58			
蛋氨酸	0.30	0.29	0.29	0.26	0.25			
胱氨酸	0.28	0.29	0.27	0.26	0.24			
苏氨酸	0.60	0.55	0.52	0.48	0.44			

增重、F/G、胴体特性未见差异，阶段饲养者氨基酸效率较高。

四个试验结果的经济分析见表5－5。

表5－5　四个试验结果的经济分析

试验	日龄	单位增重的成本（%）		单位胸肉产量的成本（%）	
		NRC	阶段	NRC	阶段
1	0～21	（100）	（95）	—	—
2	21～42	（100）	（98）	（100）	（96）
3	40～61	（100）	（103）	（100）	（102）
4	43～71	（100）	（96）	（100）	（98）

结果可见：实行阶段饲喂可支持最高生产性能，并提高饲料养分的利用效率、降低饲料生产成本。

5.2　改变通用型浓缩料为阶段饲养浓缩料

6　配制低蛋白日粮

6.1　低蛋白日粮与饲料成本

在低蛋白日粮中，价格昂贵的蛋白质饲料减少，价格便宜的能量饲料增加。

假设日粮粗蛋白质水平降低1%，相当减少豆粕用量23 kg/t（=10 kg/t÷0.43），按常规价格计，直接成本降低50.6元/t。

以单体赖氨酸、蛋氨酸和苏氨酸为原料，补充降低1%粗蛋白质带来的上述三种必需氨基酸的不足，按常规价格计需要28.9元/t。

日粮蛋白质水平降低1%，饲料原料成本可降低21.7元/t（=50.6-28.9）。

豆粕之空位充以能量饲料以后，从整体上提高了日粮的能量浓度，提高日粮能量浓度的生产效应是不可低估的。

6.2 配制低蛋白质日粮的基本原则

6.2.1 低蛋白质日粮的赖氨酸水平必须和高蛋白日粮的赖氨酸水平一致

据Kerr等（1995）：小猪日粮，蛋白降低4%（19%→15%），赖氨酸1.04%→0.75%，日增重420 g→370 g，饲料转化率0.55→0.48；中猪，蛋白降低4%（16%→14%），赖氨酸0.82%→0.53%，日增重770 g→650 g，饲料转化率0.40→0.36；大猪，蛋白降低4%（14%→11%），赖氨酸0.82%→0.53%，日增重870 g→780 g，饲料转化率0.32→0.27。倘降低蛋白水平而赖氨酸水平不变，其日增重和饲料转化率，同高蛋白日粮相比，都没有差异（表6-1）。

表6-1 低蛋白日粮添加工业氨基酸对生长肥育猪生产性能的影响

原料	小猪			中猪			大猪		
	HP	LP+AA	LP	HP	LP+AA	LP	HP	LP+AA	LP
玉米	68.25	77.72	78.31	76.40	85.88	86.48	82.12	89.18	89.63
脱壳豆粕	28.78	18.56	18.56	21.04	10.81	10.81	15.74	8.11	8.11
磷酸氢钙	1.29	1.5	1.5	1.17	1.38	1.38	0.73	0.89	0.89
石粉	0.98	0.93	0.93	0.84	0.78	0.78	0.86	0.82	0.82
药物预混料	0.1	0.1	0.1	0.1	0.1	0.1	0.1	0.1	0.1
维生素预混料	0.1	0.1	0.1	0.1	0.1	0.1	0.1	0.1	0.1
微量元素预混料	0.35	0.35	0.35	0.35	0.35	0.35	0.35	0.35	0.35
L-赖氨酸盐酸盐	—	0.37	—	—	0.37	—	—	0.28	—
DL-色氨酸	—	0.06	—	—	0.06	—	—	0.04	—
L-苏氨酸	—	0.16	—	—	0.16	—	—	0.13	—
成分,% （计算值）									
粗蛋白质	19	15	15	16	12	12	14	11	11
赖氨酸	1.04	1.04	0.75	0.82	0.82	0.53	0.67	0.67	0.45
色氨酸	0.21	0.21	0.15	0.16	0.16	0.11	0.14	0.14	0.10
苏氨酸	0.77	0.77	0.61	0.65	0.65	0.49	0.57	0.57	0.45
生产性能指标									
日增重，g/只	420[b]	420[b]	370[c]	780[b]	770[b]	650[c]	850[b]	870[b]	780[c]
日耗料量，g/只	720	750	770	1 860[bc]	1 960[b]	1 820[c]	2 740	2 770	2 820
增重/饲料消耗	0.58[b]	0.55[b]	0.48[c]	0.42[b]	0.40[b]	0.36[c]	0.31[b]	0.32[b]	0.27[c]

* B. J. Kerr等（1995）。

6.2.2 其他必需氨基酸和赖氨酸的比例要达到理想蛋白的标准

所谓理想蛋白质，实质上是必需氨基酸之间的最佳平衡，或称最佳配比。

6.2.3 单体氨基酸的供给是配制低蛋白质日粮的物资基础

低蛋白日粮与高蛋白日粮相比，前者的限制氨基酸种类和限制程度较大。日粮限制性氨基酸的满足程度制约低蛋白日粮蛋白质水平降低的程度。低蛋白质日粮的配制，在很大程度上取决于单体氨基酸的供给和价格的可接受性。第一限制性氨基酸满足需要以后，第二或第三限制性氨基酸……很可能受工业氨基酸供给或成本限制而无法满足动物对这种氨基酸的需要，此时，应以这种氨基酸的水平为基准，确定其他必需氨基酸在日粮中的水平。

6.2.4 杂粕型日粮的必需氨基酸水平，应以氨基酸回肠真消化率（猪）或氨基酸真消化率（鸡）进行校正

现有的猪、鸡必需氨基酸需要量及理想蛋白质推荐值多以玉米-豆粕型日粮为基础，总氨基酸为指标测得的。而仅有的、以可消化氨基酸为指标的需要量推荐值有待进一步研究推敲。为此，以总氨基酸为指标配制日粮时，建议，对豆粕以外的杂饼（粕）的氨基酸含量，以其氨基酸真消化率进行豆粕当量值校正，其校正方法如下（表6-2）：

表6-2 棉粕氨基酸含量的豆粕当量值校正

	CP	Lys	Met	Cys	Thr	Trp	Val	Ile
氨基酸的回肠真消化率（%）								
豆粕	44	91	92	82	88	91	88	92
棉粕	43	65	74	77	74	73	77	73
棉粕氨基酸的豆粕当量值校正系数*		0.71	0.80	0.94	0.84	0.80	0.88	0.79
棉粕的氨基酸含量（%）								
未校正		1.97	0.58	0.68	1.25	0.51	1.91	1.29
经校正**		1.41	0.47	0.64	1.05	0.41	1.67	1.02

* 棉粕氨基酸的豆粕当量值校正系数=棉粕的氨基酸回肠真消化率/豆粕的氨基酸回肠真消化率。

** 棉粕的氨基酸经校正值=棉粕的未校正氨基酸含量×棉粕氨基酸的豆粕当量校正系数。

7 精确确定日粮非植酸磷水平

7.1 精确确定产蛋鸡日粮非植酸磷水平

表7-1 海兰褐产蛋鸡（27~38周龄）低磷日粮添加植酸酶对其生产性能的影响**

试验处理			生产性能		
添加NPP（磷酸氢钙）*（%）	日粮NPP（%）	植酸酶（kg）	产蛋率（%）	软破壳率（%）	产蛋量（g/只/d）
非植酸磷（NPP）需要量					
0.00	0.14	0.00	91.63b	0.44c	49.58a
0.06（0.35）***	0.20***	0.00	93.33ab	0.06a	52.69b

续表

试验处理			生产性能		
添加 NPP（磷酸氢钙）*（%）	日粮 NPP（%）	植酸酶（kg）	产蛋率（%）	软破壳率（%）	产蛋量（g/只/d）
0.11（0.65）***	0.25***	0.00	95.63a	0.09a	52.96b
0.16（0.94）	0.30	0.00	95.77a	0.11a	53.12b
日粮 NPP 和植酸酶的最佳组合					
0.00	0.14	150	91.63b	0.27ab	49.95a
0.00	0.14****	300****	94.86a	0.09a	52.36b
0.06（0.35）	0.20	150	94.45a	0.13ab	51.95b
0.06（0.35）	0.20****	300****	95.06a	0.22b	53.46b

*括号内数值为磷酸氢钙（$P>17\%$）在试验日粮中的添加量（%）；

**基础日粮为玉米、豆粕型低磷日粮，其营养水平为：ME 2.66 Mcal/kg、CP 16%、CA 3.3%、TP 0.31%、NPP 0.14%、SAA 0.60%、LYS 0.83%，日采食量为 110 g/只；

***日粮 NPP 的最低需要量为 0.2%，相当于磷酸氢钙添加量为 3.5 kg/T；日粮最佳 NPP 需要量为 0.25%，相当磷酸氢钙添加量为 6.5 kg /T（NRC，1994 为 0.23%，NPP）；

****日粮 NPP ＋植酸酶的最低组合为“0.14% ＋300 单位植酸酶/kg；最佳组合为 0.20% ＋300 单位植酸酶/kg”（相当添加磷酸氢钙 3.5 kg/T＋300 单位）。

7.2 不同动物日粮应选用不同化学形态的磷酸盐

市场上可以提供的磷酸盐有：磷酸二氢钙（MCP）、磷酸氢钙（DCP）、磷酸一二钙（MDCP）、磷酸三钙（DFP）4 种，不仅生物学效价不同，用于不同动物的效果亦不同（见表 7－2～表 7－6）。

表 7－2 肉仔鸡复合磷酸盐磷的生物学价值 （斜率比法，RBV,%）

	复合磷酸盐的配比（%）		测定 RBV 的指标***			算术平均数	实测值/算术平均值
	磷酸氢钙	磷酸二氢钙	体增重（g/只）	趾骨灰分（%）	均值		
试验 1	100	0	73	76	75	75	1.00
	67	33	87	80	84	81	1.03
	50	50	91	85	88（94）*	85	1.04**
	33	67	88	83	86	88	0.98
	0	100	95	93	94（100）*	94	1.00**

*RBV 实测值随磷酸二氢钙比例增加而提高，磷酸二氢钙为 100% 者最高；次以“50/50”者，其 RBV 实测值为前者的 94%；

**“50/50”配比者，实测值为算术平均数的 104%；

***以磷酸二氢钠磷（试剂级）为参比。

表 7－3　肉仔鸡复合磷酸盐磷酸生物学价值　　（斜率比法，RBV,%）

复合磷酸盐的配比（%）			测定 RBV 的指标				算术平均数	实现值/算术平均值
	磷酸氢钙	磷酸二氢钙	体增重（g/只）	胫骨灰分（%）	趾骨灰分（%）	均值		
试验 2	100（龙蟒）	0	103	103	105	104	104	1.00
	67	33	114	116	119	116*	102	1.14
	50	50	127	129	136	126*	102	1.24**
	34	66	112	114	117	114*	101	1.13
	0	100（龙蟒）	100	100	100	100	100	1.00

*RBV 实测值不随磷酸二氢钙比例增高而提高，配比为“50/50”者最高，次以“33/67”和“66/34”者；

**所有的复合磷酸盐 RBV 实测值都高于相应的算术平均值，其中，“50/50”配比者，实测值为算术平均值的124%，具较高互作关系。

表 7－4　肉仔鸡的磷酸盐磷生物学效价　　（斜率比法，RBV,%）

磷酸盐（来源，P%，元/kg）	测定 RBV 的指标			经校正磷（%）*	元/kg，校正磷
	体增重（g/只）	趾骨灰分（%）	均值		
磷酸二氢钠（试剂，25.8）	100	100	100（1.33）*	34.31	
磷酸二氢钙（龙蟒，22，3.15）***	95	93	94（1.25）*	27.50	11.45（100）
磷酸一二钙（龙蟒，21，2.30）**	78	81	80（1.07）*	22.47**	10.24（89）**
磷酸氢钙（龙蟒，17，1.95）	73	76	75（1.00）*	17.00**	11.47（100）

*括号内数字为以磷酸氢钙（龙蟒）磷为参比的磷酸盐磷生物学当量值，经校正磷 = 磷酸盐磷含量（%）×相应当量值；

**以特定磷酸一二钙（P，21%）代替特定磷酸氢钙（P，17%）时，参照以下当量式：1 kg 磷酸氢钙 = 0.76 kg 磷酸一二钙（=17.00/22.47）；此时，可节省10%的磷补料费用；

***以磷酸二氢钙（P，22%）代替特定磷酸氢钙（P，17%）时，参照以下当量式：1 kg 磷酸氢钙 =0.62 kg 磷酸二氢钙（=17/27.5），此时虽不能节约磷补料的费用，但可产生一定的超磷效应；

磷酸一二钙中，两种形态的磷具互补或协同作用；肉仔鸡日粮，以0.75 kg 的磷酸一二钙（即氢钙和二氢钙的50/50 复合物）代替1 kg 的磷酸氢钙可降低10%的磷补料费用。

表 7－5　产蛋鸡的磷酸盐磷生物学效价　　（斜率比法，RBV，100%）

磷酸盐（来源，P%，元/kg）	测定 RBV 的指标		
	产蛋率（%）	产蛋量（g/只/d）	均值
磷酸三钙（韩国，17.6%）	95.1（82）	94.6（81）	94.9（95）
磷酸氢钙（龙蟒，粉状，17%，1.95）	113.4（97）	105.9（91）	109.7（110）*（100）
磷酸氢钙（龙蟒，粒状，17%，2.03）	116.4（100）	116.2（100）	116.3（116）*（105）
磷酸二氢钙（龙蟒，22%，3.15）	100.0（86）	100.0（86）	100.0（100）*

公认，磷酸盐中 RBV 最高的品种应是磷酸二氢钙磷，但是，表中数据表明它的 RBV 要比磷酸氢

钙磷低 10% ~16%；最适用产蛋鸡的磷酸盐是磷酸氢钙，而不是磷酸二氢钙；粒状磷酸氢钙磷与粉状者相比，RBV 高 5%，价格高 4%，但前者粉尘比后者小。所以，产蛋鸡料应选用粒状磷酸氢钙。

表 7-6 猪的磷酸盐磷生物学效价 (RBV,%)

磷酸盐（来源，P%，元/kg）	测定 RBV 的指标			均值	经校正磷**（%）	元/kg，校正磷***
	体增重（g/头·d）	日粮磷表观消化率（%）	血清碱性磷酸酶（L）			
磷酸二氢钾（分析纯，粉状，22.79）	100	100	100	100（108）		
磷酸二氢钙（龙蟒，粉状，22%，3.15）	92	94	93	93（100）（1.22）*	26.84	11.74
磷酸一二钙（龙蟒，粒状，21%，2.3）****	87	90	85	87（94）（1.14）*	23.94	9.6（84）
磷酸氢钙（龙蟒，粉状，17%，1.95）	80	77	71	76（82）（1.00）*	17.00	11.47（100）
磷酸三钙（韩国，粒状，17.6%）	74	72	51	66（71）（0.87）*	15.31	11.50

*横行，第二个括号内数字为以磷酸氢钙磷为参比的其他磷酸盐磷的生物学当量值；

**经校正磷 = 磷酸盐磷含量（%）×相应当量值；

***元/kg，校正磷 = 磷酸盐价格（元/kg）×100/经校正磷（%）；

****以特定磷酸一二钙（P，21%）代替特定磷酸氢钙（P，17%），其当量值为：1 kg 磷酸氢钙 = 0.71 kg 磷酸一二钙 =（17.00/23.94）。

对于猪，磷酸一二钙的 RBV 为磷酸二氢钙的 94%；以 0.7 kg 的磷酸一二钙代替 1 kg 的磷酸氢钙可节省 16% 的磷补料费用，对于猪应选用磷酸一二钙。

7.3 磷酸二氢钙、磷酸氢钙在乳猪料中的应用

选择 1 日龄长大乳猪 6 窝、63 头，按产仔日期分为 3 组，每组 2 窝。第一组为磷酸氢钙组共 20 头（喂基础日粮），第二组为磷酸二氢钙组共 22 头（喂试验日粮），第三组为磷酸三钙组共 21 头（喂试验日粮）。以磷酸三钙、磷酸氢钙和磷酸二氢钙等三种磷源（磷含量% 分别为 16、17.5 和 22.7；相对生物学效价分别为 82、89 和 100）配制三种不同磷源的断奶仔猪料（表 7-7）。3 种磷源所提供的磷，绝对量不等（分别为 0.145%、0.129% 和 0.157%，表 7-7），但以磷酸二氢钙为参比的磷的生物学当量值均为 0.129%。仔猪出生 1 周后至 35 日龄为适应期，35 ~71 日龄为试验期。

表 7-7 乳猪饲料配方

组分（%）	磷酸氢钙组	磷酸二氢钙组	磷酸三钙组
		饲料配方（%）	
玉米	48.33	48.51	48.10
黑面粉	5.00	5.02	5.02
膨化大豆	31.71	31.75	31.75
鱼粉	4.00	4.00	4.00

续表

组分（%）	磷酸氢钙组	磷酸二氢钙组	磷酸三钙组
牛奶乳糖－80	5.00	5.02	5.02
酵母粉	2.00	2.00	2.00
石粉	0.93	0.93	0.93
磷酸氢钙*	0.83		
（17.5%）	0.83×0.175＝0.145 0.145×0.89＝0.129）		
磷酸二氢钙*		0.57	
（22.7%）		（0.57×0.227＝0.129）	
磷酸三钙*			0.98
（16.0%）			0.98×0.16＝0.157 0.157×0.82＝0.129）
食盐	0.10	0.10	0.10
预混料	2.10	2.1	2.10
合计	100	100	100
营养成分（%）			
粗蛋白质	19.80	20.00	20.70
钙	0.88	0.85	0.96
磷	0.64	0.62	0.65
非植酸磷	0.41	0.40	0.42

*磷酸氢钙、磷酸二氢钙、磷酸三钙每千克的价格为：1.60元、2.60元、1.30元。

给饲不同试验日粮猪的生产性能指标及经济分析列于表7－8、表7－9。

表7－8　试验乳猪生产性能

编号	磷酸氢钙组	磷酸二氢钙组	磷酸三钙组
品种	长大	长大	长大
产仔日期	1999年10月7日	1999年10月9日	1999年10月7日
参试猪头数（头）	20	22	21
断奶日龄（d）	35	35	35
断奶平均个体重（kg/头）	6.52	7.13	6.24
试验结束时日龄（d）	70	70	70
试验期饲养天数（d）	35	35	36
试验末平均个体重（kg/头）	19.15	21.08	16.92
试验末个体增重（kg/头）	12.63	13.99	10.68
试验期平均日增重（kg/头）	0.36（120） （100）	0.40（133） （111）	0.30（100） （83）

续表

编号	磷酸氢钙组	磷酸二氢钙组	磷酸三钙组
试验期平均耗料（kg/头）	19.83	22.67	17.25
试验期平均日耗料（kg/头）	0.57（119）	0.65（135）	0.48（100）
	（100）	（114）	（84）
耗料比	1.57	1.62	1.62

* 表中数字不含淘汰猪耗料量和淘汰猪体重和增重。

表 7－9　试验乳猪经济效益分析

组别	仔猪			全价配合饲料			产出投入比*	毛利润（元/头）
	增重（kg/头）	单价（元/kg）	金额（元/头）	耗料量（kg/头）	单价（元/kg）	金额（元/头）		
磷酸氢钙组	12.63	6.00	75.78	19.83	2.081	41.266	1.84（103）	34.514（125）
磷酸二氢钙组	13.99	6.00	83.94	22.67	2.085	47.267	1.78（101）	36.673（132）
磷酸三钙组	10.68	6.00	64.08	17.25	2.080	36.400	1.76（100）	27.680（100）

* 产出投入比即为仔猪销售收入（元/只）与饲料消耗费（元/只）的比值。

磷酸二氢钙同磷酸氢钙和磷酸三钙相比、磷酸氢钙同磷酸三钙相比均有明显的促进生长（日增重分别为133%、120%和100%）、提高饲料采食量（分别为135%、119%和100%）、增加经济效益（毛利润分别为132%、125%、100%）的作用。

两种生物学效价不同的磷酸盐相互取代时，可参照下列公式计算每吨饲料的磷酸盐添加量：

$$PS_2 \times C_2 \times BV_2 = PS_1 \times C_1 \times BV_1$$

式中：BV_1、C_1、PS_1分别为配方中拟被取代磷酸盐的相对生物学效价（%）、总磷含量（%）、添加数量（kg/t）；BV_2、C_2、PS_2分别为配方中待用磷酸盐的相对生物学效价（%）、总磷含量（%）、添加数量（kg/t）。

表 7－10　鲤鱼的磷酸盐磷生物学效价　　（RBV，100%）

磷酸盐（来源，P%，元/kg）	测定 RBV 的指标			当量值*	校正磷**（%）	元/kg，校正磷***
	增重率（%）	椎骨磷（%）	均值（%）			
磷酸二氢钙（龙蟒，粉状，22%，3.15）	100	100	100	1.00	22.00	14.32
磷酸一二钙（龙蟒，粒状，21%，2.3）	78	65	72	0.72	15.12	15.21
磷酸氢钙（龙蟒，粉状，17%，1.95）	52	36	44	0.44	7.48	26.07
磷酸三钙（韩国，粒状，17.6%）	10	21	16			
骨粉（市售，粉状，10.91%）	14	13	14			

* 以磷酸二氢钙磷为参比的其他磷酸盐磷的生物学当量值；

** 校正磷＝磷酸盐磷含量（%）×当量值；

*** 元/kg，校正磷＝磷酸盐价格（元/kg）×100/校正磷（%）。

对于鱼饵料，不论是生物学效价还是有效成分价格，都应以选用磷酸二氢钙为宜。

不同动物日粮选用不同形态的磷酸盐：肉仔鸡用磷酸一二钙；产蛋鸡用粒状磷酸氢钙；猪用

粒状磷酸一二钙；鱼用粉状磷酸二氢钙。

8 根据原料的实验室实测值及估测值精确配制日粮（降低饲料原料营养成分的保险系数）

8.1 化学指标的近红外（NIRA）快速测定法

8.2 猪饲料的总能及总能消化率（以玉米为例）

总能(MJ/kg DM) = 17.33 + 0.0617 × CP + 0.0387 × CF + 0.2193 × EE − 0.1867 × Ash

总能消化率 = ([97.3 − 3.82 × CF] + [97.4 − 3.11 × ADF] + 88.0)/3

8.3 饲料可利用能和可利用氨基酸生物学指标的测定

8.4 非常规蛋白质饲料的豆粕当量值

表 8−1 鸡用饲料氨基酸的豆粕当量校正系数及校正值

	饲料名称及蛋白质含量		精氨酸	组氨酸	异亮氨酸	亮氨酸	赖氨酸	蛋氨酸	胱氨酸	蛋氨酸+胱氨酸	苯丙氨酸	酪氨酸	苏氨酸	色氨酸	缬氨酸
豆粕的当量校正系数（%）	棉粕, 43.5		0.98	0.96	0.88	0.88	0.83	0.89	1.02		0.95	0.93	0.84	0.95	0.94
	菜粕, 38.6		0.97	0.98	0.97	0.98	0.87	1.02	0.89		0.96	0.97	0.94	1.00	0.97
	花生仁粕, 47.8		1.01	1.01	1.06	1.03	0.94	1.03	1.04		1.03	1.09	1.02		1.06
	花生仁饼, 44.7		0.90	1.00	0.97	0.98	0.90	0.97	0.90		1.00	1.01	0.97	1.01	1.01
	玉米蛋白粉, 63.5		0.95	1.04	1.06	1.07	0.94	1.13	1.11		1.04	1.01	1.06		1.05
	DDGS, 28.3		0.67	0.82	0.95	0.98	0.75	0.97	0.93		0.96	0.89	0.85		0.94
	肉粉, 54		0.93	0.95	0.97	0.96	0.97	1.03	0.69		0.95	0.98	0.99		0.99
	肉骨粉, 50		0.88	0.91	0.93	0.93	0.91	1.00	0.70		0.90	0.94	0.95	0.95	0.95
饲料的氨基酸含量（%）	豆粕, 44		3.19	1.09	1.80	3.26	2.66	0.62	0.68	1.30	2.23	1.57	1.92	0.64	1.99
	棉粕, 43.5	未校正	4.65	1.19	1.29	2.47	1.97	0.58	0.68	1.26	2.28	1.05	1.25	0.51	1.91
		经校正	4.56	1.14	1.14	2.17	1.64	0.52	0.68	1.20	2.17	0.98	1.05	0.48	1.80
	菜粕, 38.6	未校正	1.83	0.86	1.29	2.34	1.30	0.63	0.87	1.50	1.45	0.97	1.49	0.43	1.74
		经校正	1.78	0.84	1.25	2.29	1.13	0.63	0.77	1.40	1.39	0.94	1.40	0.43	1.69
	花生仁粕, 47.8	未校正	4.88	0.88	1.25	2.50	1.40	0.41	0.40	0.81	1.92	1.39	1.11	0.45	1.36
		经校正	4.88	0.88	1.25	2.50	1.32	0.41	0.40	0.81	1.92	1.39	1.11	0.45	1.36
	花生仁饼, 44.7	未校正	4.60	0.83	1.18	2.36	1.32	0.39	0.38	0.77	1.81	1.31	1.05	0.42	1.28
		经校正	4.14	0.83	1.14	2.31	1.19	0.38	0.34	0.72	1.81	1.31	1.02	0.42	1.28
	玉米蛋白粉, 63.5	未校正	1.90	1.18	2.85	11.59	0.97	1.42	0.96	2.38	4.10	3.19	2.08	0.36	2.98
		经校正	1.80	1.18	2.85	11.59	0.91	1.42	0.96	2.38	4.10	3.19	2.08	0.36	2.98
	DDGS, 28.3	未校正	0.98	0.59	0.98	2.63	0.59	0.59	0.39	0.98	1.93	1.37	0.92	0.19	1.30
		经校正	0.66	0.48	0.93	2.58	0.44	0.57	0.36	0.93	1.85	1.22	0.78	0.19	1.22

续表

	饲料名称及蛋白质含量		精氨酸	组氨酸	异亮氨酸	亮氨酸	赖氨酸	蛋氨酸	胱氨酸	蛋氨酸+胱氨酸	苯丙氨酸	酪氨酸	苏氨酸	色氨酸	缬氨酸
饲料的氨基酸含量（%）	肉粉，54	未校正	3.60	1.14	1.60	3.84	3.07	0.80	0.60	1.40	2.17	1.40	1.97	0.35	2.66
		经校正	3.33	1.08	1.55	3.69	2.98	0.80	0.41	1.21	2.06	1.37	1.95	0.35	2.63
	肉骨粉，50	未校正	3.35	0.96	1.70	3.20	2.60	0.67	0.33	1.00	1.70		1.63	0.26	2.25
		经校正	2.95	0.87	1.58	2.98	2.37	0.67	0.23	0.90	1.53		1.55	0.25	2.14

表 8－2　猪用饲料氨基酸的豆粕当量校正系数及校正值

	饲料名称及蛋白质含量		精氨酸	组氨酸	异亮氨酸	亮氨酸	赖氨酸	蛋氨酸	胱氨酸	蛋氨酸+胱氨酸	苯丙氨酸	酪氨酸	苏氨酸	色氨酸	缬氨酸
豆粕的当量校正系数（%）	豆粕，44		94	91	88	91	87	87	83		92	89	86	84	86
	棉粕，43.5		0.97	0.96	0.85	0.87	0.75	0.80	1.04		0.95	0.91	0.90	0.84	0.95
	菜粕，38.6		0.91	0.93	0.83	0.91	0.82	0.93	0.96		0.93	0.87	0.84	0.88	0.84
	花生仁粕，47.8		1.03	1.02	1.00	1.04	0.96	0.96	1.05		1.08	1.06	1.03		1.03
	花生仁饼，44.7		1.03	1.01	0.99	1.03	0.98	0.97	1.05		1.07	1.06	1.01		1.03
	玉米蛋白粉，63.5		0.95	0.90	0.91	0.99	0.88	0.98	1.00		0.98	0.97	0.95	0.69	0.91
	DDGS，28.3		0.82	0.69	0.79	0.89	0.65	0.82	0.73		0.91	0.86	0.74		0.76
	肉粉，54		0.90	0.87	0.89	0.90	0.85	0.91	0.90		0.90		0.89	0.86	0.94
	肉骨粉，50		0.93	0.94	0.89	0.92	0.91	0.92	0.78		0.95	0.92	0.93	0.86	0.92
饲料的氨基酸含量（%）	豆粕，44		3.19	1.09	1.80	3.26	2.66	0.62	0.68	1.30	2.23	1.57	1.92	0.64	1.99
	棉粕，43.5	未校正	4.65	1.19	1.29	2.47	1.97	0.58	0.68	1.26	2.28	1.05	1.25	0.51	1.91
		经校正	4.51	1.14	1.10	2.15	1.48	0.46	0.68	1.14	2.17	0.97	1.13	0.43	1.81
	菜粕，38.6	未校正	1.83	0.86	1.29	2.34	1.30	0.63	0.87	1.50	1.45	0.97	1.49	0.43	1.74
		经校正	1.67	0.80	1.07	2.13	1.07	0.59	0.84	1.43	1.35	0.84	1.25	0.38	1.45
	花生仁粕，47.8	未校正	4.88	0.88	1.25	2.50	1.40	0.41	0.40	0.81	1.92	1.39	1.11	0.45	1.36
		经校正	4.88	0.88	1.25	2.50	1.34	0.40	0.40	0.80	1.92	1.39	1.11	0.45	1.36
	花生仁饼，44.7	未校正	4.60	0.83	1.18	2.36	1.32	0.39	0.38	0.77	1.81	1.31	1.05	0.42	1.28
		经校正	4.60	0.83	1.17	2.36	1.29	0.38	0.38	0.76	1.81	1.31	1.05	0.42	1.28
	玉米蛋白粉，63.5	未校正	1.90	1.18	2.85	####	0.97	1.42	0.96	2.38	4.10	3.19	2.08	0.36	2.98
		经校正	1.81	1.06	2.59	####	0.85	1.39	0.96	2.35	4.02	3.09	1.98	0.25	2.71
	DDGS，28.3	未校正	0.98	0.59	0.98	2.63	0.59	0.59	0.39	0.98	1.93	1.37	0.92	0.19	1.30
		经校正	0.80	0.48	0.93	2.58	0.38	0.48	0.28	0.77	1.76	1.18	0.68	0.19	0.99
	肉粉，54	未校正	3.60	1.14	1.60	3.84	3.07	0.80	0.60	1.40	2.17	1.40	1.97	0.35	2.66
		经校正	3.24	0.99	1.42	3.69	2.98	0.80	0.54	1.34	2.06	1.40	1.75	0.30	2.50
	肉骨粉，50	未校正	3.35	0.96	1.70	3.20	2.60	0.67	0.33	1.00	1.70		1.63	0.26	2.25
		经校正	3.12	0.90	1.51	2.94	2.37	0.62	0.26	0.88	1.62		1.52	0.22	2.07

9　科学利用非营养性饲料添加剂

添加剂在配合饲料中的地位应是一个值得讨论的问题。根据添加剂在配合饲料中的作用，将其划分为添加效应确切的、不确切的、无实际生产作用等三种。

就对添加剂的认识，认为营养性添加剂、抗病促生长添加剂、功能性酶制剂（植酸酶，非淀粉多糖酶类）等是添加效应确切的。

市场上行销的非营养性添加剂有相当一部分属于概念性的或效应不确切的，理论上推理有效或研究结果有效而生产上无实际意义。

配合饲料的核心组分是大宗饲料原料能量饲料，蛋白质饲料及矿物质饲料而不是添加剂。添加剂属于补充性质的东西，对大宗饲料原料来说是一种取长补短的作用，抑或起一些增效、保障作用。应避免滥用添加剂，添加剂的选用应注重理性思考。

9.1 酶制剂的选择与高效利用（例1）

9.1.1 使用酶制剂的必要性

仔猪、雏鸡体内消化酶分泌不足；饲料成分被动物消化吸收的局限性。

饲料中的多糖又可分为营养性多糖和结构多糖。营养性多糖主要是淀粉和糖原，结构多糖在植物性饲料也指非淀粉多糖，主要是植物细胞壁组成成分，包括纤维素、半纤维素、果胶。半纤维素又包括β-葡萄糖、阿拉伯木聚糖、甘露寡糖等。禾谷籽实（如玉米、高粱、小麦和大麦等）是畜禽饲料中碳水化合物的主要来源，其主要成分是淀粉，非淀粉多糖含量也较高。豆类饲料原料中的非淀粉多糖主要是果胶和纤维素。非淀粉多糖在目前可以说是影响饲料有机物质消化利用的主要因素，其中可溶性非淀粉多糖在动物消化道增加食糜黏稠度，妨碍能量、氨基酸等养分的利用，对单胃动物产生抗营养作用。非反刍动物体内不能分泌纤维素酶、β-葡聚萄糖酶、木聚糖酶、果胶酶等，纤维素，β-葡聚萄糖酶可水解β-葡聚糖，木聚糖酶可水解阿拉伯木聚糖。

9.1.2 酶制剂的功能

改善饲料利用率，提高畜禽生产性能，减轻环境污染。

在日粮中添加非淀粉多糖酶，一方面可打破细胞壁中纤维素、半纤维素和果胶等对养分的束缚，让消化酶迅速充分地接触饲料养分，使营养物质更好地被利用；另一方面，加快饲料养分消化吸收，减少后肠道食糜中可供微生物利用的有效养分含量，因而肠道微生物增殖受到控制，有利于畜禽健康。

非淀粉多糖酶，可降低食糜和排泄物的黏度，在家禽可以改善蛋壳清洁度、避免垫料含水率过高和有害菌的大量增殖，改善禽舍环境。

添加植酸梅可降低排泄物中磷含量20%～50%，可提高氮的利用率。

9.1.3 酶制剂的适当选择和高效使用

针对畜禽内源酶分泌不足，选择使用消化酶；针对目标底物（日粮类型）选用酶制剂种类；根据目标底物含量确定酶制剂的适宜用量（植酸梅的最高添加量FTU/kg蛋鸡、猪、肉鸡分别为350、800、1 100）；确定酶制剂的营养改进值或营养当量对日粮配方进行优化（植酸酶的当量值FTU/1 Gnpp，产蛋鸡、猪、肉鸡分别为300、600、900）；全面考虑日粮的营养平衡、商品属性和经济成本；适当的饲料加工工艺保障酶制剂的应用效果（70～90 ℃）。

用于小麦－豆粕型饲粮的酶应主要是木聚糖酶、果胶酶和纤维素酶，大麦－豆粕型饲粮的则主要是β-葡聚萄糖酶、果胶酶、木聚糖酶和纤维素酶。

基础日粮植酸磷水平应在0.2%左右。

9.2 植酸酶在配合饲料中的科学利用（例2）

9.2.1 猪、鸡的钙、磷需要量

表9-1 生长肥育猪的Ca、P、非植酸磷需要量

项目	瘦肉型生长肥育猪（NY，2004）					生长猪（NRC，1998）					
	3~8	8~20	20~35	35~60	60~90	3~5	5~10	10~20	20~50	50~80	80~120
能量浓度（DE，Mcal/kg）	3.35	3.25	3.20	3.20	3.20	3.4	3.40	3.40	3.40	3.40	3.40
Ca（%）	0.88	0.74	0.62	0.55	0.49	0.9	0.80	0.70	0.60	0.50	0.45
总P（%）	0.74	0.58	0.53	0.48	0.43	0.7	0.65	0.60	0.50	0.45	0.40
非植酸磷（%）	0.54	0.36	0.25（0.33）*	0.20（0.33）*	0.17	0.55	0.40（0.55）*	0.32（0.36）*	0.23（0.33）*	0.19（0.19）*	0.15

*似为最适量；中猪似应不小于0.18%，大猪似应不大于0.23%。

表9-2 产蛋鸡的Ca、P、非植酸磷需要量

项目	NY（2004）		NRC，1994			
	开产-高峰（>85%）	高峰后（<85%）	100 g/只·d	120 g/只·d	白壳蛋鸡（100 g/只·d）	褐壳蛋鸡（110 g/只·d）
能量浓度（ME，Mcal/kg）	2.70	2.65	2.9	2.9		
Ca（%）	3.50	3.50	3.25	2.71	3.25 g/只·d	3.6 g/只·d
总P（%）	0.60	0.60				
非植酸磷（%）	0.32	0.32	0.25	0.21	250 mg/只·d	275 mg/只·d

表9-3 海兰褐产蛋鸡（27~38周龄）低磷日粮**添加植酸酶对其生产性能的影响

试验处理			生产性能		
添加NPP（磷酸氢钙）*（%）	日粮NPP（%）	植酸酶（单位/kg）	产蛋率（%）	软破壳率（%）	产蛋量（g/只·d）
非植酸磷（NPP）需要量					
0.00	0.14	0.00	91.63b	0.44c	49.58a
0.06（0.35）***	0.20***	0.00	93.33ab	0.06a	52.69b
0.11（0.65）***	0.25***	0.00	95.63a	0.09a	52.96b
0.16（0.94）	0.30	0.00	95.77a	0.11a	53.12b

续表

试验处理			生产性能		
添加 NPP（磷酸氢钙）*（%）	日粮 NPP（%）	植酸酶（单位/kg）	产蛋率（%）	软破壳率（%）	产蛋量（g/只·d）
日粮 NPP 和植酸酶的最佳组合					
0.00	0.14	150	91.63b	0.27ab	49.95a
0.00	0.14****	300****	94.86a	0.09a	52.36b
0.06（0.35）	0.20	150	94.45a	0.13ab	51.95b
0.06（0.35）	0.20****	300****	95.06a	0.22b	53.46b

*括号内数值为磷酸氢钙（$P>17\%$）在试验日粮中的添加量（%）；

**基础日粮为玉米、豆粕型低磷日粮，其营养水平为：ME 2.66 Mcal/kg、CP 16%、CA 3.3%、TP 0.31%、NPP 0.14%、SAA 0.60%、LYS 0.83%，日采食量为 110 g/只；

***日粮 NPP 的最低需要量为 0.2%，相当于磷酸氢钙添加量为 3.5 kg/T；日粮最佳 NPP 需要量为 0.25%，相当磷酸氢钙添加量为 6.5 kg /T（NRC，1994 为 0.23%，NPP）；

****日粮 NPP ＋植酸酶的最低组合为“0.14% ＋300 单位植酸酶/kg；最佳组合为 0.20% ＋300 单位植酸酶/kg”（相当添加磷酸氢钙 3.5 kg/T＋300 单位）。

9.2.2 根据“非植酸磷”指标制作饲料配方

作为评定饲料磷营养价值、表达动物对磷需要的指标——总磷在许多情况下是没有意义的，看似足够的磷却能引发磷不足症，为此，人们改用“非植酸磷”，总磷由植酸磷和非植酸磷构成，其真正的含义是：植酸磷是单胃动物不可利用的磷，非植酸磷是动物可能利用的磷，亦有将非植酸磷（Non-phytate P）称作可利用磷或有效磷（Available phosphorus）的，其实译作“可能利用的磷”或“可能有效的磷”更为合适，NRC（家禽营养需要）的第九版干脆把具同等含义的 Available phosphorus 改成“Non-phytate P”，这不是无道理的。

9.3 植酸酶的简单应用技术——以定量（g/t）的特定植酸酶替代日粮中一定数量（kg/t）的磷酸盐（表 9－4）

制作饲料配方时，使用磷酸盐是解决动物磷营养不足的传统方法，大多数猪禽饲料配方中，磷酸盐的用量都在“10 kg/t”左右，根据所用磷酸盐的含磷量即可计算出提供 0.1% 非植酸磷（亦即“1 g 非植酸磷/1 kg 完全配合料”，或“1 kg 非植酸磷/1 t 完全配合饲料”）的磷酸盐数量（kg/t）。一定数量的磷酸盐磷（0.1%）是可以通过添加特定商品植酸酶加以取代的，其取代步骤为：

确定植酸酶的磷当量值→选择商品植酸酶→确定释放 0.1% 非植酸磷需要添加的商品植酸酶数量（g/t）→计算商品植酸酶取代磷酸盐或骨粉的数量（kg/t）→补充石粉调整钙水平至原水平→增加能量饲料，补充“空位”比例，使完全配合饲料之比为 100%。

此外，还应根据被取代磷酸盐的数量及其含钙量，增加相应的石粉用量，以弥补植酸酶替代磷酸盐后钙不足的数量。表中数据为完全配合饲料中不同规格磷酸盐被取代的数量，对于浓缩料及含磷预混料中磷酸盐的被取代量应进行适当折算。

表 9－4　由日粮植酸磷释放 0.1％非植酸磷的植酸酶添加量（g/t）及其取代含磷矿物饲料的数量（kg/t）

动物类别或期别	植酸酶的磷当量值（FTU/g）[d]	释放 0.1％非植酸磷需添加不同规格商品植酸酶的数量（g/t）[e]			替代含磷量不同的磷酸盐的数量（kg/t，完全配合料）[f]			
		5 000 FTU/g	2 500 FTU/g	500 FTU/g	P,16％（GB）	P,16.5％（HG）	P,17.0％（QB）	P,12.5％（骨粉）
产蛋期种鸡商品产蛋鸡[a]	300（150～300）	60（30～60）	120（60～120）	600（300～600）	6.25	6.06	5.88	8.00
猪[b]产蛋期鸭[c]8 周龄以上育成鸭	600（500～600）	120（100～120）	240（200～240）	1 200（1 000～1 200）	6.25	6.06	5.88	8.00
肉用仔鸡肉用仔鸭 8 周龄以下育成鸭[c]	900（500～900）	180（100～180）	360（200～360）	1 800（1 000～1 800）	6.25	6.06	5.88	8.00

a. 含蛋用型、肉用型、兼用型鸡及黄羽肉鸡；

b. 不分品种、类型、生理状态、性别、日龄及用途；

c. 不分品种、类型和用途；

d. 即“释放（或代替）“1 g 非植酸磷” 所需要的“植酸酶单位数（FTU）””；这里，所谓“1 g 非植酸磷”，亦即“0.1％非植酸磷”，等同“2 g 非植酸磷/1 kg 完全配合饲料”，或“1 kg 非植酸磷/1 t 完全配合饲料”；括号外数据为本公司推荐值，括号内数据为高、低线范围；

e. 这里的“g/t”，系指 1 t 完全配合饲料的商品植酸酶添加量（g）；括号外数据为本公司推荐值，括号内数据为高、低线范围；浓缩料及含磷预混料中的添加量应加以折算；

f. 实际应用时，因商品磷酸氢钙或骨粉之磷含量不同，可根据下列公式计算“0.1％非植酸磷”相当的商品磷酸氢钙或骨粉数量：

商品磷酸盐被植酸酶替代量（kg/t）＝100/商品磷酸盐磷含量（％）。

此外，还应根据被取代磷酸盐的数量有其含钙量，增加相应的石粉用量，以弥补植酸酶替代磷酸盐后钙不足的数量。表中数据为完全配合饲料中不同规格磷酸盐被取代的数量，对于浓缩料及含磷预混料中磷酸盐的被取代量应进行适当折算。

10　采用恰当的饲料加工技术

粉碎、混合、膨化、制粒后喷涂、热处理等。

10.1　产蛋鸡与石粉粒度

不同粒度石粉混合使用对产蛋鸡蛋壳强度、蛋壳重、单位面积蛋壳重及胫骨灰分及钙含量有良好的影响，其理想的混合比例为：75％ 6～8 目、12.5％ 10～12 目与 12.5％ 50 目石粉或 75％ 8～10 目、12.5％ 10～12 目、12.5％ 50 目。

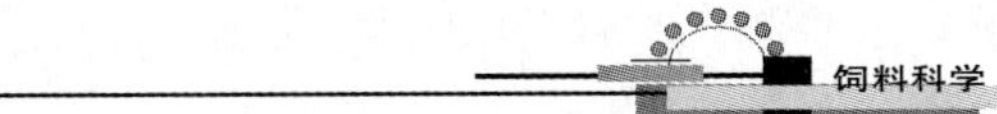

10.2　猪

（1）饲料加工的粒度要求：仔猪料：400～500 μm；生长肥育猪料：500～600 μm；母猪料：700～800μm。

不是越细越好，太细会引起消化道溃疡，某些饲料需要经过处理，以提高消化率（大豆、豆粕、土豆）。

（2）蒸汽压片谷物对仔猪料重比的影响：由图 10－1 表明，蒸汽压片改善了饲料的消化吸收，降低了仔猪的料重比值。

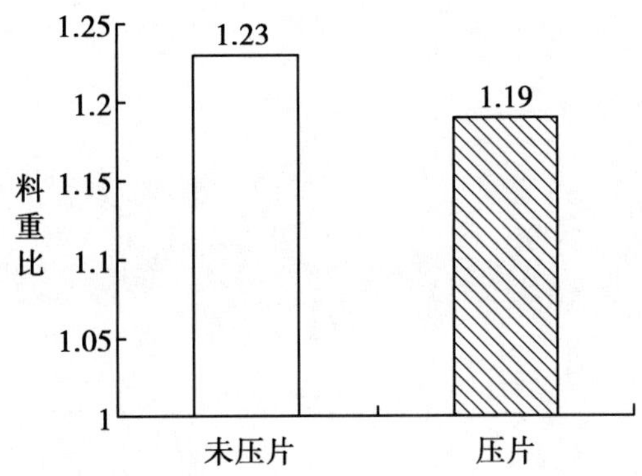

图 10－1　蒸汽压片对仔猪料重比的影响

弟子代表作

消旋蛋氨酸与液体蛋氨酸羟基类似物在肉仔鸡上的相对生物学效价比较*

肖俊峰，武书庚，张海军，齐广海**

（中国农业科学院饲料研究所）

摘　要：本试验采用生长试验结合数学模型探讨了消旋蛋氨酸（DL-methionine，DLM）和液体蛋氨酸羟基类似物-游离酸（methionine hydroxy analogue-free acid，MHA-FA）的相对生物学效价。选取990只7日龄体重相近且健康的雄性肉仔鸡（Avian）随机分为11个处理，每个处理6个重复，每个重复15只鸡。基础日粮设计为蛋氨酸缺乏但其他营养素均满足动物需要，各处理水平分别为：对照组，DLM（0.03%、0.06%、0.10%、0.15%和0.21%），液体MHA-FA（0.034%、0.068%、0.114%、0.171%、0.239%）。结果表明：7～42日龄，添加蛋氨酸源显著改善了肉仔鸡的增重和饲料转化效率（$P<0.05$）；在等摩尔基础上，液体MHA-FA的相对生物学效价是DLM的59.9%（增重）和74.2%（饲料效率）。

关键词：蛋氨酸；蛋氨酸羟基类似物；生物学效价；肉仔鸡

蛋氨酸又名甲硫氨酸，在玉米-豆粕型家禽日粮中是第一限制性氨基酸。目前人们对蛋氨酸源的选择使用一直非常关注。市场上有两种蛋氨酸源产品可供选择，一种是粉状的DL-蛋氨酸（DLM），含量在99%以上；另一种是液体的蛋氨酸羟基类似物-游离酸（MHA-FA），呈深褐色黏液状，含蛋氨酸羟基类似游离脂肪酸的单体、二聚体和多聚体，含量为88%（其中单体、二聚体和多聚体含量分别为65%、20%和3%）。在日粮中添加液体MHA-FA可以补充蛋氨酸的不足，但液体MHA-FA的相对生物学效价仍存在较大争议，所以有必要对此进一步探讨。

营养素的生物学效价是指这种营养素被动物吸收和利用的程度[1]，是评价其营养素对动物饲养效果的综合指标。饲养效果可以是体增重、饲料效率、蛋白质沉积、蛋、奶产量等，能全面反映添加的待测营养素在动物体内的吸收率、代谢率和利用率。要正确评定它们的相对生物学效价，必须采用适宜的试验方案和统计方法。当某种营养素有多种来源时，需要计算不同来源营养素的相对生物学效价。通常选取某特定来源营养素作为基准（如DLM），其他来源营养素（如液体MHA-FA）与之相比就可

* 德国德固赛公司（Degussa AG）资助项目。

** 通讯作者：齐广海（E-mail：qiguanghai@mail. caas. net. cn），1979年9月至1983年7月在西北农学院（现西北农林科技大学）畜牧专业本科学习时受教于霍先生门下。

得出其相对生物学效价；假定 DLM 的生物学效价是100%，通过比较液体 MHA-FA 和 DLM 对生产性能的影响，从而评定液体 MHA-FA 的相对生物学效价。Littell 等[2]讨论了用待测营养素缺乏的基础日粮和几个添加水平（n >4）的试验日粮饲喂动物，选择敏感的生产指标，应用线性或指数回归模型进行分析，比较曲线斜率的方法，计算待测营养素源的相对生物学效价。该方法也用于评估饲料中磷[3~4]、铁[5]和铜[6]的相对生物学效价。这种方法是最常用的能够准确反映动物生长与生产规律和评定营养物质生物学效价的方法，采用该方法时，基础日粮中蛋氨酸的含量不会影响梯度添加效应试验线性或指数回归分析的准确性和结果[7]。因此，本文采用 Littell 等[2]提出的方法评估液体 MHA-FA 的相对生物学效价。

1 材料和方法

1.1 试验材料

试验所用 DLM 和液体 MHA-FA 由市场上购得，DLM 为饲料级粉状蛋氨酸，含量大于 99%；液体 MHA-FA 是含量为 88% 的蛋氨酸羟基类似物游离脂肪酸。

1.2 试验设计与管理

1 600 只 1 日龄健康雄性肉仔鸡饲养至 7 日龄，从中选取体重相近的 990 只随机分为 11 个处理，每个处理 6 个重复，每个重复 15 只鸡。基础日粮组成及营养水平见表 1。蛋氨酸源的添加水平见表 2。试验期 35 d，动物自由采食和饮水，温度、湿度和光照参照《Avian 商品代肉仔鸡饲养手册》进行。

表 1　基础日粮的原料组成和营养水平（风干基础）（%）

项目	周龄		项目	周龄	
	2~3 周	4~6 周		2~3 周	4~6 周
原料组成					
玉米	55.00	56.76	代谢能 ME（MJ/kg）	12.43	12.71
豆粕	28.40	26.07	粗蛋白质 CP	21.48（21.10）*	20.5（20.70）*
花生粕	10.00	9.80	粗脂肪 EE	6.01	7.05
大豆油	2.85	3.90	钙 Ca	0.91	0.85
赖氨酸	0.23	0.20	有效磷	0.49	0.43
石粉	0.80	0.85	赖氨酸 Lys	1.15	1.07
磷酸氢钙	2.10	1.80	蛋氨酸 Met	0.30（0.29）*	0.28（0.28）*
食盐	0.30	0.30	蛋氨酸+胱氨酸 Met+Cys	0.65（0.63）*	0.68（0.65）*
胆碱	0.10	0.10			
复合微量元素1)	0.20	0.20	苏氨酸 Thr	0.80	0.76
复合维生素2)	0.02	0.02	色氨酸 Try	0.28	0.26
合计	100.00	100.00			

1) 每千克日粮提供：V_A 12 500 IU；V_{D3} 4 480 IU；V_{K3} 3.0 mg；V_{B1} 1.5 mg；V_{B2} 6.0 mg；V_{B6} 3.0 mg；泛酸 D-pantothenic acid 14.0 mg；V_{B12} 0.02 mg；生物素 Biotin 100 μg；V_E 30 IU；尼克酸 Nicotinic acid 80 mg；叶酸 Folic acid 1.5 mg。

2) 每千克日粮提供：锰 Mn 88 mg；锌 Zn 95 mg；铁 Fe 100 mg；铜 Cu 12.5 mg；硒 Se 105 μg；碘 I 900 μg。

*表中括号内的数字为实测值。

表 2 不同日粮处理 DLM 和液体 MHA-FA 的添加水平（%）

处理水平	蛋氨酸源 [1]	7～21 日龄		22～42 日龄	
		添加水平	实测值	添加水平	实测值
	对照	0	0	0	0
2	DLM	0.030	0.040	0.030	0.027
3	DLM	0.060	0.061	0.060	0.055
4	DLM	0.100	0.095	0.100	0.116
5	DLM	0.150	0.143	0.150	0.141
6	DLM	0.210	0.231	0.210	0.185
7	MHA-FA	0.034 [2]	0.030	0.034	0.032
8	MHA-FA	0.068	0.060	0.068	0.059
9	MHA-FA	0.114	0.107	0.114	0.105
10	MHA-FA	0.171	0.163	0.171	0.180
11	MHA-FA	0.239	0.231	0.239	0.229

[1] 本试验是在蛋氨酸缺乏的基础日粮中添加合成的蛋氨酸源，因此各处理中总的蛋氨酸水平是将基础日粮中的蛋氨酸含量加上各处理的添加水平。由于 MHA-FA 处理组包括基础日粮中的蛋氨酸和添加的合成 MHA-FA，为了便于区分，各处理总蛋氨酸水平不便简单相加。

[2] 液体 MHA-FA 的有效含量为 88%，表中液体 MHA-FA 的添加水平分别乘以 88% 即为 DLM 的添加水平，由于二者的分子量非常接近（其中液体 MHA-FA 和 DLM 的分子量分别为 150 和 149），经过换算后，二者的添加水平为等摩尔水平。

1.3 测定方法与指标

试验期结束时记录体重、采食量和死亡率，计算 7～42 日龄增重和饲料转化效率。日粮中粗蛋白质、氨基酸的测定均参照 AOAC[8]，MHA-FA 的测定方法参照修改的 Naumann 等[9]方法，以保证各处理粗蛋白质和氨基酸的添加水平达到试验设计的要求。日粮粗蛋白质，Met + Cys 含量，各个处理蛋氨酸源的实测值分别见表 1 和表 2。

1.4 统计分析

采用 Littell 等[2]提出的指数模型 $Y = a + b \times (1 - e^{cx})$，评价 MHA-FA 的相对生物学效价，其中 Y 指生产性能指标（增重或饲料效率），a，b 分别指 Y 的截距（如图 1），X_1，X_2 分别指试验日粮中 DLM 和液体 MHA-FA 的添加水平，c_1，c_2 分别指 DLM 和液体 MHA-FA 两种曲线的增长系数。根据动物的生长数据，模拟出生产性能指标随蛋氨酸添加水平变化的曲线和方程。假设两种蛋氨酸源能达到同样的生产性能，$Y_{DLM} = Y_{MHA\text{-}FA}$，即 $a + b \times (1\text{-}e^{c_1 x_1}) = a + b \times (1\text{-}e^{c_2 x_2})$，这时两条曲线所对应的 X 值不相等，其中 DLM 和 MHA-FA 分别为 X_1 和 X_2，用 X_1 比 X_2 所得的相对值就是 MHA-FA 的相对生物学效价。上述公式经过换算后得 $c_1X_1 = c_2X_2$，最后 $X_1/X_2 = c_2/c_1$，即 MHA-FA 的相对生物学效价表示为 c_2/c_1 的值。

试验采用 SAS 中的非线性回归（NLIN）过程分析试验数据对生物模型的拟和程度[10]，同时用 ANOVA 方法进行方差分析，数据以（平均值 ± 标准差）表示，并用 Duncan 氏法进行多重比较。

由图 1 可以看出，随着蛋氨酸的添加，动物的生长表现逐渐改善，添加量达到一定水平时生产性能不再提高。图中 Y 轴表示生产性能，X 轴表示蛋氨酸的添加水平。在指数模型中，假设动物要达到

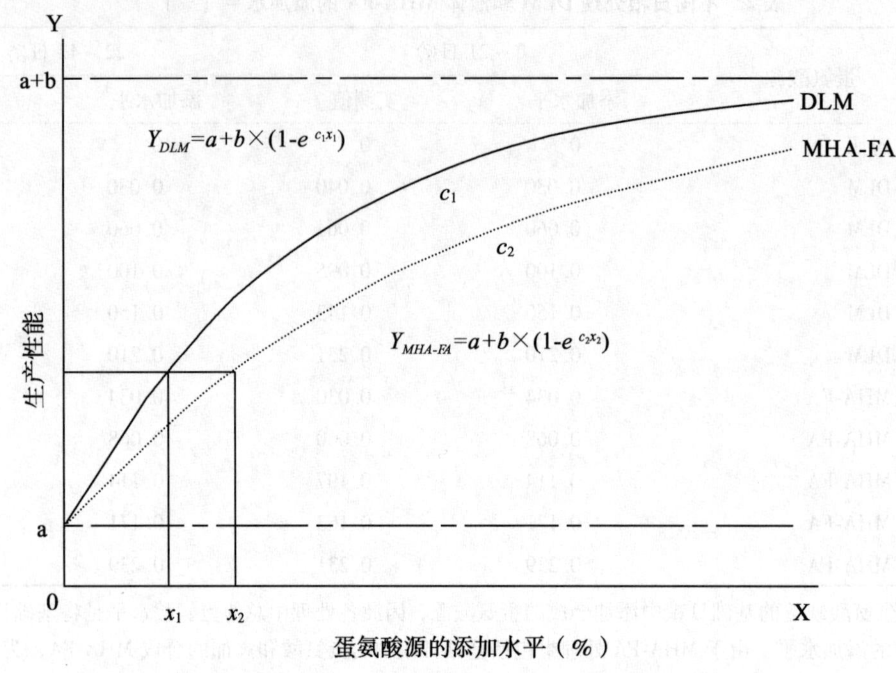

图 1　动物生长反应随蛋氨酸源添加水平变化的曲线

同一个生产水平 Y，所需要的 DLM 和液体 MHA-FA 的添加量（X_1 和 X_2 不等），即液体 MHA-FA 需要 X_2 的添加量才能达到 DLM 用 X_1 达到的生产水平。这时用 X_1 比 X_2 的值表示液体 MHA-FA 的相对生物学效价，也就是两条曲线的斜率 c_2 和 c_1 的比值。

2　结果

试验期内，采食量在各处理组间和组内差异均不显著（$P>0.05$），与对照组相比，添加两种蛋氨酸源均显著提高了 7 ~42 日龄肉仔鸡的生长性能（$P<0.05$）。由于对照组 Met + Cys 缺乏（表 1），其生长受到限制，增重和饲料效率分别为 2. 292 kg 和 1. 902（表 3 和图 2）；与对照组相比，蛋氨酸最高添加组的增重和饲料效率分别提高了 275 g 和 0. 18。

从表 3 的数据看，不论是增重还是饲料转化效率，DLM 的五个处理的生长表现均优于相对应的液体 MHA-FA 处理组。从增长的趋势看，随着蛋氨酸水平的升高，动物生长表现逐渐改善，当蛋氨酸水平上升至 0. 15% 和 0. 21% 时，增重和饲料效率不再进一步明显改善。这种增长趋势符合指数回归模型的特点，因此本试验采用指数回归模型评估液体 MHA-FA 的相对生物学效价。模型的计算结果表明：在等摩尔基础上，液体 MHA-FA 的相对生物学效价为 59. 9%（增重）和 74. 2%（饲料效率）。两个指数方程分别见图 2 和图 3。图中括号里的数字：增重（36. 6% ~83. 3%）和饲料转化效率（47. 5% ~100%）指相对生物学效价的 95% 的置信区间，它指同样的试验动物在同样的试验条件下，所得到液体 MHA-FA 的相对生物学效价都会处于这个范围中，只有 5% 的结果会在这个范围之外。

表 3 日粮中不同蛋氨酸及其添加水平对肉仔鸡生长性能的影响

处理水平	蛋氨酸源	添加水平（%）	7 d 初始体重（kg）	7～42 d 增重（kg）	7～42 d 饲料效率	7～42 d 采食量（kg）
1	对照	0	0.150 ±0.002[ab]	2.292 ±0.080[g]	1.902 ±0.046[a]	4.359 ±0.080[ab]
2	DLM	0.030	0.149 ±0.001[ab]	2.387 ±0.850[ef]	1.868 ±0.077[a]	4.459 ±0.080[a]
3	DLM	0.060	0.151 ±0.001[ab]	2.463 ±0.051[cd]	1.785 ±0.031[bc]	4.398 ±0.100[ab]
4	DLM	0.100	0.150 ±0.002[ab]	2.481 ±0.065[bcd]	1.773 ±0.039[bc]	4.399 ±0.120[ab]
5	DLM	0.150	0.151 ±0.001[ab]	2.567 ±0.027[a]	1.722 ±0.038[d]	4.420 ±0.090[ab]
6	DLM	0.210	0.151 ±0.005[ab]	2.552 ±0.064[ab]	1.722 ±0.038[d]	4.394 ±0.120[ab]
7	MHA-FA	0.034	0.149 ±0.001[b]	2.339 ±0.036[gf]	1.865 ±0.040[a]	4.362 ±0.100[ab]
8	MHA-FA	0.068	0.153 ±0.008[a]	2.430 ±0.080[de]	1.810 ±0.043[b]	4.399 ±0.090[ab]
9	MHA-FA	0.114	0.148 ±0.004[b]	2.459 ±0.049[cde]	1.794 ±0.041[bc]	4.410 ±0.120[ab]
10	MHA-FA	0.171	0.150 ±0.001[ab]	2.475 ±0.045[cd]	1.749 ±0.026[cd]	4.328 ±0.130[ab]
11	MHA-FA	0.239	0.149 ±0.001[ab]	2.530 ±0.078[abc]	1.744 ±0.041[cd]	4.412 ±0.150[ab]

同列肩标不同字母者表示差异显著（$P<0.05$）。

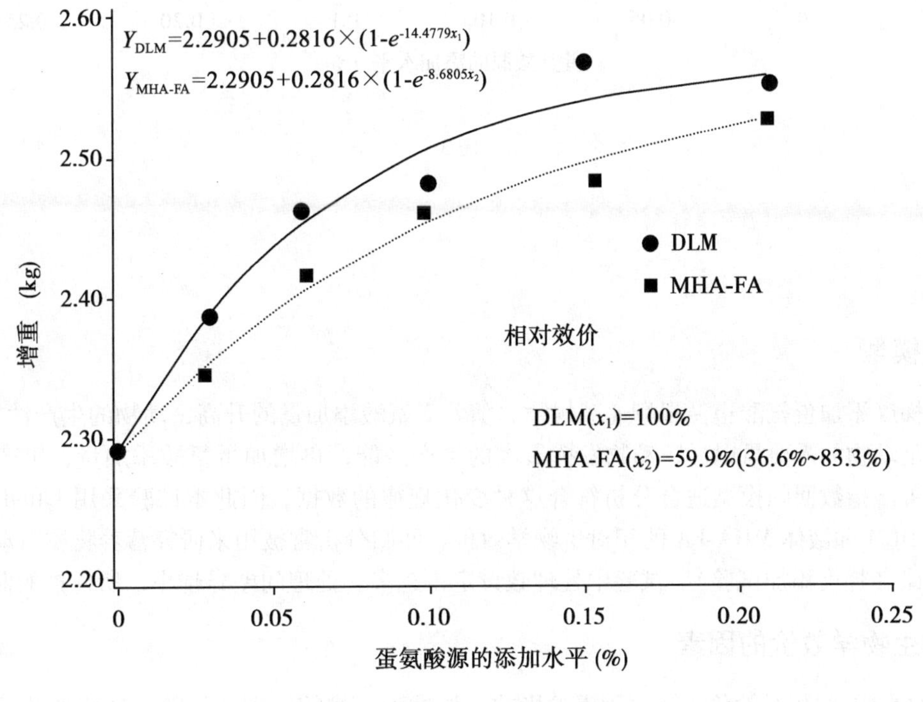

图 2

图 2 和图 3　7～42 d 肉仔鸡的增重（2）和饲料效率（3）随蛋氨酸源添加水平的变化，图中括号里的数字范围表示 HMB 的相对生物学效价的 95% 置信区间。图 2 和图 3 指数曲线的 R^2 拟合值分别是 0.8552 和 0.7973。

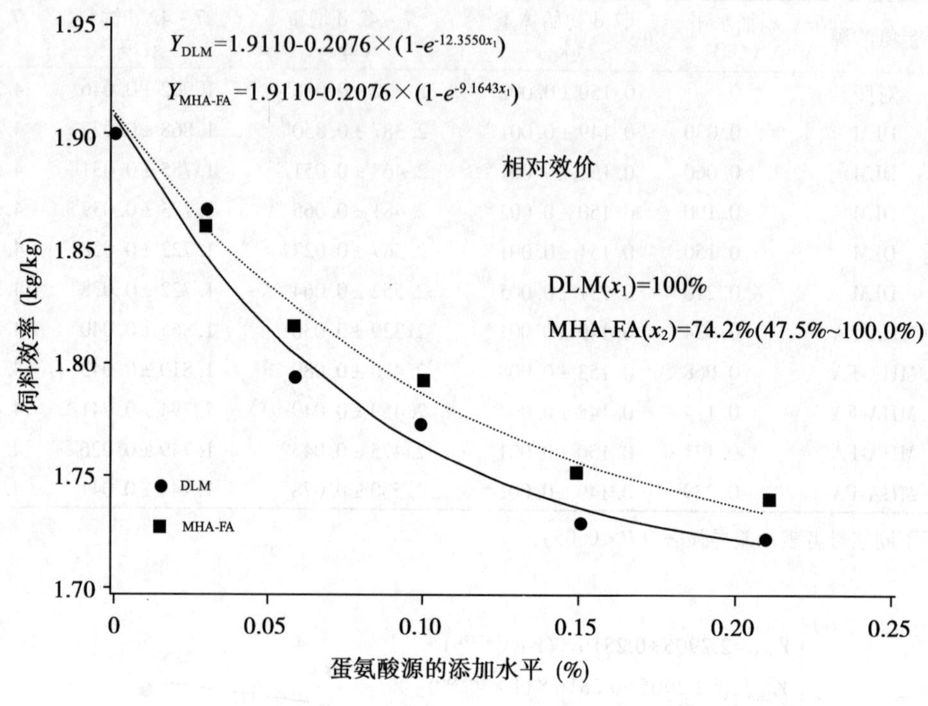

图 3

3 讨论

3.1 回归模型

动物对梯度添加蛋氨酸遵循报酬递减规律，随着蛋氨酸添加量的升高，动物的生产性能逐渐改善，当添加量满足动物的需要量以后，动物发挥最大的生产潜能，再增加蛋氨酸添加量，生产性能不再进一步明显改善。指数回归模型适合分析符合这种变化规律的数据，因此本试验采用 Littell 等[2] 描述的方法探讨了 DLM 和液体 MHA-FA 的相对生物学效价。回归分析常被用来研究营养物质与动物生产水平间的量变规律（梯度添加试验）。试验中处理数设定得越多，处理间差异越小，所模拟的曲线越精确。

3.2 影响生物学效价的因素

液体 MHA-FA 的相对效价受许多因素的影响，如试验动物的性别、年龄、试验期的长短、试验日粮中 Met + Cys 的缺乏程度等。本试验选取性别一致的雄性 Avain 肉仔鸡，在 7 日龄后进行分组试验，减少了饲料的浪费，降低了整个试验期内的死亡率。当比较两种营养物质的相对生物学效价时，基础日粮中待测的营养物质应是缺乏状态[11]。本试验基础日粮中 Met + Cys 是缺乏状态，这与其他试验[12~13] 的基础日粮设计一致，而且蛋氨酸的添加梯度为 5 个，蛋氨酸源添加水平为 0.15% 时，动物的生长反应接近最佳；而增加至 0.21% 时，对生产性能的改善不明显，这表明梯度添加的设计符合动物生长水平和规律。

3.3 其他试验的结果

本试验结果表明，在等摩尔数基础上，液体 MHA-FA 的相对生物学效价是 DLM 的 59.9%（增重）和 74.4%（饲料效率），这与 Lemme[12]，Heohler 等[13]，Thomas 等[14]，Van Weerden 等[15]，Esteve-Garcia 和 Austic[16]，Huyghebaert[11]，Rostagno 和 Barbosa[17]，Schutte 和 de Jong[18]，Esteve-Garcia 和 Llaurado[19]用指数回归分析研究的结果较接近。以上研究结果均表明：在等摩尔数基础上，液体 MHA-FA 的平均相对生物学效价是 DLM 的 77%（增重）和 72.7%（饲料效率）。本试验表明用指数回归模型的适用性较好，也再次证实了液体 MHA-FA 的相对效价处于一定的范围之内。随着动物样本数的增加和试验条件的改善，液体 MHA-FA 相对生物学效价将会更接近真值。

4 结论

（1）指数回归模型是比较 DLM 和 MHA-FA 的相对生物学效价的一种合理方法。

（2）添加 DLM 和液体 MHA-FA 均显著改善了肉仔鸡的生产性能。在等摩尔基础上液体 MHA-FA 的相对生物学效价分别为 59.9%（增重）、74.4%（饲料效率）。

参考文献

[1] Ammerman C B, Baker D H, Lewis A J. *Bioavailability of Nutrients for Animals: Amino Acids, Minerals, and Vitamins*. San Diego, CA: Academic Press. 1995, 1～2

[2] Littell R C , Henry P R , Lewis A J , *et al.* Estimation of relative bioavailability of nutrients using SAS procedures. *Journal of Animal Science*, 1997, 75: 2 672～2 683

[3] Potter L M. Bioavailability of phosphorus from various phosphates based on body weight and toe ash measurements. *Poultry Science*, 1988, 67: 96～102

[4] Potter L M, Potchanakorn M, Ravindran V, *et al.* Bioavailability of phosphorus in various phosphate sources using body weight and toe ash as response criteria. *Poultry Science*, 1995, 74: 813～820

[5] Boling S D , Edwards H M , Emmert J L , *et al.* Bio-availability of iron in cottonseed meal, ferric sulfate and two ferrous sulfate by-products of the galvanizing industry. *Poultry Science*, 1998, 77: 1 388～1 392

[6] Guo R, Henry P R, Holwerda R A , *et al.* Chemical characteristics and relative bioavailability of supplemental organic copper sources for poultry. *Journal of Animal Science*, 2001, 79: 1 132～1 141

[7] Littell R C, Lewis A J, Henry P R. Statistical evaluation of bioavailability assays. In: Ammerman C B, Baker D H, Lewis A J (Ed.) *Bioavailability of Nutrients for Animals: Amino Acids, Minerals, and Vitamins*. San Diego, CA: Academic Press, 1995. 5～33

[8] AOAC. *Officical Methods of Analysis*. 17 th ed. Association of Official Analytical Chemists. Arlington, VA. 2003

[9] Naumann C R, Bassler R, Scibold, *et al. Methodbuch Band* Ⅲ. VDLUCFA-Verlag. Darmstadt, Germany. 1997

[10] SAS. SAS/STAT® User's Guide (Release 9.2.0.1.0 Ed.). SAS inst. Inc., Cary. NC. 2002

[11] Huyghebaert G. Relative biopotency of methionine sources for broilers, measured by means of a multiexponential regression model. *British Poultry Science*, 1993, 34: 351～359

[12] Lemme A, Hoehler D, Brennan J J, *et al.* Relative effectiveness of methionine hydroxy analog compared to DL-methionine in broiler chickens. *Poultry Science*, 2002, 81: 838 ~ 845

[13] Hoehler D, Lemme A, Jensen S K , *et al.* Relative effectiveness of methionine sources in diets for broiler chickens. *Journal of Applied Poultry Research*, 2005, 14: 679 ~ 693

[14] Thomas O P, Tamplin C, Crissey S D, *et al.* An evaluation of methionine hydroxy analog free acid using a nonlinear (exponential) bioassay. *Poultry Science*, 1991, 70: 605 ~ 610

[15] Van Weerden E J, Schutte J B, Bertram H L. Utilization of the polymers of methionine of methionine hydroxy and analog free acid (MHA-FA) in broiler chicks. *Archives of Geflügelkd*, 1992, 56: 63 ~ 68

[16] Esteve-Garcia E, Austic R E. Intestinal absorption and renal excretion of dietary methionine sources by the growing chicken. *Journal of Nutritional Biochemistry*, 1993, 4: 576 ~ 587

[17] Rostagno H S, Barbosa W A. Biological efficacy and absorption of DL-methionine hydroxyl analogue free acid compared to DL-methionine in chickens as affected by heat stress. *British Poultry Science*, 1995, 36: 303 ~ 312

[18] Schutte J B , de Jong J. Biological efficacy of DL-methionine hydroxy analog-free acid compared to DL-methionine in broiler chicks as determined by performance and breast meat yield. *Agribiology Research*, 1996, 49: 74 ~ 82

[19] Esteve-Garcia E , Llaurado L. Performance, breast meat yield and abdominal fat deposition of male broiler chickens fed diets supplemented with DL-methionine or Dlmethionine hydroxy analog free acid. *British Poultry Science*, 1997, 38: 397 ~ 404

（本文曾发表于动物营养学报，2007，19（2）：142 - 147）

Effects of Yeast Culture in Broiler Diets on Performance and Immunomodulatory Functions*

J. Gao[1], H. J. Zhang[1], S. H. Yu[2], S. G. Wu[1], I. Yoon[3], J. Quigley[3], Y. P. Gao[2], and G. H. Qi[1]

([1] *Feed Research Institute, Chinese Academy of Agricultural Sciences, Beijing* 100081, *China*; [2] *College of Animal Science and Technology, Northwest A&F University, Yangling, Shaanxi* 712100, *China*; [3] *Diamond V Mills, Inc., Cedar Rapids, IA* 52407 ~ 4570)

ABSTRACT: A study was conducted to evaluate the effect of supplemental yeast culture (Diamond V XP Yeast Culture; YC) in broiler diets on performance, digestibility, mucosal development, and immunomodulatory functions. One-d-old Abor Acres chicks (n = 960,) were randomly assigned to 1 of 4 dietary treatments based on corn and soybean meal and containing 0, 2.5, 5.0 and 7.5 g/kg of YC in the diet for 42 d. Each treatment consisted of 12 replicates of 20 broilers each. Nutrient digestibility was determined on d 15 and 35 by total fecal collection. On d 21 and 42, twelve birds per treatment were sacrificed to evaluate gut morphology and immune function. Broilers were vaccinated with Newcastle disease vaccine by eye drop on d 7 and 28 and antibody titer was determined on d 14, 21, 28, 35 and 42. Dietary YC increased average daily gain during grower and overall periods (quadratic, $P \leq 0.05$). Feed efficiency tended to be improved (quadratic, $P = 0.08$) during grower and overall periods by YC supplementation. YC supplementation increased digestibility of Ca (linear and quadratic, $P = 0.01$) and P (linear, $P = 0.01$) on d 35, but did not affect ($P > 0.05$) digestibility of protein and energy. Villus height to crypt depth ratios in the duodenum and jejunum (d 42) and ileum (d 21) were increased ($P \leq 0.05$) in broilers fed 2.5 g/kg of YC. YC increased antibody titers to Newcastle disease virus (linear, $P \leq 0.05$), serum lysozyme activity (linear and cubic, $P \leq 0.05$) and IgM (linear, $P \leq 0.05$) and

* 美国达农威公司（Diamond V Mills, Inc.）资助项目；摘要发表于 Poult. Sci., 2007, 86 (Suppl. 1): 298，全文已投稿给 Poult. Sci.

secretary IgA concentration in the duodenum (linear, $P = 0.01$). Results of this study indicate YC may improve growth performance and affect immune functions, nutrient digestibility and intestinal mucosal morphology of broilers. Growth performance was best at 2.5 g/kg of YC under the experimental condition of this study. Higher levels of YC (5.0 and 7.5 g/kg) can increase immune function without compromising growth performance.

Key words: yeast culture; broiler; immune function; mucosal morphology; digestibility

INTRODUCTION

It is well documented that antibiotics benefit animal growth, performance and health. However, increasing concerns regarding overuse of antibiotics has prompted extensive investigation into alternatives to use of sub-therapeutic antibiotics in production diets. Yeast products are important natural growth promoters. Eckles *et al.* (1925) first reported the use of *Saccharomyces cerevisiae* as a growth promoter for ruminants. Commercial yeast products specifically for animal feeding are used worldwide in animal production particularly in ruminant diets. Beneficial effects of yeast products in ruminants are due to increased concentration of total and cellulolytic ruminal bacteria (Wallace, 1994; Newbold *et al.*, 1995) which may increase availability of ME from diets, thereby increasing production.

Effects of yeast products on production and their mode of action in monogastrics have been reported in poultry (Hayat *et al.*, 1993; Bradley and Savage, 1995; Stanley *et al.*, 2004a; Zhang *et al.*, 2005) and pigs (Mathew *et al.*, 1998; Heugten *et al.*, 2003; Shin *et al.*, 2005a). However, mode of action of yeast products in these animals is less clear. Some studies have confirmed the effects of yeast culture (YC) in increasing concentrations of commensal microbes or suppressing pathogenic bacteria (Stanley *et al.*, 2004a). However, these effects were not reported by others (Mathew *et al.*, 1998; White *et al.*, 2002; Heugten *et al.*, 2003). We hypothesize that there may be other mechanisms responsible for effects of YC in monogastrics other than modulation of microbial ecology. Mannan-oligosaccharide and 1, 3/1, 6 β-glucan are components of the yeast cell wall that modulate immunity (Shashidhara and Devegowda, 2003), promote growth of intestinal microflora (Spring *et al.*, 2000; Stanley *et al.*, 2000) and increase growth (Parks *et al.*, 2001). YC contains viable cells, cell wall components, metabolites and the media on which the yeast cells were grown (Miles and Bootwalla, 1991). In a recent *in vitro* study (Jensen *et al.*, 2007), the addition of soluble fraction of YC showed an anti-inflammatory effect in conjunction with activation of NK cells and B lymphocytes. In addition, others have reported that yeast products affect nutrient digestibility (Thayer and Jackson, 1975; Thayer *et al.*, 1978; Bradley and Savage, 1995; Shin *et al.*, 2005b) and intestinal mucosal development (Santin *et al.*, 2001; Zhang *et al.*, 2005). Therefore, the objective of this study was to evaluate effects of YC in broiler diets on performance, nutrient digestibility, intestinal morphology and immune function in poultry.

MATERIALS AND METHODS

Experimental Design and Dietary Treatments

Arbor Acres broiler chicks (n = 960; 1 d old; 480 males) were randomly assigned to 1 of 4 dietary treatments containing 0, 2.5, 5.0 and 7.5 g/kg diet of a commercial YC product (Diamond V XP YC). Two corn-soybean based basal diets were formulated to be fed during starter (d 1 to 21) and grower (d 22 to 42; Table 1) periods. Each treatment consisted of 12 replicates with 20 broilers (10 males and 10 females; single gender birds in one cage) per replicate. Diets were fed in mash form. All bird management was consistent with recommendations of Arbor Acres Broiler Commercial Management Guide.

Table 1 Ingredient composition and nutrient content of starter (d 1 to 21) and grower (d 22 to 42) basal diets for broiler chicks (g/kg as fed-basis)

Ingredients (g/kg)	Starter	Grower
Yellow corn	554.2	580.4
Soybean meal	354.5	321.5
Soybean oil	41.0	53.2
Dicalcium phosphate	19.2	17.2
Limestone (38% Ca)	12.2	11
Salt (NaCl)	3.7	3.5
Choline chloride	2.6	2
DL-Methionine	2.2	1.1
Mineral premix[1]	2	2
Vitamin premix[2]	0.2	0.2
L-Lysine HCl	0.3	0
Yeast culture or Carrier[3]	7.5	7.5
Antioxidants	0.4	0.4
Total	1 000.0	1 000.0
Nutrient content		
AME (kcal/kg)[4]	3 000	3 100
CP (g/kg)[5]	217.2	191.6
Ca (g/kg)[5]	10.5	8.58
Total P (g/kg)[5]	7.0	6.1
Available P (g/kg)[4]	4.5	4.1

[1]Mineral premix contained the following per kilogram diet: Fe, 80 g; Cu, 8 mg; Mn, 60 mg; Zn, 40 mg; I, 0.4 mg; Se, 0.2 mg.

[2]Vitamin premix contained the following per kilogram diet: vitamin A, 1, 100 IU; vitamin D_3, 240 IU; vitamin E, 6 IU; menadione sodium bisulfite, 0.6 mg; vitamin B_{12}, 0.004μg; biotin, 0.15 mg; folic acid, 0.2 mg; nicotinic acid, 50 mg; D-pantothenic acid, 5 mg; pyridoxine hydrochloride, 1.2 mg; riboflavin, 2.2 mg; thiamine mononitrate, 1.6 mg.

[3]The diets of treatments contained Diamond V XP yeast culture 0, 2.5, 5.0, 7.5 g/kg, and carrier (zeolite powder) 7.5, 5.0, 2.5, 0 g/kg, respectively.

[4]Calculated according to Chinese Feed Database News Web Center (2005).

[5]Determined value.

Growth Performance

Body weight and feed consumption were measured on d 21 and 42. Mortality was recorded during the experiment. Average weight gain, average daily gain (ADG), average daily feed consumption and feed efficiency (Feed/Gain) were calculated for starter, grower and overall periods.

Apparent Digestibility of Nutrients

Twelve pens of chicks (half females and half males) per treatment were randomly allotted for measurement of nutrient digestibility by total excreta collection. All droppings were collected once daily for 5 consecutive days from d 15 to 35. Excreta from each pen were collected, mixed, weighed, and a 10% aliquot was sampled and frozen (-20℃). Daily aliquots of excreta were combined and a 10% aliquot was taken and dried. Feed samples were collected daily and pooled to produce a single composite of each diet. Diet and excreta samples were analyzed for Ca, P, CP, and gross energy. Gross energy was determined in an oxygen bomb calorimeter (Parr 1281 Automatic Bomb Calorimeter, Parr Instrument Company, Moline, Illinois). Crude protein was analyzed by a Kjeltec 2300 Analyzer Unit (Foss Tecator AB, Sweden). Samples were digested in concentrated nitric acid to solubilize Ca and P in the diet and excreta. Concentration of Ca in the supernatant was determined using flame atomic absorption spectrometry (Z-8200, Hitachi, Japan). Concentration of P in the supernatant was measured by UV and visible range spectrophotometer.

Intestinal Morphology Development

On d 21 and 42, six female and six male chicks from each treatment were sacrificed by cervical dislocation for measurement of intestinal villus height and crypt depth by the method of Sun *et al.* (2005). Five-centimeter sections of duodenum (medial portion), jejunum (medial portion posterior to the bile ducts and anterior to Meckel's diverticulum), and ileum (medial portion posterior to Meckel's diverticulum and anterior to the ileocecal junction) were removed, rinsed in tris-buffered saline, cut into 5 equal pieces, and fixed in 10% neutral buffered Formalin. Each intestinal piece was subsequently cut into 5-mm sections and placed into tissue cassettes. Cassettes were embedded in paraffin, and subsequently cut into thicknesses of 5 μm, and mounted onto slides. Tissue slides were stained using hematoxylin and eosin for light microscope measurement of villus height and crypt depth. Villus height was measured from the tip of a villus to the top of the crypt, whereas crypt depth was defined as the depth of the invagination between adjacent villi. All reported villi and crypt values were an average of 5 measurements per tissue.

Blood collection and analysis

Blood was collected on d 21 and 42 from the wing vein of 12 birds per treatment (1 bird / replicate) and serum was collected by centrifugation. Serum was harvested and stored (-20℃) prior to analysis. Serum lysozyme activity was measured using the method of Kreukniet *et al.* (1994) using *Micrococcus lysodeikticus* cells as substrate. Serum IgG, IgA and IgM were measured by double antibody sandwich ELISA using commercial kits (Bethyl Laboratories, Montgomery, Texas).

Secretory IgA (sIgA) Content

Six chicks per treatment were randomly selected and used for determination of secretory IgA in the duodenum on d 21 and 42 using the immunohistochemical method. Fresh frozen tissue samples were mounted on tissue holders, and 12 μm sections were cut in a cryostat. Following fixing in 2.5% glutaraldehyde-polyoxymethylene fixative, sections were dehydrated and embedded in paraffin. Sections were blocked with 3% peroxide-methanol at room temperature for endogenous peroxidase ablation after deparaffinage. Sections blocked with normal goat serum were incubated for 2 h at 37°C after adding mouse anti-chicken IgA (Southern Biotechnology Associates, Inc., Birmingham, AL). A biotin conjugated secondary antibody (Goat anti-mouse IgG /Bio, Beijing Zhongshan Goldenbridge Company, Beijing, China) was added and the sections were incubated for 30 min at 37°C. Following incubating in avidin-biotin-peroxidase complex (Beijing Zhongshan Goldenbridge Company, Beijing, China), sections were stained with 3, 3-diaminobenzidin, and dyed with hematoxylin. Negative control was conducted with the same steps as described above with the exception of substituting PBS-T for the mouse anti-chicken IgA. Sections were mounted with neutral gums, and were observed in a Motic Digital Biological Microscope (DMB5; Motic China Group Co., Ltd., Xiamen, China) equipped with Digital Analysis System of Medical Photo software (Motic Med 6.0 CMIAS). Results were expressed as the ratio of the positive areas covered with sIgA to whole visual field. Five visual fields were randomly selected per slide.

Antibody Titer against Newcastle Disease Virus (NDV)

Broilers were vaccinated with ND "LaSota" vaccine (Intervet International B. V. Boxmeer Holland) by eye drop on d 7 and 28, and antibody titer in serum was measured by hemagglutination-inhibition test as described by Alexander *et al.* (1983) on d 14, 21, 28, 35, and 42. One bird from each replicate was randomly selected and blood was collected by wing venipuncture. Antibody titer against NDV was detected by hemagglutination-inhibition test using 4 hemagglutinin units of the NDV antigen (China Institute of Veterinary Drug Control, Beijing, China).

Statistical Analysis

Data were analyzed using one-way ANOVA of SAS 8.02 for Windows (SAS Institute, 2001) and means were separated by the Fisher's multiple range tests. The effect of supplemental levels of YC was determined using orthogonal polynomials for linear, quadratic and cubic effects. Data were assumed to be statistically significant when $P \leq 0.05$ or tended to be significant when $0.05 < P < 0.10$.

RESULTS

Growth Performance

Growth performance of broilers was affected by dietary YC. YC increased (quadratic, $P = 0.02$) body weight of broilers on d 42. During grower (d 22 to 42) and overall (d 1 to 42) periods, supplemental YC improved ADG (quadratic, $P \leq 0.05$) with 2.5 g/kg feeding level being the most effective (Table 2). YC effect was not apparent ($P > 0.05$) during starter period (d 1 to 21). Feed efficiency tended to be improved (quadratic, $P = 0.08$) by YC supplementation during the same periods. Dietary treatments did not affect ($P > 0.05$) feed consumption except for starter period (quadratic, $P = 0.01$). No difference ($P > 0.05$) in mortality among treatments was observed.

Table 2 Effect of supplemental yeast culture in broiler diets on growth performance[1]

Item	Yeast culture supplementation (g/kg diet)				SEM	P[2]		
	0	2.5	5.0	7.5		L	Q	C
Body weight (g/bird)								
d 1	43.2	43.2	43.2	43.2				
d 21	767.7	757.9	755.9	758.3	3.9	0.39	0.44	0.92
d 42	2 378.3	2 459.4	2 404.1	2 357.3	14.1	0.34	0.02	0.24
ADG[3] (g/bird per d)								
d 1 to 21	34.5	34.0	33.9	34.1	0.2	0.39	0.44	0.92
d 22 to 42	76.7[b]	81.0[a]	78.5[ab]	76.1[b]	0.6	0.44	0.01	0.20
d 1 to 42	55.6[b]	57.5[a]	56.2[ab]	55.1[b]	0.3	0.34	0.02	0.24
Feed consumption (g/bird per d)								
d 1 to 21	52.1[ab]	50.9[b]	51.1[b]	53.2[a]	0.3	0.16	0.01	0.92
d 22 to 42	182.2	182.1	181.7	176.7	1.9	0.32	0.53	0.80
d 1 to 42	112.8	112.1	112.1	110.8	1.0	0.48	0.87	0.83
Feed efficiency (Feed/Gain)								
d 1 to 21	1.51	1.50	1.51	1.55	0.01	0.14	0.18	0.85
d 22 to 42	2.31	2.17	2.24	2.27	0.02	0.70	0.08	0.23
d 1 to 42	2.03	1.95	2.0	2.01	0.01	0.89	0.08	0.20

[1]n = 24 replicated cages of 10 birds per cage.

[2]Orthogonal contrasts: L = linear, Q = quadratic, and C = cubic effect of supplemental yeast culture.

[3]ADG = average daily gain.

[a,b]Means within a row lacking a common superscripts differ significantly ($P \leq 0.05$).

Nutrient Digestibilities

Dietary YC affected the apparent digestibility of Ca and P on d 35 (Table 3). Digestibility of Ca on d 35 increased (linear, $P = 0.01$; quadratic, $P = 0.01$) as dietary YC increased. Digestibility of P also increased linearly ($P = 0.01$) when YC fed to birds increased. Digestibility of CP and gross energy were unaffected ($P > 0.05$) by supplemental YC.

Table 3 Effect of yeast culture supplementation in broiler diet on nutrient digestibilities[1]

Digestibility (%)	Yeast culture supplementation (g/kg diet)				SEM	P[2]		
	0	2.5	5.0	7.5		L	Q	C
Calcium (d 15)	38.93	45.28	42.88	44.70	1.14	0.13	0.32	0.21
Calcium (d 35)	24.89[c]	38.47[b]	46.12[a]	44.28[ab]	1.73	0.01	0.01	0.75
Phosphorus (d 15)	50.48	52.78	51.61	50.72	0.80	0.95	0.34	0.62
Phosphorus (d 35)	34.71[b]	38.67[ab]	40.20[a]	40.54[a]	0.84	0.01	0.26	0.86

续表

Digestibility (%)	Yeast culture supplementation (g/kg diet)				SEM	P^2		
	0	2.5	5.0	7.5		L	Q	C
CP (d 15)	62.17	64.13	62.46	61.16	0.63	0.41	0.21	0.49
CP (d 35)	56.62	56.47	57.88	58.28	0.75	0.35	0.86	0.71
Gross energy (d 15)	73.39	74.03	74.21	73.26	0.37	0.95	0.29	0.84
Gross energy (d 35)	77.37	76.65	77.35	77.59	0.33	0.65	0.48	0.55

[1] n = 12 replicated cages of 10 birds per cage.

[2] Orthogonal contrasts: L = linear, Q = quadratic, and C = cubic effect of supplemental yeast culture.

[a,b,c] Means within a row with no common superscripts differ significantly ($P \leqslant 0.05$).

Intestinal Morphology

Villus height was affected variably by YC, sample site and age of birds (Table 4). Generally, YC increased villus height in the duodenum, particularly on d 42, when villus height increased linearly (P = 0.01) with increasing level of YC. Changes in jejunal villus height were variable with YC supplementation. Ileal villus height declined on both d 21 (linear, P = 0.01; quadratic, P = 0.02; cubic, P = 0.01) and d 42 (quadratic and cubic, P = 0.01).

Table 4 Effect of dietary yeast culture supplementation on villus height, crypt depth and VCR[1] in duodenum, jejunum and ileum in broiler chicks[2]

Items	Yeast culture supplementation (g/kg diet)				SEM	P^3		
	0	2.5	5.0	7.5		L	Q	C
Villus height (μm)								
Duodenum (d 21)	1,092[b]	1,313[a]	987[b]	1,030[b]	28.3	0.01	0.06	0.01
Duodenum (d 42)	685[c]	1,009[b]	1,518[a]	1,579[a]	66.2	0.01	0.10	0.08
Jejunum (d 21)	997[ab]	1,065[a]	768[c]	856[bc]	29.9	0.01	0.84	0.01
Jejunum (d 42)	1,158	992	1,009	1,099	37.2	0.63	0.09	0.74
Ileum (d 21)	687[b]	819[a]	604[bc]	568[c]	21.6	0.01	0.02	0.01
Ileum (d 42)	987[a]	631[c]	850[ab]	801[b]	33.2	0.18	0.01	0.01
Crypt depth (μm)								
Duodenum (d 21)	305.7	280.9	336.2	305.1	9.9	0.54	0.87	0.07
Duodenum (d 42)	132.7[c]	111.4[c]	166.2[b]	247.7[a]	9.1	0.01	0.01	0.29
Jejunum (d 21)	230.4[c]	299.9[ab]	265.5[bc]	330.0[a]	9.5	0.01	0.87	0.01
Jejunum (d 42)	178.9[b]	106.5[d]	144.4[c]	215.2[a]	8.0	0.01	0.01	0.12
Ileum (d 21)	215.1	179.8	225.8	228.8	7.4	0.17	0.18	0.06
Ileum (d 42)	155.6[a]	112.9[b]	118.9[b]	166.3[a]	6.2	0.44	0.01	0.88
VCR[1]								
Duodenum (d 21)	3.58[bc]	4.76[a]	3.00[c]	3.70[b]	0.14	0.15	0.28	0.01

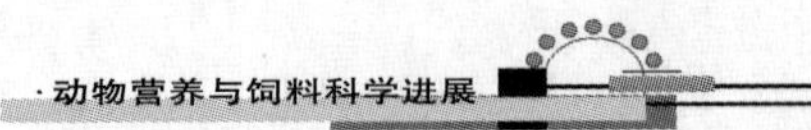

续表

Items	Yeast culture supplementation (g /kg diet)				SEM	P^3		
	0	2.5	5.0	7.5		L	Q	C
VCR[1]								
Duodenum (d 42)	5.51^b	9.28^a	9.52^a	6.66^b	0.45	0.29	0.01	0.90
Jejunum (d 21)	4.34^a	3.66^b	2.92^c	2.65^c	0.13	0.01	0.29	0.54
Jejunum (d 42)	6.75^b	9.34^a	7.42^b	5.15^c	0.34	0.01	0.01	0.09
Ileum (d 21)	3.25^b	4.70^a	2.89^{bc}	2.52^c	0.16	0.01	0.01	0.01
Ileum (d 42)	6.89^a	6.64^a	7.21^a	4.98^b	0.30	0.04	0.08	0.16

[1]VCR = villus height to crypt depth ratio.

[2]n = 12 replicated cages of 10 birds per cage.

[3]Orthogonal contrasts: L = linear, Q = quadratic, and C = cubic effect of supplemental yeast culture.

[a,b,c]Means within a row with no common superscripts differ significantly ($P \leqslant 0.05$).

Changes in intestinal crypt depth also varied with YC supplementation, sample site and age of birds. YC increased crypt depth in the duodenum on d 42 (linear and quadratic, $P = 0.01$), jejunum on d 21 (linear and cubic, $P = 0.01$) and d 42 (linear and quadratic, $P = 0.01$), and ileum on d 42 (quadratic, $P = 0.01$).

Inclusion of YC increased the villus height to crypt depth ratio (VCR) in duodenum on d 21 (cubic, $P = 0.01$) and d 42 (quadratic, $P = 0.01$), decreased in jejunum on d 21 (linear, $P = 0.01$) and d 42 (linear and quadratic, $P = 0.01$) and in ileum on d 21 (linear, quadratic and cubic, $P = 0.01$) and d 42 (linear, $P = 0.04$). In general, compared to control YC at 2.5 g/kg increased VCR but higher inclusion of YC (5.0 or 7.5 g/kg) decreased or made no changes.

Lysozyme Contents and Antibody Titers to NDV

YC inclusion in boiler diets increased (linear and cubic, $P \leqslant 0.05$) serum lysozyme content (Table 5). Compared to the control group, supplemental YC increased serum lysozyme concentration up to 49%.

The antibody titers to NDV were also increased ($P \leqslant 0.05$) by YC supplementation at all sampling times except d 28 when the increase was only numerical (Table 5). Antibody titers increased as dietary YC concentration increased on d 14 (linear, $P = 0.02$; cubic, $P = 0.01$), on d 21 ($P = 0.01$), d 35 (linear and quadratic, $P = 0.01$) and on d 42 (linear and cubic, $P = 0.01$).

Table 5 Effect of dietary yeast culture supplementation on lysozyme content and on antibody titers to NDV[1] in broiler chicks[2,3]

Items	Yeast Culture supplementation (g/kg diet)				SEM	P^4		
	0	2.5	5.0	7.5		L	Q	C
Lysozyme content (μg/ml)								
d 21	3.37^c	5.01^a	4.01^{bc}	4.91^{ab}	0.20	0.02	0.28	0.01
d 42	3.85^b	3.75^b	5.62^a	5.07^a	0.24	0.01	0.61	0.02

续表

Items	Yeast Culture supplementation (g/kg diet)				SEM	P^4		
	0	2.5	5.0	7.5		L	Q	C
Antibody titers to NDV[1] (log_2)								
d 14	2.92^b	4.42^a	3.58^{ab}	4.25^a	0.17	0.02	0.17	0.01
d 21	4.33^{bc}	3.91^c	5.00^{ab}	5.92^a	0.20	0.01	0.06	0.28
d 28	3.75	4.25	4.25	4.25	0.17	0.34	0.47	0.75
d 35	4.00^b	5.50^a	6.33^a	5.42^a	0.22	0.01	0.01	0.53
d 42	5.67^b	7.33^a	6.25^b	7.83^a	0.20	0.01	0.90	0.01

[1] NDV = Newcastle disease virus.

[2] Broiler chicks were vaccinated with NDV[1] vaccine at 7 and 28 d of age.

[3] n = 12 replicated cages of 10 birds per cage.

[4] Orthogonal contrasts: L = linear, Q = quadratic, and C = cubic effect of supplemental yeast culture.

[a,b,c] Means within a row with no common superscripts differ significantly ($P \leq 0.05$).

IgG, IgA, IgM and Secretory IgA contents

Effect of dietary YC on serum immunoglobulins and sIgA is shown in Table 6. As the dietary YC increased, IgM increased linearly on d 21 ($P = 0.01$) and on d 42 ($P = 0.03$). Serum IgA and IgG content were not affected by dietary inclusion of YC ($P > 0.05$).

Table 6 Effect of dietary yeast culture supplementation on serum immunoglobulin G, A and M content and on sIgA[1] content in duodenum in broiler chicks

Immunoglobulin	Yeast Culture supplementation (g/kg diet)				SEM	P^2		
	0	2.5	5.0	7.5		L	Q	C
IgA[3] (μg/ml)								
d 21	54.03	51.29	47.90	29.60	4.81	0.08	0.42	0.74
d 42	49.68^{ab}	97.05^a	39.36^b	40.59^b	10.00	0.33	0.24	0.07
IgM[3] (ng/ml)								
d 21	261.9^b	416.0^{ab}	391.1^{ab}	598.2^a	46.23	0.01	0.76	0.32
d 42	242.3^b	395.1^{ab}	465.4^a	450.9^a	35.57	0.03	0.23	0.99
IgG[3] (ng/ml)								
d 21	87.6	72.3	141.6	135.7	15.84	0.13	0.88	0.27
d 42	106.7	140.7	142.6	100.4	15.52	0.91	0.24	0.93
sIgA[1,4]								
d 21	8.62^c	13.63^b	21.19^a	22.46^a	1.26	0.01	0.06	0.05
d 42	8.44^b	13.15^a	13.93^a	15.11^a	0.74	0.01	0.13	0.39

[1] sIgA = secretory IgA.

[2] Orthogonal contrasts: L = linear, Q = quadratic, and C = cubic effect of supplemental yeast culture.

[3] n = 10 replicated cages of 10 birds per cage.

[4] n = 6 replicated cages of 10 birds per cage. The value was expressed by the area ratio of positive areas covered with sIgA to whole visual field.

[a,b,c] Means within a row with no common superscripts differ significantly ($P \leq 0.05$).

Dietary YC supplementation in the broiler diets significantly increased sIgA content in the duodenum on d21 (linear, $P = 0.01$; cubic, $P = 0.05$) and 42 (linear, $P = 0.01$). Compared to control, YC supplementation increased sIgA content in the duodenum up to 160% on d 21 and up to 79% on d 42.

DISCUSSION

Dietary supplemental YC improved ADG and feed efficiency of broilers in the present study. There was a quadratic effect of concentration of YC on performance with lower concentration (2.5 g/kg) being the most effective. The improved growth performance with YC supplementation, however, was not attributed to increased feed consumption. Similar results with regard to the effect of YC supplementation on feed consumption was reported in pigs (Shin *et al.*, 2005a). YC contains yeast cells as well as metabolites such as peptides, organic acids, oligosaccharides, amino acids, flavor and aroma substances and possibly some "unidentified growth factors", which have been proposed to produce beneficial performance responses in animal production. In agreement with this study, beneficial effects of YC on performance were also observed in broiler chicks (Zhang *et al.*, 2005) and nursery pigs (Mathew *et al.*, 1998). Other studies, however, reported that yeast products had no effects on performance in turkey poults (Bradley and Savage, 1995), and early weaned pigs (White *et al.*, 2002). Differences in animal response may be related to differences in product formulations; Yeast products are interchangeably classified as active dried yeast, live YC, or fermented YC, making comparisons difficult among studies.

No antibiotics were included in the experimental diets of the current study. Whether there is a synergistic effect between YC and antibiotics is not clear due to limited available studies. Heugten *et al.* (2003) observed that live yeast supplementation had a positive effect on nursery pig performance when diets contained growth-promoting Cu, Zn and antibiotics, whereas no positive effect was found in yeast-treated pigs fed antibacterial-free diets. Under stress conditions, YC was reported to have a beneficial effect on broiler performance when birds were challenged with *Eimeria* spp. (Stanley *et al.*, 2004a) or aflatoxin (Stanley *et al.*, 2004b). The response to antimicrobial agents was greater in a "dirty" environment (Cromwell, 2000). Likewise, experimental conditions under which birds are reared could influence the effect of supplemental YC. Broiler chicks in this study were reared in cages with good ventilation and little environmental stress. Further studies are warranted to investigate the effect of dietary YC under stressed condition - health, environmental or nutritional challenges.

Supplemental YC increased P and Ca digestibility. Earlier studies (Thayer *et al.*, 1978; Bradley and Savage, 1995) also reported improved utilization of phosphorus or calcium in phosphorus insufficient or sufficient diets of poultry when YC was supplemented. Kornegay *et al.* (1995) reported that YC contains 1, 400 units/kg of phytase. The improvement of phosphorus or calcium utilization could partly be attributed to phytase activity of YC. Ohta *et al.* (1995) reported that dietary fructooligosaccharide increased digestibility of Ca, Mg, Fe, Zn and Cu. The role of oligosaccharide components in YC on digestibility of Ca and P or other minerals warrants further research. The utilization of gross energy and CP was unaffected by YC in the present study although others reported that supplemental YC improved efficiency of energy utilization in birds (Tonkinson *et al.*, 1965; Savage *et al.*, 1985; Bradley and Savage, 1995) and nitrogen utilization in weaned pigs (Shin *et al.*, 2005b).

Development of intestinal morphology could reflect health status of the GI tract of an animal. New epithelial cells are produced in the intestinal mucosal crypts and migrate along with the villi to the top (Schat and Mvers, 1991). The crypt, therefore, can be regarded as the villus factory. Effects of YC supplementation on intestinal morphology were dose-dependent. Broilers fed YC at 2.5 g/kg had higher VCR. A deeper crypt may indicate faster tissue turnover to permit renewal of the villus, which suggests the host's intestinal response mechanism is trying to compensate for normal sloughing or atrophy of villus due to inflammation from pathogens and their toxins. More energy would be required to support faster tissue turnover. Taller villus indicates more mature epithelia and enhanced absorptive function due to increased absorptive area of villus. Taller villous height increase the activities of enzymes that were secreted from the tips of the villi (Hampsou, 1986), resulting in improved digestibility. The greater performance of birds fed lower level of YC (2.5 g/kg) compared to higher levels (5.0 and 7.5 g/kg) may partly be attributed to reduced energy partitioning toward tissue turnover. In agreement with this study, Bradley *et al.* (1994) reported that goblet cell number and crypt depth in the ileal mucosa were reduced when the broiler diet was supplemented with *S. cerevisiae.* Also, Santin *et al.* (2001) and Zhang *et al.* (2005) reported greater villus height and improved performance in birds with supplementation of whole yeast or yeast cell wall. Cell wall components of YC (β-glucans and α-mannans) may provide protective function to mucosa by preventing pathogens from binding to villi and allowing fewer antigens to be in contact with the villi. Zhang *et al.* (2005) reported the positive role of yeast cell wall in ileal mucosal development of broiler chicks. Different yeast products contain varying amount of cell wall fraction, therefore prediction of response to various yeast products may require additional data regarding levels of β-glucans and α-mannans.

The immune system guards the body against foreign substances and protects from invasion by pathogenic organisms. It can be divided into the innate or non-specific immune system and the acquired or specific immune system. In this study, dietary YC linearly increased the content of serum lysozyme, which is mainly secreted by phagocytes, and is a nonspecific immune effector. The increased lysozyme concentration in birds supplemented with YC can break down the polysaccharide walls of many kinds of bacteria and thus provides protection against infection. The increased lysozyme in YC-treated birds suggests that more phagocytes were activated with the inclusion of YC. Therefore, YC may intensify the nonspecific immunity of birds. A recent study by Jensen *et al.* (2007) supports the role of YC in innate immune function. The authors reported that the addition of cell wall-free soluble extract of YC showed an anti-inflammatory effect in conjunction with activation of natural killer cells and B lymphocytes.

Antibody titer responses have been used as measures of humoral immune status of birds (Sklan *et al.*, 1994). Antibody titers to NDV increased linearly when the level of dietary YC increased, which suggests that YC may also influence systemic or humoral immunity of birds. This result was in agreement with increased IgM in YC fed birds. It was proposed that oligosaccharides in the yeast cell wall could bind to viruses and work as adjuvants of vaccines, to increase the titers of antibody in YC-treated birds (Newman, 1994). Mucosal immunity is an important part of humoral immunity and secretory IgA is the effector of mucosal immunity. It is the most prominent antibody present at mucosal surfaces, and provides passive immunoprotection against invading pathogens in the gastrointestinal tract. Reports pertaining to the effect of YC inclusion in broiler diets on mucosal immunity are sparse. In the present study, birds fed YC supplemented diets had higher sIgA content in the duodenum. With increasing concentration of dietary YC, sIgA content increased linearly. This implies that YC may stimulate the humoral immune system to produce more antibodies. Increased antibodies cover on the surface of intestinal mucosa, and can protect villi from damage. This could partly be responsible for the changes of intestinal morphology in this study. The intestine is one of organs subject to contact with exotic pathogens and toxins. Secretory IgA can function in eliminating antigens from tissues via immune complex formation (Robinson *et al.*, 2001) and intraepithelial neutralization of virus replication (Fujioka *et al.*, 1998). It is difficult for serum immuoglobulins to reach gut, therefore, the direct protective effects of intestinal sIgA are efficacious. Because IgA is a non-inflammatory antibody that binds complement only weakly, it protects the tissues from excessive immune-mediated damage.

The effect of YC supplementation on broiler performance was more apparent during the grower period. In addition, the significantly improved digestibility was also observed during the grower period. It seems that a period of adaptation is needed before the effects of YC supplementation can be significant as the changes in intestinal morphology and immune responses take time.

Responses to YC supplementation on growth performance (ADG and feed efficiency) were quadratic with 2.5 g/kg being the most effective feeding level. However, the nutrient digestibility and immune index such as IgM, sIgA, lysozyme and antibody titers were mainly linear with higher levels (5.0 and 7.5 g/kg) being more effective. These results suggest that under low challenge and/or stress conditions lower level of YC would be more effective in improving performance as the demand for immune response is minimal. Higher levels of YC could direct energy to prime the immune system and compromise potential growth performance. However, under challenged conditions (disease, heat stress) broilers fed higher levels of YC may perform better as they are more immune competent and less susceptible to diseases.

In summary, results of this study indicate YC can improve growth performance, affect immune functions, nutrient digestibility and intestinal mucosal morphology of broilers. Growth performance was best when 2.5 g/kg of YC was supplemented under the experimental conditions of this study. Higher concentrations of YC (5.0 and 7.5 g/kg) can increase immune function without compromising growth performance.

ACKNOWLEDGMENTS

This work was supported in part by Diamond V Mills, Inc and Grants from National Basic Research Program of China (2004CB117507) and National Key Plan Project 2006BAD12B06 of China's 11th Five-Year Plan.

PREFERENCES

[1] Alexander D J, Allan W H, Biggs P M, *et al.* 1983. A standard technique for haemagglutination inhibition tests for antibodies to avian infectious bronchitis virus. Vet. Rec. 113: 64 ~ 64

[2] Bradley G L and Savage T F. 1995. The effect of autoclaving a yeast culture of *Saccharomyces cerevisiae* on turkey poult performance and the retention of gross energy, and selected minerals. Anim. Feed Sci. Technol. 55: 1 ~ 7

[3] Bradley G L, Savage T F, Timm K I. 1994. The effects of supplementing diets with *Saccharomyces cerevisiae var. boulardii* on male poult performance and ileal morphology. Poult. Sci. 73: 1 766 ~ 1 770

[4] Chinese Feed Database News Web Center. 2005. Tables of feed composition and nutritive value in China, 2005 sixteenth edition. China Feed. 15 (21): 25 ~ 33

[5] Cromwell G L. 2000. Antimicrobial and promicrobial agents. Pages 401 ~ 426 in Swine Nutrition. 2nd ed.

A. J. Lewis and L. L. Southern, ed. CRC Press, Washington, D. C.

[6] Eckles C H, and Williams V M. 1925. Yeast as a supplementary feed for lactating cows. J. Dairy Sci. 8: 89 ~ 93

[7] Fujioka H, Emancipator S, Aikawa M, *et al.* 1998. Immunocytochemical colocalization of specific immunoglobulin A with sendai virus protein in infected polarized epithelium. J. Exp. Med. 188: 1 223 ~ 1 229

[8] Hampson D J. 1986. Alteration in piglet small intestinal structure at weaning. Res. Vet. Sci. 40: 32 ~ 40

[9] Hayat J, Savage T F, and Mirosh L W. 1993. The reproductive performance of two genetically distinct lines of medium white turkey hens when fed breeder diets with and without a yeast culture containing *Saccharomyces cerevisiae.* Anim. Feed Sci. Technol. 43: 291 ~ 301

[10] Heugten E V, Funderburke D W, and Dorton K L. 2003. Growth performance, nutrient digestibility, and fecal microflora in weanling pigs fed live yeast. J. Anim. Sci. 81: 1 004 ~ 1 012

[11] Jensen G S, Patterson K M, and Yoon I. 2007. Yeast culture has anti-inflammatory effects and specifi cally activates NK cells. Comp. Immun. Microbiol. Infect. Dis.

[12] Kornegay E T, Rhein-Welker D, Lindemann M D, *et al.* 1995. Performance and nutrient digestibility in weanling pigs as influenced by yeast culture additions to starter diets containing dried whey or one of two fiber sources. J. Anim. Sci. 73: 1 381 ~ 1 389

[13] Kreukniet M B, Nieuwl M G B, and van der Zijpp A J. 1994. Phagocytic activity of two lines of chickens divergently selected for antibody production. Vet. Immunol. Immunop. 44: 371 ~ 387

[14] Mathew A G, Chattin S E, Robbins C M, and Golden D A. 1998. Effects of a direct-fed yeast culture on enteric microbial populations, fermentation acids, and performance of weanling pigs. J. Anim. Sci. 76: 2 138 ~ 2 145

[15] Miles R D and Bootwalla S M. 1991. Direct-fed microbials in animal production "avian". Pages 117 ~ 146 in Direct-Fed Microbials in Animal Production-A Review of the literature. National Feed Ingredients Association, West Des Moines, IA.

[16] Newbold C J, Wallace R J, Chen X B, *et al.* 1995. Different strains of *Saccharomyces cerevisiae* differ in their effects on ruminal bacterial numbers in vitro and in sheep. J. Anim. Sci. 73, 1 811 ~ 1 818

[17] Newman K. 1994. Mannan oligosaccharides: natural polymers with significant impact on the gastrointestinal microflora and the immune system. pages 167 ~ 175 in Biotechnology in the Feed Industry. Proc. Alltech′ s 10th Ann. Symp. Nottingham University Press.

[18] Ohta A, Ohtsuki M, Baba S, *et al.* 1995. Calcium and magnesium absorption from the colon and rectum are increased in rats fed fructooligosaccharides. J. Nutr. 125: 2 417 ~ 2 424

[19] Parks C W, Grimes J L, Ferket P R, *et al.* 2001. The effect of mannanoligosaccharides, bambermycins, and virginiamycin on performance of large white male market turkeys. Poult. Sci. 80: 718 ~ 723

[20] Robinson J, Blanchard T, Levine A, *et al.* 2001. A mucosal IgA-mediated excretory immune system in vivo. J. Immunol. 166: 3 688 ~ 3 692

[21] Santin E, Maiorka A, Macari M, *et al.* 2001. Performance and intestinal mucosa development of broiler chickens fed diets containing Saccharomyces cerevisiae cell wall. J. Appl. Poult. Res. 10: 236 ~ 224

[22] SAS Institute. 2001. SAS user's guide. Version 8. 02 ed. SAS Institute, Inc. , Cary, NC.

[23] Savage T F, Nakaue H S and Holmes Z A. 1985. Effects of feeding a live yeast culture on market turkey performance and cooked meat characteristics. Nutr. Rep. Int. , 31: 695 ~ 703

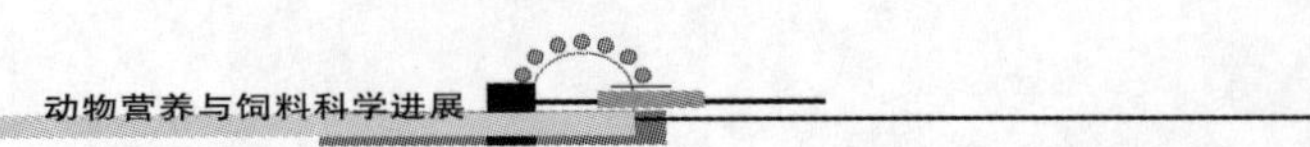

[24] Schat K A, and Myers T J. 1991. Avian intestinal immunity. CRC Crit. Rev. Poult. Biol. 3: 19 ~ 34

[25] Shashidhara R G, and Devegowda G. 2003. Effect of dietary mannan oligosaccharide on broiler breeder production traits and immunity. Poult. Sci. 82: 1 319 ~ 1 325

[26] Shin Y W, Kim J G, and Whang K Y. 2005a. Effect of supplemental mixed yeast culture and antibiotics on growth performance of weaned pigs. J. Anim. Sci. 83 (Suppl. 1): 34. (Abstr.)

[27] Shin Y W, Kim J G, and Whang K Y. 2005b. Effect of supplemental mixed yeast culture and antibiotics on nitrogen balance of weaned pigs. J. Anim. Sci. 83 (Suppl. 1): 34. (Abstr.)

[28] Sklan D, Melamed D, and Friedman A. 1994. The effect of varying levels of dietary vitamin A on immune response in the chick. Poult. Sci. 73: 843 ~ 847

[29] Spring P, Wenk C, Dawson K A, *et al.* 2000. The effects of dietary mannanoligosaccharides on cecal parameters and the concentrations of enteric bacteria in the ceca of *Salmonella*-challenged broiler chicks. Poult. Sci. 79: 205 ~ 211

[30] Stanley V G, Brown C, and Sefton A E. 2000. Comparative evaluation of a yeast culture, mannanoligosaccharide and an antibiotic on performance of turkeys. Poult. Sci. 79 (Suppl. 1): 117. (Abstr.)

[31] Stanley V G, Gray C, Daley M, *et al.* 2004a. An alternative to antibiotic-based drugs in feed for enhancing performance of broilers grown on *Eimeria* spp. -infected litter. Poult. Sci. 83: 39 ~ 44

[32] Stanley V G, Winsman M, Dunkley C, *et al.* 2004b. The impact of yeast culture residue on the suppression of dietary aflatoxin on the performance of broiler breeder hens. J. Appl. Poult. Res. 13: 533 ~ 539

[33] Sun X, McElroy A, Webb Jr. K E, Sefton A E, *et al.* 2005. Broiler performance and intestinal alterations when fed drug-free diets. Poult. Sci. 84: 1 294 ~ 1 302

[34] Thayer R H and Jackson CD. 1975. Improving phytate phosphorus utilization by poultry with live yeast culture. Pages 131 ~ 139 in Res. Rep. MP-103. Oklahoma Agricultural Experiment Station.

[35] Thayer R H, Burkitt R F, Morrison R D, *et al.* 1978. Efficiency of utilization of dietary phosphorus by caged turkey breeder hens fed rations supplemented with live yeast culture. Pages 173 ~ 181 in Res. Rep. MP-103. Oklahoma Agricultural Experiment station.

[36] Tonkinson L V, Gleaves E W, Dunkelgod K E, *et al.* 1965. Fatty acid digestibility in laying hens fed yeast culture. Poult. Sci. , 44: 159 ~ 164

[37] Wallace R J, 1994. Ruminal microbiology, biotechnology and ruminant nutrition: progress and problems. J. Anim. Sci. 72: 2 992 ~ 3 003

[38] White L A, Newman M C, Cromwell G L, *et al.* 2002. Brewers dried yeast as a source of mannan oligosaccharides for weanling pigs. J. Anim. Sci. 80: 2 619 ~ 2 628

[39] Zhang A W, Lee B D, Lee S K, *et al.* 2005. Effects of yeast (*Saccharomyces cerevisiae*) cell components on growth performance, meat quality, and ileal mucosa development of broiler chicks. Poult. Sci. 84: 1 015 ~ 1 021

酶制剂在玉米－豆粕－棉粕型肉仔鸡日粮中添加效应研究

孙万岭，屠　焰

（中国农业科学院饲料研究所）

家禽因不具有分泌纤维素酶的能力，影响对植物性饲料营养物质的吸收。添加特定复合酶制剂，可裂解植物性饲料的细胞壁，使家禽顺利消化其中的营养物质，提高饲料的利用率，改进肉鸡生产性能。玉米－豆粕－棉粕型肉鸡日粮属高纤维、低能日粮，为了解添加酶制剂的玉米－豆粕－棉粕型日粮对肉仔鸡生产性能的影响，我们对添加效应进行了研究。

1　材料与方法

1.1　酶制剂

酶制剂为爱维生（Avizyme）XP 1500，由芬兰饲料国际有限公司（FINNFEEDS INTERNATIONAL LTD）提供。

1.2　试验鸡和分组

选择发育正常的艾维茵商品代1日龄公母混合雏8 000只，随机等分为对照组和试验组，每组平均体重皆为42 g。每个处理又等分为10个重复组。

1.3　日粮配制

采用三阶段饲养方式，0～21日龄为粉料，22～50日龄为颗粒料。以实用日粮（表1）为基础日粮（对照组）；每吨基础日粮中另外添加1 kg爱维生XP 1500构成试验日粮（试验组）。

1.4　饲养管理

1.4.1　自由采食和饮水，地面平养，饲养密度10只/m^2。

1.4.2　温度

在离地高30 cm处，1～7周龄时平均温度（℃）分别为32、30、27、25、23.5、21和21。

1.4.3　湿度

在离地高 30 cm 处，1 ~ 7 周龄时平均湿度（%）分别为 46、50、48、50、48、54 和 60。

1.4.4　光照

自然光照加入人光照，7 日龄前每日 24 h 光照，其后每日保持 23 h 光照。

1.4.5　疾病防治

按常规进行鸡舍消毒及新城疫、法氏囊等疫病的预防接种；日粮中，0 ~ 42 日龄添加球安（抗球虫药）75 mg/kg、0 ~ 7 日龄添加氟哌酸 10 mg/kg、35 ~ 42 日龄添加金霉素 20 mg/kg。

表 1　基础日粮配方及营养成分　（%）

日粮组成	0 ~ 21 日龄	22 ~ 42 日龄	43 ~ 50 日龄
玉米	56.357	63.665	67.40
豆粕	32.0	22.0	20.0
棉籽粕	8.0	11.0	10.0
骨粉	0.5	0	0
磷酸氢钙	1.3	1.1	0.7
石粉	1.0	1.4	1.4
DL - 蛋氨酸	0.17	0.12	0.045
L - 赖氨酸 · 盐酸	0	0.15	0
食盐	0.45	0.34	0.29
微量元素预混剂	0.2	0.2	0.15
维生素预混剂	0.02	0.02	0.015
喹乙醇	0.003	0.005	0
合计	100.000	100.000	100.000
营养水平			
表观代谢能（MJ/kg）	11.79	12.00	12.21
粗蛋白质*	21.0	18.8	17.8
含硫氨基酸	0.80	0.69	0.59
赖氨酸	1.01	0.96	0.78
色氨酸	0.27	0.23	0.21
苏氨酸	0.70	0.62	0.59
钙*	0.93	0.87	0.76
非植酸磷*	0.44	0.34	0.27
钠	0.18	0.14	0.12

营养水平除粗蛋白质、钙和非植酸磷为实测值外，其余为计算值。

1.5　测试指标及方法

1.5.1　依常规法测定试验鸡体重、耗料量、成活率等指标。

1.5.2　鸡粪尿排泄物形态评定

根据排泄物形态、垫料湿度及其对鸡舍环境的影响，将其分为 A、B、C 三个等级：

A. 地面干燥，粪便呈条状，鸡羽毛干净，舍内氨味淡；

B. 地面湿度一般，粪便呈堆形，氨味一般；

C. 地面非常潮湿，粪便不成堆，氨味重。

2　试验结果

2.1　试验鸡增重

由表2可见，50日龄时试验组体重极显著高于对照组（$P<0.01$）；0～50日龄（整个试期）试验组鸡增重明显大于对照组（$P<0.01$）。表明在玉米－豆粕－棉粕型日粮中添加爱维生XP 1500可显著提高肉仔鸡增重（$P<0.01$）。

表2　试验结果　　（g/只、%）

阶段	0～21日龄	21～42日龄	42～50日龄	0～50日龄
期末体重				
试验组	563±20.7*	1 784±60.0*	2 366±52.2***	
对照组	536±41.1*	1 734±52.2*	2 271±85.5***	
增重				
试验组	521±20.7*	1 222±45.5	582±72.0	2 325±52.2***
对照组	495±40.8*	1 198±41.5	537±62.7	2 229±85.5***
耗料量				
试验组	892±38.5*	2 910±87.1	1 309±158.4*	5 111±128.9**
对照组	848±61.2*	2 902±104.0	1 205±109.2*	4 955±138.5**
料肉比				
试验组	17.1±0.041	2.38±0.113	2.26±0.167	2.18±0.040*
对照组	1.71±0.082	2.43±0.085	2.37±0.287	2.24±0.090*
成活率				
试验组	97.1±0.91***	96.8±1.52***	97.6±1.14	91.7±1.51***
对照组	94.8±1.04***	93.9±1.82***	97.2±0.82	86.6±1.84***
粪尿排泄物形态评定				
试验组	B	A	A	
对照组	C	B	B	

注：试验组和对照组，同一时期、相同指标的测值标有*者为有差异（$P<0.1$）、**为差异显著（$P<0.05$）、***为差异极显著（$P<0.01$）。

2.2　饲料转化率

由表2可知，0～50日龄耗料量，试验组高于对照组（$P<0.05$），耗料比低于对照组（$P<0.1$），即添加爱维生XP 1500可使肉仔鸡采食量增加，料肉比降低。表明在玉米－豆粕－棉粕型日粮中添加爱维生XP 1500可提高日粮饲料转化率。

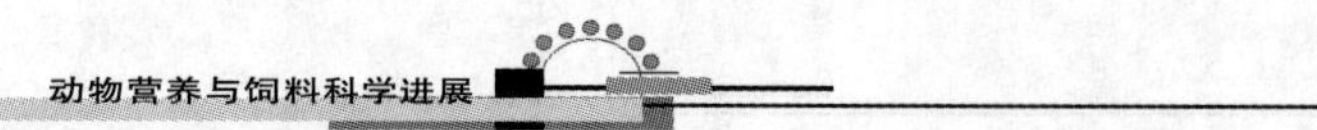

2.3 试验鸡成活率

由表2可知，试验组0～21、21～42及0～50日龄试鸡成活率明显高于对照组（$P<0.01$）。表明在玉米－豆粕－棉粕型日粮中添加爱维生XP 1500可明显（$P<0.01$）提高肉仔鸡成活率。

2.4 鸡粪尿排泄物形态评定

由表2可见，在玉米－豆粕－棉粕型日粮中添加爱维生XP 1500可降低鸡舍垫料湿度，尤其是后期，地面明显干燥，粪便呈条状，鸡羽毛干净，舍内氨味淡。

3 结论

本试验结果表明，在玉米－豆粕－棉粕型肉用仔鸡日粮中添加爱维生XP 1500酶制剂（0.1%）能显著提高饲料采食量（$P<0.05$）、试验鸡增重（$P<0.01$）和成活率（$P<0.01$），降低料肉比（$P<0.1$）和鸡舍地面垫料湿度。

（本文曾发表于中国饲料，1996，(9)：33～34）

Dietary Functional Ingredients: Animal Performance, Quality and Storage Stability of Irradiated Raw Turkey Breast

H. J. Yan, and D. U. Ahn[1]

(*Department of Animal Science, Iowa State University, Ames, IA*, 50011, *USA*)

Abstract: The objective of this study was to evaluate the effect of dietary functional ingredients vitamin E, selenium (Se), conjugated linoleic acid (CLA), alone or combination on the quality of irradiated turkey breast meat. 480 male turkeys (12-week-old, raised on a corn-soybean basal diet) were randomly allotted to 32 pens (4 pens/treatment) and were fed 8 experimental diets supplemented with none (Control, Con), 200 IU/kg vitamin E (V_E), 0.3 mg/kg Se (Se), 2.5 % CLA (CLA), 200 IU/kg vitamin E + 0.3 mg/kg Se (V_E + Se), 200 IU/kg vitamin E + 2.5% CLA (V_E + CLA), 2.5% CLA + 0.3 mg/kg Se (Se + CLA), 200 IU/kg vitamin E + 0.3 mg/kg Se + 2.5% CLA (V_E + CLA + Se). At 15 week of age, all birds were slaughtered and breast muscles of 8 birds from each pen were separated and ground. Patties were prepared using the ground meat, aerobically packaged and irradiated using 0 or 1.5 kGy absorbed dose. Lipid oxidation, color, and volatiles of the patties were measured after 0, 7, and 12 days of storage at 4℃. Vitamin E, Se, and fatty acids composition were also determined. Dietary supplementation of vitamin E and CLA increased concentration of each in turkey breast. Dietary CLA decreased mono- and non-CLA poly- unsaturated fatty acids content in meat. Irradiation increased ($P < 0.05$) lipid oxidation and Hunter color a*-value. Dietary vitamin E, Se, CLA alone and their combinations decreased ($P < 0.05$) lipid oxidation in meat caused by both irradiation and storage. It was concluded that dietary supplementation of vitamin E, Se and CLA improved the storage stability of irradiated turkey breast meat.

Key words: Vitamin E; selenium; conjugated linoleic acid; irradiation; turkey breast; meat quality

INTRODUCTION

Irradiation, up to 3 kGy, is permitted for use in poultry to control pathogenic microorganism such as *Sal-*

monella, *Escherichia coli*, and *Listeria*. A major concern of irradiating poultry meat, however, is its negative effects on meat quality, such as abnormal pink color, irradiation off-odor production, and increased lipid oxidation (Ahn *et al.*, 1998). Strategies proposed to improve the quality of irradiated meat include modification of packaging conditions (Nam and Ahn, 2003), direct incorporation of antioxidants in meat during processing (Nam *et al.*, 2003), dietary supplementation of antioxidants (Ahn *et al.*, 1997), and dietary modification of carcasses such as fatty acid composition (Du *et al.*, 2001).

Functional ingredients are defined as the components in food or animal feed that can be used to prevent and treat certain disorders and disease in addition to their nutritional value (Jime′ nez-Colmenero *et al.*, 2001). There are two advantages of using functional ingredients in animal feed: they can directly improve the health of farm animals and the quality of animal-derived foods, and indirectly promote the human health by providing foods containing functional ingredients. The production of value-added, safe and healthful meat products, thus, is the primary objective of using functional ingredients in animal feed.

The role of vitamin E as a protective antioxidant has been well studied and supranutritional levels of dietary vitamin E improved the quality of poultry products by reducing the rates of both lipid and heme oxidation and maintaining the integrity of cellular membrane post-slaughter. Vitamin E concentrations in meat and meat products range from 0. 16 ~ 0. 84 mg/100 g, and can be increased by dietary vitamin E supplementation (Ahn *et al.*, 1997). Animals are unable to synthesize vitamin E, and hence are fully dependent on dietary sources. As a unique mineral, selenium was shown to have a number of important biological functions that are closely related to the activities of Se-containing proteins. The first identified functional selenoprotein was glutathione peroxidases (GSHPx), which is the major cellular antioxidant defense system (Stadtman, 2002). The function of these enzymes is maintaining low levels of hydrogen peroxides within cells, thus decreasing potential free radical damage. They also provide a second line of defense against hydroperoxides that can damage membranes and other cell structures (Rotruck *et al.*, 197). Se is also believed to play a role in the immune system and responses to infection. Se deficiency in broiler diets caused exudative diathesis, muscular dystrophy and other myopathies, pancreatic fibrosis and atrophy (Combs, 1986). The relationship of Se to meat quality has not been explored to any great extent yet. However, the effect of Se on meat quality is possible due to these deficiency conditions, especially muscle dysfunction. In addition, Se and vitamin E have significant interactions: the antioxidant properties of Se and vitamin E differ but are complementary. Within cell membranes, vitamin E scavenges free radicals before they can initiate lipid peroxidation. On the other hand, glutathione peroxidase (GSHPx) reduced preformed hydroperoxides to alcohols. Thus vitamin E and Se could work together to prevent cellular and tissue damage caused by oxidation.

Supplementation of conjugated linoleic acids (CLA) in animal feed is primarily based on their biological functions and consumers′ preference of value-added and healthful food. CLA has been demonstrated to decrease obesity, prevent cancer and atheroclerosis (Ip *et al.*, 1994; Lee *et al.*, 1994), stimulate body immune function (Cook *et al.*, 1993), enhance bone formation (Park *et al.*, 1997), and improve the impaired glucose tolerance (Houseknecht *et al.*, 1998). It is also demonstrated that CLA can be incorporated into animal tissues like meat, egg, and milk via dietary supplementation (Thiel-cooper *et al.*, 2001; Du *et al.*, 2001; Huang *et al.*, 2001). Dietary CLA can also alter the quality of meat. Du *et al.* (2000) indicated that CLA in broiler diet could change fatty acids composition of breast fillets, total saturated fatty acids increased whereas total monounsaturated fatty acids and polyunsaturated fatty acids decreased. Modified fatty acids in meat also decreased

TBARS values and enhanced storage stability of turkey products (Du *et al.*, 2002c).

Oxidation of unsaturated fatty acids in biomembranes leads to disruption of normal membrane structure and function, and cell injury in living systems, and is a major cause of quality deterioration in muscle foods. Asghar *et al.* (1990) reported that the rate of NADPH-induced peroxidation in microsomes and mitochondria dependent primarily on fatty acid composition of membrane lipids rather than tocopherol content. If antioxidants such as vitamin E and Se are combined with CLA, thus, they can modify fatty acid composition of cell membranes and improve antioxidant potential of meat, which will reduce lipid oxidation and abnormal color changes and off-odor production caused by irradiation and storage.

The purposes of this study are to investigate the impacts of three functional ingredients, vitamin E, selenium (Se), and conjugated linoleic acid (CLA) on the performance of finishing turkeys, and quality of irradiated turkey breast meat.

MATERIALS AND METHODS

Dietary treatments

A 2^3 factorial design was utilized for animal experiment. The three factors involved were three functional ingredients; vitamin E, selenium, and conjugated linoleic acids (CLA) at two levels each. The 8 dietary treatments included control (Con), 200 IU/kg dl-α-tocopherol acetate (V_E), 0.3 mg/kg selenium (Se), 2.5 % conjugated linoleic acids (CLA), 200 IU/kg dl-α-tocopherol acetate and 0.3 mg/kg selenium (V_E + Se), 200 IU/kg dl-α-tocopherol acetate and 2.5 % conjugated linoleic acids (V_E + CLA), 2.5 % conjugated linoleic acids and 0.3 mg/kg selenium (Se + CLA), 200 IU/kg dl-α-tocopherol acetate, 2.5 % conjugated linoleic acids, and 0.3 mg/kg selenium (V_E + Se + CLA). Each treatment included 4 replications.

The animal experiments were performed in the Poultry Research Center of Iowa State University. Total 480 0-week-old male Large White turkeys were randomly assigned in 32 pens and raised on a corn-soybean-based diet (Table 1) for 11 week. At 12 weeks, four pens of turkeys were randomly assigned to one of the eight dietary treatments (Table 2) and fed until 16 weeks of age. Feed consumption, amount of live birds, and bird weight were recorded, weight gain, feed conversion rate, and mortality were calculated.

Table 1 Turkey diets from 0 Week to 12 week

Ingredients	0 ~ 3 weeks	4 ~ 6 weeks	7 ~ 9 weeks	10 ~ 12 weeks
Corn (%)	43.67	48.39	52.72	53.3
Soybean meal (%)	47.71	45.24	40.15	37.06
Fish meal (%)	3.00	0.00	0.00	0.00
Dicalcium phosphate (%)	1.92	2.13	2.01	1.93
Limestone (%)	1.28	1.32	1.29	1.22
Soy Oil (%)	1.46	1.83	2.68	5.41
Mineral Premix [1] (%)	0.30	0.30	0.30	0.30
Vitamin Premix [2] (%)	0.30	0.30	0.30	0.30
Salt (%)	0.11	0.14	0.14	0.15
L-Lysine (%)	0.01	0.14	0.14	0.11

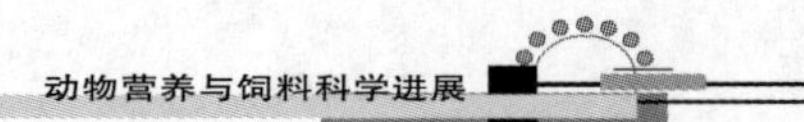

续表

Ingredients	0 ~ 3 weeks	4 ~ 6 weeks	7 ~ 9 weeks	10 ~ 12 weeks
DL-Methionine (%)	0. 21	0. 20	0. 20	0. 19
BMD (%)	0. 025	0. 025	0. 025	0. 025
Total amount (%)	100. 00	100. 00	100. 00	100. 00

[1]contains sodium 33%, chloride 58%, zinc 13 300 mg/kg, manganese 2 300 mg/kg, iron 12 300 mg/kg, copper 2 000 mg/kg.

[2]contains vitamin A 2 688 333 IU/kg, vitamin D_3 526 667 IU/kg, vitamin E 5 000 IU/kg, vitamin K (MSBC) 1 200 mg/kg, riboflavin 2 600 mg/kg, pantothenic acid 4 267 mg/kg, niacin 25 000 mg/kg, choline 169 667 mg/kg, folic acid 540 mg/kg, biotin 90 mg/kg, pyridoxine 2 025 mg/kg, thiamine 675 mg/kg, vitamin B_{12} 5 333 mg/kg.

Table 2 Experimental turkey diets from 12weeks to 15 weeks

Ingredients	Con	V_E	Se	CLA	V_E + Se	V_E + CLA	Se + CLA	V_E + Se + CLA
Corn (%)	62. 50	62. 40	62. 50	62. 50	62. 40	62. 40	62. 50	62. 40
Soybean meal (%)	29. 10	28. 20	29. 10	29. 10	28. 20	28. 20	29. 10	28. 20
Soy oil (%)	4. 36	4. 33	4. 36	1. 86	4. 33	1. 83	1. 86	1. 83
CLA source (%)	0. 00	0. 00	0. 00	2. 50	0. 00	2. 50	2. 50	2. 50
Vitamin E premix [1] (%)	0. 00	1. 00	0. 00	0. 00	1. 00	1. 00	0. 00	1. 00
Mineral premix1[2] (%)	0. 00	0. 00	0. 30	0. 00	0. 30	0. 00	0. 30	0. 30
Mineral premix 2[3] (%)	0. 30	0. 30	0. 00	0. 30	0. 00	0. 30	0. 00	0. 00
Vitamin premix [4] (%)	0. 30	0. 30	0. 30	0. 30	0. 30	0. 30	0. 30	0. 30
Dicalcium phosphate (%)	1. 72	1. 72	1. 72	1. 72	1. 72	1. 72	1. 72	1. 72
Limestone (%)	1. 27	1. 27	1. 27	1. 27	1. 27	1. 27	1. 27	1. 27
DL-Methionine (%)	0. 17	0. 17	0. 17	0. 17	0. 17	0. 17	0. 17	0. 17
L-Lysine (%)	0. 13	0. 13	0. 13	0. 13	0. 13	0. 13	0. 13	0. 13
Salt (%)	0. 15	0. 15	0. 15	0. 15	0. 15	0. 15	0. 15	0. 15
BMD (%)	0. 03	0. 03	0. 03	0. 03	0. 03	0. 03	0. 03	0. 03
Total (%)	100. 00	100. 00	100. 00	100. 00	100. 00	100. 00	100. 00	100. 00

[1]Contains 20 000IU /kg vitamin E.

[2]Contains 100 mg/kg selenium plus sodium 33%, chloride 58%, zinc 13 300 mg/kg, manganese 2 300 mg/kg, iron 12 300 mg/kg, copper 2 000 mg/kg.

[3]contains only sodium 33%, chloride 58%, zinc 13 300 mg/kg, manganese 2 300 mg/kg, iron 12 300 mg/kg, copper 2 000 mg/kg, without selenium.

[4]contains vitamin A 2 688 333 IU/kg, vitamin D_3 526 667 IU/kg, vitamin K (MSBC) 1 200 mg/kg, riboflavin 2 600 mg/kg, pantothenic acid 4 267 mg/kg, niacin 25 000 mg. kg, choline 169 667 mg/kg, folic acid 540 mg/kg, biotin 90 mg/kg, pyridoxine 2 025 mg/kg, thiamine 675 mg/kg, vitamin B_{12} 5 333 mg/kg.

Slaughter and Sample preparation

At the end of feeding trial, all birds were slaughtered and inspected following USDA guidelines (USDA, 1982). Carcasses of birds from the same pen were pooled and chilled in ice water for 3 hours, then drained in a cooler (0 ℃) until the internal temperature is 4℃ for further processing. Breast muscles were deboned, and skin and visible fat were removed. All breast samples of birds from the same pen were pooled, ground twice through a 3-mm plate, and treated as a replication.

Meat patties (about 100 grams, 5 cm in diameter, 0.5 cm in thickness) prepared from each replication were packaged either in oxygen-permeable bags (polyethylene, Associated Bag Company, Milwaukee, WI) or in vacuum bags (nylon/polyethylene, 9.3 ml $O_2/m^2/24$ h at 0℃; Koch, Kansas City, MO). Packaged samples were irradiated with a linear accelerator (Circe IIIR, Thomson CSF Linac, Saint-Aubin, France) at room temperature to an average dose of 0 and 1.5 kGy. 10 MeV of energy, 10 kW of power, and 88.1 kGy/min of average dose rate were used. To confirm the target dose, alanine dosimeters attached to the top and bottom of samples were read using a 104 Electron Paramagnetic Resonance unit (EMS-104, Bruker Instruments Inc., Billerica, MA). The max/min ratio was approximately 1.3. Both irradiated and non-irradiated raw meat patties were kept at 4℃, color and lipid oxidation were measured after 0 dags, 7dags, and 12 days, and volatiles after 0 dags and 7 days of storage. Concentrations of vitamin E, selenium, and fatty acid composition were determined before and after irradiation.

Meat quality analyses

Vitamin E content in breast patties was analyzed using the gas chromatography method of Du and Ahn (2002). α-Tocopherol concentration was quantified using 5α-cholestane as an internal standard and expressed as μg/kg muscle. Selenium in breast was analyzed according to the fluorometric method of AOAC (1995). Gas chromatographer (HP6890, Hewlett Packard Co) was used to access fatty acids composition of turkey breast. Fatty acids were identified by comparing the retention times to standards, and expressed as peak area percentage of total fatty acids (Du *et al.*, 2002b).

A Labscan color meter (Hunter Associated Labs. Inc., Reston, VA) was used to measure color of raw meat patties. Each patty samples in transparent packages were put directly under the light source. Light source was illuminant D 10°, port size was 0.4 inch, and viewing area was 0.25 inch. Hunter L^*- (lightness), a^*- (redness), and b^*- (yellowness) were read three times from three different areas of each patty sample, and averaged as the measurement of this sample. Lipid oxidation was determined by measuring TBARS content as described by Nam *et al.* (2003b). Volatiles were determined using a dynamic headspace- gas chromatography/mass spectrometry method (Nam and Ahn, 2003).

Raw turkey aroma and irradiation off-aroma of both irradiated and non-irradiated patty samples from bird fed different diet were accessed by eight trained panelist. Panelists were recruited from the faculty, staff, and students at Iowa State University. The University's Human Subjects in Research Committee approved the project. A one hour training session was performed before actual samples were presented to panelists. Panelists accessed the aroma characteristic differences between irradiated and non-irradiated meat, and made comments to description of sensory terms. Testing was conducted in partitioned booths and under red fluorescent lights. A line scale (numerical value of 15 units) was used with descriptive anchors (none and high) at each end of the line. Data were collected by using a computerized sensory scoring system (COMPUSENSE five, v 4.4, Compusense, Inc., Guelph, Ontario, Canada).

Statistical analysis

For each measurement, at least four patties were sampled from each replicate (pen of turkey) and averaged. Analysis of variance (ANOVA) were conducted using the general linear models procedure appropriate for complete randomized block designs (SAS Institute, 1995). Statements of probability are based upon $P \leqslant 0.05$. When significant differences among or between treatment means were found, means were compared using Tukey's multiple tests, mean value and standard error of the means (SEM) were reported.

Data for each treatment were combined and analysed using the multivariate (YX) PRINCOP program of SAS 8.2 (SAS Institute, 1995) to determine principal components and correlation. Principal component analysis (PCA) is a multidimensional modeling method, which based on the calculation of linear combinations between the variables that explain the most variance of the data. It gives an interpretable overview of the key information through the loading plot. In the loading plot, components (so-called principal components) that are close together are positively correlated, while those lying opposite to each other tend to have negative correlation (Noes *et al.*, 1996).

RESULTS AND DISCUSSION

Dietary vitamin E, Se, and CLA on turkey performance

CLA supplementation (treatment CLA, V_E + CLA, Se + CLA, V_E + Se + CLA) lowered feed consumption (Table 3). Results from other studies on CLA supplementation were mixed: Eggert *et al.* (2001) showed that dietary CLA increased average daily gain of growing pigs while Cook *et al.* (1998) observed a decrease of average daily gain. Wiegand *et al.* (2002) reported no effect of dietary CLA on weight gain. Du and Ahn (2002a) found no difference in the live weight of chicken after feeding 1% level CLA for three weeks. However, when dietary CLA levels for chickens were increased to 2% and 3% and fed to 5 weeks, body weight and daily gain trended to decrease as dietary CLA level increased. In addition, 2% and 3% of dietary CLA also decreased feed consumption of broilers. The animal weight change seems correlated with feed consumption, which depends on CLA level and feeding length. Results from current study agree with those of Du and Ahn (2002a), confirming that higher level of CLA decrease live weight as a result of reduced feed consumption (Table 3). Cook *et al.* (2000) reported that effect of CLA on animal growth and feed efficiency was dependent on isomers. CLA cis-9, trans-11 isomers was active in enhancing body weight gain and appeared also to enhance feed efficiency in weanling mice but had no effect on body fat change. However, trans-10, cis-12 CLA isomer reduced body fat levels relative to control but did not enhance either body growth or feed efficiency. So the overall effects of CLA on growth, feed efficiency, and body level appear to be due to the different biological activity of the two isomers.

Decrease in weight gain by CLA can be improved when CLA is combined with vitamin E (V_E + CLA), or both vitamin E and Se (V_E + Se + CLA) ($P < 0.05$). When CLA was fed along with vitamin E, or with both vitamin E and Se, the birds had better growth rate than CLA alone and control while feed consumption of these groups were not increased. As a result, feed efficiency of treatment F and H decreased ($P < 0.05$) as compared with control and CLA alone.

Table 3 Effect of dietary functional ingredients on weight gain, feed consumption and feed conversion rate of turkeys during the 12 ~ 15 week feeding period

Diets	Weight gain (kg)	Feed consumption (kg)	FCR[1]
Con	3.39^{ab}	10.65^{a}	3.14^{a}
V_E	3.43^{a}	10.69^{a}	3.12^{a}
Se	3.41^{a}	10.61^{a}	3.10^{a}
CLA	3.27^{b}	10.21^{ab}	3.12^{a}
V_E + Se	3.46^{a}	10.63^{a}	3.07^{ab}
V_E + CLA	3.46^{a}	10.27^{ab}	2.96^{b}
Se + CLA	3.29^{b}	9.96^{b}	3.02^{b}
V_E + Se + CLA	3.47^{a}	10.02^{b}	2.89^{b}
SEM	0.13	0.75	0.18

[1]Feed Conversion Ratio;

$^{a \sim b}$means within a column with no common superscript differ significantly ($P < 0.05$); $n = 4$.

Evidences showed that supernutritional levels of vitamin E rather than National Research Council (1994) recommended level improved health status, disease resistance, growth rate, and livability of poultry. Field studies showed that increasing dietary concentration of vitamin E from 48 IU kg^{-1} to 178 IU kg^{-1} resulted in improved performance and economic returns from flocks inflicted with subclinical infectious disease (McIlroy *et al.*, 1993). Guo *et al.* (2001) reported that addition of vitamin E at 100 mg/kg significantly ($P < 0.05$) improved the growth and feed conversion rate of broilers fed the control diet during 0 ~ 3 weeks of age. In this study, 200 IU kg^{-1} added vitamin E showed no influence on performance (total weight gain, feed consumption, and feed efficiency) of normal birds, but the reduced performance caused by dietary CLA were improved by vitamin E. Se was required for maximum of poultry performance (Scott, 1965) With regular Se level (0.3 mg · kg^{-1}), however, no significant performance improvement except that feed conversion rate was decreased when Se was supplemented along with vitamin E (Table 3).

Meat composition

Supplementation of tocopherol acetate in turkey diets singly or in combination with other functional ingredients (Se and CLA) increased vitamin E levels in breast muscles (Table 4). The levels of vitamin E in breast increased by more than 4-fold over the control and the treatments without vitamin E. When vitamin E was combined with Se (treatments VE + Se and VE + Se + CLA), muscle accumulations of vitamin E were higher than that of single supplementation; when vitamin E was combined with CLA, the average accumulation was lower, but statistical evidence was not enough ($P > 0.05$). Selenium accumulations in breasts differed between the treatments ($P < 0.05$) (Table 4). Muscle Se concentrations were steady whether diet was combined with vitamin E or CLA.

Table 4 Concentrations of vitamin E and selenium in turkey breast with different diets

Diets	Se content (μg/g)	Vitamin E content (μg/g)	
		Non-orradiation	1.5 kGy irradiation
Con	0.20^{b}	0.86^{bx}	0.66^{by}
V_E	0.19^{b}	3.93^{ax}	2.53^{aby}
Se	0.48^{a}	0.91^{bx}	0.70^{by}

续表

Diets	Se content (μg/g)	Vitamin E content (μg/g)	
		Non-orradiation	1.5 kGy irradiation
CLA	0.22[b]	0.90[b]	0.78[b]
V_E + Se	0.50[a]	4.16[ax]	3.26[ay]
V_E + CLA	0.22[b]	3.86[a]	3.30[a]
Se + CLA	0.49[a]	0.81[b]	0.71[b]
V_E + Se + CLA	0.52[a]	4.05[ax]	3.41[ay]
SEM	0.15	1.56	1.25

[a~b]means within a column with no common superscript differ significantly ($P<0.05$); $n=4$;

[x~y]means within a row with no common superscript differ significantly ($P<0.05$).

There was no CLA detected in turkey breast when birds were not fed CLA (Table 5). Both c9, t11 CLA and c10, t12 CLA accumulated in breast muscles of birds when fed CLA.

Table 5 Fatty acids composition of turkey breast as affected by Vitamin E, Se and CLA (%)

Fatty acids	Dietary treatments							
	Con	V_E	Se	CLA	V_E + Se	V_E + CLA	Se + CLA	V_E + Se + CLA	SEM
				(%)					
C14: 0	0.22[b]	0.28[ab]	0.29[ab]	0.33[a]	0.28[ab]	0.30[a]	0.34[a]	0.32[a]	0.04
C16: 0	9.06	8.26	9.03	8.25	8.33	8.66	8.90	9.18	0.39
C16: 1, n7	8.62	19.46	19.79	20.09	19.46	19.92	20.22	19.60	0.50
C17: 0	0.48[a]	0.41[ab]	0.42[ab]	0.36[b]	0.41[ab]	0.42[ab]	0.38[b]	0.35[b]	0.04
C17: 1, n10	0.20	0.19	0.18	0.18	0.18	0.18	0.18	0.18	0.01
C18: 0	16.62	16.24	16.74	17.26	16.57	17.15	16.81	17.10	0.34
C18: 1n9	12.69[ab]	14.08[a]	13.97[a]	11.46[b]	13.14[ab]	11.59[b]	11.19[b]	10.47[c]	1.34
C18: 1 n7	2.28[a]	2.24[a]	2.31[a]	1.82[b]	2.21[a]	1.95[ab]	1.70[c]	1.80[b]	0.25
C18: 2 n6	24.81	24.91	24.34	23.87	23.97	23.16	23.03	23.59	0.71
C18: 3, n6	0.09[b]	0.09[b]	0.07[b]	0.14[a]	0.09[c]	0.13[a]	0.16[a]	0.20[a]	0.01
C18: 3, n3	0.77[b]	1.09[a]	0.85[b]	0.87[b]	0.85[b]	0.71[ab]	0.62[b]	0.62[b]	0.16
Cis-9, trans-11CLA	0.00[c]	0.00[c]	0.00[c]	2.20[a]	0.09[c]	1.95[ab]	2.68[a]	2.68[a]	1.28
Trans-10, cis-12 CLA	0.00[c]	0.00[c]	0.00[c]	1.33[ab]	0.00[c]	1.15[ab]	1.80[a]	1.59[a]	0.81
C20: 0	0.89[a]	0.65[b]	0.75[ab]	0.72[ab]	0.64[b]	0.61[b]	0.75[ab]	0.44[c]	0.13
C20: 1, n9	0.71[a]	0.63[ab]	0.61[ab]	0.59[ab]	0.76[a]	0.57[ab]	0.42[b]	0.40[b]	0.14
C20: 4, n6	11.87[a]	10.24[ab]	9.53[ab]	7.68[b]	9.62[ab]	8.17[b]	7.62[b]	8.24[b]	1.46
C20: 5, n3	0.06[c]	0.13[bc]	0.13[bc]	0.32[a]	0.10[b]	0.17[b]	0.24[ab]	0.17[b]	0.05
C22: 0	0.38[c]	0.36[c]	0.33[c]	0.81[a]	0.60[b]	0.69[ab]	0.70[ab]	0.71[ab]	0.16
C22: 4, n6	0.32[a]	0.12[c]	0.12[c]	0.35[a]	0.26[ab]	0.38[a]	0.31[a]	0.23[ab]	0.08
C22: 5, n6	1.92[a]	1.69[ab]	1.60[ab]	1.56[b]	1.68[ab]	1.44[b]	1.34[b]	1.48[b]	0.19

续表

Fatty acids	Dietary treatments								
	Con	V_E	Se	CLA	V_E + Se	V_E + CLA	Se + CLA	V_E + Se + CLA	SEM
	(%)								
C22: 6, n3	0.69[b]	0.61[b]	0.61[b]	0.95[a]	0.65[b]	0.88[a]	0.72[ab]	0.85[a]	0.10
Total MUFA	34.50[ab]	36.59[a]	36.85[a]	33.96[b]	35.49[ab]	33.59[b]	33.71[b]	32.45[b]	1.52
Total PUFA	37.69[ab]	38.88[a]	37.26[ab]	39.04[a]	37.05[ab]	38.64[a]	38.41[a]	39.35[a]	0.90
Total n3 PUFA	3.43[a]	3.52[a]	3.20[ab]	3.81[a]	3.31[ab]	3.25[ab]	2.81[b]	2.82[b]	0.28
Total n6 PUFA	36.09	35.36	34.06	35.18	33.74	35.39	35.60	36.53	1.02
Total non-CLA PUFA	37.68[a]	38.88[a]	37.26[a]	34.47[b]	37.03[a]	35.03[b]	33.93[b]	35.08[b]	0.87
Total saturated FA	27.65[a]	26.20[b]	27.56[a]	27.91[a]	27.46[a]	27.77[a]	27.88[a]	28.20[a]	0.66

[a~c]means within a raw with no common superscript differ significantly (P < 0.05); n = 4.

Dietary CLA changed the composition of other fatty acids, too. Both total mono-unsaturated fatty acids (MUFA) and total non-CLA polyunsaturated fatty acids (non-CLA PUFA) were decreased (P < 0.05). The decreased MUFA were C 18: 1 n9, C 18: 1 n7, and C 20: 1 n9. Among PUFA, all n3s including C 20: 5 n3 and C 22: 6 n3 increased. Two long-chain n6 (C 20: 4 n6 and C 22: 5 n6) decreased, and no consistent change in arachidonic acid (C 22: 4 n6) was observed. There were no total saturated fatty acid differences between CLA supplemented group and other group, except some saturated fatty acids, such as C 14:0, C 18:0 and C 22:0, decreased. Du *et al.* (2000) reported similar fatty acid composition change caused by dietary CLA except that arachidonic was decreased. The decreases in MUFAs and increases in C14:0 and C18:0 were very likely due to the inhibition of stearoyl-CoA desaturase activity, a key enzyme involved in the synthesis of MUFA by CLA (Lee *et al.*, 1998). The decreases of long chain n6 PUFA could be caused by the competitive inhibition of Δ6-desaturase by CLA (Liu *et al.*, 1998). Δ6-desaturase is required for long-chain PUFA synthesis from either linoleic acid (n6 precursor) or α-linolenic acids (n3 precursor). If Δ6-desaturase were inhibited by CLA, n3 long-chain fatty acids would be decreased, too. But results from this study as well as others showed that n3s were increased. So not only inhibition of Δ6-desaturase is involved in CLA modulated fatty acids metabolism, new mechanism is required to explain DHA and EPA accumulation induced by CLA, which will provide evidence of CLA's function on immune response, prevention of cancer and atherosclerosis. These fatty acid composition changes are also important to improve storage stability of meat by minimizing lipid oxidation.

Lipids oxidation

TBARS values of irradiated and non-irradiated raw meat patties with eight dietary treatments and two packaging methods (vacuum and aerobic) are listed in Table 6. TBARS values of raw meat in both vacuum and aerobic package were increased by storage as well as by irradiation. Especially for meats with aerobic packaging, irradiation and storage increased TBARS value significantly (P < 0.05). For non-irradiated meat patties from control dict, TBARS value increased two-fold after 7 days of storage and three-fold after 12 days of storage. Irradiation increased lipid oxidation after 7 and 12 days of storage: TBARS values of irradiated meats were 80% and

75% higher than those of non-irradiated meats. After 7 and 12 days storage, breast meat samples from all dietary treatments had lower TBARS value than control. At day 7, lipid oxidation of treatments V_E + Se, V_E + CLA, and VE + Se + CLA was significantly (P < 0.05) lower than control while there were no differences (P > 0.05) between control and treatment V_E, Se, CLA, and Se + CLA. At day 12, differences in lipid oxidation between control and treatments V_E, V_E + Se, V_E + CLA, and V_E + Se + CLA were significant (P < 0.05) while the other three were not.

Table 6 Effect of functional ingredients on lipid oxidation of raw turkey breast

Diets	Non-irradiated			1.5 kGy irradiated		
	0 d	7 d	12 d	0 d	7 d	12 d
	TBARS (mg MDA/kg meat)					
Con	0.18^{ax}	0.41^{axy}	0.60^{ay}	0.24^{ax}	0.75^{ay}	1.05^{az}
V_E	0.13^{bx}	0.2^{abxy}	0.27^{by}	0.18^{abcx}	0.30^{abxy}	0.68^{bcdy}
Se	0.15^{abx}	0.23^{abx}	0.48^{aby}	0.21^{abx}	0.40^{abxy}	0.56^{bcdy}
CLA	0.14^{abx}	0.24^{abxy}	0.49^{aby}	0.19^{abcx}	0.35^{abxy}	0.72^{abcy}
V_E + Se	0.12^{bx}	0.16^{bx}	0.20^{bx}	0.17^{bcx}	0.20^{bx}	0.34^{cdy}
V_E + CLA	0.10^{bx}	0.12^{bx}	0.18^{bx}	0.15^{cx}	0.17^{bx}	0.23^{dy}
Se + CLA	0.12^{bx}	0.21^{abxy}	0.46^{aby}	0.18^{abcx}	0.40^{abxy}	0.80^{aby}
V_E + Se + CLA	0.10^{bx}	0.12^{bx}	0.16^{bx}	0.14^{cx}	0.16^{bx}	0.22^{dx}
SEM	0.02	0.03	0.08	0.02	0.06	0.08

$^{a-d}$ means within a column within the same storage day with no common superscript differ significantly (P < 0.05); n = 4;

$^{x-y}$ means within a row within the same irradiation dose with no common superscript differ significantly (P < 0.05).

Based on TBARS for meat from the control group, meat without any dietary supplementation had a significant increase in lipid oxidation after 12 days of storage. This increase was reduced by combined supplementations of vitamin E and Se (V_E + Se), vitamin E and CLA (V_E + CLA), vitamin E, Se, and CLA (V_E + Se + CLA). There were no TBARS value differences (P > 0.05) among meat samples from these three groups between 0 day and 12 days of storage, indicating that even after 12 days storage there were no lipid oxidation change of meat samples supplemented with V_E + Se, V_E + CLA, and V_E + Se + CLA. Treatments V_E, Se, CLA, and Se + CLA showed no effect (P > 0.05) on raw meat lipid oxidation, although their TBARS values were lower than that of the control.

Irradiation at 1.5 kGy increased (P < 0.05) lipid oxidation of control samples. After 7 days of storage, there were significant (P < 0.05) differences between irradiated and non-irradiated controls, and treatments Se, CLA and Se + CLA. The differences between irradiated and non-irradiated samples from treatments V_E, V_E + Se, V_E + CLA and V_E + Se + CLA were not significant (P > 0.05). After 12 days of storage, lipid oxidation increased by irradiation was even higher in control, Se, CLA, and Se + CLA treatments. In addition, the effect vitamin E supplementation alone was not distinct after 12 days of storage. However, treatments V_E, V_E + CLA, and V_E + Se + CLA still showed strong antioxidant effects on irradiated meat. There were no differences in lipid oxidation (P > 0.05) between irradiated and non-irradiated meat from these three treatments.

In summary, all dietary treatments showed some antioxidant effects. However, only treatments V_E, V_E +

Se, V_E + CLA, and V_E + Se + CLA reduced ($P < 0.05$) lipid oxidation after 7 and 10 days of storage. Effects of vitamin E, Se, or CLA on meat lipid oxidation was reported by several researchers: Ahn *et al.* (1997) reported that dietary vitamin E at >200 IU/kg decreased lipid oxidation and total volatiles of raw turkey patties after 7 days of storage. Nam *et al.* (2003b) indicated that dietary vitamin E at 100 IU/kg significantly improved the storage stability of turkey breast, which was more distinct in irradiated than non-irradiated meats. Du *et al.* (2000) observed decreased lipid oxidation by dietary CLA in chicken meat during storage and attributed it to the reduced mono- and polyunsaturated fatty acid composition. Supplementation of feed with selenium was found to decrease lipid oxidation in chicken meat in several studies (Combs and Greene, 1980). Our results in this study further verified the antioxidant effect of dietary vitamin E and Selenium, and provided more evidence that the antioxidant property of dietary CLA is due to the modification of fatty acid composition of meat. In addition, combinations of vitamin E and Se, vitamin E and CLA, vitamin E, Se and CLA provided better protection from lipid oxidation than their single supplementation.

Meat color

Hunter color L^*, a^*, b^* values of irradiated and non-irradiated raw meat patties are listed in Table 7. Regardless of irradiation, dietary vitamin E improved color a^* value (redness) of raw meat. The improvements were not significant ($P > 0.05$) at 0 day. At 7 day and 12 day, however, all meat supplemented with vitamin E (V_E, V_E + Se, V_E + CLA, and V_E + Se + CLA) had higher a * value than other treatments, especially when vitamin E was combined with Se (V_E + Se) and with both Se and CLA (V_E + Se + CLA). This was consistent with the results of Nam *et al.* (2003b), indicating that dietary vitamin E at >100 IU/kg was effective in stabilizing turkey breast meat color with aerobic packaging.

Table 7 CIE color values of raw turkey breast patties during storage

	L^*		a^*		b^*	
	Non-irradiated	1.5 kGy irradiated	Non-irradiated	1.5 kGy irradiated	Non-irradiated	1.5kGy irradiated
0 d						
Con	46.49	46.16^{a}	1.18^{abx}	3.72^{y}	8.79^{ax}	8.79^{ax}
V_E	45.81^{x}	44.53^{aby}	1.32^{ax}	3.64^{y}	8.27^{abx}	8.27^{abx}
Se	45.07	44.5^{ab}	1.13^{abx}	3.62^{y}	8.08^{ab}	8.08^{ab}
CLA	44.16	43.89^{b}	0.93^{bx}	3.54^{y}	7.77^{b}	7.77^{b}
V_E + Se	44.52	44.38^{ab}	1.35^{ax}	3.45^{y}	7.67^{b}	7.67^{b}
V_E + CLA	44.46	44.41^{ab}	0.99^{bx}	3.49^{y}	7.79^{bx}	7.79^{bx}
Se + CLA	44.13	43.75^{b}	0.90^{bx}	3.77^{y}	7.92^{b}	7.92^{b}
V_E + Se + CLA	44.94	44.01^{b}	1.28^{ax}	3.92^{y}	7.77^{bx}	7.77^{bx}
SEM	0.45	0.41	0.08	0.11	0.18	0.18
7 d						
Con	46.99^{a}	47.07^{a}	1.05^{bx}	4.51^{ay}	7.95^{a}	7.82^{a}
V_E	46.29^{a}	46.78^{a}	1.29^{abx}	3.94^{by}	8.02^{a}	7.40^{abc}
Se	46.57^{a}	46.30^{a}	1.15^{bx}	3.98^{aby}	7.76^{ab}	7.78^{ab}

续表

	L*		a*		b*	
	Non-irradiated	1.5 kGy irradiated	Non-irradiated	1.5 kGy irradiated	Non-irradiated	1.5kGy irradiated
CLA	45.25[a]	45.15[b]	0.93[cx]	4.12[aby]	7.02[b]	7.01[bc]
V_E + Se	46.38[a]	46.11[a]	1.62[ax]	4.14[aby]	7.89[a]	7.20[abc]
V_E + CLA	45.72[a]	45.46[b]	0.98[cx]	3.94[by]	7.62[abx]	6.88[cy]
Se + CLA	45.32[b]	46.17[ab]	1.10[x]	4.20[aby]	7.39[ab]	7.54[aby]
V_E + Se + CLA	45.72[b]	46.15[ab]	1.65[ax]	4.07[aby]	7.52[ab]	7.25[abc]
SEM	0.47	0.47	0.11	0.12	0.2	0.17
12 d						
Con	48.08[a]	48.21[a]	1.18[cx]	4.27[ay]	8.02[x]	8.38[y]
V_E	48.49[a]	47.33[ab]	1.23[abx]	3.64[bcy]	8.1	8.34
Se	48.05[a]	47.60[ab]	1.17[cx]	3.89[abcy]	7.83	8.29
CLA	46.99[b]	45.53[c]	1.02[cx]	3.66[bcy]	7.38	7.68
V_E + Se	47.43[ab]	47.66[abc]	1.39[ax]	3.68[bcy]	7.51	7.9
V_E + CLA	46.07[c]	45.36[c]	1.21[abx]	3.56[bcy]	8.17	7.91
Se + CLA	46.63[bc]	45.15[abc]	1.05[cx]	4.2[aby]	7.72[x]	8.23[y]
V_E + Se + CLA	46.53[bc]	46.19[abc]	1.43[ax]	3.67[abcy]	7.68	7.815
SEM	0.46	0.17	0.12	0.13	0.19	0.22

[a~c] means within a column with no common superscript within the same storage day differ significantly ($P<0.05$); $n=4$;

[x~y] means within a row with no common superscript within the same color parameter differ significantly ($P<0.05$).

Dietary CLA reduced ($P<0.05$) both L* value (lightness) and a* value of non-irradiated raw meat. Irradiation significantly ($P<0.05$) increased a* value (redness) of raw turkey patties. Redness was increased after 7 days and 12 days of storage. Dietary functional ingredients reduced some of the redness changes, but the reduction cannot ultimately modify the pink color caused by irradiation.

Volatile profiles

The aromatic volatile compounds detected in non-irradiated meat were hydrocarbons, aldehydes, alcohol and ketones (Table 8).

Table 8 Volatiles of raw turkey breast patties as affected by different diet treatment, irradiation and storage time

Diets	Hydrocarbons		Aldehydes		Alcohols		Ketones		Sulfur-compounds	
	0 kGy	1.5 kGy	0 kGy	1.5 kGy	0 kGy	1.5 kGy	0 kGy	1.5 kGy	0 kGy	1.5 kGy
	Total ion count x 10^4									
0 d										
Con	459[ax]	1 867[ay]	474[ax]	1 070[ay]	7 006[ax]	8 905[y]	5 911[b]	5 599[c]	0[x]	896[ay]
V_E	111[cx]	541[bcy]	310[ab]	452[b]	7 038[a]	7 564	7 168[aby]	6 213[cx]	0[x]	323[by]
Se	360[abx]	737[by]	443[a]	483[b]	5 762[bx]	8 314[y]	7 014[aby]	6 079[cx]	0[x]	927[ay]

续表

Diets	Hydrocarbons		Aldehydes		Alcohols		Ketones		Sulfur-compounds	
	0 kGy	1.5 kGy	0 kGy	1.5 kGy	0 kGy	1.5 kGy	0 kGy	1.5 kGy	0 kGy	1.5 kGy
CLA	359^{abx}	868^{by}	313^{abx}	539^{by}	5 392^{bx}	7 818^{y}	5 612^{b}	5 903^{c}	0^{x}	394^{by}
V_E + Se	129c	174^{c}	226^{b}	219^{c}	6 087^{bx}	7 450^{y}	8 648^{a}	8 435^{a}	0^{x}	236^{bc}
V_E + CLA	148^{c}	89^{c}	106^{c}	182^{c}	6 515^{abx}	7 533^{y}	9 052^{a}	8 433^{a}	0^{x}	205^{cy}
Se + CLA	243^{bx}	642^{bcy}	250^{bx}	455^{by}	6 334^{abx}	8 008^{y}	6 480^{b}	7 038^{b}	0^{x}	294^{bcy}
V_E + Se + CLA	133^{c}	132^{c}	70^{c}	99^{c}	6 330^{abx}	7 908^{y}	7 145^{ab}	6 331^{c}	0^{x}	179^{cy}
SEM	58	126	169	117	1 473	1 719	934	962	0	144
7 d										
Con	654^{ax}	2 920^{ay}	1 317^{ax}	3 133^{ay}	9 901^{ax}	11 804^{ay}	4 452cx	6 326bcy	0^{x}	1 453^{ay}
V_E	288^{b}	538^{c}	442^{b}	563^{c}	5 988^{bx}	9 238^{by}	5 804c	5 785c	0^{x}	628^{by}
Se	589^{ax}	1 716^{by}	537^{bx}	980by	6 787^{bx}	10 450^{aby}	7 620b	6 105bc	0^{x}	1 206^{ay}
CLA	688^{ax}	1 630^{by}	385^{bx}	1 365^{by}	7 729^{abx}	9 680^{by}	6 297bc	5 980c	0^{x}	203^{cy}
V_E + Se	197^{bx}	391^{cy}	193^{c}	259^{d}	5 975^{bx}	9 094^{by}	8 989a	9 175a	0	0^{d}
V_E + CLA	105^{c}	144^{d}	203^{c}	282^{d}	5 837^{bx}	7 602^{cy}	7 421b	7 172b	0	0^{d}
Se + CLA	485^{abx}	1 529^{by}	309^{bx}	1 436^{by}	4 965^{cx}	10 863^{aby}	6 868bc	6 601bc	0^{x}	139^{cy}
V_E + Se + CLA	0^{d}	274^{c}	127^{c}	186^{d}	5 494^{bx}	8 033^{cy}	6 226bc	6 096bc	0	0^{d}
SEM	119	136	134	96	1 473	2 141	1 226	1 043	0	372

$^{a\sim d}$ means within a column within the same storage day with no common superscript differ significantly ($P<0.05$); $n=4$;

$^{x\sim y}$ means within a row within the same compound group with no common superscript differ significantly ($P<0.05$); $n=4$.

Compared to non-irradiated meat, irradiation of raw turkey breast created a new sulfur-containing compound, dimethyldisulfide. The amounts of dimethyldisulfide from control diets increased after 7 days of storage, but dietary treatment decreased this compound significantly ($P<0.05$). Interestingly, no dimethyldisulfide was detected in treatments V_E + Se, V_E + CLA, and V_E + Se + CLA after 7 days of storage, and the amounts in treatments CLA and Se + CLA were lower than that at Day 0. Ahn *et al.* (2000) reported that sulfur-containing volatile compounds that were responsible for irradiated meat off-odor were highly volatile and easily evaporated under aerobic conditions.

Irradiation also increased the amounts of total hydrocarbons, aldehydes, alcohols, and ketones ($P<0.05$) (Table 8). Dietary supplementation of vitamin E, Se, or CLA reduced ($P<0.05$) the production of hydrocarbons, aldehydes, and alcohols, especially when vitamin E was combined with CLA. The total hydrocarbons and aldehydes were reduced in non-irradiated meat. Hydrocarbons, aldehydes, alcohols and ketones are volatiles that are derived from lipid degradation. Autooxidation of unsaturated fatty acids is not only responsible for rancid off-flavors during storage, known as "warmed-over flavor", but for characteristic meat flavor due to complex volatile compounds produced by lipid oxidation (Mottram, 1983). Shahidi and Pegg (1994) indicated that some aldehydes like hexanal and pentanal were good indicators of lipid oxidation. Our study showed that aldehydes, hydrocarbons, alcohols and ketone were all increased by storage and irradiation, and these increases were reduced by dietary vitamin E and Se as well as the fatty acids modifier CLA, which agreed with the TBARS values discussed previously.

Sensory evaluation

Irradiation off-aroma was easily detected by sensory panels. During training sessions, sensory panels described irradiation off-aroma of irradiated raw meat as sulfury, vegetable, hospital-like, or wet-dog, which was distinguished from that of non-irradiated meat. When the scores for irradiation off-aroma were high, the scores for turkey aroma were relatively low. Dietary vitamin E, Se, CLA, and their combinations influenced both raw turkey aroma and irradiation off-aroma, especially in aerobically packaged meat. Samples from four dietary treatments containing CLA (CLA, V_E + CLA, Se + CLA, V_E + Se + CLA) had higher turkey aroma scores while two treatments containing vitamin E ($V_E$and V_E + Se) had lower scores than the control. The turkey aroma scores of turkey meat from Se + CLA and V_E + Se + CLA treatments were significantly ($P < 0.05$) higher than those of V_E and V_E +SE. Irradiation off-aroma in turkey breast was reduced significantly ($P < 0.05$) by dietary treatments containing vitamin E (V_E, V_E +Se, V_E + Se + CLA). Single supplementation of Se or CLA had no positive effect on off-aroma reduction. Instead single supplementations of CLA increased the off-aroma ($P < 0.05$). When vitamin E and Se were combined with CLA, the strength of off-aroma was decreased.

Table 9 Sensory scores of raw turkey aroma and irradiation off aroma of raw turkey breast supplemented with different diets

Treatments	Raw turkey aroma		Irradiation off-aroma	
	0 kGy	1.5 kGy	0 kGy	1.5kGy
Control	8.72^{abx}	5.12^{ay}	0.24^{x}	6.07^{aby}
V_E	6.71^{bx}	3.68^{aby}	0.22^{x}	5.06^{aby}
Se	8.73^{abx}	3.72^{aby}	0.24^{x}	5.85^{aby}
CLA	8.82^{abx}	2.84^{by}	0.13^{x}	9.25^{y}
V_E + Se	6.63^{bx}	2.06^{by}	0.07^{x}	4.59^{by}
V_E + CLA	8.37^{abx}	2.42^{by}	0.19^{x}	7.26^{aby}
Se + CLA	10.14^{ax}	2.75^{by}	0.14^{x}	7.58^{aby}
V_E + Se + CLA	10.05^{ax}	2.60^{by}	0.16^{x}	5.10^{by}
SEM	1.12	0.90	0.08	1.16

a~b Values with different superscripts within a column within the same irradiation dose are significantly different ($P < 0.05$).

x~y Values with different superscripts within each sensory attribute are significantly different ($P < 0.05$). SEM is standard error of the means. n = 4.

No aroma = 1, strong aroma = 15.

Principal component analysis

One of the purposes of principal component analysis is to derive a small number of independent linear combinations (principal components) that retain as much of the information in the original variables as possible. Principal component analysis of was firstly applied in volatile data. The results showed that two principal components (Pc1) and component 2 (Pc 2) explained 94% (38 % and 56% respectively) of the total variability due to irradiation and storage, which provided an adequate summary of the data for most purposes. Their loadings are presented in Table 10. The variation of Pc1 was mainly generated by total hydrocarbons, total aldehydes, pentane, hexanal, 1-octen-3-ol, and nonanal. Hydrocarbons and aldehydes weigh heavier than other compound. The variation of Pc2 was mainly attributed to dimethyl disulfide, and sulfur containing compound contrasted to other compounds.

Table 10 The variation sources of the first two principal components for volatile analysis

Variables	Principal components	
	Pc1	Pc2
Total hydrocarbons	0. 3209	-0. 0363
Total aldehydes	0. 3147	-0. 1148
Total alcohols	0. 2051	0. 0417
Total ketones	-0. 1555	-0. 0832
Sulfur compounds	0. 1 547	0. 3893
Pentane	0. 3263	-0. 0334
2 - propanone	-0. 1 608	-0. 0858
Methanol	0. 0092	-0. 0853
Ethanol	0. 1709	0. 2620
2 - propanol	-0. 0787	0. 1905
2 - butanone	0. 1662	0. 0783
Dimethyl disulfide	0. 2564	0. 3869
Octane	0. 1107	-0. 0452
Hexanal	0. 3195	-0. 0504
1 - hexen - 3 - ol	0. 2129	-0. 2393
Heptanal	0. 2102	-0. 2522
1 - hexanol	0. 2608	-0. 2582
1 - pentanol	0. 0697	-0. 0993
1 - octen - 3 - ol	0. 2953	-0. 1129
Nonanal	0. 2882	-0. 0820

Another use of principal component analysis is exploring polynomial relationship. Table 11 shows the correlation coefficients by principal component analysis procedure among lipid oxidation, two sensory attributes (raw turkey aroma and irradiation off-aroma), volatile profiles, and concentrations of vitamin E, selenium and CLA. There were several significant correlations among these chemical and sensory variables determined on turkey patties with different treatments. As indicated in Table 11, lipid oxidation (TBARS) is positively correlated ($P<0.05$) with total hydrocarbons, total aldehydes, total alcohols, hexanal, 1-octen-3-ol, pentane, 2-butanone, 1-hexanol, and negatively correlated ($P<0.05$) with total ketones. Turkey meat aroma is negatively correlated ($P<0.05$) with most of the volatile compounds related to irradiation off-aroma. Irradiation off-aroma is positively correlated with dimethyl disulfide as well as hexanal, 2-butanone, and pentane.

Table 11 Correlation coefficients between lipid oxidation, sensory attributes, volatile profiles, and concentrations of vitamin E, selenium, and CLA

	TBARS	Turkey aroma	Irradiation off-aroma	V_E	Se	CLA
Turkey aroma	-0. 11					
Irradiation aroma	0. 13	-0. 96**				
V_E	-0. 56*	0. 04	-0. 09			
Se	-0. 20	0. 05	-0. 09			

续表

	TBARS	Turkey aroma	Irradiation off-aroma	V_E	Se	CLA
CLA	-0.30	0.003	0.09			
Total hydrocarbons	0.78**	-0.43*	0.49*	-0.59*	-0.09	-0.13
Total aldehydes	0.89**	-0.28	0.31*	-0.49*	-0.14	-0.13
Total alcohols	0.42*	-0.09	0.10	-0.37*	0.05	-0.46
Total ketones	-0.39*	-0.04	0.05	0.39*	0.26	0.18
Sulfur compounds	0.29	-0.40*	0.54*	-0.20	-0.31	-0.42*
Pentane	0.78**	-0.44*	0.49*	-0.61**	-0.07	-0.13
2-propanone	-0.43*	-0.006	0.01	0.40*	0.27	0.19
Methanol	-0.01	0.17	-0.18	-0.25	-0.16	-0.25
Ethanol	0.21	-0.40*	0.42*	-0.19	0.04	-0.28
2-propanol	-0.17	-0.30*	0.23	0.64**	0.06	-0.40*
2-butanone	0.58*	-0.65**	0.45*	-0.14	0.05	-0.21
Dimethyldisulfide	0.29	-0.40*	0.64**	-0.20	-0.32*	-0.42*
Octane	0.52*	-0.25	0.33*	-0.14	0.05	-0.21
Hexanal	0.90**	-0.25	0.30*	-0.45*	-0.14	-0.17
1-hexen-3-ol	0.65**	-0.25	0.24	-0.29	0.13	0.05
1-pentanol	0.14	0.22	-0.18	-0.28	0.13	-0.22
Heptanal	0.41	-0.26	0.23	-0.25	0.07	0.25
1-hexanol	0.65*	-0.25	0.24	-0.34	0.07	0.11
1-octen-3-ol	0.92**	-0.11	0.15	-0.64**	-0.15	-0.26
Nonanal	0.36*	-0.06	0.04	-0.33*	-0.28*	-0.17

* Significant correlation at $P < 0.05$; ** Significant correlation at $P < 0.01$, $n = 32$.

Concentration of vitamin E had negative relations ($P < 0.05$) with lipid oxidation and production of total hydrocarbons, total aldehydes, and total alcohols. The individual representative compounds were hexanal, pentane, 1-octen-3-ol, and nananal. Ketone compounds such as 2-propanone was positively related to vitamin E concentration. Both concentrations of selenium and CLA had negative correlations ($P < 0.05$) with production of sulfur-containing compounds.

CONCLUSIONS

It was concluded that dietary functional ingredients (vitamin E, selenium, and CLA) improved feed efficiency of turkey during the finishing period. Lipid oxidation and off-odor of turkey breast meat caused by storage and ionizing irradiation were reduced by dietary vitamin E, selenium, and CLA, especially when vitamin E was combined with selenium, CLA, or with both selenium and CLA.

REFERENCES

[1] Ahn D U, Du M, Jo C, *et al.* Quality characteristics of pork patties irradiated and stored in different packaging and storage conditions. Meat Sci., 2000, 56: 203～209

[2] Ahn D U, Olson D G, Jo C, *et al.*. Effect of muscle type, packaging, and irradiation on lipid oxidation,

volatile production, and color in raw porkpatties. Meat Sci., 1998, 49: 27 ~ 39

[3] Ahn D U, Sell J L, Jeffery M, *et al.* Dietary vitamin Eaffects lipid oxidation and total volatiles of irradiated raw turkey meat. J. Food Sci., 1997, 62: 954 ~ 958

[4] AOAC. AOAC Official Method 974. 15 Selenium in human and pet food. Fluorometric method. Official Methods of Analysis (16th ed.). AOAC Int. Arlington, VA.

[5] Asghar A, Lin C F, Gray G I, *et al.* Effects of dietary oils and α-tocopherol supplementation on membranal lipid oxidation in broiler meat. J. Food Sci., 1990, 55: 46 ~ 50, 118

[6] Bartov L and Frigg M. Effect of high concentrations of dietary vitamin E during variousage periods on performance, plasma vitamin E and meat stability of broiler chicks at 7 weeks of age. Br. Poultry Sci., 1992, 33: 393 ~ 402

[7] Combs G F Jr. and Combs S B. 1986. Selenium deficiency diseases of animals. P. 275 ~ 309. In: The role of selenium in nutrition. Academic Press, Inc. Orlando, FL

[8] Combs G F Jr and Regenstein J M. Influence of selenium, vitamin E, and ethoxyquin on lipid peroxidation in muscle tissues from fowl during low temperature storage. Poultry Sci., 1980, 59: 347 ~ 351

[9] Cook M E, Miller C C, Park Y, *et al.* Immune modulation by altered nutrient metabolism: Nutritional control of immune-induced growth depression. Poultry Sci., 1993, 72: 1 301 ~ 1 305

[10] Cook M E, Jerome D L, Crenshaw T D, *et al.* Hentges. Feeding conjugated linoleic acid improves feed efficiency and reduces carcass fat in pigs. FASEB, 1998, 11: 3 347

[11] Du M and Ahn D U. Effects of dietary conjugated linoleic acid on the growth rate of live bird and on the abdominal fat content and quality of broiler. Poultry Sci., 2002a, 81: 428 ~ 431

[12] Du M and Ahn D U. Simultaneous analyses of tocopherols, cholesterol and phytosterols by gas chromatography. J. Food Sci., 2002b, 67: 1 696 ~ 1 700

[13] Du M, Ahn D U, Mendonca A F, *et al.* Quality characteristics of irradiatedready-to-eat turkey breast rolls from turkeys fed conjugated linoleic acid. Poultry Sci., 2002c, 81: 1 378 ~ 1 384

[14] Du M, Ahn D U, Nam K C, *et al.* Influence of dietary conjugated linoleic acid on the volatile, color, and lipid oxidation of irradiated raw chicken meat. Meat Sci., 2000, 56: 387 ~ 395

[15] Du M, Ahn D U, and Sell J L. Effect of dietary conjugated linoleic acid on the composition of egg yolk lipids. Poultry Sci., 2001, 78: 1 639 ~ 1 645

[16] Eggert J M, Berlury M A, Kempa-Steczko A, *et al.* Schinckel. Effects of conjugated linoleic acid on the belly firmness and fatty acid composition of geneticallylean pigs. J. Anim. Sci., 2001, 79: 2 866 ~ 2 872

[17] Guo Y, Tang Q, Yuan J, *et al.* Effects of supplementation with vitamin E on the performance and the tissue peroxidation of broiler chicks and the stability of thigh meat against oxidative deterioration. Anim. Feed Sci. Technol., 2001, 89: 165 ~ 173

[18] Houseknecht K L, Vanden Heuvel J P, Moya-Camarena S Y, *et al.* Belury. Dietary conjugated linoleic acid normalizes impaired tolerance in the Zucker diabetic fatty fa/fa rat. Biophys. Res. Commun., 1998, 244: 678 ~ 682

[19] Huang Y, Bradford B, Heig N, *et al.* Feeding dairy cattle to increase the content of conjugated linoleic acid in milk. J. Dairy Sci. 84, Suppl. 1: 310

[20] Ip C. Conjugated linoleic acid in cancer prevention research: A report of current status and issues. Re-

search report No. 100-4. National Livestock and Meat Board, Chicago, IL, 1994

[21] Jime'nez-Colmenero, F., J. Carballo, and S. Cofrade. Healthier meat and meatproducts: their role as functional foods. Meat Sci., 2001, 59: 5 ~ 13

[22] Lee K N, Pariza M W, and Ntambi J M. Conjugated linoleic acid decrease hepaticsteroyl-CoA denaturase mRNA expression. Biochem. Biophys. Res. Com., 1998, 248: 17 ~ 21

[23] Lee K N, Kritchevsky D, and Pariza M W. Conjugated linoleic acid and atherosclerosis in rabbits. Atherosclerosis, 1994, 108: 19 ~ 25

[24] Liu K L and Belury M A. Conjugated linoleic acids reduces arachidonic acid content and PGE2 synthesis in Murine Keratinicyte. Cancer Lett. (CMX)., 1998, 127: 15 ~ 22

[25] McIlroy S, Goodall E, Rice D, *et al.* Improved performance in commercial broiler flocks with subclinical infectious bursal disease when fed diets containing increased concentration of vitamin E. Avian Pathol., 1993, 22: 81 ~ 94

[26] Mottram D S and Edwards R A. The role of triglycerides and phospholipids in the aroma of cooked beef. J. Sci. Food Agric., 1983, 34: 517 ~ 522

[27] Nam K C and Ahn D U. Double packaging is effective in reducing lipid oxidation and off-odor volatiles of irradiated raw turkey meat. Poultry Sci., 2003, 82: 1 468 ~ 1 474

[28] Nam K C, Min B R, Park K S, *et al.* Effect of ascorbic acid and antioxidants on the lipid oxidation and volatiles of irradiated ground beef. J. Food Sci., 2003a, 68: 1 680 ~ 1 685

[29] Nam K C, Min B R, Yan H, *et ak.* Effect of dietary vitamin E and irradiation on lipid oxidation, color, and volatiles of fresh and previously frozen turkey breast patties. Meat Sci., 2003b, 65: 513 ~ 521

[30] National Research Counsil. Nutrient Requirements of Poultry, 9th ed. National Academy Press, Washington, DC, 1994

[31] Nœs T, Baardseth P, Helgesen H, *et al*, Multivariate techniques in the analysis of meat quality. Meat Sci., 1996, 43: S135 ~ S139

[32] Park Y, Albright K J, Liu W, *et al.* Pariza. Effect of conjugated linoleic acid on body composition in mice. Lipids, 1997, 32: 853 ~ 858

[33] SAS Institute. SAS® User's Guide. 8th ed. SAS Institute, Inc., Cary, NC, 1995

[34] Scott M, Bruins H, Qusterhout L, *et al.* Selenium requirement of young poults receiving practical diets. Proc. Cornell Nutrition Conference, 1965, 101 ~ 103. Cornell University, Ithaca, NY

[35] Shahidi F, and Pegg R B. Hexanal as an indicator of meat flavor deterioration. J. Food Lipids., 1994, 1: 177 ~ 186

[36] Stadtman T C. Discovery of vitamin B_{12} and selenium enzymes. Annu. Rev. Biochem., 2002, 71: 1 ~ 16

[37] Rotruck J T, Pope A L, Ganther H E. Selenium: biochemical role as a component of glutathione peroxidases. Science., 1972, 179: 588 ~ 590

[38] Thiel-Cooper R L, Jr. Parrish F C, Sparks J C, *et al.* Conjugated linoleic acid changes swine performance and carcass composition. J. Anim. Sci., 2001, 79: 1 821 ~ 1 828

[39] Wiegand B R, Sparks J C, Parrish F C, *et al.* Duration of feeding conjugated linoleic acid influences growth performance, carcass traits, and meat quality of finishing barrows. J. Anim. Sci., 2002, 80: 637 ~ 643

赖氨酸和蛋氨酸对动物免疫功能的影响

刘德超

（中国农业科学院研究生院）

早在20世纪40年代，Robertson和Dayle（1936）就发现，给饲酪蛋白饲料的大鼠的抗感染能力明显高于给饲植物蛋白饲料的大鼠。随后的几十年里，大量的研究报道了日粮粗蛋白水平对实验动物免疫反应和疾病抵抗力的影响（Glick *et al.*，1981，1983；Payne *et al.*，1990；Gook，1991；Grenshaw *et al.*，1986）。总体上讲，蛋白缺乏抑制小鼠对绵羊红血球（SRBC）的抗体反应（Price，1978）；增加鸡（Boyd和Edwards，1962）和小鼠（Dubos和Schuedler，1958）对埃希氏大肠杆菌（Escherichia Coli.）的易感性。

然而，随着研究的深入，人们发现仅从蛋白质的角度研究，很难解释营养与免疫相互作用的代谢基础以及导致动物免疫机能异常的内在原因。近十多年来，由于营养学和免疫学的发展，研究者们开始将兴趣集中于氨基酸营养代谢与动物疾病和免疫的关系研究上。通过对各种病菌、癌细胞和宿主蛋白以及特定氨基酸的代谢和理化特性的研究表明，多数情况下，动物的健康（病态）与特定的氨基酸营养供给状况有直接关系。氨基酸类药物在医疗领域的广泛应用便是一个有力的证明。

与研究粗蛋白对动物免疫机能的影响相比，人们对特定氨基酸对动物免疫反应影响的研究不多。从应用角度看，赖氨酸和蛋氨酸常常是猪禽日粮的第一或第二限制性氨基酸，它们对免疫反应的影响最受关注。兹就国外对这两种氨基酸在这方面的研究做一概述。

1　赖氨酸对动物免疫功能的影响

Gray等（1963）通过向大鼠体内注射胶原颗粒的方法，发现赖氨酸缺乏可使动物整个单核—巨噬细胞系统功能下降，表现为对感染（如炭疽芽孢杆菌感染）、中毒、放射性损伤、肿瘤等致病因子的防卫和特异性免疫反应能力的减弱。Aschenasy等（1975）用蛋白质营养不良的大鼠模型，观察到赖氨酸缺乏对淋巴细胞和组织生长有一定的影响。Sidransky等（1972）采用灌胃技术，研究了单个氨基酸缺乏对幼年大鼠生长发育的影响，发现赖氨酸缺乏使大鼠胸腺和脾脏萎缩。日粮赖氨酸缺乏的鸡（需要量的50%）与赖氨酸采食量充足的鸡相比，在经禽分枝杆菌实验性感染后，结节指数升高（Squibb *et al.*，1964）。

但赖氨酸缺乏对动物体液免疫的影响，结论不尽一致。Ahemed和Qadri（1985）在7%粗蛋白水平的饲料中添加赖氨酸，发现可提高大鼠破伤风内毒素免疫的抗体水平；而 Petro 等（1981）实验却指出，赖氨酸缺乏使小鼠对伤寒沙门氏菌的易感性稍有增加，同时血凝素水平则有所下降，采食赖氨酸缺乏日粮的小鼠经接种热处理的伤寒沙门氏菌后的血液中的运铁蛋白、补体 C 水平下降，与 Kenney 等（1970）的结论相同，赖氨酸缺乏同支链氨基酸一样，小鼠血浆免疫球蛋白水平并未下降，反而呈上升趋势。Cook 研究小组（1991）在一系列的实验中也未能发现在赖氨酸缺乏时，鸡对 SRBC 或多杀性巴氏杆菌的抗体反应减弱，即使在赖氨酸给饲水平为鸡需要量的 30% 这样低的情况下也是如此。看来，若为某一特定目的而期望控制动物的生长发育，赖氨酸边缘缺乏或许不会达到产生免疫抑制的程度。

Klasing 和 Barnes（1988）证明，日粮赖氨酸缺乏和充足的鸡，当受到免疫原刺激时在代谢上呈现不同的反应。在正常饲养状况下，免疫原刺激很可能通过单能体白细胞介素 - 1（Monokine interleukin - 1）使体重下降，血清 Fe 和 Zn 的浓度降低，以及血浆 Cu 升高。赖氨酸采食不足和充足的鸡对抗原刺激做出的反应仅有的类似之处为血浆 Cu 升高。这似乎提示赖氨酸缺乏可通过释放单能体（Monokines）来影响细胞的免疫功能，或者解释为赖氨酸缺乏使 Zn 结合蛋白合成受阻，如金属硫因其氨基酸组成中 10% 为赖氨酸，所以免疫细胞的免疫能力可能受损。

2 蛋氨酸对动物免疫功能的影响

蛋氨酸在较大程度上影响着动物的免疫功能和对感染的抵抗力。Spunt（1948）通过腹腔注射蛋氨酸，发现摄入低蛋白饲料的小鼠对猪流感蛋氨酸，发现摄入低蛋白饲料的小鼠对猪流感病毒的易感性增加，蛋氨酸缺乏增加了动物对单核细胞增多性李司德细菌的易感性（Bitar，1982），使幼年大鼠的生长发育受损，同时胸腺和脾脏萎缩（Sidransky，1972；Aschenasy，1975），若与支链氨基酸同时缺乏则肠道淋巴组织将会出现恶性蛋白质营养不良时所表现的淋巴细胞严重耗竭的病理变化（Aschenasy，1972）。

Tsiagbe 等（1987a，b）的实验指出，给鸡饲喂蛋氨酸缺乏的日粮，鸡对 SRBC 的抗体反应以及对植物红细胞凝集素（PHA）迟发型过敏现象减弱，火鸡也出现类似情况。Tsiagbe 等进一步指出，鸡维持最大免疫反应所需的日粮蛋氨酸水平高于保持最大生长所需的蛋氨酸水平。无论是胆碱（Tsiagbe，1987a）还是半胱氨酸（Tsiagbe，1987b）虽能在一定条件下节约蛋氨酸对生长的需要量，却均不能节约免疫的蛋氨酸需要量。Hill 等（1986）对小鼠的实验结果支持这一结论，因为淋巴细胞对蛋氨酸属营养缺陷型，与骨骼肌细胞不同，当蛋氨酸在淋巴细胞中用于转甲基反应时，淋巴细胞不能重新合成蛋氨酸，因而额外耗用了蛋氨酸，而蛋氨酸在骨骼肌中仅用于转硫反应（半胱氨酸的合成）和蛋白质合成。可见，淋巴细胞比骨骼肌细胞对蛋氨酸的需要量高。

但也有一些学者得出了另外的结论，他们对雏鸡（Bhargava 等，1970）、大鼠（Kenney 等，1970）和猴（Gill 等，1967）进行的研究显示，蛋氨酸缺乏并未减弱动物的抗体应答反应。

业已证实，氨基酸对细胞内蛋白合成速率及其合成蛋白质种类有不同程度的影响（Warmenacher，1972；Flain，1982）。因此不难理解氨基酸对淋巴细胞功能特别是抗体形成过程的影响。由于有关赖氨酸和蛋氨酸对动物免疫功能影响的研究还不多，所获结论也不尽一致，特别是其作用机制尚不清楚，还需进一步的深入研究。可以设想，一旦查清某一营养物质对某种动物的免疫机能起着关键作用并清楚了解其营养—免疫相互作用的代谢机制，则借助营养学和免疫学的知识，就有可能提供一种免疫系统营养调控的替换机制。

［本文承蒙霍启光研究员和杨忠源研究员审阅，谨致谢意］

（本文曾发表于中国饲料，1994，（8）：23 ~ 24）

日粮离子平衡对家禽生产的影响

王文君，霍启光

（中国农业科学院饲料研究所）

日粮离子平衡状况包含了两层含义，即日粮中各种离子的含量和这些离子间的比例关系。由于日粮离子构成直接影响机体的酸碱平衡，且各种离子在机体不同代谢水平上存在着复杂的协同或颉颃关系，近三四十年来，学者们进行了大量实验，探索日粮离子平衡的理论意义和在畜禽生产中的实际意义，并取得了一定的进展。

1　日粮离子平衡的意义及表示方法

日粮离子平衡状况即人们常说的日粮酸碱性大小。广义的酸是指任何可以提供质子的物质（即阴离子，Anion），碱是指任何可以接受质子的物质（即阳离子，Cation），这里的阴阳离子均指不能分解的固定离子。日粮离子平衡的表示方法有：①日粮的电解质平衡值（Dietary electrolyter balance，缩写DEB），DEB = meq（Na + K - Cl）/千克日粮，meq 是指相应元素的毫克当量数（Patience，1987）。②饲料中未测定的阴离子（Dietary unidentified anion，缩写 DUA），即（Cat—An）$_m$。如果把饲粮中所有无机离子都计算在内，DUA 的测量将十分复杂，由于一些微量元素的含量对 DUA 的影响甚小，Patience 等（1987）根据 7 种常量元素（Na、K、Ca、Mg、Cl、S、P）计算 DUA，DUA =（Cat—An）$_{in}$ = meq（$Na^+ + K^+ + Ca^{2+} + Mg^{2+}$）-（$Cl^- + H_2PO_4^- + HPO_4^{2-} + SO_4^{2-}$）。③Melliere 和 Forbes（1960）使有阳离子与阴离子的当量比值（Canion/Anion，缩写 C/A）来表示日粮的离子平衡状况，C/A =（Na + K + Ca + Mg）/（H_2PO_4 + HPO_4 + Cl + SO_4）。④Nelson 等（1981）使用日粮中过量阳离子（Excess Canion，缩写 EC）的概念来表示日粮的离子平衡状况，EC = msq［（Na + K + Ca + Mg）-（H_2PO_4 + HPO_4 + Cl + SO_4)］，EC 和 DUA 实际上意义相同。

2　日粮的离子平衡与机体酸碱平衡的关系

酸碱平衡是指动物保持体液质子浓度恒定的趋势。pH 值是机体酸碱平衡状况的常用指标。正常细胞外液的 pH 值在 7.40 左右，约有 ±0.5pH 单位的波动，pH 值的极限值为 7.0 ~ 7.7（齐顺章，1990）。只有将 pH 值控制在窄小范围内，机体代谢才会正常，因为体内成千上万种酶蛋白的分子构型与 pH 值密切相关，其活性依赖于 pH 值；更重要的是，pH 值影响膜的通透性和整个器官的功能，可见酸碱平衡是体内最重要的平衡之一。影响酸碱平衡的因素很多，如应激、疾病、水质和环境温度等，

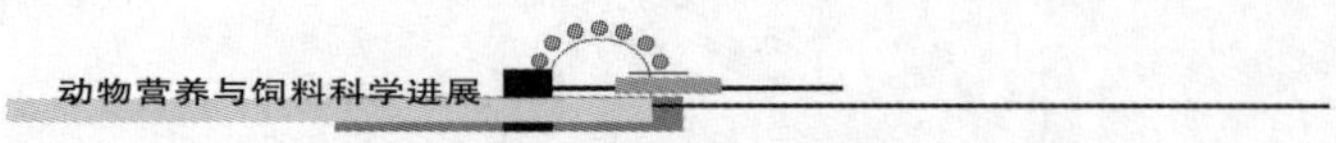

日粮离子平衡是最常见、最重要的影响因素。

Mongin（1981）提出的酸碱平衡数学模式表示了日粮离子平衡与机体酸碱平衡的直接关系：

$$(An-Cat)_{in}+H^{+}_{endo}-(An-Cat)_{out}+BE=0 \quad (1)$$

$(An-Cat)_{in}$为摄入的阴离子与阳离子之差，即机体酸的净摄入量；H^{+}_{endo}为内源酸的产量，主要由蛋白质的代谢产生；$(An-Cat)_{out}$是尿中阴阳离子之差，即酸的净排出量。酸碱平衡还涉及第四个因素，即碱储的改变量（base-excess，BE），碱储是体液 HCO_3^- 总量。式（1）表示，当机体酸的净摄入量加上内源酸产量不等于酸的净排出量时，则机体调整体内碱储的量，以保持机体的酸碱平衡状态，碱储改变量为：

$$BE=(An-Cat)_{out}-(An-Cat)_{in}-H^{+}_{endo} \quad (2)$$

机体酸碱平衡是缓冲体系、肺和肾共同维持的结果。当进入血液的酸或碱量过多，超过机体的调节能力时，就会发生酸中毒或碱中毒（Butcher and miles，1993）。在鸡的饲养实验中，尿中酸的净排出量和内源酸的产量，即（$(An-Cat)_{out}$和 H^{+}_{endo}都不易测定，而碱储的改变量却易于测定，$(An-Cat)_{in}$也能够控制。表达式（2）的实际意义在于如何控制日粮中固定阴阳离子的比例，使碱储的改变量尽可能等于零，因此（$(An-Cat)_{in}$是制作饲料配方时须考虑的酸碱平衡指标。

3 日粮离子平衡状况对生产性能的影响

Melliere 和 Forbes（1966）研究了日粮阳离子与阴离子的当量比值（C/A）对鸡增重的影响，结果表明，C/A 在 1.2～1.8 的范围内，增重效果最好；C/A=0.6 时，生长完全受到抑制；C/A>2.0 时，生长速度减慢。Nelson 等（1981）关于肉仔鸡的实验发现，若设置日粮阳离子含量为 890 meq/kg，EC 值（日粮中过量阳离子）从 320 meq/kg 上升到 510 mcq/kg 会引起增重和饲料报酬降低，但同时弯腿率也明显降低（$P<0.05$）。Mongin 和 Sauveur（1977）对雏鸡的增重实验表明，当日粮电解质平衡值（DEB）含量为 250 meq/kg 日粮时，可获得最佳生长率，低于或高于这个数值均引起生长率的下降。Austic（1988）对肉用仔鸡 DEB 的推荐值是 204 meq/kg 日粮，生长鸡 176 meq/kg 日粮，生长后期鸡 137 meq/kg 日粮；丁角立等（1991）测得肉用仔鸡最适 DEB 值是：0～3 周龄 200 meq/kg 日粮，3～5 周龄 180 meq/kg 日粮，6～7 日龄 140 meq/kg 日粮。霍启发等（1992）通过调整日粮 Cl 水平改变 DEB 值，结果发现，当 DEB 值（meq/kg）为 40、80、124 和 167 时，产蛋鸡的各项生产指标和蛋壳品质指标均无显著差异（$P>0.05$）。影响酸碱平衡的内外部因素十分广泛，造成上述实验结果不一致的原因颇为复杂。

4 电解质摄入量对垫料湿度的影响

Mongin（1980）已发现，鸡的饮水量随食盐的摄入量增加而增加。钠和氯是构成细胞外液渗透压的主要离子成分，动物下丘脑的饮水中枢对体液的渗透压变化很敏感，动物在一定范围内能够自动调节饮水量，垫料的湿度主要取决于饮水的多少。鸡对饮水中的盐含量比对饲料中的更敏感，如果饮水中不含盐，鸡能短期忍受中等程度过量的食盐（高达 3%），而饮水中 0.36% 的含盐量便是致死性的（Christopher，1983），鸡摄入食盐过量，饮水量随之增多，造成垫料湿度大。高湿垫料易引起病原微生物的滋生和繁殖，不利于环境卫生。研究发现（程伶，1989），饲料中添加 $NaHCO_3$ 的肉鸡，与添加 NaCl 组相比，饮水量减少，垫料状况改善，当钠水平在 0.13%～0.19% 范围内时，以 $NaHCO_3$ 为钠源，肉鸡饮水量明显低于食盐组，垫料品质可改善 20%。Wages（1994）报道，如果饮水中硫酸盐、镁或氯化物的含量高，可影响饮水量，这些元素单独或共同产生轻泻作用，使垫料变得较湿。近来的研究发现，钾是造成湿粪的另一原因。日粮 Na 和 K 的摄入量有任何增加，都会使粪中含水量增加。Mongin（1981）指出，日粮中钾含量与鸡饮水量、排泄物重均呈正相关关系。生产实践中人们发现，当日粮中超量使用大豆时（20%），因钾摄入过多而发生湿粪和垫料潮湿等问题。这是由于大豆的钾含量高（1.8%，比玉米高 6.5 倍）造成的。霍启光等（1992）用产蛋鸡进行的一次实验表明，当日粮 Na、K 水平（分别为 0.15% 和 0.56%）不变，Cl 水平由 0.16% 升至 0.64% 时，对实验鸡的饮水量和粪尿含水量均无明显影响（$P>0.05\%$）。

5 日粮离子状况与腿病的关系

仔鸡的腿骨短粗症（TD）易发生于快速生长的肉仔鸡，且病情发展迅速。现已知，年龄、性别、遗传和环境以及多种营养因素，均与 TD 发病率有关。就营养因素来说，多种矿物质都可单独或综合地影响 TD 发病率和严重程度。日粮钙水平下降，TD 发病率和严重程度明显提高，这已为众多的实验所证实（Nelson 等，1981；Sauveur 和 Mongin，1978；罗兰和 Stever Lee，1990）。硫酸根加剧 TD 的病情（Helley 等，1987；Ruiz－Lopez 和 Austic，1993）；高氯和高磷导致 TD 发病率和严重程度提高（罗兰和 Sever Lee，1990）；高镁日粮可以降低由高氯和高磷导致的 TD 的高发病率和严重程度（罗兰和 Stever Lee，1990）。不少学者认为，就 TD 而言，日粮钙磷比似乎是重要的因素（齐广海，1990；Hulan 等，1985）；Edwards（1984）的研究发现，日粮中高钙低磷含量和宽钙磷比会降低 TD 发病率，如果钙与非植酸磷的比例保持 2∶1，即使升高磷水平也不会引起 TD 发病率的升高。大多数学者认为，日粮阴阳离子比例的变化通过改变体内酸碱平衡状况来影响 TD 发病率和严重程度。研究表明（齐广海，1990），日粮 DEB 变化诱发的代谢性酸中毒提高 TD 发病率，诱发的代谢性碱中毒降低 TD 的发病率，提高日粮的钠和钾水平会明显降低 TD 发病率。Halley（1987）的实验证明，日粮中无论添加氯、磷还是硫酸根，都会使阴离子比例升高，TD 发病率均上升；Nelson 等（1981）发现，向含钙 1%、含有效磷 0.5% 的普通日粮添加镁使日粮阳离子比例升高，可降低鸡的弯腿率（$P<0.05$），但镁的效应不如钙的效应大。Edwards（1984）关于硫酸根对于 TD 影响的研究发现，日粮中添加 0.45%（约等于 60 meq/kg 日粮）的硫酸钠，TD 发病率不受影响。Ruiz－Lopez 和 Austic（1983）的实验以等摩尔的硫酸盐取代对照组日粮的碳酸盐，结果实验组 TD 发病率明显升高。比较分析以上 Edwards 和 Ruiz－Lopez 等人的实验，得到的结论是：影响 TD 发病率的不是硫酸根浓度的升高，而是酸碱平衡因素。Ruiz－Lopez 的实验中，以 SO_4^{2-} 取代 CO_3^{2-}，日粮中固定阴离子（不能在体内进一步代谢或分解的离子）比例升高，TD 的发病率也升高。而在 Edwards 的实验中，添加的 SO_4^{2-} 被 Na^+ 所平衡，固定阴阳离子的比例不变，不会造成 TD 发病率的改变。对于酸碱平衡影响 TD 发病率的机理观点不一。Lemann 等（1967）、Whitibng 和 Cole（1986）发现，哺乳动物如果食入过多的 Cl^- 或 SO_4^{2-}，则尿中损失 Ca^{2-} 增加。Sauveur 等 Mongin（1978）提出，代谢性酸中毒导致 TD 发病率的升高，其原因可能是由于肝中 VD_3 转化为 25－（OH）VD_3 的量减少，进而影响钙的吸收和代谢。但这一假设尚未得到完全证实。

（本文曾发表于中国饲料，1997，（11）：11～13）

应用回归方法估测羽毛粉氨基酸的初步研究

沈银书，霍启光

（中国农业科学院饲料所）

摘　要：共采集8种国产商品羽毛粉，均采用高压蒸煮法加工而成。对这些羽毛粉进行理化指标的分析测定。回归分析表明，羽毛粉的大多数氨基酸含量与羽毛粉粗蛋白（CP）含量呈显著或极显著的正相关，如 Arg = −1.913 + 0.0816 × CP%（$P<0.01$），但羽毛粉含硫氨基酸（Met、Cys 或 SAA）含量的相关性较差（$P>0.05$）。进一步分析表明，羽毛粉 Cys 或 SAA 含量与 BD、PS 或 PDP 皆呈负相关，但仅与 PS 的相关显著（$P<0.01$）。

关键词：羽毛粉；氨基酸；回归分析

回归分析是研究两个或多个变量间相互关系的数学方法，其主要目的是通过所建立的回归方程，用简单易测的变量估算难测或测定费用昂贵、时间较长的变量值，从而避免繁琐的操作（或试验），达到快速而又经济地获取数据的目的。杨胜（1994）、沈银书和霍启光（1995）报道，回归分析方法在饲料原料的氨基酸含量的估测研究中已得到广泛应用；NRC（1994）列出了估测十几种饲料原料 AA 含量的一元或多元线性回归方程。然而，应用回归分析估测羽毛粉的氨基酸含量还未见报道。本文根据国产商品羽毛粉的测定数据，对羽毛粉的氨基酸含量与常规成分之间的回归关系进行了初步分析，同时对所建回归方程的估测效果做了实际检验，并对回归方程估测羽毛粉样品氨基酸含量的可行性进行了探讨。

1　材料与方法

1.1　商品羽毛粉的采集

在北京、河南及河北三省市共采集8种都是用高压蒸煮法加工的国产商品羽毛粉。

1.2　羽毛粉体外理化指标的分析

1.2.1　常规成分

干物质按 GB 6435 − 86，粗蛋白按 GB/T 6432 − 94，粗灰分按 GB 6438 − 86 测定。

1.2.2　氨基酸（AA）含量

采用 Waters 高效液相色谱仪，按 pico − tag 柱前衍生法进行分析，具体步骤参照闫海洁（1995）的报道。含硫氨基酸，包括 Met 与 Cys，采用过甲酸氧化处理，同法单独测定。色氨酸（Trp）按国标（GB/T 15400－94）——饲料中 Trp 测定方法：分光光度法进行。

1.2.3　容重（BD）

按《饲料分析及饲料质量检测技术》（杨胜，1993）中饲料容重测定法。

1.2.4　蛋白质溶解度（PS）

参照 Parsons 等（1991）测定大豆粕蛋白质溶解度的方法。称取 1 g 羽毛粉样品（粉碎至 60 目）于 250 ml 烧杯中，加入 75 ml 的 0.2% KOH 溶液（W/V，0.036N），在磁力搅拌器上搅拌 20 min。然后，将 50 ml 液体转移至离心管，在 2 700 r/min 下离心 10 min。吸取 15 ml 上清液，用凯氏定氮法测定其中的粗蛋白质含量，其量相法于可溶蛋白质总量的 1/5。计算公式如下：

$$可溶蛋白质含量=\frac{15\ ml 上清液粗蛋白测值\times 5}{样\quad 重}\times 100\%；PS=\frac{样品可溶蛋白质含量（\%）}{样品总蛋白质含量（\%）}\times 100\%$$

1.2.5　蛋白质胃蛋白酶消化率（PDP）

准确称取 1 g 试样，经乙醚脱脂后放于 200 ml 三角瓶中，加入经 45℃预热的 0.2% 胃蛋白酶（1∶10 000，Sigma）盐酸深液 150 ml，盖好密封塞，45℃下维持，振荡使之摇匀，消化 16 h。消化后用滤纸过滤，并用温水洗净滤纸上的不消化物。将不消化物连同滤纸转入消煮瓶，按粗蛋白测定方法测定不消化物中的粗蛋白（CP）含量。计算公式如下：

$$PDP=\frac{试样中的 CP 含量-试样中不消化 CP 含量}{试样中的 CP 含量}\times 100\%$$

1.3　数据处理

利用裴鑫德（1991）的《多元统计分析及其应用》中多元线性回归分析 BASIC 程序对羽毛粉体外理化指标之间的关系进行回归分析。

2　结果与分析

2.1　回归方程的建立

8 种商品羽毛粉的干物质、粗蛋白（CP）、粗灰分（ASH）、BD、PS、PDP 以及 AA 含量的测值列于表 1。结果表明，羽毛粉的 CP 及各 AA 含量在不同来源羽毛粉之间的差异较大，其中 CP 与总氨基酸（TAA）含量的变异系数分别为 11.2% 和 11.7%。从图 1 可以看出，羽毛粉 TAA 含量与其 CP 含量具有相似的变化趋势。相关分析表明，这两个变量呈较强的正相关（$r=0.9855$，$P<0.01$）。据此，利用 8 种国产商品羽毛粉的测定数据对各 AA 含量与 CP 含量的回归关系进行了分析。结果表明（表 2），羽毛粉 AA 含量与其 CP 含量呈现不同程度的线性相关，其中 Asp、Glu、Ser、Gly、Arg、Ala、Pro、Tyr、Val、Ile、Phe 与 CP 含量呈显著或极显著的回归关系；Thr、Met、Cys、SAA（Met＋Cys）、Leu、Lys、Trp 的回归不显著（$P>0.05$）。回归不显著有如下原因：一是与加工参数有关，如 Cys 或 Met；二是测定差异，如含量较低的 Trp 和 Met；三是存在其他相关因子。若同时以 CP 含量与 ASH 含量作为自变量，则羽毛粉的 Glu、Ser、Gly、Arg、Ala、Pro、Tyr、Val、Ile、Phe 与 CP 和 ASH 含量呈显著或极显著的二元线性回归关系（表 3）。但其相关指数（R）及剩余标准差（RSD）与一元回归方程的相关系数（r）及 RSD 基本接近，即增加 ASH 因子并未使回归方程的估测效果得到显著提高，同时也进一步说明羽毛粉 CP 含量是这些 AA 的主要相关因子。此外，Met 或 Lys 含量与 CP 和 ASH 含量之间亦呈显著或极显著的回归关系（表3）。从回归系数值可知，Met 含量随羽毛粉 CP 及 ASH 含量的增加而下降，而 Lys 含量则与之相反，随羽毛粉的 CP 和 ASH 含量的增加而增加。

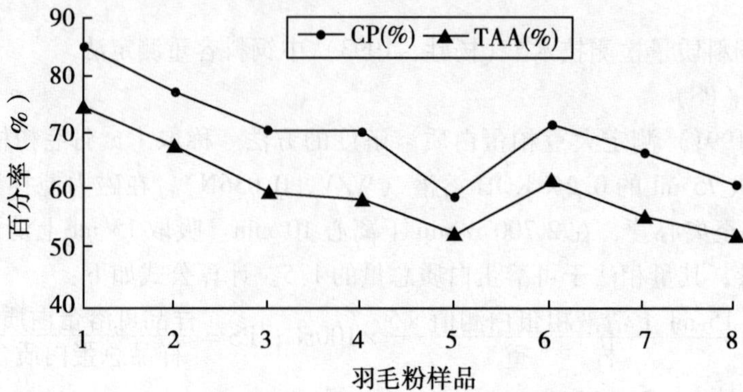

图1　羽毛粉粗蛋白含量与总氨基酸含量的相互关系

表1　羽毛粉的理化指标测值（%）

理化指标	样本							
	1	2	3	4	5	6	7	8
干物质	93.10	94.50	91.80	93.00	91.70	91.50	91.60	90.20
粗蛋白	85.10	77.30	71.00	70.80	59.80	72.80	68.10	63.00
粗灰分	3.58	6.15	13.00	14.00	23.60	11.00	19.50	24.60
氨基酸								
天门冬氨酸 Asp	4.28	3.52	2.82	1.93	2.21	2.81	2.67	2.82
谷氨酸 Glu	7.97	7.09	6.05	5.50	5.17	6.45	4.83	5.62
丝氨酸 Ser	8.56	7.27	6.72	6.94	6.01	7.77	6.32	6.41
甘氨酸 Gly	6.00	5.65	4.98	5.21	4.52	5.64	5.08	4.32
精氨酸 Arg	5.28	4.64	4.11	3.55	3.44	3.56	3.20	3.26
苏氨酸 Thr	2.62	3.61	3.39	2.97	2.54	2.54	2.64	2.80
丙氨酸 Ala	3.81	3.59	3.29	3.14	2.71	2.97	3.05	2.46
脯氨酸 Pro	8.67	7.71	6.81	6.92	6.27	7.23	7.80	5.95
酪氨酸 Tyr	1.62	1.34	0.86	0.53	0.31	1.40	0.90	0.49
缬氨酸 Val	5.58	5.02	4.52	4.98	4.34	5.44	4.45	4.21
蛋氨酸 Met	0.54	0.58	0.56	0.47	0.48	0.60	0.44	0.38
胱氨酸 Cys	3.30	3.03	2.19	3.25	3.01	3.65	2.28	3.47
异亮氨酸 Ile	3.50	2.91	2.64	2.59	2.30	2.60	2.54	2.33
亮氨酸 Leu	6.01	5.61	5.06	5.21	4.35	3.67	5.00	4.36
苯丙氨酸 Phe	3.70	3.34	3.44	3.19	2.93	3.69	3.16	2.91
赖氨酸 Lys	1.81	1.51	1.22	1.28	1.36	1.43	1.73	1.56
色氨酸 Trp	0.26	0.23	0.24	0.21	0.22	0.23	0.23	0.14
总和	74.6	67.9	60.0	59.1	53.3	63.0	57.2	54.3
容重 BD（g/L）	443.8	500.5	623.4	588.5	591.6	624.8	617.9	801.8
蛋白质溶解度 PS（%）	32.42	38.86	50.80	37.73	34.80	21.74	37.87	20.51
蛋白质胃蛋白酶消化率 PDP（%）	80.42	75.44	81.96	81.70	84.17	84.07	81.24	73.89
代谢能 AME（Mcla/kg）	3.018	3.142	2.602	2.335	2.229	2.802	2.597	2.207

His 未测出。

表 2　估测羽毛粉氨基酸含量的一元回归方程

氨基酸	回归方程	相关系数（r）	剩余标准差（RSD）	样本含量（n）
天门冬氨酸 Asp	$Y = -2.354 + 0.0738 \times CP\%$	0.796*	0.4805	8
谷氨酸 Glu	$Y = -2.197 \times 0.1167 \times CP\%$	0.883**	0.5298	8
丝氨酸 Ser	$Y = 0.077 + 0.0975 \times CP\%$	0.917**	0.3630	8
甘氨酸 Gly	$Y = 0.346 + 0.0680 \times CP\%$	0.934**	0.2222	8
精氨酸 Arg	$Y = -1.913 + 0.816 \times CP\%$	0.873**	0.3903	8
丙氨酸 Ala	$Y = 0.504 + 0.512 \times CP\%$	0.921**	0.1854	8
脯氨酸 Pro	$Y = 0.271 + 0.0972 \times CP\%$	0.874**	0.4620	8
酪氨酸 Tyr	$Y = -2.910 + 0.541 \times CP\%$	0.894**	0.2315	8
缬氨酸 Val	$Y = 0.879 + 0.555 \times CP\%$	0.854**	0.2898	8
异亮氨酸 Ile	$Y = 0.609 \times 0.0463 \times CP\%$	0.957**	0.1198	8
苯丙氨酸 Phe	$Y = 0.988 + 0.0325 \times CP\%$	0.843**	0.1778	8
总氨基酸 TAA	$Y = -1.700 + 0.8856 \times CP\%$	0.988**	0.6036	8

* 和 ** 分别表示回归关系显著（$P<0.05$）和极显著（$P<0.01$）。

表 3　估测羽毛粉 AA 含量的二元回归方程

氨基酸	回归方程	相关系数（r）	剩余标准差	样本含量（n）
谷氨酸 Glu	$Y = 1.310 + 0.761 \times CP\% - 0.0435 \times ASH\%$	0.888*	0.5701	8
丝氨酸 Ser	$Y = -0.189 + 0.1066 \times CP\% + 0.0033 \times ASH\%$	0.917*	0.3975	8
甘氨酸 Gly	$Y = 4.259 + 0.0228 \times CP\% - 0.0485 \times ASH\%$	0.951**	0.2110	8
精氨酸 Arg	$Y = 0.458 + 0.0542 \times CP\% - 0.0294 \times ASH\%$	0.877*	0.4212	8
丙氨酸 Ala	$Y = 2.036 + 0.0218 \times CP\% - 0.0315 \times ASH\%$	0.933**	0.1872	8
脯氨酸 Pro	$Y = -4.888 + 0.1569 \times CP\% + 0.0640 \times ASH\%$	0.888*	0.4801	8
酪氨酸 Tyr	$Y = -1.989 + 0.0435 \times CP\% - 0.0114 \times ASH\%$	0.896*	0.2520	8
缬氨酸 Val	$Y = 4.482 + 0.0053 \times CP\% - 0.0292 \times ASH\%$	0.873*	0.2972	8
蛋氨酸 Met	$Y = 2.115 - 0.0175 \times CP\% - 0.0252 \times ASH\%$	0.933*	0.0323	8
异亮氨酸 Ile	$Y = -2.629 + 0.0696 \times CP\% + 0.0251 \times ASH\%$	0.967**	0.1153	8
苯丙氨酸 Phe	$Y = 3.342 + 0.0053 \times CP\% - 0.0292 \times ASH\%$	0.867*	0.1805	8
赖氨酸 Lys	$Y = -5.026 + 0.0773 \times CP\% + 0.0712 \times ASH\%$	0.834*	0.1358	8

* 和 ** 分别表示回归关系显著（$P<0.05$）和极显著（$P<0.01$）。

相关分析表明，羽毛粉 Cys 含量与 BD、PS 或 PDP 皆呈负相关，但仅 Cys 含量与 PS 的相关显著（$P<0.01$），含硫氨基酸（SAA 即 Met + Cys）的分析结果与 Cys 相似，其回归方程如下：

$$Y\,(Cys\%) = 5.1781 - 0.06025 \times PS\%,\ R = 0.8406\ (P<0.01),\ n = 8;$$

$$Y\,(SAA\%) = 5.7873 - 0.06254 \times PS\%,\ R = 0.7980\ (P<0.01),\ n = 8。$$

2.2 回归估测效果的验证

选取两个未参加回归方程计算的羽毛粉样品来检验所建AA回归方程的估测效果，其中一个是本试验所收集的羽毛粉样品（即样品1），另一个是1995年版《中国饲料成分及营养价值表》中的羽毛粉样品（即样品2）。估值1按表2所建立的CP与AA含量之间的一元回归方程计算，估值2按表3中所建立的CP和ASH与AA含量之间的二元回归方程计算，然后用这两个估测值分别与样品实测值进行比较（见表4）。对于样品1，AA的估值1与实测值的相对误差除Ile外都在10%以下，而估值2与实测值的相对误差除Ile外都稍高于估值1与实测值的相对误差。这表明用CP与AA含量之间建立的一元回归方程估算羽毛粉样品1的AA含量具有一定的可靠性，但CP和ASH与Lys含量之间建立的二元回归方程的估算值（1.78%）与实测值（1.75%）的相对误差仅1.71%，即用二元回归方程估算Lys含量较准确。对于样品2，无论是估值1还是估值2，除Ile、Phe、Met外，与实测值的相对误差都较高，这表明用本文所建立的回归方程估算羽毛粉样品2的AA含量不太准确，不过用所建立的二元回归方程估算样品2的Met含量却较准确，其与实测值（1.75%）的相对误差仅有3.39%。可见，用所建回归方程估算羽毛粉样品1与样品2的AA含量的效果并不一致，样品2多数AA的估测效果要比样品1差。这可能与AA测定引起的系统误差有关。

表4 羽毛粉样品AA的实测值与估测值及其比较

氨基酸	样品1（84.8% CP）					样品2（77.9% CP）				
	实测值（%）	估值1（%）	估值2（%）	相对误差1（%）	相对误差2（%）	实测值（%）	估值1（%）	估值2（%）	相对误差1（%）	相对误差2（%）
天门冬氨酸 Asp	4.28	3.90	—	-8.88	—	—	3.40	—	—	—
谷氨酸 Glu	8.27	7.70	7.61	-6.89	-7.98	—	6.89	6.99	—	—
丝氨酸 Ser	7.85	8.35	8.35	6.37	-6.37	—	7.67	7.67	—	—
甘氨酸 Gly	6.19	6.11	6.02	-1.29	-2.75	—	5.64	5.75	—	—
精氨酸 Arg	5.56	5.01	4.95	-9.89	-11.0	5.30	4.44	4.51	-16.2	-14.9
丙氨酸 Ala	3.89	3.84	3.77	-1.29	-3.08	—	3.48	3.55	—	—
脯氨酸 Pro	8.22	8.51	8.64	3.53	-5.11	—	7.84	7.71	—	—
酪氨酸 Tyr	1.71	1.68	1.66	-1.75	-2.92	1.79	1.30	1.33	-27.4	-25.7
缬氨酸 Val	5.96	5.59	4.83	-6.21	-19.0	6.05	5.20	4.73	-14.1	-21.8
蛋氨酸 Met	0.67	—	0.54	—	-19.4	0.59	—	0.61	—	-3.39
异亮氨酸 Ile	3.78	4.54	3.36	20.1	-11.1	4.21	4.22	2.94	-0.24	-30.2
苯丙氨酸 Phe	4.07	3.74	3.69	-8.11	-9.34	3.57	3.52	3.59	-1.40	-0.56
赖氨酸 Lys	1.75	—	1.78	—	-1.71	1.65	—	1.41	—	-14.6

1. 样品1为本试验未参加回归方程计算的羽毛粉样品，其粗蛋白含量为84.8%，粗灰分含量为3.53%；样品2为1995年版《中国饲料成分及营养价值表》中的羽毛粉样品，其粗蛋白含量为77.9%，粗灰分含量为5.8%；

2. 估值1为表2中的一元回归方程估测值，估值2为表3中的二元回归方程估测值；

3. 相对误差1 =（估值1 - 实测值）×100/实测值，相对误差2 =（估值2 - 实测值）×100/实测值。

此外，另选一个未参加回归方程计算的羽毛粉样品来检验Cys与SAA回归方程的估测效果。该样品的PS为35.09%，其Cys与SAA含量的实测值分别为3.01%与3.75%，所建回归方程的估算值分别为3.06%与3.59%，估算值与实测值的相对误差分别为1.66%与-4.27%。这表明用PS与Cys或SAA之间所建的回归方程估算该样品的Cys或SAA含量较准确。

3 讨论

CP含量是羽毛粉营养价值或质量的评定指标之一，其测定迅速而又经济，因此该指标也是建立回归方程时首选的自变量之一。由表2可知，羽毛粉的多数AA含量与CP含量呈显著或极显著的正相关，说明羽毛粉的CP含量与这些AA含量的关系密切。所以，根据羽毛粉的CP含量通过相应的回归方程应该能准确地估算出相应的AA含量。要使所建的回方程达到精确的估测效果，还必须考虑以下一些因素：

（1）AA原始数据测定误差，包括样品预处理、测定方法与步骤等因素引起的误差。如果测定数据本身存在较大的误差，则会降低回归方程估测的精度。本文用所建回归方程估测两个样品AA含量的精度相差较大，可能与AA测定引起的系统误差有关。所以，严格掌握分析操作过程是十分必要的。

（2）样本代表性与样本含量。参加回归方程计算的样本（样品）必须具有代表性，其待估样品也要具有普遍性。同时，用于回归方程计算的样本个数要尽可能大一些。王占武等（1992）建议，样本含量应不少于30个。本文回归方程所用样本个数仅8个，有待于收集更多的羽毛粉样品参与回归方程计算，以提高回归方程估测的精度。

（3）AA含量与CP含量正常关系的改变。除正常变异外，Ward（1989）指出，由于AA含量与CP含量正常关系的改变导致实测值与估测值产生较大的差异，从而降低了回归方程估测的准确性。原料组成与加工参数是影响羽毛粉AA含量的两个主要因素。张宏福（1992）研究表明，杆羽羽毛粉中的AA含量普遍高于片羽羽毛粉中的AA含量，而不论是杆羽还是片羽，鸡羽羽毛粉干物质中的AA含量又都略高于鸭羽羽毛粉中的相应含量。许多研究表明，随着加工压力与时间的增加，羽毛粉的Cys含量下降，而其他AA含量则没有确定的变化趋势。所以，羽毛粉的Cys含量就不能以CP含量为自变量建立回归方程。

（4）回归区域的大小，即自变量的取值范围。在建立回归方程前应确定合适的自变量取值范围，同时回归方程也仅在这个取值范围内应用，不能随意扩大，否则估测效果可能不可靠。如本文表2中回归方程的自变量CP取值范围为59.8%～85.1%，则在应用回归方程估测某一羽毛粉样品的AA含量时，其CP含量必须在这个范围内。

（5）AA含量与CP含量或其他因子的相关程度。本文仅以CP含量为自变量与Met或Lys含量建立的一元回归关系并不显著，但若同时考虑以CP与粗灰分含量为自变量，则与Met或Lys含量之间建立的二元回归关系达到显著或极显著。此外，羽毛粉蛋白质溶解度（PS）为自变量与Cys或SAA含量之间建立的一元回归关系也达到极显著水平。

参考文献

[1] 催淑文，陈必芳编．饲料标准资料汇编(1)[S]．北京：中国标准出版社，1991，254～280

[2] 裴鑫德．多元统计分析及其应用［M］．北京：北京农业大学出版社，1991

[3] 沈银书，霍启光．回归分析在猪鸡饲料氨基酸营养价值评定上的应用［J］．国外畜牧科技，1995，22（3）：8～12

[4] 沈银书．水解羽毛粉的加工条件及营养价值的估测方法研究［学位论文］［D］．北京：中国农业科学院，1996

[5] 王占武，等．谷物氨基酸值回归估计初探［J］．氨基酸杂志，(4)：18～21

[6] 许万根．以常规成分为变量估测饲料中必需氨基酸含量的初步探讨［J］．中国动物营养学报，

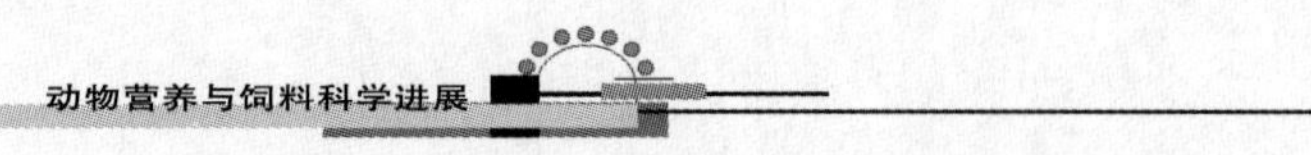

1992, 4 (2): 25 ~ 31

[7] 闫海洁. 鸡内源性氨基酸测定的方法学研究 [学位论文] [D]. 北京: 中国农业科学院, 1995

[8] 杨胜主编. 饲料分析及饲料质量检测技术 [M]. 北京: 北京农业大学出版社, 1993

[9] 杨胜. 氨基酸平衡营养饲料配方的最新进展 [J]. 饲料与畜牧, 1994, (2): 12 ~ 16, (3): 8 ~ 9

[10] NRC. Nutrient Requirements of Poultry [S]. Washington, D. C: National Academy Press, 1994

[11] Parsons C M, *et al.* Soybean protein solubility in potassium hydroxide: An in vitro test of in vivo protein quality [J]. *J Anim. Sci.*, 1991, 69: 2 918 ~ 2 924

[12] Ward N E. Regression estimates of amino acids in ingredients [J]. *Feedstuffs*, 1989, 63: 26

(本文曾发表于动物营养学报, 2000, 12 (1): 16 ~ 20)

果寡糖和枯草芽孢杆菌对肉鸡肠道菌群数量、发酵粪中氨气和硫化氢散发量及营养素利用率的影响

王晓霞[1]，易中华[2,3]，计　成[2]，马秋刚[2]，陈旭东[2]

（1. 北京农学院动物科学学系，北京　102206；
2. 中国农业大学动物科技学院，北京　100094；
3. 江西农业大学动物科技学院，江西南昌 330045）

摘　要：选用 360 只 1 日龄 AA 肉公鸡，随机分成 5 个处理组，每个处理设 6 个重复，每个重复 12 只鸡。试验饲粮分别为：基础饲粮（对照组），基础饲粮 +0.3% 果寡糖，基础饲粮 +0.1% 枯草芽孢杆菌，基础饲粮 +0.3% 果寡糖 +0.1% 枯草芽孢杆菌，基础饲粮 +150 mg/kg 金霉素（有效成分为 15%）。结果表明：果寡糖和枯草芽孢杆菌具有选择性地增加肉鸡盲肠中的乳酸杆菌等有益菌群的数量，减少大肠杆菌和沙门氏菌等有害菌的数量，二者的复合添加可以更好地调节肉鸡肠道微生态环境；与对照组相比，肉鸡饲粮中果寡糖的添加使发酵粪中 NH_3 和 H_2S 的散发量分别降低 38.38%（$P<0.05$）和 24.35%（$P<0.05$），果寡糖 + 枯草芽孢杆菌的添加使发酵粪中 NH_3 和 H_2S 的散发量分别降低 62.14%（$P<0.05$）和 28.49%（$P<0.05$），枯草芽孢杆菌或金霉素的添加对发酵粪中 NH_3 和 H_2S 的散发量均无显著影响（$P>0.05$）；果寡糖、枯草芽孢杆菌和果寡糖 + 枯草芽孢杆菌的添加，使肉鸡对粗灰分的利用率分别提高了 18.94%（$P<0.05$）、17.36%（$P<0.05$）和 23.66%（$P<0.05$），钙的利用率分别提高了 20.78%（$P<0.05$）、14.63%（$P<0.05$）和 21.31%（$P<0.05$），磷的利用率分别提高了 6.60%（$P>0.05$）、12.32%（$P<0.05$）和 14.67%（$P<0.05$），但不影响粗蛋白质利用率（$P>0.05$）。

关键词：果寡糖；枯草芽孢杆菌；肠道菌群数量；利用率；氨气；硫化氢

国内外研究发现，果寡糖、益生素及其合生元等微生态制剂能够调控畜禽消化道微生态环境，影响氮、硫、钙、磷等的消化吸收及其后肠的发酵，进而提高其生产性能和改善机体健康状况[1~6]。近年来，果寡糖、益生素的研究主要集中在对肠道菌群数量及免疫功能的影响上，从环保角度研究的报道较少。本试验日的是研究饲粮中添加果寡糖、枯草芽孢杆菌及其二者的合剂对肉鸡肠道菌群数量、粪中氨气和硫化氢散发量及营养素利用率的影响。

1 材料与方法

1.1 果寡糖和枯草芽孢杆菌

1.1.1 果寡糖

由江南大学食品学院提供，肉鸡饲粮推荐添加剂量为0.3%。按HPLC法测定[7]，含量为：单糖1.83%，蔗糖1.13%，蔗果三糖39.81%，蔗果四糖49.78%，蔗果五糖7.06%。

1.1.2 枯草芽孢杆菌

中国农业大学跨越计划项目“安全畜牧微生物饲料生产与使用技术（中试）”（22001跨-16）科研成果，枯草芽孢杆菌总含量（60±5）亿/g，肉鸡饲粮推荐添加剂量为0.1%。

1.2 试验动物与试验饲粮

选用360只1日龄AA肉公鸡，随机分成5个处理组，每个处理设6个重复，每个重复12只鸡。试验饲粮分别为：①基础饲粮（对照组）；②基础饲粮+0.3%果寡糖；③基础饲粮+0.1%枯草芽孢杆菌；④基础饲粮+0.3%果寡糖+0.1%枯草芽孢杆菌；⑤基础饲粮+150 mg/kg金霉素（有效成分为15%）；5种饲粮中都均匀混入1%硅藻土，作为酸不溶灰分[8]。基础饲粮参照NRC（1994）家禽营养需要量标准，见表1。试验鸡自由采食和饮水，饲养管理和免疫程序参照AA肉鸡饲养管理手册。

表1 不同生长阶段肉鸡基础饲粮组成和营养水平（%）

原料	0~3周	3~6周
玉米	51.90	58.06
豆粕	39.00	33.23
植物油	3.67	3.82
石粉	0.96	1.04
磷酸氢钙	1.78	1.28
食盐	0.30	0.30
赖氨酸盐酸盐	0.02	0.06
蛋氨酸	0.17	0.06
胆碱	0.20	0.15
硅藻土	1.00	1.00
预混料	1.00	1.00
合计	100.00	100.00
营养水平		
代谢能	12.55	13.15
粗蛋白	21.50	19.20
钙	1.00	0.90
总磷	0.75	0.62
赖氨酸	1.10	1.00
蛋氨酸	0.50	0.38

1. 粗蛋白、钙、总磷为实测值，其他指标为根据《中国饲料数据库-中国饲料成分及营养价值》（2000年修订版）的计算值；

2. 预混料可为每千克全价料提供：维生素A 5 500 IU；维生素D_3 650 IU；维生素E 35 mg；维生素K_3 2.5 mg；核黄素7.5 mg；泛酸18.6 mg；尼克酸45.0 mg；生物素0.25 mg；维生素B_{12} 100 μg；锰180 mg；铁240 mg；锌120 mg；铜25 mg；碘0.3 mg；硒0.5 mg。

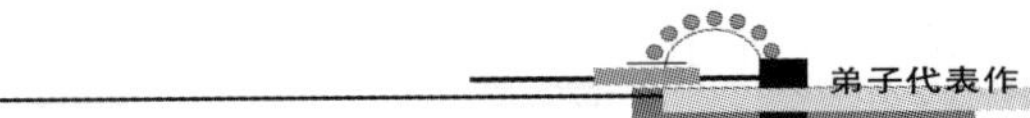

1.3 测试指标及方法

1.3.1 肠道菌群数量

分别于21日龄、42日龄从各处理组中随机选取6只试鸡，肌肉注射戊巴比妥酸钠麻醉后，迅速解剖，截取盲肠末端2 cm肠段，液氮保存至试验分析。

将样品从液氮中取出，挤出盲肠食糜于灭菌培养皿中，混匀，称取1 g放于盛有99 ml灭菌生理盐水的带有玻璃珠的灭菌三角瓶中，振荡10 min，逐级进行10^{-4}、10^{-5}、10^{-6}、10^{-7}、10^{-8}、10^{-9}的倍比稀释，各稀释度分设3个重复，吸取0.1 ml接种于选择性培养基平皿上。大肠杆菌、沙门氏菌、总需氧菌分别接种于伊红美蓝琼脂、SS琼脂、营养琼脂培养基平皿上，在37℃生化培养箱中有氧培养24 h后菌落计数；乳酸杆菌接种于乳酸杆菌选择性培养（LBS）平皿上，在37℃生化培养箱中厌氧培养48 h后进行菌落计数[9]。菌群数量以每克肠道内容物所含的细菌数（1 gCFU/g）表示。

1.3.2 发酵粪中氨气和硫化氢散发量

饲养试验结束前1 d，按每个重复收集新鲜粪样，剔除毛屑杂物，充分混匀。准确称取50 g新鲜鸡粪，装入500 ml磨口玻璃瓶中，用胶塞密封，室温下放置3 d，任其发酵。用100 ml注射器抽取100 ml气体，经大气采样器，以小于0.1 L/min的速度，NH_3和H_2S分别用0.005 mol/L硫酸溶液和0.01 mol/L碘溶液吸收。NH_3用纳氏试剂比色法，H_2S用滴定法进行分析测定[10]。

1.3.3 营养素利用率

饲养试验结束前3 d，每个重复连续3 d收集新鲜粪样，剔除毛屑杂物，按100 g鲜粪入10% $H_2SO_4$10 ml，充分混匀，于65~70℃烘干至恒重，回潮，粉碎后制成风干样。粗蛋白的含量用凯氏定氮法测定，粗灰分的含量用灼烧法测定，钙的含量用EDTA滴定法测定，磷的含量用分光光度法测定[11]。用酸不溶灰分标记法计算各处理组肉鸡粗蛋白和钙、磷的利用率。

$$\text{营养素利用率} = 100\% - \frac{\text{粪中营养素含量} \times \text{饲粮酸不溶灰分含量}}{\text{饲粮营养素含量} \times \text{粪中酸不溶灰分含量}} \times 100\%$$

1.4 数据处理

采用SPSS 11.5软件，对所有试验数据进行单因素方差分析，差异显著者再作Duncan氏多重比较。试验结果用平均数±标准差（$\bar{x} \pm S$）表示，$P<0.05$为显著性差异。

2 结果与讨论

2.1 果寡糖和枯草芽孢杆菌对肉鸡肠道菌群数量的影响

各处理组肉鸡肠道菌群数量见表2。可见，果寡糖和枯草芽孢杆菌对肉鸡盲肠微生物的影响较为相似，与金霉素有较大的不同；这两种添加剂都减少肉鸡盲肠中的总需氧菌、大肠杆菌和沙门氏菌的数量，增加乳酸杆菌的数量；随着肉鸡的生长，这种作用更加明显。

本研究果寡糖对肉鸡盲肠大肠杆菌和总需氧菌的抑制作用在3周龄以前并不明显，而在肉鸡生长后期才表现出来，可能是由于果寡糖对宿主消化道菌群数量的调控需要一定的时间，这与Houdijk等[13]报道类似。Stricking等[12]报道，芽孢杆菌可使胃肠道内有益菌如乳酸杆菌和链球菌的数量增多，这些细菌会产生大量的有机酸使肠道内pH下降，从而抑制胃肠道内病原菌的繁殖；而且有报道已从芽孢杆菌中分离出杆菌肽，这也可抑制病原菌的繁殖。

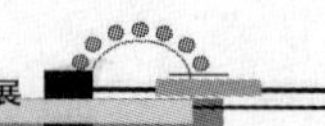

表 2　果寡糖和枯草芽孢杆菌对肉鸡盲肠菌群数量的影响

处理组	对照组	果寡糖组	芽孢杆菌组	果寡糖 + 芽孢杆菌组	金霉素组
			3 周龄		
总需氧菌	8.91 ± 0.27^{a}	8.79 ± 0.38^{ab}	8.67 ± 0.34^{ab}	8.49 ± 0.21^{b}	7.95 ± 0.18^{c}
大肠杆菌	8.64 ± 0.39^{a}	8.53 ± 0.17^{a}	8.16 ± 0.36^{b}	8.21 ± 0.27^{b}	7.52 ± 0.26^{c}
沙门氏菌	6.95 ± 0.47^{a}	6.03 ± 0.35^{b}	6.19 ± 0.26^{b}	5.46 ± 0.32^{c}	未检出
乳酸杆菌	7.30 ± 0.34^{c}	8.18 ± 0.38^{b}	8.03 ± 0.29^{b}	8.45 ± 0.19^{a}	6.75 ± 0.48^{d}
			6 周龄		
总需氧菌	8.79 ± 0.25^{a}	8.21 ± 0.18^{b}	8.35 ± 0.28^{b}	7.86 ± 0.33^{c}	8.29 ± 0.27^{b}
大肠杆菌	8.43 ± 0.28^{a}	7.65 ± 0.19^{b}	7.78 ± 0.35^{b}	7.59 ± 0.37^{b}	7.62 ± 0.31^{b}
沙门氏菌	6.89 ± 0.31^{a}	5.92 ± 0.23^{b}	6.14 ± 0.27^{b}	5.58 ± 0.19^{c}	5.87 ± 0.21^{b}
乳酸杆菌	8.12 ± 0.28^{c}	8.89 ± 0.25^{b}	8.76 ± 0.33^{b}	9.37 ± 0.26^{a}	7.93 ± 0.38^{c}

同行数据肩注字母不同者表示差异显著（$P<0.05$），未标注或字母相同表示差异不显著（$P>0.05$）。下表同。

本研究还发现，果寡糖和枯草芽孢杆菌表现出一定的协同作用，二者的复合添加对肉鸡盲肠菌群的作用效果好于抗生素，与 Swanson 的报道一致。这是由于枯草芽孢杆菌与肠道固有菌产生竞争性的酵解作用，使枯草芽孢杆菌在通过肠道上段时存活率得到改善，后肠微生物的定植率提高，从而增强了果寡糖对内源和外源菌生长及活性的刺激作用。

2.2　果寡糖和枯草芽孢杆菌对肉鸡发酵粪中氨气和硫化氢散发量的影响

由表 3 可知，肉鸡饲粮中果寡糖的添加，使发酵粪中 NH_3 和 H_2S 的散发量分别降低 38.38%（$P<0.05$）和 24.35%（$P<0.05$），与 Canh 等[14]报道的基本一致，这可能是由于果寡糖可使胃肠道内有益菌如乳酸杆菌和链球菌的数量增多，这些细菌会产生大量的有机酸使肠道内 pH 下降；而且粪尿中未消化果寡糖可降低其 pH 值。

表 3　果寡糖和枯草芽孢杆菌对肉鸡粪中氨气和硫化氢散发量的影响　（mg/L）

处理组	对照组	果寡糖组	芽孢杆菌组	果寡糖 + 芽孢杆菌组	金霉素组
NH_3	57.26 ± 5.34^{c}	35.28 ± 6.79^{b}	55.67 ± 14.93^{c}	21.68 ± 7.66^{a}	51.82 ± 21.97^{c}
H_2S	34.75 ± 3.98^{b}	26.69 ± 2.73^{a}	34.21 ± 12.64^{b}	24.85 ± 6.56^{a}	32.87 ± 8.83^{b}

果寡糖 + 枯草芽孢杆菌的添加，使发酵粪中 NH_3 和 H_2S 的散发量分别降低 62.14%（$P<0.05$）和 28.49%（$P<0.05$），而且果寡糖 + 枯草芽孢杆菌添加组粪中 NH_3 散发量显著低于（$P<0.05$）果寡糖添加组，但两组之间 H_2S 的散发量差异不显著（$P>0.05$）。虽然本试验枯草芽孢杆菌的添加可选择性地增加肉鸡盲肠中的乳酸杆菌等有益菌群的数量，但不能有效降低发酵鸡粪中 NH_3 和 H_2S 的散发量，这可能是体内外环境差异较大所致。

有试验表明，乳酸杆菌和双歧杆菌并不分解含氮化合物，产生的乳酸和挥发性脂肪酸可降低肠道和粪尿 pH，从而减少肠道和粪尿中 NH_3、H_2S、吲哚和胺类等恶臭气体的产量。安永义等[10]报道，乳酸杆菌的添加可降低发酵粪中 NH_3 和 H_2S 的散发量。因此，在枯草芽孢杆菌中复合添加乳酸杆菌和双

歧杆菌，对改善动物微生态环境和降低粪中 NH_3 和 H_2S 的散发量很有必要。另外，本研究还发现，果寡糖和枯草芽孢杆菌的复合添加，使发酵粪中 NH_3 和 H_2S 的散发量进一步降低，这也预示着果寡糖和益生素组成的合生元对降低鸡舍中有害气体含量可能起着更重要的作用。

2.3 果寡糖和枯草芽孢杆菌对肉鸡营养素利用率的影响

各处理组肉鸡粗蛋白、粗灰分、钙、磷利用率见表4。肉鸡饲粮中添加果寡糖、枯草芽孢杆菌、果寡糖+枯草芽孢杆菌、金霉素有提高粗蛋白利用率的趋势，但各处理组之间差异均不显著（$P>0.05$），与国内外许多报道[15~17]一致。这是由于枯草芽孢杆菌可分泌蛋白酶，果寡糖可增加食糜中蛋白酶的活性，金霉素可使消化道肠壁变薄且微生物消耗减少，使蛋白质消化吸收有增加的趋势。同时，果寡糖发酵需要合成更多的微生物蛋白，枯草芽孢杆菌的活动也需要不断合成和分解微生物蛋白，使粪氮的排泄有增加的可能。但这些因素的综合不足以影响粗蛋白利用率。

表4 果寡糖和枯草芽孢杆菌对肉鸡粗蛋白、粗灰分、钙、磷利用率的影响

处理组	对照组	果寡糖组	芽孢杆菌组	果寡糖+芽孢杆菌组	金霉素组
粗蛋白	61.95±6.17	63.86±5.14	62.98±5.76	64.73±3.87	64.19±4.36
粗灰分	34.79±3.48[a]	41.38±3.76[b]	40.83±2.62[b]	43.02±2.47[b]	42.18±3.49[b]
钙	38.06±2.83[a]	45.97±3.18[b]	43.63±2.91[b]	46.17±3.16[b]	46.23±2.77[b]
磷	33.18±2.71[a]	35.37±2.98[ab]	37.27±3.16[b]	38.03±2.93[b]	36.58±2.68[b]

果寡糖、枯草芽孢杆菌、果寡糖+芽孢杆菌或金霉素的添加，使肉鸡饲粮中粗灰分的利用率分别提高了18.94%（$P<0.05$）、17.36%（$P<0.05$）、23.66%（$P<0.05$）、21.24%（$P<0.05$），但各添加组之间差异不显著（$P<0.05$）；使钙的利用率分别提高了20.78%（$P<0.05$）、14.63（$P<0.05$）、21.31%（$P<0.05$）、21.47%（$P<0.05$），但各添加组之间差异不显著（$P>0.05$）；使磷的利用率分别提高了6.60%（$P>0.05$）、12.32%（$P<0.05$）、14.67%（$P<0.05$）、10.25%（$P<0.05$），但各添加组之间差异不显著（$P>0.05$），这与Ohta等[15]、胡彩虹等[16]、武英等[17]的报道基本一致。本试验证实，果寡糖、枯草芽孢杆菌及二者的复合具有选择性地增加肉鸡盲肠中的乳酸杆菌等有益菌群的数量。这些细菌产生了大量的乳酸和挥发性脂肪酸，使肠道内pH下降，增加了矿物质的溶解度，促进矿物质的吸收。在本研究中，果寡糖的添加可显著提高钙的利用率，但对磷利用率的改善不显著，这可能是由于本研究中果寡糖0.3%的添加对植酸磷的作用不明显所致。果寡糖的添加可增加大肠中但减少小肠中钙结合蛋白水平，而大肠中钙结合蛋白含量与钙的吸收率呈正相关，小肠中钙结合蛋白含量则与钙的吸收率呈负相关[15]。

3 结论

果寡糖和枯草芽孢杆菌具有选择性地增加肉鸡盲肠中的乳酸杆菌等有益菌群的数量，减少大肠杆菌和沙门氏菌等有害菌的数量，二者的复合使用可以更好地调节肉鸡肠道微生态环境；果寡糖的添加可显著降低发酵鸡粪中 NH_3 和 H_2S 的散发量，果寡和枯草芽孢杆菌的复合添加使发酵粪中 NH_3 和 H_2S 的散发量进一步降低；果寡糖和枯草芽孢杆菌可显著提高钙、磷和粗灰分的利用率，但不影响粗蛋白利用率。

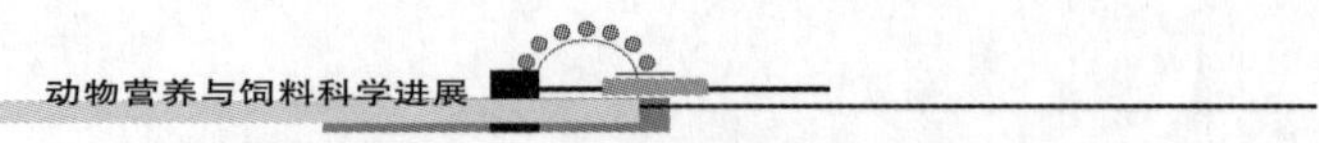

参考文献

[1] Gati L. Effect of *L acto sacc* added to sow or piglet diets [A]. Proceedings of Alltech′s 8th Annual Sympo sium [C]. Nicholasville, Kentucky, USA. 1992

[2] Mc Ginnis K. *Lactosacc* versus *Bacitracin* in broiler starter diets [A]. Proceedings of Alltech′s 8th Annual Symposium [C]. Kentucky: Alltech Technical Publications, 1992

[3] Scheuermann S E. Effect of probiotics on energy and protein mtabolism growing pigs [J]. Anim Feed Scie Technol, 1993, 41: 181 ~ 189

[4] Swanson K S. Prebiotics and probiotics: impact on gut microbial populations, nutrient digestibility, fecalprotein catabolite concentration, and immune function of human and dogs [D]. University of Illinois, 1997

[5] 陈旭东，马秋刚，计成，等．芽孢杆菌的果寡糖制剂对断奶仔猪肠道菌群的影响 [J]．中国饲料，2003，18：11 ~ 13

[6] 易中华，胥传来，马秋刚，等．果寡糖和益生菌对肉鸡生产性能和腹泻的影响 [J]．饲料工业，2004，5：49 ~ 51

[7] 甘宾宾．高效液相色谱法测定低聚果糖的组分 [J]．色谱，1999，17 (1)：87 ~ 89

[8] Scott T A, Hall J W. Using acid insoluble ash marker ratios to predict digestibility of wheat and barley metabolizable energy and nitrogen retention in broiler chicks [J]. Poult Sci, 1998, 77: 674 ~ 679

[9] 洪涛．生物医学超微结构与电子显微镜技术 [M]．北京：科学出版社，1984

[10] 安永义，王新谋，刘春燕，等．活菌直接混入鸡粪对鸡粪中氨和硫化氢产生的影响 [J]．当代畜牧，1996，3：12 ~ 13

[11] 杨胜．饲料分析及饲料质量检测技术 [M]．北京：农业大学出版社，1993

[12] Stricking J A, Harmon D L, Dawson K A, *et al.* Evaluation of oligo saccharide addition to dog diets: influences on nutrient digestion and microbial populations [J]. Anim Feed Sci Technol, 2000, 86: 205 ~ 219

[13] Houdijk G M, Bosch M W, Verstegen H J. Effects of dietary oligo saccharides on the growth performance and faecal characteristic of young growing pigs [J]. Anim Feed Sci Technol, 1998, 71: 35 ~ 48

[14] Canh T T, Sutton A L, Aarnink A J A, *et al.* Dietary carbohydrates alter the fecal composition and pH and the ammonia emission from slurry of growing pig [J]. Anim Sci, 1998, 76: 1 887 ~ 1 895

[15] Ohta A M, Ohtsuki S, Baba S, *et al.*. Calcium and magnesium absorption from the colon and rectum are increased in rats fed fructooligo saccharides [J]. J Nutr, 1995, 125: 2 417 ~ 2 425

[16] 胡彩虹，占秀安．果寡糖对肉鸡消化机能的影响 [J]．中国粮油学报，2003，1：49 ~ 54

[17] 武英，郭建凤，张印，等．活菌制剂与抗生素对仔猪饲料消化率和肠道微生物数量的影响 [J]．中国畜牧杂志，2004，7：20 ~ 21

（本文曾发表于畜牧兽医学报，2006，37 (4)：337 ~ 341）

玉米、豆粕中胆碱生物学效价的研究

王吉峰[1]，霍启光[1]，王　宏[1]，沈　红[1]，郝正里[2]

（1. 中国农业科学院饲料研究所，北京　100081；
2. 甘肃农业大学，甘肃兰州　730070）

摘　要：用肉仔鸡进行为期1周（8~14日龄）的生长反应试验，用标准曲线及斜率比法测定了玉米、豆粕中胆碱生物学效价。按单因子试验设计，用艾维茵商品代8日龄肉仔鸡160只，随机分为10个处理组，每组4个重复、每个重复4只鸡。通过在玉米淀粉酪蛋白纯合饲粮中分别添加胆碱（由氯化胆碱提供）0 mg/kg、300 mg/kg、600 mg/kg和900 mg/kg，做出生长反应曲线。用玉米分别占42.21%、72.24%的两个玉米半纯合饲粮和豆粕比例分别为16.50%、24.83%的两个豆粕半纯合饲粮饲喂肉仔鸡，测出玉米和豆粕中胆碱生物学效价分别为57.47%和45.97%。用两个玉米+豆粕混合日粮做加性效应检验，证明玉米、豆粕中胆碱生物学效价可加性良好。

关键词：肉仔鸡；胆碱；生物学效价

在畜禽饲粮中添加胆碱越来越引起生产者和研究者的重视，饲料中胆碱生物学效价的评定成为营养学家研究的重要课题之一。Molistoris等（1976）以纯合日粮加5%、10%豆粕或整粒大豆饲喂肉仔鸡，推算大豆产品胆碱的生物学效价为60%~70%。本研究按实际配合饲粮中常用玉米和豆粕的比例，配制半纯合饲粮和混合饲粮，以测定两种饲粮中的胆碱在玉米半纯合型、豆粕半纯合型、玉米-豆粕型日粮中胆碱生物学效价。以低胆碱纯合日粮添加相应梯度的氯化胆碱作对照，做标准曲线，用8~14日龄肉仔鸡体增重为评定依据，排除能量、蛋白质和几种主要氨基酸对测定胆碱生物学效价的影响，对Molistoris等（1976）的方法进行改进，并将两种评定方法的结果进行对比研究。

1　材料与方法

1.1　试验设计、处理与试验动物

试验为单因子随机设计。用发育正常、健康的艾维因商品代1日龄肉仔鸡160只（公母各半）进行试验。共设10个处理组，每处理4个重复，每重复4只鸡，随机给各处理组分配能量、蛋白质、蛋氨酸和赖氨酸水平相近的A、B、C、D 4个类型的饲粮：A组为玉米淀粉-酪蛋白低胆碱（标准曲线）型饲粮，4个处理组；B组为玉米半纯合饲粮、C组为豆粕半纯合饲粮、D组为玉米-豆粕饲粮，各两

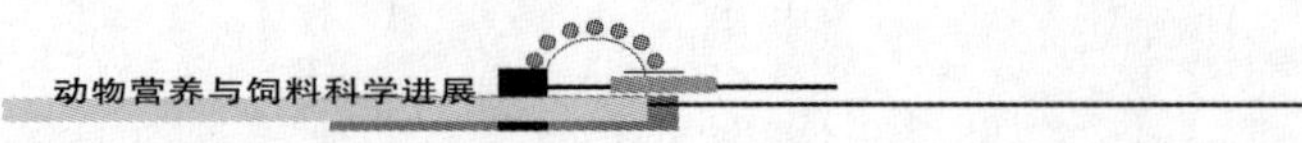

个处理组。详见表1。

表1　试验饲粮类型及试验处理

饲粮组号	饲粮类型	处理组号	玉米		豆粕		50%氯化胆碱添加剂		饲粮胆碱含量（mg/kg）
			P（%）	C（mg/kg）	P（%）	C（mg/kg）	P（%）	C（mg/kg）	
A	玉米淀粉酪蛋白标准曲线饲粮组	A_1	0	0	0	0	0	0	0
		A_2	0	0	0	0	0.07	691	300
		A_3	0	0	0	0	0.15	1 382	600
		A_4	0	0	0	0	0.22	2 074	900
B	玉米半纯合饲粮组	B_1	42.21	243	0	0	0	0	243
		B_2	72.24	416	0	0	0	0	416
C	豆粕半纯合饲粮组	C_1	0	0	16.50	478	0	0	478
		C_2	0	0	24.83	719	0	0	719
B	玉米豆粕混合饲粮组	D_1	62.59	361	14.10	408	0	0	769
		D_2	42.72	246	25.40	736	0	0	982

P为饲粮中该成分的百分含量，C为饲粮中该成分的胆碱含量（mg/kg）。

1.2　试验饲粮配方

按NRC（1994）肉仔鸡饲养标准，用玉米淀粉、酪蛋白、玉米、豆粕、固态氯化胆碱添加剂、DL-蛋氨酸、L-赖氨酸盐酸盐等为原料，配制4种饲粮类型，共10个处理组的试验饲粮，配方见表2。

表2　试验饲料配比及营养水平

原料	A饲粮				B饲粮		C饲粮		D饲粮	
	A_1	A_2	A_3	A_4	B_1	B_2	C_1	C_2	D_1	D_2
饲粮配比（%）										
玉米	—	—	—	—	41.21	72.24	—	—	62.59	42.72
豆粕	—	—	—	—	—	—	16.50	24.83	14.10	25.40
玉米淀粉	62.49	62.41	62.34	62.27	26.29	—	55.12	49.78	1.13	11.37
酪蛋白	23.68	23.68	23.68	23.68	19.98	17.34	15.10	10.80	10.87	6.78
植物油	3.31	3.31	3.31	3.31	3.20	3.22	5.43	6.99	5.42	7.55
纤维素	4.70	4.70	4.70	4.70	3.20	2.40	3.45	3.27	1.50	2.15
磷酸氢钙	2.15	2.15	2.15	2.15	1.91	1.72	1.85	1.68	1.50	1.42
复合预混料	0.22	0.22	0.22	0.22	0.22	0.22	0.22	0.22	0.22	0.22
食盐	0.30	0.30	0.60	0.30	0.30	0.30	0.30	0.30	0.30	0.30
石粉	0.87	0.87	0.87	0.87	1.00	1.12	1.12	1.26	1.32	1.41
蛋氨酸 DL－Met	0.23	0.23	0.23	0.23	0.19	0.17	0.27	0.29	0.22	0.27
赖氨酸度 L－Lys	—	—	—	—	0.16	0.28	0.15	0.22	0.36	0.39
精氨酸	0.47	0.47	0.47	0.47	0.42	0.38	0.20	0.07	0.18	—
碳酸氢钠	0.29	0.29	0.29	0.29	0.29	0.29	0.29	0.29	0.29	0.29
磷酸二氢钾	1.00	1.00	1.00	1.00	0.63	0.32	—	—	—	—
硫酸镁	0.29	0.29	0.29	0.29	—	—	—	—	—	—
50%氯化胆碱	0	0.07	0.15	0.22	—	—	—	—	—	—
50%（mg/kg）										
合计	100	100	100	100	100	100	100	100	100	100

续表

原料	A 饲粮				B 饲粮		C 饲粮		D 饲粮	
	A_1	A_2	A_3	A_4	B_1	B_2	C_1	C_2	D_1	D_2
营养水平（%）										
代谢能（Mcal/kg）	3.32	3.32	3.32	3.32	3.32	3.31	3.32	3.31	3.31	3.31
粗蛋白	21.21	21.20	21.20	21.20	21.21	21.21	21.21	21.21	21.21	21.21
钙	1.00	1.00	1.00	1.00	1.01	1.01	1.01	1.01	1.01	1.01
有效磷	0.45	0.45	0.45	0.45	0.45	0.45	0.45	0.45	0.45	0.45
蛋氨酸	0.89	0.89	0.89	0.89	0.81	0.77	0.77	0.72	0.69	0.45
蛋氨酸＋胱氨酸	0.93	0.93	0.93	0.93	0.91	0.91	0.91	0.90	0.91	0.91
赖氨酸	1.73	1.73	1.73	1.73	1.72	1.73	1.74	1.74	1.73	1.74
胆碱（mg/kg）	0	300	300	900	243	416	478	719	769	982

*复合预混料系由微量元素预混料和维生素预混料以2：0.2混合而成；按其有效成分和添加量计算出每千克饲粮中添加：Cu 11 mg，Mn 165 mg，Zn 20 mg，Fe 200 mg，I 0.44 mg 和 Se 0.22 mg；V_A 10 000 IU，V_{D3} 3 400 IU，V_E 1.28 IU，V_{B1} 0.8 mg，V_{B2} 6.8 mg，V_{B6} 1.6 mg，V_{K3} 1.6 mg，叶酸0.8 mg，V_{B12} 0.008 mg，泛酸钙8 mg，生物素0.13 mg，烟酸26 mg；粗蛋白、钙、胆碱为实测值，其他均为计算值。

1.3 饲养管理

1～6日龄给全部试验鸡喂肉仔鸡1号开食料（不加氯化胆碱），于7日龄晨8：00时开始绝食24 h。8日龄晨8：00时开始试验，将试验鸡按每4只组成1个重复组、称重，并随机分为10个处理组。而后以重复组为单位笼养，饲喂干粉料，随意采食，自由饮水。试验在有窗鸡舍内进行，自然通风；第一周鸡舍温度34℃，之后每周降温3℃，至14日龄时为28℃；鸡舍相对湿度为56%～70%；自然光照辅以人工光照，第一周实行全日光照，之后为23h，每日19：30～20：30时停止光照1 h。依常规进行鸡舍消毒、防疫及其他管理。1日龄进行马立克氏病免疫，6日龄与10日龄分别进行新城疫和法氏囊免疫。

1.4 测定指标与方法

1.4.1 体重和体增重

于试验期开始日、结束日晨8：00时以重复组为单位称重，并计算每日每只鸡平均增重。试验从结束前1 d（第13日龄）晚8：00时起各组试验鸡同时停水停料。

1.4.2 饲料转化率

试验结束后统计全期各重复组总耗料量；对有死淘鸡的重复组进行校正，得出该重复组试验期校正总耗料量。而后计算出每日每只鸡平均耗料量和饮料转化率。

1.4.3 肝脂肪

14日龄晨8：00时称重后，从每重复组抽取2只鸡（公母各1只）屠宰，取出肝脏，称重并冷藏备用。将两只鸡肝脏混合为一个分析样，切碎、匀浆，于烘箱内104℃真空干燥6h，回潮后用研钵研磨，制成干样；称取干样2 g，用索氏脂肪浸提法测定。

1.5 数据处理统计分析

分别对A、B、C、D 4个饲粮组的日增重和肝脂肪含量进行F检验，差异显著时以LSD法作多重比较。典型相关分极性及线性回归分析参照《多元统计分析及其应用》（裴鑫德，1991）进行。假定氯化胆碱的生物学效价为100%，用标准曲线及斜率比法测定参试物可利用胆碱含量，并计算胆碱生物学效价（参见 Molistoris 等，1976）。以纯合饲粮组不同处理组鸡的氯化胆碱采食量及相应体增重构成标准曲线，并推导出标准曲线的回归方程 $Y = a_s + b_sX$（X——氯化胆碱食入量，Y——体增重，b_s——标准曲线回归方程的斜率）。同样以半纯合饲粮中参试物的采食量及相应体增重构成参试物回归方程 $Y = a_t + b_tX$（X——重试物食入量，Y——体增重，b_t——参试物回归方程的斜率）。b_t/b_s 即为参试物中相对于标准物氯化胆碱的可利用胆碱，可利用胆碱与总胆碱的比值为参试物中胆碱的生物学效价。计算公式如下：

$$\text{玉米(或豆粕)中可利用胆碱} = \frac{\text{玉米(或豆粕)半纯合饲粮组回归曲线斜率}(b_t)}{\text{标准曲线斜率}(b_s)};$$

$$\text{玉米(或豆粕)中胆碱生物学效价} = \frac{\text{玉米(或豆粕)中可利用胆碱}}{\text{玉米(或豆粕)中总胆碱}} \times 100\%。$$

对 D 组做加性效应检验。按分别饲喂两种半纯合饲粮测出的玉米或豆粕中胆碱的生物学效价，计算玉米 + 豆粕混合饲粮中可利用胆碱量和该饲粮胆碱的生物学效价，并将此计算值与测定值对比，公式如下：

$$\text{胆碱生物学效价(测定值)} = \frac{\text{玉米+豆粕混合饲粮组回归曲线斜率}(b_t)}{\text{标准曲线斜率}(b_s)} \times 100\%;$$

$$\text{胆碱生物学效价(计算值)} = \left[\frac{\text{食入玉米中胆碱量(g)} \times \text{玉米中胆碱生物学效价(\%)}}{\text{食入玉米中胆碱量(g)} + \text{食入豆粕中胆碱量(g)}} + \frac{\text{食入豆粕中胆碱量(g)} \times \text{豆粕中胆碱生物学效价(\%)}}{\text{食入玉米中胆碱量(g)} + \text{食入豆粕中胆碱量(g)}}\right] \times 100\%。$$

2 结果与分析

2.1 以体增重为标志测定玉米、豆粕中胆碱的生物学效价

各试验组生产性能指标如表 3。经验验，标准曲线组（A 组）肉仔鸡日增重随胆碱水平的递增而显著提高（$P<0.05$），B、C、D 组体增重随玉米或豆粕添加量（除胆碱水平不同外，其他营养成分基本相同）的增加而提高，但处理间差异不显著。将推导出的 4 种饲粮类型组相应的回归方程列入表 4，可见各回归方程的决定系数均显著（$P<0.01$ 和 $P<0.05$）。按标准曲线法及斜率比法测得的玉米、豆粕中可利用胆碱及其生物学效价分别列入表 5。

从表 5 看出，用标准曲线法及斜率比法测出的可利用胆碱及生物学效价有一定差异。玉米胆碱生物学效价的标准曲线测定值为斜率比法测定值的 92.2%，而豆粕的相应值为 115.7%。用斜率比法测得的混合饲粮中胆碱生物学效价为 52.20%。

表 6 表示出玉米、豆粕中胆碱生物学效价加性效应检验的结果。由表 6 可见，D_1 组（62.59% 玉米 +14.10% 豆粕）混合饲粮胆碱生物学效价计算值为 51.35%，D_2 组（42.72% 玉米 +25.40% 豆粕）为 48.92%，二者平均数 50.14% 略低于斜率比法测定值（52.20%）。假设测定值为 100%，计算值即为 96%，表明玉米和豆粕中胆碱生物学效价的可加性很好。

2.2 肝脂肪含量与饲粮胆碱水平及玉米、豆粕添加量的关系

从表 3 可见，标准曲线组（A 组）肉仔鸡肝脂肪含量有随胆碱水平提高而递减的趋势（$P>0.05$）；B、C 组分别随玉米、豆粕添加量提高（除胆碱水平不同外，其他营养成分基本相同）；D 组随两种饲料的胆碱采食水平升高，肉仔鸡肝脂肪含量有所下降，但均未达到显著水平（$P>0.05$）。

表3 8~14日龄肉仔鸡玉米、豆粕、胆碱食入量对体增重、耗料量、饲料转化比、肝脂含量的影响

处理组	胆碱含量* (mg/kg)	体增重 (g/d·只)	耗料量 (g/d·只)	料肉比 (g/g)	肝脂含量 (%)	玉米食入量 (g)	豆粕食入量 (g)	胆碱食入量 (mg/d·只)
A_1	0	26.17±1.14[c]	71.58±2.72	2.35±0.035	15.07±0.29[a]	0	0	0
A_2	300	30.83±2.50[b]	71.87±2.22	2.20±0.075	14.60±0.85[a]	0	0	21.56±0.67
A_3	600	35.43±3.20[a]	73.23±1.72	2.08±0.207	14.02±0.60[a]	0	0	43.94±1.03
A_4	900	37.37±1.58[a]	73.47±3.18	2.09±0.129	13.86±0.66[a]	0	0	66.13±2.86
B_1	243	28.21±0.38	72.24±1.66	2.13±0.079	14.73±0.54	30.51±0.49	0	17.39±0.02
B_2	416	29.47±0.40	72.10±0.43	2.16±0.050	14.55±0.73	52.07±0.31	0	29.99±0.18
C_1	478	29.90±0.36	70.69±0.78	2.09±0.090	14.50±0.35	0	11.66±0.13	33.79±0.37
C_2	719	31.29±0.35	71.65±2.60	2.01±0.015	14.33±0.50	0	17.79±0.64	51.52±1.87
D_1	769	31.93±0.82	72.97±1.23	2.04±0.085	14.21±0.18	45.45±0.77	10.24±0.17	55.84±0.95
D_2	982	33.47±0.78	73.49±0.93	2.06±0.068	13.79±0.49	31.32±0.52	18.67±0.24	72.17±0.91

*表示胆碱含量；同一栏肩标字母不同者差异显著（$P<0.05$），下同。

表4 各饲粮组回归方程及回归系数

饲粮组	回归方程	R^2
标准曲线组	$Y=26.69085+0.17501X$（X——胆碱食入量 mg，Y——体增重 g）	0.8438**
玉米半纯合饲粮组	$Y=26.44830+0.05792X$（X——玉米食入量 g，Y——体增重 g）	0.7885*
豆粕半纯合饲粮组	$Y=27.16607+0.23298X$（X——豆粕食入量 g，Y——体增重 g）	0.9081*
玉米+豆粕混合饲粮组	$Y=26.88973+0.09135X$（X——玉米、豆粕中总胆碱食入量 mg，Y——体增重 g）	0.7240*

表5 玉米、豆粕中可利用胆碱及其生物学效价

饲粮组	可利用胆碱（mg/g）		总胆碱（mg/kg）	胆碱的生物学效价（%）	
	斜率法	标准曲线法		斜率法	标准曲线法
玉米半纯合饲粮组	0.3309	0.3052	0.5758	57.47	53.00
豆粕半纯合饲粮组	1.3312	1.5400	2.8960	45.97	53.17
玉米+豆粕混合饲粮组				52.20	

表6 玉米、豆粕中胆碱生物学效价的加性效应检验

原料	D_1（62.59%玉米+14.10%豆粕） D_1（62.59%+14.10%）				D_2（42.72%玉米+25.40%豆粕） D_2（42.72%+25.40%）			
	食入量[1]（g）	食入胆碱量[2]（mg）	食入可利用胆碱[3]（mg）	胆碱生物学效价[4]（%）	食入量（g）	食入胆碱量（mg）	食入可利用胆碱（mg）	胆碱生物学效价（%）
玉米	45.45	26.17	15.04	57.47	31.32	18.03	10.36	57.47
豆粕	10.24	29.66	13.63	45.97	18.67	54.07	24.86	45.97
总计	55.69	55.83	28.67	51.35	49.99	72.10	35.22	48.92

1. 食入量=耗料量（g）×该料占饲粮的百分含量（%）；
2. 食入胆碱量=食入量（g）×该料的胆碱含量（%）；
3. 食入可利用胆碱量=食入胆碱量（g）×胆碱生物学效价（表5中所列）；
4. 总计胆碱生物学效价$=\frac{\text{总食入可利用胆碱量（g）}}{\text{总食入胆碱量（g）}}\times 100\%$。

3 讨论

（1）结合我国肉仔鸡饲养实践，本项试验研究了测定植物性饲料中胆碱相对于氯化胆碱的生物学效价的方法。采用标准曲线法及斜率比法的前提条件是胆碱为饲粮中的第一限制性养分。随饲粮中胆碱水平不断提高，达到甚至超过需要量时，胆碱添加水平与生长反应的线性关系转变为双曲线关系；胆碱添加量等于需要量时，生长反应达到最大值，为曲线的顶点，胆碱就不再是饲粮中的第一限制性养分。根据 NRC（1994）家禽营养标准，0 ~ 3 周龄肉仔鸡胆碱需要量为 1 300 mg/kg，本研究中所有处理组饲粮的胆碱含量均小于 1 300 mg/kg，而其他营养成分均满足肉仔鸡营养需要，使试验鸡的增重随胆碱添加量的提高呈线性提高。因此所得的胆碱生物学效价具有一定的可靠性。

（2）试验中所用基础饲粮为玉米淀粉-酪蛋白纯合饲粮，分别添加不同水平的玉米、豆粕，同时调节玉米淀粉、酪蛋白和植物油的比例，使各试验饲粮能量、蛋白质、蛋氨酸等水平相近。这是对 Molistoris（1976）方法的改进。Molistoris（1976）研究中采用玉米淀粉和结晶氨基酸配制基础饲粮，给试验组饲粮分别添加 5%、10% 的豆粕（SMB），同时调节玉米淀粉的含量，导致两组试验饲粮的蛋白质与氨基酸含量（尤其是蛋氨酸含量）不同。Pesti 等（1980）试验已发现，肉仔鸡生长反应不仅与饲粮中胆碱水平有关，而且与饲粮中蛋氨酸、胱氨酸、硫酸盐、甜菜碱的含量有关。在本项研究中尽量排除蛋白质、蛋氨酸、胱氨酸对测定结果的影响，这是采用玉米淀粉、酪蛋白配制基础饲粮的优点之一。

（3）本试验以生长反应为标志，用斜率比法测得玉米（在饲粮中的含量为 42.21%、72.24%）中胆碱生物学效价为 57.47%，豆粕（饲粮中胆碱的含量为 16.50%、24.83%）为 45.97%；用玉米 + 豆粕混合饲粮证明，玉米、豆粕中胆碱生物学效价有很好的可加性。本试验测出的玉米与豆粕中胆碱生物学效价没有可比性，因为玉米试验组饲粮中胆碱含量为 243 mg/kg、416 mg/kg，豆粕试验组饲粮中为 478 mg/kg、719 mg/kg，两者测定范围不在同一区域，不能简单地认为玉米比豆粕中胆碱生物学效价高。

（4）在 C 组饲粮中豆粕含量为 16.50% 或 24.83%，胆碱含量为 478 mg/kg、719 mg/kg，以斜率比法测得豆粕中胆碱的生物学效价为 45.97%，小于 Molistoris（1976）同法所得值。Molistoris（1976）研究中添加 5%、10% 的豆粕所含胆碱为 142.5 mg/kg、285.0 mg/kg（豆粕胆碱按当时报道的数据 2 850 mg/kg 计算），测得胆碱生物学效价为 65% ~ 70%。豆粕来源不同可能是造成两试验测值存在较大差异的原因之一，参试饲料在饲粮中的比例与胆碱含量范围不同是产生差异的主要原因。

（5）用标准曲线法和斜率比法测得玉米中胆碱生物学效价分别为 57.47% 和 53.00%，豆粕中胆碱生物学效价相应为 45.97% 和 53.17%，两种方法测定的玉米可利用胆碱相差 7.8%，豆粕的相差 15.7%，胆碱生物学效价相应相差 7.8% 和 12.5%。本试验两种方法的差值比 Molistoris 所得结果（两法测得去皮大豆豆粕、常规豆粕和整粒大豆的胆碱生物学效价几乎相等，但是一个去皮大豆豆粕的测值相差 18.2%）相对为大。限定用其中一种方法测定胆碱生物学效价可减少测定结果的一个误差来源，即方法学的误差。标准曲线法是假设测定标准曲线时没有试验误差，事实上这一误差却是存在的；斜率比法在统计学上更令人满意，应作为测定饲料中胆碱生物学效价的首选方法。

（6）Molistoris（1976）研究中添加豆粕比例为 5%、10%，其胆碱含量（分别为 142.5 mg/kg、285.0 mg/kg）在标准曲线（0 ~ 350 mg/kg）范围内，生长反应在线性范围内，因此斜率比法的精度很高。但与实用饲粮中豆粕比例相差较多，其所得结果在实际应用中可能会产生误差。本试验所选定的标准曲线范围为 0 ~ 900 mg/kg，所用玉米、豆粕比例与生产配合饲粮相近，故测得的胆碱生物学效价有一定实际意义。但是，胆碱水平600 mg/kg 和900 mg/kg 组的体增重间无显著差异，在此范围内测值的精度必然较低，尽管回归方程线性关系达到显著水准。若将测定的胆碱范围改变为 0 ~ 600 mg/kg，可使胆碱生物学效价的测定保持较高的精度，也可使玉米、豆粕在试验饲粮中的比例接近实用饲粮。

（7）试验鸡肝脂肪含量随胆碱添加水平的提高有降低趋势，但无显著线性相关关系，故未以肝脂肪为标志评定胆碱生物学效价。究其原因，一是幼龄仔鸡还未达到脂肪形成和沉积的旺盛阶段，且试验期短；二是胆碱有多种生理功能，影响脂肪代谢仅是其中之一种。Fritz（1967）在测定肉仔鸡胆碱需要量时，在较宽范围内（0 ~ 1 200 mg/kg）也未见胆碱对肝脂肪含量有显著影响。测定肝脂肪含量需要宰鸡，时间、财力、劳力的耗费均较大。生长反应是一个综合性标志，当控制胆碱梯度在较好的线性关系范围内时可获得良好的结果，且方法简捷、经济，容易实施。

4 小结

本研究对 Molistoris（1976）的方法进行改进，排除能量、蛋白质、氨基酸对测定结果的影响，以玉米淀粉、酪蛋白为主配制纯合饲粮和参试饲料符合实际配合饲粮中常用比例的半纯合饲粮，测定了玉米和豆粕的胆碱生物学效价。以生长反应为标志，采用标准曲线及斜率比法，测得玉米在饲粮中的含量为 42.21%、72.24% 时，其中胆碱生物学效价为 57.47%；豆粕在饲粮中的含量为 16.5%、24.83% 时，其胆碱生物学效价为 45.97%。用玉米 + 豆粕混合饲粮试验证明，玉米、豆粕中胆碱的生物学效价有很好的可加性。研究表明，以生长反应为标志，采用标准曲线及斜率比法测定饲料中胆碱生物学效价在方法学上是可行的。

参考文献

[1] 霍启光．中国肉用仔鸡营养需要研究进展［J］．饲料工业，1996，17（3）：1 ~ 6

[2] 李建亚．胆碱的生理功能和饲料添加［J］．中国饲料，1990，2：28 ~ 31

[3] 裴鑫德．多元统计分析及其应用［M］．北京：北京农业大学出版社

[4] 王和民，齐广海．维生素营养研究进展［M］．北京：中国科学技术出版社，1993，136 ~ 147

[5] 周毓平译．鸡的营养［M］．北京：北京农业大学出版社，1989，255 ~ 269

[6] Ambrose N. Nutrient Requiements of Poulty（9th edition）［S］. The National Academy Press, Washington, D C USA, 1994, 100 ~ 126

[7] Fritz J G. The chick response to choline and its application to an assay for choline in feedstuffs［J］. *Poul. Sci.*, 1967, 46: 1 447 ~ 1 454

[8] Molistoris B A, Baker D H. 1975. The choline reqirement of broiler chicks during the seventh week of life［J］. *Poul. Sci.*, 1975

[9] Molistoris B A, Baker D H. Choline utilization in the chick as influencde by level of dietary protein and methionine［J］. J Nutr., 1976, 106

[10] Molistoris B A, Baker D H. Assassment of the quantity of biologically available choline in soybean meal［J］. *J Anim. Sci.*, 1976, 42: 481 ~ 489

[11] Pesti G M, *et al.* Factors influenceing the assessment of the availability of choline in feedstuff［J］. *Poul. Sci.*, 1981, 60: 188 ~ 196

（本文曾发表于动物营养学报，2001，13（2）：58 ~ 64）

饲料检测与饲料安全

苏晓鸥，董焕程

（国家饲料质量监督检验中心）

1 我国饲料质量发展基本概况

中国饲料工业是迅速发展起来的一个新兴行业。20 世纪 70 年代以来，从无到有，从小到大。据统计，2000 年全国饲料生产企业 1.2 万多家，产量 7 500 万吨，产值 2 000 亿元，已成为世界第二大饲料生产国。

为了保证饲料工业的健康稳步发展，从 1984 年开始，国家和地方投入大量的人力物力，用于我国饲料监测体系的建设。到 2000 年为止，全国饲料质量监督检验体系的法规体系、质检体系和标准化体系已基本建成。

法规体系的逐步完善，标志我国饲料质检工作有法可依。《中华人民共和国产品质量法》、《中华人民共和国标准化法》、《中华人民共和国计量法》、《饲料和饲料添加剂管理条例》、《饲料卫生标准》等成为饲料监察的法律依据。与《饲料和饲料添加剂管理条例》相配套的“生产许可证管理办法”、“产品批准文号管理办法”、“进品产品登记制度”、“饲料标签管理制度”、“新品种管理制度”和“允许使用的饲料添加剂品种目录”等管理制度也颁布实施。

我国质检机构以 1 个国家级饲料监测中心为龙头，6 个部级饲料监测中心为主体，30 个省级饲料监测所、200 个地（县）级饲料监测站为网络。国家级中心、部级中心和省级监测所，基本上都已通过同级技术监督局和计量单位的审查认可，取得了饲料质量监督检验授权。各级饲料监测机构，按照有关政策、法规、依据国家标准、行业标准、地方标准以及备案的企业标准，开展饲料质量监督检验工作。仅 2000 年，省级以上饲料质检机构检验样品近 10 万批、检验项目达 30 万项次。其中，监测违禁药物和有毒有害物质达 8 万项次。国家监督抽查，配合饲料合格率达到 95.7%；浓缩饲料合格率达到 81.5%；添加剂预混料合格率达到 80.8%。不合格原因除了营养指标达不到相应的技术指标外，一些产品的卫生指标超标，主要包括铅、砷、氟、致病微生物和霉菌毒素等。通过监测，促进了我国饲料工业的健康、稳定发展，为动物养殖业的健康发展做出了重要贡献。

标准化体系正进一步与国际接轨，目前已建立了包括产品质量标准、检验方法标准以及操作规程在内的 230 个标准组成的标准化体系。

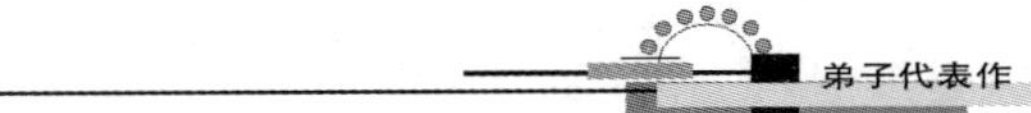

2 影响饲料安全的主要因素

饲料安全是动物性食品的重要环节。近年来，欧洲一些地区发生了与饲料安全有关的严重事件，如“疯牛病”、“二噁英”等事件，饲料安全问题已成为广大群众关注的热点，也引起了国务院及其他部门领导的极大关注。现阶段影响我国饲料安全的因素包括以下几个方面：

2.1 一些饲料原料质量难于控制

我国的动物养殖业朝着规模化、集约化方向发展，但散养动物的数量仍然很多。出于经济效益考虑，饲料生产厂家和动物养殖单位为降低饲料成本，千方百计寻找新的廉价的饲料原料。这些原料来源复杂，质量参差不齐，特别是安全质量得不到保证。非饲料级矿物原料、未经脱毒饼粕饲料、工业下脚料以及未经消毒的其他植物原料等，不经检测就被加入到饲料中，给饲料的安全性造成了隐患。

2.2 违禁药物滥用现象严重

国家对药物在饲料中的使用有明确的规定，但一些动物养殖单位或个人，有意或无意忽视了饲料的安全性，在饲料中添加激素类药物、催眠镇静类药物和禁用的抗生素类药物。去年以来，全国共查出违法生产、销售和使用盐酸克伦特罗的单位50余家。这些药物不仅会影响动物的正常生长，而且在动物产品中残留，危害人体健康。

2.3 有毒有害物质污染饲料严重

六六六、滴滴涕等农药的作用；某些土壤中重金属如铅、氟、铜超标；动物性饲料中的致病微生物、药物残留、霉变；一些植物中存在的天然有害物，如生物碱、生氰糖甙、硫化葡萄糖甙、棉酚、硝基化合物等。这些有毒有害物质通过饲料原料污染饲料，如果不认识这些问题，并不加以控制，就很难保证饲料的安全性。

2.4 饲料添加剂使用不合理

特别是添加铜、锌、砷等矿物质，这些矿物质有促进动物生长、增强机体的抗病能力等作用。但如果超量添加，往往会造成动物中毒；也会通过动物排泄物污染周围环境；并在动物产品中蓄积和残留，影响动物产品品质，消费这类动物产品会危害人体健康。

3 饲料中一些有毒有害物质的危害

饲料中的有毒有害物质种类繁多，成分复杂，毒性大小不一，危害程度不等。下面以一些重要指标为例，说明这些有毒有害物质对动物机体的危害。

铅、汞和砷、氟、镉等属于重金属。饲料中的铅进入动物机体后，经血液循环绝大部分蓄积在骨骼，一部分经肝脏通过胆汁排出体外。铅中毒后，主要对动物神经系统、造血系统和泌尿系统造成损害。脑血肿、脑血管扩张、神经节变性导致明显的神经症状；干扰体内卟啉代谢，体内血红蛋白合成和铁利用障碍，导致缺铁性贫血症状；肾小球上皮细胞肿胀，近曲小管上皮细胞内出现包涵体，导致糖尿、氨基酸尿。铅可通过胎盘屏障传递给胎儿，对胎儿造成危害。

氟是一种全身性的组织毒，饲料中氟进入机体后，主要与血中的钙离子结合，引起机体钙代谢障碍，往往造成软骨、脆骨，幼龄动物牙齿、骨骼钙化不全，形成“氟牙”。

有机氯农药六六六、滴滴涕，其化学性质稳定，不易分解，残留期长，通过饲料原料对饲料的污染最为严重。有机氯农药经饲料进入动物机体后，主要蓄积在脂肪、肝脏、肾脏、脑、血液等组织和器官中。其对机体的毒性主要表现在损害中枢神经和肝脏、肾脏等实质器官；干扰体内某些酶的活性，改变体内某些生化过程；损害动物的免疫功能；影响动物生殖能力；还有致癌、致畸、致突变作用。

沙门氏菌对人和动物有致病力，如伤寒沙门氏菌、副伤寒沙门氏菌等，通过饲料摄入大量菌体后，细菌在肠道繁殖，并产生内毒素，内毒素对肠道产生刺激作用，引起肠道黏膜肿胀、渗出和坏死脱落，引起严重的胃肠炎症状。由肠壁吸入到血液后，内毒素作用于体温调节中枢和运动神经中枢，引起体温上升和运动神经麻痹。

饲料霉变主要由曲霉属、青霉属、交链孢霉属、镰刀霉属等引起。霉菌不仅仅会影响饲料质量，影响动物正常生长，最严重的是产生毒素，引起动物中毒。黄曲霉毒素 B_1 毒性强，急性中毒常引起动物死亡，更多的是慢性中毒，毒素在动物体内蓄积，致畸、致癌，影响动物产品的质量，危害人体健康。

饲料添加剂包括维生素、微量元素、氨基酸和药物添加剂等。大多数来自自然产物和人工合成，部分具有毒副作用，在添加量过大时，对动物产生毒害作用。铜中毒时，大量铜在肝脏蓄积，抵制多种酶的活性，引起肝坏死；血液中铜含量大时，能导致红细胞破裂，出现血红蛋白尿，血红蛋白往往阻塞肾小管，使肾小球和肾小管急性坏死，出现少尿、尿闭和尿毒症。

违禁药物包括激素类、安定类和抗生素类药物。盐酸克伦特罗，也称瘦肉精，主要添加在育肥猪饲料中，能够提高猪的瘦肉率。添加后，一方面是引起猪只机体代谢异常，影响猪只的正常生长，严重的出现死亡；另一方面是在动物产品中残留，人食用后，会造成二次中毒，危害人体健康。在体育运动中，运动员由于误食含有该药品的动物产品，药检呈阳性，影响了比赛成绩，也损坏了国家声誉。

4 我国饲料检测技术的发展

随着饲料标准化体系的建立和不断完善，饲料检测有了技术基础。

4.1 检测用仪器设备先进增强

1984 年以来，中央和地方政府在饲料质量监督检验工作上，投入了大量的资金，为饲料检测机构配备了先进的仪器设备。高效液相色谱仪，用于分析饲料中维生素及药物残留如磺胺三甲氧嘧啶等；原子吸收分光光度计，用于检测饲料中微量元素和重金属如铅等；气—质联用仪，用于检测饲料中部分违禁药物如盐酸克化特罗等；气相色谱仪用于检测饲料中农药残留如六六六、滴滴涕等。这些仪器大部分是进口产品，精密度准确度都很高，基本能够满足现有安全指标的检测。

4.2 检测队伍素质和水平提高

全国省级以上饲料监测机构拥有管理和检测人员 800 多人，中、高级技术人员 300 多人。拥有 260 余台大型分析仪器和足够的常规分析仪器。在开展饲料质量监督检验的同时，进行饲料和检测方法标准的研制。

4.3 检测方法不断增加

目前，我国大部分饲料质量监督检验机构能够承检的产品包括饲料原料、饲料添加剂、添加剂预混料、浓缩饲料、配合饲料等。承检的项目包括各种饲料的营养常规指标、卫生指标、基本上能够保证饲料质量和饲料安全检测的需要。新版GB13078－2001《饲料卫生标准》规定了饲料中的有害物质及微生物的允许量，包括铅、砷、汞、镉、氟、氰化物、亚硝酸盐、黄曲霉毒素、游离棉酚、异硫氰酸酯、恶唑烷硫酮、六六六、滴滴涕、沙门氏菌、霉菌总数和细菌违禁药物的检测，一部分有了科学准确的方法，一部分检测方法正在研制中。

5 保证饲料安全的措施

5.1 进一步加强饲料法规建设

饲料法规是我国饲料工业健康发展的保障，是完善饲料质量监督管理、保证饲料安全的法律措施。国务院颁布了《饲料和饲料添加剂管理条例》，农业部也颁布了生产许可证管理办法、产品批准文号管理办法、进口产品登记制度、饲料标签管理制度、新品种管理制度和允许使用的饲料添加剂品种目录等管理制度。尽管如此，仍需进一步有针对性地制定专项管理办法和实施细则等配套规章制度，目前要尽快制定颁布《饲料和饲料添加剂管理条例》实施细则，及其他配套饲料法规。

5.2 强化饲料安全监控工作

对大宗饲料原料、饲料添加剂进行安全监控。植物性原料主要监控指标为农药残留、植物本身固有的有毒有害物质、霉菌总数、真菌毒素和重金属等；动物性原料主要监控指标为大肠杆菌、沙门氏菌、霉菌总数和重金属等。饲料添加剂主要监控指标为主要成分含量、重金属等。通过饲料安全工程，建立饲料安全预警体系，对流入市场的饲料原料和添加剂进行安全性预警预报，通报给政府管理部门、饲料企业和用户。

对饲料生产过程进行监控。监控饲料生产企业的生产过程，杜绝企业添加违禁药品、未经批准的添加物，以及超量添加饲料添加剂等行为。

对饲料流通过程进行监控。杜绝饲料经销商在饲料销售过程中销售违禁药、未经批准的添加物、以次充好等情况。

通过对饲料原料、生产和流通环节的有效监控，基本可以达到消除饲料安全隐患的目的。

5.3 继续加强基础研究，健全饲料工业标准化体系

饲料安全卫生基础研究工作，包括饲料中有毒有害因素的来源、性质、危害、监测和控制等方面的研究；饲料安全和检测标准的研究、制定等方面的工作系统；规定饲料安全有关项目的检验方法等。应加强研究以下几个方面的问题：①调查我国饲料中非安全性因素及其主要来源；②研究饲料中非安全性因素在动物产品中的残留和蓄积；③研究可利用饲料的有毒有害物质的毒性、作用机理及其脱毒方法；④对新开发的饲料和饲料添加剂做好卫生质量鉴定和安全评价；⑤推广应用饲料毒物毒性试验方法，并进一步探索短期快速毒性试验方法。

充分做好以上5个方面工作，取得大量第一手材料后，建立健全我国饲料安全卫生标准化体系。主要包括以下四个方面：①建立饲料通用性安全标准体系。主要从饲料原料的生产环节、饲料原料的流通环节、饲料产品的生产环节和饲料产品的流通环节研究制定以下规程：饲料原料安全生产和流通规程、饲料产品安全生产和安全流通规程、配合饲料安全评价规程、饲料添加剂安全评价规程、浓缩饲料安全评价规程、添加剂预混合饲料安全评价规程等。②建立饲料卫生标准体系。进一步修订国家饲料卫生标准，使国家标准更能适应动物饲养和饲料生产的需要，在原基础上增加动物品种、原料和

饲料产品种类以及有毒有害物质种类。③建立添加剂标准体系。针对农业部已批准允许使用的173种（类）饲料添加剂，确定其质量标准，并规定其具体添加量。④建立饲料监测方法标准体系。重点是安全卫生项目的检测方法、促生长剂的检测方法、药物饲料添加剂的检测方法，形成从原料、饲料添加剂、添加剂预混合饲料、浓缩饲料至配合饲料的完整的配套检测技术。

5.4 积极倡导生产“绿色”饲料

随着人们对动物产品的质量要求越来越高，动物产品的安全性受到广泛的重视，“绿色”动物饲养业已被提到议事日程。必须加以正确地引导和宣传。要鼓励科研院所和企业研究开发无污染、无公害、无残留的新型饲料和新型饲料添加剂，生产新一代安全高效、质优价廉的药物饲料添加剂替代品，从根本上杜绝违禁药品的使用。

（本文曾发表于饲料工业，2001，22（12））

不同含磷矿物质饲料中磷相对生物学利用率的研究

屠　焰，范先国，霍启光

（中国农业科学院饲料研究所）

摘　要：以玉米-豆粕型日粮（表观代谢能、12.21MJ/kg，粗蛋白质、20%，总钙、1.0%，非植酸磷、0.21%）为基础、采用斜率比法、以饲料级磷酸氢钙为参照物测定饲料级磷酸二氢钙、饲料级骨粉和自制脱氟磷酸钙的相对生物学利用率。选择新生AA品种肉用仔鸡（公母各半）和伊萨褐蛋用仔公鸡各192只，各随机等分为12个处理组，每处理组设4个重复，随机给饲由四种参试物分别配制成非植酸磷水平各自为0.21%、0.31%、0.41%的12种试验日粮，试验日粮除总磷和非植酸磷水平外，其他各项指标与基础日粮保持一致。试验结果表明，含磷矿物质饲料种类影响其相对生物学利用率，四种参试物中磷的相对生物学利用率，饲料级磷酸二氢钙最高，其次是饲料级磷酸氢钙、骨粉，脱氟磷酸钙最低，分别约为饲料磷酸氢钙的101.9%～139.0%、100%，75.7%～106.7%和69.9%～89.1%；试验鸡类型（肉仔鸡或蛋用仔公鸡）不影响含磷矿物质饲料相对生物学利用率的测值；衡量指标不同导致含磷矿物质饲料相对生物学利用率的测值不同，其中以体增重最高，胫骨灰分含量最低，以趾骨灰分含量居中。

关键词：仔鸡；相对生物学利用率；含磷矿物质饲料种类；试验鸡类型；衡量指标

相同数量不同来源的磷对动物的营养价值不同（Gillis，1954）。生物学利用率（biological value 或 biological availability，生物学效价，BV）是研究磷在动物体内生理过程中作用的测量尺度。Guëguën（1995）把一种营养成分的生物学利用率定义为，动物食入的养分中能被小肠吸收并能参与代谢过程或贮存在动物组织中的部分占食入总量的比率。许振英（1991）将磷的生物学利用率分为绝对的和相对的两种，绝对生物学利用率即沉积率，对家禽即（或）是其表观代谢率。一种含磷矿物质饲料中磷的真利用率在某种程度上是能够准确测定的，但很困难，所得数据又仅仅对该含磷矿物质饲料在某一特殊条件下的日粮、环境和一定年龄、性别及品种的动物才适用。相对生物学利用率（relative biological value，以下简称RBV）则是以一种无机磷化合物为参照物（reference standard）的某一指标量化反应与待测磷源的反应差。RBV 概念的基础是两个假设：①不同来源和形式磷的利用率是有差异的；②这一差异又是可测量的，因此其生物学利用率可以进行比较。用 RBV 可以克服许多和利用率测定有关的问题，并且其测定结果应用广泛，可以说在所有情况下，测出的磷源的好坏是稳定的（许振英，1986）。

用斜率比法测定含磷矿物质饲料中磷 RBV 的方法已被广泛承认，并有大量的文献报道，从这些文献中可以看出，前人在评定方法、基础日粮、饲养方式和试验期上的选择大致相同，在试验动物和测定指标上各有不同。试验动物和测定指标是否对 RBV 的测值有影响？在这方面尚未见详细的报道。本试验拟采用斜率比法测定四种磷源：饲料级磷酸氢钙、骨粉、饲料级磷酸二氢钙和脱氟磷酸钙的 RBV，试图了解含磷矿物质饲料的种类、试验鸡类型和 RBV 衡量指标对 RBV 的影响。

1 材料与方法

1.1 参试物

精选四种含磷矿物质饲料为参试物，具体描述见表 1。

表 1 参试物情况描述*

参试物	说明	钙（%）	磷（%）	钙磷比
骨粉	四川彭山苏彭制胶厂，饲料级	24.32	11.27	2.16
磷酸氢钙	江苏连云港红旗化工厂，饲料级	21.79	16.54	1.32
磷酸二氢钙	徐州化工三厂，饲料级	15.08	22.57	0.67
脱氟磷酸钙	自制，脱氟	29.26	17.14	1.71

表中钙、磷含量皆为实测值。

1.2 基础日粮

以玉米-豆粕型日粮为基础日粮，其配方及营养成分见表 2。基础日粮的非植酸磷（以下简称 NPP）为 0.21%。

表 2 基础日粮配方及营养成分表

原料名称	比例（%）	营养成分	含量
玉米	60.885	鸡表观代谢能 AME（MJ/kg）	12.21
小麦麸	2.0	粗蛋白质 CP[4]（%）	19.96
豆粕	33.20	钙 Ca[4]（%）	1.00
鱼粉	1.0	总磷 P[4]（%）	0.43
石粉	2.17	非植酸磷 NPP[4]（%）	0.21
DL-蛋氨酸	0.22	蛋氨酸 MET（%）	0.49
食盐	0.30	蛋氨酸 + 胱氨酸 MET + CYS（%）	0.82
微量元素预混合饲料[2]	0.20	赖氨酸 LYS（%）	1.06
		色氨酸 TRP（%）	0.29
维生素预混合饲料[3]	0.02	精氨酸 ARG（%）	1.36
		苏氨酸 THR（%）	0.85
药物添加剂	0.005	氟 F[4]（mg/kg）	11.36
合计	100.000		

1. DL-蛋氨酸为法国 AEC 公司生产。

2. 微量元素预混合饲料的组成：每千克含 Cu2 g、Mn24 g、Zn20 g、Fe20 g、I75mg、Se150mg。

3. 维生素预混合饲料的组成：每千克含 V_A 5 000 万 IU、V_{D3} 1 000 万 IU、V_E 3 万 IU、V_K 35g、V_{B1} 5g、V_{B2} 20g、V_{B6} 5g、V_{B12} 50 mg 和生物素 500 mg。

4. 为实测值，其余为计算值。

1.3 试验日粮

分别向基础日粮中等梯度添加每一种参试物，使 NPP 添加水平依次为0%、0.10%、0.20%，从而每种参试物形成3个试验日粮，其 NPP 水平依次达到0.21%、0.31%、0.41%，共计12个试验日粮。试验日粮的具体编号和实际营养成分含量见表3，其中除总磷和 NPP 水平外，各项指标与基础日粮保持一致。

1.4 试验动物及试验设计

采用单因子完全随机试验设计。试验动物分为肉仔鸡和蛋用仔公鸡两种。第一，选用发育正常、健康、同批孵化的新生 AA 品种肉用仔鸡192只（公母各半），初重为35.0±0.8 g，随机等分为12个处理组，随机分配给上述12种试验日粮，每个处理组1种试验日粮。每个处理内设4个重复，每个重复4只鸡，其中公母各2只；第二，选用发育正常、健康、同批孵化的新生伊萨褐蛋用仔公鸡192只，初重为40.8±1.0 g，随机等分为12个处理组，随机分配给上述12种试验日粮，每个处理组一种试验日粮。每个处理内设4个重复，每个重复4只鸡。试验期为21 d。

表3 试验日粮配方及营养成分表

处理组	NPP 添加水平（%）	配比（%）			日粮营养成分含量（%）	
		玉米	石粉	参试磷源	总磷	NPP
磷酸氢钙（A）						
A_1	0	60.9	2.17	0	0.43	0.21
A_2	0.10	60.7	1.80	0.61	0.53	0.31
A_3	0.20	60.4	1.43	1.22	0.63	0.41
骨粉（B）						
B_1	0	60.9	2.17	0	0.43	0.21
B_2	0.10	60.6	1.56	0.89	0.53	0.31
B_3	0.20	60.3	0.96	1.78	0.63	0.41
磷酸二氢钙（C）						
C_1	0	60.9	2.17	0	0.43	0.21
C_2	0.10	60.6	1.98	0.45	0.53	0.31
C_3	0.20	60.4	1.80	0.89	0.63	0.41
脱氟磷酸钙（D）						
D_1	0	60.9	2.17	0	0.43	0.21
D_2	0.10	60.8	1.69	0.59	0.53	0.31
D_3	0.20	60.7	1.21	1.17	0.63	0.41

表中“配比”和“营养成分含量”两栏仅列出与基础日粮不同之处。

1.5 测定指标与方法

1.5.1 日粮原料营养成分的化学分析方法

于试验开始前对日粮原料进行化学分析，分析指标及方法为：粗蛋白质、GB 6432－86 法，总钙、GB/T 6436－92 法，总磷、GB/T 6437－92，植酸磷、经改进的盐酸浸提法。

1.5.2 0～21 日龄试鸡体增重

于 0、21 日龄晨以重复组为单位、按同一次序称重，计算各重复组鸡的体增重。计算公式为：

试鸡平均体重(g/只)＝重复组鸡只总重(g)/重复组鸡总数(只)

鸡只体增重(g/只)＝试验末鸡只平均体重(g/只)－试验始鸡只平均体重(g/只)

1.5.3 试鸡的骨灰分含量

于 21 日龄晨每重复组随机抽取 2 只鸡，屠宰后取其左胫骨、左侧中趾（每个重复组各合并为一个样品），编号、封口、冷冻保存。饲养试验结束后将骨骼样品制成脱脂脱水风干样品，具体方法参照 AOAC（1990）维生素 D 测定方法一节，随后以 GB/T 6438－92 方法测定胫骨和趾骨的灰分含量。

1.6 数据处理

1.6.1 以 SAS 统计软件 PROCANOVA 程序，根据处理组内四个重复组各项指标的数值计算处理组平均数及标准差。

1.6.2 采用斜率比（Slope Ratio）法计算每种参试物的 RBV。以日粮 NPP 水平为 X，体增重或胫骨、趾骨灰分含量为 Y，分别用 SAS 系统 REG 方法建立回归方程 $Y=a+bX$ 并进行显著性检验。以上述参试物中的饲料级磷酸氢钙为参照物（X_S），设其回归方程的斜率（回归系数）为 b_S，其他参试物（X_t）回归方程的斜率为 b_t，则参试物的 RBV 为：RBV（X_t）＝（b_t/b_s）×100%。

2 结果与分析

根据试鸡的体增重、胫骨灰分含量和趾骨灰分含量，采用斜率比法、以饲料级磷酸氢钙为参照物计算骨粉、磷酸二氢钙、脱氟磷酸钙的 RBV（表4），并就含磷矿物质饲料的种类、试验鸡类型和 RBV 的测定指标三个方面进行无重复方差分析，分析结果见表 5。下面分别从三个方面进行分析：

表 4 以试鸡体增重、胫骨灰分含量、趾骨灰分含量为指标测定的不同参试物的 RBV

参试物	肉仔鸡组					蛋用仔公鸡组				
	a	b	r^2	p	RBV1	a	b	r^2	p	RBV1
以体增重为指标										
磷酸氢钙	360.0	589.7±28.9	0.7493	0.0026	100.0	131.5	142.7±9.8	0.9683	0.0001	100.0
骨粉	355.8	570.0±11.8	0.7879	0.0014	96.7	134.8	152.2±8.1	0.8071	0.0010	106.7
磷酸二氢钙	351.9	819.5±97.0	0.9106	0.0001	139.0	136.9	174.3±3.0	0.7017	0.0048	122.1
脱氟磷酸钙	366.5	515.0±42.8	0.5884	0.0159	87.3	133.5	110.8±9.7	0.8186	0.0008	77.6

续表

参试物	肉仔鸡组					蛋用仔公鸡组				
	a	b	r^2	p	RBV1	a	b	r^2	p	RBV1
					以胫骨灰分含量为指标					
磷酸氢钙	33.39	95.42±6.61	0.8250	0.0007	100.0	43.41	36.85±4.09	0.9204	0.0001	100.0
骨粉	31.18	88.87±6.70	0.9617	0.0001	93.1	42.54	27.90±5.37	0.7942	0.0013	75.7
磷酸二氢钙	33.12	97.28±4.65	0.8630	0.0003	101.9	43.27	37.70±3.79	0.9338	0.0001	102.3
脱氟磷酸钙	32.35	84.98±1.14	0.9094	0.0001	89.1	43.19	25.75±3.99	0.8562	0.0003	69.9
					以趾骨灰分含量为指标					
磷酸氢钙	15.85	35.75±3.89	0.9234	0.0001	100.0	15.66	67.68±8.58	0.8988	0.0001	100.0
骨粉	16.38	30.37±5.25	0.8268	0.0007	85.0	15.47	61.25±4.59	0.7158	0.0040	90.5
磷酸二氢钙	15.11	40.65±7.02	0.8275	0.0007	113.7	16.70	79.87±4.47	0.8131	0.0009	118.0
脱氟磷酸钙	15.99	28.00±4.74	0.8331	0.0006	78.3	15.23	56.62±6.05	0.9260	0.0001	83.7

计算 RBV 的回归方程为 $Y=a+bX$，其中 Y 分别为试鸡的体增重（g）、胫骨灰分含量（%）、趾骨灰分含量（%），X 为日粮 NPP 含量（%）。

表 5　影响含磷矿物质饲料 RBV 因素的方差分析结果[1]

影响因素	显著性检验[2]	项目	RBV（%）
含磷矿物质饲料的种类	**	磷酸二氢钙	116.2[a]
		磷酸氢钙	100.0[b]
		骨粉	91.3[b]
		脱氟磷酸钙	81.1[c]
试验鸡类型	NS	肉仔鸡	98.7[a]
		蛋用仔公鸡	95.5[a]
测定指标	*	体增重	103.7[a]
		趾骨灰分含量	96.2[ab]
		胫骨灰分含量	91.5[b]

1. 表中同一影响因素同列数据肩标相同者为差异不显著（$P>0.05$）；

2. 表中显著性检验栏中："NS" 表示不显著（$P>0.05$），"*" 表示显著（$P<0.05$），"**" 表示极显著（$P<0.01$）。

2.1　含磷矿物质饲料的种类对其相对生物学利用率的影响

含磷矿物质饲料的种类对其 RBV 的影响极显著（$P<0.01$），在对四种磷源 RBV 进行检验后可知，磷酸二氢钙的 RBV 最高（$P<0.05$），脱氟磷酸钙的 RBV 最低（$P<0.05$），磷酸氢钙和骨粉居中，且两者差异不显著（$P>0.05$）。从表 4 可以看出，在以饲料级磷酸氢钙为参照物时，无论是肉仔鸡或是蛋用仔公鸡，对磷酸二氢钙中磷的利用率都最高，以体增重、胫骨灰分含量、趾骨灰分含量为指标分别测得其 RBV 为 139.0% 和 122.1%、101.9% 和 102.3%、113.7% 和 118.0%，其次是磷酸氢钙

（RBV 为100%），对骨粉中磷的利用能力再次之，RBV 分别达到96.7%和106.7%、93.1%和75.7%、85.0%和90.5%，而对脱氟磷酸钙中磷的利用能力都最差，RBV 分别为 87.7%和 77.6%、89.1%和69.9%、78.3%和83.7%。本试验结果与 Potter（1988、1995）和 Sullivan 等（1994）的结果相近。Potter（1988、1995）以磷酸氢钙（二水）为参照物测定出磷酸二氢钙的 RBV 为 111.8%、112.9%和110.7%，Sullivan 等（1994）在同样的参照物下用火鸡测得脱氟磷酸钙的 RBV 为 86% ~88%和90.8%。试验结果表明，含磷矿物质饲料种类对其 RBV 有极显著（$P<0.01$）的影响，且参试磷源RBV 由大到小的次序为：磷酸二氢钙、磷酸氢钙和骨粉、脱氟磷酸钙。

2.2 试验鸡类型对含磷矿物质饲料 RBV 的影响

试验鸡类型对含磷矿物质饲料 RBV 无显著（$P>0.05$）影响，肉仔鸡组 RBV 高于蛋用仔公鸡组RBV，但两者差异不显著（$P>0.05$），这表明试验鸡为肉仔鸡或蛋用仔公鸡对含磷矿物质饲料 RBV 的测定没有影响。从表 4 可以看出，在以饲料级磷酸氢钙为参照物时，以肉仔鸡或是蛋用仔公鸡为试验对象，四种磷源 RBV 由大到小的次序大致都为磷酸二氢钙、磷酸氢钙、骨粉、脱氟磷酸钙，因此也可看出，试验鸡类型对含磷矿物质饲料 RBV 没有影响。

2.3 测定指标对含磷矿物质饲料 RBV 的影响

本试验选用了体增重、胫骨灰分含量和趾骨灰分含量三个指标测定含磷矿物质饲料的 RBV，分析结果表明，测定指标对 RBV 有显著（$P<0.05$）的影响，以体增重为指标测得的 RBV 最高，胫骨灰分含量最低，以趾骨灰分含量测定的 RBV 居中。另外，以趾骨灰分含量测定的 RBV 与以胫骨灰分含量测定的值差异不显著（$P<0.05$），由此可认为，在测定仔鸡对含磷矿物质饲料的利用率时，趾骨灰分含量可以替代胫骨灰分含量。

3 结论

3.1 含磷矿物质饲料种类影响其 RBV，试验证明，四种参试物的 RBV 中饲料级磷酸二氢钙最高，其次是饲料级磷酸氢钙、骨粉，脱氟磷酸钙最低，分别约为饲料磷酸氢钙的 101.9% ~139.0%、100%，75.7% ~106.7%和69.9% ~89.1%。

3.2 试验鸡类型（肉仔鸡或蛋用仔公鸡）不影响含磷矿物质饲料 RBV 的测值。

3.3 衡量指标不同导致含磷矿物质饲料 RBV 的测值不同，其中以体增重最高，胫骨灰分含量最低，以趾骨灰分含量居中。

3.4 在测定仔鸡对含磷矿物质饲料的利用率时，可以用趾骨灰分含量替代胫骨灰分含量。

参考文献

[1] Potter L M. Bioavailability of phosphorus from various phosphates based on body weight and toe ash measurements. Poul. Sci., 1988, 67: 96

[2] Potter L M, Potchanakorn M, Ravindran V, *et al.* Bioavailability of phosphorus in various phosphate sources using body weight and toe ash as response criteria. Poul. Sci., 1995, 74: 813

[3] Sullivan T W, Douglas J H, Lapjatupon W, *et al.* Biological value of bone-precipitated dicalcium phosphate in turkey starter diets. Poul. Sci., 1994, 73: 122

动物营养中胆碱同其他甲基供体间的关系

王　宏[1]，霍启光[2]

（1. 北京英惠尔生物技术有限公司，北京；
2. 中国农业科学院饲料所，北京）

摘　要：本文概述了胆碱、甜菜碱和蛋氨酸 3 种甲基供体的特性与共性；它们之间的代谢关系；饲养实践中的添加效应以及相互替代价值。作者认为，日粮中必须含有一定数量的胆碱和蛋氨酸，分别用于合成磷脂和蛋白质。甜菜碱作为一种有效的甲基供体和抗应激剂，具有明显的饲用效果。所谓甜菜碱替代蛋氨酸并非指生化途径可以替代，而只是反应在生产指标方面有相同或相近的效应，这种替代效应还受动物本身和日粮类型等因素的影响。

关键词：胆碱；甜菜碱；蛋氨酸；肉用仔鸡；产蛋鸡

胆碱和蛋氨酸都是动物日粮中的必需营养物质。胆碱、甜菜碱和蛋氨酸在体内代谢方面有密切联系，它们的共性作用是供甲基。鉴于价格因素，人们在胆碱和甜菜碱替代蛋氨酸方面做了大量的研究工作，但得出的结果不尽相同。芬兰糖业公司的观点认为，甜菜碱可以替代蛋氨酸，而罗纳普朗克公司和 Degussa 公司则持相反的意见。目前，我国能够人工合成甜菜碱，随着甜菜碱和蛋氨酸比价的变化，甜菜碱在畜禽养殖业中的应用日益扩大。但根据日粮类型、动物种类、生长阶段以及在应激情况下，如何合理使用这些甲基供体，人们仍然不十分清楚。本文从机体代谢和实践应用效果的角度出发做一阐述，供同仁参考。

1　甲基供体的定义、作用及其种类

富含甲基（—CH_3）的物质称为供甲基物质，或称甲基供体。甲基转移是指甲基供体的去甲基反应及甲基受体的甲基吸附作用（梁冬生，1997）。只有活性甲基才能参与这种甲基化反应。

一般认为，动物体内不能合成甲基，需要从食物中供给。虽然至今尚未确定动物对甲基的需要量，但由于甲基化在神经系统、免疫系统、泌尿系统和心血管系统中起着重要的作用，它直接参与脂肪代谢、氨基酸的转移和再生成、嘌呤和嘧啶的生物合成等多种生化过程，所以人们一致认为，无论生长还是成年动物，都需要稳定的甲基供应（戚树勋等，1997）。

甲基是合成若干具有重要生理作用的物质所必需的。比如蛋氨酸、胆碱、肉碱、肌酸、磷脂、肾上腺素、RNA 和 DNA 等的生物合成。

胆碱、甜菜碱、蛋氨酸、叶酸、维生素 B_{12} 是主要的甲基源。

2 甲基供体的特性与共性

2.1 甲基供体的特性

2.1.1 胆碱（三甲基乙醇胺）

分子式为（CH_3）$_3$N（CH_2）$_2$OH。胆碱呈碱性，易吸湿，且破坏维生素的稳定性。胆碱是机体的构成成分，大部分动物可自体合成。胆碱的生物学功能：①合成磷脂，维持细胞膜的结构与功能；②合成乙酰胆碱；③提供甲基，胆碱氧化为甜菜碱才能提供甲基，氧化过程在线粒体内进行，并且受多种因素的影响（应激、离子载体、维生素缺乏），故转化效率并不高（The Betafin Briefing，1994）；④脂肪代谢、脂肪运输、脂肪酸氧化、预防脂肪肝。

2.1.2 甜菜碱（三甲氨基乙内酯）

分子式为（CH_3）$_3$$NCH_2COO^-$。甜菜碱无强吸湿性，无毒、稳定、耐高温（200℃），具有双电荷性质和活性甲基，不破坏维生素的稳定性。甜菜碱的生物学功能：①提供活性甲基，直接、有效的甲基供体，三个甲基中，有一个直接参与甲基转移，另外两个甲基被氧化，进入一碳代谢池，间接参与甲基化反应（戚树勋，1997）；②渗透压保护物质，减轻代谢应激，例如鱼的海水转换应激、鸡的球虫病应激、仔猪和犊牛的断奶与腹泻应激等。防止细胞在异常情况下水分的流失和盐类的入侵（The Betafin Briefing，1994）；③脂肪代谢，促进脂肪动员、脂肪酸氧化，改变体脂的含量和分布，调节胆固醇和脂蛋白代谢；④诱食作用。

2.1.3 蛋氨酸（甲硫氨酸）

分子式为 CH_3S（CH_2）$_2$$NH_2CHCOOH$。动物营养中的一种必需营养物质，大多数动物体内不能合成或合成数量极微，一般饲料也不能满足需要，需要补加。蛋氨酸的生物学功能：①合成蛋白质；②转化为胱氨酸，提供硫元素；④提供甲基，蛋氨酸活化为 S-腺苷蛋氨酸才能提供甲基。生物体内合成 RNA、DNA、蛋白质、胆碱、磷脂、肉碱、肌酸、肾上腺素等所需要的甲基都是由 S-腺苷蛋氨酸提供的。S-腺苷蛋氨酸是大约 100 多种不同甲基受体的供者。在应激状态下，相当一部分蛋氨酸用于产生 S-腺苷蛋氨酸。蛋氨酸的甲基只能由极少数反应提供，主要途径是 N^5-甲基四氢叶酸的甲基转移到同型胱氨酸上（沈同，1980）；④脂肪代谢。

2.1.4 叶酸

叶酸的生物学功能：①组成四氢叶酸。四氢叶酸是传递一碳单位的辅酶，其中包括甲基的转移和脱羧；②抗贫血（参与红细胞的形成）。

2.1.5 维生素 B_{12}

动物生长因子，一般需要补加。维生素 B_{12} 的生物学功能：①组成维生素 B_{12} 辅酶（转甲基酶的辅酶）。胞浆中的维生素 B_{12} 辅酶与甲基转移酶系统有关，线粒体中的维生素 B_{12} 辅酶与甲基丙二酰辅酶 A 变位酶有关，该酶把丙酸转化为琥珀酸（Sennett 等，1981）；②与一碳单位形成甲基有关。这些一碳单位来自甲酸、丝氨酸或甘氨酸，形成的甲基用于合成胆碱、蛋氨酸、DNA 等物质；③抗贫血。

2.2 甲基供体的共性

胆碱、甜菜碱和蛋氨酸分子中都含有甲基，甜菜碱是直接、有效的甲基供体；叶酸是甲基载体，

维生素 B_{12}则与一碳单位形成甲基有关；甲基供体都与脂肪代谢有密切联系；在满足各自特有的生理功能的基础上，就供甲基而言，胆碱、甜菜碱和蛋氨酸可以互相替代。但有证据表明，某些生化反应需要不同的甲基源（沈同，1980）。

按甲基含量计算，1 kg 97% 的甜菜碱相当于 2.3 kg 50% 的氯化胆碱；相当于 3.75 kg 99% 的蛋氨酸。

用雏鸡所做的试验结果表明，蛋氨酸的甲基转移效价比甜菜碱高一倍，甜菜碱的甲基转移效价比胆碱高 12 ~ 15 倍（Sketol，1953）。雏鸡对甲基的需要量中，大约有 90% 必须由蛋氨酸提供。应激条件下可能会增加（戚树勋，1997）。

3 甲基供体间的代谢关系

胆碱可以转化为甜菜碱，而甜菜碱则再不能还原为胆碱。在动物体内，甜菜碱可将甲基转移给高半胱氨酸合成蛋氨酸，高半胱氨酸由蛋氨酸代谢生成。天然饲料中没有多少高半胱氨酸。转化过程中，甜菜碱本身并没有转变成蛋氨酸，它只是给出甲基，循环过程中也没有净生成新的蛋氨酸。所以，甜菜碱只是提高蛋氨酸的利用率，它并不能替代蛋氨酸进行蛋白质的合成。高半胱氨酸也可以接收 5-甲基四氢叶酸的甲基形成蛋氨酸。一般而言，通过甲基转移形成的高半胱氨酸不再甲基化为蛋氨酸，而用于合成半胱氨酸。因此，总的过程不可逆（Lowry *et al.*，1987）。

如果胆碱和甜菜碱供应不足，则缺乏甲基转移，这样甲基只能从蛋氨酸来，而蛋氨酸又不能再生成，这样会影响蛋白质的合成。如果蛋氨酸供应过量而又缺乏胆碱和甜菜碱，那么大量的高半胱氨酸在体内积蓄，会产生胫骨软骨发育不良和动脉粥样硬化等症（Cook，1994）。哺乳动物和成年家禽，甜菜碱可以部分替代胆碱和蛋氨酸。雏鸡缺乏磷脂酰乙醇胺甲基转移酶，所以甜菜碱和蛋氨酸不宜替代胆碱。

4 胆碱、甜菜碱和蛋氨酸的添加及其替代效果

甜菜碱替代胆碱没有实际意义，因为甜菜碱的价格较胆碱昂贵。添加胆碱和甜菜碱的对比效果取决于日粮营养成分含量和使用阶段。Snyder 等（1957）研究结果表明，生长鸡饲喂低蛋白高脂肪日粮，就降低肝脂肪和脂类磷酰化的速度而言，胆碱优于甜菜碱。郭玉琴（1996）在肉用仔鸡日粮中用甜菜碱分别替代胆碱、维生素 B_{12}和部分蛋氨酸。结果表明，试验鸡 21 日龄体重 3 个试验组都不及对照组，但 49 日龄体重各组之间无明显差异。蛋氨酸不足时，胆碱的添加效果明显，且高于甜菜碱和维生素 B_{12}。

胆碱能否全部替代蛋氨酸的添加一直是争论不休的问题，关键是与日粮蛋氨酸的水平和试验鸡的日龄有关。日粮蛋氨酸不足，胆碱的添加效果明显，但幼龄生长鸡日粮中必须保证足够数量的胆碱。

日粮中叶酸和维生素 B_{12}的含量也影响胆碱的添加效应，各自所必需的生理需要量并不因为添加一种而完全替代另一种的添加。

甜菜碱替代蛋氨酸是目前人们十分关注的问题。Virtanner 等（1995）在肉鸡玉米、豆粕型日粮中（仔鸡和大鸡粗蛋白、蛋氨酸、胆碱分别为 21%、19%；0.37%、0.31%；1 420 mg/kg、1 440 mg/kg）分别添加 0%、0.05%、0.1%、0.15% 的甜菜碱和蛋氨酸。结论认为，添加甜菜碱肉鸡的增重高于蛋氨酸组。罗钠普朗克公司（1995）重复了 Virtanner 的试验，除了添加胆碱（仔鸡和大鸡日粮分别添加 600 mg/kg 和 500 mg/kg），所用日粮类型和其他营养成分基本相近。结果添加蛋氨酸肉鸡的增重反而

高于甜菜碱。Schutte 等（1995）在肉鸡玉米、豆粕型日粮中分别添加 0%、0.05%、0.1% 的蛋氨酸，在每一蛋氨酸水平下加入 0.04% 的甜菜碱，之后又加入 255 mg/kg 的胆碱。结论认为，加入甜菜碱并不能改善增重，在胆碱满足的情况下，甜菜碱不能替代蛋氨酸。Schutte（1997）在肉鸡玉米、豆粕型日粮中（仔鸡和大鸡 TSAA 分别为 0.63% 和 0.51%）分别添加 0%、0.06%、0.12%、0.18% 的蛋氨酸，在前两个水平下又分别加入 0%、0.05%、0.10% 的甜菜碱。结果表明，随着蛋氨酸水平的增加，日增重提高而料肉比下降；添加甜菜碱对上述指标没有明显改善，甜菜碱有提高胸肉产量的效果，但不及蛋氨酸明显。呙于明（1997）在肉鸡玉米、豆粕型日粮中（对照日粮前期和后期营养成分分别为代谢能 3.10 Mcal/kg、3.15 Mcal/kg；粗蛋白 22.20%；总含硫氨基酸 0.85%、0.84%）用甜菜碱替代蛋氨酸。结论认为，在日粮蛋氨酸满足需要的 88% 或总含硫氨基酸满足需要的 90% 以上，甜菜碱可以替代蛋氨酸，替代量以蛋氨酸添加量的 1/2 或 1/3 为宜 。

5 胆碱、甜菜碱和蛋氨酸在日粮中的合理使用

饲料原料中胆碱含量差异悬殊，生物利用率也各不相同。用鸡生长测定法测得豆粕中胆碱的生物学效价变异较大（Molitoris and Baker（1976）测得为 60% ~70%；Fritz（1967）测得为 85% ~90%；Menten 等（1997）测得为 100%；王吉峰（1997）测得为 46%）。某些研究人员认为，玉米-豆粕型日粮主要是甲基供体不足，基础日粮中胆碱含量超过 1 000 mg/kg，所有添加的胆碱可用甜菜碱替代（The Betafin Briefing，1995）。为了不使胆碱缺乏，再考虑利用率，必须保证满足胆碱总需要量的 75%，其余部分可以替代。如果考虑分子量、纯度，转换系数为：1 kg 甜菜碱相当于 2.31 kg 50% 氯化胆碱、1.93 kg 60% 氯化胆碱、1.65 kg 70% 氯化胆碱或 1.25 kg 99% 蛋氨酸。

对于哺乳动物，添加蛋氨酸可减少胆碱的添加量。而在家禽（尤其是雏鸡）过量的蛋氨酸节约胆碱的能力微小。相反，过量的蛋白质可能增加对胆碱的需要量（Lowry，1987）。尽管肉仔鸡基础日粮中含有丰富的胆碱，但对添加胆碱也有响应。减少腹脂和预防胫骨短粗症比最大生长率和饲料效率需要更高的胆碱。一般，生长猪对添加胆碱无响应，怀孕母猪和高产奶牛需要添加胆碱。

甜菜碱的生物学利用率目前还没有确定。对于玉米-豆粕型日粮，甜菜碱替代蛋氨酸应保证下列前提：①基础日粮中蛋氨酸不应少于蛋白含量的 1.8%，总含硫氨基酸不应少于蛋白含量的 3.5%；②甜菜碱只能替代蛋氨酸总需要量的 20% ~25%，或总含硫氨基酸的 15%，以 2：1（蛋氨酸：甜菜碱）比例替代为好（The Betafin Briefing，1995）；③杂粕型日粮替代比例应降低；④应激情况下添加甜菜碱有一定效果。

参考文献

[1] 呙于明，祁贤彬，徐仁达，等．在肉仔鸡日粮中以甜菜碱替代部分蛋氨酸的研究．中国饲料，1997，(2)：19 ~21

[2] 郭玉琴，丁角立．甜菜碱在肉鸡饲料中的添加效果．中国饲料，1996，(5)：31 ~32

[3] 梁冬生，苏晓鸥．甜菜碱．饲料工业，1997，18 (3)：34 ~37

[4] 戚树勋译，吴启帆校．甜菜碱可改善日粮中蛋氨酸和胆碱的利用．国外畜牧学—猪与禽，1997，(2)：15 ~16

[5] 沈同，王镜岩，赵邦梯主编．生物化学（下册）．北京：人民教育出版社，1980

[6] 王吉峰．玉米、豆粕中胆碱生物学效价及肉仔鸡饲粮中胆碱、维生素 B_{12} 和叶酸添加效果的研究．甘肃农业大学硕士研究论文，1997

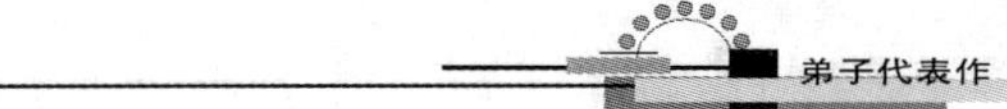

[7] Cook M E, Bai Y and Orth M W. Factors influencing growth plate cartilage turnover. Poult. Sci., 1994, 73: 889~896

[8] Fritz J C., Roberts T and Boehne J W. The chicks response to choline and its application to an assay for choline in feedstuffs. Poult. Sci., 1967, 46: 1 447

[9] Lowry K R O, Izquierdo and Baker D H. Effect of betaine relative to choline as a dietary methyl donor. Poult. Sci., 1987, 66 (suppl. 1) 120: (abstract)

[10] Menten J F M, Pest G M and Bakalli R I. 1997. A new method for determing the availability of choline in soybean meal. Poult. Sci. 76: 1 292~1 297

[11] Moliroris B A and Baker D H. Assessment of the quantity of biologically available choline in soybean meal. J. Anim. Sci., 1976, 42: 481~489

[12] Schutte J B, De Jong J, Smink S, *et al.* Replacement value of betaine for methionine in male broiler chicks. Poult. Sci., 1997, 76: 321~325

[13] Schutte, *et al.* 第十届欧洲家禽营养研讨会论文集, 1995

[14] Sennet C, Rosenberg L E and Methman I S. Transmembrance transport of cobalamin in prokaryotic and eukaryotic cell. Ann. Rev. Biochem., 1981, 50: 1 053~1 086

[15] Snyder F, Cornatzer W E and Simonson G E. Comparative lipotropic and lipid phosphorylating effect of choline, betaine and inositol. Proc. Soc. Exp. Biol. Med., 1957, 96: 670~672

[16] Stekol J A, Hsu P S and Smith P. Labile methyl group and its synthsis de novo in relation to group in chicks. J. B. Chem., 1953, 203: 763~773

[17] The Betafin Briefing. Finn. Suger Products, 1994

[18] The Betafin Briefing. Finn. Suger Products, 1995

[19] Virtaner and Rosi. Australian Poultry Science Symposium, 1995

氧化鱼油对鲤抗应激能力的影响

任泽林，曾　虹，霍启光，郭　庆

（中国农业科学院饲料研究所，北京　100081）

摘　要： 在半纯化饲料中分别加入3%新鲜鱼油（POV1.28 meq/kg）和POV分别为59.28 meq/kg、118.79 meq/kg和118.37 meq/kg的氧化鱼油，投喂体重100 g左右2龄鲤鱼种，15周后进行抗应激试验。结果表明：氧化鱼油可导致鲤白细胞吞噬活性增强（$P<0.05$），说明鲤非特异性的细胞免疫应答水平提高，处于应激状态。病原应激和运输应激实验结果证实，长期处于应激状态的鲤，其抗应激能力减弱。

关键词： 鲤；氧化鱼油；应激能力

氧化油脂中含有多种初级和次级氧化产物，被水貂[1,2]、虹鳟[3]、斑点叉尾鮰[4]、非洲鲶[5]、银大麻哈[6]、狼鲈[7]、大西洋鲑[8]、五条鰤[9,10]和鲤[11,12]摄食后，可降低其生长性能，破坏膜结构完整性[13~15]，影响其机体抗氧化酶和辅酶活性[2,16~21]，降低血清中α-生育酚含量[16,22,23]，因而减弱血液系统抗氧化能力，诱发血液学指标失衡，并可造成虹鳟[24~26]、狼鲈[7]、大西洋鲑[27]、鲤[12]和五条鰤[9]肝胆系统发生病变（肝脏肿大、脂肪肝、褪色、肝细胞坏死、小叶中心降解，并出现脂褐质或蜡样色素沉着），损伤肌肉组织，使鲤[11,28~30]、虹鳟[31]、狼鲈[7,32]、斑点叉尾鮰[4]和五条鰤[9]出现肌肉营养不良症。关于氧化油脂对动物抗应激能力的影响目前尚未见报道。本实验旨在探索长期摄食氧化鱼油后鲤抗应能力的变化。

1　材料与方法

1.1　试验动物

体重100 g左右2龄鲤鱼种。依体重相近原则随机分为4个处理组，每组设4个重复，共16个试验单元，每单元投放鱼种30尾。

1.2　氧化鱼油

在鱼油中添加Fe^{2+} 30 mg/kg、Cu^{2+} 15 mg/kg、H_2O_2 600 mg/kg和0.3%的水，充分混合后，于(37±1)℃条件下搅拌氧化，在不同时间下取样得到过氧化物值（POV）分别为59.28 meq/kg、118.28 meq/kg、和189.37 meq/kg的氧化鱼油，分别简写为P1、P2和P3，以F表示新鲜鱼油（对照

组）。各氧化程度鱼油氧化指标测定值见表 1。

表 1　氧化鱼氧化指标

处理组	POV/（meq·kg^{-1}）	TBARS/（MDA mg·kg^{-1}）	酸价/（KOH mg·g^{-1}）AV	碘价/（0.01 g·g^{-1}）IV
F	1.28 ±0.01	15.52 ±6.85	1.18 ±0.02	157.48 ±0.44
P1	59.28 ±0.64	491.19 ±32.24	1.47 ±0.01	158.09 ±0.98
P2	118.79 ±0.12	1 282.55 ±165.24	1.65 ±0.02	151.35 ±1.11
P3	189.37 ±0.66	2 066.14 ±88.58	2.75 ±0.02	144.69 ±0.94

注：POV——过氧化物值；F——Fresh fish oil，Pov 1.28；P1——Treated with POV 59.28；P2——Treated with POV 118.79；P3——Treated with POV 189.37. TBARC——硫代巴比妥酸反应物；MDA——丙二醛。

1.3　试验饲料

在半纯化基础饲料中添加 3% 的新鲜鱼油（POV 1.28 meq/kg）和 POV 分别为 59.28 meq/kg、118.79 meq/kg 和 189.37 meq/kg 的氧化鱼油，形成 F、P1、P2 和 P3 处理组。试验饲料组成：酪蛋白 32.00%，明胶 10.00%，面粉 44.00%，醋酸纤维素 4.70%，鱼油 3.00%，沸石粉 3.00%，磷酸二氢钙 2.00%，矿物盐预混料 1.00%，维生素预混料 0.20%，氯化胆碱 0.10。营养水平：可消化能 15.30（kJ/g），粗蛋白 44.91%，赖氨酸 2.79%，蛋氨酸 1.02%，钙 2.11%，磷 0.74%。饲料制好后于 −20℃下储存，投喂期间每周取料 1 次。

1.4　饲养管理

采用循环水养殖系统，养殖用聚乙烯水簇箱有效容积 100 L。试验期间每日投喂 2 次（8：00 时和 15：00 时各 1 次），日投喂量按鱼体重 2% 计。每周清洗养殖设施 1 次，水温 24 ~ 28℃，溶氧 6 ~ 7 mg/L，氨氮 <0.2 mg/L。养殖试验期 15 周（1998 年 6 月 26 日 ~10 月 13 日）。

1.5　测定指标与方法

1.5.1　白细胞吞噬活性

（1）白细胞分离　将每单元平均来自于 4 尾鱼的抗凝血于 2 000 g 离心 10 min，小心将血浆与红血球间白细胞吸出，于 4℃保存。抗凝血物质为 1% 的肝素溶液，将肝素溶液均匀涂抹于 5 ml 试管内壁，于 37℃烘箱烘干。然后，将 4 尾鱼的血液采集于内，制成抗凝血。

（2）白细胞与荧光乳珠孵育　将直径为 1 μm 的荧光乳珠（黄绿荧光的聚苯乙烯小球体）（Polysciences，Inc.，Warrington，PA，USA）用血浆稀释，然后与白细胞在振荡床上常温（25℃）孵育 1 h（乳珠与白细胞比例约 50：1），之后于 2 000 g 离心 10 min，沉淀用 PBS 悬浮后，涂片，每个血样涂 5 片。

（3）白细胞涂片染色　按吉姆萨（Giemsa）法[33]将制好的白细胞涂片于油镜下观察，统计白细胞吞噬百分比（P_P）和白细胞吴噬指数（I_P），其公式为：

$$吞噬百分比(P_P)=\frac{100\text{ 个白细胞中参与吞噬的白细胞数}}{100\text{ 个白细胞}}\times 100\%$$

$$吞噬指数(I_P)=\frac{100\text{ 个参与吞噬的白细胞中的乳珠总数}}{100\text{ 个参与吞噬的白细胞}}\times 100\%$$

1.5.2 病原应激

用嗜水气单胞菌（*Aeromonas hydrophila*，购自华中农业大学水产学院）攻毒来测定。将菌种用肉汁蛋白胨琼脂平板培养集菌，用生理盐水稀释后注射。本测定进行2次，所用鱼每尾体重约300 g。第1次攻毒于1998年10月6日开始，从各重复随机选出5尾鱼，在每尾鱼胸鳍基部注射菌浓度为10^6 CFU/ml菌液0.2 ml，然后分别放置于经过消毒处理过的水簇箱内，3 d后示发生死亡；于10月10日每尾鱼再注射菌浓度为10^8 CFU/ml的菌液0.2 ml，之后观察7 d，记录并计算死亡率，测定期间水温保持在（21 ±0.5）℃。第2次测定在10月23日，从每处理组4重复的任意2重复中随机选取5尾鱼，注射菌浓度为10^8 CFU/ml的菌液0.3 ml后，分别置于经消毒处理的水簇箱内，观察5 d，记录并计算死亡率，测定期间水温保持在（29 ±0.5）℃。

1.5.3 运输应激

在每处理组的4重复中分别随机选取体重约300 g的鱼7尾，合并后（每组共28尾鱼）放置于盛35 L水的塑料桶中，在不充气条件下，将鱼用车从北京运至天津后折回，往返共计300 km，路途时间7.5 h（1998年10月14日11：00时至18：30时，气温16～18℃），返回实验室后立即统计临近死亡数（腹部朝上，仅鳃微动的鱼）。然后，放回充气的养殖桶，观察24 h内死亡数。

1.5.4 其他

鱼油酸价（AV）按参考文献［34］，鱼油碘价（IV）、硫代巴比妥酸反应物（TBAS）和POV按参考文献［35］进行。

1.6 数据处理

用SAS软件包进行单因素方差分析，多重比较用LSD法。

2 结果

2.1 氧化鱼油对白细胞吞噬活性的影响

表2显示，氧化鱼油提高白细胞吞噬百分比（P_P）（$P<0.05$），P_P增加趋势与鱼油氧化程度升高态势一致。POV为189.37 meq/kg的最高氧化程度鱼油P_P高达42.50%，高出新鲜鱼油88.89%（$P<0.05$）。吞噬指数（I_P）未显示出与P_P相似的趋势，各组I_P接近（$P<0.05$）。本结果反映出：鲤鱼在鱼油氧化产物刺激下，白细胞吞噬活性增强，即细胞免疫应答水平提高，表明鲤处于应激状态。

表2 氧化鱼油对白细胞吞噬活性的影响

处理组	吞噬百分比（%）P_P	吞噬指数 I_P
F（1.28）*	22.50 ± 3.19^b	1.84 ± 0.38^a
P1（59.28）	24.50 ± 5.80^b	1.81 ± 0.16^a
P2（118.79）	38.32 ± 8.47^a	1.80 ± 0.11^a
P3（189.37）	42.50 ± 13.23^a	1.80 ± 0.16^a

*括号内值表示过氧化物值（meq/kg），表3同。表中同列肩有不同字母者示差异显著（$P<0.05$）。

2.2 氧化鱼油对鲤抗病原应激能力的影响

图1显示，第1次测定中，各处理组间差异不显著（$P<0.05$），但POV为59.28和189.37 meq/kg的

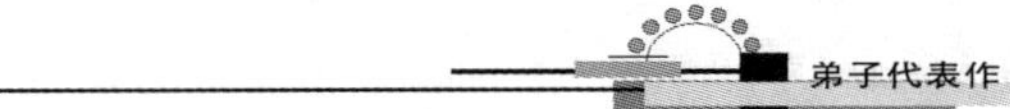

氧化鱼油处理组较对照组死亡率高出57.14%。第2次测定发现，处理组与对照组出现显著差异（$P<0.05$），其中以POV为118.79 meq/kg的氧化鱼油组死亡率最高，为70%，高了对照组250%，但各氧化处理组间无显著差异（$P<0.05$）。两次测定中，虽然差异显著性和处理组间变化趋势不完全一致，但总体态势表明，注射嗜水气单胞菌后，氧化鱼油处理组较对照组死亡率增加。上述结果提示：摄食氧化鱼油而长期处于应激状态的鲤，其抗病原应激能力减弱。

2.3　氧化鱼油对鲤抗运输应激能力的影响

表3显示，对照组2项测定指标即返回后临近死亡率和返回后24 h内死亡率皆为0，而氧化鱼油各处理组则出现不同程度死亡。虽然由于未设重复不能进行统计分析，但结果清楚表明：摄食氧化鱼油长期处于应激状态的鲤，耐受运输应激的能力减弱。

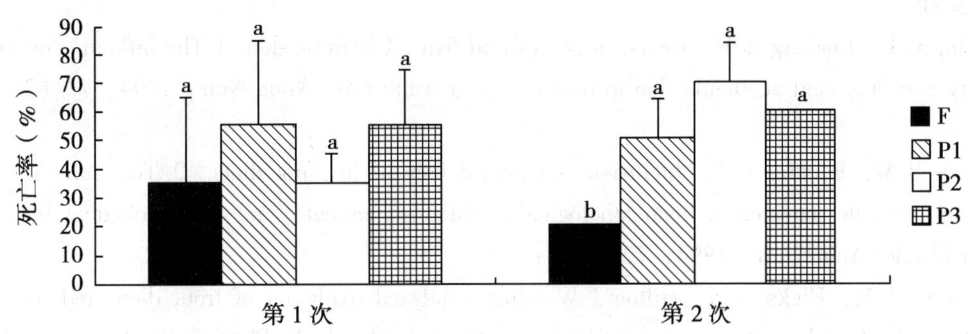

图1　嗜水气单胞菌攻毒后鲤鱼的死亡率

注：柱上方有不同字母者示差异显著（$P<0.05$）。

表3　鲤鱼运输应激后的死亡率（%）

处理	临近死亡率	24 h内死亡率
F	0	0
P1	21.43	7.14
P2	7.14	3.57
P3	21.43	3.57

3　讨论

细胞免疫和体液免疫构成了机体疾病的防御系统。目前仅发现IgM一种鱼类免疫球蛋白，故细胞免疫虽然相对于体液免疫更原始，但对于鱼类或许有着更为重要的作用。在硬骨鱼类，吞噬细胞有单核细胞、嗜中性白细胞和血栓细胞3种，虽然血栓细胞不属白细胞，但在实际操作时，经常将其吞噬活性纳入白细胞吞噬活性来处理，本试验亦如此。白细胞吞噬活性变化是衡量机体免疫应答水平的一个有效指标。本试验出现白细胞吞噬活性增强，表明鲤对鱼油氧化产物产生非特异性的细胞免疫应答，处于应激状态。可以推断，在本次较长试验期中，长期处于应激状态将导致鲤体质下降。抗病原应激和抗运输应激结果显示：长期摄食氧化鱼油的鲤，抗病原应激能力和耐受运输应激的能力减弱，这一结论证实了推断的正确性。

在氧化鱼油对鲤抗病原应激能力影响的第 2 次测定中，死亡率普遍高于第 1 次，原因可能有两方面：一是高温条件下，受氧化鱼油毒害的鱼抗应激能力急剧减弱；另一方面，水温较高时嗜水气单胞菌繁殖速度加快，因而毒素分泌量增加，致使在比第 1 次观察时间短的情况下出现了较高死亡率。对照组在第 2 次测定中的死亡率低于第 1 次，这可能与注射技术等方面的试验误差有关。

4 结论

氧化鱼油可导致鲤白细胞吞噬活性增加（$P<0.05$），使之处于应激状态。处于应激状态的鲤，其抗病原和运输应激能力均减弱。

参考文献

[1] Borsting C F, Engberg R M. Inclusion of oxidized fish oil in mink diets 1 The influence on nutrient digesibility and fatty acid accumula tion in tisses [J]. J Anim Phys Anim Nutr, 1994, 72 (2~3): 132~145

[2] Engberg R M, Borsting C F. Inclusion of oxidized fish oil in mink diets. 2. The influence on performance and health considering histopathological, clinical-chemical, and haematological indices [J]. J Anim Physiol Anim Nutr, 1994, 72: 146~157

[3] Desjardins I M, Hicks B D, Hilton J W. Iron catalyzed oxidation of trout diets and its effect on the growth and physiological response of rainbow trout [J]. Fish Physiol Biochem, 1987, 3 (4): 173~182

[4] Murai T, Andrews J W. Interactions of dietary α-tocopherol, oxidized menhaden oil and ethoxyquin om channel catfish (*Ictalurus punctatus*) [J]. Journal of Nutrtion, 1974, 104: 1 416~1 431

[5] Baker R T M, Davies S J. Muscle and hepatic fatty acid profiles and alpha-tocopherol status in african catfish (*Clarias gariepinus*) given diets varying in oxidative states and vitamin E inchsicn level [J]. Animal Science, 1997, 64 (1): 187~195

[6] Forster I, Higgs D A. Effect of dlets containing hering oil oxidized to different degrees on growth and immuno competence of juvenile coho salmo (*Oncorhynchus kisutch*) [J]. Can J Fish Aqua Sci, 1988, 45 (12): 2 187~2 194

[7] Gallet de Saint-Aurin D. Pathologie du loup (*Dicentrarchus labrar*) en elevage intensif en martinique [A]. Proceedings of the 38th annual gulf and caribbean fisberies institute [C]. Florida May, 1987, 144~163

[8] Koshio S, Ackman R G, Lall S P. Effects of oxidized herring and canola oils in diets on growth, survival and flavor of Atlantic salmon, *Salmo salar* [J]. J Agri and Food Chem, 1994, 42 (5): 1 164~1 169

[9] Sakaguchi H, Hamaguchi A. Influence of oxidized oil and vitamin E on the culture of yellowtail [J]. Bull Jpn Soc Sci Fish, 1969, 35 (12): 1 207~1 214

[10] Murai T, Akiyama T, Ogata H, *et al*. Interaction of dietary oxidized fish oil and glutathione on fingerling yellowtail *Seriola quinqueradiata* [J]. Nippon Suisan Gakkaishi, 1988, 54 (1): 145~149

[11] Hashimoo Y, Okaichi T. Muscle dystrophy of carp due to oxidized oil and the preventive effect of vitamin E [J]. Bull Jpn Soc Sci Fish, 1966, 32 (1): 64~67

[12] 刘伟，张桂兰，陈海燕．饲料添加氧化油脂对鲤鱼体内脂质过氧化及血液指标的影响［J］．中国水产科学，1997，4（1）：94～96

[13] Wihing L A. Lipid Peroxidation in vivo [J], JAOCS, 1965, 42: 908～913

[14] Machin L J, Bendich A. Free radical tissue damage: protective role of antioxidant nutrients [J]. FASEB J, 1987, 1: 441～445

[15] Slater T F, Cheeseman K H, Davies M J, *et al.* Free radical mechanisms in relation to tissue injury [J]. Pro Nutr Soc, 1987, 46: 1～12

[16] Izaki Y, Yoshikawa S, Uchiyama M. Effect of ingestion of thermally oxidized frying oil on peroxidative criteria in rats [J]. Lipids, 1984, 19: 324～331

[17] Kanazawa K, Ashida H, Minamoto S, *et al.* The effect of orally administered secondary autoxidation products of linoleic acid on the activity of detoxifying enzymes in the rat liver [J]. Biochim Biophys Acta, 1986, 879: 36～43

[18] Sallman H P, Drommer W, Solaro K L. Pathogenic and metabolic impact on broilers strained by oxidized fats [J]. Israel Journal of Veterinary Medicine, 1988, 44 (3): 183～194

[19] Stephan G. Influence of oxidation products of dietary marine lipids on the activity of some enzymatic systems and on liver and muscle contenis in vitamin E of see bass (*Dicentrarchus labrax*) [J]. Jchtyophysiol Acta, 1988, 12: 27～39

[20] Ashwin J L, Harris P G, Alexander J C. Effects of thermally oxidized canolaoil and chronic consumption on aspects of hepatic oxidative stress in rats [J]. Nutrition Research, 1991, 11 (1): 79～90

[21] Sakai T, Murata H, Yamauchi K, *et al.* Effects of dietary lipids peroxides contents on in vivo lipid peroxidation, alpha-tocopherol contents, and superoxide dismutase and glutathione peroxidase activities in the liver of yellowtail [J]. Bull Jpn Soc Sci Fish, 1992, 58 (8): 1 483～1 486

[22] Sheehy P J A, Morrissey P A, Flynn A. Influence of the heated vegetable oils and α-tocopheryl acetate supplementaion on α-tocopherol, fatty acids and lipid peroxidation in chickem muscle [J]. British Pourtty Science, 1993, 34: 367～381

[23] Liu J F, Huang C F. Tissue alpha-tocopherol retention in male rats is compromised by feeding diets containing oxidized frying oil [J]. Jornal of Nutrition, 1995, 125 (12): 3 071～3 080

[24] Smith C E. The prevention of liver lipoid degeneration (Ceroidosis) and microcytic anaemia in rainbow trout *Salmo gairdneri* Richardson fed rancid diets: a preliminary report [J]. Journal of Fish Diseases, 1979, 2: 429～439

[25] Moccia R D, Hung S S O, Slinger S J, *et al.* Effect of oxidized Fish oil, vitamin E and ethoxyquin on the histopathology and haematology of rainbow trout *Salmo gairdneri* Richardson [J]. Journal of Fish Diseases, 1984, 1: 269～292

[26] Rehulka J. Effect of hydrolyticaly changed and oxidized fat in dry pellets on the health of rainbow trout, *Oncorhynchus mykiss* (Richardson) [J]. Aquaculture and Fisheries Management, 1990, 21 (4): 419～434

[27] Roald S. An outbreak of liver lipoid degeneration (LLD) in Atlantic salmon in a fish farm and attempts to cure the disease [J]. Nordisk Veterinaermedicin, 1976, 28: 243～249

[28] Watanabe T, Matsuura Y, Hashimoto Y. Effect of natural and synthetic antioxidants on the incidence of muscle dystrophy of carp induced by oxidized saury oil [J]. Bull Jpn Soc Sci Fish, 1996, 32 (10):

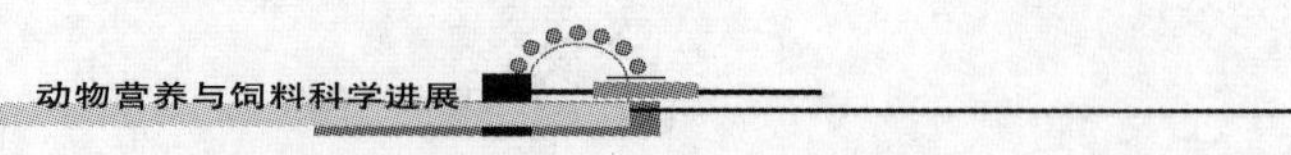

887 ~891

[29] Watanabe T, Takashima F, Ogino C, *et al*. Effects of α-tocophorol deficiency on carp [J]. Bull Jpn Soc Sci Fish, 1970, 36 (6): 623 ~630

[30] Aoe H, Abe I, Saito T, *et al.*. Preventive effects of tocols on muscular dystrophy of young carp [J]. Bull Jpn Soc Sci Fish, 1972, 38 (8): 845 ~851

[31] Cowey C B, Degener E, Tacon A G J, *et al.*. The effect of vitamin E and oxidized fish oil on the nutrition of rainbow trout (*Salmo gairdneri*) growth at natural, varying water temperatures [J]. British Journal of Nutrition, 1984, 51: 443 ~451

[32] Stephan G, Messager J L, Lamour F, *et al*. Interactions between dietary alpha-tocopherol and oxidized oil on sea bass *Dicentrarchus labrax* fish nutrition in practie [A]: 4th international symposium of fish, nutrition and feeding [C]. Biarritz, France, Les Colloques No 61 June 24 ~27, 1993, 215 ~218

[33] Humason G L. Animal Tissue Techniques [M]. San Francisco: W H Freeman and Company, 1972

[34] 韩雅珊. 食品化学实验指导 [M]. 北京: 中国农业大学出版社, 1996. 47 ~50

[35] 黄伟坤. 食品检验与分析 [M]. 北京: 中国轻工业出版社, 1993, 741 ~742, 416 ~417, 596

(本文曾发表于中国水产科学, 2000, 7 (3): 75 ~79)

日粮胆碱水平及其存在形式对肉仔鸡的影响

沈 红[1]，霍启光[2]

（1. 北京农学院动物科学系，北京 102206；
2. 中国农业科学院饲料研究所，北京 100081）

动物体内胆碱的来源靠体内合成和饲料供给，饲料中胆碱主要以卵磷脂形式存在，游离胆碱的含量不足10%（霍启光，1992）[1]。Lipstein 等（1977）用半纯合日粮饲喂生长鸡，以生长、肝重和预防胫骨短粗症为衡量指标，探讨粗制大豆卵磷脂中胆碱的利用，结论认为：粗制大豆卵磷脂中的胆碱与氯化胆碱的利用一样有效[2]；Budowsi 等（1977）在30 日龄生长鸡酪蛋白葡萄糖日粮中分别添加氯化胆碱和大豆卵磷脂粗品，结果发现二者整段肠道表观吸收率并没有显著差别，作为胆碱源大豆卵磷脂粗品可以取代氯化胆碱[3]。

家禽实用日粮中胆碱含量（1 000 ~ 1 400 mg/kg）已接近或超出饲养标准的推荐量，但在实际生产中，人们仍然加入大量的氯化胆碱（500 ~ 1 000 mg/kg），这就对饲养标准提出了疑问，是日粮中天然胆碱消化利用率低，还是氯化胆碱在肠道分解产生甲胺损失的缘故，或者是鸡对结合胆碱和游离胆碱有不同的需求，原因不能肯定，因此，有必要对家禽在胆碱利用方面做些研究。本试验设两种日粮基础上添加不同水平的氯化胆碱，探讨肉用仔鸡对日粮中胆碱的利用能力，并且比效结合胆碱和氯化胆碱在利用方面的差别。

1 材料与方法

1.1 试验设计与日粮组成

采用双因子不等处理随机试验设计，选用1 日龄艾维茵肉用仔鸡（公母各半），随机分到9 个处理组，每个处理组有4 个重复，每个重复10 只，共360 只鸡。设两个基础日粮：一种为玉米-豆粕型实用日粮 S（其胆碱含量经测定为1 350 mg/kg），在此日粮基础上添加50%氯化胆碱（mg/kg）0、500、1 000、1 500 4 个水平；另一种为玉米-豆粕-酪蛋白半纯合日粮 B（其胆碱含量经测定为850 mg/kg），在此日粮基础上添加50%氯化胆碱（mg/kg）0、500、1 000、1 500、2 000 5 个水平，两种日粮除胆碱含量不同外，其他营养水平相近，日粮配比及营养水平见表1。

表1 日粮配方及营养水平

日粮配方	S组	B组	营养水平	S组	B组
玉米（%）	58.08	65.11	代谢能（MJ/kg）	12.41	12.48
豆粕（%）	35.00	15.60	粗蛋白质（%）	20.94	21.04
玉米淀粉（%）	—	3.72	蛋+胱氨酸（%）	0.84	0.84
酪蛋白（%）	—	9.56	赖氨酸（%）	1.35	1.33
植物油（%）	2.80	—	胆碱（mg/kg）	1 350	850
纤维素（%）	—	2.00			
磷酸氢钙（%）	1.20	1.50			
复合预混料（%）	0.22	0.22			
食盐（%）	0.30	0.30			
石粉（%）	1.70	1.40			
蛋氨酸（%）	0.24	0.17			
赖氨酸（%）	0.17	—			
精氨酸（%）	—	0.13			
碳酸氢钠（%）	0.29	0.29			

注：复合预混料系由微量元素预混料和维生素预混料以2∶0.2混合而成。按其有效成分和添加量计算出每千克饲粮中添加：Cu 11 mg、Mn 165 mg、Zn 20 mg、Fe 200 mg、I 0.44 mg和Se 0.22 mg；V_A 10 000 IU、V_{D3} 3 400 IU、V_{E1} 28 mg、V_{B1} 0.8 mg、V_{B2} 6.8 mg、V_{B6} 1.6 mg、V_{K3} 1.6 mg、泛酸钙8 mg、生物素0.13 mg、烟酸26 mg。粗蛋白质、钙、胆碱为实测值，其他均为计算值。

1.2 试验动物的饲养管理

试验鸡笼养，每笼10只，1日龄34 ℃，之后每周降温3 ℃，至21日龄时为25 ℃。0～3周龄鸡舍相对湿度为56%～70%，自然光照辅以人工光照，前1周实行全日制光照，之后每日光照23 h，停止光照1 h。饲喂试验日粮，自由采食与饮水，饲喂时每3 d结一次料，以便控制各组的采食量，使其尽量相等。依常规进行免疫。

1.3 测定指标与方法

于试验期开始日称重，试验结束时称重、结料，统计全期各重复组总耗料量，扣除各重复组死淘鸡只总耗料量，然后计算出每日每只鸡平均耗料量。

血清甘油三酯采用甘油磷酸氧化酶过氧化物酶—终点法，本实验测定用试剂盒（北京化工厂临床试剂分厂生产），方法（参见郭玉琴，1995）[4]。血清磷脂的测定采用氨基萘酚磺酸显色法（参见郭玉琴，1995）[4]。肝脂肪的测定用索氏乙醚浸提法。肝中胆碱用雷纳克酸盐（Reineckale）一比色法（翟永信，1988）测定[5]。肝中甜菜碱的含量用肝的冻干样参见Bakrak，A. J. 等（1979）的测定方法[6]。

胫骨直径与长度按照Pesti，G. M. 等（1991）的方法测定[7]。

1.4 数据处理与统计分析

所得数据进行方差分析（用SAS软件），差异显著进行Ducan多重比较。

2 结果与讨论

2.1 日粮中不同胆碱水平对肉仔鸡生产性能的影响

表2所示，S组之间或B组之间比较，各组耗料量没有差异（$P<0.05$），50%氯化胆碱添加量在

1 000 mg/kg 以上时，鸡增重和饲料转化率显著提高（$P<0.05$）；S 组和 B 组比较，各组耗料量没有差异（$P<0.05$），但 S 组鸡增重和饲料转化率比 B 组显著提高（$P<0.05$）。以上结果表明：对胆碱含量不同两种日粮来讲，肉仔鸡对实用日粮中胆碱利用的好；从同一日粮看，随着氯化胆碱在日粮中添加量增加，特别是在 1 000 mg/kg 以上时，肉仔鸡对氯化胆碱利用的效果好，这与 Pesti 等（1981）、王彦新（1988）类似试验的结果基本一致[8~9]。

表 2　肉仔鸡的生产性能

处理组	日增重（g/只）	耗料量（g/只·d）	饲料转化率
S11	21.64 ± 1.66^{b}	39.47 ± 1.43^{a}	1.56 ± 0.072^{c}
S22	21.86 ± 1.70^{b}	39.86 ± 1.34^{a}	1.55 ± 0.076^{c}
S33	26.72 ± 1.74^{a}	40.33 ± 1.53^{a}	1.48 ± 0.056^{d}
S44	26.27 ± 1.85^{a}	40.55 ± 1.55^{a}	1.47 ± 0.060^{d}
B11	17.25 ± 1.71^{c}	39.44 ± 1.21^{a}	1.77 ± 0.738^{a}
B22	18.47 ± 1.67^{c}	39.45 ± 1.37^{a}	1.76 ± 0.078^{a}
B33	21.92 ± 1.64^{b}	40.29 ± 1.47^{a}	1.66 ± 0.058^{b}
B44	21.76 ± 1.68^{b}	40.37 ± 1.51^{a}	1.65 ± 0.085^{b}
B55	20.54 ± 1.76^{b}	39.92 ± 1.31^{a}	1.76 ± 0.072^{a}

注：同一列数字肩注有相同字母者差异不显著（$P<0.05$），有相邻字母者差异显著（$P<0.05$），相隔一个字母表示差异极显著（$P<0.01$），以下相同。

2.2　日粮中不同胆碱水平对肝重、肝脂肪含量的影响

由表 3 知，日粮中氯化胆碱的添加对 S 各组肝的绝对与相对重量差异不显著（$P<0.05$），但对肝脂肪含量差异显著（$P<0.05$），随着添加量的增加，肝脂肪含量明显降低，且与胆碱呈显著负相关；B 组之间比较，各组肝重及肝脂肪含量差异不显著（$P<0.05$）；S 组与 B 组相比，肝重变化不明显（$P<0.05$），肝脂肪含量变化显著（$P<0.05$）。结果说明肉仔鸡更易于利用实用日粮中的胆碱。胆碱可防止脂肪在肝脏的不正常积累，本试验两种日粮中添加氯化胆碱，没有明显降低肝重，屠宰后的鸡肝脏没有明显肿大，颜色变黄，质脆易碎等病理变化，这表明试验日粮中胆碱含量完全可以防止鸡脂肪肝的发生。

表 3　21 日龄肉仔鸡肝重、肝脂肪含量

处理组	肝重占体重百分比（%）	肝脂（%干物质）	鲜肝重（g）
S11	3.64 ± 0.21^{a}	11.48 ± 0.94^{a}	15.50 ± 1.17^{a}
S22	3.62 ± 0.46^{a}	11.46 ± 0.53^{a}	15.00 ± 1.04^{a}
S33	3.52 ± 0.19^{a}	10.35 ± 0.40^{b}	15.33 ± 1.55^{a}
S44	3.31 ± 0.11^{a}	8.31 ± 0.45^{c}	15.50 ± 1.47^{a}
B11	3.69 ± 0.27^{a}	11.56 ± 0.76^{a}	14.47 ± 1.25^{a}
B22	3.66 ± 0.26^{a}	11.45 ± 0.28^{a}	14.17 ± 1.62^{a}
B33	3.35 ± 0.69^{a}	11.31 ± 0.96^{a}	14.17 ± 1.13^{a}
B44	3.16 ± 0.24^{a}	11.69 ± 0.48^{a}	13.66 ± 1.08^{a}
B55	3.08 ± 0.23^{a}	11.14 ± 0.76^{a}	13.73 ± 1.01^{a}

2.3 日粮中不同胆碱水平对肉仔鸡血清甘油三酯、磷脂的影响

表4显示日粮中添加氯化胆碱可显著提高肉仔鸡血清甘油三酯、磷脂的含量（$P<0.05$），S组比B组增加显著（$P<0.05$）。这与肝脂肪含量下降有着密切的关系，因对于禽类来讲，肝脏是它合成脂肪的主要器官，肝合成的脂肪是通过结合成脂蛋白由肝脏转运到脂肪组织及全身，如果胆碱供给足以满足肝脂肪转运所需要的磷脂和脂蛋白，脂肪也就不在肝中积累，肝脂肪含量随之下降，同时通过血液转运的甘油三酯也因而提高。

表4　肉仔鸡肝生化指标与胫骨直径长度比

处理组	甘油三酯（mg/dl）	磷脂（mg/dl）	肝中胆碱（mg/kg）	肝中甜菜碱（μmol/g）	胫骨直径/胫骨长度（mm）/（cm）
S11	36.43 ± 4.6^{b}	136 ± 10^{b}	12 341.04 ± 354.45^{a}	15.48 ± 0.72^{a}	8.49 ± 0.32^{a}
S22	38.90 ± 4.4^{b}	145 ± 11^{b}	13 297.38 ± 508.91^{a}	15.76 ± 0.40^{a}	7.90 ± 0.67^{a}
S33	49.41 ± 5.3^{a}	184 ± 11^{a}	14 053.66 ± 589.27^{a}	16.27 ± 0.66^{a}	7.87 ± 0.45^{a}
S44	52.34 ± 6.0^{a}	202 ± 12^{a}	14 876.26 ± 220.13^{a}	16.77 ± 0.47^{a}	7.87 ± 0.45^{a}
B11	31.82 ± 4.8^{b}	104 ± 10^{c}	11 429.19 ± 436.95^{a}	15.04 ± 0.70^{a}	8.32 ± 0.31^{a}
B22	33.07 ± 5.0^{b}	125 ± 11^{c}	12 096.40 ± 597.60^{a}	15.21 ± 0.51^{a}	7.94 ± 0.55^{a}
B33	36.54 ± 4.3^{b}	143 ± 11^{b}	13 831.15 ± 473.91^{a}	15.66 ± 0.64^{a}	7.73 ± 0.44^{a}
B44	45.92 ± 5.5^{a}	180 ± 12^{a}	14 120.28 ± 499.29^{a}	16.14 + 0.49^{a}	7.62 ± 0.91^{a}
B55	45.82 ± 4.8^{a}	182 ± 12^{a}	13 319.62 ± 340.21^{a}	16.04 ± 0.66^{a}	7.49 ± 0.45^{a}

2.4 日粮中不同胆碱水平对肝中胆碱和甜菜碱含量、胫骨直径长度比的影响

氯化胆碱在日粮中添加对肝中的胆碱和甜菜碱的含量影响不显著（$P<0.05$），对胫骨直径长度比也没有明显影响（见表4），但试验中观察到随着氯化胆碱添加水平的提高，胫骨直径长度比有下降的趋势，未观察到胫骨短粗症的出现，即使对于半纯合日粮组也一样。

3 小结

日粮中添加氯化胆碱对0~3周龄试验鸡的生产性能、肝脂肪、血清中甘油三脂的含量有明显的改善。肝中胆碱、甜菜碱的含量有所升高，而且可完全防治肉仔鸡脂肪肝。从各项指标综合看，氯化胆碱添加水平在1 000 mg/kg以上为佳。就日粮类型来说，在实用日粮中添加氯化胆碱比在半纯合日粮中添加的效果好。

参考文献

[1] 霍启光. 胆碱、维生素营养研究进展. 王和民，齐广海主编. 北京：中国农业科学技术出版社，1993

[2] Lipsten B, *et al*. Poul. Sci., 1977, 56: 331 ~ 336

[3] Budowski P, Kfri I, Sklan D. Poultry Sci., 1997, 56: 754 ~ 757

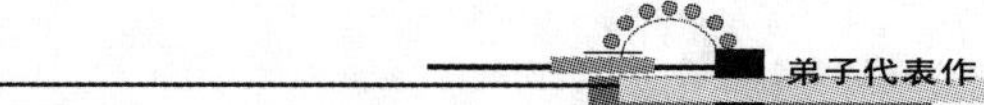

[4] 郭玉琴. [硕士论文]. 北京：北京农业大学，1995

[5] 翟永信主编. 现代食品分析手册. 北京：北京大学出版社，1998

[6] Bakrak A J, *et al.* Lipids, 1979, 14 (10): 860 ~ 863

[7] Pesti G M, *et al.* Poul. Sci., 1991, 70: 600 ~ 604

[8] Pesti G M, *et al.* Poul. Sci., 1981, 60: 188 ~ 196

[9] 王彦新. 饲料工业，1991, 7: 43 ~ 45

（本文曾发表于中国畜牧杂志，1999, 35 (6): 24 ~ 26)

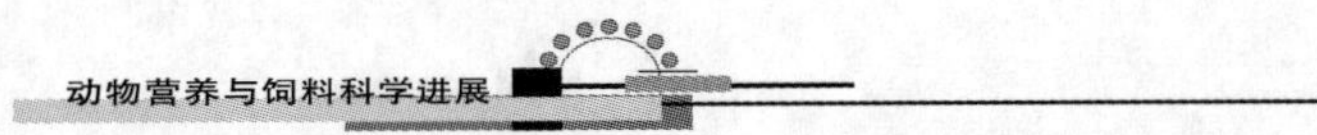

日粮 *n*-3 多不饱和脂肪酸在蛋黄中富集规律的研究

汪　鲲，霍启光

摘　要：本文用均匀设计方法研究了日粮鱼油、全脂亚麻籽、维生素 E、茶多酚添加水平以及饲喂时间对蛋黄脂肪酸组成的影响。结果表明：①提高日粮亚麻籽水平可迅速降低蛋黄脂肪酸 *n*-6/（*n*-3）之比（$P<0.05$），显著提高蛋黄脂肪酸中 α-亚麻酸的水平（$P<0.05$），这表明亚麻籽中 *n*-3 PUFA 在蛋黄中沉积效率很高，但大部分以 α-亚麻酸的形式存在于蛋黄中，合成长链 *n*-3 PUFA（EPA、DHA）的效率很低。②提高日粮鱼油水平可迅速提高蛋黄脂肪酸中 DHA 水平（$P<0.05$），对 EPA 水平影响较小（$P>0.05$）。③提高日粮中 V_E、TP 水平对蛋黄中脂肪酸组成影响很小（$P>0.05$）。④蛋黄脂肪酸中 *n*-3 PUFA 的沉积效率大小依次为 ALA > DHA > EPA。

关键词：鱼油；亚麻籽；维生素 E；茶多酚；富集；*n*-3 多不饱和脂肪酸

许多研究表明蛋黄脂质的组成特别是不饱和脂肪酸的组成受日粮不饱和脂肪酸组成的影响。因此，不少学者试图通过调整日粮组成如添加富含 *n*-3 PUFA 的原料（鱼油、亚麻籽、油）以改变蛋黄脂肪酸的组成，使之更符合人们健康膳食的需要。

因此系统地研究鱼油、亚麻籽中 *n*-3 PUFA 在蛋黄的沉积规律及抗氧化保护对于生产 *n*-3 PUFA 鸡蛋具有重要意义。本试验利用均匀设计方法研究日粮 *n*-3 PUFA 原料鱼油、全脂亚麻籽和天然抗氧化剂 V_E、茶多酚添加水平及采食时间等 5 因子对蛋黄脂质组成及稳定性的影响。

1　材料与方法

1.1　试验鸡

罗曼褐蛋鸡 29 周龄，产蛋率 86%，共设 15 个组（E_1 ~ E_{14}，CK），每个试验组 108 只，每组设 3 个重复组，每重复组 36 只，试验鸡总数 1 620 只。

1.2　试验饲料

以等能（ME 11.5 MJ/kg）、等蛋白（CP 16.5%）按均匀设计表 U14（7x7x14x14x7）设计各因子配方，见表 1，日粮脂肪酸组成见表 2。其中对照（CK）为玉米-豆粕型日粮。

1.3 样品采集

按均匀设计时间因子采集，每重复随机取 4 枚蛋，分离蛋清后，每两枚合并为一个样品，每重复两个样品，混匀后于 -30℃下保存待测。

1.4 脂肪酸测定（Sukhija 和 Pamquist，1988）

1.5 数据处理

采用均匀设计软件 UD3.0 对数据进行处理，采用二次最优子集和逐步回归法分析，以蛋黄各脂肪酸的相对含量为指标。

表 1 各因子及水平均匀设计表

	鱼油（%）FO	亚麻籽（%）FS	维生素 E（g/t）	茶多酚（g/t）TP	时间
1	0.5	5.0	0.0	10.0	35
2	2.5	0.0	350.0	50.0	49
3	2.5	10.0	450.0	130.0	14
4	2.0	30.0	150.0	40.0	7
5	3.0	10.0	500.0	60.0	21
6	0.5	15.0	550.0	0.0	49
7	0.0	0.0	400.0	70.0	21
8	1.0	15.0	600.0	90.0	28
9	3.0	20.0	100.0	30.0	7
10	1.0	5.0	50.0	100.0	28
11	1.5	25.0	250.0	110.0	35
12	0.0	25.0	650.0	80.0	14
13	1.5	20.0	200.0	120.0	42
14	2.0	30.0	300.0	20.0	42
CK	0	0	20	0	7

表 2 蛋鸡试验日粮的脂肪酸组成（%）

	TFA*	SFA	MFA	PUFA	ALA	DHA	LA	γ-LA	AA	n-6/（n-3）
E_1	6.68	34.19	21.49	44.32	10.89	2.16	24.53	1.55	1.55	2.12
E_2	4.95	41.82	26.51	31.67	3.40	3.97	19.77	0.00	2.51	3.02
E_3	8.95	28.77	24.18	47.06	18.34	2.94	18.99	1.20	1.30	1.01
E_4	13.13	23.64	21.88	54.48	31.55	1.72	16.23	0.77	0.81	0.54
E_5	8.57	31.76	23.48	44.76	17.70	2.75	17.21	1.23	1.32	0.97
E_6	7.89	28.44	21.00	50.56	21.80	1.86	18.13	1.39	1.38	0.88
E_7	6.40	32.99	23.48	43.53	16.35	1.65	19.23	1.47	1.65	1.24
E_8	6.11	34.97	24.86	40.17	4.11	3.07	23.82	1.73	1.76	3.80
E_9	6.02	33.04	24.51	42.44	21.29	3.12	14.48	0.00	1.97	0.67
E_{10}	6.69	38.26	24.81	36.92	7.50	4.32	13.41	0.00	0.00	0.86
E_{11}	12.85	24.51	23.55	51.94	28.25	1.58	17.51	0.81	0.85	0.64
E_{12}	11.79	20.33	23.15	56.52	30.50	0.94	20.05	0.82	0.00	0.66
E_{13}	11.34	24.45	23.37	52.18	28.63	1.62	16.19	0.94	0.97	0.60
E_{14}	15.33	22.68	25.72	51.60	28.84	1.72	16.09	0.68	0.74	0.57
CK	7.01	31.41	22.33	46.27	5.35	1.74	33.99	1.52	0.00	4.79

* TFA 为日粮总脂肪酸重量百分含量，其他为总脂肪酸的相对组成。

2 结果与分析

日粮抗氧化剂 V_E 和 TP 添加水平对蛋黄脂肪酸组成影响很小；日粮各因子对蛋黄脂质总量的影响也较小；日粮鱼油、亚麻籽添加水平和采食时间对蛋黄脂肪酸组成有很大影响。

2.1 蛋黄 SFA、MFA、PUFA 与日粮鱼油、亚麻籽和采食时间长短的关系

蛋黄 SFA、MFA、PUFA 随日粮鱼油、亚麻籽和采食时间长短的变化如表3。

表3 蛋黄 SFA、MFA、PUFA 随日粮鱼油、亚麻籽和采食时间的变化

	X_1 (%) FO	X_2 (%) FS	X_3 (g/t) V_E	X_4 (g/t) TP	X_5 (d) Period	Y_1 %TFA SFA	Y_2 %TFA MFA	Y_3 %TFA PUFA
E_1	0.5	5	0	10	35	33.54±0.48	42.19±1.21	24.27±1.62
E_2	2.5	0	350	50	49	35.85±0.61	45.78±1.59	18.36±1.00
E_3	2.5	10	450	130	14	33.06±1.23	42.85±1.29	24.09±0.09
E_4	2	30	150	40	7	31.22±0.48	39.63±0.96	29.15±1.12
E_5	3	10	500	60	21	33.68±0.64	43.00±0.48	23.31±0.54
E_6	0.5	15	550	0	49	31.65±0.09	42.14±2.29	26.22±2.20
E_7	0	0	400	70	21	34.05±0.30	44.87±1.80	21.08±1.52
E_8	1	15	600	90	28	31.16±0.82	42.10±2.39	26.74±3.15
E_9	3	20	100	30	7	32.21±0.37	42.31±1.08	25.48±0.71
E_{10}	1	5	50	100	28	33.32±0.02	44.12±0.66	22.57±0.64
E_{11}	1.5	25	250	110	35	30.07±0.13	42.04±1.04	27.89±0.94
E_{12}	0	25	650	80	14	30.44±1.50	42.07±0.20	27.50±1.65
E_{13}	1.5	20	200	120	42	30.94±0.58	39.42±1.06	29.64±1.61
E_{14}	2	30	300	20	42	30.58±0.88	37.33±2.24	32.09±3.11
CK	0	0	20	0		35.28±0.82	42.67±0.61	22.05±1.29

回归方程

	回归方程	复相关系数	显著性
SFA	$Y_1 = 34.4769 - 0.2355X_2 - 0.0062X_4 + 0.1238X_1^2 + 0.0020X_1X_4 + 0.0041X_2^2 - 0.0012X_2X_5 + 0.0003X_5^2$	0.9970	$P<0.05$
MFA	$Y_2 = 45.7124 + 0.3548X_1^2 - 0.1227X_1X_2 - 0.00001X_3^2 + 0.0002X_3X_5 - 0.0018X_5^2$	0.9338	$P<0.05$
PUFA	$Y_3 = 22.3467 - 0.4447X_1^2 + 0.1084X_1X_2 + 0.0053X_2X_5 + 0.00001X_3^2 - 0.00016X_3X_5$	0.9744	$P<0.05$

分析结果表明蛋鸡日粮添加 *n*-3 PUFA 原料鱼油和亚麻籽可改变蛋黄 SFA、MFA 和 PUFA 的组成，

不仅与鱼油和亚麻籽中 n-3 PUFA 含量有关，而且也受原料中其他脂肪酸组成的影响。本试验所用鱼油 SFA、MFA 和 PUFA 含量分别为53.08%、22.26%、24.66%，其中 PUFA 中50%为 EPA 和 DHA，SFA 也较一般日粮脂肪酸高，因此鱼油的添加提高了蛋黄中 SFA 含量，PUFA 的沉积也有所提高，但降低了 MFA 的含量，这种变化总体上不大；而添加亚麻籽显著提高 PUFA，降低 MFA 和 SFA 的比例，其原因除与蛋鸡对脂肪酸的沉积特性有关外，显然亚麻籽的脂肪酸组成是重要的因素，本试验所用亚麻籽仅 ALA 含量就达48.6%，另外也表明蛋黄脂肪酸的组成主要受日粮中 PUFA 的影响。采食时间对蛋黄脂肪酸组成的影响不大，表明蛋黄脂肪酸能对日粮脂肪酸做出迅速反应。

2.2 蛋黄 ALA、EPA、DHA 随日粮鱼油、亚麻籽和采食时间长短的变化

如见表4。

表4 日粮鱼油、亚麻籽添加水平和采食时间长短对蛋黄脂肪酸 n-3PUFA 组成的影响

	X_1 (%) FO	X_2 (%) FS	X_3 (g/t) V_E	X_4 (g/t) TP	X_5 (d) Period	Y_1 %TFA ALA	Y_2 %TFA EPA	Y_3 %TFA DHA
E_1	0.5	5	0	10	35	3.09 ±0.36	0.23 ±0.04	1.77 ±0.05
E_2	2.5	0	350	50	49	0.82 ±0.09	0.58 ±0.03	2.55 ±0.06
E_3	2.5	10	450	130	14	5.61 ±0.78	0.65 ±0.15	2.39 ±0.18
E_4	2	30	150	40	7	10.43 ±1.13	0.54 ±0.01	1.67 ±0.03
E_5	3	10	500	60	21	4.06 ±0.25	0.45 ±0.03	2.21 ±0.32
E_6	0.5	15	550	0	49	7.53 ±1.11	0.37 ±0.03	1.92 ±0.03
E_7	0	0	400	70	21	2.07 ±0.19	0.19 ±0.03	1.60 ±0.08
E_8	1	15	600	90	28	7.89 ±1.85	0.54 ±0.12	2.08 ±0.33
E_9	3	20	100	30	7	6.93 ±0.44	0.67 ±0.04	2.27 ±0.17
E_{10}	1	5	50	100	28	3.87 ±0.80	0.37 ±0.05	2.06 ±0.23
E_{11}	1.5	25	250	110	35	8.63 ±0.59	0.42 ±0.02	2.14 ±0.35
E_{12}	0	25	650	80	14	8.17 ±0.96	0.42 ±0.20	1.74 ±0.48
E_{13}	1.5	20	200	120	42	10.82 ±0.99	0.58 ±0.02	2.21 ±0.21
E_{14}	2	30	300	20	42	12.77 ±2.70	0.72 ±0.10	2.61 ±0.22
CK	0	0	20	0		1.26 ±0.38	0.24 ±0.14	1.21 ±0.16

回归方程

	回归方程	复相关系数	显著性
ALA	$Y_4 = 1.5167 + 0.0714X_1X_2 - 0.0032X_1X_3 + 0.0104X_1X_4 + 0.0030X_2^2 + 0.0040X_2X_5 + 0.00001X_3^2$	0.9745	$P<0.05$
EPA	$Y_5 = 0.1793 + 0.2611X_1 - 0.357X_1^2 - 0.0001X_1X_3 + 0.000015X_2X_3$	0.9044	$P<0.05$
DHA	$Y_6 = 2.6244 - 0.0520X_5 - 0.00016X_1X_3 + 0.0119X_1X_5 - 0.0010X_2^2 + 0.00010X_2X_5 + 0.00047X_5^2$	0.9672	$P<0.05$

日粮中鱼油添加水平提高，蛋黄脂肪酸中 EPA 和 DHA 的沉积显著增加，但增加程度不同。本试验鱼油中 EPA（6.52%）和 DHA（5.92%）的含量相近，但无论是蛋黄脂肪酸中 DHA 沉积的水平还是提高幅度均比 EPA 大，日粮鱼油添加水平从 0% 提高到 3%，蛋黄脂肪酸中 DHA 水平从 1.75% 提高到 2.59%，而 EPA 仅从 0.19% 提高到 0.60%，说明蛋黄更易富集 DHA，或鸡体能够迅速地将蛋黄中 EPA 转变为 DHA 沉积。

日粮添加亚麻籽水平提高，蛋黄脂肪酸中 EPA、DHA 和 ALA 水平增加，但 EPA 和 DHA 的增加很小，表明 ALA 作为 EPA 和 DHA 的前体在鸡体内的转化效率较低；而 ALA 的沉积量几乎与亚麻籽添加量的增加呈线性关系，亚麻籽添加量为 20% 时，ALA 可达 7%，添加量为 30% 时可达 10% 以上，表明蛋黄沉积 ALA 的效率极高。

采食时间（7 d 以后）对蛋黄脂肪酸 EPA 和 DHA 水平的影响很小，特别是 EPA 基本保持不变，说明蛋黄脂肪酸中 EPA 和 DHA 的含量主要受日粮 *n*-3 PUFA 水平的影响；蛋黄脂肪酸中 ALA 水平随采食时间逐渐提高，也变化不大。

以上结果分析表明，*n*-3 PUFA 原料鱼油和亚麻籽可显著提高 *n*-3 PUFA 在蛋黄中的沉积，其沉积效率大小依次为 ALA > DHA > EPA，亚麻籽主要以 ALA 的形式沉积于蛋黄中，尽管在蛋黄中可部分转化为 EPA 和 DHA，但效率很低；而鱼油则以 DHA 和 EPA 并且主要是 DHA 的形式沉积于蛋黄中。因此，生产富含 *n*-3 PUFA 鸡蛋应选用 DHA 和 ALA 含量高的原料以达到更高的效率。

3 结论

（1）日粮中添加鱼油和亚麻籽可显著改变蛋黄脂肪酸的组成。

（2）添加鱼油使蛋黄中 DHA 和 EPA 提高，无论日粮中 DHA 和 EPA 组成如何，蛋黄脂肪酸中 DHA 沉积量总明显大于 EPA（$P<0.05$）。

（3）蛋黄脂肪酸中 ALA 水平随日粮亚麻籽添加水平的提高呈线性提高（$P<0.05$），其转化为 DHA 和 EPA 效率较低。

（4）蛋黄中 *n*-3 PUFA 的沉积效率大小依次为 ALA > DHA > EPA。

（5）蛋黄中亚油酸的沉积量主要受日粮亚油酸水平的影响。

安普霉素对仔猪的促生长作用研究

姚浪群[1]，佟建明[2]，萨仁娜[2]，霍启光[1]

（1. 中国农业科学院饲料研究所；
2. 中国农业科学院北京畜牧兽医研究所）

摘　要：采用单因子试验设计，72 头 28 日龄大长北三元杂交断奶仔猪随机分为 3 组，分别饲喂含有 0 mg/kg、20 mg/kg、90 mg/kg 安普霉素的日粮，试验期为 4 周，检测仔猪日增重、日采食量及饲料转化率等指标。研究结果表明，90 mg/kg 安普霉素能明显降低仔猪腹泻发生率，对仔猪具有显著促生长作用，可提高断奶后 0～4 周内仔猪日增重 19.1%～24.6%（$P<0.05$）、改善饲料转化率 7.7%～8.5%（$P<0.05$），并可提高日采食量 8.4%～13.1%。尤其在试验前期（断奶后 0～2 周）作用更明显。

关键词：安普霉素；仔猪；促生长作用

饲用抗生素的促生长作用已被大量试验所证实，但有关安普霉素（Apramycin）的研究报道并不多见。1980 年 Parisini 等人研究发现，日粮中连续 3 周添加 75 mg/kg、100 mg/kg 的安普霉素，可分别提高断奶仔猪体增重 11% 和 24%。Prophet（1983）研究报道，在断奶仔猪饲料中连续 18 d 添加 100 mg/kg 安普霉素，可使因断奶应激引起的经济损失降低 4.5%。国内学者汪明等人（1999）报道，和空白对照组相比国产安普霉素能有效促进断奶仔猪生长，改善饲料报酬，其效果与进口产品相当；对粪便的性状观察也表明，试验组较对照组拉稀明显减少。另据张镇福等（1999）研究发现，日粮中添加安普霉素（30 mg/kg）亦可有效控制早期断奶仔猪腹泻。

本试验旨在进一步验证安普霉素的促生长作用，为探讨其促生长机理奠定基础。

1　材料与方法

1.1　试验用抗生素

国产硫酸安普霉素，含量为 550 μg/mg，外观为暗淡的黄色粉末。批号：970920。

1.2　试验动物与分组处理

选用 28 日龄、血缘与体重都接近的大长北（大约克 × 长白 × 北京黑猪）三元杂交断奶仔猪 72 头，按体重、性别和谱系来源，随机区组分为 3 组，每组 4 圈、每圈 6 头，分别饲喂含有 0 mg/kg、

20 mg/kg、90 mg/kg 安普霉素的日粮（基础日粮组成及营养水平见表 1）。试验期为 4 周。

1.3　饲养管理

试验在同一栋双列封闭式猪舍内进行。猪群网上饲养，舍温 18～23℃，自由采食，自由饮水。免疫消毒程序按猪场常规方法进行。

1.4　检测指标和方法

1.4.1　试验 4 周，分别于试验开始、2 周末、4 周末对所有试验猪清晨空腹称个体重并结料，计算各阶段每组的平均日增重（ADG）、平均日采食量（ADFI）及饲料转化率（FCR）（见表 1）。

表 1　基础日粮组成及营养水平

饲料原料	配比（%）	营养水平	
玉米	55.03	消化能（Mcal/kg）	3.27
麦麸	3.00	粗蛋白（%）	20.03
豆粕	26.00	钙（%）	0.95
鱼粉	6.00	磷（%）	0.79
乳清粉	4.00	赖氨酸（%）	1.30
豆油	2.10	蛋氨酸 + 胱氨酸（%）	0.78
石粉	0.70		
磷酸氢钙	1.60		
食盐	0.30		
赖氨酸	0.19		
蛋氨酸	0.08		
预混料	1.00		
总计	100.00		

注：预混料可为每千克全价料提供：维生素 A 9 000 IU，维生素 D_3 1 000 IU，维生素 E_{12} IU，维生素 K_3 2.0 mg，维生素 B_1 1.2 mg，维生素 B_2 4.0 mg，维生素 B_6 0.2 mg，维生素 B_{12} 16.0 μg，泛酸钙 10.0 mg，胆碱 600 mg，烟酸 16.0 mg，叶酸 0.3 mg，生物素 0.06 mg，锰 100 mg，锌 100 mg，铜 20 mg，铁 100 mg，硒 0.3 mg，碘 0.3 mg。

1.4.2　从试验开始到结束，每天观察并记录猪群的健康状况，记录腹泻个体与持续时间，最后以组为单位计算仔猪腹泻头次（腹泻头次为组内每头猪腹泻日数之和）。

1.5　统计分析

采用 SAS 统计软件、用单因素方差分析法进行数据处理与统计分析。

2　结果与分析

安普霉素对仔猪生产性能的影响见表 2 和图 1、图 2、图 3。

从表2和图1、图2、图3可见，高剂量组在0～2周、3～4周以及试验全期生长速度均显著高于对照组（$P<0.05$），分别提高29.0%、22.5%和24.6%，相比之下前期的增长速度较快；同时，高剂量安普霉素还可显著改善0～2周和试验全期的饲料转化效率（$P<0.05$），与对照组比较，分别提高9.2%和8.2%，而对3～4周的结果未见显著影响。此外，和对照组相比，高剂量组日采食量同样具有一定程度的提高，但统计学差异不明显（$P>0.05$）。低剂量组在试验各阶段的生产性能亦高于对照组，虽然未达到显著水平，但仍具有一定的促生长作用。

此外，饲料中添加安普霉素能降低仔猪腹泻的发生率，其中以高剂量组最为明显。

表2　安普霉素对仔猪生产性能的影响

处理	安普霉素（mg/kg）		
	0	20	90
初重（kg）	7.328±0.028	7.325±0.027	7.325±0.027
0～2周			
日增重（g）	164.76±35.57[b]	189.16±33.08[ab]	212.46±25.49[a]
日采食量（g）	284.48±52.35	310.10±50.85	336.13±64.66
饲料转化率	1.74±0.11[a]	1.65±0.08[ab]	1.58±0.06[b]
3～4周			
日增重（g）	337.88±61.09[b]	366.12±75.58[ab]	413.77±69.54[a]
日采食量（g）	692.68±123.73	720.25±128.35	769.43±105.47
饲料转化率	2.06±0.15	1.97±0.15	1.89±0.12
0～4周			
日增重（g）	251.32±44.24[b]	277.84±10.87[ab]	313.12±31.35[a]
日采食量（g）	490.08±75.31	516.68±33.61	554.43±78.98
饲料转化率	1.95±0.17[a]	1.86±0.08[ab]	1.79±0.07[b]
腹泻（头次）	30	17	4

注：同行内，不同字母之间表示差异显著（$P<0.05$），未标明或相同字母之间表示差异不显著（$P>0.05$）。

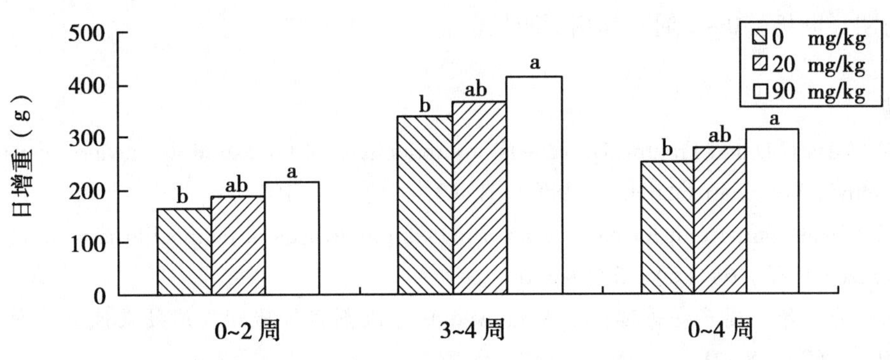

图1　安普霉素对仔猪日增重的影响

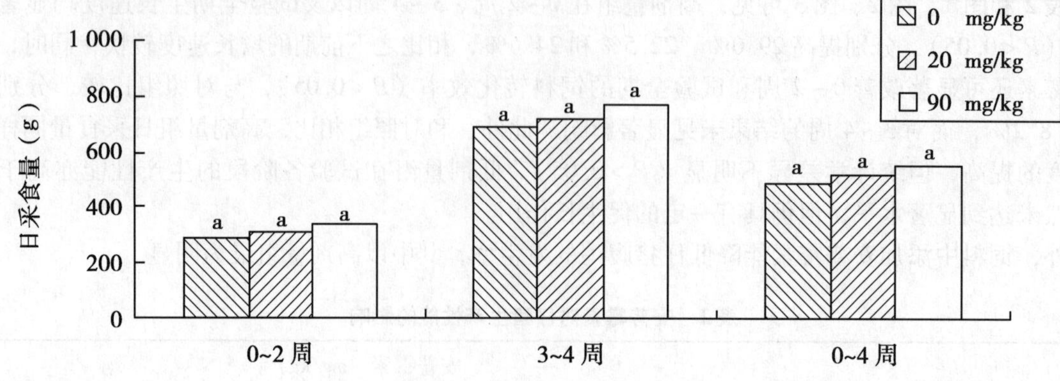

图 2　安普霉素对仔猪日采食量的影响

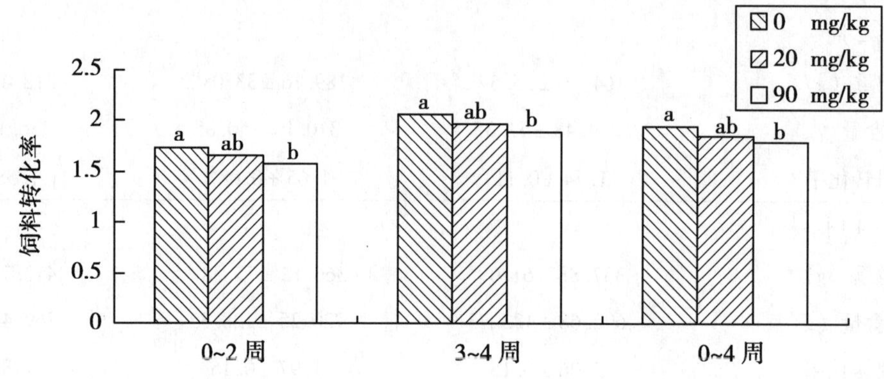

图 3　安普霉素对仔猪饲料转化率的影响

3　小结

在通常饲养管理条件下，安普霉素防病促生长的有效剂量为 90 mg/kg。饲料中添加安普霉素能明显降低仔猪腹泻发生率，对仔猪具有显著促生长作用，可提高断奶后 0 ~4 周内仔猪日增重 19.1% ~24.6%（$P<0.05$）、改善饲料转化率 7.7% ~8.5%（$P<0.05$），并可提高日采食量 8.4% ~13.1%。尤其在试验前期（断奶后 0 ~2 周）作用更明显。

参考文献

[1] Parisini P, Casa G D and Fraulini G. Effects on productivity of the use of apramycin in swine feeds, Field Trial. Archivio Veterinario Italiano, 1980, 31 (3 ~4): 97 ~101

[2] Prophet K. Joint rearing unit for early-weaned piglets prophylaxis of colibacillosis with apramycin. Parktische Tierazt, 1983, 64 (6): 520 ~526

[3] 汪明，王有为，等．国产安普霉素（Apramycin）预混剂在仔猪的应用效果试验．兽药与饲料添加剂，1999，4（2）：8 ~9

[4] 张镇福，苏忠厚，等．不同抗生素对早期断奶仔猪腹泻和生产性能的影响．饲料工业，1999，20（9）：12 ~13

类黄酮对鸡蛋蛋黄脂质稳定性的影响及其机理

尹靖东[1,2]，齐广海[1]，郑君杰[3]，霍启光[1]

（1. 中国农业科学院饲料研究所；2. 西北农林科技大学；
3. 河北农业大学）

摘　要：270 只 27 周龄海赛克斯褐壳蛋鸡，随机分为 9 个处理。试验 1 组为对照组，试验2～5 组日粮分别添加 5 mg/kg、10 mg/kg、20 mg/kg、40 mg/kg 茶多酚，试验 6～9 组日粮分别添加 5 mg/kg、10 mg/kg、20 mg/kg、40 mg/kg 大豆黄酮。探讨茶多酚（多酚类黄酮）、大豆黄酮（二酚类黄酮）对蛋黄脂质稳定性的影响和作用机理，试验为期 8 周。结果表明：添加 10 mg/kg 茶多酚或大豆黄酮，饲喂 4 周就可基本保持蛋黄脂质稳定性（$P<0.05$）；随着茶多酚和大豆黄酮添加量增加，蛋黄脂质过氧化物含量逐渐降低，当日粮添加 40 mg/kg 茶多酚或大豆黄酮饲喂 8 周，蛋黄脂质过氧化物水平分别降低 23.1% 和 27.0%（$P<0.05$）；日粮茶多酚、大豆黄酮均显著降低肝脏、血浆和蛋黄中脂质过氧化物含量（$P<0.05$），增强了蛋鸡总抗氧化能力。茶多酚和大豆黄酮在增强机体抗氧化水平和蛋黄脂质稳定性方面，差异不显著（$P>0.05$）；茶多酚和大豆黄酮可直接改善机体抗氧化水平，不需借助体内抗氧化酶。

关键词：类黄酮；茶多酚；大豆黄酮；鸡蛋；抗氧化

类黄酮是一大类植物酚类物质，具有很强的抗氧化作用。茶多酚主体是儿茶素，为多酚类黄酮，是我国食品工业中唯一用作天然抗氧化剂的物质。大豆异黄酮，目前发现的共有 12 种，分为游离型的苷元和结合型的糖苷（Glucoside）两大类，最引人注目的是二酚类苷元。最近一些学者陆续报道大豆异黄酮（daidzein 和 genistein 等）和茶多酚具有防止心血管系统氧化损伤的作用，类黄酮具有增强 LDL 抗氧化的作用[1]，可以抑制巨噬细胞对 LDL-C 的氧化修饰[2]。目前有关类黄酮物质对蛋鸡抗氧化机能方面的影响未见报道，本试验目的是研究茶多酚和大豆黄酮两种类黄酮对蛋黄脂质稳定性的影响及其机理。

1　材料与方法

1.1　试验材料

选用茶多酚（95%），含 79% 儿茶素，由海南群力生物制药有限公司惠赠，大豆黄酮（98%），河北宣化化工厂惠赠。

1.2 试验动物与分组

选用产蛋率、体重相近的27周龄健康海赛克斯褐壳蛋鸡270只，随机分为9个处理，每个处理5个重复，每个重复6只鸡，预试期1周，正式试验从28周龄持续至35周龄，为期8周。试验1组为对照组，试验2~5组日粮中分别添加5 mg/kg、10 mg/kg、20 mg/kg、40 mg/kg茶多酚，6~9组分别添加5 mg/kg、10 mg/kg、20 mg/kg、40 mg/kg大豆黄酮。基础日粮见表1。

表1 海赛克斯褐壳蛋鸡基础日粮组成及营养水平

原料（%）	配比	营养水平	
玉米	64.79	代谢能（MJ/kg）	11.13
豆粕	19.17	粗蛋白*（%）	16.10
棉粕	5.33	钙*（%）	3.40
磷酸氢钙	1.80	总磷*（%）	0.63
石粉	8.00	有效磷（%）	0.44
微量元素预混料[1]	0.20	赖氨酸（%）	0.71
维生素预混料[2]	0.02	蛋氨酸（%）	0.34
氯化胆碱（50%）	0.24	含硫氨基酸（%）	0.54
L-蛋氨酸	0.08	大豆黄酮*（mg/kg）	4.2
食盐	0.37		
合计	100		

注：*为实测值。1. 每千克中全价料中添加量为：Cu 4.0 mg，Fe 40 mg，Mn 48 mg，Zn 40 mg，I 0.15 mg，Se 0.31 mg。2. 每千克中全价料中添加量为：V_A 7 800 IU，V_D 2 100 IU，V_E15 IU，V_K 2.55 mg，V_{B1} 0.98 mg，V_{B2} 8.00 mg，V_{B12} 0.006 mg，烟酸20.00 mg，叶酸0.97 mg，泛酸钙6.00 mg，生物素0.12 mg。

1.3 饲养管理

采用密闭式鸡舍，3层立体笼养，同一列3个笼为1个重复单位，每个笼（30×45）分配两只蛋鸡。同一处理的各重复均匀分布于鸡舍。试验期鸡舍温度12~21℃，湿度50%~70%。白天为自然光照，早晚辅以人工照明，每日恒定光照为16 h，光照强度为14 lx。饲喂干粉料，自由采食、饮水。鸡舍按常规程序进行免疫和消毒。

1.4 样品的采集与制备

试验结束时每个重复随机选两只鸡前腔静脉采血，肝素钠抗凝，制备血浆，用于血浆指标分析。屠宰，取肝脏样，-30℃冷冻保存。上述每个重复内的两只鸡的样品合二为一用于分析。试验第4周20 mg/kg和40 mg/kg的茶多酚和大豆黄酮处理组每个重复分别取两枚蛋，试验第8周各处理组的每个重复取两枚蛋，分离蛋黄，搅拌均匀，配制1:1的去离子水蛋黄稀释液。

1.5 测定指标与方法

1.5.1 血浆脂质过氧化物（LPO）

参照向荣[3]、齐广海[4]等。以每毫升血浆丙二醛（MDA）的摩尔数表示，即nmol/ml。

1.5.2 蛋黄脂质过氧化物（LPO）

用蛋黄稀释液（1:1）测定，方法同血浆LPO，结果折算成以每克鲜蛋黄丙二醛（MDA）的摩尔

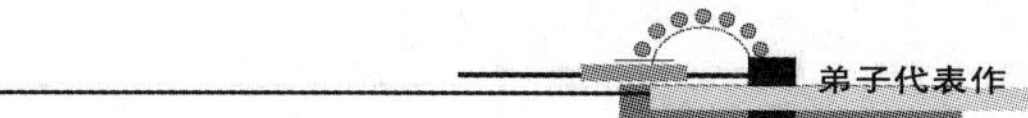

数表示，即 nmol/g。

1.5.3 肝脏脂质过氧化物（LPO）

肝组织以去离子水制备 10% 的肝组织匀浆液，测定方法同血浆 LPO。

1.5.4 肝组织谷胱甘肽过氧化物酶（GSH-PX）

采用 DTNB 直接法测定[5]。GSH-Px 活力单位：每克肝组织每分钟扣除非酶反应的 Log［GSH］降低后，使 Log［GSH］降低 1 为酶活力单位。

1.5.5 肝组织过氧化物歧化酶（SOD）

采用连苯三酚自氧化法[6]，蛋白定量按考马斯亮蓝 G-250 法测定，最后以每毫克可溶蛋白表示 SOD 酶活性（U/mg）。

1.6 统计分析

采用 SAS 6.12 软件包 ANOVA 模型，多重比较用 DUNCAN 法。

2 结果与讨论

脂质过氧化物（Lipid Peroxides，LPO）是多不饱和脂肪酸经酶促反应或非酶途径生成的一类过氧化物，与动脉粥样硬化、褐脂质形成和由乳清酸引起的肝损伤等十几种疾病的发生有关，是衡量某些组织总抗氧化能力的重要指标[7]。

2.1 日粮中添加类黄酮对蛋鸡总抗氧化水平的影响

日粮中添加茶多酚和大豆黄酮均极显著降低了肝脏（$P<0.01$）、血浆（$P<0.01$）和蛋黄（$P<0.01$）中的 LPO 水平（见表 2），与前人结果[8]一致。其中肝脏对类黄酮的抗氧化作用最敏感，添加 5 mg/kg 茶多酚，血浆和蛋黄的 LPO 含量尚未受到影响，肝组织 LPO 已显著降低，即肝脏脂质稳定性提高。

添加 5 mg/kg 茶多酚或 10 mg/kg 大豆黄酮，蛋鸡肝脏的 LPO 显著降低，分别下降了 18.8% 和 22.5%。大豆黄酮随着添加量的升高，肝组织的 LPO 和血浆的 LPO 很快达到一个稳定状态。茶多酚对肝中 LPO 的影响与大豆黄酮类似，但是对血浆的影响与大豆黄酮有所不同，在添加 40 mg/kg 茶多酚时，血浆 LPO 进一步下降（$P<0.05$），见表 2。肝脏是维系机体抗氧化作用的最重要器官，综合肝脏脂质稳定性情况，可以发现 5 mg/kg 的茶多酚或 10 mg/kg 的大豆黄酮就可保持机体的脂质稳定性。肝脏和血浆中的 LPO 水平下降，表明茶多酚和大豆黄酮具有显著的抗氧化作用，可显著增加机体脂质稳定性。

随着茶多酚和大豆黄酮两种类黄酮添加量的增加，蛋黄中的 LPO 水平逐步下降，并在添加量为 40 mg/kg 时，蛋黄 LPO 分别下降 23.1% 和 27.0%（$P<0.05$）。日粮添加 10 mg/kg、20 mg/kg 和 40 mg/kg 的茶多酚或者大豆黄酮，蛋黄 LPO 含量没有显著差别，这表明本试验日粮条件下，每千克日粮添加 10 mg/kg 茶多酚或大豆黄酮就可以保持蛋黄脂质的稳定性。

表2　茶多酚、大豆黄酮对不同组织中 LPO 含量的影响（8 周）

处理	肝脏（nmol MDA/g）	血浆（MDA/ml）	蛋黄（nmol MDAS/g）
对照组	290.56[a]	4.287[a]	60.01[a]
茶多酚			
5 mg/kg	235.84[bc]	—	54.93[ab]
10 mg/kg	243.00[bc]	—	50.62[bcd]
20 mg/kg	218.97[c]	4.134[a]	49.93[bcd]
40 mg/kg	231.24[bc]	2.825[d]	46.15[cd]
大豆黄酮			
5 mg/kg	261.41[ab]	3.847[ab]	53.39[abc]
10 mg/kg	225.10[c]	3.438[bc]	49.73[bcd]
20 mg/kg	234.31[bc]	3.413[bc]	50.02[bcd]
40 mg/kg	227.15[bc]	3.346[c]	43.79[d]
标准误	27.489	0.378	6.506

注：同列内肩标不同字母者差异显著（$P<0.05$）。

2.2　类黄酮对蛋黄脂质稳定性的影响与受试时间的关系

表3　受试 4 周、8 周日粮类黄酮对蛋黄中 LPO 含量的影响（nmol MDA/g）

处理	4 周	8 周
对照组	68.37 ± 3.81[a]	61.24 ± 3.81[a]
茶多酚		
20 mg/kg	53.61 ± 5.82[b]	52.49 ± 2.22[b]
40 mg/kg	50.80 ± 1.16[b]	49.29 ± 2.65[bc]
大豆黄酮		
20 mg/kg	49.81 ± 0.80[b]	49.76 ± 1.90[bc]
40 mg/kg	48.80 ± 2.65[b]	45.33 ± 2.94[c]

注：同列内肩标无相同字母者差异显著（$P<0.05$）。

为了研究日粮中添加茶多酚或大豆黄酮对鸡蛋蛋黄 LPO 水平影响，分别在 4 周和 8 周收集样品，测定蛋黄 LPO 含量。日粮中添加茶多酚或大豆黄酮 4 周显著降低蛋黄 LPO 水平（$P<0.05$），至第 8 周蛋黄 LPO 基本保持不变，表明日粮中添加茶多酚或大豆黄酮 4 周即可保持蛋黄脂质稳定（见表 3）。日粮添加 200 IU 维生素 E（α-生育酚醋酸酯），蛋黄脂质过氧化物水平显著降低[4]，由此可见，在增加蛋黄脂质稳定性方面，茶多酚、大豆黄酮具有类似维生素 E 的功能。

2.3　两种类黄酮改善蛋黄脂质稳定性效果的比较

茶多酚和大豆异黄酮是高效低毒的自由基清除剂及天然的抗氧化物质，具有很强的清除自由基和

H_2O_2 作用[9,10]。茶多酚复合体（TP）及主要儿茶素单体对 O_2^-、OH 的清除率可达98%以上，在一定浓度范围内呈显著的量效关系，对活细胞（PMN）产生的氧自由基的综合清除效果明显，且优于传统的抗氧化剂 V_E、V_C[9]。从表 4 可以看出，试验期为 8 周，茶多酚和大豆黄酮在抑制肝组织（$P=0.501$）、血浆（$P=9.00$）和蛋黄（$P=0.535$）中 LPO 形成没有显著差异。研究表明，两者在抗氧化和清除氧自由基方面效果相似。

表 4　两种类黄酮对蛋鸡总抗氧化水平影响的比较

种类	肝脏 LPO（nmol MDA/g）	蛋黄 LPO（nmol MDA/g）	血浆 LPO（nmol MDA/g）
茶多酚	50.41[a]	232.26[a]	3.479[a]
大豆黄酮	49.23[a]	236.99[a]	3.380[a]
标准误 SEM	5.44	23.78	0.511

注：同列内肩标不同字母者差异显著（$P<0.05$）。

2.4　类黄酮在酶水平上对机体抗氧化机能的影响

机体抗氧化系统主要由两道防线组成，第一道防线主要为链式反应阻断剂，如 V_E，第二道防线主要为抗氧化酶。某些病理条件下，活性氧如 OH 可能诱发脂类过氧化，除了直接造成生物膜损伤外，还可通过脂类氢过氧化物与蛋白质（包括酶）或核酸的反应，使机体组织发生广泛损伤，但超氧阴离子（O_2^-）对机体也有利的一面，如使病毒失活等作用，因此机体维持一定水平的超氧阴离子是十分重要的。只要谷胱甘肽过氧化物酶（GSH-Px）清除脂类过氧化物的能力不受到影响，脂类过氧化物对机体的损伤就可得到控制。体内的 H_2O_2 主要靠过氧化氢酶（CAT）清除，但少量亦可被 GSH-Px 清除。超氧化物歧化酶（SOD）能专一清除超氧阴离子的能力。

本研究日粮中添加茶多酚和大豆黄酮，降低了血浆、肝组织和蛋黄中的 LPO 含量，但肝中两种重要抗氧化酶（SOD 和 GSH-Px）活性没有显著升高，甚至有下降趋势（见表 5），与先前较多医药学上的报道不同。其原因可能在于两者动物生理状态不同，医药学上为了研究抗氧化剂（如茶多酚或大豆黄酮）的作用，一般首先要创造氧化损伤动物模型，以四氯化碳、丙二醛或其他化学物质腹腔注射，造成动物氧化损伤，四氯化碳诱发自由基大量产生，同时也抑制有关抗氧化酶（如 SOD 和 GSH-Px）的活性，这种动物摄入或注射抗氧化剂，抗氧化酶活性升高是当然的。本研究中蛋鸡处于正常生产状态，体内自由基没有失去平衡，机体抗氧化系统基本正常，因此日粮中添加茶多酚、大豆黄酮降低了体内自由基水平，机体抗氧化酶活性反馈性地降低是可能的，表明茶多酚和大豆黄酮改善机体抗氧化水平是直接的，不依赖体内抗氧化酶。有报道指出，大豆异黄酮具有节省维生素 V_E 和内源抗氧化物质的作用[11]，类黄酮的抗氧化作用是因为它具有清除体内自由基的作用[12]，均支持本研究结论。

上述研究表明，茶多酚和大豆黄酮可以有效参与维持体内自由基平衡的过程，降低蛋鸡体内（血浆和肝组织）和蛋黄中 LPO 的形成，增加机体和蛋黄的脂质稳定性。

表5　日粮茶多酚、大豆黄酮在酶水平上对机体抗氧化水平的影响

处理	谷胱甘肽过氧化物酶（U/g）	超氧化物歧化酶（U/mg）
对照组	4.023[a]	374.42[b]
茶多酚		
5 mg/kg	3.489[ab]	—
10 mg/kg	3.369[ab]	497.11[a]
20 mg/kg	3.383[ab]	385.58[b]
40 mg/kg	2.843[b]	379.61[b]
大豆黄酮		
5 mg/kg	3.618[ab]	—
10 mg/kg	3.175[ab]	374.66[b]
20 mg/kg	3.059[ab]	357.89[b]
40 mg/kg	3.022[ab]	382.32[b]
标准误	0.7188	78.342

注：同列内肩标不同字母者差异显著（$P<0.05$）。

3　结论

（1）添加10 mg/kg茶多酚或大豆黄酮，饲喂4周就可基本保持蛋黄脂质稳定性（$P<0.05$）。

（2）随着茶多酚和大豆黄酮添加量增加，蛋黄脂质过氧化物含量逐渐降低。添加40 mg/kg茶多酚或大豆黄酮，蛋黄脂质过氧化物水平分别降低23.1%和27.0%（$P<0.05$）。

（3）茶多酚和大豆黄酮可直接改善机体抗氧化水平，不需借助体内抗氧化酶。

（4）日粮茶多酚、大豆黄酮显著降低肝脏、血浆和蛋黄中脂质过氧化物含量（$P<0.05$），增强了蛋鸡总抗氧化能力。茶多酚和大豆黄酮在增强机体抗氧化水平和蛋黄脂质稳定性方面，差异不显著（$P>0.05$）。

参考文献

[1] De Whalley, C V, Rankin S M, Hoult J R S, *et al*. Flavonoids inhibit the oxidative modification of low-density lipoproteins by macrophages [J]. Biochem. Pharm., 1990, 39: 1 743～1 750

[2] Kapiotis S, Hermann M, Held I, *et al*. Genistein, the dietary-derived angiogenesis inhibitor, prevents LDL oxidation and protects endothelial cells from damage by atherogenic LDL [J]. Arterioscler. Thromb. Vasc. Biol. 1997, 17: 2 868～2 874

[3] 向荣，1990. 过氧化脂质硫代巴比妥酸分光光度发改进［J］. 生物化学与生物物理进展，17（3）：241～243

[4] 齐广海. 1995，生育酚在脂肪酸调控鸡体中的代谢及其对产品的作用［D］. 中国农业科学院博士学位论文

[5] 夏弈明，朱莲珍. 1987. 血和组织中谷胱甘肽过氧化物酶活力的测定方法［J］. 卫生研究，16（4）：29～33

[6] 邓碧玉，袁勤生，李文杰．改良的连苯三酚自氧化测定超氧化物歧化酶活性的方法［J］．生物化学与生物物理进展，1991，18（2）：163

[7] Hiroshi Ohwawa，Nobuko Ohishi and Kuni YaGi. Assay for lipid peroxides in animal tissue by thiobarbituric acid reaction［J］. Analytical Biochemistry，1979，95：351～358

[8] Kubow S，Goyette N，Koski K G. Tissue lipid peroxidation and serum lipoproteins in hamsters are affected by dietary protein composition［J］. Nutr. Res.，1997，17，271～281

[9] 杨秀芳，杨贤强，程书钧．茶多酚抑癌变作用研究进展［J］．茶叶，1998，24（1）：36～38

[10] Wei H，Bowen R，Cai Q，*et al.* Antioxidant and antipromotional effects of the soybean isoflavone genistein［J］. Proc. Soc. Exp. Biol. Med.，1995，208（1）：124～130

[11] Tsai L S. and Hudson C A. Cholesterol oxides in commercial dry egg products：quantitation［J］. J. Food Sci. Vol.，1985，50（1）：229～231

[12] Sekizaki R，Yokosawa C，Chinen H，*et al.* Synthesis is isoflavones and their attracting activity to Aphanomyces euteiches zoospore［J］. Boil. Pharm. Bull.，1993，16：698～701

（本文曾发表于中国农业科学，2003，36（4）：438～442）

不同蛋白水平对犊牛消化代谢及血清生化指标的影响

刁其玉，李 辉
（中国农业科学院饲料研究所）

摘　要：研究蛋白水平对犊牛生长发育、营养物质消化吸收及血清生化代谢的影响。选取9头新生荷斯坦公犊牛，分为A、B、C 3组，分别饲喂等能值粗蛋白含量为18%、22%及26%的3种代乳品。分别在犊牛12～20日龄、22～30日龄、32～40日龄、42～50日龄和52～60日龄期间进行5期消化代谢试验。3组犊牛11～61日龄内各生长指标变化曲线相似，22%组犊牛增重速度比18%、26%组分别高9.75%、24.19%。随日龄增长犊牛对DM的消化率逐渐下降，对EE的消化率略有上升，对日粮N的消化率有上升趋势；3组犊牛对日粮N的平均消化率分别为69.39%、75.36%及74.55%。日粮钙磷的消化率和存留率全期内趋于稳定，26%组犊牛对日粮磷的平均消化率为63.83%，显著低于18%组的70.40%及22%组的69.73%。22%组血清TP、ALB、GLO含量均显著高于其余两组；血清GLU含量以22%组为最高，试验结束时22%组为5.38 mmol/L，显著高于18%组的3.71 mmol/L及26%组的4.09 mmol/L。蛋白质水平和不同生理阶段影响犊牛生长性能、消化代谢及血清生化指标，22%蛋白含量组犊牛的相关性能优于其余两组。

关键词：犊牛；蛋白水平；代乳品；表观消化率；存留率

传统的犊牛培育方式是，犊牛出生后吃母乳直至60～90日龄断奶，这样在一个哺乳期内犊牛会消耗约400 kg鲜奶。对犊牛实施早期断奶，饲喂代乳品是节约鲜奶、降低培育成本、促进犊牛发育的有效方法。代乳品中蛋白质水平是一个重要因素，它涉及幼畜的生长发育、营养物质利用和机体免疫等多种性能与指标。目前，对犊牛代乳品的研究主要侧重于应用效果[1,2]、大豆蛋白的应用[4,12]、早期断奶[13,14]等方面，而在犊牛哺乳期对营养物质的消化代谢规律方面的研究极为少见。我国哺乳期犊牛的营养需要量多为推荐量或估计值，然而由于在遗传潜力、饲养水平和环境条件等各方面都与国外存在较大差异，因此，更有必要在我国的环境条件下研究犊牛的生长发育及营养物质消化代谢规律。本试验以中国荷斯坦犊牛为试验动物，分别饲喂3种蛋白水平的代乳品，旨在研究犊牛哺乳期营养物质消化特点和不同蛋白质水平对其血清学指标的影响，为犊牛的营养需要量和物质消化规律的建立提供科学依据。

1 材料与方法

1.1 试验动物与日粮

选9头新生荷斯坦公犊牛，按体重和出生时间一致原则分成3组，每组3头，分别饲喂等能值蛋白含量为18%、22%及26%的3种犊牛代乳品，记为A、B和C组。试验日粮营养成分分析见表1。

表1 代乳品营养成分表

项目	营养水平		
	A	B	C
能量（MJ/kg）[a]	17.84	17.82	17.79
粗蛋白（%）	18.00	22.05	25.98
粗脂肪（%）	15.55	15.51	15.54
钙（%）	1.54	1.52	1.48
总磷（%）	0.67	0.68	0.68

a：为计算值。

1.2 饲养管理

3组犊牛分组分圈饲养，每头犊牛占地约3 m^2，保证牛舍的卫生。试验犊牛出生后5日龄内饲喂初乳，日饲喂量为初生重的8%。自6日龄始饲喂相应代乳品日粮，过渡至11日龄只喂代乳品。每日分3次饲喂（8：30、14：00、20：30），代乳品用煮沸后冷却到40～50 ℃的热水按干物质占12.5%的比例冲泡，使之成为乳液饲喂犊牛，饲喂后补充饮水。日饲喂量为犊牛体重的10%，并随犊牛体重增长及时调整。

1.3 试验设计

本试验采用单因子设计。犊牛代谢试验共分5期进行，具体时间为：

第一期：12～20日龄；

第二期：22～30日龄；

第三期：32～40日龄；

第四期：42～50日龄；

第五期：52～60日龄。

每期8 d，前5 d为预饲期，后3 d为正式期。

1.4 样品采集

采用全收粪尿法。详细记录每头犊牛每日实际排粪量，采集总量的10%作为混合样品，然后每100 g鲜粪加入10%的稀盐酸10 ml固氮，－20 ℃冷冻保存，待测。每头犊牛每日排尿全部收集混匀后，按每日总量的1%取样，倒入尿样瓶中，用10%的稀盐酸调整尿样pH低于3后，立即冷冻保存，备用。

颈静脉取血。于犊牛21日龄、31日龄、41日龄、51日龄、61日龄时采集血样，在早晨第1次饲喂前，由颈静脉抽血约10 ml，倾斜放置至析出血清后，3 000 r/min离心10 min，收集血清于安培道夫管中，低温冷藏，待测。

1.5 测定指标与方法

生长性能指标：分别称量犊牛初生重、第11日龄、21日龄、31日龄、41日龄、51日龄及61日龄的体重，同时测量犊牛的体长、斜长、体高、胸围和管围。

样品分析：分析测定饲料样品、粪样中的干物质（DM）、粗蛋白（CP）、粗脂肪（EE）、钙（Ca）、总磷（P）的含量，及尿N、尿钙、尿磷含量。DM：用风干法测定；饲料CP、粪N、尿N：采用凯氏定氮法（AOAC988.05）；粗脂肪：采用GB-6433－94法测定。饲料钙、粪钙、尿钙：用高锰酸钾法测定；饲料总磷、粪磷、尿磷：采用GB-6437－86法测定。

血清指标：血清样品经北京市海淀医院检验科生化室使用奥林巴斯Au-600全自动生化分析仪进行下列指标的测定：血清尿素氮（BUN）采用尿素酶法；血糖（GLU）采用酶连续测定法（GOD-PAP法）；总蛋白（TP）采用双缩脲法；白蛋白（ALB）采用溴甲酚绿法；球蛋白（GLO）采用总蛋白和白蛋白差减法。

1.6 统计方法

对试验所得数据应用SPSS11.5统计处理软件ANOVA和GLM进程进行方差分析，差异显著则用DUNCAN法进行多重比较。

2 结果与分析

2.1 生长性能

试验犊牛体重、体尺等生长性能指标变化见表2。3组犊牛全期增重分别为14.97 kg、16.43 kg及13.23 kg，其中22%蛋白组犊牛增重速度比18%组高9.75%，比26%组高24.19%，表明蛋白质水平对犊牛生长发育有显著影响。体长的变化规律与体重相似，随日龄的增长而线性上升，从变化趋势上看，22%蛋白组表现优于26%、18%蛋白两组。各组犊牛的体高在31日龄以前均表现为快速增长，31日龄后趋于平稳，试验结束时各组无显著性差异（$P<0.05$）。管围的变化规律与体高相似，呈曲线增长。胸围的变化规律与体高、管围相反，在31日龄以前增长较小，但31日龄以后，各组犊牛的胸围值均快速增加。在试验结束时各组犊牛胸围值分别达到93.00 cm、94.67 cm及93.33 cm。

表2 不同蛋白水平对犊牛生长性能的影响

项目	处理组	日龄						
		1	11	21	31	41	51	61
体重	A	42.50±7.00	44.83±6.33	46.57±6.21	47.37±6.02	52.57±6.74	54.17±6.00	57.47±7.62
	B	44.50±4.36	48.50±3.46	49.40±2.52	52.10±2.69	55.63±6.09	58.77±5.61	60.93±5.60
	C	45.40±1.39	48.37±1.45	46.57±2.52	49.43±2.57	51.03±2.54	56.03±3.91	58.63±4.50

续表

项目	处理组	日龄						
		1	11	21	31	41	51	61
体长	A	61.67±1.16	63.67±1.16[a]	64.67±1.53	65.00±1.00[b]	67.33±1.53	68.00±3.61	71.33±2.52
	B	61.67±2.52	61.33±0.58[b]	64.33±0.58	68.00±1.00[a]	68.33±2.89	73.00±1.00	74.00±1.00
	C	60.33±1.16	62.67±0.58	63.67±0.58	65.67±0.58[b]	65.00±2.65	70.33±2.08	73.67±1.53
斜长	A	67.33±2.52	69.33±2.52	70.33±1.53	70.67±1.16	74.00±1.00	73.33±3.06	76.67±2.52
	B	67.33±3.06	66.33±2.31	70.00±2.00	73.67±2.08	73.67±2.31	76.00±1.00	78.33±2.52
	C	64.33±0.58	67.67±0.58	69.67±1.16	71.00±1.00	71.33±3.79	75.00±1.73	77.67±1.53
体高	A	72.33±1.53	76.00±2.65	79.00±2.65	80.67±2.08	82.00±3.00	82.67±3.06	83.00±2.65
	B	72.67±0.58	77.33±1.16[a]	79.67±0.58	82.00±1.00	80.67±1.53	83.33±1.53	83.33±1.53
	C	73.00±0.00	73.67±0.58[b]	80.67±1.53	82.00±0.00	82.67±0.58	82.67±0.58	82.67±0.58
胸围	A	82.67±4.73	83.00±5.29	84.00±4.58	86.00±3.61	89.67±3.06	90.33±2.52	93.00±2.00
	B	82.33±3.79	85.00±2.65	86.00±2.00	86.00±4.58	89.00±4.59	92.00±4.00	94.67±4.16
	C	83.67±1.53	85.67±1.53	84.33±0.58	83.33±1.53	88.67±3.51	91.00±3.00	93.33±2.52
管围	A	12.00±0.50	12.50±0.50	12.50±0.50	12.33±0.29	12.33±0.29	12.57±0.49	12.67±0.58
	B	11.83±0.76	12.50±0.50	12.67±0.58	12.67±0.58	12.67±0.58	12.67±0.58	12.67±0.58
	C	11.83±0.29	12.33±0.29	12.50±0.00	12.50±0.00	12.80±0.00	12.80±0.00	12.93±0.12

数据表示方法为平均数±标准差。小写字母相同表示同一列数字间差异不显著，大写字母相同表示同一行数字间差异不显著，下同。

2.2 营养物质消化代谢

表3为犊牛不同生理阶段对营养物质的消化代谢情况。试验犊牛对日粮N的消化率随日龄增长而呈上升趋势。从试验全程来看，22%蛋白组变化较为平稳，整个试验期内无显著差异（$P<0.05$）。12~20日龄期间22%蛋白组N的消化率为76.34%，显著高于18%组的64.32%和26%组的65.32%（$P>0.05$）。不同蛋白质水平全期日粮N的消化率差异不显著（$P<0.05$）。

随犊牛日龄的增长，DM的消化率缓慢下降，其中18%、22%蛋白组32~40日龄期间DM消化率值显著低于12~20日龄时（$P>0.05$）；26%蛋白组在12~30日龄段内基本保持平衡，但30日龄以后消化率快速下降。12~20日龄内22%组犊牛对日粮DM的消化率为78.60%，稍高于18%组的74.50%和26%组的74.52%，但统计分析差异不显著（$P<0.05$）；42~50日龄时22%组显著高于其余两组（$P>0.05$），为71.93%。

和DM的消化规律相反，日粮EE的消化率在整个试验期内均表现上升趋势。总体分析18%蛋白组在各日龄段均低于其余两组，但统计分析差异不显著（$P<0.05$）。

在40日龄以前，试验犊牛对日粮钙的消化率趋于稳定，22%蛋白组在32~40日龄段内显著高于26%蛋白组（$P>0.05$）。40日龄以后，各组犊牛对日粮钙的消化率均逐渐下降，试验结束时3组之间无显著差异（$P<0.05$）。

表3　不同蛋白水平对犊牛营养物质消化代谢的影响

项目	处理组	日龄 12~20	22~30	32~40	42~50	52~60	总平均
干物质表观消化率 DM	A	74.50±5.04^{A}	69.23±4.89	62.71±3.93^{B}	65.28±5.39^{bB}	52.88±4.73^{C}	64.92±8.51^{b}
	B	78.60±5.52^{A}	68.67±4.07	64.37±10.40^{BC}	71.93±0.78^{aAB}	59.86±3.18^{C}	68.69±8.23
	C	74.52±6.52	75.93±2.73^{A}	67.88±2.33	62.43±1.25^{bB}	67.03±12.52	69.56±7.57^{a}
粗脂肪表观消化率 EE	A	67.94±10.46^{B}	73.41±6.63	71.30±4.74^{B}	84.30±4.41^{A}	84.01±3.73	76.19±8.86^{b}
	B	81.75±7.07	76.92±8.24	81.71±4.60	87.66±2.06	80.74±4.30	81.76±5.99^{a}
	C	79.86±8.65	87.41±5.94	78.26±7.30	82.26±8.84	87.95±2.10	83.15±7.18^{a}
氮表观消化率	A	64.32±5.98^{B}	67.38±3.43	71.48±2.79	73.43±4.59^{A}	70.34±1.56^{b}	69.39±4.72^{b}
	B	76.34±4.94	67.83±8.55	76.17±9.04	78.02±4.69	78.42±2.82^{a}	75.36±6.77^{a}
	C	65.32±13.54^{B}	75.46±5.66	73.27±2.65	77.82±7.34	80.88±4.58^{aA}	74.55±8.49^{a}
钙表观消化率	A	53.98±12.91	59.02±6.64	57.96±5.69	61.67±3.13	48.44±3.06	56.21±7.76
	B	69.18±7.89^{A}	48.54±6.25^{B}	66.90±3.98^{aA}	52.79±8.93^{B}	44.84±9.52^{B}	56.45±12.02
	C	57.50±12.01	53.12±8.81	54.01±4.59^{b}	45.41±13.00	46.40±10.80	51.29±9.93
钙存留率	A	44.32±9.46	50.82±6.25	54.56±2.92	54.44±10.73	42.87±5.62	49.04±8.31
	B	61.70±7.12^{A}	39.56±2.95^{B}	58.62±2.34^{aA}	40.25±15.05^{B}	31.53±12.08^{B}	46.31±14.50
	C	46.62±9.86	44.46±9.11	47.07±4.67^{b}	40.23±14.15	33.65±5.73	42.56±8.95
磷表观消化率	A	65.76±5.74	72.62±6.31	73.83±2.86^{a}	75.70±5.42^{A}	64.12±7.22^{B}	70.40±6.77^{a}
	B	69.73±7.28	60.51±5.25^{C}	79.81±5.06^{aA}	73.30±7.14^{AB}	65.29±3.91^{BC}	69.73±8.46^{a}
	C	61.37±11.28	65.09±9.62	64.09±1.29^{b}	60.49±14.26	68.14±0.46	63.83±8.29^{b}
磷存留率	A	41.72±4.82	52.56±5.25	55.27±14.08	60.36±5.59	56.74±15.11	54.16±10.56
	B	52.45±15.34^{BC}	47.65±7.32^{C}	74.12±10.03^{aA}	66.85±2.70^{aAB}	59.36±7.75	60.09±12.77^{a}
	C	45.79±4.88	49.10±4.64	44.50±8.48^{b}	48.53±10.86^{b}	57.07±9.10	49.23±8.50^{b}

2.3　血清生化代谢

试验犊牛的血清代谢指标见表4。可以看出，犊牛血清 TP 含量有随年龄增长而升高的趋势。到60日龄时，22%组血清 TP 含量为53.33 g/L，高于18%组的52.33 g/L及26%组的50.67 g/L。试验犊牛血清 ALB 含量在整个试验期内变化幅度不显著（$P<0.05$），18%、22%蛋白两组变化曲线与 TP 极为相似，26%蛋白组却随犊牛年龄增长而逐渐下降，试验结束时26%蛋白组显著低于18%、22%两组（$P>0.05$），仅为28.33 g/L。白蛋白/球蛋白比值（A/G）18%、22%蛋白两组在整个试验期内均无显著差异（$P<0.05$），且变化平稳，在1.50~1.67；26%组随犊牛日龄增长而显著降低，试验结束时仅1.27。

在整个试验期内3组犊牛血清 BUN 含量的变化曲线相似，均随犊牛日龄的增长而逐渐降低。其中，18%蛋白组犊牛血清 BUN 含量显著低于22%、26%两组（$P>0.05$），平均仅2.60 mmol/L；22%、26%蛋白两组之间虽无显著性差异（$P<0.05$），但数值上以22%蛋白组为低。

在31日龄以前，试验犊牛 GLU 含量基本保持恒定；而整个试验期内，22%、26%两组均表现出先降低而后升高的趋势，18%蛋白组则表现持续下降。试验初期，各组犊牛血清 GLU 浓度差异不显著，但61日龄试验结束时22%组 GLU 含量为5.38 mmol/L，显著高于18%组的3.71 mmol/L及26%组的4.09 mmol/L（$P>0.05$）。

表 4　不同蛋白水平对犊牛部分血清生化指标的影响

项目	处理组	日龄					
		12 ~ 20	22 ~ 30	32 ~ 40	42 ~ 50	52 ~ 60	总平均
尿素氮 BUN	A	—	2.96 ± 0.31^{bA}	2.80 ± 0.33	2.45 ± 0.39	2.21 ± 0.25^{bB}	2.60 ± 0.41^{b}
	B	4.46 ± 1.02	5.01 ± 1.29^{aA}	3.01 ± 0.61^{B}	2.75 ± 0.59^{B}	3.13 ± 0.71^{aB}	3.67 ± 1.19^{a}
	C	5.07 ± 0.15^{A}	4.11 ± 0.95	3.74 ± 0.67	3.01 ± 1.07^{B}	3.46 ± 0.20^{aB}	3.94 ± 0.90^{a}
血糖 GLU	A	—	4.86 ± 0.11^{bA}	5.02 ± 0.25^{A}	4.69 ± 0.43^{aA}	3.71 ± 0.31^{bB}	4.57 ± 0.11^{b}
	B	5.32 ± 0.12	5.46 ± 0.22^{aA}	4.75 ± 0.46^{B}	5.08 ± 0.23^{a}	5.38 ± 0.38^{aA}	5.20 ± 0.37^{a}
	C	4.55 ± 0.50^{A}	4.57 ± 0.37^{bA}	4.33 ± 0.42^{A}	3.47 ± 0.10^{bB}	4.09 ± 0.43^{b}	4.26 ± 0.51^{c}
总蛋白 TP	A	—	50.00 ± 5.57	50.67 ± 4.73	48.67 ± 2.52^{b}	52.33 ± 5.86	50.42 ± 4.36^{b}
	B	51.00 ± 1.73^{B}	52.67 ± 1.53	56.00 ± 2.65^{aA}	53.67 ± 1.53^{a}	53.33 ± 2.08	53.33 ± 20.35^{a}
	C	47.67 ± 5.13	47.00 ± 3.61	44.33 ± 4.04^{b}	52.00 ± 1.41	50.67 ± 2.52	48.07 ± 4.14^{b}
白蛋白	A	—	29.67 ± 0.58^{b}	30.33 ± 0.58	29.00 ± 1.73^{b}	31.00 ± 1.00^{a}	30.00 ± 1.21^{b}
	B	32.00 ± 1.00	32.67 ± 0.58^{a}	33.67 ± 1.53^{a}	32.67 ± 0.58^{a}	33.00 ± 1.00^{a}	32.80 ± 1.01^{a}
	C	31.33 ± 0.58	30.67 ± 2.08	29.67 ± 2.08^{b}	30.00 ± 1.41	28.33 ± 1.53^{b}	30.00 ± 1.75^{b}
球蛋白	A	—	20.33 ± 6.11	20.33 ± 4.16	19.67 ± 1.53	21.33 ± 5.13	20.42 ± 3.94
	B	19.00 ± 1.00^{B}	20.00 ± 1.00	22.33 ± 2.52^{aA}	21.00 ± 1.00	20.33 ± 1.53	20.53 ± 1.73
	C	16.33 ± 4.73	16.33 ± 2.08	14.67 ± 2.08^{bB}	22.00 ± 2.83^{A}	22.33 ± 2.31^{A}	18.07 ± 4.10
白/球蛋白比	A	—	1.57 ± 0.45	1.53 ± 0.31^{b}	1.50 ± 0.17	1.50 ± 0.30	1.53 ± 0.28
	B	1.67 ± 0.06	1.67 ± 0.06	1.57 ± 0.21^{b}	1.57 ± 0.06	1.63 ± 0.12	1.62 ± 0.11
	C	2.03 ± 0.67^{A}	1.90 ± 0.20	2.03 ± 0.15^{aA}	1.40 ± 0.28	1.27 ± 0.15^{B}	1.75 ± 0.45

注：框中“—”表示数据缺失。

3　讨论

3.1　生长性能

试验初期，各组试验犊牛体重增长速度均较慢，可能是犊牛对代乳品的饲喂存在逐步适应的过程，因而影响了增重；21 日龄以后，犊牛对代乳品的适应能力增强，体重也快速上升。本试验中 3 组犊牛 60 d 内增重低于高占峰[1]报道的 36.65 kg 及刁其玉[2]报道的 47.55 kg，可能是因为代谢试验的进行影响了犊牛体重的增长。本试验中 22% 蛋白组犊牛体重始终高于 18%、26% 两组，原因是 18% 蛋白水平满足不了犊牛生长发育的需要，也影响日粮营养素的利用，使之生长速度减缓；而日粮 26% 蛋白水平过高造成了对其他营养素的不平衡，也影响犊牛的增重。

在体长方面，22% 组犊牛在 11 ~ 31 日龄段内增长迅速，而同一时期 18%、26% 两组犊牛增长均较为平缓；在体高、胸围方面，22% 蛋白组犊牛表现亦优于低、高两组，因此日粮蛋白含量过低或过高均不利于动物体尺生长。另外，从表 3 可以看出，1 月龄内的犊牛体尺主要表现为纵向生长，以骨骼生长为主；1 月龄以后，犊牛瘤胃开始快速发育，胸围则得到迅速扩充。

Gaudreau 和 Brisson 报道将干物质含量 20% 以上的犊牛粪视为正常粪便，在 12% ~ 20% 之间的视为软粪，12% 以下视为腹泻[3]。本试验期内 3 组犊牛腹泻主要发生在 20 日龄以前，此期出现腹泻可能是由于犊牛对代乳品的不适应所造成的应激引起，孙进对断奶羔羊实施人工哺乳时出现类似的现象[4]。20 日龄后犊牛对代乳品逐渐适应，腹泻现象消失。

3.2　消化代谢

董国忠等[5]研究认为随着饲粮 CP 水平升高，CP 表观消化率增加，但 CP 真消化率保持不变；而

Henry 和 Seve 报道提高日粮的蛋白水平，不会影响日粮 N 的消化率，但可改善猪对日粮 N 的利用效率，从而提高日增重[6]。本试验中 18% 蛋白水平满足不了犊牛对日粮蛋白质的利用，进而造成犊牛对其他营养素的消化率也降低；26% 蛋白水平有增加日粮干物质、粗脂肪消化率和 N 利用率的趋势，但其改变并不随蛋白含量的升高而线性上升。罗献梅等[7]研究认为进一步提高理想蛋白水平，N 的利用率反而降低。其原因可能是当蛋白质满足动物最大氮沉积需要时，再提高蛋白水平，则会因 CP 过剩而导致 N 的排泄增加，进而降低 N 利用率[8]。从本试验结果来看，蛋白水平过高可能会抑制犊牛对日粮钙磷的消化，降低对钙磷的利用率，这与梁福广等[9]利用断奶仔猪的试验结果，认为 3 种蛋白水平日粮对磷的代谢利用率无显著差异的结果不一致。本试验中，22% 蛋白组犊牛对代乳品中营养物质的消化利用最佳。

3.3 血清生化代谢

血清 ALB 具有作为营养物质的载体、维持血浆渗透压、提供机体蛋白质等功能。血清 GLO 是反映动物机体免疫能力的重要指标。ALB 与 GLO 之和即为 TP。蛋白质摄入不足或吸收障碍，可引起血清 ALB 数量降低，幼龄动物对蛋白质不足的反应更为敏感。本试验中，18% 组上述血清蛋白指标曲线均与 22% 组相似，但数值上均低于后者，这是因为前者所采食的代乳品中蛋白含量较低，导致蛋白质长期摄入不足，肝脏合成降低，血清 ALB、TP 含量偏低，进而造成犊牛生长发育迟缓、体重减轻。在 41 日龄以前 26% 组犊牛 ALB 含量与 22% 组犊牛相近，但 GLO 含量明显低于 22% 组，所以造成 TP 含量偏低，A/G 比偏高。且试验前期 26% 组犊牛 GLO 含量明显低于 22% 组，这可能是造成犊牛免疫能力下降，前期体重增长缓慢、易引发腹泻的原因之一。本试验中 A/G 比值与人的 A/G 比范围 1.5 ~ 2.5 较为相近，但明显低于张宏福等报道仔猪的 3.3 ~ 12.6[10]。

本试验中 3 组犊牛血清 BUN 变化曲线相似，均随犊牛日龄的增长而逐渐降低，这与 Holombe 报道早期断奶羔羊血清 BUN 随日龄而下降的结果一致[11]，但不同于张宏福等[10]报道自然断奶仔猪 BUN 随日龄而增加的结果。BUN 含量受日粮蛋白质的影响很大，本试验中，26% 组犊牛采食高蛋白代乳品，造成蛋白质摄入过多，肠道产氨增多，增加了肝肾负担，最终导致了血氨和 BUN 升高；18% 组促使 BUN 含量降低。董国忠等[5]利用早期断奶仔猪证明提高日粮蛋白质水平可导致血中含氮代谢产物增多，罗献梅等[7]利用配制不同理想蛋白水平的日粮亦取得了相似结果。

表 5　各代谢试验期内粪样干物质含量

处理组	日龄				
	12 ~ 20	22 ~ 30	32 ~ 40	42 ~ 50	52 ~ 60
A	23.30 ± 1.56	26.14 ± 1.50	25.97 ± 0.68	24.64 ± 0.42	22.24 ± 0.91
B	27.52 ± 3.47	26.53 ± 2.00	24.96 ± 1.45	26.03 ± 1.07	26.61 ± 0.31
C	27.19 ± 1.96	26.44 ± 0.61	25.61 ± 0.60	24.82 ± 0.78	24.83 ± 0.64

单胃动物在正常情况下，血糖浓度总是保持一定的恒定范围之内，这对于维持机体各组织细胞的能耗和功能具有重要作用。本试验中 31 日龄以前，3 组犊牛血糖浓度均保持恒定，原因是此时犊牛瘤胃尚未发育，对葡萄糖的代谢类似于单胃动物，犊牛血清中血糖来源主要还是从肠道吸收。而 41 日龄以后，犊牛瘤网胃已开始发育，瘤胃发酵作用增强，日粮中糖类在小肠中分解为葡萄糖并进入肝脏合成糖原的可能性大大降低，故而造成血糖含量降低。但随着犊牛糖异生作用增强，试验结束时血糖浓度有所回升。18% 组犊牛由于采食的日粮营养水平较低，犊牛对营养物质的消化吸收能力较差，难以供给足够的葡萄糖，在 41 日龄时可能动用了肝脏的糖原储备，进而导致试验后期血糖浓度快速下降。这对于造成 18% 组犊牛体型消瘦、增重较差有一定影响。

4 结论

(1) 哺乳期犊牛对代乳品 CP 和 EE 的消化率随日龄增长而呈上升趋势；对日粮 DM 的消化率缓慢下降；对日粮 Ca、P 的消化率在犊牛 40 日龄前趋于稳定，之后逐渐降低。

(2) 代乳品的蛋白质水平对 DM、CP 的消化率影响不大，不同蛋白质水平全期日粮 N 的消化率差异不显著。

(3) 犊牛血清中 BUN 和 GLU 受犊牛日龄的影响显著；BUN、GLU、TP、ALB、GLO 和 A/G 受蛋白质含量的影响，日粮高蛋白质水平可导致犊牛血清 BUN 含量升高。

(4) 本试验中 22% 蛋白组犊牛增重速度比 18% 组高 9.75%，比 26% 组高 24.19%；22% 组犊牛在生长性能、消化代谢及健康状况方面均表现最优。

参考文献

[1] 高占峰，王红云，王丽英，等．代乳粉对犊牛生产性能的影响．饲料广角，2003，(20)：32～34

[2] 刁其玉，张乃锋，刘文忠，等．代乳粉用于早期断奶犊牛的效果研究．乳业科学与技术，2004，107 (2)：70～72

[3] Gaudreau J M，Brisson G J. Abomasum emptying in dairy calves fed milk replacers with varying fat and sources of protein. *Journal of Dairy Sciences*，1980，63：426～440

[4] 孙进，张力，周学辉，等．不同处理大豆蛋白源代乳料哺育早期断奶羔羊的效果．动物营养学报，2004，16 (3)：33～39

[5] 董国忠，周安国，杨凤，等．饲粮蛋白质水平对早期断奶仔猪氮代谢的影响．动物营养学报，1997，9 (2)：19～24

[6] Henry Y，Seve B. Feed intake and dietary amino acid balance in growing pigs with special reference to lysine，tryptophan and threonine. *Pig News and Information*，1993，14 (1)：35～43

[7] 罗献梅，陈代文，张克英．不同理想蛋白质水平对生长猪氮代谢的影响．养猪，2000，(4)：6～8

[8] 张金枝，王津，翁经强，等．杜洛克生长猪理想氨基酸平衡的研究．浙江农业大学学报，1996，22 (1)：85～88

[9] 梁福广，何欣，马秋刚，等．不同蛋白质水平条件下氨基酸平衡日粮对生长猪氮、磷及能量代谢的影响．中国畜牧杂志，2006，42 (13)：23～26

[10] 张宏福，顾宪红．仔猪营养生理与饲料配配制技术研究．北京：中国农业科技出版社，2001：234～239

[11] Holcombe D W，Hanks D R，Krysl L J，*et al.* Effect of age at weaning on intake，insulin-like growth factor I，thyroxine，triiodothyronine and metabolite profiles and growth performance in young lambs. *Sheep Research Journal*，1994，10 (1)：25～34

[12] 黄锡霞，雒秋江，孟庆龄，等．犊牛对乳和处理大豆粉消化性的比较研究．新疆农业大学学报，1997，20 (2)：9～15

[13] 李辉，刁其玉. 断奶日龄对早期断奶犊牛生长性能的影响. 畜牧兽医学报，2006，33(3)：14～17

[14] 高艳霞，叶纪梅，张祥，等．断奶应激对犊牛血液中代谢物和激素的影响．中国畜牧兽医 2006，33 (9)：3～5

饲料级磷酸盐的生物学效价及其测定

李海贤

磷（P）是动物必需的矿物质（mineral）元素，与钙一起在动物体的骨骼和牙齿的发育与维持中起着关键的作用，同时，磷是核酸的成分，参与遗传信息的传递，且在许多代谢中至关重要，磷又是维持体内酸碱平衡和调节渗透压的重要物质（呙于明，1997）。

1803 年，人们就已开始用石灰磷酸盐（lime phosphate）治疗佝偻病（rickets），并证实这类化合物对牙齿生长有益（McDowell，1992），虽然他们并不了解机理。到 1817 年，人们已了解到骨的无机成分大部分是磷酸钙（McDwell，1992），1841 年 Boussingalt（McDowell，1992）报道：骨骼中含有大量的石灰（lime）成分。

谷类籽实、饼粕类、鱼粉和含骨的肉制品是磷的丰富来源，但不同来源的磷利用率差别很大（Galis，1954），谷物中的磷是以植酸磷（phytate phosphorus）的形式存在的（P. McDonald，赵义斌译），植酸（phytic acid）是环已六醇六磷酸酯，其化学结构是由 6 个碳原子构成的正六边形，每个碳原子上有一个带负电的磷酸根，具有很强的螯合能力，在微酸或碱性条件下，与肠道内许多金属阳离子如钙（Ca）、镁（Mg）、锌（Zn）、铁（Fe）、锰（Mn）、铜（Cu）和铬（Cr）离子结合成不溶性的复合盐，从而降低了磷的可利用性；可溶性的植酸盐，如钾（K）盐或钠（Na）盐，在没有钙离子时，利用率几乎与无机磷接近，然而在实际生产中，为了获得最佳生产性能和骨骼的钙化，一般采用高钙日粮，故植酸磷的水解率很低，某一营养物质要表现营养价值，首先要被消化吸收，成为机体的组成成分，然后才能发挥其固有的作用（Peeler，1996），动物对谷物中的磷利用率很差，为了保证畜禽最佳生产性能和繁殖性能，需添加含磷矿物质。

通常我们在调整配方时，都假设磷酸盐中的磷是 100% 可以被利用的，但我们知道，任何一种元素都不可能 100% 的被吸收和利用，应考虑到其利用率。

不同的含磷矿物质的利用率不同，主要受其化学形式及杂质含量的影响，近五六十年来，国内外营养学家为了寻找磷酸盐营养学评价的方法并寻求更广泛的磷源做了大量的工作，本文综述如下。

1 磷酸盐的生物学利用率

在矿物质代谢的研究中，化学分析仅仅表明某元素的总含量，为能说明该元素被动物吸收后的利用程度，有必要研究它的生物学利用率。

1.1 磷酸盐生物学利用率的表达

关于矿物质的“可利用性”的表达与应用，曾先后使用过“利用率（percent utilization）”、“表观利用率（percent apparent digestibility）”、“真利用率（percent true utilization）”、“表观存留率（percent retention）”、“净存留率（percent true retention）”、“吸收率（percent absorption）”及“生物学利用率（biological digestibility）”等。生物学利用率即生物学效价（biological value 或 biological availability），是指养分进入机体后用于正常代谢的效率。

1.2 磷酸盐的生物学利用率的含义

Fox 认为，生物学利用率是指某种养分支持生物机体结构与机能正常的量化指标；Sibbald 的观点，生物学利用率指养分进入体组织后用于正常代谢的效率；许振英（1986）认为，由于矿物质元素具有内源的损失，尤其是钙、磷、镁和铁这几种元素，因此测定它们的表观代谢率意义并不大，更重要的是要测定真消化率，对矿物质来说，即生物学效价或生物学利用率。许振英（1991）将磷的生物学利用率分为绝对生物学利用率和相对生物学利用率。绝对生物学利用率即沉积率，对家禽来说即表观代谢率；相对生物学利用率（relative biological value，RBV）应用较多，是指以一种无机磷化合物作为参照物（reference standard），比较不同饲料中矿物质元素或离子参与机体生理过程的指标。

1.3 研究相对生物学效价的前提条件

RBV 的概念基于下面 3 个假设：

①不同来源磷的利用率是不同的；

②不同来源磷的利用率的差异是可测量和可互相比较的（许振英，1986）；

③RBV 的数据基于参照物的 BV 为 100 而得，并非真正的有效磷利用率（林映才等，1995）。

1.4 影响磷酸盐生物学效价的因素

1.4.1 磷酸盐的化学形式对其生物学效价的影响

含磷矿物质饲料的种类对其 RBV 的影响极显著（屠焰，1997），其存在的化学形式影响着磷酸盐的 RBV，常见的含磷矿物质饲料有磷酸氢钙（即磷酸二钙，Dibasic calcium phosphate，简称 DCP），磷酸氢二钠（sodium phosphate dibasic），磷酸二氢钠（sodium phosphate monobasic），磷酸二氢钾（kalium phosphate monobasic），磷酸钙（即磷酸三钙，Tribasic calcium phosphate），软磷酸盐（soft phosphorus），寇拉苏磷酸盐（Curacao phosphate），磷酸二氢钙（即磷酸一钙，Calcium biphosphate；Monobasic calcium phophat；Acid calcium phosphate，简称 MCP）等，不同磷酸盐的利用率有很大差别。动物对正磷酸盐的利用率高，对偏、焦磷酸盐利用率很差。正磷酸盐被过度加热后形成焦磷酸盐和偏磷酸盐；两个正磷酸盐缩去一分子水而成为焦磷酸盐；一分子正磷酸盐缩去一分子水而得偏磷酸盐，是环状结构的分子。磷酸钙分 α-磷酸钙和 β-磷酸钙，前者可以很好地被动物利用，后者则很难被利用，所有的磷酸钙都是 α-磷酸钙和 β-磷酸钙的混合物（mixture），各自所占的比例与其可利用性直接相关。一般地，在正磷酸盐中，磷酸一钙（磷酸二氢钙）比磷酸二钙（磷酸氢钙）比例高；磷酸二钙又比三钙（磷酸钙）高（屠焰，1997）。

1.4.2 日粮及磷酸盐中钙的含量与钙磷比例

日粮中过量钙的添加或过高的钙磷比例因与磷酸根形成不溶性的盐，而降低含磷矿物质饲料的生

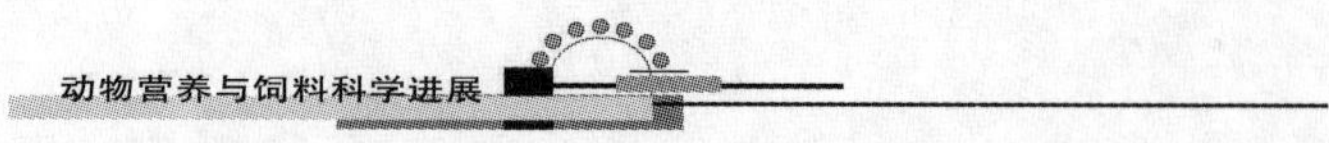

物学效价，磷酸盐中钙的含量与其 RBV 呈极高的负相关关系（屠焰，1997）。

1.4.3 含磷矿物质饲料的粒度大小

Bumell（1990）认为，粒度小的要比粒度大的 RBV 高（屠焰，1997），在近年解决粉状磷酸氢钙粉尘问题的研究中，发现粒状磷酸氢钙比粉状磷酸氢钙的生物学效价高（霍启光，2001）。

1.4.4 氟的含量及氟磷比对生物学效价的影响

氟是影响磷酸盐 RBV 的重要因素之一。氟是饲料级磷酸盐中普遍存在的，少量的氟对提高畜禽的生产性能有好处，可促进骨骼的钙化，且对动物的牙齿有利（Annenkov，1982）。过量的氟对动物的损害很大，其中最严重的就是干扰钙磷的代谢，常出现骨骼和牙齿的病变（李光辉等，1990）。日粮中过多的氟与消化道和血液中的钙结合成难溶的氟化钙，从而使动物对钙的吸收减少，血钙降低，引起一系列的骨骼病变（屠焰，1997）。屠焰（1997）的研究结果表明：当蛋用仔公鸡的胫骨灰分含量或趾骨灰分含量为测定指标时，磷酸盐的 RBV 与其氟的含量及氟磷比呈负相关关系。

1.5 测定含磷矿物质饲料 RBV 的要点

1.5.1 必须有敏感指标

找到最敏感的指标才能精确测得细微的差别。几十年来，大量的试验对磷利用度的敏感指标进行了研究，曾先后试用过“成活率”、“体增重”、“趾骨灰分、体积”、“胫骨灰分、体积”、“胫骨抗裂力”、“采食量”、“饲料消耗量”、“饲料转化效率”等生产性能指标，作为测定磷的生物学效价的敏感指标，与磷的添加水平做回归分析，结果表明：无论是猪还是家禽，都可采用“体增重”和“骨骼灰分含量”作为敏感指标来测定磷的生物学效价，动物总是首先满足与调节能量代谢有关的磷，这与体增重直接相关，然后才满足骨骼钙化的需要，故达到最大骨钙化所需的磷比达到最大体增重所需的磷高，骨骼灰分比体增重更敏感，趾骨和胫骨具有相同的规律（屠焰，1997），而趾骨比胫骨更敏感。

1.5.2 须喂磷缺乏的日粮

屠焰（1997）的研究结果表明，当日粮中非植酸磷（NPP）的添加量超过 0.55% 时，胫骨及趾骨灰分含量将不再变化；日粮中 NPP 的添加量达到 0.53% 以后，趾骨磷的含量不再变化；日粮中 NPP 达到 0.52% 以后，胫骨磷的含量不再变化；日粮中 NPP 达到 0.49% 以后，体增重将不再变化。表明使用不同的敏感指标时，NPP 的添加量都要在缺乏的范围内，否则就不再有线性关系。

2 测定含磷矿物饲料 RBV 的方法和结果

采用斜率比法测定含磷矿物饲料中的 RBV。以蛋用仔公鸡为试验动物，龙蟒粉状磷酸氢钙为参照物，以体增生、胫骨灰分含量和趾骨灰分含量为指标，测定如表 1 中所示的 13 种参试物的生物学效价。

2.1 参试物（见表1）

表1 参试物状况描述

编号	参试物	形状	钙（%）	磷（%）	说明
A	磷酸二氢钙	粒状	16.2	22.7	龙蟒
B	磷酸氢钙	粒状	21.8	18.3	龙蟒
C	磷酸氢钙	粉状	22.7	17.6	龙蟒
D	磷酸一二钙	微粒状	17.8	21.5	龙蟒
E	Biofos	粒状	21.4	18.5	美国 IMC - AGRICO
F	Dynofos	粒状	15.7	20.6	美国 IMC - AGRICO
G	Kynofos	粒状	17.2	20.9	KEMIRA
H	Aliphos Dical	粉状	25.1	18.7	TESSENDERLO
I	Aliphos Modical	粉状	21.5	21.8	TESSENDERLO
J	Windmill Dicalphos	粉状	26.8	20.1	TESSENDERLO
K	PCS	粒状	16.6	21.2	PCS SALES
L	磷酸三钙	粉状	33.1	17.8	韩国
M	磷酸氢钙	粉状	23.3	18.5	湛江

注：1. 钙、磷为实测值；2. C 为参照物；3. B、C 是同一生产厂以同一生产工艺生产的同一化学形式的磷酸盐，差别是：颗粒大小不同，B 为颗粒状，C 为粉状；4. E ~ K 均是混和物。

2.2 各参试物的 RBV

表2 以试鸡体增重、趾骨灰分为指标测定的参试物 RBV

编号	参试物	增重为指标	趾骨灰分为指标	平均值
A	磷酸二氢钙（龙蟒）	100（132）	100（138）	100（135）
B	粒状磷酸氢钙（龙蟒）	81（107）	81（113）	81（110）
C	粉状磷酸氢钙（龙蟒）	76（100）	72（100）	74（100）
D	磷酸一二钙（龙蟒）	91（125）	90（130）	91（128）
E	Biofos（U. S. A）	95	95	95（128）
F	Dynofos（U. S. A）	74	70	72（97）
G	Kynofos	90	88	89（120）
H	Aliphos Dical	71	69	70（95）
I	Aliphos Modical	95	93	94（127）
J	Windmill Dicalphos	81	86	84（114）
K	PCS（U. S. A）	95	93	94（127）
L	磷酸钙（韩国）	68	63	66（89）
M	磷酸氢钙（湛江）	71	66	69（92）

3 影响参试物 RBV 的影响因素

3.1 测定指标对 RBV 的影响

本试验选择了体增重、胫骨灰分含量和趾骨灰分含量 3 个指标测定饲料级磷酸盐的 RBV。分析结果表明，测定指标对 RBV 有很显著的影响。在以 3 个指标测定的 RBV 值中，以体增重为指标测得的

RBV 最低，趾骨灰分含量为指标测得的 RBV 最高，胫骨灰分含量为指标测得的 RBV 居中。该结果与屠焰（1997）的研究结果（体增重最高，胫骨灰分最低）不同。13 种磷酸盐以 3 个指标测得的 RBV 具有相同的排列顺序，验证了屠焰（1997）的研究结果，在测定仔鸡对含磷矿物质的利用率时，趾骨灰分含量可代替体增重、胫骨灰分含量作为敏感指标，以 3 个指标测得的 RBV 之间呈强相关关系（$P<0.01$），以体增重和胫骨灰分含量为指标测得的 RBV 间为 0.9799，以体增重和趾骨灰分含量为指标测得的 RBV 间 r^2 为 0.9723，以胫肯灰分含量和趾骨灰分含量为指标测得的 RBV 间 r^2 为 0.9861。

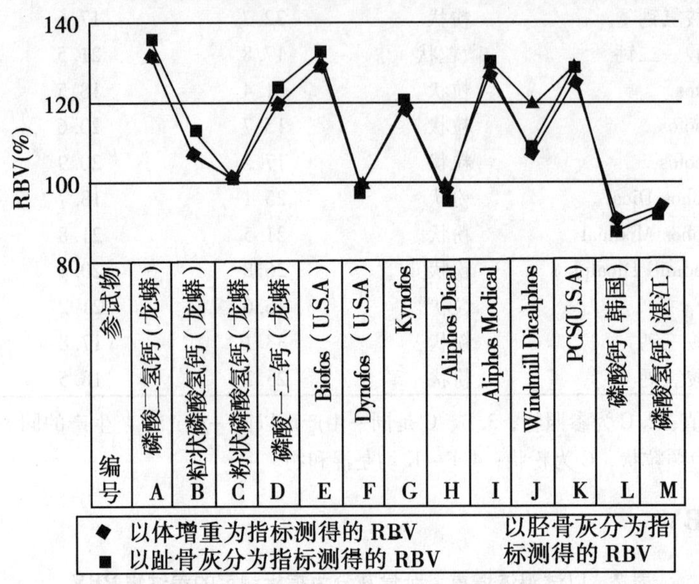

图 1　以试鸡体增重、胫骨、趾骨灰分为指标测定的参试物的 RBV（%）

3.2　磷酸盐的各类对 RBV 的影响

磷酸盐的各类对其 RBV 确有影响。本试验中，在已知化学形式的 4 种龙蟒产品中，以磷酸二氢钙的 RBV 最高（以体增重、胫骨灰分含量和趾骨灰分含量为敏感指标分别为 132.1、135.2 和 138.3）；然后是磷酸一二钙（以体增生、胫骨灰分含量和趾骨灰分含量为敏感指标分别为 119.8、124.2 和 124.5）；磷酸氢钙最低（以体增重、胫骨灰分含量和趾骨灰分含量为敏感指标分别为 106.8、112.7 和 112.7），这与屠焰（1997）的研究结果（磷酸二氢钙的 RBV 高于磷酸氢钙）一致。

3.3　磷酸盐的颗粒大小对 RBV 的影响

以粉状磷酸氢钙为参照物时，粒状磷酸氢钙的 RBV 以体增重、胫骨灰分含量和趾骨灰分含量为指标时分别为 106.8%、112.7% 和 112.9%，与粉状磷酸氢钙差异分别为 6.8%、12.7% 和 12.9%，可见在磷酸氢钙中的磷被仔鸡利用时，粒状要比粉状的更有优势，这个结果可能是因为粒状磷酸盐在消化道内停留的时间更长，吸收的时间延长，吸收率较高，但尚无试验验证。

清凉冲剂对鸡肠黏膜 IgA^{+} 的动态影响

刘凤华[1]，许剑琴[2]，胡艳欣[2]，张　雪[1]

(1. 北京农学院动物科技系,北京　102206;2. 中国农业大学动物医学院,北京　100094)

摘　要：本试验采用农大3号1日龄公雏300只，随机分为3组，每组100只。试验Ⅰ组和试验Ⅱ组分别给予清凉冲剂Ⅰ和清凉冲剂Ⅱ，按饲喂日粮0.1%添加，饮水投药。另一组为对照组。于7日龄、21日龄、35日龄、49日龄时剖杀，从十二指肠、空肠、回肠分别采取2 cm的肠段，利用免疫组化方法测定肠道中 IgA^{+} 平均阳性表达率。结果表明：试验组肠黏膜中 IgA^{+} 平均阳性表达率均随日龄增加而上升，49日龄时最为明显，其中十二指肠、空肠中IgA含量，试验Ⅱ组高于试验Ⅰ组；回肠中IgA含量，试验Ⅰ组比试验Ⅱ组高，与对照组相比存在显著（$P<0.05$）或极显著（$P<0.01$）差异。因此清凉冲剂可以提高鸡的黏膜免疫指标IgA的含量。

关键词：鸡；清凉冲剂；小肠；IgA

“应激（stress）”是机体对外界或内部的各种非常刺激所产生的非特异性应答反应之总和。应激可引起神经系统和神经内分泌系统的一系列变化，这些变化将重新调整内环境的平衡状态以应对激原的不良影响。但是这种内环境改变常常是以增加器官功能的负荷或自身防御机能的消耗为代价。一般地说，在应激的惊恐反应阶段会降低机体非特异性免疫力，提高家畜对病原微生物的易感性，导致疾病发生，影响动物健康，甚至引起死亡。因此应激对免疫影响的研究一直是应激机理研究的热点。相关研究主要集中在细胞免疫、特异性免疫的指标上，而对黏膜免疫的影响尚未见报道。近年来，我们研制的抗热应激中药饲料添加剂——清凉冲剂，在提高非特异性免疫力的基础上，具有清热祛湿，促食欲、助消化，提高生产性能的效果。相关研究表明生产实践中，用在高温到来前预防性添加，不仅可以促进高温中机体外周微循环散热效率，提高鸡对高温的适应性，而且可以调整机体免疫力和提高生产性能。本试验旨在观察常温下预防性添加清凉冲剂对不同日龄（7日龄、21日龄、35日龄、49日龄）鸡十二指肠、空肠、回肠中黏膜免疫的标志性指标IgA的动态影响，探讨其提高机体黏膜免疫的机制，为在生产实践中推广应用提供理论依据。

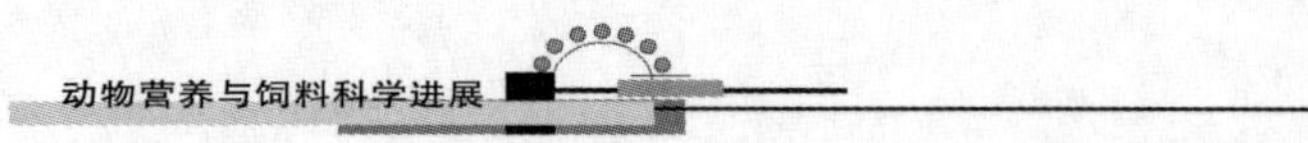

1 材料与方法

1.1 试验材料

试验动物：农大3号1日龄公雏，购自北京昌平区试验鸡场。

中药清凉冲剂：方Ⅰ由石膏（*Gypsum Fibrosum*）、藿香（*Herba Agastachis*）、苍术（*Rhizoma Atractylodis*）、黄柏（*Cortex Phellodendri*）按等比例组成。方Ⅱ由苍术、黄柏、石膏、藿香按1：1：0.5：1组成，自制。

免疫组化试剂：鼠抗鸡IgA单抗：Southern Biotechnology，Inc.；Histostain™-Plus Kits：美国ZYMED公司SP-9000免疫组化染色试剂盒，SP系列工作液试剂盒（北京中杉生物技术有限公司）包括：①内源性过氧化物酶阻断剂；②封闭用正常山羊血清工作液；③通用型生物素标记羊抗兔、大鼠、小鼠和豚鼠IgG；④辣根过氧化物酶标记链霉卵白素工作液。DAB Kit显色剂，美国ZYMED公司产品（北京中杉金桥生物技术有限公司分装）。

仪器设备：BH2 Olympus生物显微镜；AO820型切片机（Amersham optical）；Motic病理图像分析系统3.0等。

1.2 试验方法

农大3号1日龄公雏，平养，常规免疫及饲养，饲料代谢能12.18 MJ/kg，粗蛋白18.45%。试验期7～49日龄，共计6周。选择体重55.5 g±5.2 g的雏鸡300只，随机分为3组，每组100只。试验Ⅰ、Ⅱ组，分别饮喂中药清凉冲剂方Ⅰ和方Ⅱ（制剂浓度为1 g/ml），按饲喂日粮0.1%添加；第3组为对照组，正常饮水。

采样及切片制备：各组分别在第7日龄、14日龄、21日龄、28日龄、35日龄、42日龄、49日龄时称重并进行生物统计学分析；同时各组随机选取5只鸡剖杀，分别采取十二指肠中段约2 cm长的肠段，空肠卵黄蒂左右各约1 cm长的肠段，和回盲口上下各约1 cm长的肠段，用生理盐水冲洗干净并及时置于4%甲醛溶液中固定，而后石蜡包埋、切片、免疫组化染色。

试验鸡肠道 IgA^+ 平均阳性表达率的测定：在10×10光镜下，观察 IgA^+ 阳性反应物的分布，使用Motic（Motic Images Advanced 3.0）病理图像分析系统分析以上样品在鸡7日龄、21日龄、35日龄、49日龄时十二指肠、空肠、回肠中 IgA^+ 平均阳性表达率。

$$IgA^+\text{平均阳性表达率}=\frac{\text{视野中}IgA^+\text{浆细胞所占面积}}{\text{观察视野面积}}\times 100\%$$

1.3 试验数据处理方法

用MINITAB Release 10.1软件进行方差分析，Excel进行相关系数的计算。

2 结果

2.1 清凉冲剂对鸡十二指肠 IgA^+ 平均阳性表达率的影响

从表1可以看出 IgA^+ 平均阳性表达率的变化：21日龄时，试验Ⅰ组高出对照组0.60%（$P>$

0.05)；试验II组高出对照组3.28%（$P<0.01$），比试验I组高出2.68%。在35日龄时，试验I组高出对照组1.88%（$P<0.05$）；试验II组高出对照组5.14%（$P<0.01$），比试验I组高出3.26%。49日龄时，IgA达到最高，试验I组高出对照组5.45%（$P<0.01$）；试验II组高出对照组8.36%（$P<0.01$），比试验I组高出2.91%。试验结果说明在鸡十二指肠中IgA^+平均阳性表达率，试验II组高于试验I组。

IgA^+在十二指肠中以绒毛的根部和肠腺附近为多，见图1。

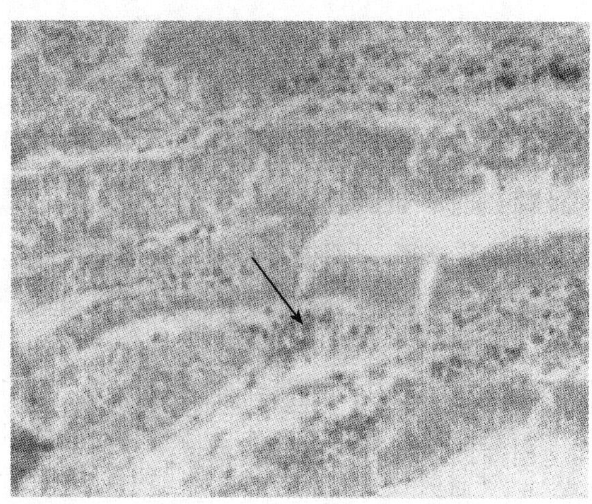

图1　49日龄试验II组十二肠中的IgA^+阳性（免疫组化，40×）

表1　清凉冲剂对鸡十二指肠IgA^+平均阳性表达率的影响　　(%)

	7日龄	21日龄	35日龄	49日龄
对照组	0.41±0.01	0.86±0.03	1.59±0.00	2.33±0.00
试验I组	0.40±0.02	1.46±0.01	3.47±0.01[a]	7.78±0.04[A]
试验II组	0.39±0.02	4.14±0.50[A]	6.73±0.38[A]	10.69±0.02[A]

注：A为差异极显著（$P<0.01$），a为差异显著（$P<0.05$），下同。

2.2　清凉冲剂对鸡空肠中IgA^+平均阳性表达率的影响

从表2可以看出，21日龄时，试验I组比对照组高出0.08%（$P<0.05$）；试验II组高出对照组0.19%（$P<0.01$），比试验I组高出0.11%。35日龄时，试验I组比对照组高出0.4%（$P<0.05$）；试验II组比对照组高出0.88%（$P<0.01$），且比试验I组高出0.48%。49日龄时效果最明显，试验I组比对照组高出2.43%（$P<0.05$）；试验II组比对照组高出4.94%（$P<0.01$），比试验I组高出2.51%。试验结果表明在鸡空肠中IgA^+平均阳性表达率，试验II组比试验I组好。

IgA^+在十二指肠中以绒毛顶部的固有层为多（见图2）。

表2　清凉冲剂对鸡空肠IgA^+平均阳性表达率的影响　　(%)

	7日龄	21日龄	35日龄	49日龄
对照组	0.41±0.01	0.92±0.01	1.27±0.02	3.52±0.12
试验I组	0.40±0.01	1.00±0.01[a]	1.67±0.01[a]	5.95±0.16[a]
试验II组	0.39±0.02	1.11±0.02[A]	2.15±0.06[A]	8.46±0.02[A]

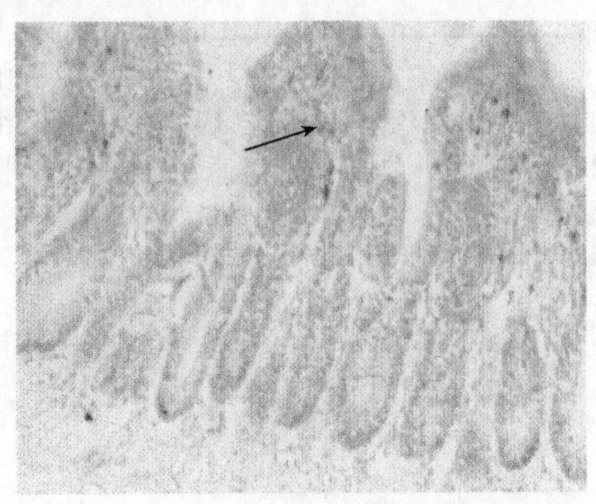

图2　7日龄对照组空肠中的 IgA^+ 阳性（免疫组化，10×）

2.3　清凉冲剂对鸡回肠 IgA^+ 平均阳性表达率的影响

由表3可见，21日龄时，试验Ⅰ组比对照组高出0.13%（$P<0.01$），试验Ⅱ组高出对照组0.12%。35日龄时，试验Ⅰ组比对照组高出0.70%（$P<0.01$），比试验Ⅱ组高出0.30%；试验Ⅱ组比对照组高出0.4%（$P<0.01$）。49日龄时最为显著，试验Ⅰ组比对照组高出4.5%（$P<0.01$），比试验Ⅱ组高出4.33%；试验Ⅱ组比对照组高出0.17%。试验结果表明在鸡回肠中 IgA^+ 平均阳性表达率，试验Ⅰ组比试验Ⅱ组好。

IgA^+ 在回肠中以肠绒毛根部的固有层附近，见图3。

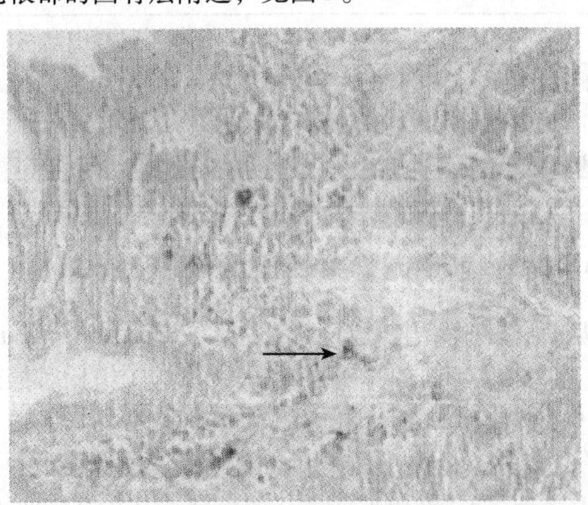

图3　49日龄对照组回肠中的 IgA^+ 阳性（免疫组化，40×）

表3　清凉冲剂对鸡回肠 IgA^+ 平均阳性表达率的影响　　（%）

	7日龄	21日龄	35日龄	49日龄
对照组	0.31±0.01	0.58±0.01	0.93±0.01	2.85±0.02
试验Ⅰ组	0.30±0.02	0.71 ± 0.01^A	1.63 ± 0.02^A	7.35 ± 0.05^A
试验Ⅱ组	0.30±0.01	0.59±0.01	1.33 ± 0.02^A	3.02±0.04

3 讨论

消化道作为机体黏膜免疫系统（Mucosal Immune System，MIS ）的主要部分，近年来一直备受人们的关注[1,2]。在消化道内不仅常有许多细菌、病毒、潜在性的有害抗原物质，还有食物蛋白质、自溶物质和其他崩解、代谢副产物，所以黏膜表面经常受到这些物质的刺激。热应激中机体为对抗激原的作用维持内部的稳态，代谢增强，紧急动员能量，必然造成肠道内代谢副产物增多，微生态环境紊乱，大量产生的有害物质与消化道黏膜血管之间仅仅以单层柱状上皮和一层可变的黏液层相隔离。这就要求肠道必须具备良好的屏障功能。一般认为肠道屏障功能主要由肠黏膜屏障来完成，黏膜是免疫的主要屏障[3]。在机体正常状态下，黏膜是预防病原体的主要屏障；在黏膜病理状态下，黏膜屏障便不具有免疫反应的能力，病原微生物和它们的有毒产物就会进入体内，产生有害的影响。家禽黏膜免疫系统是机体免疫系统不可分割的重要组成部分，也是免疫系统的第一道防线。研究已经证实，机体95%以上的感染发生在黏膜或由黏膜入侵机体[4]；同时黏膜既存在局部免疫又存在共同免疫系统。

肠道的免疫学屏障主要由肠黏膜吸收上皮细胞和肠道相关淋巴组织构成。肠黏膜吸收上皮细胞可以从其基底面摄取 sIgA（secreting immunoglobin A）免疫复合物，将其经细胞转运到达细胞表面的细胞衣上，能够中和毒素、病毒、细菌和酶等生物活性抗原，具有广泛的保护作用。体液免疫是黏膜免疫效应的主要过程，即产生抗体-分泌型免疫球蛋白 A（sIgA）。sIgA 是黏膜局部抗感染的一个重要因素，故又称为局部抗体。由于在黏膜免疫反应中，sIgA 作为主要的效应分子，产量大，又不容易被一般蛋白酶所破坏，故成为抗感染、抗过敏的第一道主要免疫“屏障”。sIgA 有以下基本功能：①可阻止病原微生物黏附于黏膜上皮细胞表面；②免疫排除作用：对由食物摄入或空气吸入的某些抗原物质具有封闭作用，使这些抗原游离于分泌物，便于排除，或使抗原物质局限于黏膜表面，不致进入机体，从而避免某些超敏反应的发生；③溶解细菌作用：不论血清型 IgA 或 sIgA 均无直接杀菌作用，但可与溶菌酶、补体共同作用，引起细菌溶解；④中和病毒作用。因此，IgA 的增加可促进机体在热应激中的免疫功能[5]。

清凉冲剂两组方剂中，方 I 以清气化湿解表为主，适用于暑湿初起，热重于湿者；方 II 以除湿健胃和中为主，适用于湿热并重，或湿重于热。清热之剂为祛邪而设，可以在调整机体稳态的同时，通过改善肠道微生态结构等环节，达到御邪于未至，祛邪于至微的目的。芳香化浊之剂多能醒脾健脾，脾气健运则气血生化有源，免疫力增强，则外邪难侵。热应激中鸡的食欲不振，消化吸收障碍，脾失健运导致生产性能下降，饲料报酬降低，由于中医脾涉及消化、内分泌、神经、血液等多个系统，与免疫系统有密切关系。有报道表明脾虚常导致局部免疫功能紊乱，可能是黏膜屏障受损，消化道菌群失调，局部刺激导致 sIgA 负荷能力较低，sIgA 分泌不足所致[6]。已有相关试验结果证实常温下应用清凉冲剂预防性添加时，具有提高机体免疫力的作用。本试验结果同样表明，清凉冲剂具有增加 sIgA，提高黏膜免疫效力的作用。

4 结论

常温下应用清凉冲剂预防性添加，鸡十二指肠、空肠和回肠中的 IgA^+ 随日龄增加而显著增加，试验组高于对照组（$P<0.05$ 或 $P<0.01$）；在十二指肠和空肠中，IgA^+ 试验 II 组比试验 I 组增加显著；而在回肠中，IgA^+ 试验 I 组比试验 II 组增加明显，说明清凉冲剂对鸡黏膜免疫 IgA^+ 有显著促进作用。

参考文献

[1] 白雪原．黏膜免疫进展［J］．国外医学—免疫学分册，1999，22（5）：255～259

[2] 余锐萍，高齐瑜，王彩虹．肠相关性淋巴组织研究概况［J］．动物医学进展，2002，23（4）：29～33

[3] Kagnoff M F. Mucosal immunology：new frontiers［J］. Immunology Today，1996，17（2）：57～59

[4] 高英杰．黏膜免疫向免疫学提出了新问题［J］．上海免疫学杂志，2000，20（5）：257～259

[5] 金光明，杨倩，刘胜兵．动物黏膜免疫与分泌型免疫球蛋白 A［J］．安徽技术师范学院学报，2003，17（2）：107～111

[6] 骆和生，罗鼎辉．免疫中药学［M］．北京：中国协和医科大学，北京医科大学联合出版社，1999，3～14

（本文曾发表于中国兽医学报，2006，（5）：525～527）

不同磷源磷在鲤鱼饲料中的应用研究

郭　庆[1]，杨雨虹[2]，王　枫[2]
（1. 中国农科院饲料研究所，北京　100081；2. 东北农业大学，黑龙江哈尔滨　150030）

摘　要： 本试验选取50 g左右的建鲤，以不同种类的磷酸盐为外源性磷源，分别进行鲤鱼不同磷源磷的表观消化率、鲤鱼磷的需要量以及不同磷源磷对鲤鱼生物学利用率的研究。鲤鱼不同磷源磷的表观消化率研究结果表明：鲤鱼对不同磷源磷的表观消化率有着显著的不同（$P<0.05$）且磷酸二氢钙的表观消化率最高，而骨粉的表观消化率最低。鲤鱼磷的需要量研究结果表明：磷酸二氢钙为磷源的有效磷添加水平对鲤鱼的增重有显著的影响（$P<0.05$），但当磷酸二氢钙的添加量从2%提高到2.65%时，鲤鱼的生产性提高不显著（$P>0.05$）。鲤鱼不同磷源磷生物学利用率的研究结果表明：含磷矿物质的种类对其RBV之间差异极显著（$P<0.05$），其中磷酸二氢钙的RBV最高，其次是磷酸一二钙，磷酸氢钙居中，以增重率为指标则磷酸钙的RBV最低，以椎骨磷含量为指标则骨粉的RBV最低。

关键词： 鲤鱼；磷源；磷需要量；表观消化率；生物学利用率

磷作为有机化合物的一个必要成分，存在于鱼体内的各个细胞中。这些磷酸化合物为生命过程中储存、流通必不可少的组分并分布在各种器官和组织中。而养殖水体中磷含量很低，且鱼类对水中磷的吸收率很差，所以饲料中的磷是养殖鱼类主要的磷源[1]。Ogino等人研究发现鱼类特别是无胃的鲤科鱼类对饲料中动物性原料中的磷和植物性原料中的磷利用率很低，不能满足其营养需要，饲料中不足的磷必须依靠添加含磷矿物质来补足[2]。

而在矿物质代谢过程中，所有元素都不能全部被吸收和利用，或多或少要在消化和代谢过程中损失。营养元素在行使营养作用之前，必须经历消化、吸收和转运到发挥功能部位的一系列过程。所以不同含磷矿物质饲料对鱼类的营养价值是不相同的。

随着养殖业和配合饲料工业的发展，含磷矿物质饲料的需求量日益增加。含磷矿物质饲料的种类很多，其中磷的存在形式、含量以及杂质的种类和含量不尽相同。而且磷在鱼饲料中的添加成本较高，过量的或未被吸收利用的磷随粪便进入水中，既造成了经济损失又导致了水环境的污染，所以通过不同磷源磷对鲤鱼饲料的应用研究，对设计高效、经济的饲料配方，降低水环境的污染具有重要的指导意义。

1 材料与方法

1.1 试验材料

试验用鱼为建鲤（50 g），试验选择的磷酸二氢钙、磷酸氢钙、磷酸钙、磷酸一二钙为龙蟒公司所售。骨粉为市售。具体描述见表1。

表1 参试物情况描述

编号	参试物	形状	钙（%）	磷（%）	产地
A	磷酸二氢钙	粉状	16.2	22.45	龙蟒
B	磷酸氢钙	粉状	21.8	17.17	龙蟒
C	磷酸钙	粉状	33.1	17.86	龙蟒
D	磷酸一二钙	粉状	17.8	21.12	龙蟒
E	骨粉	粉状	23.61	10.91	市售

* 磷含量为实测值。

1.2 饲料的配制

以鱼粉、玉米蛋白粉、豆粕、面粉、小麦麸组成基础日粮，配方和营养成分见表2。饲料用小型颗粒机制成颗粒，然后用电扇吹干，室温下避光存放备用。

表2 基础日粮配方及营养成分

原料	添加比例（%）
鱼粉	5.00
玉米蛋白粉	10.00
豆粕	40.00
面粉	25.00
小麦麸	15.10
豆油	1.00
氯化胆碱（50%）	0.30
预混料	0.60
石粉	2.50
三氧化二铬	0.50
粗蛋白	32.29
总磷	0.60
非植酸磷（NPP）	0.31

1.3 试验设计

1.3.1 鲤鱼不同含磷矿物质饲料的表观消化率

试验设计6个处理，每处理组4重复，每重复12尾试验鱼，试验期20 d。即将参试物按磷含量0.3%加入基础日粮，并加入三氧化二铬（0.5%）为指示物制成试验日粮。试验日粮配方见表3。

1.3.2 鲤鱼饲料磷的需要量研究

该项试验设计5个处理，每处理4重复，每重复12尾试验鱼，试验期56 d。即在基础饲料中分别添加0.65%、1.34%、2.0%和2.65%的 $Ca(H_2PO_4)_2$ 混合均匀，试验日粮配方详见表4。

表3 试验日粮配方

处理组	NPP添加水平（%）	参试物添加量（%）	小麦麸（%）	石 粉（%）
磷酸二氢钙	0.30	1.34	14.36	1.90
磷酸氢钙	0.30	1.74	14.31	1.45
磷酸钙	0.30	1.68	14.92	1.00
磷酸一二钙	0.30	1.42	14.34	1.84
骨粉	0.30	2.75	14.45	0.40
基础日粮	0.00	0.00	15.10	2.50

表4　试验日粮配方

处理	总磷（%）	有效磷添加量（%）	有效磷总量（%）
基础饲料	0.60	—	0.15
0.65%组	0.75	0.13	0.28
1.34%组	0.90	0.27	0.42
2.00%组	1.05	0.40	0.55
2.65%组	1.19	0.53	0.68

1.3.3　鲤鱼不同磷源磷生物学利用率的研究

向基础日粮中等梯度添加参试物，NPP的添加水平依次为0.10%和0.20%，使每种参试物形成3种日粮，NPP水平分别为0.40%和0.50%，共计10种试验日粮。改变石粉的添加比例，使试验日粮的钙水平与基础日粮一致。试验饲料配方详见表5。

表5　试验日粮配方

处理组	NPP添加水平（%）	参试物添加量（%）	小麦麸	石 粉
磷酸二氢钙（A）				
A_1	0.10	0.45	14.85	2.30
A_2	0.20	0.89	14.61	2.10
磷酸氢钙（B）				
B_1	0.10	0.58	15.02	2.00
B_2	0.20	1.16	14.94	1.50
磷酸钙（C）				
C_1	0.10	0.56	14.89	2.15
C_2	0.20	1.12	14.68	1.80
磷酸一二钙（D）				
D_1	0.10	0.47	14.85	2.28
D_2	0.20	1.12	14.60	2.05
骨粉（E）				
E_1	0.10	0.92	14.88	1.80
E_2	0.20	1.83	14.67	1.10
基础日粮	0.00	0.00	15.10	2.50

1.4　养殖方式

采用室内循环水养鱼系统，每个水族箱容积100 L，流量为2.1 L/min。水温25～28 ℃，溶氧>5 mg/L。正式试验开始前将鱼暂养10 d，进行消毒和驯化。试验前和试验期内每天投喂3次，日投喂量为体重的2%左右，准确记录摄食量。残饵和粪便皆用自动虹吸连续收集。

1.5　粪样的收集和制备

正式试验前，将鱼暂养10 d。在试验第20 d，采用粪便排出后虹吸的方法，进行收集粪便，每重复组粪样装在一个容器内低温保存，干物质达到3 g以上混合均匀后测定。在试验第8周（56 d），将每重复组的样品全部选择测定。

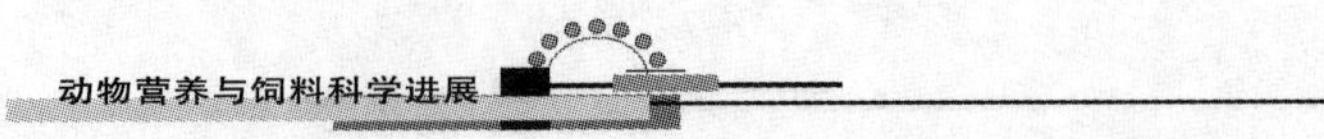

1.6 样品的测定

1.6.1 磷表观消化率

$$试验料总磷的表观消化率 = \left(1 - \frac{饲料中［铬］\times 粪中［磷］}{粪中［铬］\times 饲料中［磷］}\right) \times 100\%$$

$$参试物磷的表观消化率 = (D \times (A_1 + A_2) - A_1 \times D_1) / A_2$$

其中 D 为试验料总磷的表观吸收率；A_1 为基础料磷含量，A_2 为试验料中参试物磷的添加量；D_1 为基础料总磷的表观吸收率。

1.6.2 增重率

$$平均增重率 = \frac{试验末平均体重（g/尾）- 试验初平均体重（g/尾）}{试验初平均体重（g/尾）}$$

1.6.3 饲料系数

$$F = \frac{R_1 - R_2}{G_1 + G_2 - G_0}$$

式中 F：饲料系数；R_1：投饵量；R_2：残饵量；G_0：试验开始时鱼的总体重；G_1：试验过程中死亡鱼的重量；G_2：试验结束时鱼的总体重。

1.6.4 椎骨磷

正式试验前，将鱼暂养 10 d。在试验第 61 d 清晨，每重复随机取两条鱼，微波煮熟 5 min，去掉鱼头骨及肋骨，将脊椎骨剥离干净，于 80 ℃烘箱内烘 24 h，室内放置 24 h 制备成风干样后测定磷含量。吸光度测定用美国惠普公司的 Hp 8452A 紫外、可见分光光度计。

$$椎骨磷含量 = \frac{椎骨磷重量(g)}{椎骨重量(g)} \times 100\%$$

1.6.5 相对生物学利用率

$$待测磷源中磷的 RBV = \frac{待测磷源的量化反应}{参照磷源的量化反应} \times 100\%$$

1.7 数据处理

以 SAS 统计软件 PROC ANOVA 程序计算处理组各个指标数值，计算处理平均数及标准差。

2 结果与分析

2.1 鲤鱼不同含磷矿物质饲料的表观消化率

鲤鱼不同处理组总磷 、参试物磷表观消化率分析结果见表 6。

表 6 各处理组总磷、参试物磷表观消化率

处理组	总磷表观消化率（%）	参试物磷表观消化率（%）
基础饲料	24. 38 ± 1. 71[c]	
磷酸二氢钙	44. 56 ± 1. 38[a]	88. 32 ± 4. 38[a]
磷酸氢钙	32. 14 ± 0. 14[b]	48. 94 ± 5. 18[b]

续表

处理组	总磷表观消化率（%）	参试物磷表观消化率（%）
磷酸钙	22.04 ±1.38[c]	16.92 ±4.38[c]
磷酸一二钙	33.49 ±2.28[b]	52.18 ±6.95[b]
骨粉	10.59 ±2.34[d]	−13.94 ±16.88[e]

同列数值肩号无相同字母者表示差异显著（$P<0.05$），相同字母者表示差异不显著（$P>0.05$）。

由表6可以看出鲤鱼总磷表观消化率在不同处理组之间差异显著（$P<0.05$），但磷酸氢钙组和磷酸一二钙组之间没有差异。总磷表观消化率由高到低的排列顺序为磷酸二氢钙组 > 磷酸一二钙组 > 磷酸氢钙组 > 基础饲料组 > 磷酸钙组 > 骨粉组。与基础饲料组相比，磷酸二氢钙组、磷酸一二钙组、磷酸氢钙组总磷表观消化率分别提高82.77%、37.37%和31.83%；磷酸钙组、骨粉组总磷表观吸收率分别降低9.6%、56.56%。

由表6同时可以看出，不同参试物磷的表观消化率差异显著（$P<0.05$），但磷酸氢钙、磷酸一二钙处理间没有差异（$P>0.05$）。不同处理间磷的表观吸收率由高到低的排列顺序为磷酸二氢钙组 > 磷酸一二钙组 > 磷酸氢钙组 > 磷酸钙组 > 骨粉组。

2.2 鲤鱼饲料磷的需要量研究

不同处理饲料中磷添加水平对鲤鱼增重率和饲料系数的影响见表7。8周后，饲料中磷添加水平不同，不同处理鲤鱼的增重率差异显著（$P<0.05$），但2.00% $Ca(H_2PO_4)_2$和2.65% $Ca(H_2PO_4)_2$处理间鲤鱼的增重率没有差异（$P>0.05$）。分析结果显示，$Ca(H_2PO_4)_2$添加水平在0.65% ~2.65%范围内，鲤鱼的增重率呈上升趋势，但在添加水平2.00%附近，鲤鱼的增重率上升不显著。

不同处理饲料中磷添加水平对鲤鱼的饲料系数差异显著（$P<0.05$），但2.00% $Ca(H_2PO_4)_2$和2.65% $Ca(H_2PO_4)_2$处理间鲤鱼的饲料系数没有差异（$P>0.05$）。分析结果显示，$Ca(H_2PO_4)_2$添加水平在0.65% ~2.65%范围内，鲤鱼的饲料系数呈下降趋势，但在添加水平2.00%附近，鲤鱼的饲料系数下降不显著。

表7　饲料中磷添加水平对鲤鱼增重率和饲料系数的影响

处理	增重率（%）	饲料系数
基础饲料	38.26 ±2.72[a]	1.81 ±0.22[a]
0.65% $Ca(H_2PO_4)_2$	49.73 ±3.79[b]	1.66 ±0.18[b]
1.34% $Ca(H_2PO_4)_2$	58.93 ±2.54[c]	1.52 ±0.26[c]
2.00% $Ca(H_2PO_4)_2$	72.62 ±4.91[d]	1.34 ±0.13[d]
2.65% $Ca(H_2PO_4)_2$	74.22 ±5.01[d]	1.27 ±0.27[d]

同列数值肩号无相同字母者表示差异显著（$P<0.05$），相同字母者表示差异不显著（$P>0.05$）。

2.3 鲤鱼不同磷源磷生物学利用率的研究

2.3.1 不同参试物磷对鱼体增重率和椎骨磷的影响

不同处理试验鱼的增重率及椎骨磷结果见表8。

表 8　不同参试物磷对鱼体增重率、椎骨磷的影响

处理组	NPP 添加水平（%）	增重率（%）	椎骨磷含量（%）
磷酸二氢钙（A）			
A_1	0	38.26 ±2.72	6.64 ±0.16
A_2	0.1	45.44 ±4.95	7.51 ±0.13
A_3	0.2	56.97 ±3.36	8.00 ±0.23
磷酸氢钙（B）			
B_1	0	38.26 ±2.72	6.64 ±0.16
B_2	0.1	38.79 ±2.37	6.74 ±0.40
B_3	0.2	47.96 ±5.00	7.13 ±0.43
磷酸钙（C）			
C_1	0	38.26 ±2.72	6.64 ±0.16
C_2	0.1	37.62 ±2.61	6.83 ±0.20
C_3	0.2	40.19 ±4.36	6.93 ±0.34
磷酸一二钙（D）			
D_1	0	38.26 ±2.72	6.64 ±0.16
D_2	0.1	44.36 ±5.60	7.24 ±0.46
D_3	0.2	52.78 ±4.57	7.53 ±0.11
骨粉（E）			
E_1	0	38.26 ±2.72	6.64 ±0.16
E_2	0.1	38.03 ±4.36	6.83 ±0.32
E_3	0.2	40.90 ±5.23	6.81 ±0.26

由表 8 提供的数据，以日粮 NPP 水平为 X，以增重率和椎骨磷含量为 Y，分别用 SAS 统计软件 PROC ANOVA 方法建立回归方程 $Y = a + bX$。分析结果见表 9。

表 9　鱼体增重率和椎骨磷对不同参试物磷的回归分析

处理组	增重率回归方程		椎骨磷回归方程	
磷酸二氢钙	$Y = 37.54 + 93.55X$	R：0.96	$Y = 6.70 + 6.80X$	R：0.97
磷酸氢钙	$Y = 38.82 + 48.50X$	R：0.79	$Y = 6.59 + 2.45X$	R：0.90
磷酸钙	$Y = 37.73 + 9.65X$	R：0.52	$Y = 6.65 + 1.45X$	R：0.97
磷酸一二钙	$Y = 37.87 + 72.60X$	R：0.99	$Y = 6.69 + 4.45X$	R：0.96
骨粉	$Y = 37.74 + 13.20X$	R：0.68	$Y = 6.67 + 0.85X$	R：0.66

2.3.2　以鱼体增重率和椎骨磷含量为指标，测定不同参试物磷的 RBV

以参试物中的磷酸二氢钙为参照物（X_s），设其回归方程的斜率（回归系数）为 bs，其他参试物（X_t）回归方程的斜率为 bt，则参试物的 RBV 为：

$$RBV = \frac{bt}{bs} \times 100\%$$

以鱼体增重率和椎骨磷含量为指标，不同参试物磷的 RBV 见表 10。

表 10　以增重率、椎骨磷含量为指标测定的不同参试物的 RBV

参试物	增重率				椎骨磷含量			
	a	b	r	RBV	a	b	r	RBV
磷酸二氢钙	37.54	93.55	0.96	100[a]	6.70	6.80	0.97	100[a]
磷酸氢钙	38.82	48.50	0.79	52[c]	6.59	2.45	0.90	36[c]
磷酸钙	37.73	9.65	0.52	10[d]	6.65	1.45	0.97	21[d]
磷酸一二钙	37.87	72.60	0.99	78[b]	6.69	4.45	0.96	65[b]
骨粉	37.74	13.20	0.68	14[d]	6.67	0.85	0.66	13[e]

分析结果显示，以增重率为指标可以看出不同种类含磷矿物质饲料的 RBV 差异显著，但骨粉与磷酸钙的 RBV 差异不显著。在对 5 种磷源进行检验后得知磷酸二氢钙的 RBV 最高，其次是磷酸一二钙，磷酸氢钙居中，以增重率为指标则磷酸钙的 RBV 最低。以椎骨磷含量为指标可以看出不同种类含磷矿物质饲料的 RBV 差异显著。在对 5 种磷源进行检验后得知磷酸二氢钙的 RBV 最高，其次是磷酸一二钙，磷酸氢钙居中，以椎骨磷含量为指标则骨粉 RBV 最低。

3　讨论

3.1　鲤鱼不同含磷矿物质饲料的表观消化率研究

试验结果表明鲤鱼对不同磷源磷的表观消化率有着显著的不同。对一元磷的消化率最高，磷酸一二钙次之，磷酸氢钙居中，骨粉的消化率最低。这一结论与 NRC[1] 的研究结果相符。这一结果说明含磷量相同的磷酸盐会由于其分子形式的不同，其表观消化率不同。

本次试验结果表明对无胃的鲤科鱼类，磷酸二氢钙是最为高效和经济的磷源；骨粉是参试物中最差的磷源。因此，在鲤科鱼类养殖生产中，配合饲料不应选择骨粉作为有效磷的补充。这一结论与以鸡为研究对象的试验不一致，他们认为从骨粉中得到的磷的利用率与较好的矿物质饲料中的磷相仿[6]。可见，骨粉在鲤鱼、家禽饲料中磷的利用效果方面差异很大。

3.2　鲤鱼饲料磷的需要量研究

很多应用试验已经证明，不同品种的鱼对有效磷的需求是不同的。本试验的 5 个处理的有效磷计算值分别为 0.15%、0.28%、0.43%、0.56% 和 0.68%，试验结果表明添加 $Ca(H_2PO_4)_2$ 为磷源的有效磷水平对鲤鱼的增重有显著影响（$P<0.05$），其回归方程为 $y=39.37+67.82x$，$r=0.98$。当 $Ca(H_2PO_4)_2$ 的添加量从 2.00% 提高到 2.65% 时鲤鱼的生产性能并没有显著地提高，表明 0.55% 的有效磷含量已经接近达到鲤鱼最佳生长所需要的磷，而 0.68% 的有效磷含量可能已经超出鲤鱼最佳生长所需要的磷。这与国内外研究的鲤鱼有效磷需要量 0.6% 的数值相符[7]。因此我们在设计鲤鱼种饲料配方时应使有效磷含量接近达到 0.6%，以获得最佳的生长效果。

3.3　鲤鱼不同磷源磷生物学利用率的研究

分析结果显示含磷矿物质饲料的种类对其 RBV 的影响极显著，在对 5 种磷源进行检验后得知磷酸二氢钙的 RBV 最高，其次是磷酸一二钙，磷酸氢钙居中。这个分析结果与各种含磷矿物质饲料的表观消化率较为一致，说明不同磷源磷的 RBV 与其表观消化率的关系为正相关。如果以增重率为分析指标则磷酸钙的 RBV 最低，如果以椎骨磷含量为分析指标则骨粉的 RBV 最低。之所以出现这样的结果，笔者认为有以下两点原因：

（1）在 5 种含磷矿物质饲料中，骨粉的表观消化率最低，也就说明鲤鱼对骨粉中磷的消化利用效果最差，鲤鱼椎骨对骨粉中磷的沉积作用最差，因此以椎骨磷为指标，其 RBV 最低。

（2）在 5 种含磷矿物质饲料中，以增重率为分析指标，磷酸钙的 RBV 最低。骨粉的 RBV 大于磷酸钙的 RBV。因为，磷的缺乏有可能不明显影响生长，但骨骼的矿化程度显著降低。骨骼的矿化对磷的需要高于生长[8]。因此，就磷的相对生物学利用率来讲，以椎骨磷为指标能更科学、稳定地反应磷的利用效果。

综上所述，通过鱼类的养殖试验可以证明，在所试验的不同磷源中，磷酸二氢钙有着最好的 RBV，即最好的生物学利用率。之所以出现这种结果，笔者认为，磷酸二氢钙较其他含磷矿物质的水溶性要好。一般来说，磷酸盐溶解性越好，则磷的有效性越高[1]。另外，磷酸一二钙是磷酸氢钙和磷酸二氢钙的混合物，从增重率的 RBV 看，它虽比磷酸二氢钙低，但相当于磷酸氢钙的 1.50 倍，从椎骨磷的 RBV 看，它相当于磷酸氢钙的 1.80 倍。屠焰等选择黄鸡进行试验，结果显示，磷酸一二钙的相对生物学利用率约为饲料级磷酸氢钙的 1.08 倍。可见，磷酸一二钙作为高磷矿物质可以替代磷酸氢钙，应用于配合饲料的研究中，从而提高经济效益和环境效益[9]。

参考文献

[1] 曾红，任泽林译．鱼类的营养需要（NRC）［M］．北京：中国农业科技出版社，1993，18

[2] Ogino C，Takeda H and Watanabe T. Availability of dietary phosphorus in carp and rainbow trout［J］. Bull. Jpn. Soc. Sci. Fish，1979，44：1 527～1 532

[3] Ogino C and Takeda T. Requirements of rainbow trout for dietary calcium and phosphorus［J］. Bull. Jpn. Soc. Sci. Fish，1978，44：1 019～1 022

[4] Sakamoto S and Yone Y. Effect of dietary calcium/phosphorus ratio upon growth，feed efficiency and blood serum Ca and P level in red sea bream［J］. Bull. Jpn. Soc. Sci . Fish，1973，39：343～348

[5] 杨雨虹，郭庆．鲤鱼饲料不同来源的磷表观消化率的测定．东北农业大学学报，2005，36（6）：762～766

[6] 屠焰，范先国，霍启光．不同含磷矿物质饲料中磷相对生物学利用率的研究［J］．动物营养学报，2000，12（1）：32～37

[7] Ogino C and Chiou J Y. Mineral requirements in fish. 2. Magnesium requirements of carp［J］. Bull. Jpn. Soc. Sci. Fish. 1976，42：71～75

[8] 罗莉，等．鱼类磷的营养研究进展［J］．科学养鱼，2002，10：54～55

[9] 屠焰，霍启光，范先国．影响磷酸盐中磷生物学利用率的因素［J］．中国饲料，1998，9：6～8

中性植酸酶 NPHYA 的酶学性质及其在鲤饲料中的应用效果*

曾 虹，姚 斌，任泽林，周文豪，卢建军，范志影

（中国农业科学院饲料研究所，北京 100081）

摘 要：将来源于曲霉 *Aspergillus* sp. 的中性植酸酶产酶基因导入工程酵母菌，生产出一种中性植酸酶 NPHYA，经测定发现此酶最适 pH 为 6.5，在 5.5～7.5 的较大的范围内均有 80% 以上的酶活性；90 ℃下处理 30 min 后，剩余 81.8% 的酶活性；用鲤鱼肝胰脏酶液处理 NPHYA 未见对植酸酶酶活性有影响。酶学性质研究结果表明中性植酸酶 NPHYA 在中性条件下有高酶活性，并且有很好的耐热性，不易被鲤鱼肝胰脏蛋白酶降解，说明 NPHYA 具有在鲤科鱼类饲料中使用的特性。

NPHYA 饲喂试验用鱼为体重 50 g 左右的鲤，试验期 7 周，采用室内循环水养鱼系统，水温 25～28 ℃。基础料中分别添加 0.65%、1.3% 和 1.8% 的 Ca（H_2PO_4）$_2$，以及中性植酸酶 0 U/kg、300 U/kg、500 U/kg、1 000 U/kg、酸性植酸酶 1 000 U/kg 制成试验饲料。结果表明，添加植酸酶可以显著改善鲤对植酸磷的利用率（$P<0.01$），减轻养殖对环境的磷污染，而且中性植酸酶 NPHYA 比酸性植酸酶更适合在鲤科鱼类饲料中使用。1 000 U/kg 的中性植酸酶和 1 000 U/kg 的酸性植酸酶可以将鲤对饲料磷的表观消化率分别提高 41.3% 和 11.2%，将鲤的增重率分别提高 36.6% 和 18.2%，粪磷含量分别下降 14.3% 和 7.8%。植酸酶对饲料中蛋白质利用率没有影响。

关键词：中性植酸酶；磷；鲤

植酸盐在植物性饲料中大量存在，植物性饲料中大约 2/3 的磷是植酸磷。由于植酸盐是一种难溶的物质，所含的磷无法被单胃动物利用，造成饲料中磷相对不足，需另外添加无机磷（成本最高的矿物质）。饲料中大量没有利用的磷随粪便排泄到养殖环境中，使水域富营养化，严重污染水质[1]。植酸盐还能与饲料中的矿物质和赖氨酸、精氨酸等氨基酸反应生成难溶的化合物，降低这些营养素的利用率，因此植酸盐被认为是一种抗营养因子[2]。

植酸酶（Phytase）是可将植酸盐水解成可利用的磷和肌醇的酶的统称。饲料中添加植酸酶可以提高动物对植物原料中磷的利用率并减少粪便中磷的含量。国外学者从 20 世纪 60 年代开始研究植酸酶

* 基金项目：1999 年国家自然科学基金资助项目，批准号 39870590。

在饲料中的添加效果，现已成为世界性的研究热点之一，植酸酶提高植酸磷的利用率、降低磷排泄量的效果已被公认[3]。但目前有关植酸酶的研究大多集中在畜禽上，在鱼饲料中应用的实验报告较少，而且多是以有胃鱼类为研究对象[4~8]，用鲤科鱼类做的研究报告极少[9,10]。目前所研究的均是酸性植酸酶，这些酶在中性 pH 条件下酶活仅存不到20%[11]，并不适合在鲤科鱼类饲料中使用。

本项目旨在研究适用于鲤科鱼类的中性植酸酶的理化性质，以及添加植酸酶对鱼饲料中磷利用率、鱼类生长和粪磷含量的影响，并通过与酸性植酸酶的对比研究中性植酸酶在鲤鱼饲料中的应用价值。

1 材料与方法

1.1 试验材料

中性植酸酶 NPHYA 由本课题组构建的基因工程酵母菌生产，产酶基因来源于曲霉 *Aspergillus* sp. 。酸性植酸酶为江西民星企业集团产品，植酸钠为 Sigma 公司产品，其他试剂均为分析纯级。试验用鱼为建鲤，购自北京楼梓庄鱼种场，实验饲料自配。

1.2 饲料配制

试验饲料为含有大量植物性原料的天然原料饲料，基础配方见表 1。饲料用小型颗粒机制成颗粒，然后用电扇避光吹干，室温下存放备用。

表 1 基础料配方及成分分析（风干状态）

配方	(g/kg)	成分	(%)
秘鲁鱼粉	145	粗蛋白	39.72
菜籽粕	100	粗脂肪	5.19
棉仁粕	125	钙	0.82
豆粕	420	总磷	0.91
面粉	155	植酸磷	0.56
豆油	20		
盐	2		
三氧化二铬	5		
石粉	17		
氯化胆碱	1		
维生素预混剂	2		
矿物质预混剂	8		

注：1. 维生素预混剂组成（g/kg）：维生素 A，10 000 000 IU/kg；维生素 D，1 000 000 IU/kg；维生素 E，80；维生素 K，5；维生素 B_1，2；维生素 B_2，10；维生素 B_6，20；烟酸，26；泛酸钙，22；包膜 Vc，100；生物素，0.1；维生素 B_{12}，0.05；叶酸，1；肌醇，220。

2. 矿物质预混剂（g/kg）：镁，20；锰，4；锌，8；铜，0.8；铁，40；硒，0.04；碘，0.1。

1.3 饲养试验设计

饲喂试验用鱼为体重 50 g 左右的建鲤，设计了 7 个处理，每处理 5 重复，每重复放鱼 20 尾。在基础料中分别添加 0.65%、1.3% 的 $Ca(H_2PO_4)_2$，以及中性植酸酶 300 U/kg、500 U/kg、1 000 U/kg、酸性植酸酶 1 000 U/kg 制成试验饲料。饲喂试验于 2000 年进行，试验期 7 周。

1.4 饲养与投喂

采用室内循环水养鱼系统，每个水族箱容积 100 L，流量为 2.1 L/min。水温 25 ~ 28 ℃，溶氧 > 5 mg/L。正式试验开始前将鱼暂养 10 d，进行消毒和驯化。试验期内每天投喂 3 次，日投喂量 2% 左右，准确记录摄食量。残饵和粪便皆用自动虹吸连续收集。

1.5 NPHYA 的酶学性质测定

植酸酶活性测定参照《饲用植酸酶活性的测定方法》[12]，酶活性单位（U）定义为：在一定条件下，每分钟释放出 1 μmol 无机磷所需要的酶量为一个酶活性单位。测定 NPHYA 的 pH 适性的方法是以植酸钠为底物，在一系列不同 pH 的缓冲液中 37 ℃下测定植酸酶的酶活。NPHYA 的温度适性测定是在 pH6.5 的缓冲液中，不同温度下保温进行酶促反应，测定酶活。NPHYA 的热稳定性测定方法是将酶在 80 ℃、90 ℃下保温不同时间，再在 37 ℃、pH6.5 下测定酶活。NPHYA 耐受蛋白酶降解的能力测定方法是：在 pH7.2 的缓冲液中 37 ℃下分别按 1 : 1 和 3 : 1 体积比用鲤鱼肝胰脏酶液（蛋白酶活性为 6.7 U/ml）处理 NPHYA（植酸酶酶活性为 1.5 U/ml）30 min、60 min 后，加入蛋白酶抑制剂 PMSF 终止酶解反应，然后测定植酸酶剩余酶活性。

1.6 NPHYA 的应用效果测定

试验前按照常规方法测定饲料蛋白质、总磷含量，饲料植酸磷含量按照王永真等[13]的方法测定；试验进行 10 d 时自动虹吸收集粪便，测粪磷含量；试验结束时从鱼的椎动脉采血，用连续监测法[14]测胆碱脂酶活性，并测定增重率、料肉比、骨磷、粪磷、饲料磷表观消化率等指标，磷表观消化率测定用 Cr_2O_3 指示剂法。血样分析用同一重复组的两尾鱼的样本混合，骨磷分析用每重复随机取两条鱼，微波煮熟 5 min，去掉鱼头骨及肋骨，将脊椎骨剥离干净，于 80℃烘箱内烘 24 h，室内放置 24 h 制备成风干样后测定磷含量。吸光度测定用美国惠普公司的 Hp8452A 紫外、可见分光光度计。

1.7 参数计算及数据统计分析

试验参数计算公式如下：

$$饲料磷表观消化率 = \left(1 - \frac{饲料含铬量 \times 粪磷含量}{粪中含铬量 \times 饲料含磷量}\right) \times 100\%;$$

单位增重磷排出量 = 料肉比 × 饲料 P 含量 × (1 - 磷消化率) × 1 000。

所有数据用 SAS 软件进行 Duncan 的新复极差分析，$P < 0.05$ 为差异显著。

2 结果

2.1 NPHYA 的最适 pH

NPHYA 的 pH 值适性如图 1 所示，此酶最适 pH 值峰很平，在 5.5 ~ 7.5 的较大的范围内均有 80% 以上的酶活性，另外在 pH 值 3 ~ 8 的范围内有 50% 以上的酶活。pH 值在 2.0 以下和 8.5 以上时均检测不到酶活性。和酸性植酸酶相比，NPHYA 的酶活性峰明显处于中性 pH 值区域。

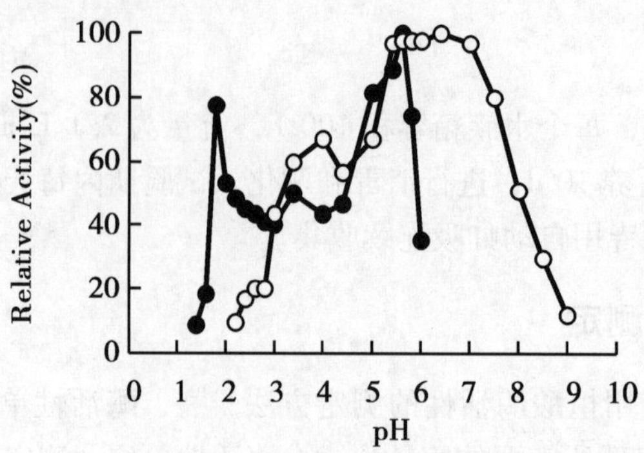

图 1 pH 对植酸酶活性的影响

●*Aspergillus niger* ○*Aspergillus* sp.

2.2 NPHYA 的温度适性和热稳定性

NPHYA 的温度适性图 2 所示，它的最适温度为 55℃。NPHYA 的热稳定性如图 3 所示，在 80℃、90℃下处理 5 min 后，剩余酶活分别为原酶活的 88% 和 86%，处理 30 min 后，剩余酶活性 85% 和 81.8%；处理 60 min 后，80 ℃处理的酶活性变化不大，还在 80% 以上，90 ℃处理的也还有 60% 以上。证明此酶具有很好的热稳定性。

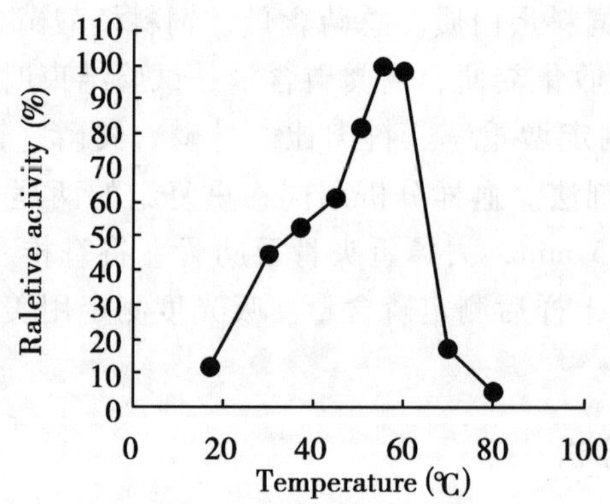

图 2 NPHYA 的温度适性

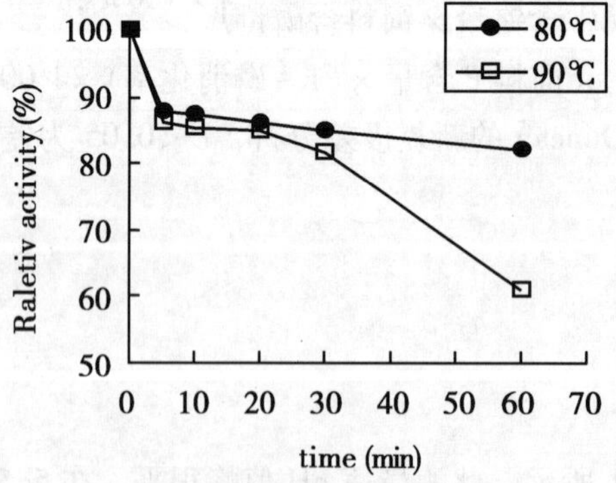

图 3 NPHYA 的热稳定性

2.3 NPHYA 耐受蛋白酶降解的能力

用鲤肝胰脏酶液处理 NPHYA 酶液 30 min、60 min 后，未见处理前后植酸酶酶活性有差异。说明 NPHYA 耐受鲤鱼肝胰脏蛋白酶降解的能力很强。

2.4 NPHYA 对鲤生长的影响

添加磷酸二氢钙和植酸酶均可显著改善鲤的增重率和饲料系数（表2），添加1 000 U/kg 中性植酸酶和1 000 U/kg 酸性植酸酶可将鲤的增重率分别提高36.6%和18.2%，1 000 U/kg 中性植酸酶组的增重率和饲料效率均高于1 000 U/kg 酸性植酸酶组，其中增重差异显著（$P<0.05$）。

表2 添加植酸酶对鲤生产性能的影响

饲料	处理	增重率（%）	饲料系数
p_1	Basal diet	37.91 ± 3.22^{e}	2.19 ± 0.18^{a}
p_2	Basal diet +0.65% $Ca(H_2PO_4)_2$	50.60 ± 6.31^{bc}	1.66 ± 0.20^{bc}
p_3	Basal diet +1.3% $Ca(H_2PO_4)_2$	56.81 ± 4.28^{a}	1.46 ± 0.11^{c}
p_4	Basal diet +300U NPHYA	46.08 ± 2.26^{cd}	1.80 ± 0.09^{b}
p_5	Basal diet +500U NPHYA	48.31 ± 2.95^{bcd}	1.72 ± 0.11^{b}
p_6	Basal diet +1 000U NPHYA	51.77 ± 4.05^{ab}	1.70 ± 0.30^{bc}
p_7	Basal diet +1 000U Acid phytase	44.82 ± 3.79^{d}	1.85 ± 0.16^{b}

注：同列数值肩号无相同字母者表示差异显著（$P<0.05$），后同。

2.5 NPHYA 对饲料磷利用率的影响

经测定，饲喂前基础料、1 000 U/kg NPHYA 组和1 000 U/kg 酸性植酸酶组饲料的植酸磷含量分别是0.56%、0.49%和0.51%，加酶饲料的植酸磷含量较基础料分别仅下降了12.5%和8.9%，说明本条件下植酸酶在饲料的加工和储存阶段对饲料中植酸的降解较少。添加植酸酶对鲤饲料磷可利用性的影响见表3、表4。

表3 植酸酶对鲤饲料磷利用的影响

饲料	粪磷含量（%）	磷表观消化率（%）	单位增重粪磷排出（g/kg）
P_1	2.59 ± 0.08^{c}	24.22 ± 1.52^{d}	16.43 ± 1.38^{a}
P_2	2.81 ± 0.08^{b}	29.61 ± 0.92^{b}	13.20 ± 1.49^{b}
P_3	2.94 ± 0.10^{a}	34.09 ± 1.02^{a}	12.41 ± 0.98^{bc}
P_4	2.38 ± 0.03^{d}	25.93 ± 1.39^{c}	13.23 ± 0.71^{b}
P_5	2.33 ± 0.07^{d}	28.08 ± 1.05^{b}	12.23 ± 0.93^{bc}
P_6	2.22 ± 0.05^{e}	34.23 ± 0.47^{a}	11.16 ± 2.04^{c}
P_7	2.39 ± 0.10^{d}	26.92 ± 0.86^{c}	13.52 ± 1.23^{b}

随着磷酸二氢钙添加量上升，粪磷含量亦上升，添加植酸酶则可以显著降低粪磷含量（$P<0.01$），1 000 U/kg 的中性植酸酶和 1 000 U/kg 的酸性植酸酶分别可以将粪磷含量降低 14.26% 和 7.76%。磷酸二氢钙和植酸酶均可显著改善饲料磷表观消化率和单位增重磷排出量。1 000 U/kg 的中性植酸酶和1 000 U/kg 的酸性植酸酶分别可以将鲤鱼饲料磷的表观消化率提高 41.3% 和 11.2%。1 000 U/kg 的中性植酸酶组的单位增重磷排出量各处理中是最低的。

表 4　植酸酶对鲤骨骼成分的影响

饲料	骨磷含量（%）	骨灰分含量（%）
P_1	6.60 ± 0.10^{b}	39.10
P_2	6.80 ± 0.15^{ab}	41.10
P_3	7.00 ± 0.13^{a}	41.28
P_4	6.94 ± 0.22^{a}	41.26
P_5	6.94 ± 0.18^{a}	41.26
P_6	6.89 ± 0.20^{a}	41.01
P_7	6.77 ± 0.19^{ab}	40.29

试验组的骨磷含量亦受到影响，但组间差异幅度小于磷消化率，除基础料组外，试验组间差异不显著，但添加中性植酸酶和1.3%磷酸二氢钙均与基础料组有显著差异，而酸性植酸酶组与基础料组无显著差异。骨灰分含量各试验组均略高于对照组，但各组间无显著差异。

2.6　NPHYA 对饲料蛋白质和肌醇利用率的影响

对照组和植酸酶各组的蛋白质表观消化率均在89%和90.5%之间，说明添加植酸酶对饲料蛋白质消化率没有影响。

3　讨论

植酸酶酶活受 pH 影响很大，酸性植酸酶在 pH 7 时酶活仅余不到20%[11,14]，而鲤科鱼类没有胃，消化道 pH 呈中性，从 pH 适性方面来讲，酸性植酸酶是不适合在无胃鱼饲料中使用的，因此作者首次提出了在鲤鱼饲料中应使用中性植酸酶的观点[15]。本项目的研究对象 NPHYA 的最适 pH 在6.5，在5.5～7.5 的较大的范围内均有80%以上的酶活性，属于中性植酸酶，具备了在无胃鱼饲料中使用的基本特性。

鱼饲料需要制粒，所以酶的热稳定性是人们极为关注的。值得注意的是，NPHYA 的热稳定性优于现有的酸性植酸酶。纯化的酸性植酸酶在68 ℃处理10 min 仅剩余40%的酶活[16]，而 NPHYA 在90 ℃下处理30 min 后，还可保留81.8%的酶活性。这种耐热性使 NPHYA 有希望作为一种普通添加剂在饲料生产中使用，而无需担心制粒失活问题。

虽然植酸酶在鲤科鱼类饲料中应用的研究报告极少，但是这几份报告都肯定了酸性植酸酶的应用效果，而且效果还很好[9,10]。这些研究结论似乎与前面做出的“酸性植酸酶不适合在无胃鱼饲料中使用”的分析相矛盾，但是实际上在这些研究中，植酸酶对植酸磷的降解主要发生在体外，而不是在体内，因此这些研究报告并不能证明酸性植酸酶适合在无胃鱼饲料中使用。余丰年等在做异育银鲫试验时先用植酸酶对配制饲料用的豆粕进行了体外处理，饲料在投喂之前60%～80%的植酸磷已经被分解[9]；Schaefer 用鲤鱼做研究时，虽然没有用植酸酶直接处理原料，但也有20%～40%的植酸磷在体外降解[10]。在本试验条件下，1 000 U/kg NPHYA 组和1 000 U/kg 酸性植酸酶组饲料的植酸磷在饲喂前分别较基础料下降了12.5%和8.9%，远低于余丰年和 Schaefer 试验中饲料植酸磷降低40%和80%的结果。另一方面，以增重为指标，余丰年和 Schaefer 试验中添加1 000 U/kg 酸性植酸酶分别与添加0.9%和0.82% 的磷酸二氢钙相当，本试验中1 000 U/kg NPHYA 相当于0.88%磷酸二氢钙，结合前述植酸磷体外水解的数据，可以做这样的推论：NPHYA 对植酸磷的降解主要发生在鲤鱼消化道内。

为了比较中性植酸酶和酸性植酸酶的使用效果，本试验同时安排了 1 000 U/kg 中性植酸酶组和 1 000 U/kg 酸性植酸酶组。试验结果增重、粪磷含量、磷消化率等指标 NPHYA 均与酸性植酸酶组有显著差异（$P<0.05$），FCR、骨磷含量等指标也显示了 NPHYA 优于酸性植酸酶的趋势（$P>0.05$），说明和酸性植酸酶相比，中性植酸酶更适合在鲤科等无胃鱼类饲料中使用。

本试验未发现植酸酶对饲料蛋白质利用率有影响，这个结果和 Lanari 等[17]一致，但与另一些报道不同[18]。在几次试验中也发现植酸酶的效果重现性不是很好，这可能与作者对影响中性植酸酶作用的因素知之甚少有关。中性植酸酶本身的一些特性是诱人的，但在实际应用之前还有许多工作要做。

参考文献

[1] Lall S P. Digestibility, metabolism and excretion of dietary phosphorus in fish. In: Cowey, C. B., Cho, C. Y. (Eds.), Nutritional Strategies and Aquaculture Waste [M]. Univ. of Guelph, Ootario, Canada, 1991, 21～37

[2] National Research Council, Nutrient Requirements of fish [M]. Washington DC: National Academy Press, 1993

[3] Power R. 植酸酶：限制其普通应用的因素及生物技术的作用 [A]. 生物技术在饲料中的应用 [C], 北京：中国农业出版社, 1995

[4] Riche M, Brown P B. Availability of phosphorus form feedstuffs fed to rainbour trout, Oncorhynchus mykiss [J]. Aquaculture, 1996, 142: 269～282

[5] Jonathan C, Eya, Richard T, Lovell. Net absorption of dietary phosphorus from various inorganic sources and effect of Fungal phytase on net absorption of plant phosphorus by channel catfish *Ictalurus punctatus* [J]. Journal of the world aquaculture society, 1997, 28 (4): 386～391

[6] Papatryphon E, Howell R A, Soares J H. Growth and mineral absorption by striped bass Morone saxatilis fed a plant feedstuff based diet supplement with phytase [J]. J. World Aquac. Soc., 1999, 30 (2): 161～173

[7] Vielma J, *et al.* Effects of dietary phytase and cholecalciferol on phosphorus bioavailability in rainbow trout (Oncorhynchus mykiss) [J]. Aquaculture, 1998, 163: 3～4, 309～323

[8] Vielma J, *et al.* Influence of dietary soy and phytase levels on performance and body composition of large rainbow trout (Oncorhynchus mykiss) and algal availability of phosphorus load [J]. Aquaculture, 2000, 183: 3～4, 349～362

[9] 余丰年，王道遵．植酸酶对异育银鲫生长及饲料中磷利用率的影响 [J]．中国水产科学, 2000, 7 (2): 106～109

[10] Schafer A, Koppe W M. Effects of a microbial phytase on the utilization of native phosphorus by carp in a diet based on soybean meal [J]. Water Science and Technology, 1995, 31 (10): 149～155

[11] 褚西宁．变灰青酶固态发酵降解植酸酶的初步研究．微生物学通报, 1996, 23 (4): 217～220

[12] 国家饲料质量监督检验中心．饲用植酸酶活性的测定方法（待颁布国家标准）

[13] 王永真，等．饲料和谷物中植酸磷测定方法研究 [J]．中国饲料, 1991, 6: 12～13

[14] Ullah A H J. Aspergillus ficuum phytase: Partial primary structure substrate selectivity and kinetic characterisation [J]. Prep. Biochem., 1988, 17: 63

[15] 曾虹．植酸酶的研究进展及其在鱼饲料中的应用前景 [J]．上海水产大学学报, 1998, 7 (增刊): 39～43

[16] Gibson D M, Ullah A B J. Phytase and their action on phytic acid [A]. In: Inositol metabolism in plants [C]. D J Morre *et al.* (Eds), NewYork: Wiley-Liss Publications, 1990

[17] Lanari D *et al.* Use of nonlinear regression to evaluate the effects of phytase enzyme treatment of plant protein diets for rainbow trout (Oncorhynchus mykiss) [J]. Aquaculture. 1998, 161: 1 ~4, 345 ~356

[18] Storebakken T, Shearer K D, Roem A J, Wilson R P. Availability of protein, phosphorus and other elements in fish meal, soy-protein concentrate and phytase-treated soy-protein-concentration-based diets to Atlantic salmon, Salmo salar [J]. Aquaculture. 1998, 161: 1 ~4, 365 ~379

天然植物提取物饲料添加剂研究进展

肖传明，霍启光

（1. 北京康华远景科技有限公司；2. 中国农业科学院饲料研究所）

抗生素的应用曾给动物生产带来巨大的促进作用，但是长期大量添加及不规范使用，它的弊端日益显露。例如，使病原菌产生耐药性，导致防治病害的成本增加；残留量过高，间接危害到人类身体健康；造成动物机体免疫力下降，病害频发；引起动物体内菌群失调和内源性感染等[1]。特别是耐药性问题与残留问题，已经引起众多国家及业内专家学者的高度关注。联合国 FAO/WHO 组织及发达国家对食品中抗生素的限制越来越严，特别规定人用抗生素不得用于动物。1986 年，瑞典全面禁止在畜禽饲料中使用抗生素，成为第一个不准使用抗生素作为生长促进剂的国家。2006 年 1 月，欧盟全面禁用抗生素生长促进剂。这使得人们纷纷寻求新的替代品。天然植物提取物饲料添加剂正是在这种背景下逐渐发展起来的[2]。

目前，业内关于植物提取物在饲料添加剂中的应用研究很多，主要集中在促生长、提高免疫力、抗菌防病、抗病毒、防寄生虫感染、促进生殖、提高产品质量、改善饲料储存等几个方面。笔者在查阅大量研究文献的基础上，首次从植物提取物饲料添加剂的应用功能角度进行综述分析，并根据以往的研究经验提出几点建议，以期为业内人士的研究工作提供些微借鉴。

1　天然植物提取物饲料添加剂简介

广义的植物提取物是指以世界范围内的天然植物为原料，利用现代植物化学提取分离技术，所获得的、具有明确指标成分的单一组分或混合组分。这些组分包括黄酮类、生物碱类、皂甙类、多糖类、挥发油类、酚类等多种活性成分。各种组分具有不同的生物学功能，已被广泛应用于医药、食品、化工、保健等领域，是一种新近发展起来的天然原料品种，并已显示出巨大的应用前景。

天然植物提取物饲料添加剂，是以物性和物间生克理论为指导，辅以养殖、饲料等学科理论与技术，应用植物提取物配制而成的。该类添加剂具有毒副作用小、无药残、无耐药性、无免疫抑制等优势，兼有营养、药理双重作用。它以提高饲料利用率和动物生产为目标，可为人类提供安全、营养、健康的动物性食品，其无残留的特性有助于维护生态环境平衡。

2 植物提取物饲料添加剂的生物学功能

2.1 促进生长方面

天然植物提取物的组分较复杂，其一方面由于富含蛋白质、糖、脂肪、淀粉、维生素等营养物质，能在一定程度上促进动物生长，另一方面则含有特殊的天然成分，能在提高动物消化性能、改善代谢功能、促进生长激素分泌等方面发挥作用。众多研究表明，天然植物提取物能促进动物生长，且效果等同甚至优于抗生素。

如在促进禽类生产方面，将0.2%的三棵针提取物与抗生素相比，能极显著提高淀粉酶的活性，且不影响肉鸡的生长性能[3]；0.4%的茶多酚添加到肉仔鸡基础日粮中，对增重、料肉比等表现出明显的改善作用[4]；松科植物提取物对肉仔鸡的生长性能也具有明显的改善作用，如在21日龄前添加0.02%的松科植物提取物，平均日采食量、饲料报酬、增重均显著提高，其中增重提高14.29%，同时提高了腿肌率和胸肌pH值[5]。0.02%的10%牛至油添加到肉鸭基础日粮中，可使雌雄肉鸭的平均日增重提高9.70%，饲料转化率提高6.56%，屠宰率、全净堂率、胸肌率和腿肌率分别提高2.45%、1.49%、2.88%和4.05%，腹脂率降低7.96%[6]。杨清海等[7]选用1日龄体重相近的健康罗斯308肉仔鸡432只，随机分为2个处理组，对照组添加100 mg/kg杆菌肽锌+20 mg/kg黏杆菌素，处理组添加200 mg/kg康华安（植物提取物饲料添加剂，其富含多糖、黄酮、有机酸等生物活性成分），同等养殖环境下饲喂49 d。结果显示：与抗生素组相比，植物提取物组的料肉比和死淘率分别降低6.0%、89.0%，日增重提高2.0%。

在促进猪生长方面，我们研究了康华安对断奶仔猪生产性能的影响，并将其与杆菌肽锌、硫酸粘杆菌素、金霉素和阿散酸进行比较，饲喂4周，发现康华安组日增重和采食量比抗生素各组分别高10.0%~12.0%，7.0%~8.0%[8]。毛传勇等[9]选用体重约15kg断奶仔猪12窝，随机分为3个处理组，对照组不添加任何药物添加剂，抗生素组添加80 mg/kg喹乙醇+50 mg/kg杆菌肽锌+10 mg/kg粘杆菌素，处理组添加200 mg/kg康华安，饲喂4周。结果表明：植物提取物组日增重分别较对照组和抗生素组提高19.0%、3.0%，采食量分别提高13.0%、7.0%，饲料转化率分别提高5.0%、2.0%，腹泻率分别降低60.0%、1.0%。陈立伟等[10]研究报道苜草素添加到早期断奶仔猪的基础日量中，500 mg/kg、600 mg/kg的处理组比添加150 mg/kg的金霉素对照组在平均增重、日增重、增重比、饲料转化率方面均有显著提高。

研究者们在促进反刍动物生产方面也进行了大量的研究，Sliwinski等[11]研究了*Yucca schidigera*提取物（内含皂苷及撒尔沙提取物）及*Castanea sativa*提取物（包含丹宁酸）对反刍动物瘤胃发酵的作用，结果表明，富含皂苷及丹宁的处理降低了瘤胃中氨水平的21.0%，富含次级化合物的天然植物提取物可以改变瘤胃的发酵，这直接降低了氮素作为尿态氮及气态氮的散失，降低了动物对可吸收蛋白的需求。Broudiscou等[12]研究了13种富含类黄酮的植物提取物对瘤胃微生物代谢的影响。结果表明，植物提取物极大的提高了淀粉的代谢，平均达到81.9%，对多糖的代谢也具有明显的促进作用，有效的提高了饲料利用率，促进了反刍动物的生长。

在促进水产生长方面，叶栋才等[13]将复合植物提取物（鱼虾康1号）添加到虹鳟鱼基础日粮中(200 mg/kg)，饲喂7周后，发现植物提取物对虹鳟鱼的生长具有促进作用，增重率高于对照67.1%。胡先勤等[14]研究了植物提取物在鱼生长中的作用，他在网箱养殖鲤鱼、罗非鱼的饵料中分别添加2%由蒲公英、苍术、茴香等配伍的复方植物提取物添加剂，结果试验箱中鲤鱼的产量较对照箱高7.0%，罗非鱼较对照箱高5.6%。党参、黄芩、小茴香等8种植物提取物的复方添加剂对鲫鱼的促增重作用很显著，1%复方组比对照组增重率高21.5%，比黄霉素组高14.31%，表现出明显的促进增重作用。

天然植物提取物的来源及成分复杂，故其促进动物生长的作用机理也呈现多样性特征。TIAN等[15]研究了黄芪、白芍、茯苓等十六种植物的复方提取物对肥育猪血清内源性生长激素（GH）和类胰岛素生长因子-I（IGF-I）的影响，发现天然植物提取物可以提高血清中内源性GH的水平，从而促进猪的生长。刘容珍等[16]则报道天然植物提取物促进仔猪生长是多种作用的综合表现，其中包括提高饲料转化率，增加仔猪盲肠内双歧杆菌、乳酸杆菌的数量，减少大肠杆菌与梭杆菌数量，提高猪血液中的cAMP与cGMP的水平，提高血清中I和IgM水平，增加免疫细胞数量等。

2.2 提高免疫力方面

抗生素的使用可导致动物产生免疫抑制、降低免疫能力，而天然植物提取物却可对此进行修护与改善，这是其优于抗生素的一个重要方面。提高免疫力的天然植物提取物主要是多糖类。如黄芪多糖能显著提高仔猪外周血嗜中性白细胞百分数和淋巴细胞转化率[17]。将黄芪多糖添加到猪基础日粮中，能够提高生长猪血清中球蛋白的比值及BSA免疫抗体OD值[18]。将水溶性苜蓿多糖添加到肉仔鸡早期生长阶段，能促进巨嗜细胞吞噬能力和T细胞转化能力[19]。板蓝根多糖能明显提高鸡的免疫器官指数[20]。茶多糖也具有提高鸡免疫能力的作用，胡忠泽等[21]研究发现，茶多糖能显著促进肉仔鸡胸腺的生长发育，明显升高血清中免疫球蛋白IgG的含量，提高T淋巴细胞数和淋巴细胞转化率，增强白细胞吞噬功能，提高肉仔鸡血清中SOD活力、GSH-Px及CAT活力，并能明显降低血清中MDA含量。但是植物提取物在提高动物免疫力方面存在一个量的问题，通常低剂量有促进作用，高剂量往往造成免疫抑制[22]。如在日粮中添加500 mg/kg松科植物提取物，对肉仔鸡法氏囊、脾脏均有一定促进作用，21日龄、49日龄的法氏囊指数和脾脏指数均高于对照组。4 000 mg/kg松科植物提取物对脾脏，21日龄具有促进作用，49日龄有一定抑制作用，对21日龄胸腺有显著抑制作用[5]。

另外，在动物生产中，疫苗保护率低下的问题也可以通过添加一定的植物提取物进行改善。张述斌等[23]通过研究发现，黄芪多糖及淫羊藿多糖对鸡新城疫疫苗有明显的增强作用，黄芪多糖的免疫增强作用稳定且持效时间长，淫羊藿多糖的免疫增强作用在添加前期非常突出。段县平等[24]发现，在鸡新城疫疫苗免疫中，姬松茸多糖直接作为免疫佐剂可以提高鸡特异性体液免疫功能和疫苗保护率，而且免疫力维持时间较长。崔学平等[7]研究了康华安对蛋公鸡新城疫和传支抗体水平的影响，结果表明：添加康华安组的试鸡在免疫后21 d新城疫抗体水平提高3倍，传支抗体水平提高33%。

2.3 抗菌防病方面

天然植物提取物抗菌防病的作用机理包括直接抑杀与间接抑杀病原菌两个方面。直接抑杀病原菌主要是植物中含有一些特别的生理活性物质。如大蒜素、苦味素、绿原酸、苦参碱、桂皮醛、金丝桃苷、穿心莲内酯等，它们对大肠杆菌、金黄色葡萄球菌、枯草杆菌、伤寒杆菌、青霉菌等多种病原菌具有一定的抑制作用。赵阿娜[7]以大肠杆菌为靶标，用康华安、金霉素、吉它霉素、新霉素、土霉素、洛克沙生、喹乙醇、硫酸粘杆菌素、泰乐菌素、林可霉素、痢菌净、那西肽进行抑菌试验，结果显示，各种处理对大肠杆菌均有不同程度的抑制作用。康华安（$200\mu g \cdot ml^{-1}$）的抑菌圈直径超过10mm，效果高于卡巴亚胺、泰乐菌素、洛克沙生、金霉素、吉它霉素和林可霉素。罗庆华等[25]研究了绿原酸与大蒜素对鱼类常见病原菌的抑制作用，发现两者均对鱼害粘球菌、肠型点状气单胞菌和荧光假单胞菌有一定抑制作用。但复方使用时，绿原酸：大蒜素为1：1、1：2、2：1时，对鱼害粘球菌和肠型点状气单胞菌的抑制效果不及两者单独使用。

间接抑杀病原菌机制主要包括：①含有特定的免疫活性物质，通过提高动物免疫能力达到抑菌抗病的目的，如植物多糖类；②含有有机酸类，可以调节饲料及动物肠胃 pH，改变了病原菌的适生环境，从而抑制病原细菌的繁殖；③含有解毒成分，促进细菌毒素的降解，减少对动物机体的损害，如甘草提取物。

2.4 抗病毒方面

天然植物提取物的抗病毒作用也主要是直接抑杀与间接抑杀两个方面。直接抑杀主要是植物特定的活性成分直接作用于病毒，抑制病毒的生物合成，阻止病毒穿入寄主细胞或抑制病毒释放[26]。间接抑杀主要是通过增加和调节机体免疫能力发挥作用的。目前已发现具有抗病毒作用的植物提取物比较多，如黄柏、板蓝根、连翘、柴胡、鱼腥草、紫花地丁、白头翁、蒲公英、防风、鸭趾草、虎杖等。如王学林[27]等研究发现山茶叶、轮叶党参、卵叶芍药、苦味葫芦、狼毒大戟 5 种植物提取物对鸡新城疫病毒有抑制作用，作用效果为山茶叶 > 狼毒大戟 > 轮叶党参 > 苦味西葫芦 > 卵叶芍药。其中山茶叶提取物的作用较高，灭活率和抑制率分别为 56.14%、58.59%。邵红等[28]报道，黄芪、鱼腥草、连翘、黄芩、金银花提取物可阻止鸡新城疫病毒对细胞的吸附作用，并能抑制其增殖。

2.5 防寄生虫感染方面

天然植物提取物防止寄生虫感染主要是通过提高机体免疫能力和直接抑杀作用实现的。如郭莉[29]报道 2.0% 的黄芪、党参、刺五加组成的复方植物提取物能有效提高鸡体 T 淋巴细胞介导的细胞免疫（T 细胞在鸡体抗球虫免疫中处于核心地位[30]），抗鸡堆型艾美耳球虫指数高达 196.04。张文香等[31]报道，某些植物提取物对球虫卵囊的孢子化有抑制作用，其中 0.25 g/ml 的白头翁、秦皮提取物溶液，1.00 g/ml 的白头翁、青蒿提取物溶液效果最好。第 4 d、第 6 d 的卵囊孢子化率分别为 12.33% ~ 26.33% 和 15.00% ~33.67%，0.25 ~1.0 g/ml 的常山提取物效果最差。

王高学等[32]研究了 22 种植物提取物及其 6 种有效成分对鱼类指环虫的杀灭作用，他将感染有指环虫的金鱼投放在加有一定浓度的植物提取物或化合物的水体中，控制一定的水体条件，显微镜下定期观察鱼鳃上的指环虫数量，统计杀虫率。结果表明，22 种植物中蛇床提取物的杀灭指环虫效果最好，其最高杀灭率为 100%；其次是两面针、木通、吴茱萸、牛心朴子，最高杀虫率均为 80%；夹竹桃、徐长卿的最高杀虫率均为 70%；草果、苦木、北乌头、滨蒿、蒺藜、白芷、山柰、榧的杀虫率较低，48h 内均在 20% ~50%；生姜、辣椒、仙茅、大风子、泽漆、相思子和雷丸没有明显杀虫活性。6 种植物化合物作用 48h 时川 I 楝素的杀灭指环虫活性最高，最高杀灭率为 100 %；其次是鬼臼毒素、烟碱和槟榔碱，杀虫率在 30% ~50%。

2.6 抗应激方面

应激是指机体对外界或内部的各种异常刺激所产生非特异性应答的总和，是机体在长期进化过程中形成的一种扩大适应范围的生理反应。但是过度的应激会引起机体免疫抑制，对机体产生许多不利影响，引起动物发病甚至死亡[33]，因此，如何防止应激和减轻应激的危害也是饲料行业研究的热点。目前除了维生素 C、维生素 E、果糖等，天然植物提取物也备受研究者们的重视。

天然植物提取物提高动物抗应激能力的机理包括[34]：①调节动物体温及促进发汗，如柴胡、茵陈、麻黄、桂枝、薄荷等；②抗惊厥，如天麻、石菖蒲、白芍、钩藤等；③镇静催眠，如酸枣仁、合欢皮、柏子仁、刺五加、远志等；④调节基础代谢及血糖水平，如茶叶、海藻、紫苏、五味子、麦冬等；⑤调整中枢神经功能，如刺五加、五味子等；⑥调节及增强免疫功能，如党参、黄芪、沙参、山茱萸、红花、丹参等；⑦适应原及激素样作用，如淫羊藿、首乌、菟丝子、人参、白芍等。

徐俊秀等[35]研究了康华安对断奶仔猪抗应激的影响，结果表明其能显著提高仔猪断奶期的日增重，高于喹烯酮7.45%，明显减轻下痢，下痢率比喹烯酮低15.0%。刘波等[36]将2.0%的大黄蒽醌提取物添加到建鲤的基础日粮中，7月到9月连续投喂后，进行高密度应激试验。结果显示，与对照组相比，大黄蒽醌提取物提高了鱼体增重率22.73%、特定生长率9.38%，提高了鱼体丰满度、血液溶菌酶活性，降低了饵料系数与鱼体死亡率，但是与大黄蒽醌提取物的添加水平不成线性关系，另外还显著降低了血液皮质醇。林登峰[37]等研究了以酸枣仁苷为主的植物提取物对三元杂交断奶仔猪应激的影响，添加量为50 mg/kg，100 mg/kg，结果发现仔猪日增重提高7.1% ~9.2%、采食量增加3.5% ~4.9%，饲料转化率改善3.2% ~3.7%，仔猪腹泻率明显降低，皮毛光泽，行为安详。

2.7 促生殖方面

研究发现，天然植物提取物促进动物生殖功能的机制，主要表现在5个方面[34]：①调理气血，具有该功能的有黄芪、党参、刺五加、黄精、当归、熟地、枸杞、女贞子、甘草等植物提取物；②补肾壮精，如杜仲、巴戟天、肉苁蓉、锁阳、菟丝子、补骨脂等植物提取物；③促进排卵及排卵数量，具有该功能的有淫羊藿、蛇床子、贯众、丹参、菟丝子、补骨脂、仙茅等植物提取物；④促进发情，有淫羊藿、葫芦巴等植物提取物；⑤性激素样作用，有杜仲、丹参、香附、射干、红花、王不留行、覆盆子等植物提取物。

杨清海等[7]选用20头经产妊娠母猪（3胎次），随机分为2个处理组，对照组不添加任何药物添加剂，试验组添加200 mg/kg的康华素2号（黄芪、当归、王不留行、淫羊藿、五味子等植物提取物添加剂），结果显示：植物提取物组的小猪出生重、21日龄个体重，仔猪成活率分别较对照组提高5.1%、7.9%和4.6%，另外，植物提取物组的母猪断奶后七天内的发情率为100%，而空白组为85%。崔学平等[7]选用54周龄海南褐壳蛋鸡360只，随机分为2个处理组，对照组不添加任何药物，试验组添加200 g康华素1号（黄芪、当归、女贞子等植物提取物添加剂），试验期10周。结果显示：植物提取物组可使产蛋率提高4.98%，产蛋量提高6.37%，采食量提高1.33%，蛋重提高1.33%，使料蛋比降低4.90%。

目前，豆科植物所含有的异黄酮类物质对繁殖动物的影响广为关注，包括大豆黄酮、芒柄花素、染料木素等。研究内容主要包括对生殖器官、排卵产蛋及生殖内分泌的影响。Berry等[38]报道，给1日龄小母鸡皮下注射0.5mg/d和3mg/d的染料木素，持续14 d，结果发现3mg/d的染料木素使14日龄母鸡的相对输卵管重显著增加，而不同剂量的染料木素对卵巢和肝脏增重则无明显影响。染料木素促小母鸡输卵管生长的作用表明，染料木素对母鸡发挥了雌激素样作用，并且影响禽类的繁殖。黄金明等[39]报道红三叶总异黄酮饲喂肉用公仔鸡，认为异黄酮能使睾丸增重34.2%。

2.8 改善产品品质方面

随着人们生活水平的提高和保健意识的增加，人们对畜禽及水产产品的质量要求趋于更高和多样化，为了迎合人们的需求，业内专家学者已从天然植物中筛选可以改善肉蛋奶的物质。如将丹参、党参、山楂、马齿苋、黄芪、地榆、黄芩组方，水提后添加到1日龄黄羽肉鸡中，饲喂70d后进行检测分析，发现植物提取物饲料添加剂在不影响肉鸡的存活率及屠宰性能的情况下，能显著改善肉鸡肌肉的系水力，提高鸡肉的保水能力，改善肌肉的嫩度，提高熟肉率[40]。将苜蓿总甙添加到仔鸡基础日粮中，能显著降低肉仔鸡腹脂率，并不同程度地提高肉仔鸡屠宰率、胸肌率和腿肌率[41]。尹靖东等[42]在27周龄海赛克斯褐壳蛋鸡的日粮中添加5 ~40 mg/kg大豆黄酮，经过8周的饲喂观察，发现鸡蛋胆固醇随着日粮中大豆黄酮添加量的增加呈二次线性下降，当日粮添加 40 mg/kg 大豆黄酮，鸡蛋胆固醇含量降低 19.0%，蛋黄胆固醇浓度降低 11.4%，日粮中添加 10 mg/kg、20 mg/kg 和 40 mg/kg 的大豆黄酮，鸡蛋胆固醇无显著差异。大豆黄酮还能显著抑制氧化胆固醇形成，降低 7-keto 氧化胆固醇和总氧化胆固醇含量。在降低鸡蛋胆固醇方面，我们进行了两批次重复试验[7]，从 31 周龄开始饲喂产蛋鸡，持续 12 周，试验组日粮中分别添加 100 mg/kg 铜、100 mg/kg 铜 +300 mg/kg 大蒜素、40 mg/kg 茶多酚，结果显示，饲喂 1 ~6 周时，各试验组相对空白组都有降低鸡蛋胆固醇含量的趋势，但差异不显著；6 周后，随着使用时间的延长，各试验组降胆固醇效果逐渐消失，至于原因，需进一步研究讨论。

2.9　改善饲料储存方面

饲料含丰富的营养物质，在长时间的储藏过程中，易受各种微生物的分解和空气中氧化物质的氧化而失去饲用价值，化学合成防腐剂及抗氧化剂的使用经历了近半个世纪，其毒副残留带来诸多弊端，如致癌、致畸、致突变、污染环境等，系列问题迫使人们尽快寻找新的安全替代品，天然植物提取物的开发利用为此开辟了新的途径。在防腐方面，目前的研究主要集中在室内试验方面。如时维静[43]等采用培养基培养法，研究了公丁香、忍冬藤、白豆蔻 3 种植物提取物对饲料中常见的毛霉、根霉、黑曲霉、青霉的抑制作用。结果发现，1% 的忍冬藤提取物对毛霉、黑曲霉、青霉具有很好的抑制效果，但对根霉不明显，0.5% ~1.0% 的白豆蔻提取物对根霉也无明显的抑制作用，0.5% 公丁香提取物对四种霉菌均具有较好的抑制效果。纪丽莲[44]等采用杯碟法，研究了土槿皮、白鲜皮、黄柏、射干、马兜铃、苦参、松叶、黄芩 8 种植物提取物对黄曲霉、白曲霉、寄生曲霉、黑曲霉、杂色曲霉、圆弧曲霉等 9 株霉菌的抑制作用。结果表明，8 种植物提取物均对霉菌有一定的抑制作用，其中，土槿皮、黄芩、苦参的抗菌活性最强，与常用的化学防霉剂山梨酸钾相当；白鲜皮、射干、黄柏次之，抑菌圈直径均在 13mm 以上，属强活性范畴；马兜铃的抑菌活性中等，抑菌圈直径均在 10mm 以上，松叶的抑制效果比较弱。具有抗氧化功能的植物提取物有效成分多为黄酮类、酚类，但目前的研究数据主要来自于医药及食品行业，具体到饲料领域的研究尚不多见。桉叶、甘草、辣椒、儿茶、银杏等植物提取物均具有一定的抗氧化能力，在饲料添加剂上应具有广阔的研究开发前景。

3　植物提取物饲料添加剂研究中需要注意的几个问题

天然植物提取物作为饲料添加剂应用到动物养殖中，目前研究很多，但是真正能够走向产业化的品种非常少，原因与添加成本过高、作用效果不稳定、产品质量低下等密切相关，笔者从事植物提取物饲料添加剂的研究与产业化工作多年，根据以往的经验，提出以下四点建议。

3.1　合理开发，避免给植物资源带来压力

目前的植物资源以野生为主，同时许多品种又是人用中药的必要原料，所以在天然植物提取物饲料添加剂的应用开发中要做到合理、有度开发，以免破坏自然生态环境及造成人医用药的紧张。①开发尚未被大量应用的植物品种。据 1985 ~1994 年全国中草药资源普查统计，我国拥有药用植物 11 146 种，而目前全国中草药市场经营的只有约 1 200种，说明还有很多品种尚未被开发，对该部分资源，可以通过现在先进的研究手段与设备，加以开发利用；②通过人工种植降低资源压力。对于野生资源紧张的植物品种，应尽快加以引种栽培，在种植中，尽量利用荒山、荒坡，实现土地资源与植物资源的合理利用；③横向开发具有相似有效成分且资源相对丰富的植物品种，如杜仲与金银花中都含有绿原酸，但杜仲资源相对丰富，其中提取的绿原酸成本仅为金银花来源的 60% 左右；④充分利用人用中草

药加工过程中产生的边角料。如当归加工中残余的归头、归尾部分，杜仲叶子等，这些边角料不仅含有较高的有效成分，而且开发利用起来成本也较低。

3.2 提高工艺，降低成本

目前植物提取行业普遍存在提取水平不高，提取工艺不合理现象，由此导致部分提取物成本偏高，所以在开发利用中，必须不断改进工艺，减少不合理的生产环节，如采用超临界流体萃取技术，可以大幅度提高提取率，减少热不稳定造成的损失；采用动态流体萃取技术，可以提高提取率，减少提取时间及溶剂用量。另外可以在保持良好作用的基础上尽量将组方简化，既便于阐明药理，又便于控制质量。例如，著名的苏合香丸由15味中草药组成，经严格地分析和验证后精简至5味药，名冠心苏合丸，疗效不减；后来又精简只剩下2味药，名苏冰滴丸，疗效依然很好。

3.3 加大专用型植物提取物饲料添加剂开发力度

不同动物及同一动物在不同的饲喂阶段，要用不同功能的饲料添加剂来满足需求。如在产蛋鸡育成期，适合用促生长、防病型饲料添加剂；产蛋期，适合用促进生殖、调节生理及改善鸡蛋品质的饲料添加剂。所以在植物源饲料添加剂的开发中，应根据动物对象、饲养目的、使用范围来选择提取物及优化配组，使其达到原料（来源广泛）、效果（生产效益高）、价格（低廉）、市场（有利润）四者的有机统一。

3.4 加强药理作用及作用机制的研究

目前对这方面的研究还比较薄弱，需要做大量的工作，如最适添加量的确定、长期添加是否有毒副作用，在饲料中是否与其他营养成分、饲料用抗生素及化学药物有协同或拮抗作用，是否对正常的兽医免疫程序和治疗有干扰等。

4 结语

天然植物提取物饲料添加剂具有无残留、无耐药性、消除细菌耐药质粒、逆转耐药性等优点，同时能调动机体的应激能力，提高机体免疫功能，从而达到提高动物生产性能和饲料利用率，降低饲养成本的目的。人类拥有着庞大的植物资源，仅我们国家就有一万多种，所以开发植物提取物饲料添加剂具有丰富的资源支持，是替代抗生素的有效途径，具有广阔的发展前景。

参考文献

[1] 李林，李金明，郑书涛．抗生素在饲料应用中的问题与替代品的发展．今日畜牧兽医，2007，6：52～53

[2] Gwendolyn Jones. Phytobiotic solutions. *Pig Progress*，2002，18（8）：25～26

[3] 丁景华，王志祥，姜树林，等．三颗针提取物对肉仔鸡生长、养分表现代谢率和消化酶活性的影响．饲料博览，2006，（6）：1～4

[4] 曹兵海，张秀萍，呙于明，等．半纯舍日粮添加茶多酚和果寡糖时母鸡生产性能、盲肠蠡丛敏量及其代谢产物的影响．中国农业大学学报，2003，3：85～90

[5] 王占彬，李宏伟，郭鲜敏，等．松科植物提取物对肉仔鸡免疫功能影响的研究．中国饲料，2006，8：34～36

[6] 陈会良，蔡汉乔．牛至油对肉鸭增重和屠宰性能影响．中兽医学杂志，2005，2：11～12
[7] 中国饲料技术网（http：//www. feedtech. com. cn），技术资料库
[8] 林登峰，王辉，霍启光．复合植物提取物对早期断奶仔猪生产性能的影响．当代畜牧养殖业，2003，3：42
[9] 毛传勇，王辉，霍启光．复合植物提取物及抗生素类药物对体重15～30 kg仔猪生产性能的影响．中国饲料，2003，7：20
[10] 陈立伟，黄大鹏．苜草素对早期断奶仔猪生产性能及腹泻发生率的影响．养殖技术顾问，2005，8：23
[11] Sliwinski B J，Carla R Soliva，Andrea Machmüller，et al. Efficacy of plant extracts rich in secondary constituents to modify rumen fermentation. *Animal Feed Science and Technology*，2002，101：101～114
[12] Broudiscou L P，Papon Y，Broudiscou A F Effects of dry plant extracts on feed degradation and the production of rumen microbial biomass in a dual outflow fermenter. *Animal Feed Science and Technology*，2002，101：183～189
[13] 叶栋才．植物提取物饲料添加剂"鱼虾康1号"在"虹鳟鱼"饲料中的应用研究．中国饲料技术网．2006
[14] 胡先勤，侯永清．中草药提取物对鲫鱼生长及体成分的影响．粮食与饲料工业，2005，5：40～41
[15] Tian Yun-bo，Ge Chang-rong，Gao Shi-zheng. Promoting effect of extract from natural plants on growth performance and the growth hormone related indxes in finishing pig. *Journal of Zhongkai University of Agriculture and Technology*，2007，20（1）：1～4
[16] 刘容珍，田允波．天然植物提取物对仔猪生长性能的影响及其作用机理研究．安徽农业科学，2007，35（16）：4 866～4 868
[17] 许静波，张飞，何丽华，等．黄芪多糖对仔猪免疫功能的影响．畜牧与兽医，2007，39（2）：41～42
[18] 魏凤仙，李绍钰，孔祥书，等．黄芪多糖对生长猪生产性能及免疫性能的影响．中国畜牧兽医，2006，33（10）：17～19
[19] 江振莹，玉兰．水溶性苜蓿多糖对肉仔鸡营养免疫作用的研究．饲料工业，2005，26（21）：15～16
[20] 郭新华，邱妍，严桂芹，等．板兰根多糖对鸡新城疫抗体滴度和免疫器官的影响．饲料广角，2007，11：20～22
[21] 胡忠泽，金光明，王立克，等．茶多糖对肉仔鸡免疫功能和抗氧化能力的影响．茶叶科学，2005，25（1）：61～64
[22] 龚非力，方敏，王立力，等．基础免疫学．湖北科学技术出版社，1998. 418
[23] 张述斌，薛掌林，刘瑞生，等．黄芪多糖、淫羊藿多糖对鸡新城疫疫苗免疫增强作用的研究．甘肃畜牧兽医，2004，4：24～25
[24] 段县平，赵锁花，马吉飞，等．口服姬松茸多糖对鸡疫苗免疫力及红细胞免疫功能影响的研究．中国畜牧兽医，2006，33（6）：17～19
[25] 罗庆华，黄欢喜，刘清波．杜仲大蒜制剂对鱼类常见病原菌的抑菌作用．水利渔业，2006，26（6）：86～88
[26] 孙耀华．抗病毒和促进免疫功能的中草药．北方牧业，2006，6：25
[27] 王学林，刘文森，王承宇．五种中草药抗鸡新城疫病毒作用研究．中兽医医药杂志，2003，5：

5 ~ 8

[28] 邵红，吴玲，王新．七种中药抗鸡新城疫病毒作用的研究．黑龙江畜牧兽医，2006，7：89 ~ 91

[29] 郭莉，顾小龙，秦建华．复方中草药免疫增强剂对鸡堆型艾美耳球虫早熟株免疫的影响研究．中国家禽，2006，28（11）：21 ~ 23

[30] Lillehoj H S, Trout J M. Coccidia. A review of recent advances in immunity and vaccine development. *Avian Pathology*, 1993, 22: 3 ~ 31

[31] 张文香，张香斋，李佩国，等．中草药对球虫卵囊孢子化的影响．河北科技师范学院学报，2005，19（2）：23 ~ 25

[32] 王高学，程超，陈安良，等．22 种植物提取物及其 6 种化合物对鱼类指环虫的杀灭研究．西北植物学报，2006，26（12）：2 567 ~ 2 573

[33] Anderson D P. Immunostimulants, adjuvants, and vaccine carriers in fish: application to aquaculture. *Ann. Rev. Fish. Dis.*, 1992, 2: 281 ~ 307

[34] 谢仲权，牛树琦．天然物中草药饲料添加剂大全．学苑出版社，1996. 105 ~ 130

[35] 徐俊秀，孙鎏国，陆玉鹍，等．植物提取物对断奶仔猪缓解应激的影响．上海畜牧兽医通讯，2005，3：36 ~ 37

[36] 刘波，郑小平，周群兰，等．大黄蒽醌提取物对建鲤抗应激及生长的影响．动物学报，2006，52（5）：899 ~ 906

[37] 林登峰，霍启光．植物提取物皂苷元对仔猪断奶应激的影响．饲料研究，2003，10：42

[38] Berry W D, Zhang X, Liu P, *et al.* Chick oviduct growth in response to genistein. *Poultry Sci.*, 1999, 78: 113

[39] 黄金明，王根林，柳尧波．植物雌激素对动物生殖及生殖内分泌的影响．动物医学进展，2003，24（3）：18 ~ 21

[40] 陈国顺，赵心绪，唐春霞，等．中草药饲料添加剂对黄羽肉鸡生产性能和胴体品质的影响．中国畜牧兽医，2007，34（4）：11 ~ 14

[41] 张勇，汪儆，林东康．苜蓿总甙对肉仔鸡生长性能、血脂及胴体品质的影响．动物营养学报，2005，17（4）：46 ~ 50

[42] 尹靖东，齐广海，张萍，等．大豆黄酮对鸡蛋胆固醇及其耐氧化性的影响．中国农业科学，2004，37（5）：756 ~ 761

[43] 时维静，李立顺．中草药防止饲料霉变研究．中国饲料，2002，14：12 ~ 13

[44] 纪丽莲，范怡梅，张强华．几种中草药抗饲料霉变的研究．饲料工业，2002，23（7）：29 ~ 30

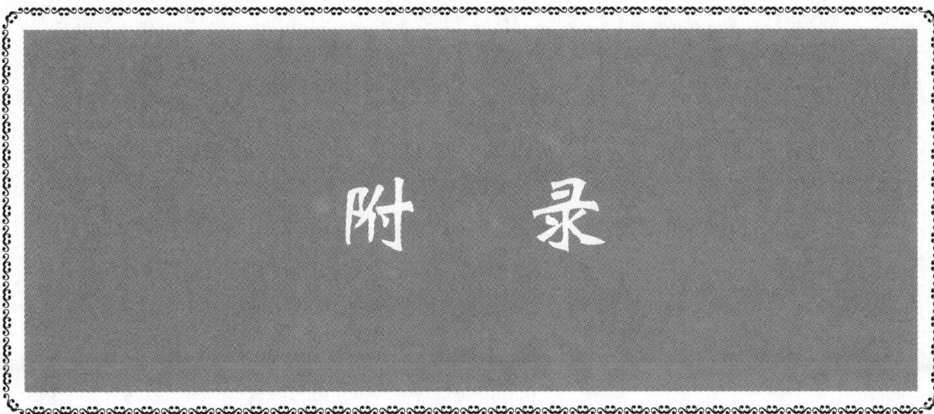
附　录

附录 1

霍启光先生研究生简表

姓 名	年 限	论文题目	备 注
博士后			
刁其玉	1998 ~ 2000	反刍动物常用饲料瘤胃降解规律的研究	并列导师冯仰廉
博 士			
王 宏	1995 ~ 1998	胆碱与其他甲基供体对褐壳蛋鸡脂肪代谢的调控作用	
任泽林	1996 ~ 1999	氧化鱼油的营养价值及其对鲤鱼机体的影响	
汪 鲲	1997 ~ 2000	*n*-3 多不饱和脂肪酸在蛋黄和组织中的富集规律及其对产蛋鸡脂类代谢的影响	
姚浪群	1997 ~ 2000	安普霉素对仔猪蛋白质营养、内分泌和低温应激影响的研究	
尹靖东	1997 ~ 2000	类黄酮对鸡蛋胆固醇及其氧化物形成的影响	合作指导老师齐广海
硕 士			
闫海洁	1992 ~ 1995	鸡内源性氨基酸测定的方法学研究	
刘德超	1992 ~ 1995	0 ~ 3 周龄不同性别肉用仔鸡真可利用赖氨酸和真可利用蛋氨酸需要量的研究	第二导师杨忠源
沈银书	1993 ~ 1996	水解羽毛粉的加工条件及营养价值估测方法研究	
王文君	1993 ~ 1996	饲料碘对产蛋鸡及蛋品质影响的研究	
王吉峰	1994 ~ 1997	玉米、豆粕中胆碱生物学效价及肉仔鸡饲粮中胆碱、维生素 B12 和叶酸添加效果的研究	合作指导老师郝正里，李绥章，甘肃农业大学
屠 焰	1994 ~ 1997	含磷矿物质饲料的生物学评价	
王晓霞	1994 ~ 1997	石粉粒度与饲喂时间对产蛋母鸡生产性能鸡蛋壳质量的影响	
苏晓鸥	1994 ~ 1997	植酸酶对肉鸡日粮中非植酸酶磷的替代效应及其对矿物质营养的影响	合作指导老师张瑜
沈 红	1996 ~ 1999	肉仔鸡日粮中胆碱的生物学效应及添加新霉素对胆碱利用性的研究	
李海贤	1998 ~ 2001	饲料级磷酸盐及其复合物中磷生物学效价的测定	
刘凤华		清凉冲剂对鸡肠黏膜 IgA^+ 的动态影响	
曾 虹		中性植酸酶 NPHYA 的酶学性质及其在鲤鱼饲料中的应用效果	
郭 庆		不同磷源磷在鲤鱼饲料中的应用研究	合作指导老师任泽林、曾虹

附录 2

霍启光先生主要著作汇总

主编和副主编：

1. 饲料生物学评定技术．北京：中国农业科技出版社，1996
2. 猪和家畜的饲料配方．北京：农业出版社，1992
3. 动物饲养学．长春：吉林科学技术出版社，1993
4. 饲料原料科学与管理．北京：中国农业科学技术出版社，2000
5. 动物磷营养与磷源．北京：中国农业科学技术出版社，2002

参与编撰：

1. 中国农业百科全书：畜牧业卷．北京：中国农业出版社，1996
2. 中国菜篮子工程．北京：中国农业出版社，1995
3. 动物营养学．兰州：甘肃民族出版社，1992
4. 维生素营养研究进展．北京：中国科学技术出版社，1993
5. 中国饲料学．北京：中国农业出版社，2000
6. 动物营养与饲料科学进展．北京：中国农业科学技术出版社，2001